U0940992

中国国家标准汇编

2010年修订-19

中国标准出版社　编

中国质检出版社
中国标准出版社

北　京

图书在版编目（CIP）数据

中国国家标准汇编：2010 年修订. 19/中国标准出版社编. —北京：中国标准出版社，2011

ISBN 978-7-5066-6525-4

Ⅰ. ①中… Ⅱ. ①中… Ⅲ. ①国家标准-汇编-中国-2010 Ⅳ. ①T-652.1

中国版本图书馆 CIP 数据核字(2011)第 187853 号

中国质检出版社
中国标准出版社 出版发行

北京市朝阳区和平里西街甲 2 号(100013)
北京市西城区三里河北街 16 号(100045)

网址:www.spc.net.cn
总编室:(010)64275323 发行中心:(010)51780235
读者服务部:(010)68523946

中国标准出版社秦皇岛印刷厂印刷
各地新华书店经销

*

开本 880×1230 1/16 印张 39.5 字数 1 187 千字
2011 年 12 月第一版 2011 年 12 月第一次印刷

*

定价 220.00 元

出 版 说 明

1.《中国国家标准汇编》是一部大型综合性国家标准全集。自1983年起，按国家标准顺序号以精装本、平装本两种装帧形式陆续分册汇编出版。它在一定程度上反映了我国建国以来标准化事业发展的基本情况和主要成就，是各级标准化管理机构，工矿企事业单位，农林牧副渔系统，科研、设计、教学等部门必不可少的工具书。

2.《中国国家标准汇编》收入我国每年正式发布的全部国家标准，分为“制定”卷和“修订”卷两种编辑版本。

“制定”卷收入上一年度我国发布的、新制定的国家标准，顺延前年度标准编号分成若干分册，封面和书脊上注明“20××年制定”字样及分册号，分册号一直连续。各分册中的标准是按照标准编号顺序连续排列的，如有标准顺序号缺号的，除特殊情况注明外，暂为空号。

“修订”卷收入上一年度我国发布的、修订的国家标准，视篇幅分设若干分册，但与“制定”卷分册号无关联，仅在封面和书脊上注明“20××年修订-1，-2，-3，……”字样。“修订”卷各分册中的标准，仍按标准编号顺序排列（但不连续）；如有遗漏的，均在当年最后一分册中补齐。需提请读者注意的是，个别非顺延前年度标准编号的新制定的国家标准没有收入在“制定”卷中，而是收入在“修订”卷中。

读者配套购买《中国国家标准汇编》“制定”卷和“修订”卷则可收齐上一年度我国制定和修订的全部国家标准。

3.由于读者需求的变化，自1996年起，《中国国家标准汇编》仅出版精装本。

4.2010年我国制修订国家标准共2846项。本分册为“2010年修订-19”，收入新制修订的国家标准16项。

中国标准出版社

2011年8月

目　　录

GB/T 14984.1—2010　铁合金　术语　第1部分:材料 …… 1
GB/T 14984.2—2010　铁合金　术语　第2部分:取样和制样 …… 13
GB/T 14984.3—2010　铁合金　术语　第3部分:筛分 …… 21
GB/T 14995—2010　高温合金热轧板 …… 27
GB/T 14996—2010　高温合金冷轧板 …… 39
GB/T 14999.6—2010　锻制高温合金双重晶粒组织和一次碳化物分布测定方法 …… 52
GB/T 14999.7—2010　高温合金铸件晶粒度、一次枝晶间距和显微疏松测定方法 …… 67
GB 15052—2010　起重机　安全标志和危险图形符号　总则 …… 87
GB 15092.1—2010　器具开关　第1部分:通用要求 …… 123
GB/T 15173—2010　电声学　声校准器 …… 234
GB/T 15180—2010　重交通道路石油沥青 …… 297
GB/T 15191—2010　贸易数据交换　贸易数据元目录　数据元 …… 301
GB/T 15224.1—2010　煤炭质量分级　第1部分:灰分 …… 607
GB/T 15224.2—2010　煤炭质量分级　第2部分:硫分 …… 611
GB/T 15224.3—2010　煤炭质量分级　第3部分:发热量 …… 615
GB/T 15269.1—2010　雪茄烟　第1部分:产品分类和抽样技术要求 …… 619

ICS 77.100
H 22

中华人民共和国国家标准

GB/T 14984.1—2010
代替 GB/T 14984—1994 中相应部分

铁合金 术语 第1部分:材料

Ferroalloys—Vocabulary—Part 1:Materials

(ISO 8954.1:1990,MOD)

2010-09-02 发布 2011-06-01 实施

中华人民共和国国家质量监督检验检疫总局
中国国家标准化管理委员会 发布

前言

GB/T 14984《铁合金 术语》分为三个部分：

——第1部分：材料；

——第2部分：取样和制样；

——第3部分：筛分。

本部分为第1部分。

本部分修改采用 ISO 8954-1:1990《铁合金——术语——第1部分：材料》(英文版)。

本部分根据 ISO 8954-1:1990 重新起草。在附录A中列出了本部分条款和国际标准条款的对照一览表，有关技术差异已编入正文中，并在它们所涉及的条款的页边空白处用垂直单线标识，在附录B中给出了技术性差异及其原因的一览表以供参考。

本部分与国际标准比较，还做了下列编辑性修改：

——"本国际标准"一词改为"本部分"；

——用小数点"."代替作为小数点的逗号","；

——删除国际标准的前言和参考文献。

本部分代替 GB/T 14984—1994《铁合金术语》中相应部分。

本部分与 GB/T 14984—1994 相比，主要在以下方面进行了修订：

——删除了铁合金取样和制样的术语；

——删除了铁合金筛分的术语；

——调整了铁合金产品中的部分术语。

本部分附录A和附录B为资料性附录。

本部分由中国钢铁工业协会提出。

本部分由全国生铁及铁合金标准化技术委员会归口。

本部分起草单位：中钢集团吉林铁合金股份有限公司、冶金工业信息标准研究院、首钢总公司。

本部分主要起草人：王爽、孙岩铎、史万利、马勤、张瑞香、陈自斌、张磊。

本部分所代替标准的历次版本发布情况为：

——GB/T 14984—1994。

铁合金　术语　第1部分:材料

1　范围

GB/T 14984 的本部分定义了与铁合金产品有关的术语。

本部分适用于铁合金技术要求、交货条件。

2　一般术语

2.1

通用术语

2.1.1

铁合金　ferroalloy

由铁元素(不小于4%)和一种以上(含一种)其他金属或非金属元素组成的合金,在钢铁和铸造工业中作为合金添加剂、脱氧剂、脱硫剂和变性剂使用。

注:金属铬、金属锰、五氧化二钒按定义不是铁合金,但习惯上人们把这几种产品纳入铁合金范畴。

2.1.2

合金添加剂　alloy additive

为获得所需的(可控制的)金属熔体组成所使用的铁合金。

2.1.3

脱氧剂　deoxidizer

用来降低需要脱氧的金属熔体中氧含量的铁合金。

2.1.4

脱硫剂　desulfurize

用来降低需要脱硫的金属熔体中硫含量的铁合金。

2.1.5

变性剂　modifier

添加少量该物质改变非金属元素和(或)杂质特性,进而导致合金特性发生变化的铁合金。

2.1.6

牌号　designation

是为给定组成的铁合金通常采用的代号,由汉语拼音字母、化学元素符号及阿拉伯数字组成。汉语拼音字母用来表示铁合金产品工艺和产品特性;化学元素符号用来表示铁合金产品中的特性元素;阿拉伯数字用来表示该元素的百分含量。

2.1.7

精确度 β　precision

是典型质量特性平均值的最大估计允许误差,用此特性值标准偏差(σ)(百分数)的两倍来表示,$\beta=2\sigma$。

2.1.8

综合精确度 β_{SDM}　overall precision

一交货批典型质量特性的估计综合精确度($\beta_{SDM}=2\sigma_{SDM}$)由取样精确度($\beta_S=2\sigma_S$)、制样精确度($\beta_D=2\sigma_D$)和化验分析精确度($\beta_M=2\sigma_M$)组成,$\beta_{SDM}=\sqrt{\beta_S{}^2+\beta_D{}^2+\beta_M{}^2}$。

2.2

铁合金产品术语

2.2.1

硅铁 ferrosilicon

含硅量在8.0%～95.0%范围内的铁和硅的合金。

2.2.1.1

低钛硅铁 ferrosilicon low titanium

以炉外精炼法生产，含硅量在74.0%～80.0%范围内，且含钛量不大于0.05%的硅铁。

2.2.2

锰铁 ferromanganese

含锰量在60.0%～93.5%范围内的铁和锰的合金。

2.2.2.1

微碳锰铁 ferromanganese extra low carbon

含碳量不大于0.15%的锰铁。

2.2.2.2

低碳锰铁 ferromanganese low carbon

含碳量在大于0.15%～0.7%范围内的锰铁。

2.2.2.3

中碳锰铁 ferromanganese medium carbon

含碳量在大于0.7%～2.0%范围内的锰铁。

2.2.2.4

高碳锰铁 ferromanganese high carbon

含碳量在大于2.0%～8.0%范围内的锰铁。

2.2.2.5

高炉锰铁 blast furnace ferromanganese

以高炉法冶炼，含锰量在60.0%～82.0%范围内的铁和锰的合金。

2.2.2.6

低磷锰铁 ferromanganese low phosphorus

含磷量不大于0.10%的锰铁。

2.2.3

锰硅合金 ferromanganese-silicon

含锰量在53.0%～75.0%范围内，且含硅量在10.0%～35.0%范围内的铁、锰和硅的合金。

2.2.3.1

微碳锰硅合金 ferromanganese-silicon extra low carbon

含碳量不大于0.10%的锰硅合金。

2.2.3.2

低碳锰硅合金 ferromanganese-silicon low carbon

含碳量在大于0.10%～0.30%范围内的锰硅合金。

2.2.4

铬铁 ferrochromium

含铬量在45.0%～95.0%范围内的铁和铬的合金。

2.2.4.1

微碳铬铁 ferrochromium extra low carbon

含碳量不大于0.15%的铬铁。

2.2.4.2

低碳铬铁 ferrochromium low carbon

含碳量在大于0.15%～0.50%范围内的铬铁。

2.2.4.3

中碳铬铁 ferrochromium medium carbon

含碳量在大于0.50%～4.0%范围内的铬铁。

2.2.4.4

高碳铬铁 ferrochromium high carbon

含碳量在大于4.0%～10.0%范围内的铬铁。

2.2.4.5

真空法微碳铬铁 ferrochromium vacuum extra low carbon

以真空固态脱碳法冶炼的微碳铬铁，其含碳量不大于0.100%。

2.2.4.6

低钛高碳铬铁 ferrochromium high carbon with low titanium

含钛量不大于0.05%的高碳铬铁。

2.2.4.7

低磷铬铁 ferrochromium low phosphorus

含磷量不大于0.03%的铬铁。

2.2.5

硅铬合金 ferrosilicochromium

含铬量不小于30.0%，且含硅量不小于35.0%的铁、铬和硅的合金。

2.2.6

钨铁 ferrotungsten

含钨量在70.0%～85.0%范围内的铁和钨的合金。

2.2.7

钼铁 ferromolybdenum

含钼量在55.0%～75.0%范围内的铁和钼的合金。

2.2.8

钒铁 ferrovanadium

含钒量在35.0%～85.0%范围内的铁和钒的合金。

2.2.9

钛铁 ferrotitanium

含钛量在20.0%～75.0%范围内的铁和钛的合金。

2.2.10

铌铁 ferroniobium

含铌量、含钽量的合量在12.0%～80.0%范围内的铁和铌的合金。

2.2.11

氧化钼块 molybdic oxide briquets

含钼量不小于45.0%的氧化钼压块。

2.2.12

硅钙合金　ferrosilicocalcium

含硅量在40.0%～65.0%范围内，且含钙量在8.0%～35.0%范围内的铁、硅和钙的合金。

2.2.13

硼铁　ferroboron

含硼量在4.0%～25.0%范围内的铁和硼的合金。

2.2.13.1

低碳硼铁　ferroboron low carbon

含碳量不大于0.5%的硼铁。

2.2.13.2

中碳硼铁　ferroboron medium carbon

含碳量在大于0.5%～2.5%范围内的硼铁。

2.2.14

磷铁　ferrophosphorus

含磷量在15.0%～30.0%范围内的铁和磷的合金。

2.2.14.1

低钛低碳磷铁　low titanium & low carbon ferrophosphorus

以炉外精炼法生产，含磷量在24.0%～28.0%范围内，且含碳量不大于0.100%、含钛量不大于0.70%的磷铁。

2.2.15

金属锰　metalmanganese

含锰量不小于93.5%的锰和铁的合金。

2.2.16

电解金属锰　electrolytic metalmanganese

以电解法冶炼的金属锰，其含锰量不小于99.8%。

2.2.17

金属铬　metalchromium

含铬量不小于98.0%的金属。

2.2.18

稀土硅铁合金　rare earth ferrosilicon

稀土含量在20.0%～47.0%范围内，且硅含量在37.0%～44.0%范围内的硅铁合金。

2.2.19

稀土镁硅铁合金　rare earth ferrosilicomagnesium

稀土含量在0.5%～23.0%范围内，且镁含量在4.5%～15.0%范围内的硅铁合金。

2.2.20

五氧化二钒　vanadium pentoxide

五氧化二钒含量不小于97.0%的产品。

2.2.21

硅钡合金　silicon barium alloy

含硅量不小于35.0%，且含钡量不小于2.0%的铁、硅和钡的合金。

2.2.22

硅铝合金　silicon-aluminium alloy

含硅量不小于5.0%，且含铝量不小于10.0%的铁、硅和铝的合金。

2.2.23

硅钡铝合金 silicon-barium-aluminium alloy

含硅量不小于20.0%,且含钡量不小于6.0%,含铝量不小于10.0%的铁、硅、钡和铝的合金。

2.2.24

硅钙钡铝合金 silicon-calcium-barium-aluminium alloy

含硅量不小于30.0%,且含钙量不小于6.0%,含钡量不小于9.0%,含铝量不小于8.0%的铁、硅、钙、钡和铝的合金。

2.2.25

氮化铬铁 ferrochromium nitrogen containing

含氮量不小于3.0%,且含铬量不小于60.0%的铬铁。

2.2.25.1

高氮铬铁 nitride ferrochrome with high nitrogen content

含氮量不小于8.0%,且含铬量不小于60.0%的氮化铬铁。

2.2.26

锰氮合金 manganese-nitrogen alloy

含氮量不小于4.0%,且含锰量不小于73.0%的铁、锰和氮的合金。

2.2.26.1

氮化锰铁 ferromanganese nitrogen containing

含氮量不小于4.0%,且含锰量不小于73.0%的锰氮合金。

2.2.26.2

氮化金属锰 metalmanganese nitrogen containing

含氮量不小于6.0%,且含锰量不小于85.0%的锰氮合金。

2.2.27

钒氮合金 vanadium-nitrogen alloy

含钒量在77.0%~81.0%范围内,且含氮量在10.0%~18.0%范围内的钒、氮和碳的合金。

2.2.28

氮化硅铁 ferrosilicon nitrogen containing

含氮量在25.0%~35.0%范围内,含硅量在47.0%~52.0%的硅铁。

2.2.29

氮化锰硅 ferromanganese-silicon nitrogen containing

含氮量在26.0%~33.0%范围内,且含锰量在10.0%~15.0%范围内、含硅量在38.0%~45.0%范围内的锰硅合金。

2.2.30

钒渣 vanadium slag

五氧化二钒含量不小于8.0%的炉渣。

2.2.31

钒铝合金 vanadium aluminium alloy

含钒量在50.0%~90.0%范围内,且含铝量不小于9.0的钒、铝和铁的合金。

2.2.32

镍铁 ferronickel

含镍量大于4.0%的铁、镍的合金。

附 录 A
（资料性附录）
本部分章条编号与 ISO 8954.1 章条编号对照

表 A.1 给出了本部分章条编号与 ISO 8954.1:1990 章条编号对照一览表。

表 A.1 本部分章条编号与 ISO 8954.1:1990 章条编号对照表

本部分章条编号	对应的 ISO 标准章条编号
1	1
2	2,3
2.1	2
2.1.1	2.1
2.1.2～2.1.5	2.2～2.5
2.1.6	2.11
—	2.6～2.10
2.1.7,2.1.8	—
2.2	3
2.2.1～2.2.2	3.1～3.2
2.2.2.1,2.2.2.5,2.2.2.6	—
2.2.2.2～2.2.2.4	3.3～3.5
2.2.3	3.6
2.2.3.1～2.2.3.2	—
2.2.4	3.7
2.2.4.1～2.2.4.4	3.8～3.11
2.2.4.5,2.2.4.6	—
2.2.4.7	3.12
2.2.5	3.13
2.2.6,2.2.7,2.2.8,2.2.9,2.2.10	3.14,3.18,3.15,3.16,3.17
2.2.11～2.2.24	—
2.2.25～2.2.29	3.19
2.2.30～2.2.32	—
附录 A	—
附录 B	—
索引	索引
注：表中所列章条编号内容与 ISO 8954.1:1990 章条编号内容一一对应。	

附 录 B
（资料性附录）
本部分与 ISO 8954.1:1990 技术性差异及其原因分析

表 B.1 给出了本部分与 ISO 8954.1:1990 技术性差异及其原因的一览表。

表 B.1 本部分与 ISO 8954.1:1990 技术性差异及其原因

本部分的章条编号	技术性差异	原 因
2.1.7,2.1.8	增加术语	重要的术语
2.2.2	修改定义	避免锰铁和金属锰,锰含量有交叉
2.2.2.1	增加术语	我国有行业标准
2.2.2.2～2.2.2.4	修改定义	修正 ISO 标准定义的局限性
2.2.2.5	增加术语	我国有此方法生产的产品
2.2.2.6	增加术语	我国有此产品需要
2.2.3	修改定义	更适合我国国情
2.2.3.1,2.2.3.2	增加术语	我国此产品产量很大
2.2.4.1～2.2.4.2	修改定义	更适合我国国情
2.2.4.5	增加术语	我国有此方法生产的铬铁
2.2.4.6	增加术语	为近年来新产品
2.2.5	修改定义	更适合我国国情
2.2.10	修改定义	修正 ISO 标准定义的局限性
2.2.11～2.2.24	增加术语	我国常规生产品种,每个都有国家标准或行业标准
2.2.25～2.2.29	修改、增加术语	我国常规氮化铁合金品种,相应的都有国家标准或行业标准配套
2.2.30～2.2.32	增加术语	为近年来我国新产品,相应的国家或行业标准在起草中

索　引

（按英文字母顺序）

合金添加剂　alloy additive …… 2.1.2
高炉锰铁　blast furnace ferromanganese …… 2.2.2.5
脱氧剂　deoxidizer …… 2.1.3
牌号　designation …… 2.1.6
脱硫剂　desulfurize …… 2.1.4
电解金属锰　electrolytic metalmanganese …… 2.2.16
铁合金　ferroalloy …… 2.1.1
硼铁　ferroboron …… 2.2.13
低碳硼铁　ferroboron low carbon …… 2.2.13.1
中碳硼铁　ferroboron medium carbon …… 2.2.13.2
铬铁　ferrochromium …… 2.2.4
微碳铬铁　ferrochromium extra low carbon …… 2.2.4.1
高碳铬铁　ferrochromium high carbon …… 2.2.4.4
低钛高碳铬铁　ferrochromium high carbon with low titanium …… 2.2.4.6
低碳铬铁　ferrochromium low carbon …… 2.2.4.2
低磷铬铁　ferrochromium low phosphorus …… 2.2.4.7
中碳铬铁　ferrochromium medium carbon …… 2.2.4.3
氮化铬铁　ferrochromium nitrogen containing …… 2.2.25
真空法微碳铬铁　ferrochromium vacuum extra low carbon …… 2.2.4.5
锰铁　ferromanganese …… 2.2.2
微碳锰铁　ferromanganese extra low carbon …… 2.2.2.1
高碳锰铁　ferromanganese high carbon …… 2.2.2.4
低碳锰铁　ferromanganese low carbon …… 2.2.2.2
低磷锰铁　ferromanganese low phosphorus …… 2.2.2.6
中碳锰铁　ferromanganese medium carbon …… 2.2.2.3
氮化锰铁　ferromanganese nitrogen containing …… 2.2.26.1
锰硅合金　ferromanganese-silicon …… 2.2.3
微碳锰硅合金　ferromanganese-silicon extra low carbon …… 2.2.3.1
低碳锰硅合金　ferromanganese-silicon low carbon …… 2.2.3.2
氮化锰硅　ferromanganese-silicon nitrogen containing …… 2.2.29
钼铁　ferromolybdenum …… 2.2.7
镍铁　ferronickel …… 2.2.32
铌铁　ferroniobium …… 2.2.10
磷铁　ferrophosphorus …… 2.2.14
硅钙合金　ferrosilicocalcium …… 2.2.12
硅铬合金　ferrosilicochromium …… 2.2.5
硅铁　ferrosilicon …… 2.2.1
低钛硅铁　ferrosilicon low titanium …… 2.2.1.1
氮化硅铁　ferrosilicon nitrogen containing …… 2.2.28

钛铁 ferrotitanium …… 2.2.9
钨铁 ferrotungsten …… 2.2.6
钒铁 ferrovanadium …… 2.2.8
低钛低碳磷铁 low titanium & low carbon ferrophosphorus …… 2.2.14.1
锰氮合金 manganese-nitrogen alloy …… 2.2.26
金属铬 metalchromium …… 2.2.17
金属锰 metalmanganese …… 2.2.15
氮化金属锰 metalmanganese nitrogen containing …… 2.2.26.2
变性剂 modifier …… 2.1.5
氧化钼块 molybdic oxide briquets …… 2.2.11
高氮铬铁 nitride ferrochrome with high nitrogen content …… 2.2.25.1
综合精确度 β_{SDM} overall precision …… 2.1.8
精确度 β precision …… 2.1.7
稀土镁硅铁合金 rare earth ferrosilicomagnesium …… 2.2.19
稀土硅铁合金 rare earth ferrosilicon …… 2.2.18
硅钡合金 silicon barium alloy …… 2.2.21
硅铝合金 silicon-aluminium alloy …… 2.2.22
硅钡铝合金 silicon-barium-aluminium alloy …… 2.2.23
硅钙钡铝合金 silicon-calcium-barium-aluminium alloy …… 2.2.24
钒铝合金 vanadium aluminium alloy …… 2.2.31
五氧化二钒 vanadium pentoxide …… 2.2.20
钒渣 vanadium slag …… 2.2.30
钒氮合金 vanadium-nitrogen alloy …… 2.2.27

ICS 77.100
H 22

中华人民共和国国家标准

GB/T 14984.2—2010
代替 GB/T 14984—1994 中相应部分

铁合金　术语　第 2 部分：取样和制样

Ferroalloys—Vocabulary—Part 2: Sampling and sample preparation

(ISO 8954.2:1990, MOD)

2010-09-02 发布　　　　2011-06-01 实施

中华人民共和国国家质量监督检验检疫总局
中国国家标准化管理委员会　发布

前　言

GB/T 14984《铁合金　术语》分为三个部分：

——第1部分：材料；

——第2部分：取样和制样；

——第3部分：筛分。

本部分为第2部分。

本部分修改采用ISO 8954-2：1990《铁合金—术语—第2部分：取样和制样》(英文版)。

本部分根据ISO 8954-2：1990重新起草。在附录A中列出了本部分条款和国际标准条款的对照一览表，有关技术差异已编入正文中，并在它们所涉及的条款的页边空白处用垂直单线标识，在附录B中给出了技术性差异及其原因的一览表以供参考。

本部分与国际标准比较，还做了下列编辑性修改：

——"本国际标准"一词改为"本部分"；

——用小数点"."代替作为小数点的逗号","；

——删除国际标准的前言和参考文献。

本部分代替GB/T 14984—1994《铁合金术语》中相应部分。

本部分与GB/T 14984—1994相比，主要在以下方面进行了修订：

——删除了通用术语和铁合金产品术语；

——删除了铁合金筛分的术语；

——增加了缩分术语。

本部分附录A和附录B为资料性附录。

本部分由中国钢铁工业协会提出。

本部分由全国生铁及铁合金标准化技术委员会归口。

本部分起草单位：中钢集团吉林铁合金股份有限公司、冶金工业信息标准研究院、首钢总公司。

本部分主要起草人：刘宪成、王爽、孙岩铎、史万利、马勤、张瑞香、陈自斌、张磊。

本部分所代替标准的历次版本发布情况为：

——GB/T 14984—1994。

铁合金　术语　第2部分：取样和制样

1　范围

GB/T 14984 的本部分定义了与铁合金分析用试样的取样和制样有关的术语。

本部分适用于铁合金技术要求、交货条件、取样和制样。

2　取样和制样

2.1

取样　sampling

采样的过程。

2.2

交货批　consignment

一次交付，其生产工艺相同，且化学成分和粒度组成在一定范围内，并带有相应铁合金质量证明书的一定量的铁合金。

2.3

炉批　tapped lot

由一炉合金组成的一批。

2.4

分级批　graded lot

对若干炉次同一牌号的同一组别的合金归为一批交货的铁合金。

2.5

典型质量特性　representative quality characteristic

决定取样参数和铁合金价值的一种元素（或多种元素）的含量或粒度分布。

2.6

试样　sample

由一批铁合金中取出的且代表其特性的部分铁合金。

2.7

份样　increment

用取样装置或手工捡拾，从一个交货批的散装或一个包装件中一次取出的一定数量的铁合金。

2.8

副样　subsample

从交货批的部分铁合金中，取得两个或两个以上的份样组成的混合物。

2.9

大样　gross sample

从交货批的铁合金中，取得的所有份样或副样组成的混合物。

2.10

手工取样　manual sampling

手工捡拾或用取样工具（取样铲或取样钎）进行的人工取样。

2.11

机械取样 mechanical sampling

用机械取样装置进行取样,并自动归集样品的过程。

2.12

随机取样 random sampling

是一种份样取样法,用此法取样时,铁合金的各部分均具有相同被获取的几率。

2.13

系统取样 systematic sampling

一种实用的取样方法,是按产品数量或时间或场地等,在规定间隔内所取的份样,第一个份样在第一个间隔内随机取出。

2.14

两步取样 two-stage sampling

是一种实用的两步随机取样方法。第一阶段,选择基本取样件(即包装件或部分交货批);第二阶段,从所选择的每一个基本取样件中随机地取若干份样(二次取样件)。

2.15

制样 sample preparation

为确定质量特性值所进行的试样制备过程。此过程包括试样缩分、破碎、混合和有时预干燥。这些操作可分几个阶段进行。

2.16

缩分 division

为获得一个试验样所要求的试样量,按照规定减少试样量的过程。

2.17

缩分样 divided sample

按缩分方法获得的试样。

2.18

试验样 test sample

为确定化学成分或粒度分布而准备的试样。它是根据试样种类所规定的方法从每一份样、副样或大样中制备的。

2.19

粒度样 size sample

为确定一交货批或部分交货批的粒度分布所取的试样。

附 录 A
（资料性附录）
本部分章条编号与 ISO 8954.2 章条编号对照

表 A.1 给出了本部分章条编号与 ISO 8954.2:1990 章条编号对照一览表。

表 A.1 本部分章条编号与 ISO 8954.2:1990 章条编号对照表

本部分章条编号	对应的 ISO 标准章条编号
1	1
2	2
2.1	2.1
2.2～2.4	—
2.5	2.2
2.6～2.19	2.3～2.16
附录 A	—
附录 B	—
索引	索引
注：表中所列章条编号内容与 ISO 8954.2:1990 章条编号内容一一对应。	

附　录　B
（资料性附录）
本部分与 ISO 8954.2:1990 技术性差异及其原因分析

表 B.1 给出了本部分与 ISO 8954.2:1990 技术性差异及其原因的一览表。

表 B.1　本部分与 ISO 8954.2:1990 技术性差异及其原因

本部分的章条编号	技术性差异	原　因
2.2	增加术语	为 ISO 8954.1:1990 中的 2.6
2.3	增加术语	为 ISO 8954.1:1990 中的 2.8
2.4	增加术语	为 ISO 8954.1:1990 中的 2.9
2.7	修改定义	使定义更有针对性，更适合我国国情

索　引

（按英文字母顺序）

交货批　consignment ……………………… 2.2
缩分样　divided sample …………………… 2.17
缩分　division ……………………………… 2.16
分级批　graded lot ………………………… 2.4
大样　gross sample ………………………… 2.9
份样　increment …………………………… 2.7
手工取样　manual sampling ……………… 2.10
机械取样　mechanical sampling ………… 2.11
随机取样　random sampling ……………… 2.12
典型质量特性　representative quality characteristic …………………………… 2.5
试样　sample ……………………………… 2.6
取样　sampling …………………………… 2.1
制样　sample preparation ………………… 2.15
粒度样　size sample ……………………… 2.19
副样　subsample ………………………… 2.8
系统取样　systematic sampling ………… 2.13
炉批　tapped lot ………………………… 2.3
试验样　test sample ……………………… 2.18
两步取样　two-stage sampling …………… 2.14

ICS 77.100
H 22

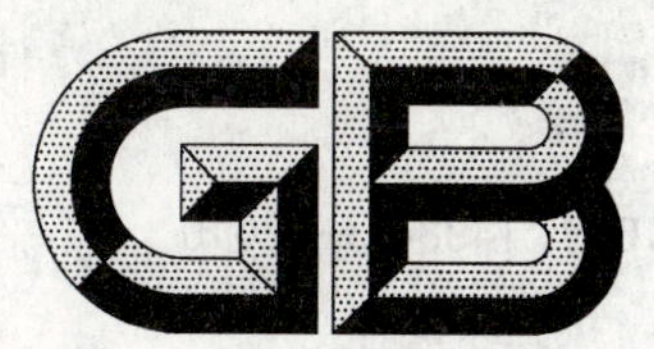

中华人民共和国国家标准

GB/T 14984.3—2010
代替 GB/T 14984—1994 中相应部分

铁合金　术语　第3部分:筛分

Ferroalloys—Vocabulary—Part 3:Sieve analysis

(ISO 8954-3:1990,MOD)

2010-09-02 发布　　　　2011-06-01 实施

中华人民共和国国家质量监督检验检疫总局
中国国家标准化管理委员会　发布

前　言

GB/T 14984《铁合金　术语》分为三个部分：

——第 1 部分：材料；

——第 2 部分：取样和制样；

——第 3 部分：筛分。

本部分为第 3 部分。

本部分修改采用 ISO 8954-3:1990《铁合金—术语—第 3 部分：筛分》(英文版)。

本部分根据 ISO 8954-3:1990 重新起草。在附录 A 中列出了本部分条款和国际标准条款的对照一览表。

本部分在采用国际标准时进行了修改，删除了“批料”、“分批筛分”、“连续筛分”3 条术语，其余内容与其一致。

本部分与国际标准比较，还做了下列编辑性修改：

——“本国际标准”一词改为“本部分”；

——用小数点“.”代替作为小数点的逗号“,”；

——删除国际标准的前言和参考文献。

本部分代替 GB/T 14984—1994《铁合金术语》中相应部分。

本部分与 GB/T 14984—1994 相比，主要在以下方面进行了修订：

——删除了通用术语和铁合金产品的术语；

——删除了铁合金取样和制样的术语。

本部分附录 A 和附录 B 为资料性附录。

本部分由中国钢铁工业协会提出。

本部分由全国生铁及铁合金标准化技术委员会归口。

本部分起草单位：中钢集团吉林铁合金股份有限公司、冶金工业信息标准研究院、首钢总公司。

本部分主要起草人：刘宪成、王爽、史万利、马勤、张瑞香、陈自斌、张磊。

本部分所代替标准的历次版本发布情况为：

——GB/T 14984—1994。

铁合金　术语　第3部分:筛分

1　范围

GB/T 14984 的本部分定义了与铁合金筛分有关的术语。

本部分适用于铁合金技术要求、交货条件及筛分。

2　筛分

2.1

颗粒　particle

铁合金的独立凝聚体。

2.2

粒度范围(筛分分析)　particle size (in sieve analysis)

粒度范围是以一批铁合金颗粒所能通过的最小筛孔孔径和颗粒所不能通过的最大筛孔孔径来定义的。

2.3

最大颗粒粒度　maximum particle size

一种铁合金粒度的长度度量,通常以该种铁合金块 100%通过的方形筛孔孔径或具有一个方孔的标尺来表示。

注:在 GB/T 13247—1991《铁合金产品粒度的取样和检测方法》中规定各种铁合金产品粒度在一个方向上边长不应超过最大极限值的 1.5 倍。

2.4

规定最大粒度　nominal top size

各种型号的铁合金在交货条件的标准及技术要求中所规定的粒度范围的上限。

2.5

规定最小粒度　nominal lower size

各种型号的铁合金在交货条件的标准及技术要求中所规定的粒度范围的下限。

2.6

粒度分级　size fraction

用孔径 X_{mm} 和 Y_{mm}(其中 $X>Y$)的双层筛或孔径 X_{mm}(或 Y_{mm})的单层筛筛分试验样的过程。用双层筛筛分标为 $-X_{mm}+Y_{mm}$,用单层筛筛分标为 $+X_{mm}$ 或 $-X_{mm}$($+Y_{mm}$ 或 $-Y_{mm}$)。

2.7

过大粒度　oversize

不能通过最大极限值 X_{mm} 筛孔的筛上物,通常以 $+X_{mm}$ 表示。

2.8

过小粒度　undersize

能通过最小极限值 Y_{mm} 筛孔的筛下物,通常以 $-Y_{mm}$ 表示。

2.9

粒度分布　size distribution

根据粒度大小,对试样颗粒的定量分组,其表示为通过或留在所选筛上的量对试样总量的百分比。

2.10

筛分　sieving

根据粒度大小,用一个或几个筛子分离铁合金的过程。

2.11

手工筛分　hand sieving

人工支撑和摇动一个筛子(或多个筛子)的操作。

2.12

辅助手工筛分　assisted hand sieving

机械支撑但手工摇动一个筛子(或多个筛子)的操作。

2.13

机械筛分　mechanical sieving

机械支撑和摇动一个筛子(或多个筛子)的操作。

2.14

手工分捡　hand placing

筛分后留在筛上的铁合金颗粒(块)以手工操作,使颗粒(块)尽可能地通过筛子,留在筛上的过大粒度的颗粒(块)将被清楚地分级。

附 录 A
（资料性附录）
本部分章条编号与 ISO 8954-3 章条编号对照

表 A.1 给出了本部分章条编号与 ISO 8954-3:1990 章条编号对照一览表。

表 A.1 本部分章条编号与 ISO 8954-3:1990 章条编号对照表

本部分章条编号	对应的 ISO 标准章条编号
1	1
2	2
2.1～2.5	2.1～2.5
—	2.6
2.6～2.13	2.7～2.14
2.14	2.17
—	2.15,2.16
附录 A	—
索引	索引
注：表中所列章条编号内容与 ISO 8954-3:1990 章条编号内容一一对应。	

索　引

（按英文字母顺序）

辅助手工筛分　assisted hand sieving ……… 2.12
手工分捡　hand placing …………………… 2.14
手工筛分　hand sieving …………………… 2.11
最大颗粒粒度　maximum particle size …… 2.3
机械筛分　mechanical sieving ……………… 2.13
规定最小粒度　nominal lower size ………… 2.5
规定最大粒度　nominal top size …………… 2.4
过大粒度　oversize ………………………… 2.7
颗粒　particle ………………………………… 2.1
粒度范围(筛分分析)　particle size (in sieve analysis) ……………………………… 2.2
筛分　sieving ……………………………… 2.10
粒度分布　size distribution ………………… 2.9
粒度分级　size fraction …………………… 2.6
过小粒度　undersize ……………………… 2.8

ICS 77.140.99
H 57

中华人民共和国国家标准

GB/T 14995—2010
代替 GB/T 14995—1994

高温合金热轧板

Hot-rolled superalloy sheets

2011-01-10 发布　　2011-10-01 实施

中华人民共和国国家质量监督检验检疫总局
中国国家标准化管理委员会　发布

前　言

本标准按照 GB/T 1.1—2009 给出的规则起草。

本标准代替 GB/T 14995—1994《高温合金热轧钢板》。

本标准与 GB/T 14995—1994 相比主要变化如下：

——增加了“规范性引用文件”、“分类”和“订货内容”条款；

——将 GB/T 709—2006 标准的尺寸允许偏差纳入标准中；

——增加 GH 4099 合金牌号及其相关技术要求；

——规定了残余元素铜的上限值；

——删除了电弧炉单炼，并明确规定了各合金的冶炼方法；

——增加了钢板尺寸测量的方法；

——明确规定了复验与判定的方法。

本标准由中国钢铁工业协会提出。

本标准由全国钢标准化技术委员会(SAC/TC 183)归口。

本标准起草单位：东北特殊钢集团有限责任公司、攀钢集团江油长城特殊钢有限公司、冶金工业信息标准研究院。

本标准主要起草人：陈庆新、李爱民、谷强、夏万勇、戴强。

本标准所代替标准的历次版本发布情况为：

GBn 179—1982、GB/T 14995—1994。

高温合金热轧板

1 范围

本标准规定了高温合金热轧板材的尺寸、外形及允许偏差、技术要求、试验方法、检验规则、包装、标志及质量证明书等。

本标准适用于制造高温承力部件用的厚度为4.00 mm～14.00 mm的高温合金热轧板材(以下简称合金板材)。

2 规范性引用文件

下列文件对于本文件的应用是必不可少的。凡是注日期的引用文件，仅注日期的版本适用于本文件。凡是不注日期的引用文件，其最新版本(包括所有的修改单)适用于本文件。

GB/T 223.3 钢铁及合金化学分析方法 二安替吡啉甲烷磷钼酸重量法测定磷量

GB/T 223.5 钢铁 酸溶硅和全硅含量的测定 还原型硅钼酸盐分光光度法

GB/T 223.8 钢铁及合金化学分析方法 氟化钠分离-EDTA滴定法测定铝含量

GB/T 223.9 钢铁及合金 铝含量的测定 铬天青S分光光度法

GB/T 223.11 钢铁及合金 铬含量的测定 可视滴定或电位滴定法

GB/T 223.12 钢铁及合金化学分析方法 碳酸钠分离-二苯碳酰肼光度法测定铬量

GB/T 223.13 钢铁及合金化学分析方法 硫酸亚铁铵容量法测定钒含量

GB/T 223.14 钢铁及合金化学分析方法 钽试剂萃取光度法测定钒含量

GB/T 223.16 钢铁及合金化学分析方法 变色酸光度法测定钛量

GB/T 223.17 钢铁及合金化学分析方法 二安替吡啉甲烷光度法测定钛量

GB/T 223.18 钢铁及合金化学分析方法 硫代硫酸钠分离-碘量法测定铜量

GB/T 223.19 钢铁及合金化学分析方法 新亚铜灵-三氯甲烷萃取光度法测定铜量

GB/T 223.20 钢铁及合金化学分析方法 电位滴定测定钴量

GB/T 223.22 钢铁及合金化学分析方法 亚硝基R盐分光光度法测定钴量

GB/T 223.25 钢铁及合金化学分析方法 丁二酮肟重量法测定镍量

GB/T 223.26 钢铁及合金 钼含量的测定 硫氰酸盐分光光度法

GB/T 223.28 钢铁及合金化学分析方法 α-安息香肟重量法测定钼量

GB/T 223.29 钢铁及合金 铅含量的测定 载体沉淀-二甲酚橙分光光度法

GB/T 223.30 钢铁及合金化学分析方法 对溴苦杏仁酸沉淀分离-偶氮胂Ⅲ分光光度法测定锆量

GB/T 223.33 钢铁及合金化学分析方法 萃取分离-偶氮氯膦mA光度法测定铈量

GB/T 223.38 钢铁及合金化学分析方法 离子交换分离-重量法测定铌量

GB/T 223.40 钢铁及合金化学分析方法 铌含量的测定 氯磺酚S分光光度法

GB/T 223.43 钢铁及合金 钨含量的测定 重量法和分光光度法

GB/T 223.53 钢铁及合金化学分析方法 火焰原子吸收分光光度法测定铜量

GB/T 223.58 钢铁及合金化学分析方法 亚砷酸钠-亚硝酸钠滴定法测定锰量

GB/T 223.59 钢铁及合金 磷含量的测定 铋磷钼蓝分光光度法和锑磷钼蓝分光光度法

GB/T 223.60 钢铁及合金化学分析方法 高氯酸重量法测定硅量

GB/T 223.61 钢铁及合金化学分析方法 磷钼酸铵容量法测定磷量

GB/T 223.62 钢铁及合金化学分析方法 乙酸丁脂萃取光度测定磷量

GB/T 223.63 钢铁及合金化学分析方法 高碘酸钠(钾)光度法测定锰量

GB/T 223.64 钢铁及合金 锰含量的测定 火焰原子吸收光谱法

GB/T 223.67 钢铁及合金 硫含量的测定 次甲基蓝分光光度法

GB/T 223.68 钢铁及合金化学分析方法 管式炉内燃烧后碘酸钾滴定法测定硫含量

GB/T 223.69 钢铁及合金 碳含量的测定 管式炉内燃烧后气体容量法

GB/T 223.70 钢铁及合金 铁含量的测定 邻二氮杂菲分光光度法

GB/T 223.71 钢铁及合金化学分析方法 管式炉内燃烧后重量法测定碳含量

GB/T 223.72 钢铁及合金 硫含量的测定 重量法

GB/T 223.73 钢铁及合金 铁含量的测定 三氯化钛-重铬酸钾滴定法

GB/T 223.74 钢铁及合金化学分析方法 非化合碳含量的测定

GB/T 223.75 钢铁及合金 硼含量的测定 甲醇蒸馏-姜黄素光度法

GB/T 223.76 钢铁及合金化学分析方法 火焰原子吸收光谱法测定钒量

GB/T 228.1 金属材料 拉伸试验 第1部分:室温试验方法(GB/T 228.1—2010,ISO 6892-1:2009,MOD)

GB/T 247 钢板和钢带验收、包装、标志及质量证明书的一般规定

GB/T 2039 金属拉伸蠕变及持久试验方法

GB/T 4162 锻轧钢棒超声波检验方法

GB/T 4338 金属材料 高温拉伸试验

GB/T 4340.1 金属材料 维氏硬度试验 第1部分:试验方法

GB/T 6394 金属平均晶粒度测定法

GB/T 8651 金属板材超声波探伤方法

GB/T 14999.2 高温合金棒材横向低倍组织酸浸试验法

GB/T 20066 钢和铁 化学成分测定用试样取样和制样方法

GB/T 20123 钢铁 总碳硫含量的测定 高频感应炉燃烧后红外吸收法(常规方法)

GB/T 20127.1 钢铁及合金 痕量元素的测定 第1部分:石墨炉原子吸收光谱法测定银含量

GB/T 20127.7 钢铁及合金 痕量元素的测定 第7部分:示波极谱法测定铅含量

GB/T 20127.8 钢铁及合金 痕量元素的测定 第8部分:氢化物发生-原子荧光光谱法测定锑含量

GB/T 25829 高温合金成品化学成份允许偏差

3 分类

本标准按轧制精度分为:

a) 较高精度;

b) 普通精度。

4 订货内容

按本标准订货的合同或订单应包括以下内容:

a) 本标准编号；

b) 合金牌号；

c) 冶炼方法；

d) 重量(或数量)；

e) 尺寸规格；

f) 交货状态；

g) 尺寸允许偏差组别；

h) 定尺和倍尺长度(有要求时注明)；

i) 其他要求。

5 尺寸、外形及允许偏差

5.1 板材的厚度为4.00 mm～14.00 mm，宽度为600 mm～1 000 mm，长度为1 000 mm～2 000 mm。超出上述规定范围的尺寸由供需双方协商。

5.2 板材的长度允许偏差为+10 mm，宽度允许偏差为+10 mm。

5.3 板材的厚度允许偏差应符合表1规定，具体厚度精度应在合同中注明(未注明时按普通轧制精度交货)。

5.4 经供需双方协商，可按倍尺交货，圆角允许交货。因取试样而造成的短、窄尺的板材，每炉批允许交货1张(每炉批交货量不小于100张时，则允许交2张)。

5.5 公称厚度为4.00 mm～10.00 mm的板材每米不平度应不大于10 mm；大于10.00 mm～14.00 mm的板材每米不平度应不大于8 mm。

5.6 板材应切成直角，切斜不得使板材长度和宽度小于公称尺寸，并应保证订货公称尺寸的最小矩形。

表 1

单位为毫米

公称厚度	公称宽度			
	600～750		750～1 000	
	较高轧制精度	普通轧制精度	较高轧制精度	普通轧制精度
4.00～5.50	+0.10 −0.30	+0.20 −0.40	+0.15 −0.30	+0.30 −0.40
>5.50～7.50	+0.10 −0.40	+0.20 −0.50	+0.10 −0.50	+0.20 −0.60
>7.50～14.00	+0.10 −0.70	+0.20 −0.80	+0.10 −0.70	+0.20 −0.80

6 技术要求

6.1 冶炼方法

合金应采用表2规定的冶炼方法，也可采用经供需双方同意的能满足本标准要求的其他冶炼方法，所采用的冶炼方法应在合同和质量证明书中注明。

表 2

合金牌号	冶炼方法				
	电弧炉＋电渣重熔	电弧炉＋真空自耗炉	非真空感应炉＋电渣重熔	真空感应炉＋电渣重熔	真空感应炉＋真空自耗炉
GH 1035	●		●		
GH 1131	●		●		
GH 1140	●	●	●	●	
GH 2018				●	
GH 2132	●		●		
GH 2302				●	
GH 3030	●		●		
GH 3039	●	●	●		
GH 3044	●	●	●		
GH 3128			●	●	
GH 4099				●	●

6.2 牌号及化学成分

6.2.1 合金牌号和化学成分(熔炼分析)应符合表 3 的规定。

6.2.2 成品板材化学成分允许偏差应符合 GB/T 25829 的规定,但 GH 1140 成品板材的 Ti 元素偏差为−0.05%。

6.3 交货状态

6.3.1 板材应以固溶处理、酸洗、平整、切边后交货。

6.3.2 板材交货状态的推荐固溶处理制度按表 4 规定,供方应在质量证明书中注明实际的成品板材固溶处理温度。

表 4

牌　号	成品板材推荐固溶处理制度
GH 1035	1 100 ℃～1 140 ℃,空冷
GH 1131	1 130 ℃～1 170 ℃,空冷
GH 1140	1 050 ℃～1 090 ℃,空冷
GH 2018	1 100 ℃～1 150 ℃,空冷
GH 2132	980 ℃～1 000 ℃,空冷
GH 2302	1 100 ℃～1 130 ℃,空冷
GH 3030	980 ℃～1 020 ℃,空冷
GH 3039	1 050 ℃～1 090 ℃,空冷
GH 3044	1 120 ℃～1 160 ℃,空冷
GH 3128	1 140 ℃～1 180 ℃,空冷
GH 4099	1 080 ℃～1 140 ℃,空冷
注:表中所列固溶温度系指板材温度。	

表 3

合金牌号		化学成分(质量分数)/%																
新牌号	原牌号	C	Cr	Ni	W	Mo	Al	Ti	Fe	Nb	B	Ce	Mn	Si	P	S	Cu	其他
GH 1035[a]	GH 35	0.06~0.12	20.00~23.00	35.00~40.00	2.50~3.50	—	≤0.50	0.70~1.20	余	1.20~1.70	—	≤0.05	≤0.70	≤0.80	≤0.030	≤0.020	≤0.25	—
GH 1131	GH 131	≤0.10	19.00~22.00	25.00~30.00	4.80~6.00	2.80~3.50	—	—	余	0.70~1.30	≤0.005	—	≤1.20	≤0.80	≤0.020	≤0.020	≤0.25	N:0.15~0.30
GH 1140[b]	GH 140	0.06~0.12	20.00~23.00	35.00~40.00	1.40~1.80	2.00~2.50	0.20~0.60	0.70~1.20	余	—	—	≤0.05	≤0.70	≤0.80	≤0.025	≤0.015	≤0.25	—
GH 2018	GH 18	≤0.06	18.00~21.00	40.00~44.00	1.80~2.20	3.70~4.30	0.35~0.75	1.80~2.20	余	—	≤0.015	≤0.02	≤0.50	≤0.60	≤0.020	≤0.015	≤0.25	Zr≤0.05
GH 2132	GH 132	≤0.08	13.50~16.00	24.00~27.00	—	1.00~1.50	≤0.40	1.75~2.30	余	—	0.003~0.010	—	≤2.00	≤1.00	≤0.020	≤0.015	≤0.25	V:0.10~0.50
GH 2302	GH 302	≤0.08	12.00~16.00	38.00~42.00	3.50~4.50	1.50~2.50	1.80~2.30	2.30~2.80	余	—	≤0.010	≤0.02	≤0.60	≤0.60	≤0.020	≤0.010	≤0.25	Zr≤0.05
GH 3030	GH 30	≤0.12	19.00~22.00	余	—	—	≤0.15	0.15~0.35	≤1.00	—	—	—	≤0.70	≤0.80	≤0.015	≤0.010	≤0.20	Pb≤0.001
GH 3039[c]	GH 39	≤0.08	19.00~22.00	余	—	1.80~2.30	0.35~0.75	0.35~0.75	≤3.00	0.90~1.30	—	—	≤0.40	≤0.80	≤0.020	≤0.012	≤0.20	—
GH 3044	GH 44	≤0.10	23.50~26.50	余	13.00~16.00	≤1.50	≤0.50	0.30~0.70	≤4.00	—	—	—	≤0.50	≤0.80	≤0.013	≤0.013	≤0.25	—
GH 3128	GH 128	≤0.05	19.00~22.00	余	7.50~9.00	7.50~9.00	0.40~0.80	0.40~0.80	≤2.00	—	≤0.005	≤0.05	≤0.50	≤0.80	≤0.013	≤0.013	≤0.25	Zr≤0.06
GH 4099	GH 99	≤0.08	17.00~20.00	余	5.00~7.00	3.50~4.50	1.70~2.40	1.00~1.50	≤2.00	—	≤0.005	≤0.02	≤0.40	≤0.50	≤0.015	≤0.015	≤0.25	Co:5.00~8.00 Mg≤0.010

除 GH 2132 外，合金中 B、Zr、Ce 按计算量加入，不作分析；如有特殊要求应在合同中注明。

[a] 合金中 Ti、Nb 任选其一，不应同时加入。

[b] 电弧炉+电渣重熔或非真空感应炉+电渣重熔时 Al+Ti 应不大于 1.75%。

[c] 合金中允许有 Ce 存在。

表 5

合金牌号		检验试样状态	试验温度/℃	力学性能		
新牌号	原牌号			抗拉强度 R_m/MPa	断后伸长率 A_5/%	断面收缩率 Z/%
GH 1035	GH 35	交货状态	室温	≥590	≥35.0	实测
			700	≥345	≥35.0	实测
GH 1131[a]	GH 131	交货状态	室温	≥735	≥34.0	实测
			900	≥180	≥40.0	实测
			1 000	≥110	≥43.0	实测
GH 1140	GH 140	交货状态	室温	≥635	≥40.0	≥45.0
			800	≥245	≥40.0	≥50.0
GH 2018	GH 18	交货状态＋时效(800 ℃±10 ℃,保温 16 h,空冷)	室温	≥930	≥15.0	实测
			800	≥430	≥15.0	实测
GH 2132[b]	GH 132	交货状态＋时效(700 ℃～720 ℃,保温 12 h～16 h,空冷)	室温	≥880	≥20.0	实测
			650	≥735	≥15.0	实测
			550	≥785	≥16.0	实测
GH 2302	GH 302	交货状态	室温	≥685	≥30.0	实测
		交货状态＋时效(800 ℃±10 ℃,保温 16 h,空冷)	800	≥540	≥6.0	实测
GH 3030	GH 30	交货状态	室温	≥685	≥30.0	实测
			700	≥295	≥30.0	实测
GH 3039	GH 39	交货状态	室温	≥735	≥40.0	≥45.0
			800	≥245	≥40.0	≥50.0
GH 3044	GH 44	交货状态	室温	≥735	≥40.0	实测
			900	≥185	≥30.0	实测
GH 3128	GH 128	交货状态	室温	≥735	≥40.0	实测
		交货状态＋固溶(1 200 ℃±10 ℃,空冷)	950	≥175	≥40.0	实测
GH 4099	GH 99	交货状态＋时效(900 ℃±10 ℃,保温 5 h,空冷)	900	≥295	≥23.0	—

[a] 高温拉伸可由供方任选一组温度,若合同未注明时,按 900 ℃进行检验。

[b] 高温拉伸可由供方任选一组温度,若合同未注明时,按 650 ℃进行检验。

6.4 力学性能

6.4.1 板材(或试样)的力学性能应符合表5的规定。当板厚不小于7.0 mm时采用圆形试样;板厚小于7.0 mm时可以制备非标准圆形试样,供方仅提供力学性能实测数据,不作判定依据,但应在质量证明书中注明。

6.4.2 经需方要求,供方可对其他合金做高温持久性能试验,高温持久性能要求和试验条件(温度、应力、断裂时间等)应由供需双方协商确定,并在合同中注明。

6.5 低倍组织

在合金中间板坯上进行横截面低倍组织检验,其低倍组织试片上不应有缩孔痕迹、夹渣、裂纹、空洞、气泡和针孔等缺陷存在。经需方同意,供方可在中间坯上逐块进行超声波探伤检验,代替横向低倍组织检验。

6.6 晶粒度

合金板材交货状态晶粒度级别报实测结果,不作判定依据。

6.7 超声波检验

板材应逐张进行超声波检验,不允许有分层。供方也可在中间坯上进行超声波检验。

6.8 表面质量

6.8.1 板材表面应光滑平整,不允许有疤痕、重皮、氧化皮、麻坑、过酸洗痕迹。

6.8.2 板材表面允许存在偏差范围内(不超出板材最小厚度)的轻微和局部的擦伤、划伤、轧辊压痕和小麻点。超出上述规定的缺陷,允许用粒度细于80#的细砂轮顺轧制方向清除,但应保证板材的最小厚度。清理面积不作规定。

7 试验方法

7.1 每批钢板的检验项目和试验方法应符合表6的规定。

表6

序号	检验项目	取样数量/个	取样部位	试验方法
1	化学成分[a]	2	按GB/T 20066规定 锭头、尾部各1个	GB/T 223、 GB/T 20123、 GB/T 20127
2	室温拉伸	2	板材横向,边部、中部各1个	GB/T 228.1
3	高温拉伸	2	板材横向,边部、中部各1个	GB/T 4338
4	高温持久	2	板材横向,边部、中部各1个	GB/T 2039
5	低倍组织	1	板材横向,中间坯, 相当锭头部(充填端)	GB/T 14999.2
6	晶粒度	2	板材横向,边部、中部各1个	GB/T 6394
7	超声波检验	逐张	成品板材或中间坯	GB/T 8651或GB/T 4162

表 6(续)

序号	检验项目	取样数量/个	取样部位	试验方法
8	尺寸	逐张	成品板材	见 7.2
9	不平度	逐张	成品板材	见 7.3
10	表面质量	逐张	成品板材	目视
[a] 对 C、Al、Ti 元素应按子炉号从锭头部和尾部取样分析，对其他规定元素应从锭头部取样分析。需方可取 1 个试样进行复验。				

7.2　尺寸测量采用通用的千分尺、钢卷尺等测量工具，对板材逐张进行尺寸测量。测量板材厚度应在距离边部(纵边和横边)不小于 25 mm 处测量。

7.3　不平度测量是将板材自由地轻放在检查平台上，除板材的自身重量外不施加任何压力，用量程为 1 000 mm 的直尺进行测量，直尺与板之间的最大距离即为不平度。

8　检验规则

8.1　检查和验收

8.1.1　板材出厂的检查和验收由供方质量技术监督部门进行。

8.1.2　供方应保证交货的钢材符合本标准或合同的规定，必要时，需方有权对本标准或合同规定的任一检验项目进行检查和验收。

8.2　组批规则

板材应成批提交检查和验收。每批应由同一合金牌号、同一最终熔炼炉号、同一尺寸、同一交货状态和同一热处理炉批的板材组成。采用电渣重熔冶炼的钢，在工艺稳定且能保证本标准各项要求的条件下，允许以熔炼母炉号组批交货。

8.3　取样数量和取样部位

每批板材的取样部位和取样数量应符合表 6 的规定。

8.4　判定和复验规则

8.4.1　当化学成分分析结果不合格时，允许在原取样部位重新取样对不合格元素进行分析，若重新分析结果仍不合格，该炉判为不合格。

8.4.2　当力学性能某一检验项目不合格时，允许从该批板材上切取双倍数量的试样(包括初试不合格的板材)对不合格项目进行复验。复验结果即使只有一个试样不合格，该批板材应判为不合格。

8.4.3　当低倍检验不合格时，应判为不合格(缩孔残余除外)。对缩孔残余有规律分布的缺陷进行切除处理后，再进行复验，复验仍不合格，该批判为不合格。

8.4.4　对超声波检验、尺寸、外形及外观质量检验不合格的板材，单张判为不合格。

9　包装、标志和和质量证明书

9.1　包装

板材包装应符合 GB/T 247 的规定。

9.2 标志

板材应逐张标明供方名称、合金牌号、炉号、尺寸等;包装箱上应标明合同号、合金牌号、炉号、尺寸、张数、重量和供方、需方名称。

9.3 质量证明书

每批交货的板材应附有下述内容的质量证明书,并打上技术监督部门的印记:

a) 供方名称;

b) 需方名称;

c) 合同号;

d) 本标准号;

e) 合金牌号;

f) 冶炼方法;

g) 最终熔炼炉号;

h) 交货状态;

i) 试样热处理制度;

j) 规格;

k) 重量(和数量);

l) 日期;

m) 按本标准或合同、协议所规定的各项检验结果(如进行复验,应包括两次检验结果)。

ICS 77.140.99
H 57

中华人民共和国国家标准

GB/T 14996—2010
代替 GB/T 14996—1994

高温合金冷轧板

Cold-rolled heat-resisting superalloy sheets

2011-01-10 发布　　　　2011-10-01 实施

中华人民共和国国家质量监督检验检疫总局
中国国家标准化管理委员会　发布

前　言

本标准按照 GB/T 1.1—2009 给出的规则起草。

本标准代替 GB/T 14996—1994《高温合金冷轧薄板》。

本标准与 GB/T 14996—1994 相比主要变化如下：

——标准名称修改为“高温合金冷轧板”；

——增加了“规范性引用文件”和“订货内容”条款；

——将 GB/T 708—2006 的尺寸允许偏差纳入标准中；

——增加 GH 4033、GH 4099、GH 4145 合金牌号及其相关技术要求；

——规定了残余元素铜含量的上限值；

——明确规定了各合金的炼冶方法；

——增加了钢板尺寸测量的方法；

——增加了 GH 4099 晶界氧化的测量方法；

——明确规定了复验与判定的方法。

本标准由中国钢铁工业协会提出。

本标准由全国钢标准化技术委员会(SAC/TC 183)归口。

本标准起草单位：东北特殊钢集团有限责任公司、攀钢集团江油长城特殊钢有限公司、冶金工业信息标准研究院。

本标准主要起草人：李爱民、陈庆新、夏万勇、谷强、戴强。

本标准所代替标准的历次版本发布情况为：

——GBn180—1982、GB/T 14996—1994。

高温合金冷轧板

1 范围

本标准规定了高温合金(以下简称合金)冷轧板的尺寸、外形及允许偏差、技术要求、试验方法、检验规则、包装、标志及质量证明书等。

本标准适用于厚度为0.5 mm～4.0 mm的冷轧板(以下简称板材)。

2 规范性引用文件

下列文件对于本文件的应用是必不可少的。凡是注日期的引用文件,仅注日期的版本适用于本文件。凡是不注日期的引用文件,其最新版本(包括所有的修改单)适用于本文件。

GB/T 223.3 钢铁及合金化学分析方法 二安替吡啉甲烷磷钼酸重量法测定磷量

GB/T 223.5 钢铁 酸溶硅和全硅含量的测定 还原型硅钼酸盐分光光度法

GB/T 223.8 钢铁及合金化学分析方法 氟化钠分离-EDTA滴定法测定铝含量

GB/T 223.9 钢铁及合金 铝含量的测定 铬天青S分光光度法

GB/T 223.11 钢铁及合金 铬含量的测定 可视滴定或电位滴定法

GB/T 223.13 钢铁及合金化学分析方法 硫酸亚铁铵滴定法测定钒含量

GB/T 223.14 钢铁及合金化学分析方法 钽试剂萃取光度法测定钒含量

GB/T 223.16 钢铁及合金化学分析方法 变色酸光度法测定钛量

GB/T 223.17 钢铁及合金化学分析方法 二安替吡啉甲烷光度法测定钛量

GB/T 223.18 钢铁及合金化学分析方法 硫代硫酸钠分离-碘量法测定铜量

GB/T 223.19 钢铁及合金化学分析方法 新亚铜灵-三氯甲烷萃取光度法测定铜量

GB/T 223.20 钢铁及合金化学分析方法 电位滴定测定钴量

GB/T 223.23 钢铁及合金 镍含量的测定 丁二酮肟分光光度法

GB/T 223.25 钢铁及合金化学分析方法 丁二酮肟重量法测定镍量

GB/T 223.26 钢铁及合金 钼含量的测定 硫氰酸盐分光光度法

GB/T 223.28 钢铁及合金化学分析方法 α-安息香肟重量法测定钼量

GB/T 223.29 钢铁及合金 铅含量的测定 载体沉淀-二甲酚橙分光光度法

GB/T 223.30 钢铁及合金化学分析方法 对-溴苦杏仁酸沉淀分离-偶氮胂Ⅲ分光光度法测定锆量

GB/T 223.33 钢铁及合金化学分析方法 萃取分离-偶氮氯膦mA光度法测定铈量

GB/T 223.38 钢铁及合金化学分析方法 离子交换分离-重量法测定铌量

GB/T 223.40 钢铁及合金化学分析方法 铌含量的测定 氯磺酚S分光光度法

GB/T 223.43 钢铁及合金 钨含量的测定 重量法和分光光度法

GB/T 223.53 钢铁及合金化学分析方法 火焰原子吸收分光光度法测定铜量

GB/T 223.58 钢铁及合金化学分析方法 亚砷酸钠-亚硝酸钠滴定法测定锰量

GB/T 223.59 钢铁及合金 磷含量的测定 铋磷钼蓝分光光度法和锑磷钼蓝分光光度法

GB/T 223.60 钢铁及合金化学分析方法 高氯酸重量法测定硅含量

GB/T 223.61 钢铁及合金化学分析方法 磷钼酸铵容量法测定磷量

GB/T 223.62 钢铁及合金化学分析方法 乙酸丁脂萃取光度测定磷量

GB/T 223.63 钢铁及合金化学分析方法 高碘酸钠(钾)光度法测定锰量

GB/T 223.64 钢铁及合金 锰含量的测定 火焰原子吸收光谱法

GB/T 223.67 钢铁及合金 硫含量的测定 次甲基蓝分光光度法

GB/T 223.68 钢铁及合金化学分析方法 管式炉内燃烧后碘酸钾滴定法测定硫含量

GB/T 223.69 钢铁及合金 碳含量的测定 管式炉内燃烧后气体容量法

GB/T 223.70 钢铁及合金 铁含量的测定 邻二氮杂非分光光度法

GB/T 223.71 钢铁及合金化学分析方法 管式炉内燃烧后重量法测定碳含量

GB/T 223.72 钢铁及合金 硫含量的测定 重量法

GB/T 223.73 钢铁及合金 铁含量的测定 三氯化钛-重铬酸钾滴定法

GB/T 223.74 钢铁及合金化学分析方法 非化合碳含量的测定

GB/T 223.75 钢铁及合金 硼含量的测定 甲醇蒸馏-姜黄素光度法

GB/T 223.76 钢铁及合金化学分析方法 火焰原子吸收光谱法测定钒量

GB/T 228.1 金属材料 拉伸试验 第1部分:室温试验方法

GB/T 232 金属材料 弯曲试验方法

GB/T 247 钢板和钢带验收、包装、标志及质量证明书的一般规定

GB/T 2039 金属拉伸蠕变及持久试验方法

GB/T 4338 金属材料 高温拉伸试验方法

GB/T 4340.1 金属材料 维氏硬度试验 第1部分:试验方法

GB/T 6394 金属平均晶粒度测定法

GB/T 14999.2 高温合金棒材横向低倍组织酸浸试验法

GB/T 20066 钢和铁 化学成分测定用试样的取样和制样方法

GB/T 20123 钢铁 总碳硫含量的测定 高频感应炉燃烧后红外吸收法(常规方法)

GB/T 20127.1 钢铁及合金 痕量元素的测定 第1部分:石墨炉原子吸收光谱法测定银含量

GB/T 20127.3 钢铁及合金 痕量元素的测定 第3部分:电感耦合等离子体发射光谱法测定钙、镁和钡含量

GB/T 20127.7 钢铁及合金 痕量元素的测定 第7部分:示波极谱法测定铅含量

GB/T 20127.8 钢铁及合金 痕量元素的测定 第8部分:氢化物发生-原子荧光光谱法测定锑含量

GB/T 25829 高温合金成品化学成分允许偏差

GJB 3384 金属薄板兰姆波检验方法

3 订货内容

按本标准订货的合同或订单应包括以下内容:

a) 本标准编号;

b) 合金牌号;

c) 冶炼方法;

d) 重量(或数量);

e) 尺寸规格；

f) 交货状态；

g) 尺寸允许偏差；

h) 定尺和倍尺长度(有要求时注明)；

i) 表面质量；

j) 其他要求。

4 尺寸、外形及允许偏差

4.1 板材长度和宽度应符合表1规定。

表1

单位为毫米

厚　度	宽　度	长　度
0.5～<0.8	600～1 000	1 200～2 100
0.8～<1.8	600～1 050	1 200～2 100
1.8～<3.0	600～1 000	1 200～2 100
3.0～4.0	600～1 000	900～1 600

4.2 板材长度允许偏差为＋10 mm，宽度允许偏差为＋6 mm，厚度允许偏差应符合表2的规定。

4.3 经供需双方协商，可供应不超过每批交货重量的10%的短、窄尺板材。允许的最小短、窄尺板材尺寸应在合同中注明，不注明时，供方可按不小于500 mm交货。因取试样而造成短、窄尺的板材，每批允许交货1张(每炉批交货量不小于100张时，允许交2张)。供方可向需方供应零件尺寸定尺或倍尺的板材。

表2

单位为毫米

公称厚度	0.50	>0.50～0.65	>0.65～0.90	>0.90～1.10	>1.10～1.20	>1.20～1.40	>1.40～1.50
厚度允许偏差	±0.05[a]	±0.06[a]	±0.07	±0.09	±0.10	±0.11	±0.12
公称厚度	—	>1.50～1.80	>1.80～2.0	>2.0～2.5	>2.5～3.0	>3.0～3.5	>3.5～4.0
厚度允许偏差	—	±0.14	±0.15	±0.16	±0.18	±0.20	±0.22
[a] 仅适用于GH1035、GH1140、GH3030、GH3039合金板材，其余合金板材厚度允许偏差为±0.07。							

4.4 厚度小于0.8 mm的板材，不平度应不大于15 mm/m；厚度不小于0.8 mm～4.0 mm的板材，不平度应不大于10 mm/m。

4.5 板材应切成直角，切斜不得使板材长度和宽度小于公称尺寸，并应保证订货公称尺寸的最小矩形。

4.6 经供需双方协商，可供应更高质量要求的钢板，具体指标应在合同中注明。

5 技术要求

5.1 冶炼方法

合金应采用表3规定的冶炼方法生产，也可采用经供需双方同意的能满足本标准要求的其他冶炼方法,所采用的冶炼方法应在合同和质量证明书中注明。

5.2 牌号和化学成分

5.2.1 合金牌号和化学成分(熔炼分析)应符合表4的规定。

5.2.2 根据需方要求,经供需双方协商并在合同中注明,供方可供应比表4规定的成分范围较严的合金。

5.2.3 成品板材化学成分的允许偏差应符合GB/T 25829的规定,但GH 1140成品板材的Ti元素的偏差为−0.05%。

5.3 交货状态

5.3.1 板材应经固溶处理、碱酸洗、平整、矫直和切边后交货。

5.3.2 板材交货状态推荐固溶处理制度按表5规定。供方应在质量证明书中注明板材的实际固溶处理温度。

5.4 力学性能

5.4.1 板材(或试样)的力学性能应符合表6的规定。

5.4.2 板材高温持久性能应符合表7的规定。

5.4.3 GH 4099合金板材交货硬度应不大于300 HV。经需方同意,当交货硬度大于300 HV,其他性能合格时,允许交货,硬度值实测报出,不作判定依据。

表3

合金牌号	冶炼方法				
	电弧炉+电渣重熔	电弧炉+真空自耗炉	非真空感应炉+电渣重熔	真空感应炉+电渣重熔	真空感应炉+真空自耗炉
GH 1035	●		●		
GH 1131	●		●		
GH 1140	●	●	●	●	
GH 2018				●	
GH 2132	●		●		
GH 2302				●	
GH 3030	●		●		
GH 3039	●	●	●		
GH 3044	●	●	●		
GH 3128			●	●	
GH 4033	●	●	●		
GH 4099				●	●
GH 4145				●	●

表 4

合金牌号		化学成分(质量分数)/%																
新牌号	原牌号	C	Cr	Ni	W	Mo	Al	Ti	Fe	Nb	B	Ce	Mn	Si	P	S	Cu	其他
GH 1035[a]	GH 35	0.06～0.12	20.00～23.00	35.00～40.00	2.50～3.50	—	≤0.50	0.70～1.20	余	1.20～1.70	—	≤0.05	≤0.70	≤0.80	≤0.030	≤0.020	≤0.25	—
GH 1131	GH 131	≤0.10	19.00～22.00	25.00～30.00	4.80～6.00	2.80～3.50	—	—	余	0.70～1.30	≤0.005	—	≤1.20	≤0.80	≤0.020	≤0.020	≤0.25	N:0.15～0.30
GH 1140[b]	GH 140	0.06～0.12	20.00～23.00	35.00～40.00	1.40～1.80	2.00～2.50	0.20～0.60	0.70～1.20	余	—	—	≤0.05	≤0.70	≤0.80	≤0.025	≤0.015	≤0.25	—
GH 2018	GH 18	≤0.06	18.00～21.00	40.00～44.00	1.80～2.20	3.70～4.30	0.35～0.75	1.80～2.20	余	—	≤0.015	≤0.02	≤0.50	≤0.60	≤0.020	≤0.015	≤0.25	Zr≤0.05
GH 2132	GH 132	≤0.08	13.50～16.00	24.00～27.00	—	1.00～1.50	≤0.40	1.75～2.30	余	—	0.003～0.010	—	≤2.00	≤1.00	≤0.020	≤0.015	≤0.25	V:0.10～0.50
GH 2302	GH 302	≤0.08	12.00～16.00	38.00～42.00	3.50～4.50	1.50～2.50	1.80～2.30	2.30～2.80	余	—	≤0.010	≤0.02	≤0.60	≤0.60	≤0.020	≤0.010	≤0.25	Zr≤0.05
GH 3030	GH 30	≤0.12	19.00～22.00	余	—	—	≤0.15	0.15～0.35	≤1.00	—	—	—	≤0.70	≤0.80	≤0.015	≤0.010	≤0.20	Pb≤0.001
GH 3039[c]	GH 39	≤0.08	19.00～22.00	余	—	1.80～2.30	0.35～0.75	0.35～0.75	≤3.00	0.90～1.30	—	—	≤0.40	≤0.80	≤0.020	≤0.012	≤0.20	—
GH 3044	GH 44	≤0.10	23.50～26.50	余	13.00～16.00	≤1.50	≤0.50	0.30～0.70	≤4.00	—	—	—	≤0.50	≤0.80	≤0.013	≤0.013	≤0.25	—
GH 3128	GH 128	≤0.05	19.00～22.00	余	7.50～9.00	7.50～9.00	0.40～0.80	0.40～0.80	≤2.00	—	≤0.005	≤0.05	≤0.50	≤0.80	≤0.013	≤0.013	≤0.25	Zr≤0.06
GH 4033	GH 33	0.03～0.08	19.00～22.00	余	Bi≤0.001	Sn≤0.001 2	0.60～1.00	2.40～2.80	≤1.00	Pb≤0.001	≤0.01	≤0.01	≤0.35	≤0.65	≤0.015	≤0.007	≤0.07	Sb、As≤0.002 5
GH 4099	GH 99	≤0.08	17.00～20.00	余	5.00～7.00	3.50～4.50	1.70～2.40	1.00～1.50	≤2.00	Mg≤0.010	≤0.005	≤0.02	≤0.40	≤0.50	≤0.015	≤0.015	≤0.25	Co:5.00～8.00
GH 4145	GH 145	≤0.08	14.00～17.00	Ni+Co≥70.00	Co≤1.00	—	0.40～1.00	2.25～2.75	5.00～9.00	—	—	—	≤0.35	≤0.35	≤0.015	≤0.010	≤0.50	Nb+Ta:0.70～1.20

除 GH 2132 外,合金中 B、Zr、Ce 按计算量加入,不作分析;如有特殊要求应在合同中注明。

[a] 合金中 Ti、Nb 任选其一,不应同时加入。
[b] 电弧炉+电渣重熔或非真空感应炉+电渣重熔时 Al+Ti 应不大于 1.75%。
[c] 合金中允许有 Ce 存在。

表 5

合金牌号	成品板材推荐固溶处理制度
GH 1016	1 140 ℃～1 180 ℃，空冷
GH 1035	1 100 ℃～1 140 ℃，空冷
GH 1131	1 130 ℃～1 170 ℃，空冷
GH 1140	1 050 ℃～1 090 ℃，空冷
GH 2018	1 110 ℃～1 150 ℃，空冷
GH 2302	1 100 ℃～1 130 ℃，空冷
GH 3030	980 ℃～1 020 ℃，空冷
GH 3039	1 050 ℃～1 090 ℃，空冷
GH 3044	1 120 ℃～1 160 ℃，空冷
GH 3128	1 140 ℃～1 180 ℃，空冷
GH 3536	1 130 ℃～1 170 ℃，快冷或水冷
GH 4033	970 ℃～990 ℃，空冷
GH 4099	1 080 ℃～1 140 ℃（最高不超过 1 160 ℃），空冷或快冷
GH 4145	1 070 ℃～1 090 ℃，空冷
注：表中所列固溶温度指板材温度。	

表 6

合金牌号	检验试样状态	试验温度/℃	拉伸性能		
			抗拉强度 R_m /MPa	规定塑性延伸强度 $R_{P0.2}$/MPa	断后伸长率 A_5 /%
GH 1035	交货状态	室温	≥590	—	≥35.0
		700	≥345	—	≥35.0
GH 1131[a,b]	交货状态	室温	≥735	—	≥34.0
		900	≥180	—	≥40.0
		1 000	≥110	—	≥43.0
GH 1140	交货状态	室温	≥635	—	≥40.0
		800	≥225	—	≥40.0
GH 2018	交货状态＋时效（800 ℃±10 ℃，保温 16 h，空冷）	室温	≥930	—	≥15.0
		800	≥430	—	≥15.0
GH 2132[a]	交货状态＋时效（700 ℃～720 ℃，保温 12 h～16 h，空冷）	室温	≥880	—	≥20.0
		650	≥735	—	≥15.0
		550	≥785	—	≥16.0
GH 2302	交货状态	室温	≥685	—	≥30.0
	交货状态＋时效（800 ℃±10 ℃，保温 16 h，空冷）	800	≥540	—	≥6.0

表 6（续）

合金牌号	检验试样状态	试验温度/℃	拉伸性能 抗拉强度 R_m/MPa	拉伸性能 规定塑性延伸强度 $R_{P0.2}$/MPa	拉伸性能 断后伸长率 A_5/%
GH 3030	交货状态	室温	≥685	—	≥30.0
		700	≥295	—	≥30.0
GH 3039	交货状态	室温	≥735	—	≥40.0
		800	≥245	—	≥40.0
GH 3044	交货状态	室温	≥735	—	≥40.0
		900	≥196	—	≥30.0
GH 3128	交货状态	室温	≥735	—	≥40.0
	交货状态＋固溶(1 200 ℃±10 ℃,空冷)	950	≥175	—	≥40.0
GH 4033	交货状态＋时效(750 ℃±10 ℃,保温 4 h,空冷)	室温	≥885		≥13.0
		700	≥685		≥13.0
GH 4099	交货状态	室温	≤1 130	—	≥35.0
	交货状态＋时效(900 ℃±10 ℃,保温 5 h,空冷)	900	≥295	—	≥23.0
GH 4145	厚度≤0.60 mm　交货状态	室温	≤930	≤515	≥30.0
	厚度＞0.60 mm　交货状态		≤930	≤515	≥35.0
	厚度 0.50 mm～4.0 mm　交货状态＋时效(730 ℃±10 ℃,保温 8 h,炉冷到 620 ℃±10 ℃,保温≥10 h,空冷)		≥1 170	≥795	≥18.0

[a] GH 2132、GH 1131 高温瞬时拉伸性能检验只做一个温度，如合同中不注明时，供方应分别按 650 ℃和 900℃检验；

[b] GH 1131 的 1 000 ℃瞬时拉伸性能只适用于厚度不小于 2.0 mm 的板材。

表 7

牌号	试样状态及热处理制度	组别	板材厚度/mm	试验温度/℃	试验应力/MPa	试验时间/h	断后伸长率 A_5^c/%
GH 2132[a]	交货状态＋时效(710 ℃±10 ℃,保温 12～16 h,空冷)	—	所有	550	588	≥100	实测
				650	392	≥100	实测
GH 2302	交货状态＋时效(800 ℃±10 ℃,保温 16 h,空冷)	—	所有	800	215	≥100	实测
GH 3128[b]	交货状态＋固溶(1 200 ℃±10 ℃,空冷)	Ⅰ	＞1.2	950	54	≥23	实测
			≤1.2			≥20	
		Ⅱ[a]	≤1.0	950	39	≥100	实测
			1.0～＜1.5			≥80	
			≥1.5			≥70	

表 7 (续)

牌号	试样状态及热处理制度	组别	板材厚度 /mm	试验温度 /℃	试验应力 /MPa	试验时间 /h	断后伸长率 A_5^c/%
GH 4099	交货状态		0.8～4.0	900	98	≥30	≥10

[a] GH 2132 高温持久性能只做一个温度，如合同中不注明时，供方按 650℃进行。
[b] GH 3128 合金初次检验按Ⅰ组进行，Ⅰ组检验不合格时可按Ⅱ组重新检验(试样不加倍)。
[c] GH 3128 每 10 炉提供一炉断后伸长率的实测数据；GH 2132、GH 2302 每 5 炉提供一炉断后伸长率的实测数据。

5.5 工艺性能

GH 4145 应在交货状态下进行室温弯曲试验，弯曲系数和弯曲角度按表 8 的规定。板材厚度乘以弯曲系数即为芯棒直径。试样的弯曲轴线应平行于板材的轧制方向。试样在芯棒上弯曲 180°后，在试样受检部位不允许有裂纹存在。

表 8

板材厚度/mm	弯 曲 系 数	弯 曲 角 度
≤1.25	1	180°
>1.25	2	180°

5.6 低倍组织

在合金中间板坯上进行横向低倍组织检验，其低倍组织试片上不应有缩孔痕迹、夹渣、裂纹、空洞、气泡和针孔等缺陷存在。

经需方同意，供方可在中间坯上逐块进行超声波探伤检验，代替横向低倍检验。

5.7 高倍组织

5.7.1 交货状态合金板材的晶粒度应基本均匀一致，其合格级别应符合表 9 规定。

表 9

合 金 牌 号	合 格 级 别
GH 2018	3 级或更细
GH 1035、GH 3044、GH 3128、GH 4099	4 级或更细
GH 1131、GH 1140、GH 3030、GH 3039、GH 4145	5 级或更细
GH 2132、GH 2302、GH 4033 实测报出，不作判定依据。	

5.7.2 GH 4099 合金板材表面不应有晶界氧化。

5.7.3 GH 1131、GH 1140、GH 2018、GH 4099 允许存在比表 9 规定相应级别粗一级的个别大晶粒。

5.8 超声波检验

板材应逐张进行超声波检验，不应有分层存在。

5.9 **表面质量**

5.9.1 板材表面应光滑平整，不应有疤痕、重皮、氧化皮、麻坑、过酸洗痕迹、腐蚀坑和焦油点等缺陷。板材表面允许有深度不大于厚度公差之半，并能保证板材最小厚度的个别擦伤、划伤、轧辊压痕和小麻点。凡超出上述规定的缺陷，允许用粒度细于 80＃ 的细砂轮顺轧制方向清除，但应保证板材的最小厚度。

5.9.2 板材表面按清理面积分为 3 组：

Ⅰ组表面：清理面积每面应不大于 10％。

Ⅱ组表面：清理面积每面应不大于 20％。

Ⅲ组表面：清理面积不作具体规定。

需方对表面组别的要求，应在合同中注明，未注明时，按Ⅱ组表面执行。

6 试验方法

6.1 每批钢板的检验项目和试验方法应符合表 10 的规定。

6.2 尺寸测量采用通用的千分尺、钢卷尺等测量工具，对板材逐张进行尺寸测量。测量板材厚度应在距离边部(纵边和横边)不小于 25 mm 处测量。

6.3 不平度测量是将板材自由地轻放在检查平台上，除板材的自身重量外不施加任何压力，用量程为 1 000 mm 的直尺进行测量，直尺与板之间的最大距离即为不平度。

6.4 钢板表面的沿晶氧化在抛光后的金相试样截面上进行检验，放大倍率应不小于 300 倍。

表 10

检验项目	取样数量[b]/个	取样部位	试验方法
化学成分[a]	2	按 GB/T 20066 锭头、尾各 1 个	GB/T 223、GB/T 20123、GB/T 20127
室温拉伸	2	板材横向，边部、中部各 1 个	GB/T 228.1
高温拉伸	2	板材横向，边部、中部各 1 个	GB/T 4338
高温持久	2	板材横向，边部、中部各 1 个	GB/T 2039
交货硬度	交货数量的 10％且不少于 5 个	任取	GB/T 4340.1
弯曲性能	2	板材横向，边部、中部各 1 个	GB/T 232
低倍组织	2	横向中间坯，相当于锭头、尾各 1 个	GB/T 14999.2
晶粒度	2	板材横向，边部、中部各 1 个	GB/T 6394
晶界氧化	2	板材横向，边部、中部各 1 个	见 6.4
超声波检验	逐张	成品板材	GJB 3384
尺寸	逐张	成品板材	见 6.2
不平度	逐张	成品板材	见 6.3
表面质量	逐张	成品板材	目视

[a] 对 C、Al、Ti 元素应按子炉号从锭头部和尾部取样分析，对其他规定元素应从锭头部取样分析。需方可取 1 个试样复验。

[b] 一批板材交货数量大于 100 张时，力学性能加倍取样检验。

7 检验规则

7.1 检查和验收

7.1.1 板材出厂的检查和验收由供方质量技术监督部门进行。

7.1.2 供方应保证交货的钢材符合本标准或合同的规定，必要时，需方有权对本标准或合同规定的任一检验项目进行检查和验收。

7.2 组批规则

板材应成批提交检查和验收，每批应由同一合金牌号、同一最终熔炼炉号、同一尺寸、同一交货状态和同一热处理炉批的板材组成。采用电渣重熔冶炼的钢，在工艺稳定且能保证本标准各项要求的条件下，允许以熔炼母炉号组批交货。

7.3 取样数量和取样部位

板材取样部位和取样数量应符合表10的规定。

7.4 判定和复验规则

7.4.1 当化学成分分析结果不合格时，允许在原取样部位重新取样对不合格元素进行分析，若重新分析结果仍不合格，该炉判为不合格。

7.4.2 当力学性能(GH 3128持久性能除外)某一检验项目不合格时，允许从该批板材上切取双倍数量的试样(包括初试不合格的板材)对不合格项目进行复验。复验结果即使只有一个试样不合格，该批板材应判为不合格。GH 3128合金的持久性能，按Ⅰ组初试不合格时，允许从原取样板材上切取与初试相同数量的试样按Ⅱ组指标复验，若仍有一个试样不合格，则该批板材判为不合格。

7.4.3 晶粒度检验不合格时，允许从该批板材上切取双倍数量的试样(包括初试不合格的板材)进行复验。复验结果即使只有一个试样不合格，该批板材应判为不合格。允许供方对其余板材逐张检验，合格后重新组批提交验收。

7.4.4 晶界氧化检验不合格时，该批板材判为不合格。但允许供方对其余板材逐张检验，重新组批提交验收。

7.4.5 当低倍检验不合格时，应判为不合格(缩孔残余除外)。对缩孔痕迹有规律分布的缺陷进行切除处理后，再进行复验，复验仍不合格，该批判为不合格。

7.4.6 对超声波检验、尺寸、外形及外观质量检验不合格的板材，单张判为不合格。

8 包装、标志和质量证明书

8.1 包装

板材包装应符合GB/T 247的规定。

8.2 标志

板材应逐张标明供方厂名、合金牌号、炉号、尺寸等；包装箱上应标明合同号、合金牌号、炉号、尺寸、张数、重量和供方、需方名称。

8.3 质量证明书

每批交货的板材应附有下述内容的质量证明书，并打上技术监督部门的印记：

a) 供方名称；
b) 需方名称；
c) 合同号；
d) 本标准号；
e) 合金牌号；
f) 冶炼方法；
g) 炉号；
h) 交货状态；
i) 试样热处理制度；
j) 规格；
k) 重量(和数量)；
l) 日期；
m) 按本标准或合同、协议所规定的各项检验结果(如进行复验，应包括两次检验结果)。

ICS 77.140.99
H 57

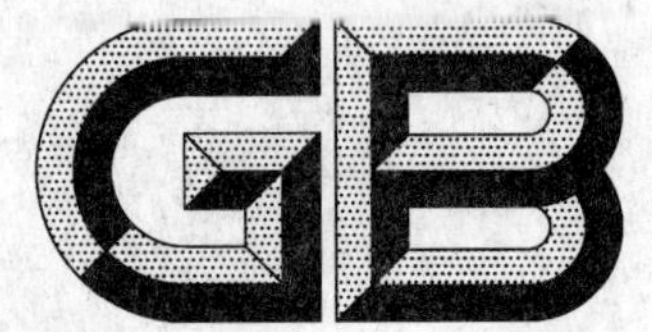

中华人民共和国国家标准

GB/T 14999.6—2010

锻制高温合金
双重晶粒组织和一次碳化物分布
测定方法

Test methods for characterizing duplex grain sizes and primary carbides distribution of superalloy forgings

2010-12-23 发布 2011-09-01 实施

中华人民共和国国家质量监督检验检疫总局
中国国家标准化管理委员会 发布

前　言

本标准的附录 A 和附录 B 为规范性附录。

本标准由中国钢铁工业协会提出。

本标准由全国钢标准化技术委员会归口。

本标准主要起草单位：钢铁研究总院、冶金工业信息标准研究院。

本标准主要起草人：袁英、庄景云、张继、栾燕、冯涤、童金涛、吕旭东、戴强、刘宝石。

引　言

本标准提供了锻制高温合金双重晶粒组织和一次碳化物分布的测定方法。由于基本上以原实物照片的几何图形为基础，因此与合金本身无关。如果合金中的双重晶粒组织特征与本标准提供的某类模拟图片相对应，可按照类别进行测定；如果合金中一次碳化物分布与本标准提供的标准评级图片相一致，可使用比较法进行评定，也可以通过量化指标进行测定。

本标准的测量方法仅适用于二维平面（截面）双重晶粒组织及一次碳化物分布的测定，不适用于三维立体双重晶粒组织及一次碳化物分布的测定。

锻制高温合金
双重晶粒组织和一次碳化物分布
测定方法

1 范围

1.1 本标准对双重晶粒组织的类型及特征进行了描述，并规定了相应的测定方法和结果标识。

1.2 本标准规定了一次碳化物分布的测定方法和结果标识。

1.3 本标准适用于锻制高温合金中双重晶粒组织和一次碳化物分布的测定。

1.4 本标准仅作为推荐性测定方法，不对锻制高温合金产品验收测试的合格级别范围进行规定。

2 规范性引用文件

下列文件中的条款通过本标准的引用而成为本标准的条款。凡是注日期的引用文件，其随后所有的修改单(不包括勘误的内容)或修订版均不适用于本标准，然而，鼓励根据本标准达成协议的各方研究是否可使用这些文件的最新版本。凡是不注日期的引用文件，其最新版本适用于本标准。

GB/T 6394　金属平均晶粒度测定方法

GB/T 24177　双重晶粒度表征与测定方法

ASTM E930-99(2007)　金相检测面上最大晶粒尺寸级别(ALA 晶粒度)测定方法

3 双重晶粒组织的特征与分类

3.1

双重晶粒组织　duplex grain sizes

至少存在两种明显不同尺寸、不同分布形态的晶粒，其中细晶和粗晶的晶粒度级差不小于3级。

3.1.1

个别粗晶粒　ALA (as large as) condition

受检样纵截面中随机分布孤立的个别粗大晶粒，与平均晶粒尺寸存在不小于3级的晶粒度级差。且这些孤立粗大晶粒所占观察范围总面积的百分数不大于5%。如其所占面积百分数大于5%，按双级晶粒相应规定执行。

3.1.2

混合晶粒　wide-range condition

受检样纵截面观察视场中随机分布宽范围尺寸的晶粒，最大晶粒与最小晶粒存在不小于5级的晶粒度级差。

3.1.3

项链晶粒　necklace condition

受检样纵截面观察视场中分布两种尺寸明显不同的晶粒，小晶粒环绕在大晶粒四周，且两种晶粒度级差不小于3级。当小晶粒仍然环绕在大晶粒四周，但所占观察范围总面积的百分数大于50%时，按双级晶粒相应规定执行。

3.1.4

双级晶粒　bimodal condition

受检样纵截面观察视场中随机分布两种尺寸明显不同的晶粒，两种晶粒度级差超过3级，并且这两种晶粒所占面积分数之和大于观察范围总面积的75%。

3.1.5

条带晶粒　banding condition

受检样纵截面观察视场中分布两种尺寸明显不同的晶粒区域，相邻区域晶粒度级差不小于3级，并形成沿金属流动方向的条带分布状态。

3.1.6

横向表层粗晶粒　cross-section condition

受检样横截面视场中，表层为粗晶，中心为细晶，且两个区域的晶粒度级差不小于3级。多见在邻近表层粗晶区的细晶区中有粗晶过渡带。

4　取样与制备

4.1　取样

4.1.1　如产品标准或合同中没有规定，一般应沿产品的纵向(径轴向)取样。允许从表面质量或尺寸不合格的产品上取样。

4.1.2　切取试样时应采用不改变材料组织结构的方法，并使受检截面位于不受加工条件(如切割热、冲床或锯床压皱、锤击剁断等)影响的距离以外。

4.1.3　受检样的切取部位、方向、数量与测定视场数量应在产品标准或合同中规定。

4.2　制备

4.2.1　如果产品中的双重晶粒组织和一次碳化物分布范围变化较大，则应先制备并测定宏观浸蚀试样，然后再根据需要，对于关注范围进行显微观察和测定。

4.2.2　测定双重晶粒组织所用的受检试样经最终热处理后，磨平、抛光、腐蚀制备。试样不允许重复热处理。

4.2.3　测定一次碳化物分布所用的受检试样经磨平、抛光制备。试样一般不经腐蚀。

4.2.4　如产品标准或合同中没有规定，推荐使用的腐蚀剂、腐蚀条件和方法见表1。

表1

序号	腐　蚀　剂	腐蚀条件和方法	适用范围
1	甘油90 mL+盐酸50 mL+硝酸10 mL	电解腐蚀：5 V～15 V，5 s～30 s；用水清洗，吹干	所有合金，显示全部组织
2	正丁醇70 mL+无水乙醇20 mL+高氯酸10 mL	电解抛光+电解腐蚀：(15 V～25 V，5 s～30 s)+(5 V～15 V，5 s～30 s)；用水清洗，吹干	
3	盐酸92 mL+硫酸5 mL+硝酸3 mL	冷酸浸蚀：5 s～30 s；用水清洗，吹干	铁基合金，显示全部组织
4	硫酸铜1.5 g+盐酸40 mL+无水乙醇20 mL		镍基合金，显示全部组织
5	硫酸铜150 g+硫酸35 mL+盐酸500 mL	冷酸浸蚀：5 s～60 s；用水清洗，吹干	所有合金，显示宏观晶粒度
可以通过改变腐蚀剂的成分比例和腐蚀条件，以获得最佳的腐蚀效果。			

5　测定与结果表示方法

5.1　双重晶粒组织

5.1.1　测定方法

5.1.1.1　根据所判定的双重晶粒组织类型(见第3章)，按照GB/T 6394、GB/T 24177和ASTM E930

规定的方法分别对不同的晶粒度级别进行测定。

5.1.1.2 对于项链晶粒、双级晶粒和条带晶粒组织状态还应分别测定粗、细晶或条带区域晶粒各自所占观察范围总面积的百分数。

5.1.1.3 对于横向表层粗晶组织状态还应测定粗晶区的深度，测试点应不少于10个。

5.1.2 结果表示方法

5.1.2.1 个别粗晶粒

在结果表示中应注明：纵向；双重；个别粗晶粒；平均_级，个别_级。个别粗晶粒状态组织及中英文标识图例见图A.1。

5.1.2.2 混合晶粒

在结果表示中应注明：纵向；双重；混合晶粒：平均_级，范围为：_级～_级。混合晶粒组织状态及中英文标识图例见图A.2。

5.1.2.3 项链晶粒

在结果表示中应注明：纵向；双重；项链晶粒；粗晶_%_级，细晶_%_级。项链晶粒组织状态及中英文标识图例见图A.3。

5.1.2.4 双级晶粒

在结果表示中应注明：纵向；双重；双级晶粒；粗晶_%_级，细晶_%_级。双级晶粒组织状态及中英文标识图例见图A.4。

5.1.2.5 条带晶粒

在结果表示中应注明：纵向；双重；条带晶粒：_%_级，条带_%_级。在表面层为粗晶区时，有时邻近表层粗晶区的细晶区中存在粗晶过渡带，也应按照类别测定和标识。条带晶粒组织状态及中英文标识图例见图A.5。

5.1.2.6 横向表层粗晶粒

在结果表示中应注明：横向；双重；横向表层粗晶粒；中心_级，表面层_级、距表面_mm深。当邻近表层粗晶区的细晶区中存在粗晶过渡带时，也应按照类别测定和标识。横向表层粗晶粒组织状态及中英文标识图例见图A.6。

5.1.3 说明事项

5.1.3.1 对于有特殊要求的合金产品，除按5.1.2表示外，还可以对大晶粒的晶粒度级别、个数、出现位置以及周边小晶粒的最少百分含量等指标进行规定，并以文字形式进行补充说明。

5.1.3.2 等轴晶组织适合用比较法测定，拉长晶粒组织适合用截点法测定。在测定精度要求比较高时，可以使用面积法或截点法。

5.1.3.3 供需双方对双重晶粒组织测定结果有争议时，采用截点法仲裁。

5.2 一次碳化物

5.2.1 测定方法

5.2.1.1 比较法

比较法适用于锻制棒材中一次碳化物分布的测定。

5.2.1.1.1 如产品标准或合同中没有规定，从锻制棒材的径轴向1/2R处切取试样，径轴向剖面在放大100倍的观察视场中，选择一次碳化物最聚集分布或最有代表性的视场，参照附录B中的十一个级别进行对比评级。

5.2.1.1.2 当观测视场中碳化物的分布介于两个级别之间时，采用定量金相法测定一次碳化物所占观察范围总面积的百分数。

5.2.1.2 合格极限图片法

合格极限图片法适用于锻制盘(环)件中一次碳化物分布的测定。

5.2.1.2.1 当需要时，按照特定合金的应用条件和使用性能选择此项测定方法。

5.2.1.2.2 如产品标准或合同中没有规定，从锻件的径轴向中心和 1/2R 处切取试样，径轴向剖面在放大 100 倍的观察视场中，选择需限制的一次碳化物分布(偏聚)的类型，确定一张或多张合格极限图片。

5.2.2 结果表示方法

5.2.2.1 对于锻制棒材中一次碳化物分布的测定，用级别数或与该级别分布状态相对应的一次碳化物所占观察范围总面积的百分数表示；当观测视场中碳化物的分布介于两个级别之间时，采用级别范围(级差范围限定为 1)标识，同时标识实测的一次碳化物所占观察范围总面积的百分数。

5.2.2.2 对于锻制盘(环)件中一次碳化物分布的测定，选用合格极限图片表示。

5.2.3 说明事项

5.2.3.1 对于有特殊要求的合金产品，除按 5.2.2 表示外，还可以对单个碳化物的直径、碳化物聚集区的尺寸和区间距离等指标进行量化规定，并以文字形式进行补充说明。

5.2.3.2 当供需双方认为测评结果还需要进一步证实时，允许报实测结果作为资料积累。

6 检验报告

检验报告应包括以下内容：

a) 材料牌号；

b) 规格；

c) 炉号、件号；

d) 热处理制度；

e) 试样切取部位、方向、数量与测定视场数量；

f) 选用的测定方法；

g) 结论；

h) 检验报告编号及日期；

i) 检测人、校对人和审核人签字。

附 录 A
（规范性附录）
双重晶粒组织类型的模拟图片

A.1 图 A.1～图 A.6 提供了本标准定义的双重晶粒组织中六种类型的代表性模拟图片，每张图片所示的双重晶粒度和面积百分数等数据与所示图片相对应，且附有相应的报告格式。

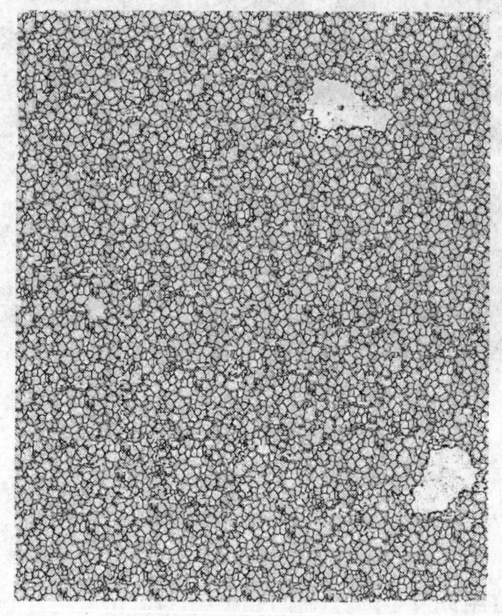

125×
纵向；双重；个别粗晶粒；平均 10 级，个别 4 级
Long. Duplex, ALA, No. 10, ALA No. 4

图 A.1 个别粗晶粒组织

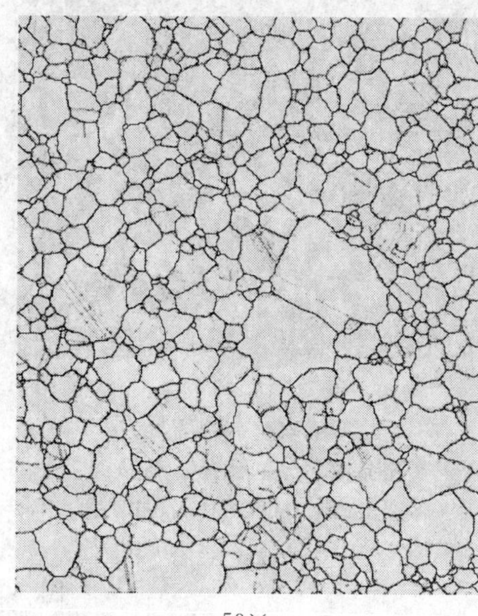

50×
纵向；双重；混合晶粒；平均 4 级，范围：0 级～7 级
Long. Duplex, Wide-Range, No. 4, range No. 0 to No. 7

图 A.2 混合晶粒组织

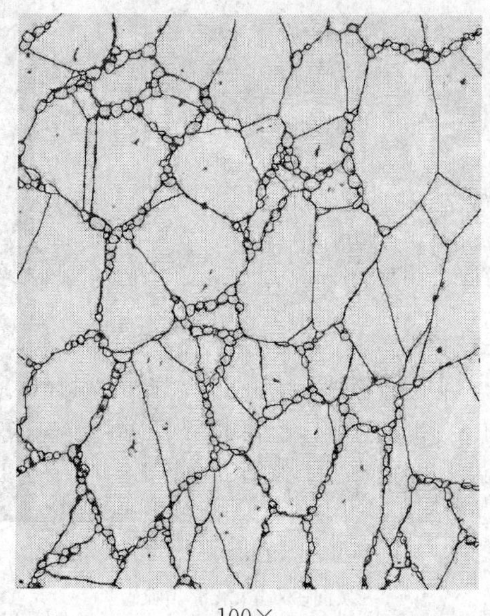

100×
纵向；双重；项链晶粒；
粗晶 90%2 级，细晶 10%10 级
Long. Duplex, Necklace,
90% No. 2, 10% No. 10

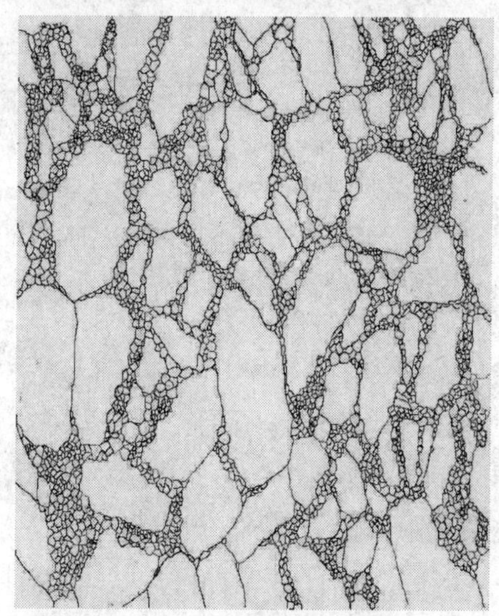

100×
纵向；双重；项链晶粒；
粗晶 70%2 级，细晶 30%10 级
Long. Duplex, Necklace,
70% No. 2, 30% No. 10

图 A.3 项链晶粒组织

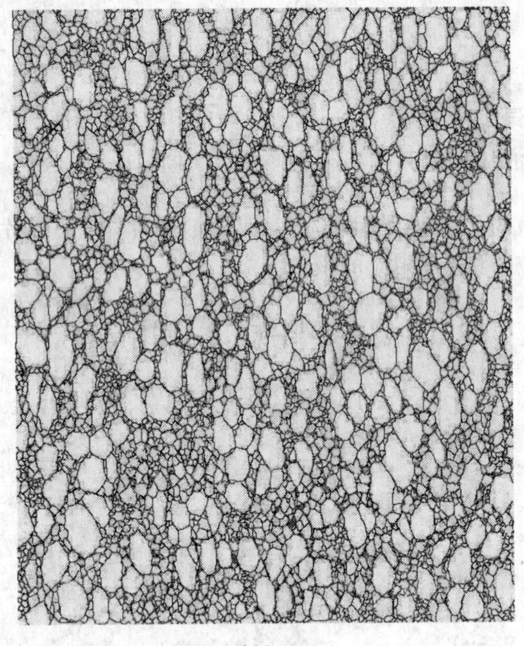

100×

纵向；双重；双级晶粒；

粗晶 40%6 级，细晶 60%10 级

Long. Duplex，Bimodal，

40% No. 6，60% No. 10

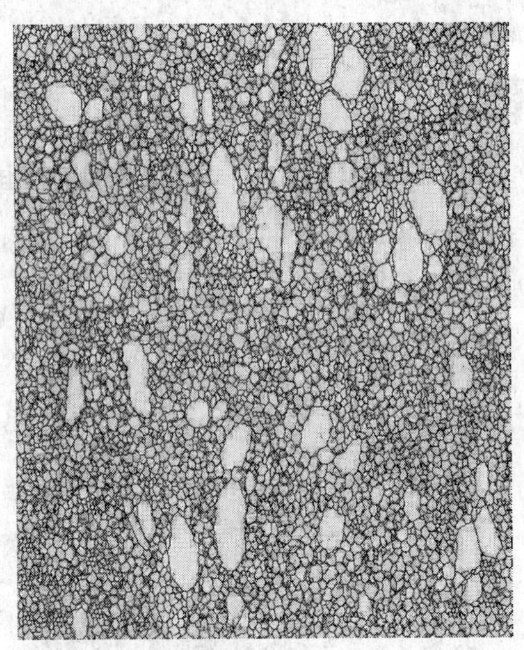

100×

纵向；双重；双级晶粒；

粗晶 10%5 级，细晶 90%10 级

Long. Duplex，Bimodal，

10% No. 5，90% No. 10

图 A.4 双级晶粒组织

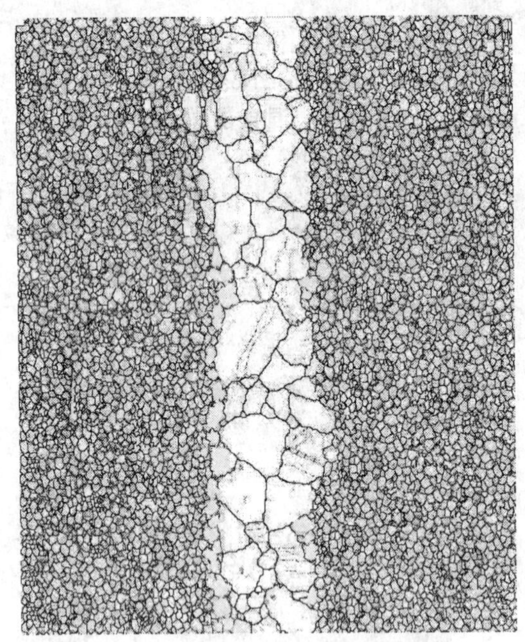

50×

纵向；双重；条带晶粒；

80%7 级，条带 20%2.5 级

Long. Duplex，Banding，

80% No. 7，20% No. 2.5

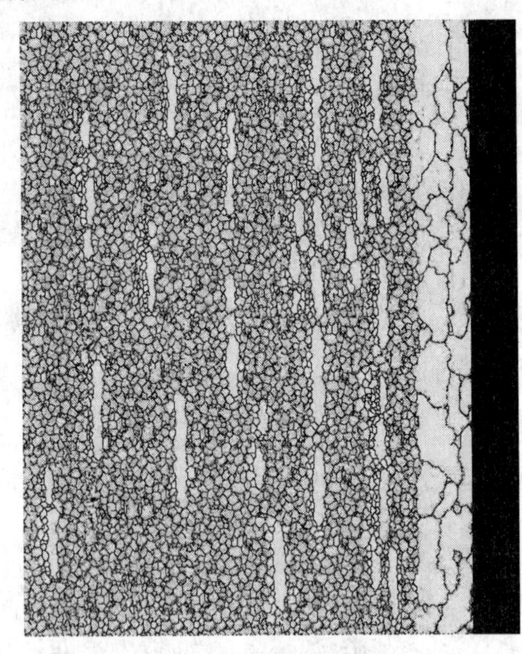

100×

纵向；双重；条带晶粒；

中心 10 级，过渡带粗晶 6 级，表面层 5 级、距离表面 2 mm 深

Long. Duplex，Banding，

No. 10 and No. 6 at center，No. 5，2 mm deep from surface

图 A.5 条带晶粒组织

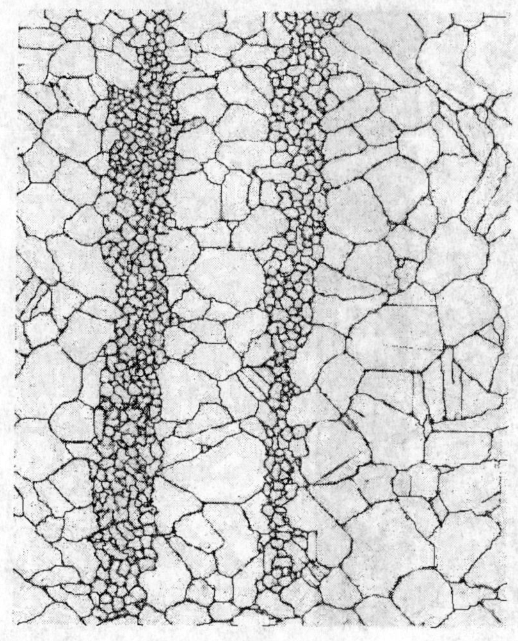

100×
纵向;双重;条带晶粒;
78%3.5级,条带22%8级
Long. Duplex, Banding,
78% No. 3.5, 22% No. 8

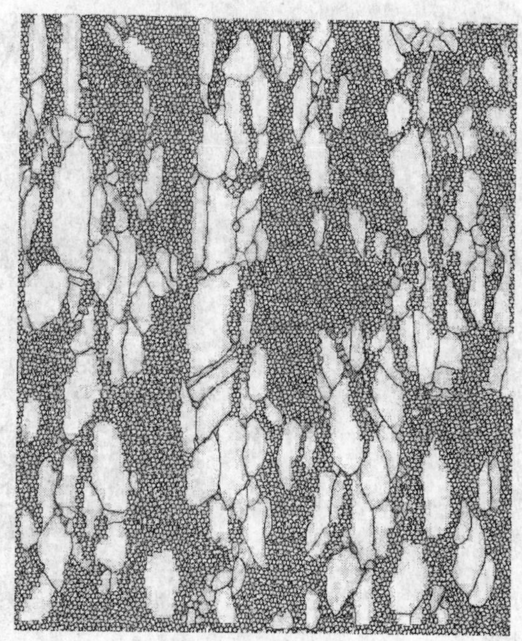

100×
纵向;双重;条带晶粒;
60%小于10级,条带40%4级
Long. Duplex, Banding,
60% smaller than No. 10, 40% No. 4

图 A.5(续)

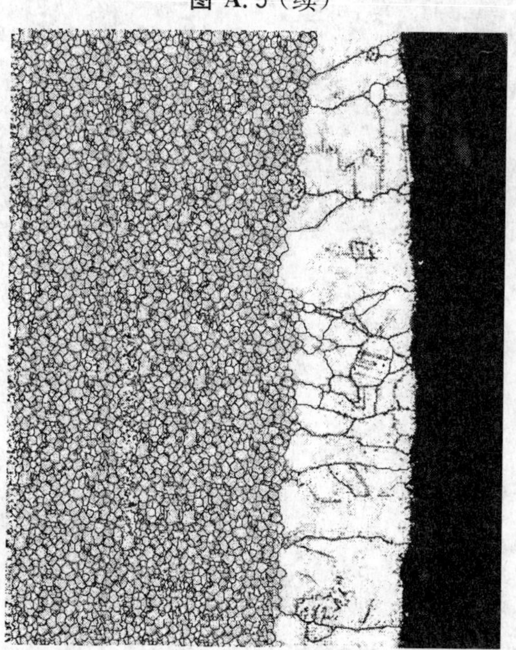

100×
横向;双重;横向表层粗晶粒;
中心10级,表面层2级、距表面2.5 mm深
Trans. Duplex, Cross-Section,
No. 10 at center, No. 2, 2.5 mm deep from surface

图 A.6　横向表层粗晶粒组织

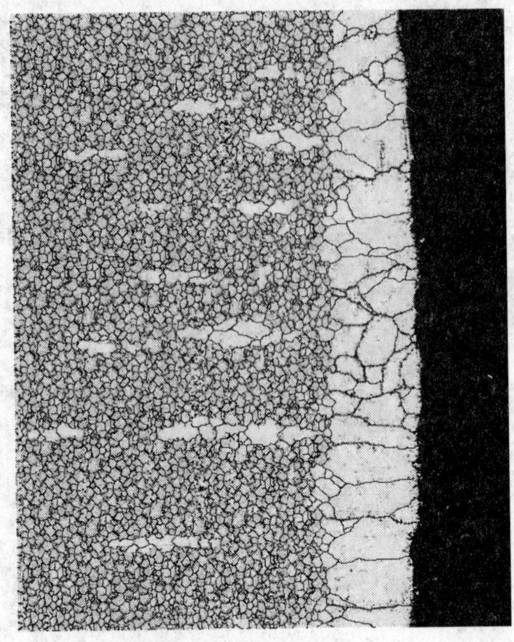

100×

横向;双重;横向表层粗晶粒;

中心 10 级,过渡带粗晶 7 级,表面层 4 级、距表面 2 mm 深

Trans. Duplex,Cross-Section,

No. 10 and No. 7 at center,No. 4,2 mm deep from surface

图 A.6(续)

附　录　B
（规范性附录）
锻制高温合金棒材一次碳化物分布的标准评级图片

1 级,0.10%

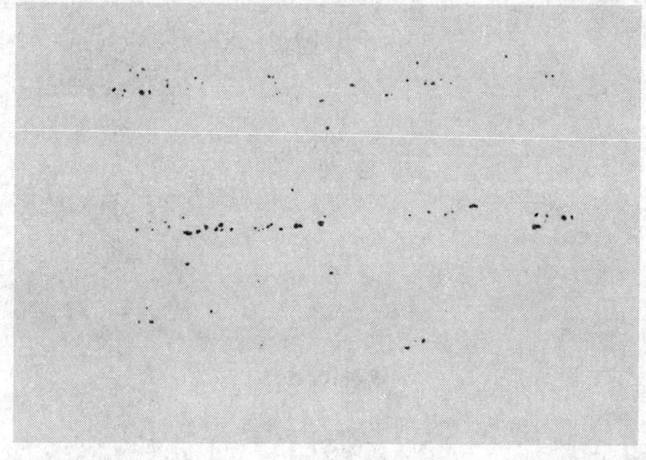

2 级,0.20%

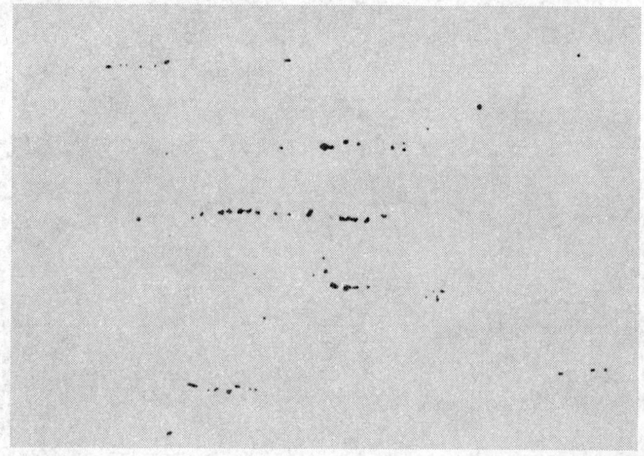

3 级,0.25%

图 B.1　锻制高温合金棒材一次碳化物分布的标准评级图片（100×）

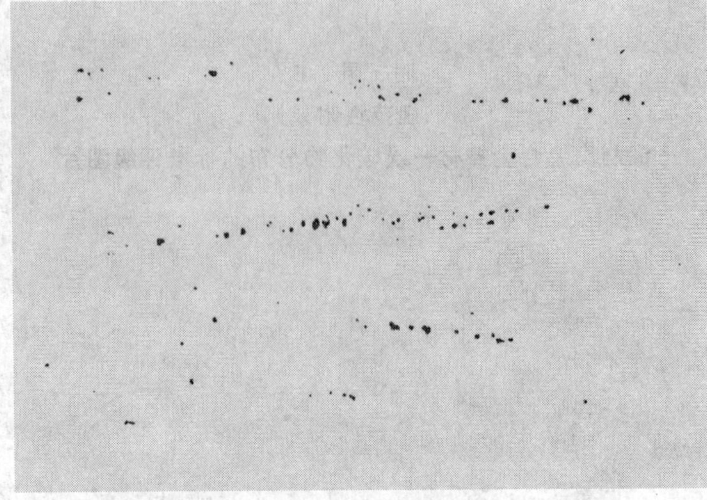

4 级，0.35%

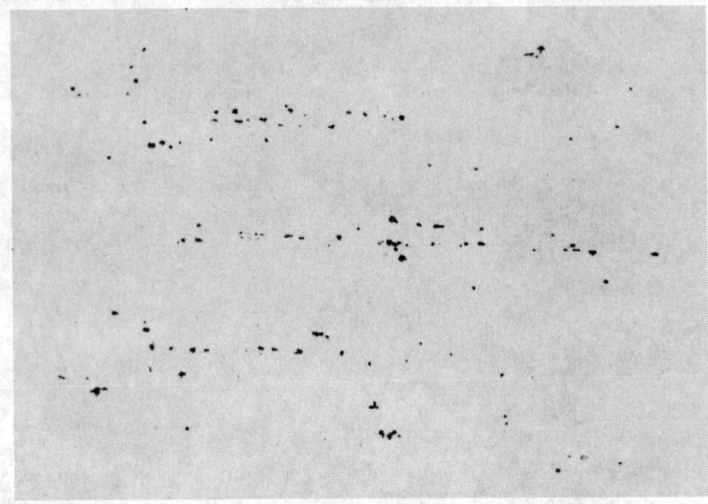

5 级，0.45%

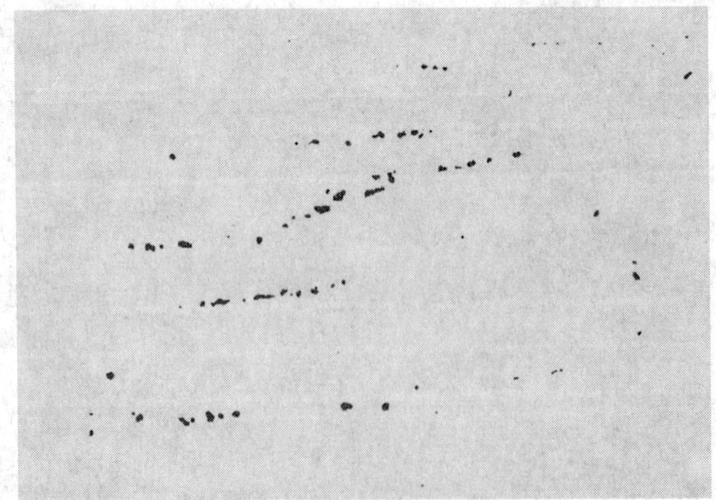

6 级，0.55%

图 B.1（续）

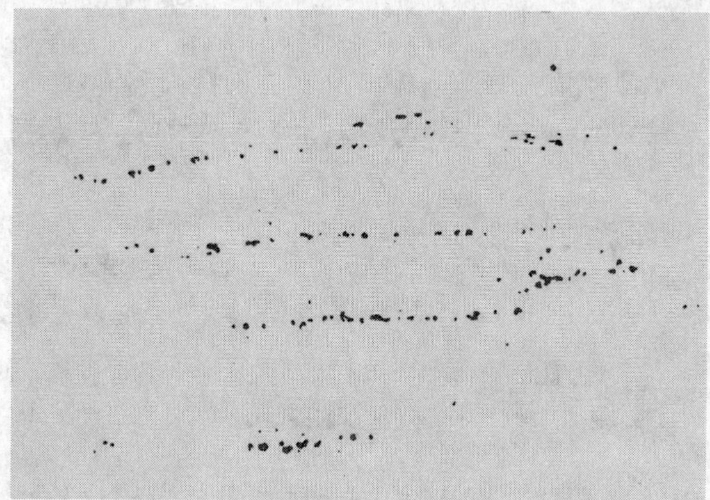

7 级,0.65%

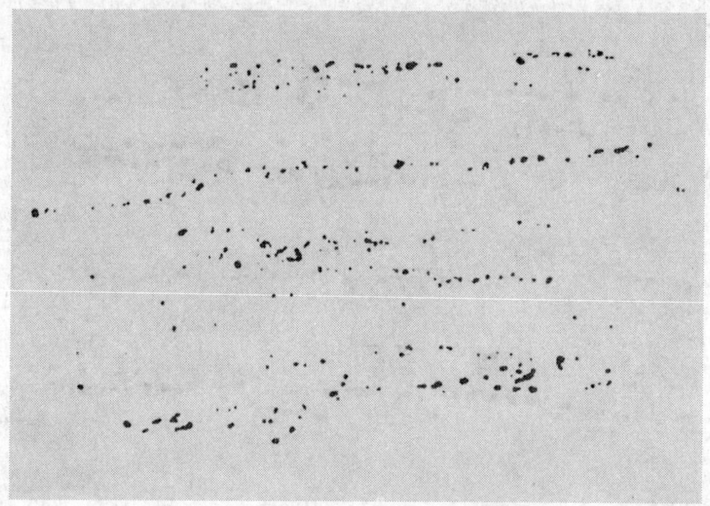

8 级,1.0%

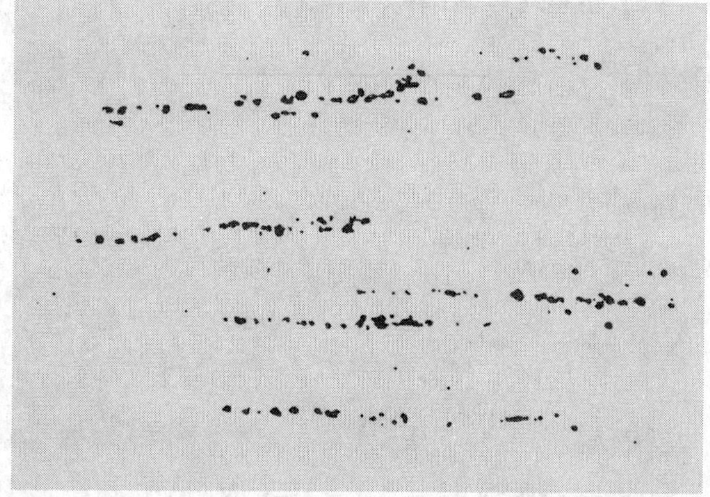

9 级,1.5%

图 B.1(续)

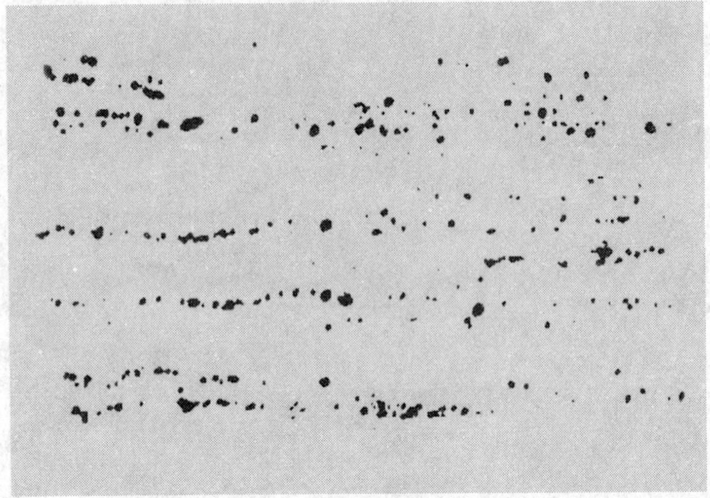

10 级,2.5%

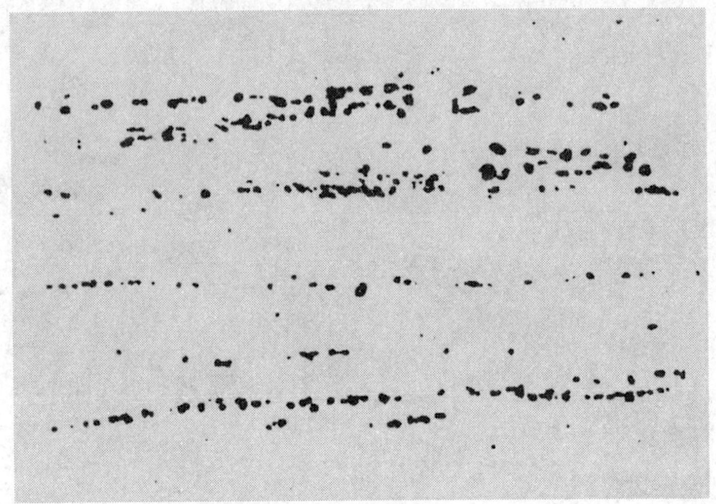

11 级,3.5%

图 B.1(续)

ICS 77.140.99
H 57

中华人民共和国国家标准

GB/T 14999.7—2010

高温合金铸件 晶粒度、一次枝晶间距和显微疏松测定方法

Test methods for grain sizes, primary dendrite spacing and microshrinkage of superalloy castings

2010-12-23 发布 2011-09-01 实施

中华人民共和国国家质量监督检验检疫总局
中国国家标准化管理委员会 发布

前　言

本标准附录 A 为资料性附录，附录 B 为规范性附录。

本标准由中国钢铁工业协会提出。

本标准由全国钢标准化技术委员会归口。

本标准主要起草单位：钢铁研究总院、冶金工业信息标准研究院。

本标准主要起草人：袁英、燕平、栾燕、赵明汉、冯涤、吴剑涛、韩凤奎、陈惠霞、戴强。

引　　言

本标准规定了高温合金铸件晶粒度、一次枝晶间距和显微疏松的评定方法。由于基本上以原实物照片的几何图形为基础，因此与合金本身无关。如果材料的组织形貌接近于某一个标准图片，可以使用本标准提供的比较法进行测定，也可以用标准图片对应的量化指标用其他适用方法进行测定。

本标准提供的方法仅适用二维平面(截面)的测定，即铸件等轴晶宏观平均和显微平均晶粒度、柱状晶晶粒度、柱状晶和单晶一次枝晶平均间距、铸件显微疏松的二维平面的尺度测定，不适于三维立体形态和尺度的测定。

高温合金铸件
晶粒度、一次枝晶间距和显微疏松
测定方法

1 范围

1.1 本标准规定了高温合金铸件等轴晶宏观和显微平均晶粒度、柱状晶晶粒度、柱状晶和单晶一次枝晶平均间距、显微疏松的测定方法及结果表示方法。

1.2 本标准适用于普通精密铸造铸件、定向凝固柱晶铸件中晶粒度的测定；定向凝固柱晶和单晶铸件中一次枝晶间距的测定；普通精密铸造铸件、定向凝固柱晶和单晶铸件中显微疏松的测定。

1.3 本标准仅作为推荐性测定方法，不对高温合金铸件验收测试的合格级别范围进行规定。

2 规范性引用文件

下列文件中的条款通过本标准的引用而成为本标准的条款。凡是注日期的引用文件，其随后所有的修改单(不包括勘误的内容)或修订版均不适用于本标准，然而，鼓励根据本标准达成协议的各方研究是否可使用这些文件的最新版本。凡是不注日期的引用文件，其最新版本适用于本标准。

GB/T 6394 金属平均晶粒度测定方法

GB/T 14992 高温合金和金属间化合物高温材料的分类和牌号

3 术语和定义

GB/T 14992 和 GB/T 6394 确立的以及下列术语和定义适用于本标准。

3.1

等轴晶 equiaxed grain

三维尺寸大致相同、无方向性排列的晶粒。

3.2

柱状晶 columnar grain

沿一维方向定向生长形成的、平行于铸件主应力轴线或整个试样、沿着纵向排列的晶粒。

3.2.1

偏离度 deviation angle

α

单个柱状晶生长方向(柱状晶轴线)与铸件主应力轴线的夹角。

3.2.2

发散度 divergence angle

β

两个相邻柱状晶轴线的夹角。

3.2.3

断晶 interrupted columnar grain

带有横向(接近垂直于定向凝固方向)晶界的柱状晶。

3.3

单晶 single crystal

由一个晶粒构成的、没有晶界的结晶体。

3.4

树枝晶　dendrite

合金凝固时形成的树枝状结晶体,按结晶凝固的顺序分为一次枝晶、二次枝晶等。

3.5

显微疏松　microshrinkage

借助于显微镜观察到的,在凝固过程中形成的聚集或分散的细微孔洞。

3.5.1

显微疏松指数　microshrinkage index

表征显微疏松的量化数值。

4　取样与制备

4.1　取样

4.1.1　切取试样应采用不改变材料组织结构的方法,允许从表面质量或尺寸不合格的铸件上取样。

4.1.2　受检样的切取部位、方向、数量与测定视场数量应在产品标准或合同中规定。

4.2　制备

4.2.1　如产品标准或合同中没有规定,推荐使用的腐蚀剂、腐蚀方法和适用范围见表1。

4.2.2　用于晶粒度评定的受检样经喷砂或磨平、抛光、腐蚀制备。

4.2.3　用于一次枝晶间距测定的受检样截面经磨平、抛光、腐蚀制备。

4.2.4　用于显微疏松测定的受检样截面经磨平、抛光制备,一般不经腐蚀。

表 1

<table>
<tr><th>序号</th><th>腐蚀剂</th><th>腐蚀方法</th><th>适用范围</th></tr>
<tr><td>1</td><td>磷酸 1 份+硝酸 3.5 份+硫酸 4 份</td><td>通常试剂配成后在室温存放 24 h;
电解浸蚀:2 V～10 V;5 s～30 s;
冷酸浸蚀:1 min～15 min;
用水清洗,吹干</td><td rowspan="2">所有合金,显示全部组织,可以显示树枝晶组织</td></tr>
<tr><td>2</td><td>硝酸 1 份+盐酸 3 份</td><td>通常试剂配成后在室温存放 24 h;
冷酸浸蚀:1 min～2 min;
用水清洗,吹干</td></tr>
<tr><td>3</td><td>盐酸 92 mL+硫酸 5 mL+硝酸 3 mL</td><td rowspan="2">冷酸浸蚀:0.3 min～2 min;
用水清洗,吹干</td><td>铁基合金,显示全部组织</td></tr>
<tr><td>4</td><td>硫酸铜 1.5 g+盐酸 40 mL+无水乙醇 20 mL</td><td>镍基合金,显示全部组织</td></tr>
<tr><td>5</td><td>双氧水 100 mL+盐酸(100～1 500)mL</td><td>试样浸入盐酸中,倒入双氧水至反应完毕;
用水清洗,吹干</td><td>去除氧化皮,显示宏观晶粒度</td></tr>
<tr><td>6</td><td>硫酸铜 150 g+硫酸 35 mL+盐酸 500 mL</td><td>冷酸浸蚀:0.3 min～5 min;
用水清洗,吹干</td><td>显示宏观晶粒度</td></tr>
<tr><td colspan="4">注:可以通过改变腐蚀剂成分的比例和腐蚀条件,以获得最佳的腐蚀效果。</td></tr>
</table>

5　测定和结果表示方法

5.1　晶粒度的测定

5.1.1　等轴晶

本方法适用于大于 90% 视场面积的同一级别的等轴晶,或级差不超过 3 级的晶粒组织进行级别评定和标识。

5.1.1.1 宏观平均晶粒度

5.1.1.1.1 截点法

按照 GB/T 6394 规定的相应方法对宏观平均晶粒度级别数 G_m 进行评定，或选用适用的方法分别测定表 2 中与 G_m 对应的测量参数，对照 M-0～M-14 十五个级别进行评定。

表 2

宏观平均晶粒度级别数 G_m	测量参数					
	每平方毫米上的晶粒数 $n_a/(1/mm^2)$，(1×)	晶粒平均截面积 $\bar{a}/mm^2$	平均直径 $\bar{d}$/mm	平均截距 $\bar{l}$/mm	每毫米内截点数 P_l/(1/mm)，(1×)	100 mm 内截点数 P/(1/100 mm)，(1×)
M-0	0.000 8	1 290.3	35.9	32.00	0.031	3.13
M-1	0.001 6	645.2	25.4	22.63	0.044	4.42
M-2	0.003 1	322.6	18.0	16.00	0.063	6.25
M-3	0.006 2	161.3	12.7	11.31	0.088	8.84
M-4	0.012 4	80.64	8.98	8.00	0.125	12.50
M-5	0.024 8	40.32	6.35	5.66	0.177	17.68
M-6	0.049 6	20.16	4.49	4.00	0.250	25.00
M-7	0.099	10.08	3.17	2.83	0.354	35.36
M-8	0.198	5.04	2.25	2.00	0.500	50.00
M-9	0.397	2.52	1.59	1.41	0.707	70.71
M-10	0.794	1.26	1.12	1.00	1.00	100.0
M-11	1.587	0.630	0.794	0.707	1.41	141.1
M-12	3.175	0.315	0.561	0.500	2.00	200.0
M-13	6.349	0.157	0.397	0.354	2.83	282.8
M-14	12.699	0.079	0.281	0.250	4.00	400.0

5.1.1.1.2 比较法

以目测和适用的量具，对照图 1 列出的 M-11～M-4 八个级别对应的标准图片，选择晶粒尺寸与标准图片最接近的级别数，记录评定结果。使用比较法测定的结果一般存在±1 级的偏差。

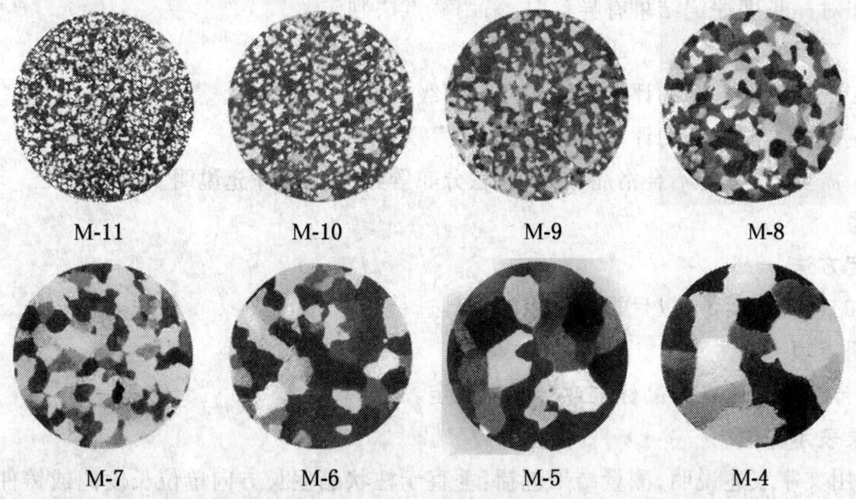

图 1 铸造高温合金宏观平均晶粒度级别标准图片(1∶1)

5.1.1.2 显微平均晶粒度

对于细晶铸件晶粒度的评定应采用显微平均晶粒度测定方法。

5.1.1.2.1 截点法

按照GB/T 6394规定的相应方法对显微平均晶粒度的级别数G进行评定，或选用适用的方法分别测定表3中与G对应的测量参数，对照0～10十一个级别进行评定。

表3

显微平均晶粒度级别数G	测量参数							
	每平方毫米上的晶粒数n_a	晶粒平均截面积$\bar{a}$		平均直径$\bar{d}$		平均截距$\bar{l}$		每毫米内截点数P_l
	$1/mm^2$,(1×)	mm^2	μm^2	mm	μm	mm	μm	1/mm,(1×)
0	7.75	0.129 0	129 032	0.359 2	359.2	0.320 0	320.0	3.12
1	15.50	0.064 5	64 516	0.254 0	254.0	0.226 3	226.3	4.42
2	31.00	0.032 3	32 258	0.179 6	179.6	0.160 0	160.0	6.25
3	62.00	0.016 1	16 129	0.127 0	127.0	0.113 1	113.1	8.84
4	124.00	0.008 06	8 065	0.089 8	89.8	0.080 0	80.0	12.50
5	248.00	0.004 03	4 032	0.063 5	63.5	0.056 6	56.6	17.68
6	496.00	0.002 02	2 016	0.044 9	44.9	0.040 0	40.0	25.00
7	992.00	0.001 01	1 008	0.031 8	31.8	0.028 3	28.3	35.36
8	1 984.0	0.000 50	504	0.022 5	22.5	0.020 0	20.0	50.00
9	3 968.0	0.000 25	252	0.015 9	15.9	0.014 1	14.1	70.71
10	7 936.0	0.000 13	126	0.011 2	11.2	0.010 0	10.0	100.0

5.1.1.2.2 比较法

在放大100倍观察视场中，对照GB/T 6394中的平均晶粒度系列图片Ⅰ直接进行评定。

5.1.1.3 说明事项

5.1.1.3.1 晶粒度的合格级别应在产品标准或合同中规定。

5.1.1.3.2 对于目测不清的细小晶粒，可按GB/T 6394标准采用合适的放大倍数进行评定。

5.1.1.3.3 如对晶粒度评定结果有异议时，采用截点法判定。

5.1.1.4 结果表示方法

5.1.1.4.1 宏观平均晶粒度的评定结果用"M-X"级(X:0～14)表示。

5.1.1.4.2 显微平均晶粒度的评定结果用"X级"(X:0～10)表示。

5.1.1.4.3 如需要，还可对不合格晶粒的级别、分布等给予文字补充说明。

5.1.2 柱状晶

5.1.2.1 测定方法

在腐蚀后的铸件表面上，以目视及适用的量具进行测定。

5.1.2.2 说明事项

柱状晶的合格级别应在产品标准或合同中规定。

5.1.2.3 结果表示方法

测量结果用文字表述说明，测量结果包括：垂直于柱状晶生长方向单位长度内或铸件某部位一定宽度内柱状晶的个数、单个柱状晶的最大偏离度α_{max}、柱状晶的最大发散度β_{max}、断晶个数、出现的等轴晶数量等限制条件(包括个数和出现部位等)。

5.2　一次枝晶平均间距

5.2.1　测定方法

测定方法可参照附录 A 实例。首先,将观测视场或图片的比例标尺数值换算成总放大倍数 M,按公式(1)计算观测视场或图片对应的试样实际面积 S:

$$S = s_1/M^2 \qquad \cdots\cdots(1)$$

式中:

S——观测视场或图片对应的试样实际面积,单位为平方毫米(mm^2);

s_1——观测视场或图片的面积,单位为平方毫米(mm^2);

M——放大倍数。

然后,统计观测视场或图片中一次枝晶的数量 n_1,按公式(2)计算每平方毫米上的枝晶数量 N:

$$N = n_1/S \qquad \cdots\cdots(2)$$

式中:

N——每平方毫米上的一次枝晶数量,单位为个。

一次枝晶平均间距按公式(3)计算:

$$\lambda = 1/\sqrt{N} \qquad \cdots\cdots(3)$$

式中:

λ——一次枝晶平均间距,单位为毫米(mm)。

测定时,以每个枝晶截面的中心为一个计数点。中心位置在观测视场的边界时,为 0.5 个计数点;在观测视场边界内为 1 个计数点;在观测视场边界外忽略不计。

5.2.2　说明事项

一次枝晶平均间距的合格级别应在产品标准或合同中规定。

5.2.3　结果表示方法

用 λ 的计算值表示。对局部异常情况可用文字叙述说明。

5.3　显微疏松

5.3.1　测定方法

5.3.1.1　比较法

5.3.1.1.1　在显微镜下放大 100 倍,选择显微疏松聚集分布或最有代表性的视场,对照附录 B 标准评级图中的 0～12 级十三个级别进行评级。

5.3.1.1.2　当观测视场中显微疏松分布与标准图片无法对应时,用"显微疏松指数"评定。

5.3.1.2　定量金相法

在选定的视场下,用定量金相法或其他适用的方法计算显微疏松指数,低于 1 级时精确到小数点后二位,1 级～12 级一般精确到小数点后一位。

5.3.2　说明事项

5.3.2.1　显微疏松的合格级别应在产品标准或合同中规定。

5.3.2.2　使用比较法对显微疏松评定结果有异议时,采用定量金相法判定。

5.3.3　结果表示方法

5.3.3.1　评定结果用铸件中观察范围内评定的最高级别或计算的最大显微疏松指数表示。例如:在一个范围内观察到的聚集或分散的细微孔洞总面积占观察范围总面积的 1%,那么这个范围里的显微疏松指数为 1。

5.3.3.2　对显微疏松缺陷出现的部位、直径或最大尺寸、个数、缺陷间距、成组缺陷的组间距离、缺陷距铸件表面的距离等可用文字进行补充说明。

6 检验报告

检验报告应包括以下内容：

a) 铸件名称和件号；

b) 标准号或专用技术文件编号；

c) 材料牌号及炉号；

d) 受检部位；

e) 选用的测定方法；

f) 检验结果；

g) 检验报告编号及日期；

h) 检测人、校对人和审核人签字。

附 录 A
（资料性附录）
一次枝晶平均间距测定方法应用实例

A.1 定向凝固柱晶铸件

A.1.1 实例选择 DZ422B 合金铸件，按照 4.1 和 4.2 规定的方法取样和制备。

A.1.2 图 A.1 为 DZ422B 合金铸件一次枝晶平均间距的测定图片。

A.1.3 按照 5.2 规定的方法测定。标尺换算的总放大倍数 M 为 75，统计图片中一次枝晶的数量 n_1 为 79 个、图片面积 s_1 为 18 936.3 mm^2，则：

观测视场或图片对应的试样实际面积：$S=s_1/M^2=18\,936.3/75^2\approx3.366\,5\ mm^2$；

每平方毫米上的枝晶数量：$N=n_1/S=79/3.366\,5\approx23.466\,5$；

一次枝晶间平均间距：$\lambda=1/\sqrt{N}=1/\sqrt{23.466\,5}\approx0.206\,4\ mm$。

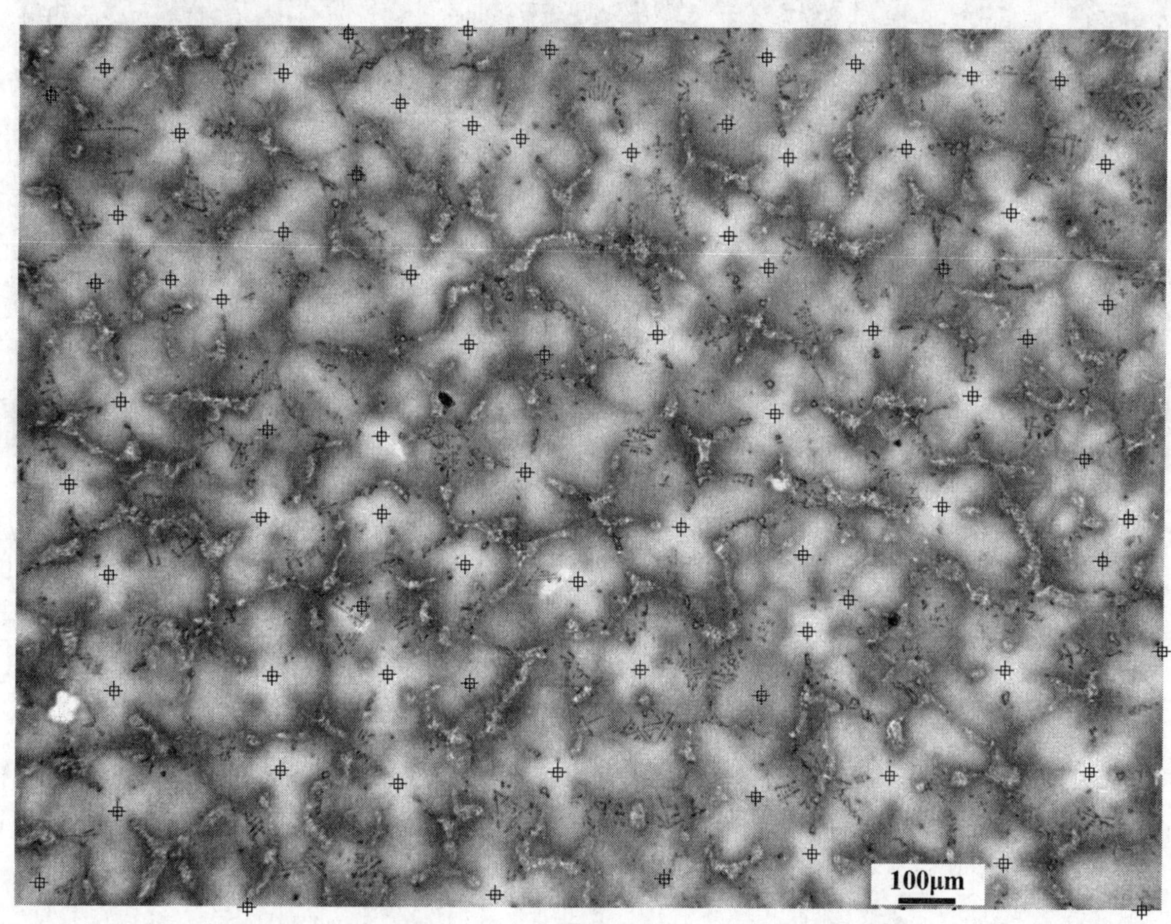

图 A.1 DZ422B 合金铸件一次枝晶平均间距的测定图片

A.2 单晶铸件

A.2.1 实例选择 DD402 合金铸件，按照 4.1 和 4.2 规定的方法取样和制备。

A.2.2 图 A.2 为 DD402 合金铸件一次枝晶平均间距的测定图片。

A.2.3 按照 5.2 规定的方法测定。标尺换算的总放大倍数 M 为 35，统计图片中一次枝晶的数量 n_1

为 158.5 个、图片面积 s_1 为 21 624 mm^2，则：

观测视场或图片对应的试样实际面积　$S=s_1/M^2=21\ 624/35^2=17.652\ 2\ mm^2$；

每平方毫米上的枝晶数量：　$N=n_1/S=158.5/17.652\ 2\approx 8.979\ 1$；

一次枝晶间平均间距：　$\lambda=1/\sqrt{N}=1/\sqrt{8.979\ 1}\approx 0.333\ 7\ mm$。

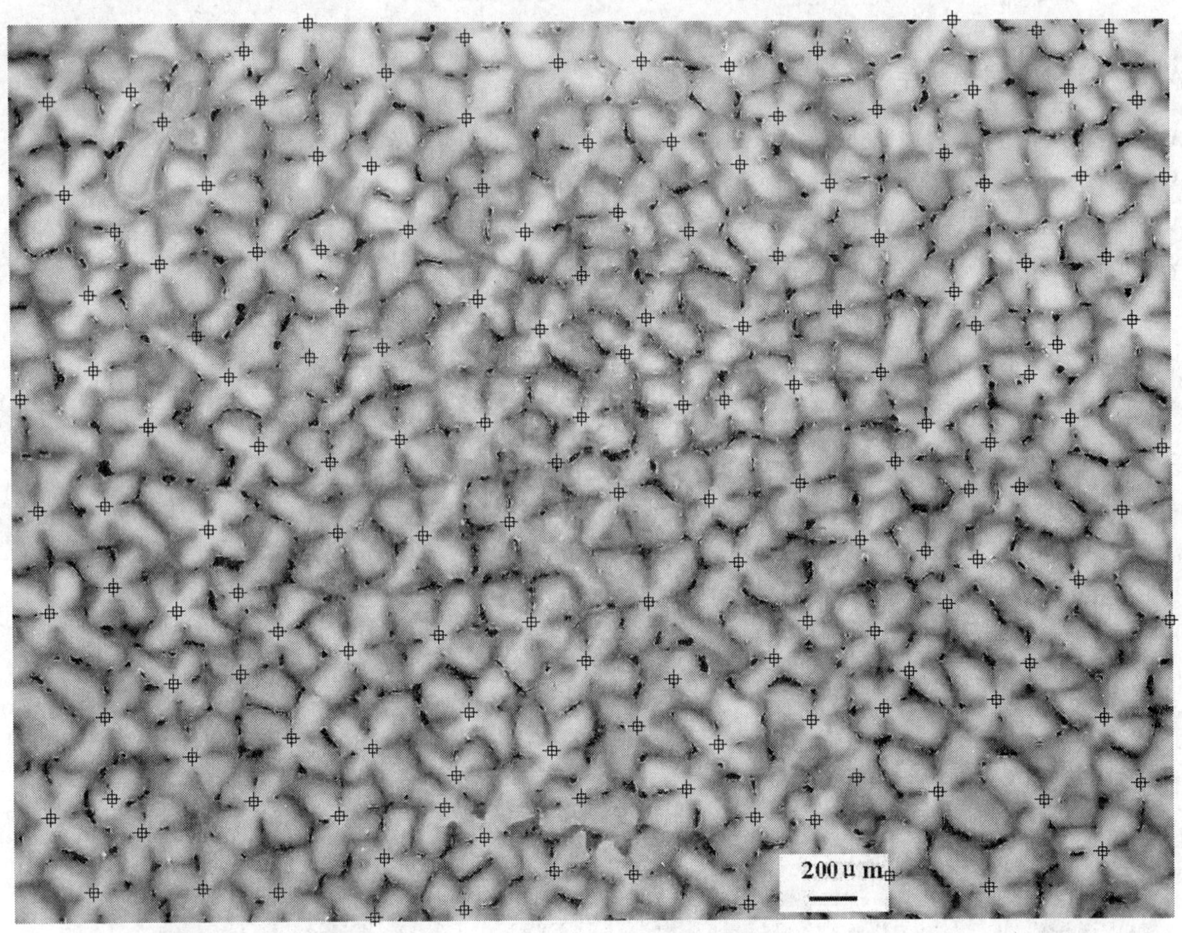

图 A.2　DD402 合金铸件一次枝晶平均间距的测定图片

附 录 B
（规范性附录）
铸造高温合金显微疏松标准评级图

铸造高温合金显微疏松标准评级图如图 B.1。

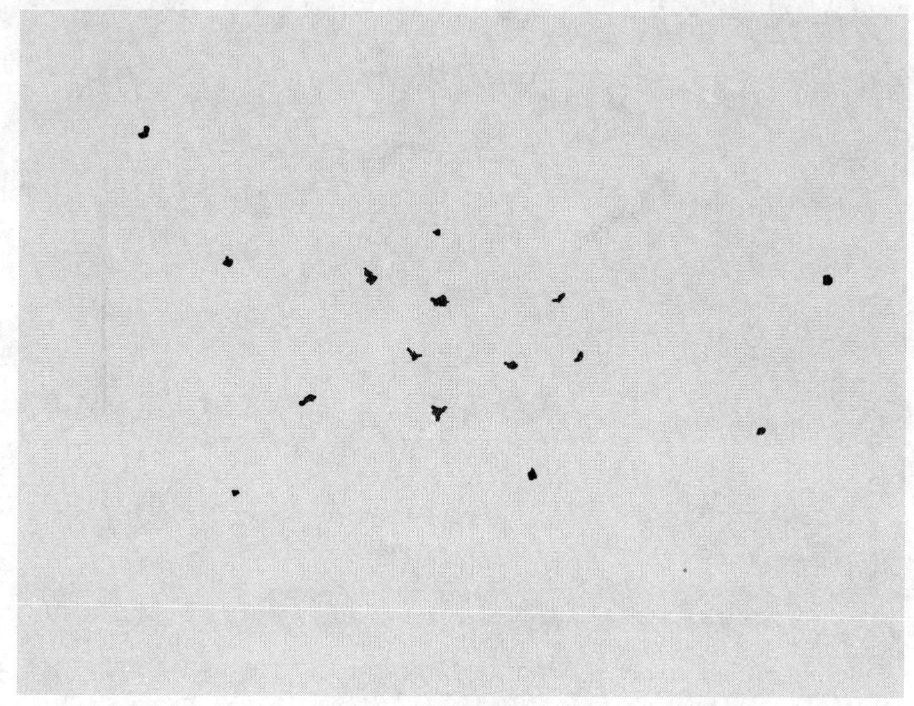

0 级　　显微疏松指数:0.25

1 级　　显微疏松指数:0.5

图 B.1　铸造高温合金显微疏松标准图(100×)

2级　　显微疏松指数:1.0

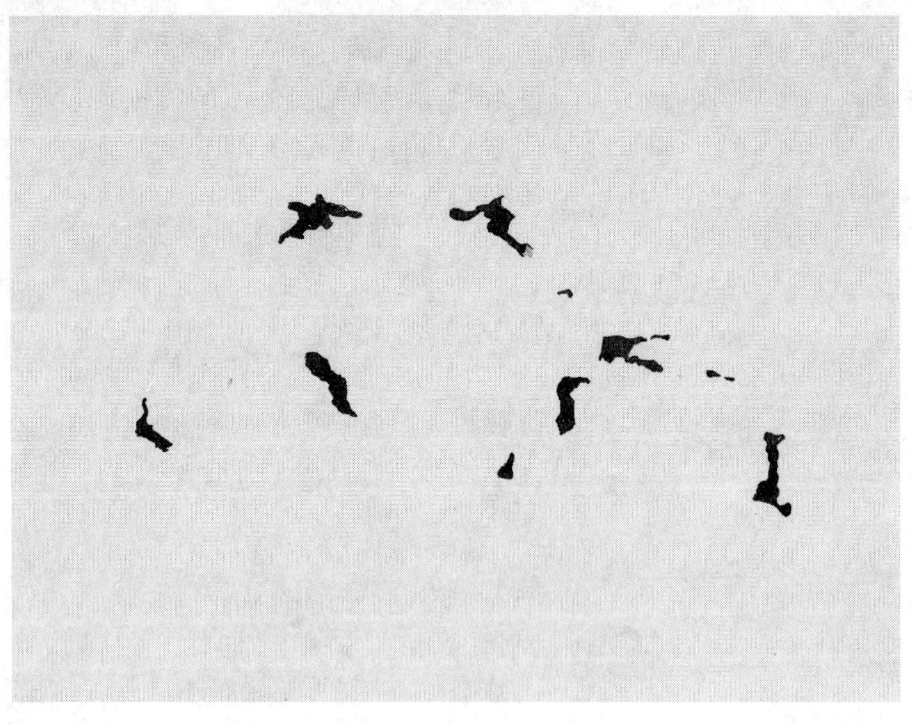

3级　　显微疏松指数:1.5

图 B.1(续)

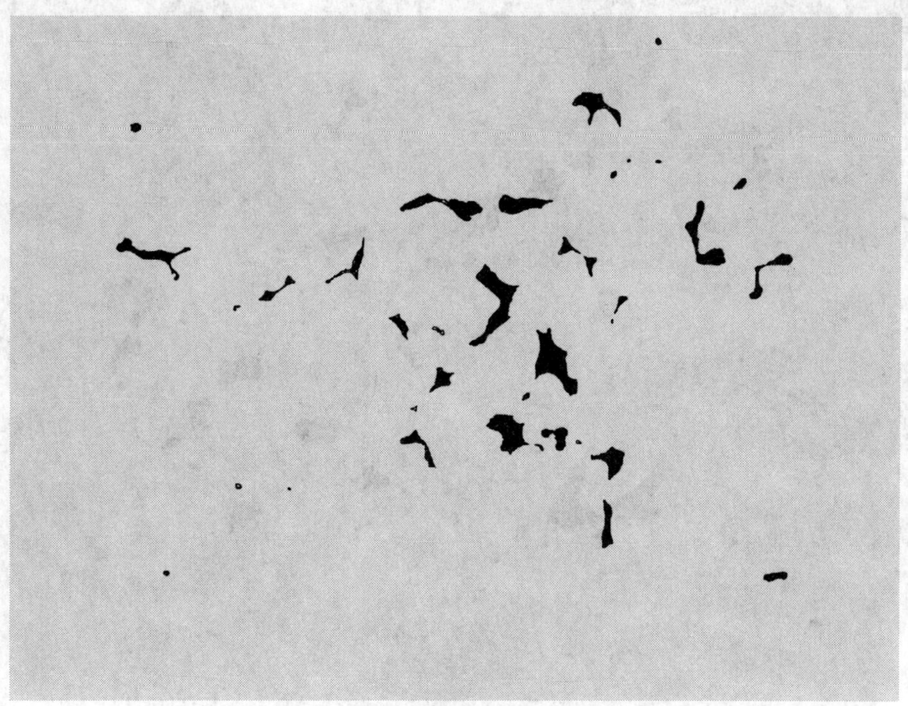

4级　　显微疏松指数:2.0

5级　　显微疏松指数:2.5

图 B.1（续）

6 级　显微疏松指数:3.0

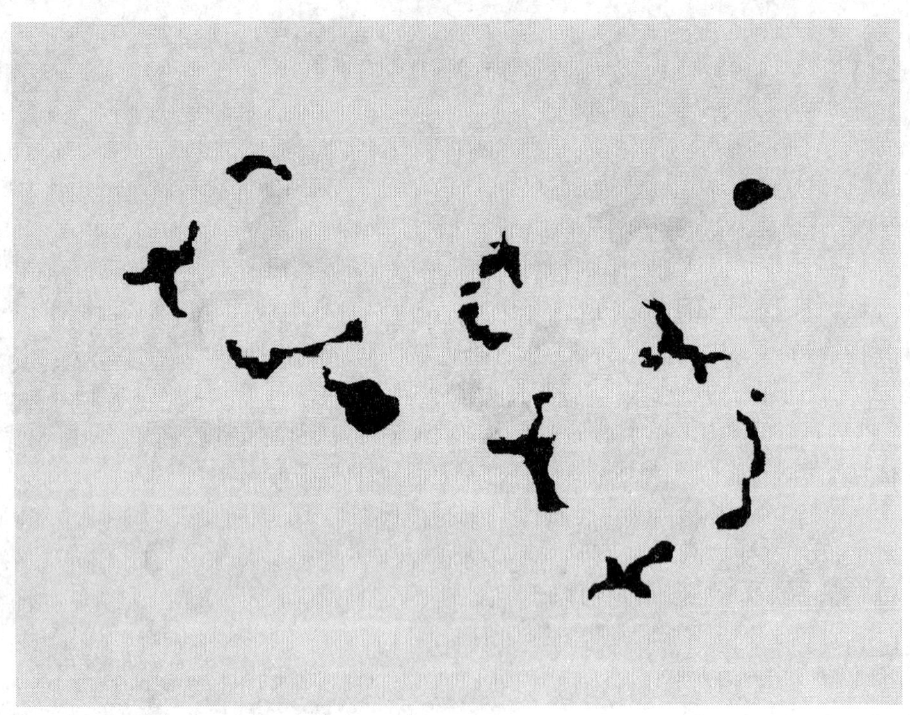

7 级　显微疏松指数:3.5

图 B.1(续)

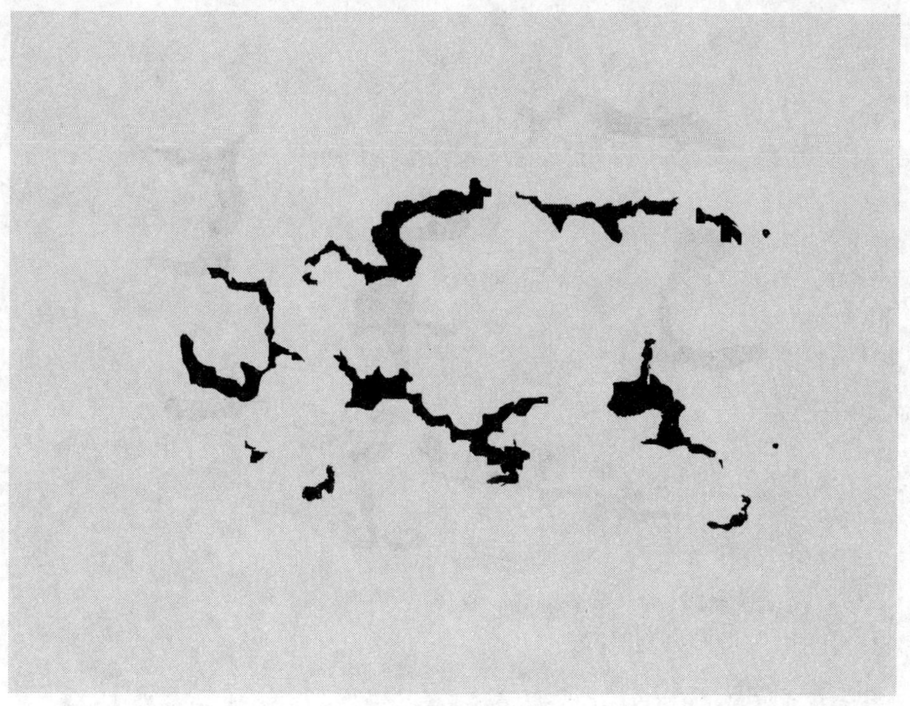

8 级　　显微疏松指数:4.0

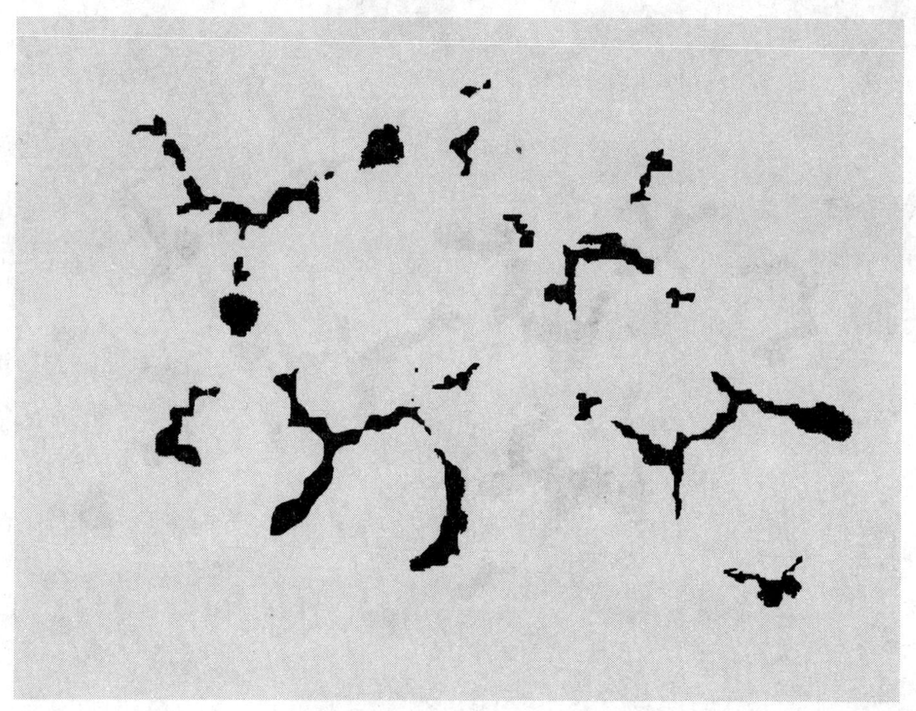

9 级　　显微疏松指数:5.0

图 B.1(续)

10级　　显微疏松指数:6.0

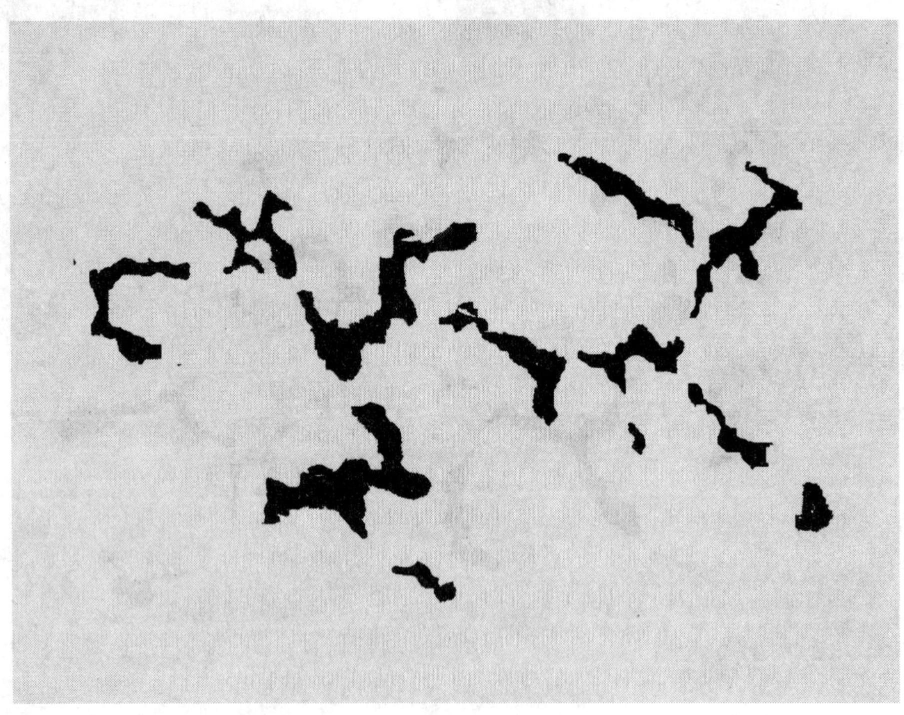

11级　　显微疏松指数:7.0

图 B.1(续)

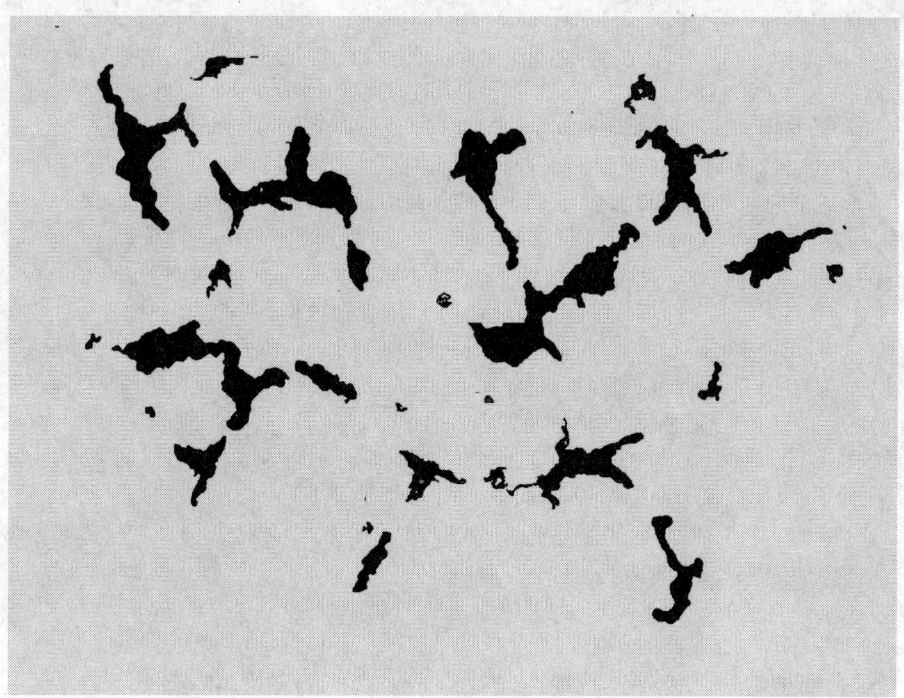

12 级　　显微疏松指数:8.0

图 B.1（续）

ICS 53.020.20
J 80

中华人民共和国国家标准

GB 15052—2010/ISO 13200:1995
代替 GB 15052—1994

起重机
安全标志和危险图形符号 总则

Cranes—Safety signs and hazard pictorials—General principles

(ISO 13200:1995,IDT)

2011-01-10 发布 2011-12-01 实施

中华人民共和国国家质量监督检验检疫总局
中国国家标准化管理委员会 发布

前　言

本标准的第3章、第5章、第6章、第7章、第9章为强制性条文,其余为推荐性条文。

本标准等同采用ISO 13200:1995《起重机　安全标志和危险图形符号　总则》(英文版)。

本标准等同翻译ISO 13200:1995。

为便于使用,本标准做了以下编辑性修改:

——“本国际标准”一词改为“本标准”;

——删除了国际标准的前言和引言;

——将国际标准中“机器、设备”一词改为“起重机”;

——将国际标准中附录E改为参考文献。

本标准代替GB 15052—1994《起重机械危险部位与标志》。与GB 15052—1994的区别如下:

——本标准全部内容与ISO 13200:1995保持一致。

本标准的附录A、附录B、附录C和附录D为资料性附录。

本标准由中国机械工业联合会提出。

本标准由全国起重机械标准化技术委员会(SAC/TC 227)归口。

本标准负责起草单位:辽宁省安全科学研究院、北京起重运输机械设计研究院。

本标准主要起草人:史向东、崔振元、张孟欣、隋旭。

本标准所代替标准的历次版本发布情况为:

——GB 15052—1994。

起重机
安全标志和危险图形符号　总则

1　范围

本标准规定了 GB/T 6974.1 定义的起重机上的安全标志和危险图形符号的一般设计原则及应用。本标准概括了安全标志的目的，描述了安全标志的基本形式，规定了安全标志的颜色并且提供了组成安全标志各框图的设计指南。

2　规范性引用文件

下列文件中的条款通过本标准的引用而成为本标准的条款。凡是注日期的引用文件，其随后所有的修改单(不包括勘误的内容)或修订版均不适用本标准，然而，鼓励根据本标准达成协议的各方研究是否可使用这些文件的最新版本。凡是不注日期的引用文件，其最新版本适用于本标准。

GB/T 6974.1　起重机　术语　第1部分：通用术语(GB/T 6974.1—2008，ISO 4306-1：2007，IDT)

3　安全标志的目的

3.1　安全标志的目的是：

——提醒人们存在危险或潜在危险；

——识别危险；

——描述危险的特征；

——说明危险可能造成的人身伤害；

——指导人员如何避免危险。

3.2　安全标志应放置在起重机上醒目易见的部位，尽量避免损坏或磨损，并且应具有相当长的预期使用寿命。

3.3　安全标志和危险图形符号可以放置在起重机上或出现在使用维护说明书中。为了避免危险，应将安全标志和危险图形符号放置在靠近危险发生部位或者控制区。

3.4　应避免在起重机上过多地使用安全标志和危险图形符号，因为过度使用会降低使用效果。

注：经验表明，当安全标志和危险图形符号的数量大于7时，将会降低使用效果。

3.5　安全标志和危险图形符号出现在使用维护说明书中，用来强调危险的区域。在说明书中的使用不受3.4的限制。

4　安全标志的形式

4.1　安全标志由一个边框内的两个或两个以上的矩形块组成，矩形块中给出某一产品有关的危险信息。

4.2　安全标志有四种标准形式：

——双框型安全标志：符号框，文字框(见4.4)；

——三框型安全标志：符号框，图形符号框，文字框(见4.5)；

——双框型安全标志：图形符号框，文字框(见4.6)；

——双框型安全标志：两个图形符号框(见4.7)。

4.3 安全标志优选垂直布置，也可以水平布置。安全标志的形式和布置的最终选择取决于产品销售地区的地域和语言环境、法律规定以及为放置安全标志所提供的空间。

4.4 双框型安全标志：符号框，文字框。见图1。符号框包括安全警告符号及三个警告词（注意，警告，危险）之一。文字框是描述危险，说明发生危险的后果以及指导如何避免危险的文字信息。

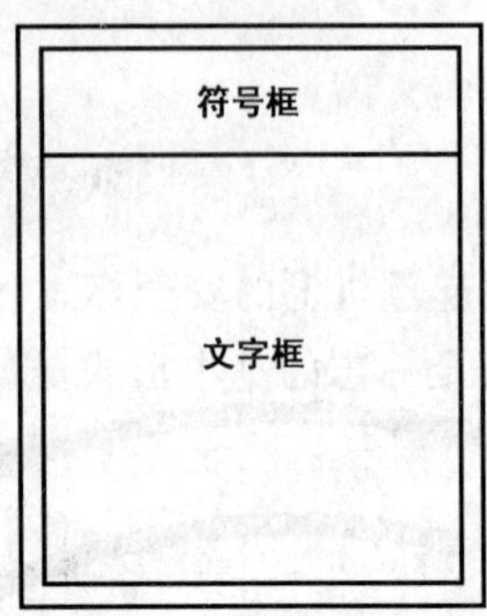

图1 双框型安全标志：符号框，文字框

4.5 三框型安全标志：符号框，图形符号框，文字框。见图2。符号框包括安全警告符号和三个警告词之一。图形符号框除了应包含危险图形符号，有时还应包含避免危险的图形符号。文字框包含一段描述危险，说明发生危险的后果以及指导如何避免危险的文字。

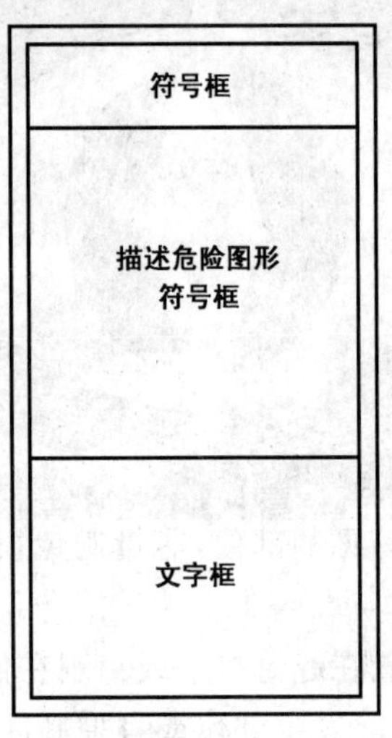

垂直布置

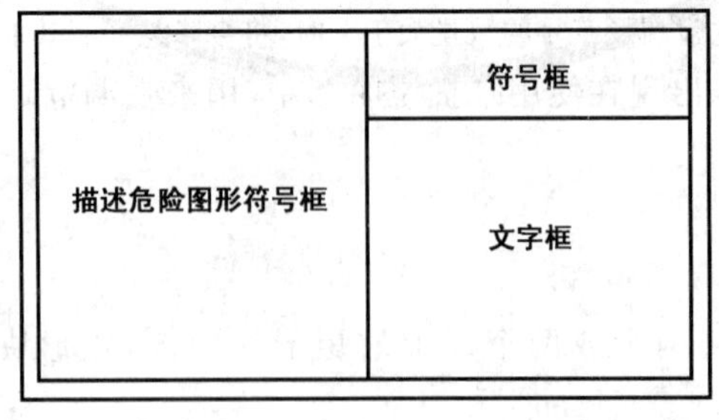

水平布置

图2 三框型安全标志：符号框，图形符号框，文字框

4.6 双框型安全标志：图形符号框，文字框。见图3。图形符号框包含一个危险警告三角形中的危险图形符号或者仅仅包含危险警告符号。文字框包含一段描述危险，说明发生危险的后果以及指导如何避免危险的文字。

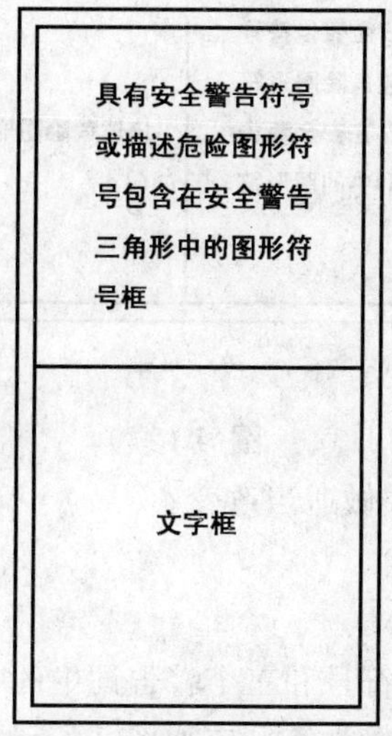

垂直布置

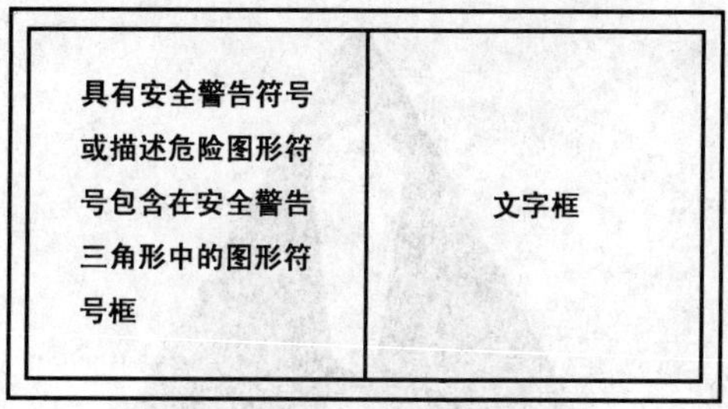

水平布置

图 3　双框型安全标志:图形符号框,文字框

4.7　双框型安全标志:两个图形符号框。见图 4。第一个图形符号框布置描述危险图形符号,它可以包含一个安全警告三角形中的描述危险图形符号,也可以只有危险警告符号。第二个图形符号框布置避免危险图形符号。

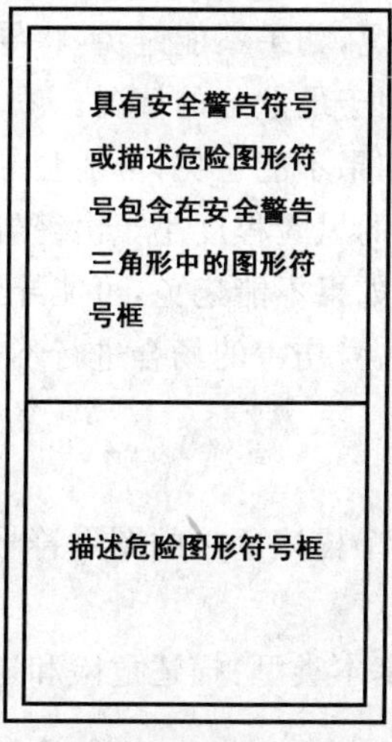

垂直布置

图 4　双框型安全标志:两个图形符号框

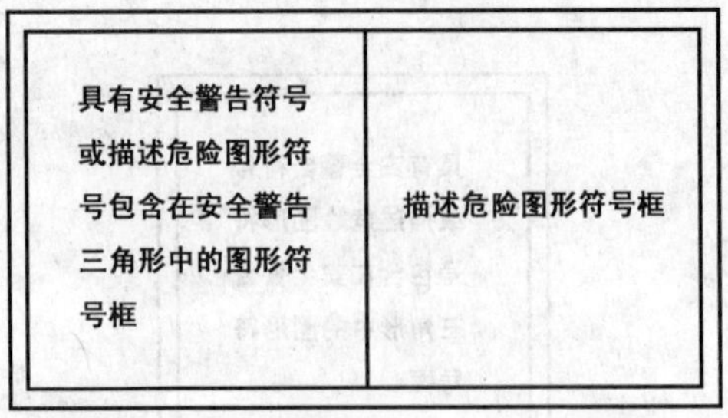

具有安全警告符号或描述危险图形符号包含在安全警告三角形中的图形符号框	描述危险图形符号框

水平布置

图 4（续）

4.8 在某些场合，可以对这些标准形式做适当改变。

5 符号框

5.1 安全标志的符号框包含危险警告符号和三个警告词中的一个。

5.2 有一个警告词的安全标志的危险警告符号应如图 5 所示。包含三个警告词之一的安全标志应使用该危险警告符号。

图 5 包含一个警告词的安全标志的安全警告符号

5.3 安全标志可以根据危险情况的相对严重性所采用的警告词进行分类。

5.3.1 有三个警告词：危险、警告和注意。警告词警告人们存在着危险以及危险的相对严重性。

5.3.2 这三个警告词用于防止发生人身伤害的危险。根据对发生危险的可能性以及发生危险的可能后果的估计选择警告词。

——危险。表示即将发生的危险状况，如果不能避免，将导致死亡或者重伤。标有警告词“危险”的安全标志应当谨慎使用，它仅用于最危险的情况。

——警告。表示潜在的危险状况，如果不能避免，可能会导致死亡或者重伤。由警告词“警告”认定的危险状况存在的受伤或死亡的风险程度小于由警告词“危险”认定的危险状况。

——注意。表示潜在的危险状况。如果不能避免，可能导致轻伤或者中等程度的伤害。警告词“注意”也可用于警告在可能导致人身伤害的场合进行不安全作业。

6 图形符号框

6.1 安全标志中的图形符号框包括：一个描述危险的图形符号，一个避免危险的图形符号，或者只有安全警告符号。

6.2 用于安全标志的图形符号有两种基本类型：描述危险和避免危险。

——描述危险图形符号：

描述危险图形符号表示出现危险示意图，通常是不能避免危险而产生的后果。

——避免危险图形符号：

避免危险图形符号表示应如何避免危险指导性示意图。

6.2.1 一个设计完好的描述危险图形符号，应使人能清楚地识别出危险并且应能生动地描绘出不遵守规定的可能后果。同样，一个设计完好的避免危险图形符号，应使人能清楚地理解避免人员触及危险的必要行动。

6.2.2 尽管将两类图形符号组合到同一图形符号中非常困难，但这是可能的。最常用的是使用描述危险图形符号，避免危险图形符号用来补充或者代替文字信息。

6.2.3 在某些场合，可以用一个图形符号表明几种危险。然而，一般情况下应避免这样做，除非这些危险是密切相关的。

6.3 在双框型安全标志上，描述危险图形符号应置于安全警告三角形内。安全警告三角形见图6。

图6 安全警告三角形

6.4 如果在安全警告三角形内不使用描述危险图形符号，则放一个惊叹号成为轮廓式安全警告符号见图7。

图7 轮廓式安全警告符号

7 文字框

7.1 安全标志的文字框包含一些文字信息，用来单独或与图形符号框一起描述危险，说明发生危险的可能后果及指导如何避免危险。

7.2 如果描述危险图形符号能充分生动地描述危险以及可能的后果，这两方面信息中的一个或者两个都可以从文字框中删除。同样，如果避免危险图形符号能充分生动地说明如何避免危险，这方面的信息也可以从文字框中删除。如果没有图形符号，文字框中必须包含上述三方面的信息。可能的话，信息应用简单句叙述。

8 语言，翻译以及多语种安全标准

8.1 包含警告词或文字信息的安全标志应采用中文。不带文字的安全标志显然不需要进行语言翻译。然而，作为使用无文字安全标志的产品应具备下述两个条件：

——一种特殊的安全标志，可指导操作者从操作手册中查找产品所使用的安全标志的说明；

——与无文字安全标志相对应的文字信息，用中文写在操作手册中。

8.2 图 8 所示为中文、英文、法文及德文四语种“阅读操作手册”安全标志示例。也允许使用其他几种语言，或者只使用一种语言，只要其中包含产品使用地区的语言。

图 8 具有中文、英文、法文、德文四语种“阅读操作手册”安全标志示例

8.3 图 9 所示为无文字“阅读操作手册”安全标志示例，它可代替图 8 所示的单语种或多语种安全标志。

图 9 无文字“阅读操作手册”安全标志示例

9 安全标志的颜色

9.1 符号框的颜色

符号框的颜色取决于所选择的警告词。

9.1.1 危险标志的符号框应为红底白字。安全警告符号应为白色三角形中的红色惊叹号(见图5)。

9.1.2 警告标志的符号框应为桔黄色底黑字。安全警告符号应为黑色三角形中的桔黄色惊叹号(见图5)。

9.1.3 注意标志的符号框应为黄底黑字。安全警告符号为黑色三角形中黄色惊叹号(见图5)。

9.2 图形符号框的颜色

图形符号框的颜色取决于安全标志是否包含三个警告词之一。

9.2.1 包含一个警告词的安全标志图形符号框应为白底黑图。

9.2.2 包含安全警告三角形或轮廓式安全警告符号的安全标志图形符号应为黄底黑图。

9.2.3 其他颜色(例如:红色代表火)可用来强调图形符号的特殊方面。

9.2.4 如果用×、⊘或者表示禁止行为的文字(见附录D中D.9),这些符号应为红色。

9.3 文字框的颜色

文字框的颜色取决于安全标志是否包含三个警告词之一。

9.3.1 包含一个警告词的安全标志文字框应为黑底白字或白底黑字。

9.3.2 无警告词的安全标志文字框应为黄底黑字或白底黑字。

9.4 边框的颜色

边框的颜色取决于所选的警告词以及安全标志是否包含安全警告三角形。

9.4.1 警告词为危险的安全标志的边框应为红色。如果必须将安全标志与附着面的颜色区分开,可使用白色的附加外边框。

9.4.2 警告词为警告的安全标志的边框应为桔黄色。如果必须将安全标志与附着面的颜色区分开,可使用白色或黑色的附加外边框。

9.4.3 警告词为注意的安全标志的边框应为黄色。如果必须将安全标志与附着面的颜色区分开,可使用白色或黑色的附加外边框。

9.4.4 包含安全警告三角形的安全标志的边框应为黄色。如果必须将安全标志与附着面的颜色区分开,可使用白色或黑色附加外边框。

9.5 各框之间分界线的颜色

各框之间的分界线应为黑色。

10 尺寸

安全标志的推荐尺寸(单位为mm)见(图10～图13)。根据需要,尺寸可大些或小些。比例可以按需要改变,以提供足够大的符号框或者为文字框提供足够的空间,确保字体清晰可见。

单位为毫米

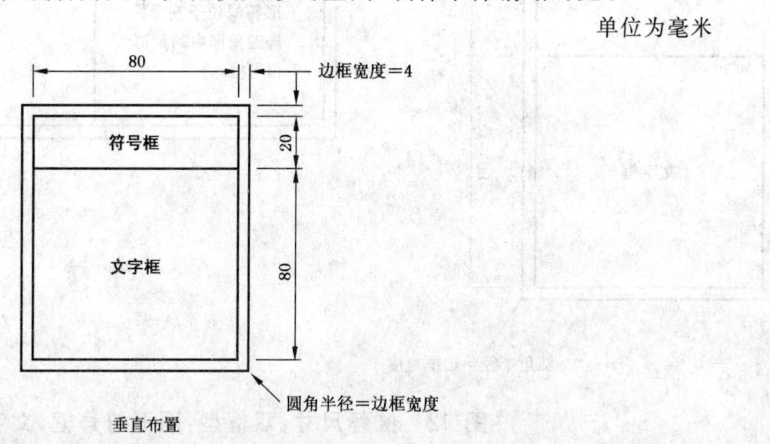

图10 推荐尺寸:双框型:符号框,文字框

单位为毫米

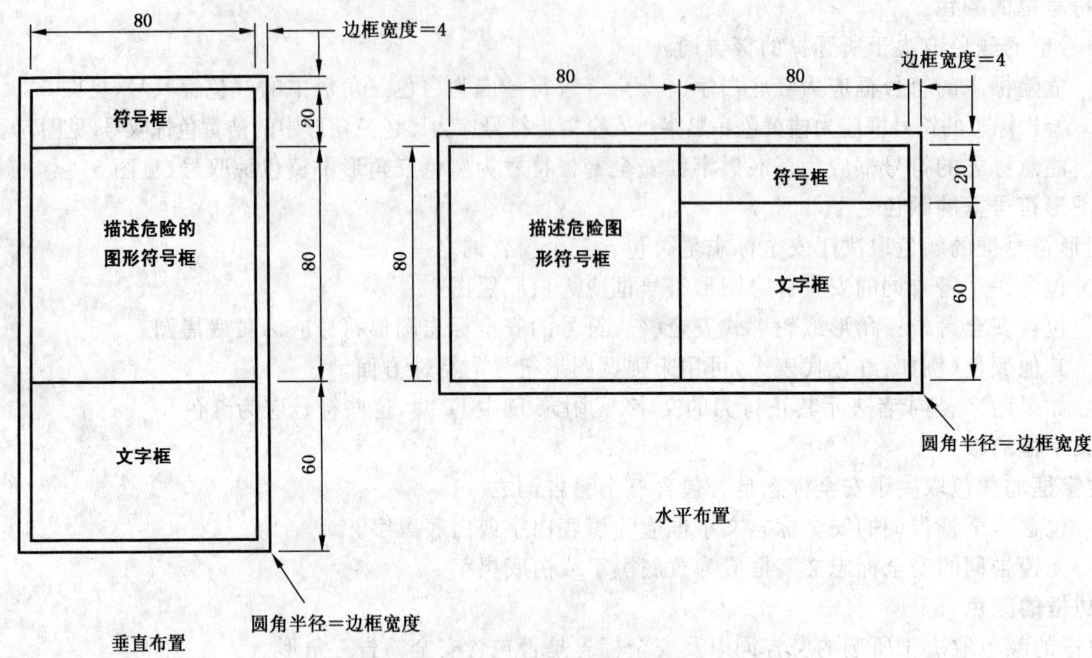

图 11 推荐尺寸:双框型:图形符号框,文字框

单位为毫米

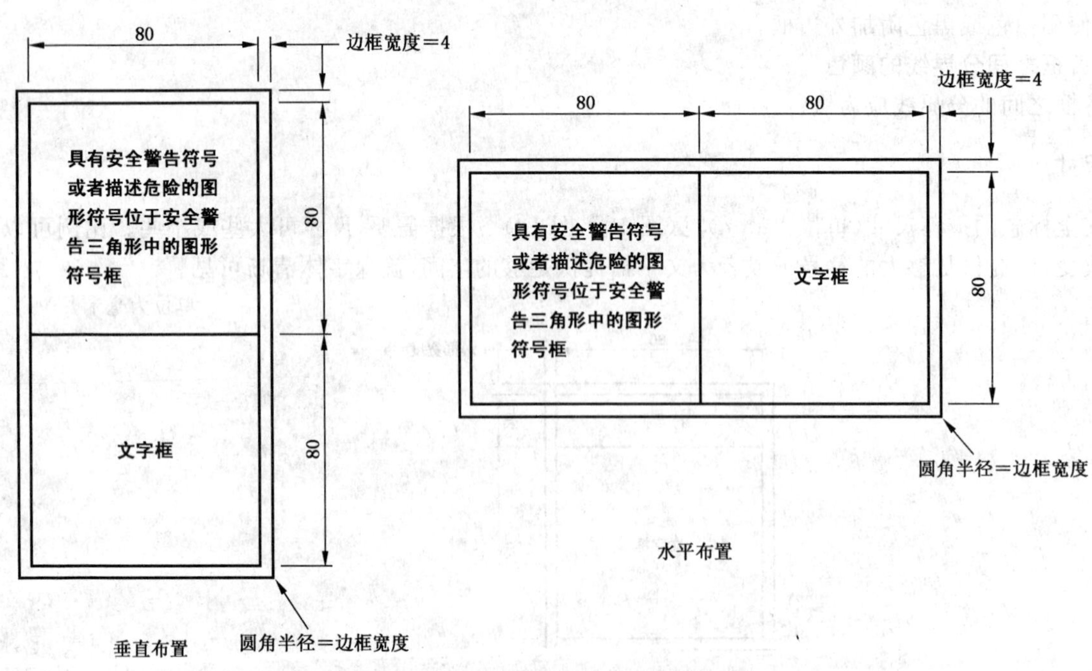

图 12 推荐尺寸:双框型:图形符号框,文字框

单位为毫米

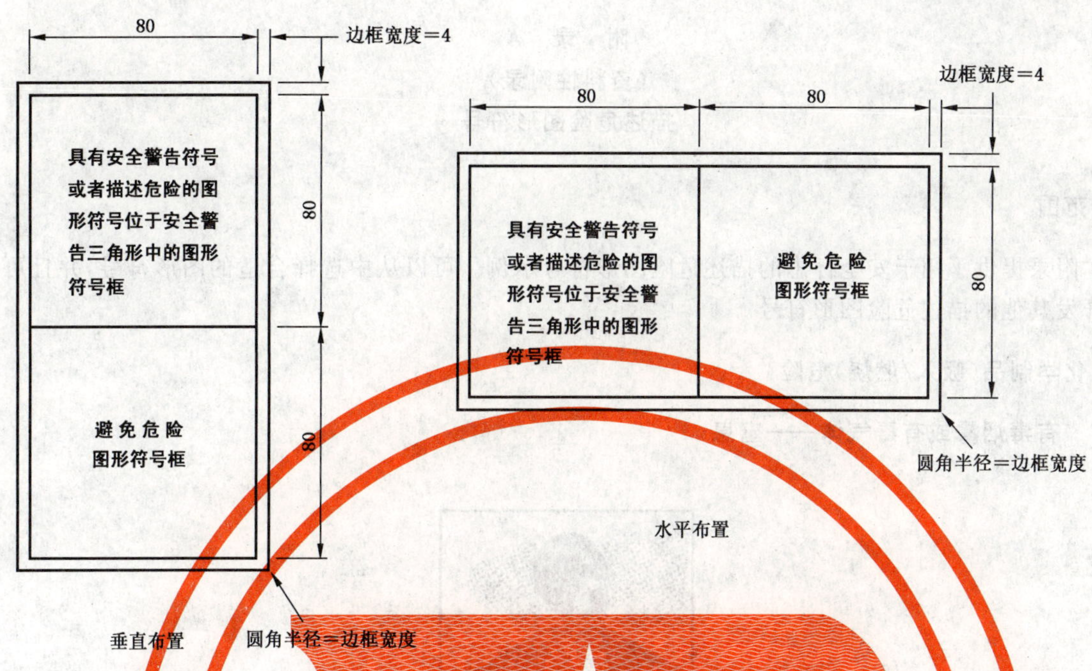

图 13 推荐尺寸:双框型:两个图形符号框

11 描述危险图形符号

附录 A 提供了用于安全标志的描述危险图形符号示例。可以从中选择合适的描述危险的图形符号,并且可能需要开发出附加的描述危险图形符号。

12 避免危险图形符号

附录 B 提供了拟用于安全标志的避免危险图形符号示例。可以从中选择合适的避免危险图形符号,并且可能需要开发出附加的避免危险图形符号。

13 安全标志示例

13.1 带文字安全标志示例

适合于危险的警告词和文字信息取决于各种不定因素的共同作用,其中包括法定先例。本标准未提供带文字安全标志详例。带文字安全标志应设计成符合本标准以上各条所述的目的和原则。

13.2 无文字安全标志示例

附录 C 提供了用于许多危险情况下的无文字安全标志示例。

14 危险图形符号图形设计的原则及指南

附录 D 阐述了好的危险图形符号的图形设计原则及指南,同时对人体及其他图形要素的描绘提供指导。一致性好的视图设计对于清楚地表达描述危险图形符号及避免危险图形符号的含义非常重要。

附 录 A
（资料性附录）
描述危险图形符号

A.1 范围

本附录提供了用于安全标志的描述危险图形符号示例。可以从中选择合适的图形符号，并且可能需要开发其他的描述危险图形符号。

A.2 化学制品（吸入/燃烧）危险

A.2.1 有毒烟雾或有毒气体——窒息

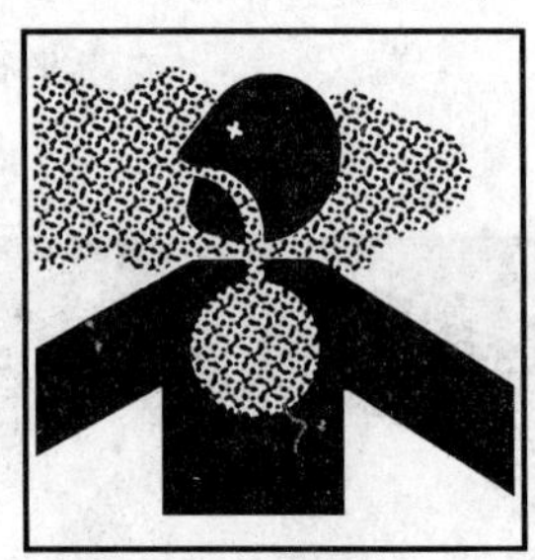

A.3 电气（电击/燃烧）危险

A.3.1 电击/触电

A.3.2 电击/触电

A.4 跌落危险

A.4.1 从高处跌落

A.5 液体(注入,渗漏/喷射)危险

A.5.1 高压液体——注入人体

A.5.2 高压喷射——腐蚀肌体

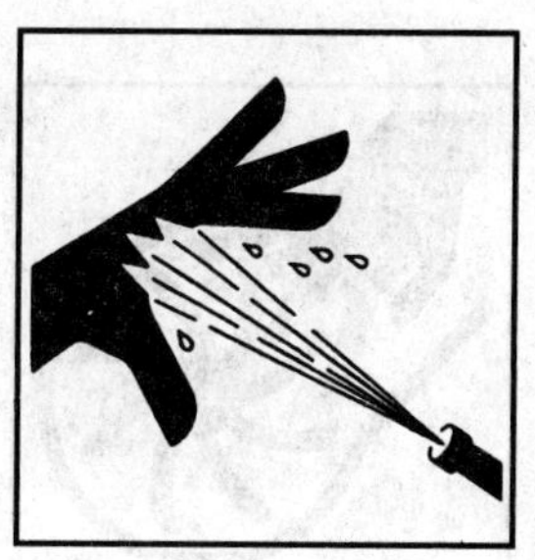

A.6 机械——挤压危险

A.6.1 挤压全身——力来自上方

A.6.2 挤压手指或手——力来自侧面

A.6.3 由起重机平衡重产生的挤压

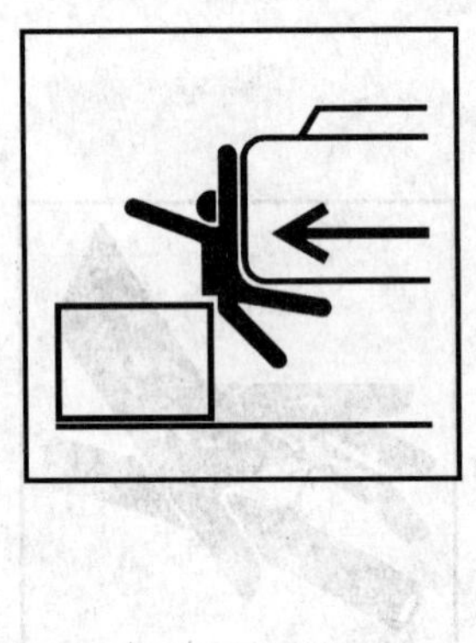

A.7 机械——切断危险

A.7.1 切断手指或手——转子叶片

A.7.2 切断手指或手——发动机风扇

A.8 机械——绞入危险

A.8.1 手臂绞入机器内

A.8.2 腿绞入机器内

A.8.3 手臂绞入——旋转的齿轮

A.8.4 手及手臂绞入——链传动或者齿形带传动装置

A.8.5 手及手臂绞入——带传动装置

A.9 机械——喷射或飞出物危险

A.9.1 喷射或飞出物——面部暴露部分

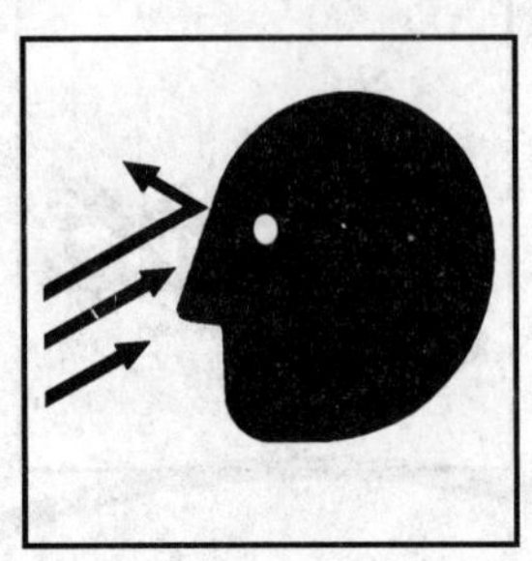

A.9.2 喷射或飞出物——需要保护眼睛

A.9.3 喷射或飞出物——需要保护面部

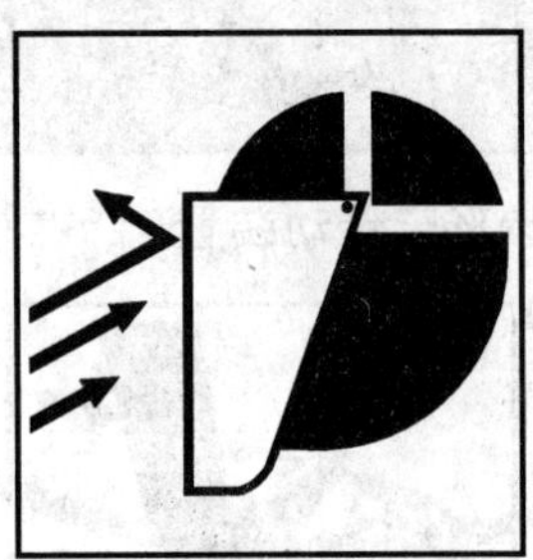

A.10 碰撞/撞倒(前进或倒车时)危险

A.10.1 撞倒——流动式起重机前进或倒车时

A.11 热力(烧伤/触摸)危险

A.11.1 热表面——烧伤手指或手

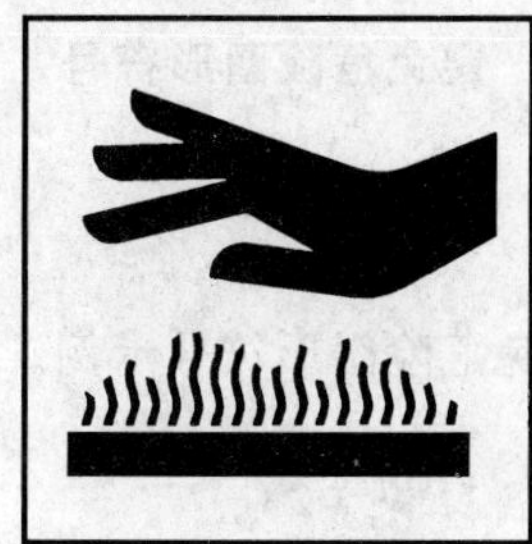

A.12 热力(燃烧/爆炸)危险

A.12.1 爆炸(例如使用燃油时)

附　录　B
（资料性附录）
避免危险图形符号

B.1　范围

本附录提供了用于安全标志上的避免危险图形符号示例。可从中选用适当的图形符号，并且可能需要开发其他的避免危险图形符号。

B.2　避免危险图形符号

B.2.1　卸臂架时应远离。

B.2.2　进入危险区前，确保起升油缸锁紧。

B.2.3　进入危险区前，安装支撑。

B.2.4　进入危险区前，锁定安全锁。

B.2.5 与起重机保持安全距离。

B.2.6 避开外伸支腿。

B.2.7 只能从操作台起动发动机。

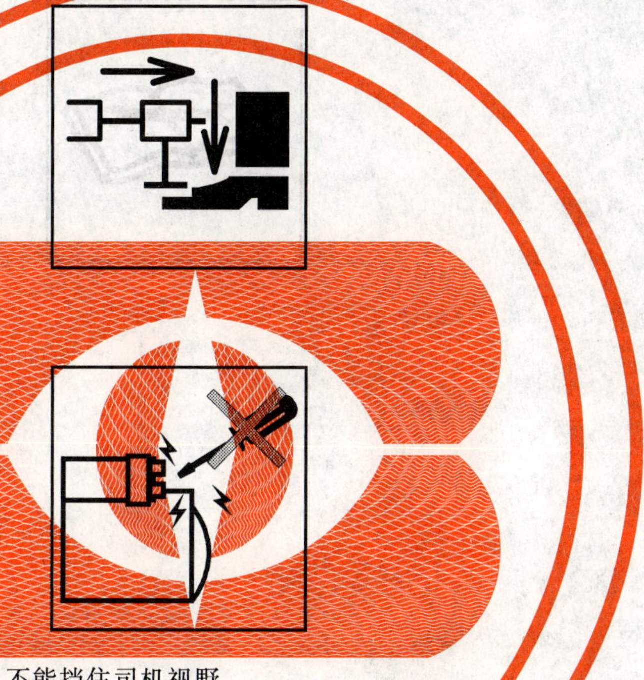

B.2.8 只允许坐在乘客座位上并且不能挡住司机视野。

B.2.9 远离电源线。

B.2.10 只要零件可以活动，严禁伸进挤压区。

B.2.11 从技术手册中查阅正确的操作程序。

附　录　C
（资料性附录）
无文字安全标志示例

C.1　范围

本附录提供了包含若干种危险的无文字安全标志示例，这些安全标志示例采用垂直布置的双框型（两个图形符号框，无符号框和文字框）。对于其他危险可能需要开发另外的安全标志。每个安全标志的文字说明提供了适用于操作手册中的安全标志的说明性文字的范例。操作手册中的文字可以扩充或者根据对安全标志特殊的使用要求进行修改。

C.2　无文字安全标志示例

C.2.1　拆卸臂架时应躲开。

C.2.2　进入危险区前，确保起升油缸锁紧。

C.2.3 进入危险区前,安装支撑。

C.2.4 进入危险区前,锁定安全锁。

C.2.5 与起重机保持安全距离。

C.2.6 避开外伸支腿。

C.2.7 进行维护或维修工作前，关闭发动机并且拔下钥匙。

C.2.8 远离电源线。

C.2.9 与热表面保持距离。

C.2.10 避免液体喷出。操作方法查阅技术手册。

附 录 D
（资料性附录）
危险图形符号图形设计的原则及指南

D.1 范围

本附录阐述了好的危险图形符号图形设计的原则及指南，同时对人体及其他图形符号元素的描绘提供了指导。一致性好的视图设计对表达描述危险图形符号及避免危险图形符号的含义非常重要。

D.2 设计图形符号指南

虽然每一个安全标志及其图形符号都有其独特内容，但可以提出几条好的图形符号设计的通用指南。

——使用形象的图形符号替代抽象的符号。

——使用人体或其整个部分的实体图形。当所描绘的人物与危险没有直接关系而它的存在对完成图形符号又有必要时，可以使用轮廓图。

——当展示物体、脸或整个人体时，使用最易识别的视图（一般为正视或者侧视）。

——使用图形符号描绘发生的动作，并且展示与危险相关的人体图或身体各部分。

——使用简单图形描绘引起危险的起重机部件。采用危险起重机部件的实体图，除非会对人体识别有影响。使用整机或其实体部分的轮廓图以确定危险区域或危险零部件的相对位置。

——应具体描绘危险，尤其当危险的性质或危险发生的位置并非显而易见时。只有当概括描绘危险和危险状况有可能并充分地表达必要信息时方可采用。

——必要处可使用箭头表示实际或可能的运动方向。在某些情况下，起重机部件的移动在图形符号中不明显，则必须补充箭头。选择和使用箭头图形表示不同类型的运动或空间相对位置关系，应具有一致性。如：下落物或飞出物、起重机零部件运动方向、整机运动方向、压力或作用力方向及远离危险的安全距离。

——在符号会影响禁止行为的识别或者符号的意义不十分清楚处，应避免使用禁止符号（斜叉，带斜杠的圆）。

——不要使用红色表示血。

D.3 人体图

D.3.1 描绘基本人体图

人体图在图形符号中常常是主要组成部分，应当用简单可信的方式描绘。从长远利益讲，图形符号应保持统一。观看的人不需对图形符号仔细研究就可立刻了解图形符号内容，并能确定人身的哪一部分与危险相关或危险发生的方式。此处提供的人体图设计满足了上述具体要求。由此得出：人体图设计不应发生扭曲或者说应该用同一比例，D.3.5 中所述除外。人体图的目的是提醒看到安全标志的人，防止事故发生，而不是一幅艺术作品。

D.3.2 人体图单元格系统

标准的人体图形符号是以统一尺寸的方格或单元格系统为基准。人体全高为 12 个单元，体宽占 2 个单元，头部直径为 1.75 个单元。描绘人体的精确单元尺寸见图 D.1。手和脚的端部为半圆。

D.3.3 人体图的生动性

利用人体图的转轴点，可以描绘人体的行为或运动。单元比例应保持统一，除非肢体重叠引起视觉缩短。当此情况发生时，可通过加长 0.5 个单元来弥补。图 D.2 展示了不同位置人体图。图形符号中假设的人体位置通常由以下几方面决定：

——危险的性质；

——危险的方向或趋势；

——与危险相关的运动或位置；

——危险所引起的损害型式；

——与起重机操作相关的运动或位置。

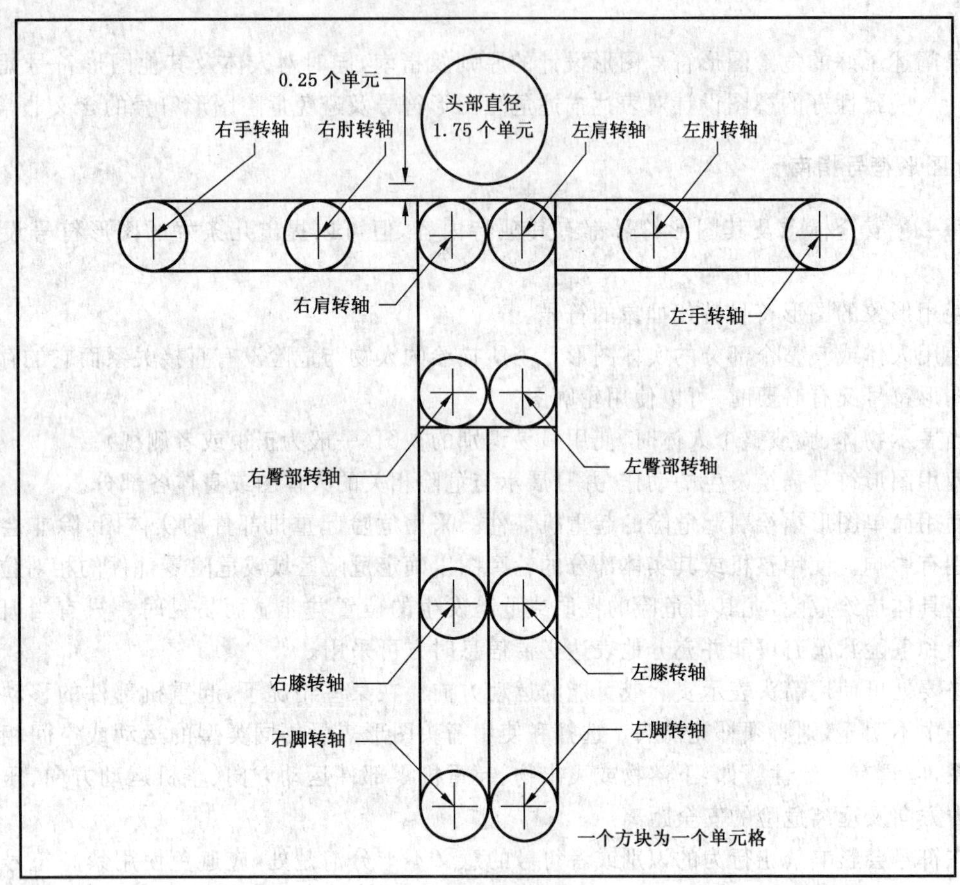

图 D.1　人体方格图

图 D.2　描绘人体图

D.3.4 人体实体图与轮廓图的比较

人物外形的实体图比轮廓图更能引起观察者对图形符号中可能处于危险状况的人物的注意。然而,如果图形符号中出现的人体图不止一个,则其中不会受到直接危害的人可画成轮廓图。例如:碰撞危险图形符号或乘客跌落危险图形符号中的司机。人体轮廓图用于:

——只用于表示在危险情况下,不会受到直接伤害的人;

——只有当与实体图结合使用时,使图形符号表达得更清楚易懂。

图 D.3 所示图形符号即有人物实体图又有轮廓图。

图 D.3 使用人物实体图和轮廓图的图形符号

D.3.5 静止独立的人体图(正视或后视)

当描绘静止的人体时,要改动标准的人体图形符号。医疗设备上把表示肥胖病人的 IEC 符号(符号编号为 IEC 417:1973 中的 5391)用作避免危险图形符号中人物图,表示与危险保持安全距离(见 D.8.6),而且在某些避免危险图形符号中表示远离危险区的意思(见 D.9.2)。

图 D.4 所示为静止自由站立人体图。

图 D.4 静止自由站立人体图(正视或后视)

D.3.6 头部侧视图

当头部与危险相关时,使用头部侧视图:左视或右视。当侧视图中出现人体整体或上半部时,也可使用头部侧视图以便产生人体整体或上半部处于侧视位置的效果。图 D.5 给出了使用头部侧视图的危险图形符号示例。

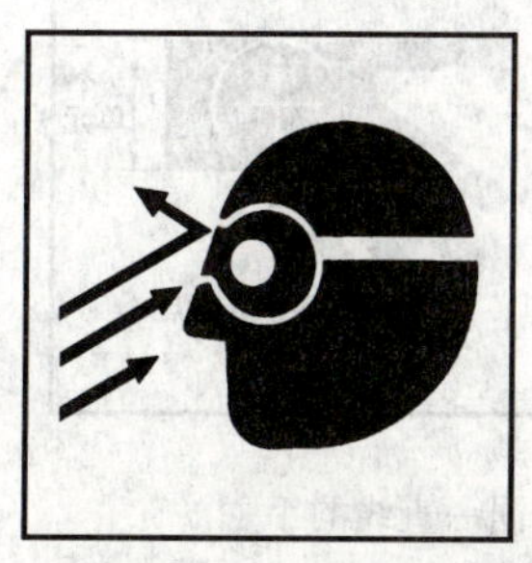

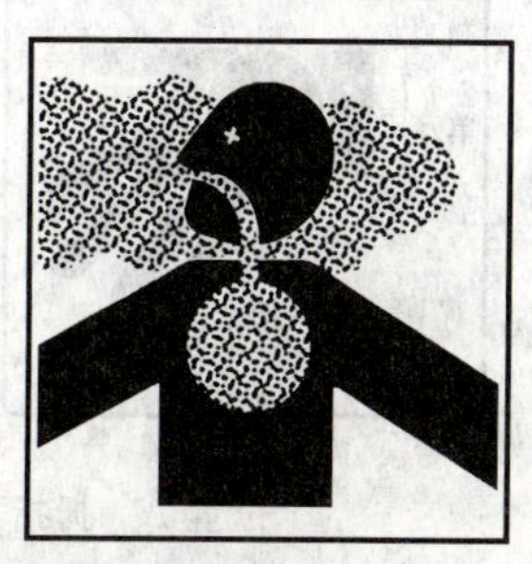

图 D.5 使用头部侧视图的图形符号示例

D.4 上半身

有关手臂、手或头部的危险可通过所有上半身而不是全身视图得到最好的表现。通常情况下,上半身为侧视并且头部也为测视图而非正视图或圆形。上半身侧视图也能有效表达危险运动的方向。如D.5.2所示,如果手与危险相关或者如果画出手会有助于视觉表达,应在图上画出手。图D.6给出了上半身危险图形符号示例。

 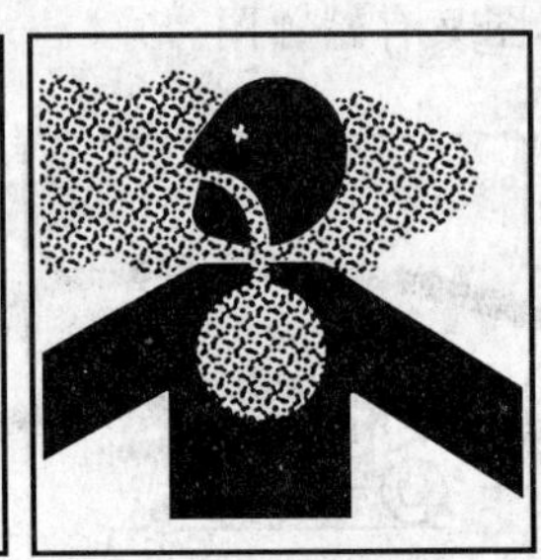 

图 D.6 使用上半身的危险形符号示例

D.5 手

D.5.1 手和手指图

手的复杂性和手指可能的多种运动使其成为最难描绘的图形符号要素之一。图D.7中所示的设计十分注意形状和形式的简单化以便于识别。在全手掌视图中,各手指并拢。在其他的手的视图中,手指可以分开。

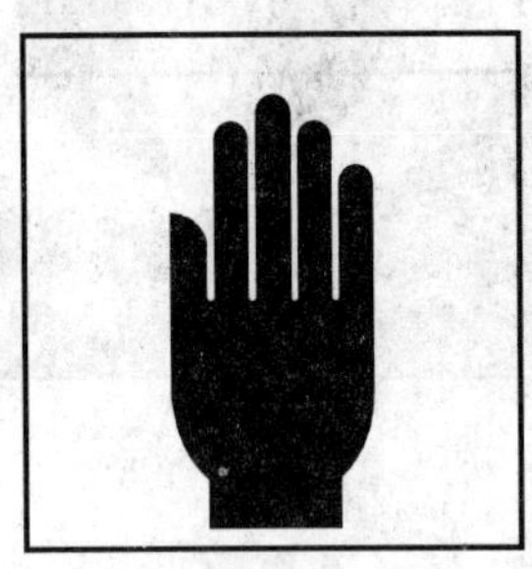

图 D.7 手掌全视图

D.5.2 带手人体图

当手或手臂受到危险时,图中画出手以增加肢体的识别性。手的两种基本位置见图D.8。

——位置A表示大拇指与手臂在同一直线上;

——位置B表示手绕手的转轴点旋转了一定角度。

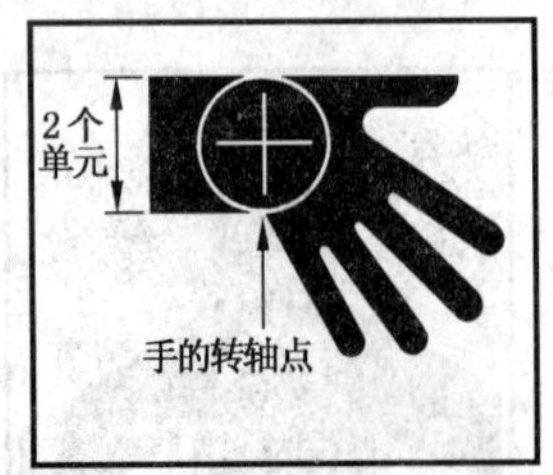

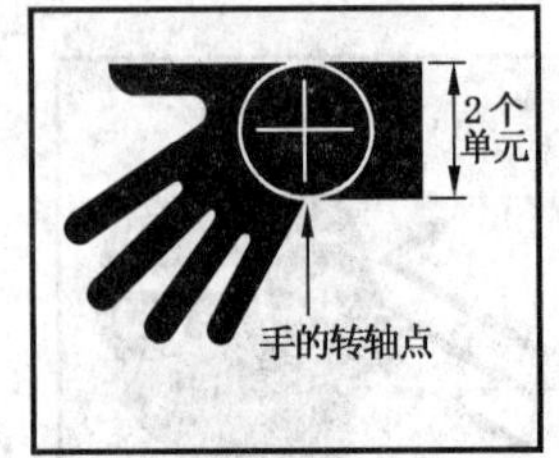

位置A 拇指与手臂处于同一直线的手

图 D.8 人体图中手的视图

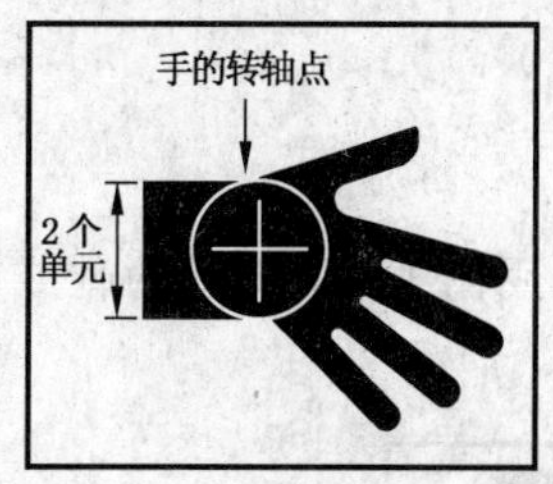

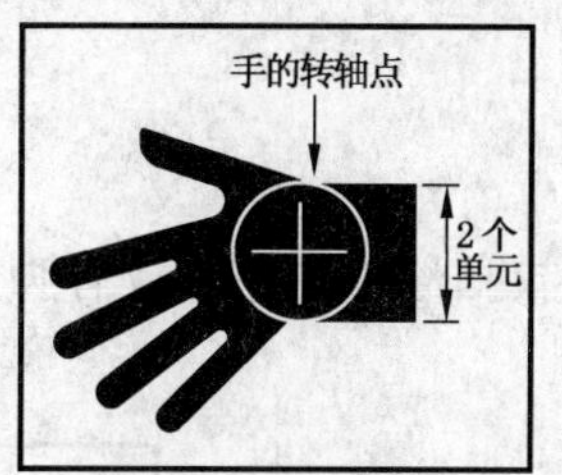

位置B　绕手的转轴点旋转的手

图 D.8（续）

位置A与位置B的选择取决于哪一种位置能最好地表达危险状况。为了设计的统一性，即使仅有一只手臂受到危险，两只手臂都应画上手（当示图中包含两只手臂时）。图D.9为人体图中画有两只手的危险图形符号示例。

图 D.9　带两只手人体图的图形符号示例

D.5.3　手侧视图

手侧视图能用于很好地表达手的位置情况，使图形符号具有真实感，增加了渲染性以及可理解性。虽然手没按实际画出，但是手指位置却能产生立体效果。

手侧视图是人体图中最难设计的部分。为了视图的统一性，图D.10给出了用在图形符号中的几个手侧视图的设计图例。通过对现有图形符号的修改或者根据需要将手指重新定位，画出手侧视图，可以大大节省时间。有些情况需要画出手指的运动，这时应选择最靠近理想位置的手，并做适当的修改。注意手指的画法。不要画成锥形，指尖由0.25个单元的圆弧构成。手侧视图仅包含拇指及另外三个手指。

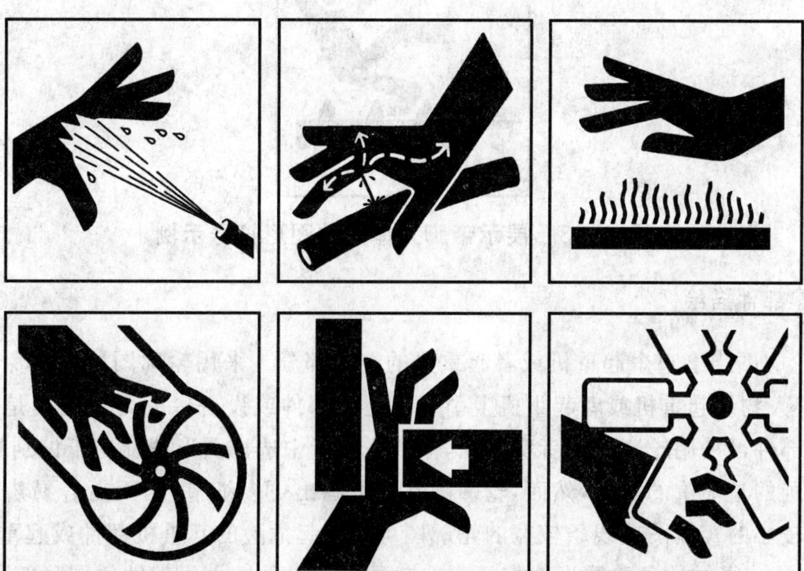

图 D.10　使用手侧视图的图形符号示例

D.6 脚

D.6.1 脚的画法

当一个图形符号仅仅描绘小腿部分或者脚时，应使用图 D.11 所示的鞋或靴子(脚)的标准图。可使用左视图或右视图。

图 D.11 脚画法

D.6.2 带脚的人体图

画出整个人体图能最有效地表达某些与脚或下肢有关的危险；由于图中加上了脚，增加了肢体各部位的可识别性。当画上述图形符号时，应将图 D.12 加到脚的转轴处，并且为了统一起见，不要做任何改动或歪曲。图 D.13 给出了带脚人体图的危险图形符号示例。

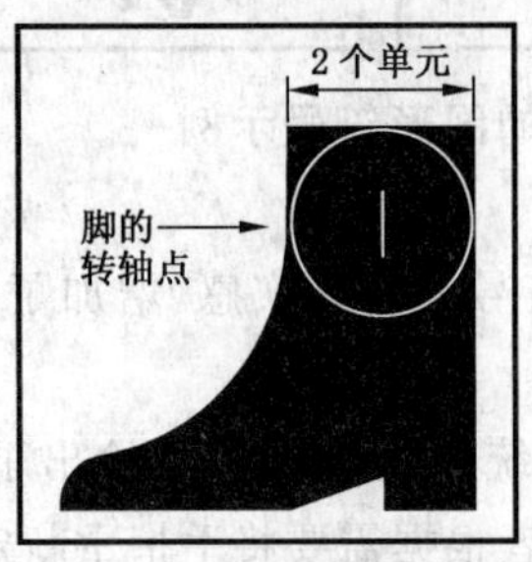

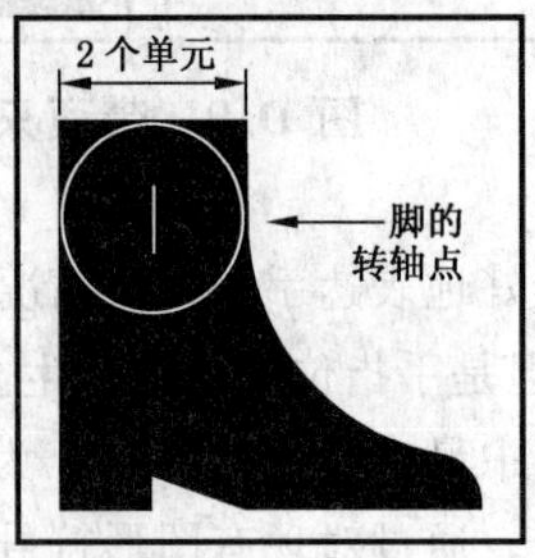

图 D.12 人体图中的脚视图

图 D.13 展示带脚人体图的图形符号示例

D.7 起重机及零部件描绘

D.7.1 一般用轮廓图描绘整个起重机或者起重机的主要部分。采用轮廓图可以避免大块黑色填充区域，因而有利于将人物从起重机或者起重机上引起危险的部件或设备区分开。尤其是当人与起重机离得很近时。单个部件可采用轮廓图或者实体图，但要在二者中选择图形清晰易于识别的。一般来说，实体图让人感到所画的是很重的实体，然而，轮廓图常常可画出更多细节，因而更容易辨别出实际的部件及危险的特征。较小的实体图或线条较宽的轮廓图可使引起危险的起重机部件或起重机更醒目。

D.7.2 图 D.14 给出了描述危险图形中使用整个起重机或起重机主要部件的图形符号示例。图 D.15 给出了描述危险图形中使用引起危险的单个起重机部件的图形符号示例，没有画出相关起重机的位置。

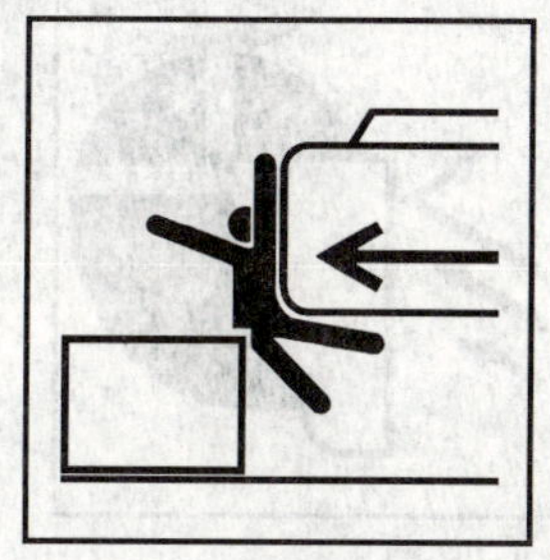

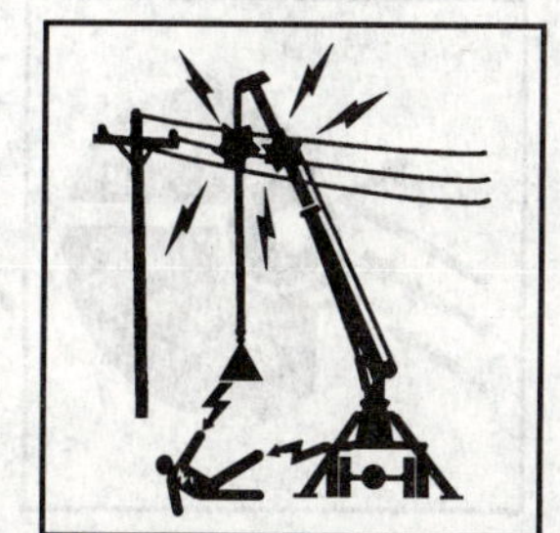

图 D.14 显示起重机及引起危险的主要零部件的图形符号示例

图 D.15 显示引起危险的单个零部件的图形符号示例

D.8 箭头

D.8.1 箭头的使用

为了清楚地表达安全标志的基本信息，图形符号中将使用一些视图要素来表示各种物体、工况及概念，其中主要包括：飞出物或下落物及其运动方向、起重机部件的运动方向、整机运动方向、压力或作用力方向及远离危险的建议。设计的五种型式的箭头用于表达图形符号中的上述内容。

D.8.2 用箭头表示下落物或飞出物体及其运动方向

一般为白底黑色箭头，可以是直的、斜的或者弯曲的。当表示单一物体或几个物体时，箭头尾部应画成实体；当表示断开连续的物体或颗粒时，箭头尾部应画成虚实相间的图形。箭头各部分尺寸见图D.16。正常情况下，箭头应按下落或飞行物体在给定图形符号中的尺寸比例绘出。图D.17给出了使用箭头表示下落或飞行物体及其运动方向的危险图形符号示例。

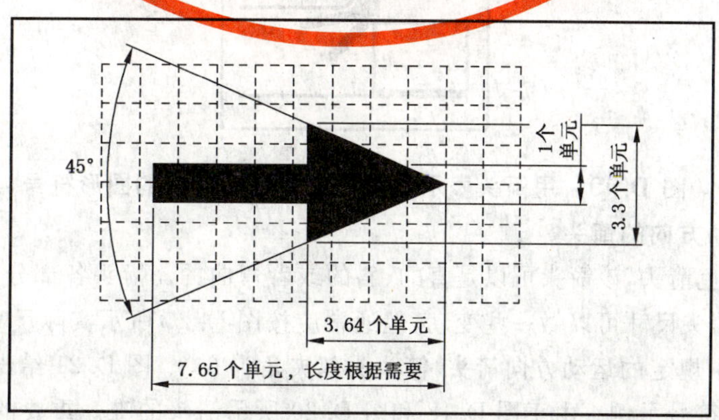

图 D.16 表示下落或飞出物体及其运动方向的箭头

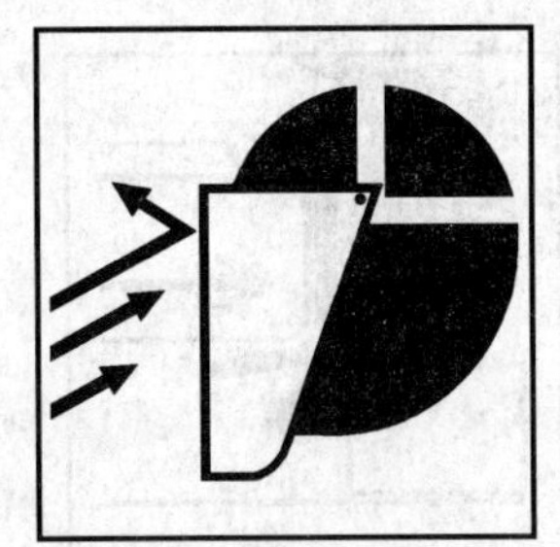

图 D.17 用箭头表示下落或飞出物体及其运动方向的图形符号示例

D.8.3 表示起重机部件运动方向的箭头

一般使用白底黑色箭头，该箭头可以是直的、斜的或者弯曲的。箭头各部分尺寸见图 D.18。虽然对于个别图形符号，箭头尺寸可以做一些变动，但正常情况下，应按图 D.18 所示的实际尺寸的 100%绘出。该箭头应符合 ISO 4196 中规定的运动方向箭头，箭头头部夹角为 60°。图 D.19 给出了使用箭头表示起重机部件运动方向的危险图形符号示例。由于图 D.18 和图 D.20 所示箭头唯一重要的差别是线条相对粗细程度，因而两种箭头几乎完全相同。可能的话，用图 D.18 中的箭头表示起重机部件的运动方向，图 D.20 中的箭头表示整机运动方向。

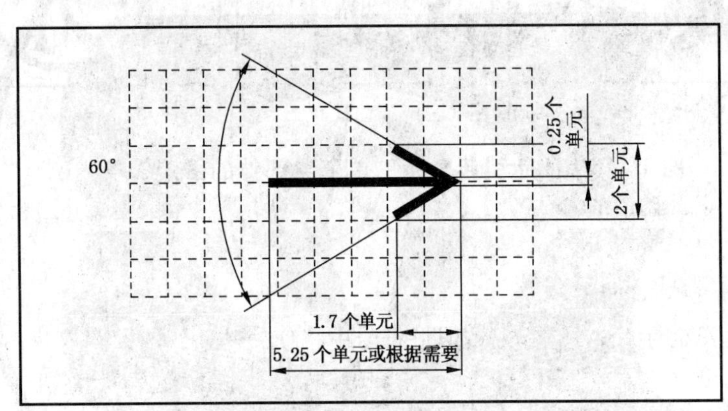

图 D.18 表示起重机部件运动方向的箭头

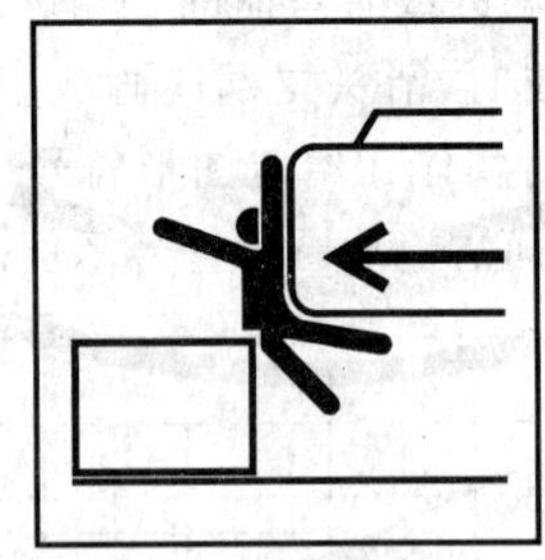

图 D.19 用箭头表示起重机部件运动方向的图形符号

D.8.4 表示整机运动方向的箭头

一般使用白底黑色箭头，该箭头可以是直的、斜的或者弯曲的。箭头各部分尺寸见图 D.20。虽然对于个别图形符号，箭头尺寸可以做一些变动，但通常应按图 D.20 所示实际尺寸的 100%绘出。该箭头应符合 ISO 4196 中规定的运动方向箭头，箭头头部夹角为 60°。图 D.21 给出了使用箭头表示整机运动方向的危险图形符号示例。由于图 D.18 和图 D.20 所示箭头的唯一重要的区别就是线条的相对粗细程度，因而两种箭头几乎完全相同。可能的话，用图 D.18 中的箭头表示机器部件的运动方向，而图 D.20 中的箭头表示整机运动方向。

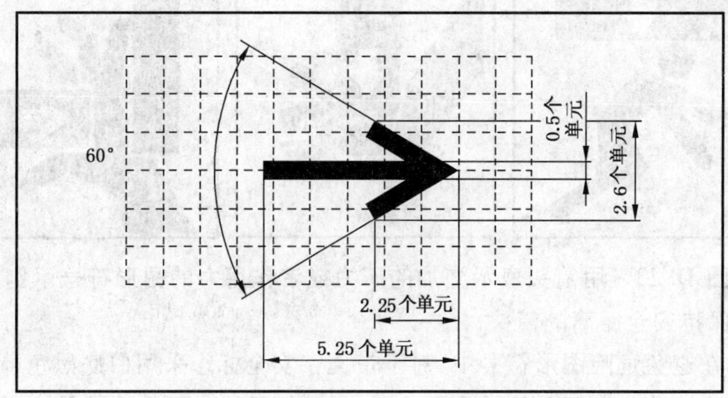

图 D.20 表示整机运动方向的箭头

图 D.21 用箭头表示整机运动方向的图形符号示例

D.8.5 表示施加压力或作用力的箭头

一般使用黑底白色箭头表示压力或者作用力。当描绘特殊的作用力或者压力时，也可使用白底黑色箭头。虽然对于个别图形符号，箭头尺寸可以做一些变动，但通常应按图 D.22 所示实际尺寸的 100%绘出。该箭头应符合 ISO 4196 中规定的作用力箭头，箭头头部夹角为 84°。图 D.23 给出了使用压力或作用力箭头的危险图形符号示例。

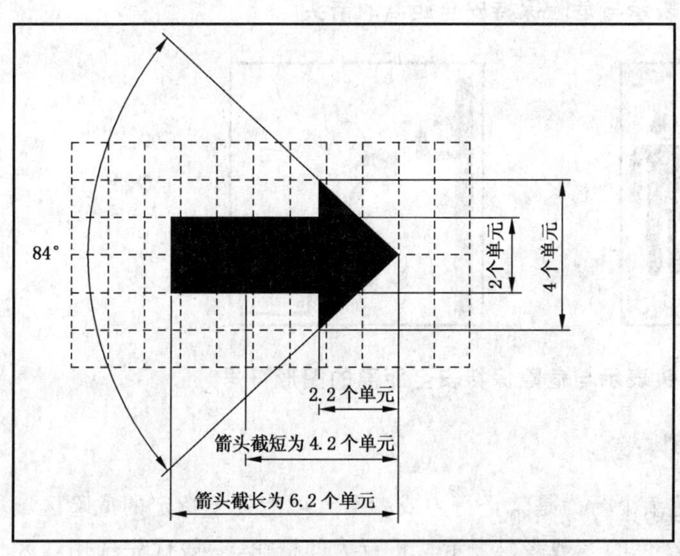

图 D.22 表示施加的压力或作用力的箭头

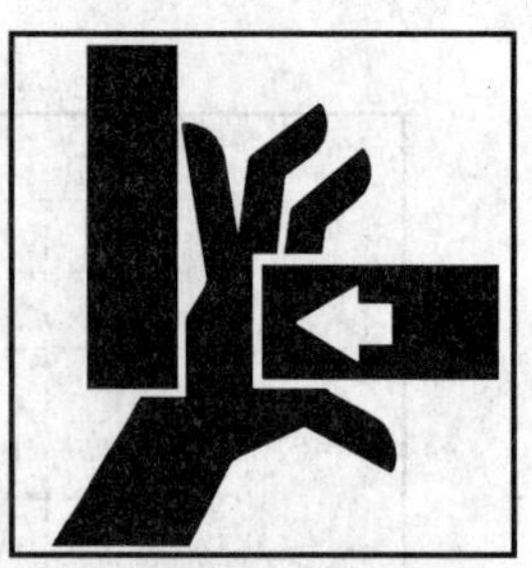

图 D.23 用箭头表示施加的压力或者作用力的图形符号示例

D.8.6 表示与危险保持安全距离的箭头

该箭头一般使用在避免危险图形符号中,对于带文字安全标志采用白底黑色箭头,对于无文字安全标志采用黄底黑色箭头。箭头各部分尺寸见图 D.24。虽然对于个别图形符号来说,箭头尺寸可以做一些变动,但通常应按图 D.24 所示实际尺寸的 60%绘出。除了将两个箭头的尾部相接外,该箭头还应符合 ISO 4196 中有关为人指路的公众信息符号的运动方向箭头的规定。图 D.25 给出了用箭头表示与危险保持安全距离的图形符号示例。

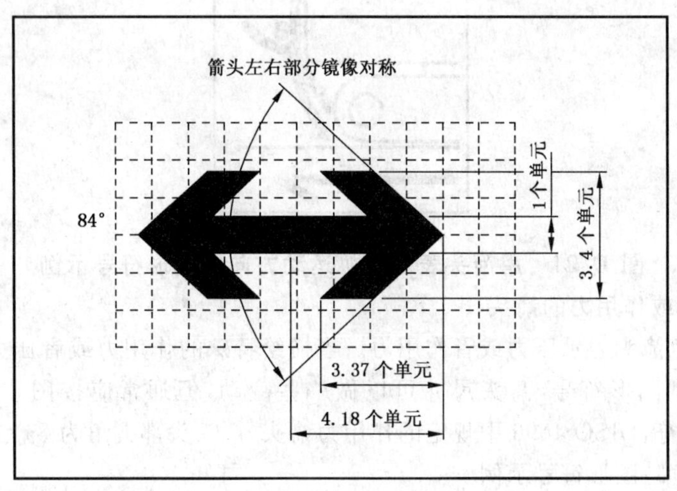

图 D.24 表示与危险保持安全距离的箭头

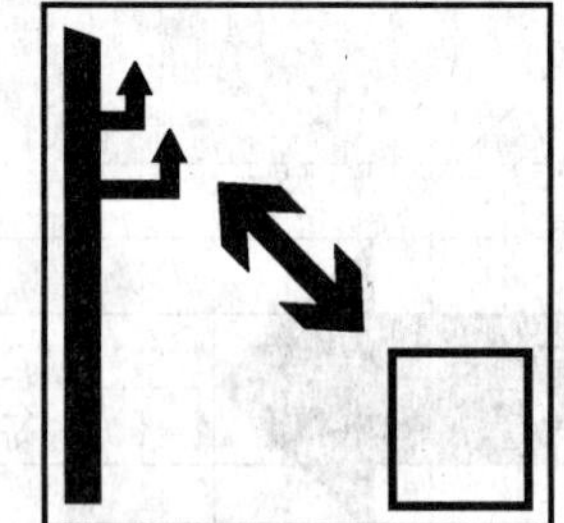

图 D.25 使用箭头表示与危险保持安全距离的图形符号

D.9 表达禁止行为或者危险区域的概念

D.9.1 避免危险图形符号常常用来表达某个行为是禁止行为或者某人可能处于特定的危险区域。一般使用红色×表示危险区域的概念。用红色的×或者⃠表示禁止行为的概念,一般优先选用红×。这些图形元素如图 D.26 所示。×和⃠的尺寸取决于他们所应用的具体图形符号。它们应足够大以便于识别,这一点非常重要,但是也应注意不要遮住图形符号的其他重要部分。

图 D.26 用来表示禁止行为或危险区域的红×或红⃠

D.9.2 红×用于表示禁止行为或者危险区域:一个红×可位于从事禁止行为或者处于危险区域的人体上;红×表示所描绘的行为是禁止行为或者所指出的区域可能是危险区域,且应该避免的反面信息。×的两条斜线相互垂直并与图形符号边框线成45°。图D.27给出了用×表示禁止行为或危险区域的危险图形符号示例。

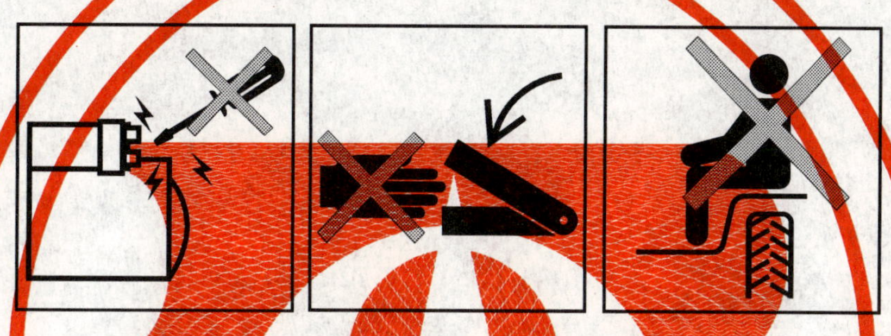

图 D.27 用红×表示禁止行为或危险区域的图示示例

D.9.3 ⃠带斜杠的红圆圈用于表示禁止行为的概念:一个红⃠可横放于描绘禁止行为的图形符号要素上,表示所描绘的行为是禁止行为。斜线从圆圈的左上角一直到右下角,与水平成45°角,但是为了避免遮住图形符号的重要部分,也可上下调整几度。仅当图形符号的内容很明确时,才可使用⃠。

参 考 文 献

[1] ISO 3461-1:1988 制定图形符号的一般原则 第1部分:设备用图形符号.

[2] ISO 3864:1984 安全色与安全标志.

[3] ISO 4196:1984 图形符号 箭头的使用.

[4] ISO 7000:1989 设备的图形符号 索引和一览表.

[5] IEC 417:1973 设备用图形符号 索引综述和单张活页汇编.

(IEC 417A:1974,IEC 417B:1975,IEC 417C:1987,IEC 417D:1978,IEC 417E:1980,IEC 417F:1982,IEC 417G:1985,IEC 417H:1987,IEC 417J:1990,IEC 417K:1991,IEC 417L:1993,IEC 417M:1994)

ICS 29.120.40
K 31

中华人民共和国国家标准

GB 15092.1—2010/IEC 61058-1:2008
代替 GB 15092.1—2003

器具开关 第1部分:通用要求

Switches for appliances—Part 1:General requirements

(IEC 61058-1:2008,IDT)

2011-01-14 发布　　2011-12-01 实施

中华人民共和国国家质量监督检验检疫总局
中国国家标准化管理委员会　发布

前　言

GB 15092 的本部分的全部技术内容为强制性。

GB 15092 是保证各种器具开关使用安全的基础性标准。它由 2 部分组成：

第 1 部分：通用要求

第 2 部分：特殊要求(GB 15092.2～15092.4)

——软线开关的特殊要求

——转换选择器的特殊要求

——独立安装开关的特殊要求

本部分为 GB 15092 的第 1 部分：通用要求，GB 15092 的第 2 部分：特殊要求(GB 15092.2～15092.4)应与其配合使用。

本部分首次制定于 1994 年(idt IEC 61058-1：1990)，第一次修订版为 2000 版(idt IEC 61058-1：1996)，第二次修订版为 2003 版(IEC 61058-1：2001，IDT)，本次是对 GB 15092.1—1994《器具开关 第 1 部分：通用要求》的第三次修订。

本部分等同采用国际标准 IEC 61058-1 Ed. 3.2：2008《器具开关 第 1 部分：通用要求》及其勘误表(2009 年)：

——涉及 ISO 公制螺纹处均改为我国国家标准螺纹；

——标准附图按我国制图标准作个别改动；

——开关额定电压不同于 IEC 61058-1：2000 规定的额定电压优先值；

——IEC 61058-1：2000 中引用标准已转化为国家标准的，本部分直接引用国家标准。

本部分代替 GB 15092.1—2003《器具开关 第 1 部分：通用要求》。

本部分内容与 GB 15092.1—2003 相比主要变化如下：

——第 1 章"范围"及第 6 章"额定值"中，"440 V"改为"480 V"；

——第 3 章"定义"中，3.2.2 中"GB 14821.1"改为"GB/T 17045"；3.6.12 中插片示例见"图 7"改为"IEC 61210 及附录 U"；

——新增 7.1.17.5"开关具有一个接通和断开触头速度不同于开关驱动速度的试验条件"条款，及进行第 7 章相关编辑性修改；

——第 8 章"标志与文件"中，取消不带圆的接地符号，修订电阻性负载和钨丝灯泡负载的电流电压及电源符号表达方式，取消了感性负载和电动机(堵转)特殊负载的电流电压及电源符号表达方式等；

——第 11 章"端子与端头"中，增加 11.2.4"不可拆开的无螺纹端头"、11.2.8"焊接端头"和 11.2.9"压接端头"要求，同时修订本章相关内容；

——对 13.1 条款，增加"通过按第 17 章进行的试验来检验"要求；

——第 14 章标题删除"防尘"，内容进行相应修订；

——第 16 章中，T 额定值不大于 55 ℃的开关在温度为(25±10)℃环境中测试等；

——第 17 章"耐久性"中，增加 17.2.4.10 极慢速条件下的试验要求，修订表 15，增加按 7.1.13.2.3、7.1.13.2.5、7.1.13.2.7 和 7.1.13.2.9 分类开关耐久性"接通"时间的规定等；

——第 18 章"机械强度"中，18.2 增加 7.1.3.2 分类的低于 0 ℃的开关试验环境要求；

——第 20 章中，修订表 23 相关数据；

——第 21 章"着火危险"，内容全部修订；

——第 23 章“电子开关的不正常工作和故障条件”中，修订 23.1.1.2 内容；
——第 25 章“电磁兼容性(EMC)要求”中，增加 25.1.6 电平磁场试验要求；修订 25.2.2 无线电频率发射的内容；
——删除附录 C 内容；删除附录 E 内容；删除附录 G 内容；删除附录 J 内容；
增加附录 U“开关插片部分的尺寸”、增加附录 V“无人照看器具用耐不正常发热的要求和试验”及参考文献内容。

本部分由中国电器工业协会提出。

本部分由全国电器附件标准化技术委员会(SAC/TC 67)归口。

本部分起草单位：上海电动工具研究所。

本部分主要起草人：张玮昌、陆顺平、陈平。

本部分所代替标准的历次版本发布情况为：

——GB 15092.1—2003；
——GB 15092.1—2000；
——GB 15092.1—1994。

器具开关　第1部分:通用要求

1　范围

1.1　GB 15092的本部分规定开关要由人通过操动件操作,或者靠激发传感器操作。操动件或传感器可在实体上或电气上与开关结合在一起,也可分开配置,还可能包含操动件或传感器与开关之间的信号传输,例如,电气的、光的、声的或温度的信号传输。

本部分适用于由手、脚或其他人体动作所驱动的、用以开动或控制家用或类似用途电气器具和其他设备的器具开关(机械的或电子的),其额定电压不高于480 V,额定电流不大于63 A。

兼有受制于开、关要求的附加控制功能的开关属于本部分范围。

本部分也包括间接驱动的开关,此时操动件或传感器的操作是由遥控器、器具或设备的一部分(例如门)来达到。

注1:电子开关可与提供完全断开或微断开的机械开关组合在一起。

注2:电源电路中不带机械开关的电子开关只提供电子断开。因此,负载侧的电路总是被视为带电的。

注3:对在热带气候环境中使用的开关,可能需要附加要求。

注4:注意器具标准可能含有对开关的附加要求或替代要求。

注5:本部分中,凡"器具"一词均指"器具或设备"。

注6:试验附装开关时,GB 15092的本部分适用。试验其他类型的器具开关时,本部分需与相关的GB 15092的第2部分结合才适用。

然而,对于第2部分中未提及的其他类型开关,只要涉及电气安全,均可采用本部分。

1.2　本部分适用于规定附装在器具内、器具上或与器具拼合在一起的开关。

1.3　本部分也适用于装有电子器件的开关。

1.4　本部分也适用于下列器具开关:

——在GB 15092.2中规定特殊要求的接在软电缆上的开关(软线开关);

注:本文件中,"电缆"一词均指"电缆或软线"。

——与器具拼合在一起的开关(拼合开关);

——在GB 15092.4中规定特殊要求的脱离器具安装,而又不属GB 16915.1范围内的开关(独立安装开关);

——在GB 15092.3中规定特殊要求的转换选择器。

1.5　本部分不包含对隔离开关的要求。

1.6　本部分不适用于那些控制器具和设备而不受人有意识驱动的电器。这些电器属于GB 14536范围。

2　规范性引用文件

下列文件中的条款通过GB 15092的本部分的引用而成为本部分的条款。凡是注日期的引用文件,其随后所有的修改单(不包括勘误的内容)或修订版均不适用于本部分,然而,鼓励根据本部分达成协议的各方研究是否可使用这些文件的最新版本。凡是不注日期的引用文件,其最新版本适用于本部分。

GB 156—2003　标准电压(IEC 60038:1983+A1:1994+A2:1997,NEQ)

GB 755　旋转电机　额定和性能(GB 755—2008,IEC 60034-1:2004,IDT)

GB/T 1303.1—2009　电工用热固性树脂工业硬层压板规范　第1部分:定义、命名和一般要求

(IEC 60893-1:2004,IDT)

GB/T 2423.28—2008 电工电子产品环境试验 第2部分:试验方法 试验T:锡焊(eqv IEC 60068-2-20:1979)

GB/T 2900.18—2008 电工术语 低压电器(IEC 60050(441):1984,MOD)

GB/T 4207—2003 固体绝缘材料在潮湿条件下相比电痕化指数和耐电痕化指数的测定方法(IEC 60112:1979,IDT)

GB 4208—2008 外壳防护等级(IP代码)(IEC 60529:2001,IDT)

GB 4706(所有各部分) 家用和类似用途电器的安全(idt IEC 60335)

GB/T 4728.2—2005 电气简图用图形符号 第2部分:符号要素、限定符号和其他常用符号(IEC 60617-2,IDT)

GB/T 5169.10—2006 电工电子产品着火危险试验 第10部分:灼热丝/热丝基本试验方法 灼热丝装置和通用试验方法(IEC 60695-2-10:2000,IDT)

GB/T 5169.11—2006 电工电子产品着火危险试验 第11部分:灼热丝/热丝基本试验方法 成品的灼热丝可燃性试验方法(IEC 60695-2-11:2000,IDT)

GB/T 5169.12—2006 电工电子产品着火危险试验 第12部分:灼热丝/热丝基本试验方法 材料的灼热丝可燃性试验方法(IEC 60695-2-12:2000,IDT)

GB/T 5169.13—2006 电工电子产品着火危险试验 第13部分:灼热丝/热丝基本试验方法 材料的灼热丝起燃性试验方法(IEC 60695-2-13:2000,IDT)

GB/T 5169.16—2008 电工电子产品着火危险试验 第16部分:试验火焰50 W水平与垂直火焰的试验方法(IEC 60695-11-10:2003,IDT)

GB/T 5169.21—2006 电工电子产品着火危险试验 第21部分:非正常热 球压试验(IEC 60695-10-2:2001,IDT)

GB 9364(所有部分) 小型熔断器(idt IEC 60127)

GB/T 9797—2005 金属覆盖层 镍+铬和铜+镍+铬电镀层(ISO 1456:2003,IDT)

GB/T 9799—1997 金属覆盖层 钢铁上的锌电镀层(ISO 2081:1986)

GB 9816—1998 热熔断体的要求和应用导则(idt IEC 60691:1993)

GB/T 11021—2007 电气绝缘 耐热性分级(IEC 60085:2004,IDT)

GB 12599—2002 金属覆盖层 锡电镀层 技术规范和试验方法(eqv ISO 2093:1986)

GB 13140.4—2008 家用和类似用途低压用的连接器件 第2部分:作为独立单元的带无刺穿绝缘型夹紧件的连接器件的特殊要求(IEC 60998-2-3:2002,IDT)

GB/T 13539.3—2008 低压熔断器 第3部分:非熟练人员使用的熔断器的补充要求(主要用于家用或类似用途的熔断器)标准化熔断器系统示例A至F(IEC 60269-3-1:2006,IDT)

GB/T 14472—1998 电子设备用固定电容器 第14部分:分规范 抑制电源电磁干扰用固定电容器(idt IEC 60384-14:1993)

GB 14536(所有各部分) 家用和类似用途电自动控制器(idt IEC 60730)

GB 15092.2—1994 器具开关 第2部分:软线开关的特殊要求(idt IEC 61058-2-1:1992)

GB 15092.3 器具开关 第2部分:转换选择器的特殊要求(GB 15092.3—1998,idt IEC 61058-2-5:1994)

GB 15092.4—2006 器具开关 第2部分:独立安装开关的特殊要求(IEC 61058-2-4:2003,IDT)

GB/T 16842 外壳对人和设备的防护 检验用试具(GB/T 16842—2008,IEC 61032:1997,IDT)

GB 16915.1—2003 家用和类似用途固定式电气装置的开关 第1部分:通用要求(IEC 60669-1:2000,MOD)

GB/T 16927.1—1997 高电压试验技术 第1部分:一般试验要求(eqv IEC 60060-1:1989)

GB/T 16935.1—2008 低压系统内设备的绝缘配合 第1部分:原理、要求和试验(IEC 60664-1:2007,IDT)

GB/T 17045 电击防护 装置和设备的通用部分(GB/T 17045—2008,IEC 61140:2001,IDT)

GB 17196—1997 连接器件 连接铜导线用的扁平快速连接端头 安全要求(idt IEC 61210:1993)

GB 17625.1—2003 电磁兼容 限值 谐波电流发射限值(设备每相输入电流≤16 A)(IEC 61000-3-2:2001,IDT)

GB 17625.2—2007 电磁兼容 限值 对每相额定电流≤16 A且无条件接入的设备在公用低压供电系统中产生的电压变化、电压波动和闪烁的限制(IEC 61000-3-3:2005,IDT)

GB/T 17626.1—2006 电磁兼容 试验和测量技术 抗扰度试验总论(IEC 61000-4-1:2000,IDT)

GB/T 17626.2—2006 电磁兼容 试验和测量技术 静电放电抗干扰性试验(IEC 61000-4-2:2001,IDT)

GB/T 17626.3—2006 电磁兼容 试验和测量技术 射频电磁场发射抗扰度试验(IEC 61000-4-3:2002,IDT)

GB/T 17626.4—2008 电磁兼容 试验和测量技术 电快速瞬变脉冲群抗扰度试验(IEC 61000-4-4:2004,IDT)

GB/T 17626.5—2008 电磁兼容 试验和测量技术 浪涌(冲击)抗扰度试验(IEC 61000-4-5:2005,IDT)

GB/T 17626.6—2008 电磁兼容 试验和测量技术 射频场感应的传导骚扰抗扰度(IEC 61000-4-6:2006,IDT)

GB/T 17626.8—2006 电磁兼容 试验和测量技术 工频磁场抗扰度试验(IEC 61000-4-8:2001,IDT)

GB/T 17626.11—2008 电磁兼容 试验和测量技术 电压暂降、短时中断和电压变化的抗扰度试验(IEC 61000-4-11:2004,IDT)

IEC 60050(151):1978 国际电工词汇(IEV) 第151章:电和磁器件

IEC 60050(411):1973 国际电工词汇(IEV) 第411章:旋转电机

IEC 60050(826):1982 国际电工词汇 第826部分:建筑物的电气装置

IEC 60065:2005 音频、视频及类似电子设备安全要求

IEC 60068-2-75:1997 环境试验 第2-75部分:试验 试验Eh:锤击试验

IEC 60269-1:1998 低压熔断器 第1部分:通用要求

IEC 60417 设备用图形符号

IEC 60664-3:1992 低压系统内设备的绝缘配合 第3部分:用以实现印制电路板部件绝缘配合的涂敷层的使用

IEC 60707:1999 固态电气绝缘材料暴露于起燃源时的可燃性测定实验方法

IEC 60738-1:1998 直接受热的正阶跃温度系数热敏电阻 第1部分:通用规范

IEC 60760 扁形快速连接端头

IEC 61000(所有各部分) 电磁兼容(EMC)

IEC 61000-3-2:1995 第1号修改件(1997)

IEC 61000-3-2:1995 第2号修改件(1998)

IEC/TR2 61000-3-5:1994 额定电流大于16 A的设备在低压供电系统的电压波动和闪变限值

IEC 61000-4-2:1995 第1号修改件(1998)

IEC 61000-4-3:1995 第1号修改件(1998)

IEC 61140:2001+A1:2004 电击防护 安装和设备的总则

ISO 4046:1978　纸、纸板、纸浆及有关术语　词汇

CISPR14-1　电磁兼容　家用电气工具和类似器具的要求　第1部分:发射

CISPR15:2007　电气灯具和类似设备无线电干扰特性的限值和测量方法

3　术语和定义

下列术语和定义适用于本部分。

3.1　一般术语和定义

3.1.1

机械开关电器　mechanical switching device

依靠可分离的触头来闭合、断开一条或多条电路的开关电器。

[IEV 441-14-02]

3.1.2

开关(机械的)　switch(mechanical)

能在正常电路条件下(包括规定的运行过载条件)接通、承载与分断电流,也能在规定的不正常电路条件下(如短路之类),在规定的时间内承载电流的机械开关电器。

注:开关或许能接通短路,但不能分断短路电流。

[IEV 441-14-10]

3.1.3

导电部分　conductive part

不一定用来承载工作电流,但能传导电流的部分。

[IEV 441-11-09]

3.1.4

带电部分　live part

正常使用时要带电的导体或导电部分,包括中性导体;但按惯例不包括保护接地零线(PEN)。

[IEV 826-03-01]

3.1.5

开关的极　pole of a switch

仅与开关中一条在电气上独立的导电路径有关联的开关部分。

注1:那些用来将所有各极安装在一起和一起动作的部件不包括在极的定义中。

注2:开关若只有一个极,则称为"单极",若多于1个极,而这些极又是以一起动作的方式结合起来的,则称为"多极"(2极、3极等等)。

3.1.6

电气间隙　clearance

两导电部分间的最短空间距离。

3.1.7

爬电距离　creepage distance

两导电部分之间沿绝缘材料表面的最短距离。

[IEV 151-03-37]

3.1.8

易拆卸零件　detachable part

开关按正常使用方式安装后,不用工具即可拆卸的零件。

3.1.9

工具　tool

螺钉旋具、硬币或任何其他可用来拧动螺母、螺钉或类似零件的物体。

3.1.10

专用工具　special purpose tool

普通家庭中不大可能轻易得到的工具，例如用来拧动三角头螺钉的板手。

注：诸如硬币、螺钉旋具以及用来拧动方螺母或六角螺母的板手之类工具不算专用工具。

3.1.11

正常使用　normal use

开关按其制作的目的和说明的用途使用。

3.1.12

周围空气温度　ambient air temperature

开关按制造厂的说明安装后，在规定条件下测得的其周围空气的温度。

3.1.13

耐电痕化指数　proof tracking index

PTI

材料能承受50滴试验溶液而无起痕时施加的、以伏为单位的耐电压数值。

3.1.14

专用型号标志　unique type refernce

开关上的一种识别标志，将该标志完整地提供给开关制造厂，就能明确地表示原开关的电气、机械、尺寸和功能方面的参数。

3.1.15

通用型号标志　common type reference

开关上的一种认别标志，有了该标志，除需提供本部分规定的有关选择、安装和使用方面的标志外，不再需要其他专门数据资料。

3.1.16

盖或盖板　cover or cover plate

开关按正常使用安装后，易触及的、但能借助工具拆卸的部分。

3.1.17

信号指示器　signal indicator

与开关相联结的、显示电路状态的器件。

注：该器件可以受开关控制，也可不受开关控制。

3.1.18

非制备导线　unprepared conductor

已经切断的、并且为了插入夹紧部件而剥除了绝缘层的导线。

注：导线经整形以便于引入夹紧部件，或导线的多股绞线经捻合以加强其端部，这样的导线都认为是非制备导线。

3.1.19

制备导线　prepared conductor

裸露的导线端部配有端环、端头、电缆接线片等的导线。

3.1.20

底材　base material

承托电子电路的绝缘材料。

3.1.21

印制电路板　printed board

载有至少一个导电图形,包含孔(如有)在内按一定尺寸制造的基底材料。

3.1.22

印制电路板部件　printed board assembly

所有加工工序、锡焊涂敷等均已完成,装有机、电元件和(或)别的配属于它的印制电路板的印制电路板。

3.1.23

绝缘距离　insulation distance

有涂敷层的印制电路板中,基底材料上导电部分之间的最短距离。见图 Q.1。

3.1.24

极性变换　polarity reversal

通过切换动作交换连接负载的端子。

3.1.25

半导体开关器件　semiconductor switching device

借助于半导体的可控导电性,以接通、承载、分断和(或)控制电路中电流的开关器件。

3.1.26

电子降压变换器(电子变换器)　electronic step-down convertor (convertor)

接在电源与一只或多只卤钨丝灯泡或其他灯丝灯泡之间,通常高频下以灯泡的额定电压向灯泡供电的装置。该装置可由一个或多个独立的元件构成。

3.1.27

电子开关　electronic switch

能在正常电路条件下(包括规定的运行过载条件)接通、承载、分断和(或)控制电流;也能在规定的不正常电路条件下(如短路之类),在规定的时间内承载电流的电器。该电器包含可能是机械的,也可能是电子的操动件、传动机构和开关器件。其中至少有一项必须是电子的。

3.1.28

工作方式　duty

电子开关所经受负载的表述,包括(视具体情况而定)接通、控制和分断及其持续时间和时间顺序。

[IEV 411-21-07,修改]

3.1.29

工作制　duty-type

连续工作方式、短时工作方式、周期工作方式(包含一个或多个在规定的时间段内保持不变的负载)、或非周期工作方式(在此工作方式下,通常负载在容许的运行范围内变化)。

[IEV 411-21-13,修改]

3.1.30

负载持续率　cyclic duration factor

加载期(包括接通与分断在内)与工作周期的比率,以百分比表示。

[IEV 411-21-10,修改]

3.1.31

保护阻抗　protective impedance

接在带电部分与易触及导电部分之间的阻抗。其阻抗值使电子开关在正常使用中和可能的故障情况下的电流限制在安全值。其结构使电子开关的可靠性在其整个寿命期间始终得以保持。

注:可能的故障情况、安全电流和对可靠性的要求均在本部分中指出。

3.2 有关电压、电流和功率的术语和定义

注：除非另有规定，本部分中使用的“电压”和“电流”术语均指方均根值。

3.2.1

额定电压、电流、频率、功率等 rated voltage, current, frequency, wattage etc

制造厂给开关规定的，且与操作和运行特性有关的电压、电流、频率、功率等。

3.2.2

安全特低电压 safety extra-low voltage

SELV

在与供电干线隔离的电路中，导体之间或任何导体与地之间，交流方均根值不超过 50 V 或直流不超过 120 V 的电压。

注：安全特低电压是不接地的特低电压(见 GB/T 17045)。

3.2.3

过电流 over-current

超过额定电流的电流。

[IEV 441-11-06]

3.2.4

过载 overload

在未受电气损害的电路中，会引起过电流的运行状态。

[IEV 441-11-08]

3.2.5

短路电流 short-circuit current

由于电路故障或连接错误，形成短路而产生的过电流。

[IEV 441-11-07]

3.2.6

工作电压 working voltage

当开关由额定电压供电时，在任一绝缘上能够出现的最高交流方均根值电压或最高直流电压。

注 1：暂态不予考虑。

注 2：开路和正常运行两种情况都考虑进去。

3.2.7

过电压 over voltage

任何其峰值超过正常运行条件下最高稳态电压相应峰值的电压。

3.2.8

重复峰值电压 recurring peak voltage

U_{rp}

由于交流电压畸变或在直流上叠加了交流成分而引起的电压波形周期性偏移的最大峰值。

注：随机过电压(例如由于偶尔开关引起的)不认为是重复峰值电压。

3.2.9

暂态过电压 temporary overvoltage

频率为电源频率，延续时间相对较长的过电压。

3.2.9.1

短期限暂态过电压 short-term temporary overvoltage

延续时间不超过 5 s 的暂态过电压。

注：短期限暂态过电压的电压值高于长期限暂态过电压的电压值。

[GB/T 16935.1—2008,3.3.3.2.2]。

3.2.9.2

长期限暂态过电压 long-term temporary overvoltage

延续时间超过 5 s 的暂态过电压。

3.2.10

脉冲耐电压 impulse withstand voltage

在规定条件下不会使绝缘击穿的、规定了波形与极性的脉冲电压最大峰值。

3.2.11

过电压类别 overvoltage category

界定瞬态过电压条件的数字。

注：采用过电压类别Ⅰ、Ⅱ和Ⅲ(见附录 K)。

3.2.12

额定负载 rated load

制造厂给开关规定的负载类型。

3.2.13

最小负载 minimum load

在该负载条件下电子开关仍能恰当地工作的负载。

3.2.14

等效发热电流 thermal current

连续的电阻性电流。在制造厂说明的试验条件下(也可能包括周围空气温度),没有强制冷却时,该电流所产生的发热量,与电子开关在规定的环境条件下,以额定负载和/或器具中的工作制以及器具现有的强制冷却条件(如有)运行时所产生的发热量相同。

注:“等效发热电流”这一概念使正常使用中冷却条件复杂的电子开关的试验简化。等效发热电流总是这样来确定的:将开关放在台上或放在简单的试验装置中进行试验,与开关放在其所在器具中进行试验,两者进行对比。因此,等效发热电流通常总是小于额定电流。这就需要增加对端子、触头等的试验,以便证实当电子开关安装在器具中时,这些端子、触头等能承载额定电流。这些附加试验在第 16 章和第 17 章中加以规定。

3.3 关于不同类型开关的术语和定义

3.3.1

附装开关 incorporated switch

组装在器具内或固定于器具上,能单独进行试验的开关。

3.3.2

拼合开关 integrated switch

只有正确安装和固定于器具中才能发挥功能,且只有和该器具的相关零件结合在一起才能进行试验的开关。

3.3.3

旋转开关 rotary switch

这种开关的操动件是一根轴或心轴,若需改变接触状态,必须将轴旋转到一个或多个指定位置上。

注:操动件的旋转可以是不受限制的,也可以在两个方向的任何一个方向受到限制。

3.3.4

倒扳开关 lever switch

这种开关的操动件是杠杆(摇杆),若需改变接触状态,必须将杠杆扳到(倒向)一个或多个指定位置上。

3.3.5

跷板开关　rocker switch

这种开关的操动件是外观低矮的杠杆(摇杆),若需改变接触状态,必须将摇杆跷向一个或多个指定位置上。

3.3.6

按扭开关　push-button switch

这种开关的操动件是按钮,若需改变接触状态,必须按压按钮。

注:开关可以装有一个或多个操动件。

3.3.7

拉线开关　cord-operated switch

这种开关的操动件是一根拉线,若需改变接触状态,必须拉动拉线。

3.3.8

推拉开关　push-pull switch

这种开关的操动件是一根杆,若需改变接触状态,必须将杆拉到或推到一个或多个指定位置。

3.3.9

自动复位开关　biased switch

这种开关的操动件从其被驱动到的位置上释放后,触头和操动件均返回到预置位置上。

3.4　关于开关操作的术语和定义

3.4.1

驱动　actuation

由手、脚或任何其他人体动作引起的开关操动件的运动。

3.4.2

间接驱动　indirect actuation

由装有附装开关或拼合开关的器具的某个部件(例如器具的门)间接引起的开关操动件的运动。

3.4.3

操动件　actuating member

将其拉动、推动、转动或作其他方式的运动,从而能导致一次操作的部件。

3.4.4

传动机构　actuating means

任何可能介于操动件与触头机构之间的,用以实现触头操作的部件。

3.4.5

断开　disconnection

一个极中电路的中断,将那些要从电源上脱开的零件与电源隔离。

3.4.6

微断开　micro disconnection

在长期限暂态过电压情况下,依靠触头开距来达到恰当的功能特性的一种断开。

3.4.7

电子断开　electronic disconnection

在长期限暂态过电压情况下,依靠半导体开关器件来达到非周期性的、恰当的功能特性的一种断开。

3.4.8

完全断开　full disconnection

在长期限和短期限暂态过电压以及脉冲耐电压的情况下,依靠触头开距来达到恰当的功能特性的一种断开,与基本绝缘相当。

3.4.9

全极断开 all-pole disconnection

对单相交流器具和直流器具而言,靠单一开关动作基本上同时断开两根电源线;对连接多于2根电源线的器具而言,靠单一开关动作基本上同时断开电源中除接地线外的全部电源线。

3.4.10

操作 operation

动触头从一个位置转换到相邻位置。

3.4.11

操作循环 operating cycle

相继从一个位置到另一个位置,再经过所有其他位置(如有),返回到初始位置的连续操作。

[IEV 441-16-02]

3.4.12

电子操动件 electronic actuating member

控制传动机构或开关器件的部件、元件或元件组,例如光学或声学传感器。

3.4.13

电子传动装置 electronic actuating means

用电子学方法控制开关器件的部件、元件或元件组。

3.4.14

不正常情况 abnormal conditions

正常工作期间,器具内或开关内可能出现的情况。

3.4.15

传感器 sensing unit

由任何一种物理现象或一组物理现象激发的元器件。

3.5 关于开关连接的术语和定义

3.5.1

外接线 external conductor

有一部分在开关外或在装有开关的器具外的任何电缆、软线、线芯或导线。这样一根导线可能是电源引线或是器具各分离部件间的连接线,也可能是固定布线的一部分。

3.5.2

内装线 integrated conductor

开关内部的导线,或是用以将开关的端子或端头相互永久性连接起来的导线。

3.5.3

内接线 internal conductor

器具内部的任何电缆、软线、线芯或导线,既非外接线,也非内装线。

3.5.4 软线连接方式

3.5.4.1

X型连接 type X attachment

不借助专用工具即能用非制备的软线更换原来软线的连接方式。

3.5.4.2

Y型连接 type Y attachment

借助于通常只有制造厂或其代理商才备有的专用工具方能更换软线的连接方式。

注:这种连接方式既可用于普通软线,也可用于专用软线。

3.5.4.3

Z 型连接　type Z attachment

不破坏开关的完整性就不可能更换软线的连接方式。

3.6 关于端子和端头的术语和定义

3.6.1

端子　terminal

不需要使用专用工具，也不需要特定的操作过程，可重复使用的、供电气连接用的开关导电部件。

3.6.2

螺纹型端子　screw type terminal

用任何一种螺钉或螺母，直接或间接地连接导线或使多根导线相互联结，并在连接后可脱开导线的端子。

3.6.3

柱式端子　pillar terminal

螺纹型端子的一种，在这种端子中，导线插入孔或空腔内，被夹紧在螺钉杆下。夹紧力可由螺钉杆直接施加，也可通过中介夹紧件施加，此时压力由螺钉杆施加在中介夹紧件上。柱式端子示例见图 1。

3.6.4

螺钉端子　screw terminal

螺纹型端子的一种，在这种端子中，导线被夹紧在螺钉头下。夹紧力可由螺钉头直接施加，也可通过中介零件如垫圈、压板或防松散件施加。

螺钉端子示例见图 2。

3.6.5

螺栓端子　stud terminal

螺纹型端子的一种，在这种端子中，导线被夹紧在螺母下，夹紧力可由具有适当形状的螺母直接施加，也可通过中介零件如垫圈、压板或防松散件施加。

螺栓端子示例见图 2。

3.6.6

鞍式端子　saddle terminal

螺纹型端子的一种，在这种端子中，导线用 2 个或 2 个以上螺钉或螺母夹紧在鞍形压板下。

鞍式端子示例如图 3。

3.6.7

接片端子　lug terminal

螺纹型端子的一种，靠螺钉或螺母直接或间接夹紧电缆接片或汇流排。

接片端子示例见图 4。

3.6.8

套筒式(罩式)端子　mantle terminal

螺纹型端子的一种，在这种端子中，靠螺母将导线夹紧在制有螺纹的螺柱上开出的槽的底部。可通过置于螺母下的具有适当形状的垫圈、中间芯柱(如果螺母是盖形螺母)、或通过等效件将压力从螺母传递到槽内导体上，将导线压紧在槽底。

套筒式端子示例图 5。

3.6.9

无螺纹端子　screwless terminal

采用非螺纹件，直接或间接地连接导线或使多根导线相互联结，并在连接后可脱开导线的端子。

注：下列端子不作为无螺纹端子：

——在将导线夹紧于端子中之前，需先将专用附件配到导线上的端子，例如扁形快速连接端子；

——需要卷绕导线的端子，例如具有卷绕接头的端子；

——利用刃口或尖端刺穿绝缘层，直接触及导线的端子。

无螺纹端子示例见图 6。

3.6.10

端头 termination

2 个或 2 个以上导电零件间的联接件，只有靠专用工具或特定操作过程才能连接或更换。

3.6.11

扁形快速连接端头 flat quick-connect termination

由一个插片和一个不使用工具即能快速插接和拔脱的插套组成的电气联接件。

3.6.12

插片 tab

扁形快速连接端头的插入插套的部分，而且是与开关结合在一起的零件。

插片示例见 GB 17196 及附录 U。

3.6.13

插套 female connector

扁形快速连接端头被推到插片上的部分。

插套示例见图 8。

3.6.14

锡焊端子 solder terminal

能用锡焊方法形成端头的开关导电部件。

3.7 关于绝缘的术语和定义

3.7.1

基本绝缘 basic insulation

用在带电部分上，提供防触电基本保护的绝缘。

3.7.2

附加绝缘 supplementary insulation

为了在基本绝缘失效时提供防触电保护，而在基本绝缘之外另加的独立绝缘。

3.7.3

双重绝缘 double insulation

包含基本绝缘和附加绝缘两者的绝缘。

3.7.4

加强绝缘 reinforced insulation

用在带电部分上的单一绝缘结构，其提供的防触电保护程度与双重绝缘相当。

注：术语“绝缘结构”并不意味着绝缘层必须是同质的一件，它可由几层组成，但不能按附加绝缘或基本绝缘分开进行试验。

3.7.5

工作绝缘 functional insulation

带电部分之间、只是为开关正常工作所必需的绝缘。

3.7.6

涂敷层 coating

涂敷在印制电路板一面或两面的固体绝缘材料。涂敷层可以是复在印制电路板上的一层干燥的清漆薄膜，也可由热离解法形成。

注：涂敷层与印制电路板的基底材料形成绝缘结构，该结构的性能类似于固体绝缘的性能。

3.7.7

固体绝缘　solid insulation

置于两导电部分之间的绝缘材料。

注：就带涂敷层的印制电路板元器件而言，固体绝缘由印制电路板本身以及涂敷层构成。对其他情况，则固体绝缘由灌封材料构成。

3.7.8

0类器具　class 0 appliance

依靠基本绝缘防止触电的器具。这意味着不存在将易触及导电部分(如有)连接到电气安装固定布线中的保护导体上的措施，在基本绝缘失效时，就需依靠环境条件防止触电。

3.7.9

Ⅰ类器具　class Ⅰ appliance

不仅依靠基本绝缘，而且还包括一个附加安全措施来防止触电的器具，即提供将导电部分(非带电部分)连接到固定布线中的保护(接地)导体的措施，使这些导电部分在基本绝缘失效时也不可能带电。

3.7.10

Ⅱ类器具　class Ⅱ appliance

不仅依靠基本绝缘，而且还提供诸如双重绝缘或加强绝缘这类附加安全措施来防止触电的器具。它没有保护接地装置，也不依靠安装条件。

注：Ⅱ类器具可以具有保持保护回路连续性的过渡装置，只要这类装置是在器具内，而且按Ⅱ类要求是与易触及表面绝缘的。

3.7.11

Ⅲ类器具　class Ⅲ appliace

依靠安全特低电压(SELV)供电，且内部不会产生高于安全特低电压的电压来防止触电的器具。

3.8　关于污染的术语和定义

3.8.1

污染　pollution

任何会引起介电强度或表面电阻率永久性降低的外来固体、液体或气体杂质。

3.8.2

微小环境　micro-environment

对选定爬电距离有显著影响的、紧靠绝缘的环境。

注：关于在开关产生电弧的腔室内本身产生的污染，见附录L。

3.8.3

宏观环境　macro-environment

室内或开关其他安装使用场所的环境。

3.8.4

污染等级　pollution degree

用以表征微小环境的预期污染程度的数字。

注：采用1、2、3级污染等级(见7.1.6和附录L)。

3.9　关于制造厂试验的术语和定义

3.9.1

例行试验　routine test

每个独立的器具开关经受的试验，试验期间和/或之后，制造厂可判定是否符合本部分相应要求。

[IEV 151-04-16]

3.9.2

抽样试验　sampling test

从一批中随机抽取一定数量的开关进行的试验。

[IEV 151-04-17]

3.9.3

型式试验　type test

为某种设计而对一个或多个开关进行试验以表明该设计符合某种要求。

[IEV 151-04-15]

4　总要求

开关应设计和制作得在正常使用时能安全工作，即使出现本部分及相应的第2部分所规定的在正常使用中可能发生的轻率使用，也不致危及人或周围环境。

通常进行全部有关试验来检验是否符合要求。

5　试验一般注意事项

5.1　按本部分进行的试验属型式试验。

5.2　除非在本部分中另有规定，否则试样以交货状态在(25±10)℃的环境温度中试验。试样按制造厂的说明安装，如果说明的方法不止一种，而安装方法又很关键，则采用最不利的安装方法。

注：如有争议，则在(20±5)℃的环境温度中试验。

5.3　带着不可拆卸导线一起使用的开关，要带着所连接的相应导线一起试验。

5.4　如果开关具有插片，则进行第16章和第17章试验时应使用新的插套。

供试验用的扁形快速连接端头插套的外部尺寸应符合图8。

注：挑选扁形快速连接端头插套的方法列于附录H。

5.5　除非另有规定，否则试验按本部分条目顺序进行。

需要的试样序号及相应条目如下：

注：试样与相应条目汇总列于表1。

5.5.1　具有下列额定值的开关：

——只有直流的；

——兼有直流和交流的。

按负载类型分类的开关(见7.1.2)，只要直流电压、电流额定值等于或大于交流额定值，就以直流进行试验。

对于这类额定值，用下列试样：

——第6章～第12章及第23章：用1号试样；

——第19章～第22章：用2号试样，在按附录M进行20.1电气间隙试验时，要用3只附加试样；

——第13章～第18章：

- 带极性标志的：用3号～5号试样；
- 无极性标志的：某一极性用3号～5号试样，相反极性用6号～8号试样；

——第25章：另外用3只附加试样。

5.5.2　具有下列额定值的开关：

——只有交流的；

——兼有直流和交流，但不满足5.5.1规定的。

对于这类额定值，用下列试样：

——第6章～第12章及第23章：用1号试样；

——第 19 章～第 22 章:用 2 号试样,在按附录 M 进行 20.1 电气间隙试验时,要用 3 只附加试样;

——第 13 章～第 18 章:

- 对于交流额定值:用 3 号～5 号试样;
- 对有极性标志的直流额定值:用 6 号～8 号试样;
- 对无极性标志的直流额定值:某一极性用 6 号～8 号试样,相反极性用 9 号～11 号试样;

——第 25 章:另外用 3 只附加试样。

5.5.3 一种电源内具有多个额定电压和(或)额定电流组合的开关。

对于这类额定值,用下列试样。

——第 6 章～第 12 章及第 23 章:用 1 号试样;

——第 19 章～第 22 章:用 2 号试样,在按附录 M 进行 20.1 电气间隙试验时,要用 3 只附加试样;

——第 13 章～第 18 章:

- 由最大额定电流组合的:用 3 号～5 号试样;
- 由次一档额定电流组合的:用 6 号～8 号试样;
- 由再次一档额定电流组合的:用 9 号～11 号试样等;

注:对应多个额定电压,有一个额定电流的开关,应以每种负载类型的最高电压额定值进行试验。

——第 25 章:另外用 3 只附加试样。

5.6 标有额定频率的开关以该频率试验,无额定频率的开关以 50 Hz 试验,标有额定频率范围的开关以该范围内最不利的频率试验。

5.7 在进行第 13 章～第 18 章的试验时,如果只有一个试样不符合某项要求,则在另一组同样的试样上重复进行该不合格项试验以及此项之前可能影响该项试验结果的各项试验。该组试样应全部符合重复的试验。进行第 6 章～第 12 章和第 19 章～第 22 章试验时,应不出现失败。

注:试验申请人可以与第 1 组试样一起提供一组附加试样,万一有一个试样失败时就可能需要该组附加试样。不必再次提出申请,试验机构就会试验附加试样,并且只有再次失败时,才判不合格。

如果不同时提供附加试样,若一个试样失败,就会导致判为不合格。

5.8 如果用于 0 类或 I 类器具的开关需要具有双重绝缘或加强绝缘的零件,则这些零件按用于Ⅱ类器具的开关所规定的要求检验。

同样,若有在安全特低电压下工作的开关零件,则这些零件也按用于Ⅲ类器具的开关规定的要求检验。

表 1 试样

条	目	提交试验的样品编号 1)	备 注
6	额定值	1	
7	分类	1	
8	标志与文件	1	
9	防触电保护	1	
10	接地装置	1	
11	端子与端头	1	2)
12	结构	1	
13	机构	3 4 5 6 7 8	3)
14	防固体异物、防尘、防水和防潮	3 4 5 6 7 8	3)
15	绝缘电阻和介电强度	3 4 5 6 7 8	2) 3)
16	发热	3 4 5 6 7 8	

表 1(续)

	条　　　目	提交试验的样品编号[1]	备　注
17	耐久性	3　4　5　6　7　8	[3]
18	机械强度	3　4　5	
19	螺钉、载流件和联接件	2	
20	电气间隙、爬电距离、固体绝缘和硬印制电路板部件的涂敷层	2	[4] [5]
21	耐热性与阻燃性	2	
22	防锈	2	
23	电子开关的不正常工作和故障条件	1	
25	电磁兼容性(EMC)要求	3 只附加试样	

1) 为了按附录 H 挑选试验插套,可能需要另加试样。

2) 按 11.1.3.4 或表 12 的注 2),可能另外需要 3 只新的附加试样。

3) 9 号~11 号等试样按 6 号~8 号试样的相同条目进行试验。

4) 按 20.1 为了进行附录 M 的试验,可能另外需要 3 只新试样。

5) 为了按 20.4 试验印制电路板涂敷层,需要下列数量的印制电路板:

——A 型涂敷层,13 件试样;

——B 型涂敷层,17 件试样。

6) 第 20 章、第 21 章和第 23 章中的破坏性试验可提供附加试样。

5.9　对本部分的试验而言,可用试验设备来驱动。但是在进行高速试验时,必须按 17.2.4 的规定。

对于带电子操动件的开关,应按制造厂的说明来驱动。

5.10　信号指示器应尽可能与开关一起试验。

除非另有规定,除了亮度可不考虑的灯泡外,其余灯泡都应运行。可以用模拟原装指示灯在电气、机械和发热方面影响的试样进行试验。试验期间可以更换可更换的指示灯。信号灯的功能如与开关功能无关,则信号灯要连续运行。

对带指示灯开关的试验结果应被认为适用于不带指示灯但结构相当的开关,也适用于结构相当但不带开关机构的指示灯。

5.11　规定由特种电源供电运行的开关,用该特种电源进行试验。

5.12　在全部试验中,测量仪表或测量装置应不致明显影响被测量值。

5.13　对电子开关而言,为了进行试验,也许有必要脱开或短路电子元件。

5.14　为了进行 23.1.1.1 的试验,可能另外需要附加试样。

6　额定值

6.1　最高额定电压为 480 V 。

6.2　带信号指示器的开关,其额定值可与信号指示器的额定值不同。

6.3　最大额定电流为 63 A。

结合第 8 章的检查,通过观察来检验是否符合 6.1~6.3 的要求。

7　分类

7.1　开关分类

7.1.1　按电源种类分:

7.1.1.1 交流开关；

7.1.1.2 直流开关；

7.1.1.3 交直流两用开关。

7.1.2 按开关所控制的电路负载类型分：

注1：多路开关的各电路分类不一定相同。

注2：附录F可用来确定某一特定开关额定值对实际控制的电路是否合适。

7.1.2.1 功率因数不低于0.9的基本电阻性负载电路；

7.1.2.2 电阻性负载或功率因数不低于0.6的电动机负载，或此两者的组合负载电路；

7.1.2.3 交流电阻性与电容性组合负载电路；

7.1.2.4 普通钨丝灯泡负载电路；

7.1.2.5 特定负载电路；

7.1.2.6 电流不大于20 mA的电路；

7.1.2.7 特殊灯泡负载电路；

7.1.2.8 功率因数不低于0.6的感性负载电路；

7.1.2.9 功率因数不低于0.6的堵转电动机特殊负载电路；

7.1.2.10 电子开关的最小负载。

7.1.3 按环境温度分：

7.1.3.1 包括操动件在内，整体规定在0 ℃～55 ℃的周围空气温度范围内使用的开关。

7.1.3.2 包括操动件在内，整体规定在高于55 ℃或低于0 ℃或兼有该两种条件的周围空气温度中使用的开关：

——最高环境温度的优先值为85 ℃、100 ℃、125 ℃和150 ℃；

——最低环境温度的优先值为－10 ℃、－25 ℃和 －40 ℃；

——允许不同于这些优先值的限值，只要限值是5 ℃的倍数。

7.1.3.3 规定操动件和其他易触及部分在0 ℃～55 ℃的周围空气温度范围内，而其余部分在高于55 ℃的周围空气温度中使用的开关：

——最高环境温度的优先值为85 ℃、100 ℃、125 ℃和150 ℃；

——允许不同于这些优先值的限值，只要限值是5 ℃的倍数。

7.1.3.4 电子软线开关和电子独立安装开关以最高环境温度35 ℃ 来分类。

注：用环境温度35 ℃来分类也可用于其他电子开关，前提是要按表3中序号3.2要求正确标志。

7.1.3.4.1 包括操动件在内，整体规定在0 ℃～35 ℃的周围空气温度范围内使用的电子软线开关和电子独立安装开关。

注：环境温度由55 ℃降低为35 ℃是由于电子开关元件比机械开关元件散热更多。

7.1.3.4.2 包括操动件在内，整体规定在高于35 ℃或低于0 ℃或兼有该两种条件的环境温度中使用的电子软线开关和电子独立安装开关：

——最高周围空气温度的优先值为55 ℃、85 ℃、100 ℃和125 ℃；

——最低周围空气温度的优先值为－10 ℃、－25 ℃和－40 ℃；

——允许不同于这些优先值的限值，只要限值是5 ℃的倍数。

7.1.4 按操作循环数分：

7.1.4.1 100 000个操作循环；

7.1.4.2 50 000个操作循环；

7.1.4.3 25 000个操作循环；

7.1.4.4 10 000个操作循环；

7.1.4.5 6 000个操作循环；

7.1.4.6 3 000 个操作循环；

7.1.4.7 1 000 个操作循环；

7.1.4.8 300 个操作循环。

7.1.5 按开关作为器具外壳的一部分并按制造厂规定安装时，开关所提供的防护等级分：

7.1.5.1 按防固体异物等级分(按 GB 4208)：

7.1.5.1.1 无防护的(IP0X)；

7.1.5.1.2 防直径不小于 50 mm 固体异物的(IP1X)；

7.1.5.1.3 防直径不小于 12.5 mm 固体异物的(IP2X)；

7.1.5.1.4 防直径不小于 2.5 mm 固体异物的(IP3X)；

7.1.5.1.5 防直径不小于 1.0 固体异物的(IP4X)；

7.1.5.1.6 防尘的(IP5X)；

7.1.5.1.7 尘密的(IP6X)。

7.1.5.2 按防水等级分(按 GB 4208)：

7.1.5.2.1 不防水的(IPX0)；

7.1.5.2.2 防垂直滴水的(IPX1)；

7.1.5.2.3 防外壳 15°内倾侧、铅垂滴水的(IPX2)；

7.1.5.2.4 防淋的(IPX3)；

7.1.5.2.5 防溅的(IPX4)；

7.1.5.2.6 防喷的(IPX5)；

7.1.5.2.7 防强烈喷水的(IPX6)；

7.1.5.2.8 防短时浸水的(IPX7)。

7.1.5.3 按防触电保护程度分：

7.1.5.3.1 用于 0 类器具的；

7.1.5.3.2 用于Ⅰ类器具的；

7.1.5.3.3 用于Ⅱ类器具的；

7.1.5.3.4 用于Ⅲ类器具的。

注：用于Ⅱ类器具的开关不需另加防护即可用于其他类器具，不管这些器具属哪一类。

7.1.6 按污染等级分：

7.1.6.1 1 级污染；

7.1.6.2 2 级污染；

7.1.6.3 3 级污染。

注 1：有关污染等级的详情见附录 L。

注 2：适用于某一污染等级的开关可在比之良好的污染等级中使用。

注 3：如果器具提供适当的附加防护，则开关可以在比其原规定等级为差的污染等级中使用。

7.1.7 按开关操动方式分：

注：本条分类不受限制。

7.1.7.1 旋转开关；

7.1.7.2 倒扳开关；

7.1.7.3 跷板开关；

7.1.7.4 按钮开关；

7.1.7.5 拉线开关；

7.1.7.6 推拉开关；

7.1.7.7 经由传感器(例如触摸、接近、转动、光、声、热或任何别的效应)操动的电子开关。

7.1.8 按标志分：

7.1.8.1 带限定标志 U.T.(专用型号标志 U.T.)的开关；

7.1.8.2 带详尽标志 C.T.(通用型号标志 C.T.)的开关。

7.1.9 按灼热丝温度分：

7.1.9.1 650 ℃；

7.1.9.2 750 ℃；

7.1.9.3 850 ℃。

注：当选用制造厂声明的灼热丝温度时，必须考虑相应器具或设备标准中给出的要求。

7.1.10 按额定脉冲耐电压分：

7.1.10.1 330 V；

7.1.10.2 500 V；

7.1.10.3 800 V；

7.1.10.4 1 500 V；

7.1.10.5 2 500 V；

7.1.10.6 4 000 V。

注：额定脉冲耐电压，额定电压与过电压类型之间的关系列于附录 K。

7.1.11 按断开类型分：

7.1.11.1 电子断开；

7.1.11.2 微断开；

7.1.11.3 完全断开。

7.1.12 按硬印制电路板部件的涂敷层类型分：

7.1.12.1 A 型涂敷层；

7.1.12.2 B 型涂敷层。

注：A 型和 B 型涂敷层的说明列于附录 P 中。

7.1.13 按开关型式与(或)连接模式分：

开关型式与连接模式的详情在表 2 中说明。

表 2 开关型式与连接模式

分 类	代号[1]	开关型式	连接模式	试验电路[3]
		单向开关		
7.1.13.1		单极至 n 极单向开关原理模式		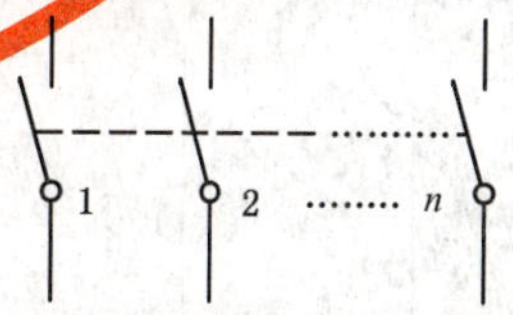 1 2 …… n
7.1.13.1.1	1.1	极数、连接模式与负载按制造厂说明		
7.1.13.1.2	1.2	单极	单一负载 (单极断开)	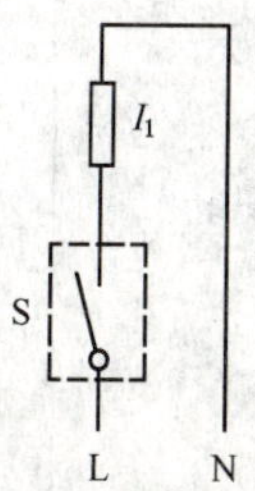 I_1 S L N S=试样

表 2（续）

分　类	代号[1)]	开关型式	连接模式	试验电路[3)]
		单向开关		
7.1.13.1.3	1.3	2 极	单一负载 （全极断开）	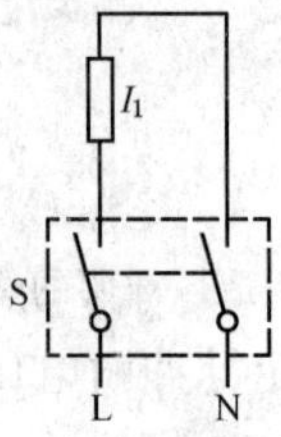 S=试样
7.1.13.1.4	1.4 [1.2]	2 极	双负载 （单极断开）	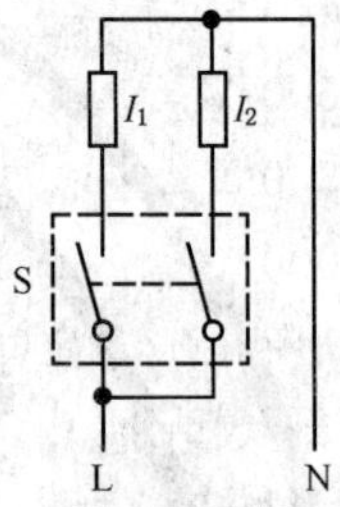 S=试样
7.1.13.1.5	1.5 [1.2] [1.4]	2 极	双负载 （单极断开， 负载接在 不同极性间）	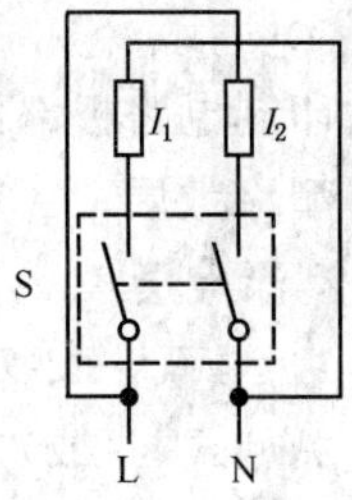 S=试样
7.1.13.1.6	1.6	3 极	中线常通三相负载 （3 极断开）	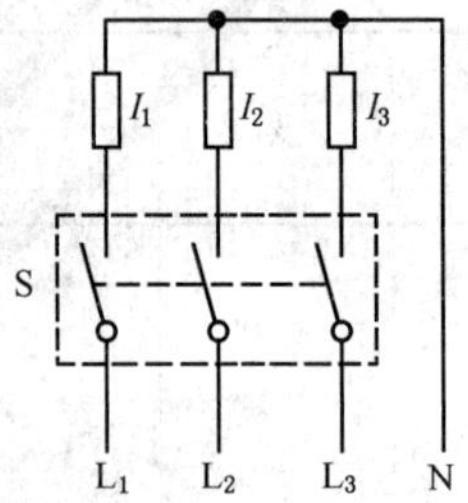 S=试样
7.1.13.1.7	1.7	4 极	可通断中线三相负载 （4 极断开）	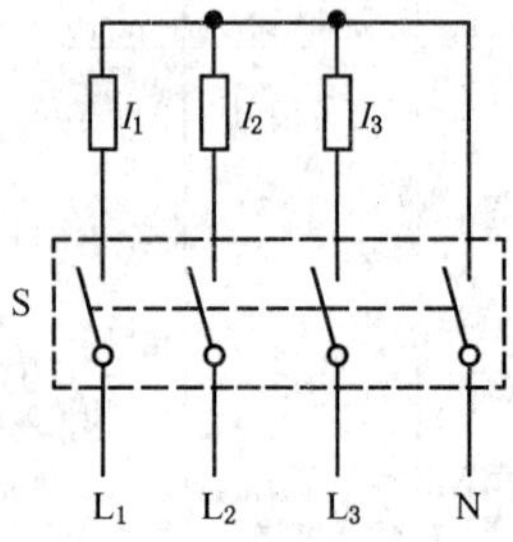 S=试样

表 2（续）

分 类	代号[1]	开关型式	连接模式	试验电路[3]
		单向开关		
7.1.13.1.8	1.8	3 极	三相负载 （3 极断开）	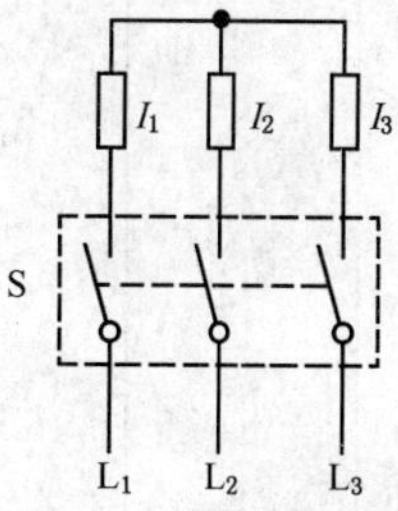 I_1 I_2 I_3 S L_1 L_2 L_3 S＝试样
分 类	代号[1]	开关型式	连接模式	试验电路[3]
		双向开关		
7.1.13.2		单极至 n 极双向开关原理模式		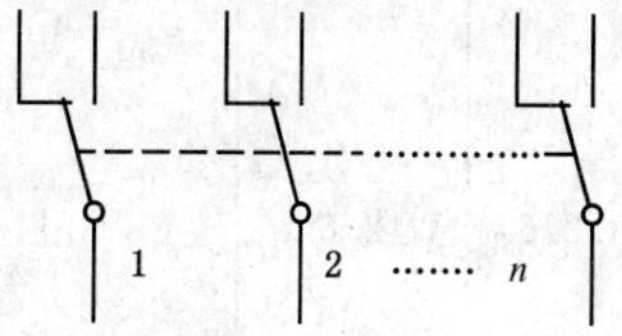 1 2 …… n
7.1.13.2.1	2.1	极数、连接模式与负载按制造厂说明		
7.1.13.2.2	2.2 [1.2]	单极	单一负载 （单极断开）	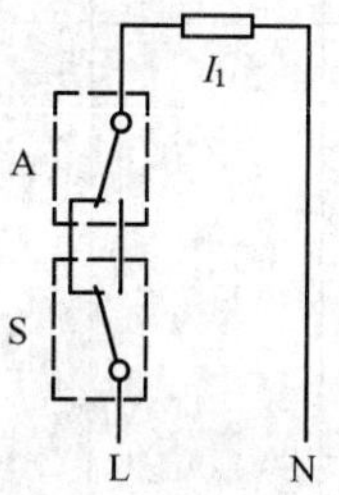 I_1 A S L N S＝试样 A＝辅助开关
7.1.13.2.3[2]	2.3	单极	双负载 （单极断开）	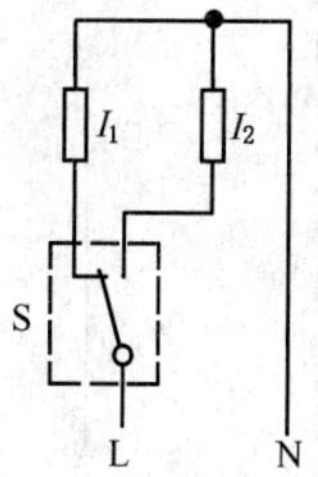 I_1 I_2 S L N S＝试样
7.1.13.2.4	2.4 [1.3]	2 极	单一负载 （全极断开）	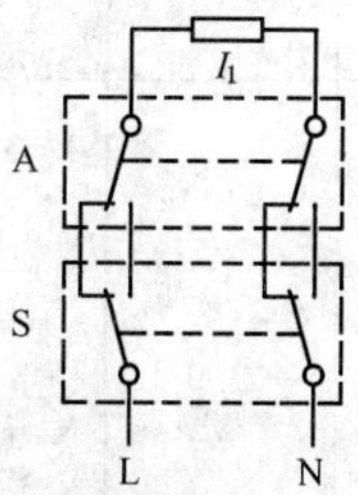 I_1 A S L N S＝试样 A＝辅助开关

表 2（续）

分　类	代号[1)]	开关型式	连接模式	试验电路[3)]
		双向开关		
7.1.13.2.5[2)]	2.5	2 极	双负载 （全极断开）	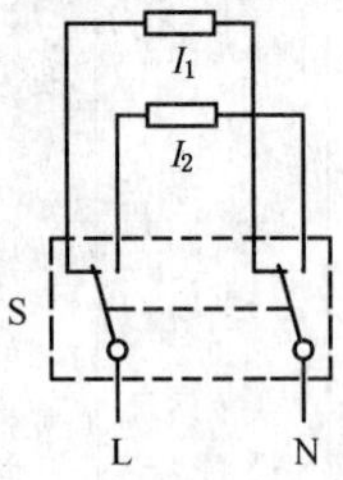 S＝试样

分　类	代号[1)]	开关型式	连接模式	试验电路[3)]
		有中间断开位置的双向开关		
7.1.13.2.6	2.6	2 极	单一负载，极性可变换	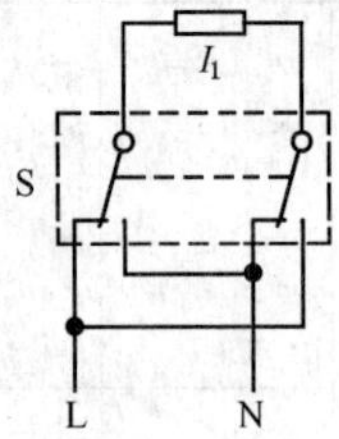 S＝试样
7.1.13.2.7[2)]	2.7	2 极	4 负载（单极断开， 负载接在不同极性间）	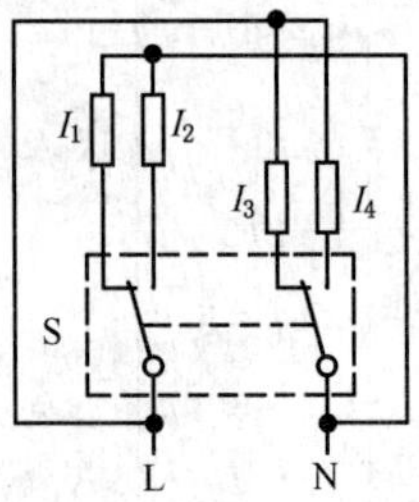 S＝试样
7.1.13.2.8	2.8	2 极	双负载（单极断开， 负载接在不同极性间）	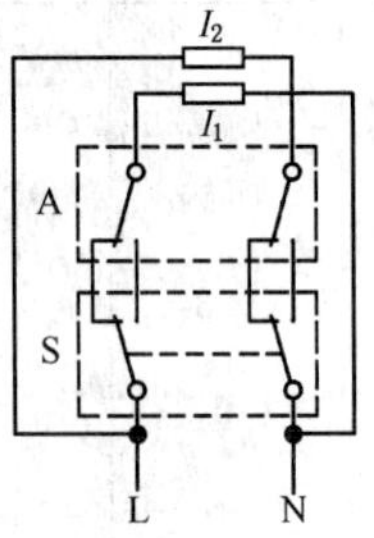 S＝试样 A＝辅助开关
7.1.13.2.9[2)]	2.9	2 极	4 负载 （单极断开）	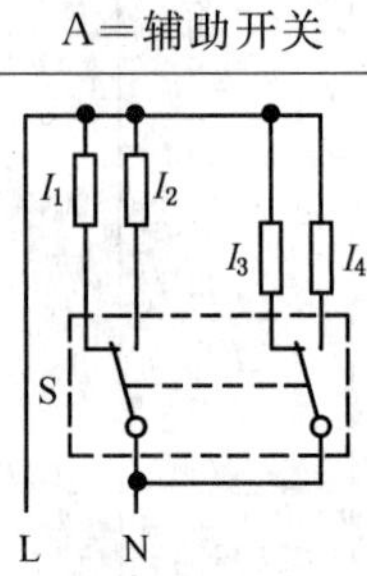 S＝试样

表 2（续）

分　类	代号[1)]	开关型式	连接模式	试验电路[3)]
		有中间断开位置的双向开关		
7.1.13.3		有中间断开位置的单极至 n 极双向开关原理模式		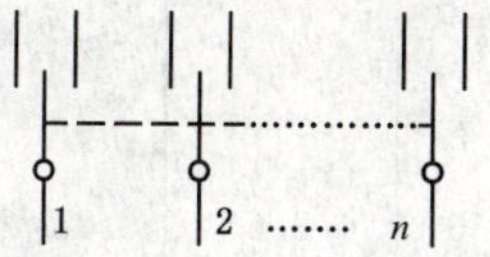 1　2 ……　n
7.1.13.3.1	3.1	极数、连接模式与负载按制造厂说明		
7.1.13.3.2	3.2	单极	单一负载 （单极断开）	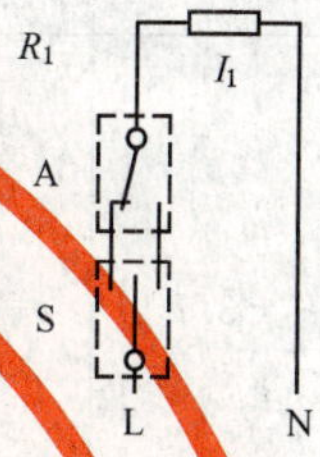 R_1　I_1　A　S　L　N S=试样 A=辅助开关
7.1.13.3.3	3.3	单极	双负载 （单极断开）	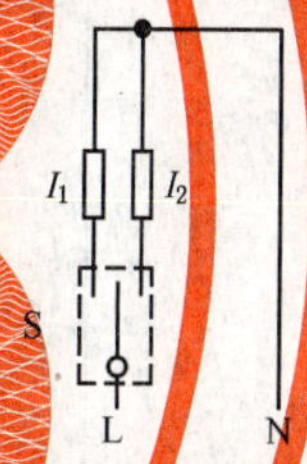 I_1　I_2　S　L　N S=试样
7.1.13.3.4	3.4	2 极	单一负载 （全极断开）	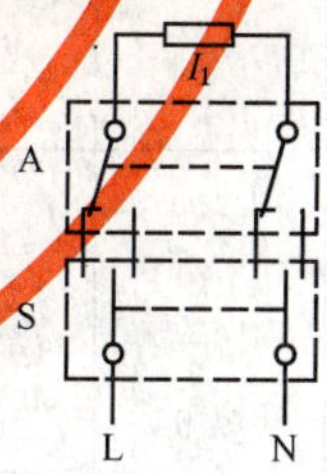 I_1　A　S　L　N S=试样 A=辅助开关
7.1.13.3.5	3.5	2 极	双负载 （全极断开）	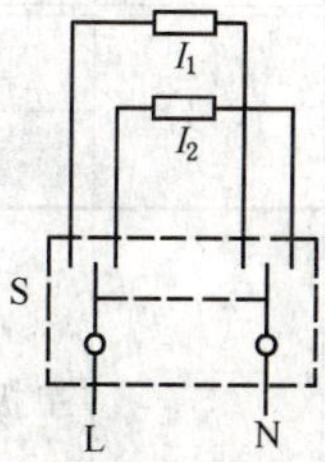 I_1　I_2　S　L　N S=试样

表 2（续）

分 类	代号[1)]	开关型式	连接模式	试验电路[3)]
		有中间断开位置的双向开关		
7.1.13.3.6	3.6	2 极	单一负载，极性可变换（全极断开）	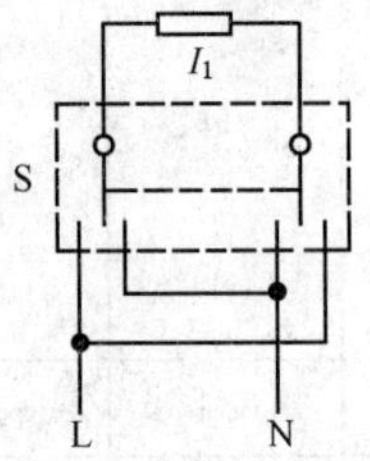 I_1 S L N S=试样
7.1.13.3.7	3.7 [3.3]	2 极	4 负载(单极断开，负载接在不同极性间)	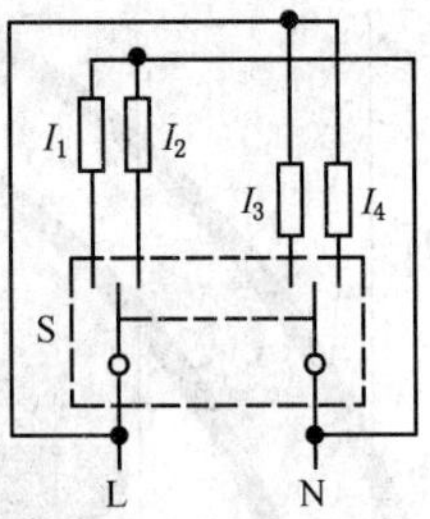 I_1 I_2 I_3 I_4 S L N S=试样
7.1.13.3.8	3.8	2 极	双负载(单极断开，负载接在不同极性间)	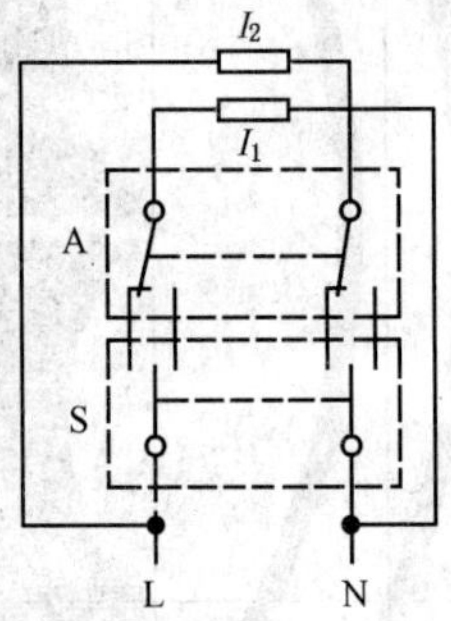 I_2 I_1 A S L N S=试样 A=辅助开关
7.1.13.3.9	3.9 [3.3]	2 极	4 负载（单极断开）	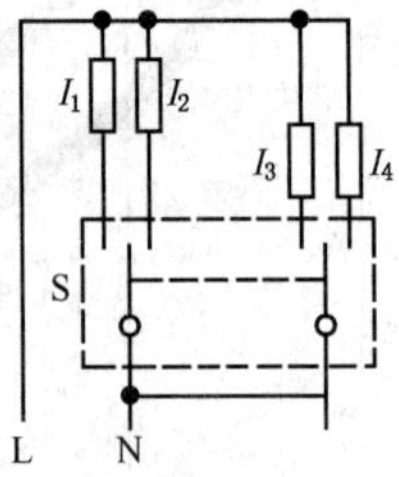 I_1 I_2 I_3 I_4 S L N S=试样

分 类	代号[1)]	开关型式	连接模式	试验电路[3)]
		多向开关		
7.1.13.4		单极至 n 极、3 向至 n 向的多向开关原理		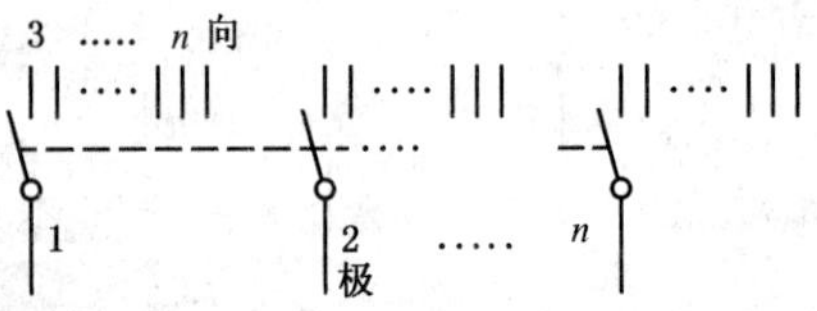 3 ….. n 向 1 2 极 ….. n

表 2（续）

分 类	代号[1]	开关型式	连接模式	试验电路[3]
		多向开关		
7.1.13.4.1	4.1	极数、连接模式与负载按制造厂说明		
7.1.13.4.2	4.2	单极 4 位，极性可变换 （单极断开）		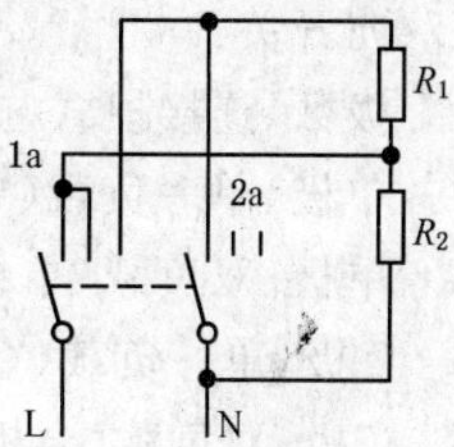
7.1.13.4.3	4.3	2 极 4 位，极性可变换 （全极断开）		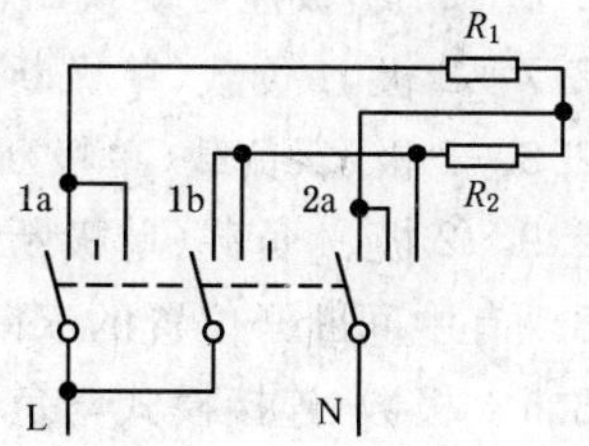
7.1.13.4.4	4.4	2 极 5 位，极性可变换 （全极断开）		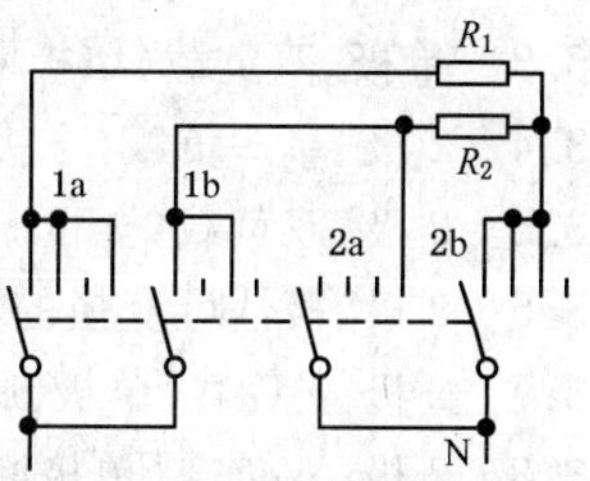
7.1.13.4.5	4.5	2 极 7 位，极性可变换 （全极断开）		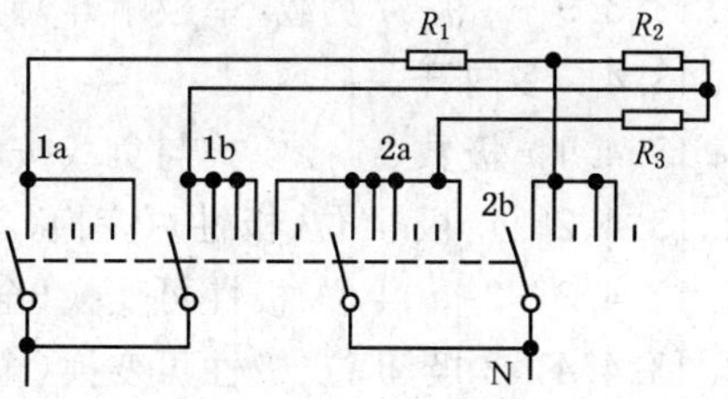

1) 对基本结构相同的开关，认为试验也包含了对方括号内所列代号开关的试验。

只要符合下列条件，就认为基本结构相同。

——除了因不同极和不同触头通路数而必须不同的零件外，其余零件都相同；

——基本尺寸和机械结构都相同；

——多极开关由单极开关组成，或是由与单极开关相同的部件装配而成，每级外形尺寸相同。

如果短时作用的开关（单稳态开关）与结构上与其相当的双稳态开关，在触头功能方面等效，则不必对其另外单独进行试验。

2) 仅对特定电路和负载。

3) L 和 N 仅是表示连接电源的符号。

7.1.13.1 单向开关：

7.1.13.1.1 极数、连接模式与负载按制造厂说明；

7.1.13.1.2 单极、单一负载（单极断开）；

7.1.13.1.3 2 极、单一负载（全极断开）；

7.1.13.1.4 2极、双负载(单极断开);

7.1.13.1.5 2极、双负载(单极断开,负载接在不同极性间);

7.1.13.1.6 3极、中线常通三相负载(3极断开);

7.1.13.1.7 4极、可通断中线三相负载(4极断开);

7.1.13.1.8 3极、三相负载(3极断开)。

7.1.13.2 双向开关:

7.1.13.2.1 极数、连接模式与负载按制造厂说明;

7.1.13.2.2 单极、单一负载(单极断开);

7.1.13.2.3 单极、双负载(单级断开,仅用于指定电路与负载);

7.1.13.2.4 2极、单一负载(全极断开);

7.1.13.2.5 2极、双负载(全极断开,仅用于指定电路与负载);

7.1.13.2.6 2极,极性可变换的单一负载;

7.1.13.2.7 2极,4负载(单极断开,负载接在不同极性间,仅用于指定电路与负载);

7.1.13.2.8 2极、双负载(单极断开,负载接在不同极性间);

7.1.13.2.9 2极、4负载(单极断开,仅用于指定电路与负载)。

7.1.13.3 有中间断开位置的双向开关:

7.1.13.3.1 极数、连接模式与负载按制造厂说明;

7.1.13.3.2 单极、单一负载(单极断开);

7.1.13.3.3 单极、双负载(单极断开);

7.1.13.3.4 2极、单一负载(全极断开);

7.1.13.3.5 2极、双负载(全极断开);

7.1.13.3.6 2极、极性可变换的单一负载(全极断开);

7.1.13.3.7 2极、4负载(单极断开,负载接在不同极性间);

7.1.13.3.8 2极、双负载(单极断开,负载接在不同极性间);

7.1.13.3.9 2极、4负载(单极断开)。

7.1.13.4 多向开关:

7.1.13.4.1 极数、连接模式与负载按制造厂说明;

7.1.13.4.2 单极、4位、极性可变换(单极断开,用于7.1.2.1的电阻性负载);

7.1.13.4.3 2极、4位、极性可变换(全极断开,用于7.1.2.1的电阻性负载);

7.1.13.4.4 2极、5位、极性可变换(全极断开,用于7.1.2.1的电阻性负载);

7.1.13.4.5 2极、7位、极性可变换(全极断开,用于7.1.2.1的电阻性负载)。

注:7.1.13.4.2~7.1.13.4.5分类的开关是用以逐段增加或逐段减小由表2电阻组合(R_1~R_3)所产生的功率。

7.1.14 按电子开关的开关器件分:

7.1.14.1 带半导体开关器件的;

7.1.14.2 带机械开关装置的。

7.1.15 按电子开关的冷却条件分:

7.1.15.1 不需要强制冷却的;

7.1.15.2 需要强制冷却的。

7.1.16 按电子开关的工作制分:

7.1.16.1 连续工作方式,工作制S1;

7.1.16.2 短时工作方式,工作制S2;

7.1.16.3 断续周期工作方式,工作制S3。

注1:图14~图16阐明不同类型的工作制。

注2:工作制概念取自GB 775。

7.1.17 按电子开关的试验条件分：

7.1.17.1 用等效发热电流或最大额定电阻性电流作电子开关的功能试验条件；

注：本试验条件反映了开关的正常功能，此试验并未模拟最终用途的实际负载。

7.1.17.2 按7.1.2分类的负载作电子开关的模拟试验条件；

注：本试验条件反映了开关的正常功能，也摸拟了最终用途的全部条件。

7.1.17.3 电子开关最终用途的特定试验条件，即在器具内或与器具在一起，在器具的冷却条件下的试验条件；

7.1.17.4 与工作制相应的电子开关的试验条件；

7.1.17.5 开关的触头接通和断开速度与开关的驱动速度无关的试验条件。

7.1.18 按电子开关内装保护器分：

7.1.18.1 有内装保护器的；

7.1.18.2 无内装保护器的。

7.2 接线端子分类

7.2.1 连接非制备导线和不需使用专用工具的接线端子。

注：为了加强导线端部而绞捻绞合导体，不算专门制备。

7.2.2 连接非制备导线和不需使用专用工具，但限制夹紧范围和/或限制导线类型的接线端子。

7.2.3 连接制备导线和/或需要使用专用工具的接线端子。

7.2.4 连接未经制备的电源电缆或软线和不需使用专用工具的接线端子。

7.2.5 连接制备的电源电缆或软线和/或需使用专用工具的接线端子。

7.2.6 用于连接2根或2根以上导线的接线端子。

7.2.7 连接实芯导体硬线的接线端子。

7.2.8 连接实芯导体和绞合导体硬线的接线端子。

7.2.9 连接软线的接线端子。

7.2.10 能连接软线和硬线(实芯导体和绞合导体)的接线端子。

7.2.11 用手持烙铁焊锡的锡焊端子。

7.2.12 用锡槽焊锡的锡焊端子。

7.2.13 由机械措施固定导线，而用锡焊连接电路的锡焊端子。

7.2.14 没有固定导线的机械措施，而用锡焊连接电路的锡焊端子。

7.2.15 按耐焊接热能力分：

7.2.15.1 1型锡焊端子；

7.2.15.2 2型锡焊端子。

8 标志与文件

8.1 开关制造厂应提供足够的数据资料，以保证：

——器具制造厂能选择和安装开关；

——最终用户能按开关制造厂要求使用开关；

——能按本部分进行相关试验。

数据资料应以下列一种或几种方式提供，详见表3。

8.1.1 用标志(Ma)

数据资料应由标于开关本身的标志提供。

8.1.2 用文件(Do)

数据资料应由独立的文件提供，文件可以包括说明书、明细表或图纸等。

文件内容应以任何适当的形式表达，可为器具制造厂或最终用户加以应用。

注1：指明Ma/Do处，数据资料可由标志提供，亦可由文件提供。

注2：数据资料的表达形式不属本部分范围。

表 3 开关数据资料

序号	特性	条目	数据资料的表达方式	
			通用型号 C.T	专用型号 U.T.
1 开关标识				
1.1	制造厂名或商标		Ma	Ma
1.2	型号		Ma	Ma
2 开关环境/安装				
2.1	开关按文件安装后所具备的防护等级(GB 4208) 注:不采用 GB 4208 中列出的附加字母	7.1.5.1 与 7.1.5.2	Do	Do
2.2	防止从器具外部触电的保护等级	7.1.5.3	Do	Do
2.3	安装和操动开关的方法以及提供接地的方法(视具体情况而定)。 应说明预定的安装方法和定位方法 除非另有规定,否则所说明的与任何接地端子一起安装的方法被认为是使导电零件接地的方法	7.1.7 和 7.1.7.7	Do	Do
2.4	污染等级	7.1.6	Do	Do
3 温度				
3.1	环境温度限值(如果与 0 ℃~55 ℃不同)	7.1.3	Ma	Do
3.2	电子开关的周围空气温度 ——软线开关和独立安装开关(如果与 0 ℃~35 ℃不同) ——其他开关(如果与 0 ℃~55 ℃不同)	7.1.3.4.1 或 7.1.3.4.2 7.1.3.2 或 7.1.3.3	Ma Ma	Do Do
4 电气负载/连接				
4.1	额定电压或额定电压范围	6.1	Ma	Do
4.2	电源种类(如果开关不是交、直流两用的,或交流、直流额定值不同的)	7.1.1	Ma	Do
4.3	频率或频率范围(如果不同于 50 Hz、50 Hz~60 Hz)		Ma	Do
4.4	对于基本电阻性负载电路,额定负载的额定电流	7.1.2.1	Ma	Do
4.5	对于电阻性与功率因数不低于 0.6 的电动机负载电路,额定电阻性电流和额定电动机电流;对电子开关,还有最小电流(或功率)	7.1.2.2	Ma/Do	Do
4.6	对于电阻性与电容性负载电路,额定电流和额定峰值浪涌电流;对电子开关,还有最小电流(或功率)	7.1.2.3	Ma/Do	Do
4.7	对于钨丝灯泡负载电路,额定电阻性电流,灯泡峰值浪涌电流或额定灯泡电流的两种电流之一;对电子开关,还有最小电流(或功率)	7.1.2.4	Ma/Do	Do
4.8	对于特定负载电路,受控器具或其他规定负载的有关详情	7.1.2.5		Do

表 3(续)

序号	特　　性	条　目	数据资料的表达方式	
			通用型号 C.T	专用型号 U.T.
4.9	对于多路开关:各电路和各端子的适用电流,如果这些电流彼此各不相同,则应清楚地表明各电流适用于哪个电路或哪个端子		Ma/Do	Do
4.10	额定脉冲耐电压	7.1.10	Do	Do
4.11	对于电子开关,等效发热电流	8.4.5	Ma	Do
4.12	对于电子开关,工作制	7.1.16	Do	Do
4.13	对于电子开关,与工作制相应的通/断时间		Do	Do
4.14	开关型式和(或)连接模式	7.1.13	Do	Do
4.15	对于特殊灯泡负载电路:额定电流与冲击电流	7.1.2.7	Do	Do
4.16	对于功率因数不低于0.6的感性负载电路	7.1.2.8	Do	Do
4.17	对于功率因数不低于0.6的堵转电动机特殊负载电路	7.1.2.9	Do	Do
5　端子/导线				
5.1	全部端子都应适当加以标记,否则其用途应不言而喻,或者开关接线方法应一目了然。 对于连接电源线的端子,可采用字母L、数字或箭头的形式加以标记		Ma	Ma
5.2	连接接地线的端子应标以保护接地符号	8.3	Ma	Ma
5.3	导线接至端子的资料(如果此连接需要制备导线或使用专用工具)	7.2	Do	Do
5.4	无螺纹端子的导线连接与脱开方法		Do	Do
5.5	接到端子上的导线类型	7.2.6～7.2.9	Do	Do
5.6	连接2根或2根以上导线的端子的适用性	7.2.5	Do	Do
5.7	锡焊端子类型	7.2.10～7.2.14	Do	Do
5.8	连接非制备电源线的端子的适用性	7.2.3	Do	Do
5.9	连接制备电源线的端子的适用性	7.2.4	Do	Do
5.10	对不同于GB 17196—1997插片尺寸时的插套连接器(适用的尺寸、材料、绝缘等)	11.2.5.1	Do	Do
6　操作循环/顺序				
6.1	操作循环数	7.1.4	Ma	Do
6.2	多路开关的操作顺序(如果重要) 对于多路开关,如果成对触头的操作顺序对用户安全确属重要,则应予说明。例如哪一对触头"先通后断"或"先断后通"		Do	Do
6.3	施加在终端止动件上或操动件全部行程上的力	17.2.3.4	Do	Do
7　信号指示器				
7.1	钨丝信号灯的最大功率,更换灯泡时,此标志应看得到		Ma	Ma

表 3（续）

序号	特　性	条　目	数据资料的表达方式	
			通用型号 C.T	专用型号 U.T.
7.2	信号指示器的预定功能或动作		Do	Do
8　电路断开				
8.1	电子断开	7.1.11.1	Ma	Do
8.2	微断开	7.1.11.2	Ma	Do
8.3	完全断开	7.1.11.3	Do	Do
9　绝缘材料				
9.1	耐电痕化指数 PTI	20.2	Do	Do
9.2	灼热丝温度，650 ℃	7.1.9.1	—	Do
9.3	灼热丝温度，750 ℃	7.1.9.2	—	Do
9.4	灼热丝温度，850 ℃	7.1.9.3	—	Do
10　冷却条件				
10.1	不需强制冷却	7.1.15.1	Do	Do
10.2	需冷却	7.1.15.2	Do	Do
10.3	强制冷却风向		Do	Do
10.4	强制冷却风速		Do	Do
10.5	散热器的热阻		Do	Do
10.6	气流的进气温度、风量及其他情况		Do	Do
11　保护器件				
11.1	可更换的内装保护器的额定电流/熔断特性/分断容量	7.1.18.1	Ma	Do
11.2	不可更换的内装保护器的型号/功能	7.1.18.1	Do	Do
11.3	外接保护器额定电流、熔断特性、分断容量	7.1.18.2	Do	Do
12　试验条件		7.1.17	Do	Do
12.1	电子开关试验条件	7.1.17.1～7.1.17.4	Do	Do
12.2	开关的触头接通和断开速度与驱动速度无关的试验条件	17.1.17.5	Do	Do

8.2　（空白）

8.3　采用符号时，符号应如下（见注 1）：

安培……………………………………………………A

伏特……………………………………………………V

瓦特……………………………………………………W

伏安……………………………………………………V・A

交流（单相）……………………………………………～

或 AC

或～AC

交流（三相）……………………………………………3～

或 3 AC

或 3 ～AC

交流(三相带中线)……………………………………3N～

或 3N AC.

或 3N～ AC

直流………………………………………………… ⎓

或 DC

或 ⎓ DC

保护接地符号……………………………………… ⏚

无防护的……………………………………………IP0X

防直径不小于 50 mm 固体异物的……………………IP1X

防直径不小于 12.5 mm 固体异物的…………………IP2X

防直径不小于 2.5 mm 固体异物的…………………IP3X

防直径不小于 1.0 固体异物的………………………IP4X

防尘的………………………………………………IP5X

尘密的………………………………………………IP6X

不防水………………………………………………IPX0

防垂直滴水的………………………………………IPX1

防外壳 15°内倾侧、铅垂滴水的……………………IPX2

防淋的………………………………………………IPX3

防溅的………………………………………………IPX4

防喷的………………………………………………IPX5

防强烈喷水的………………………………………IPX6

防短时浸水的………………………………………IPX7

开关环境温度限值…………………………………T

电源频率……………………………………………Hz

操作循环数…………………………………………见 8.7

微断开符号…………………………………………μ

“断”位置符号或朝“断”位置方向驱动的符号(一个圆)

……………………………………………………… ○

“通”位置符号或朝“通”位置方向驱动的符号(一直条)

……………………………………………………… |

电子断开……………………………………………ε(希腊字母)

负载类型:

白炽灯负载…………………………………………

荧光灯负载…………………………………………

变压器连接…………………………………………

钨丝灯负载…………………………………………… ⊗

带低压钨丝灯负载的铁芯变压器……………………

带低压钨丝灯负载的电子降压变换器………………

强制冷却的风向…………………………………………↓↓↓

强制冷却的风速…………………………………………m.s

散热器的热阻……………………………………………K/W

负载持续率………………………………………………%

被调节负载的端子……………………………………

注：采用的符号应符合 GB/T 5465.2、GB 4208 和 GB/T 4728.2 的规定。

8.4 额定电流和额定电压可单用数字来表示，电流数置于电压数之前或之上，并用一直线隔开。

当开关有 7.1.2.2、7.1.2.3 和 7.1.2.4 中规定的多种类型的负载时，允许将各种不同的电流数字放在相应的括号内。

8.4.1 对电阻性负载和电动机负载电路，电动机负载的额定电流放在圆括号内，置于电阻性负载额定电流之后。电源种类符号置于电流、电压额定值之前或之后。

电流、电压和电源种类可相应表示如下：

16(3)A 250 V～

或 16(3)/250～

或

$$\frac{16(3)}{250}\sim$$

8.4.2 对电阻性负载和电容性负载电路，峰值浪涌电流的标志置于电阻性额定电流标志之后，并用斜杠隔开。电源种类符号置于电流、电压、额定值之后。

电阻性电流、峰值浪涌电流、电压和电源种类可相应表示如下：

2/8A 250 V～

或$\frac{2/8}{250}\sim$

8.4.3 对电阻性负载和钨丝灯负载电路，标志应从下列 a)或 b)两种方式中选一种：

a) 钨丝灯负载的峰值浪涌电流放在方括号内，紧随于电阻性额定电流之后，电源种类符号置于电流、电压额定值之后。

电阻性电流、钨丝灯峰值浪涌电流、电压和电源种类符号可相应表示如下：

6[16]A 250 V～

或 6[16]/250～

或$\frac{6[16]}{250}\sim$

注：新设计不推荐。

b) 钨丝灯额定电流放置在钨丝灯符号后，紧随于电阻性额定电流之后，电源种类符号置于电流、电压额定值之后。

电阻性电流、钨丝灯额定电流、电压和电源种类符号可相应表示如下：

6 ⊗ 1A250V～

或 6 ⊗ 1/250～

或 $\frac{6 \otimes 1}{250}$～

8.4.4 有关特定负载的数据资料,可用列出图号或型号的方式表示,例如:

"电动机,图号____,零件编号____,____制造",或"5×80W 荧光灯负载"。

8.4.5 等效发热电流(如适用)以及验证等效发热电流的试验条件应予规定。

有关等效发热电流的数据应与最大额定电流一起标出,如下例所示:

3<12/250～

如果规定了最小功率,则应与最大功率一起标出,如下例所示:

20W/100W

本例中,数字 3 表示等效发热电流。

8.5 有关额定环境温度的数据应以这样的方式标出:下限值置于字母 T 之前,而上限值置于字母 T 之后,如果未标下限值,即指下限温度为 0 ℃:

25$T$85(意即额定环境温度范围从－25 ℃～＋85 ℃);

$T$85(意即从 0 ℃～＋85 ℃)。

如果没有标出数据,则机械开关和电子开关的额定环境温度范围是 0 ℃到 55 ℃。

注:对电子软线开关和电子独立安装开关,额定环境温度范围是 0 ℃到 35 ℃。

8.5.1 对于仅局部适用于额定环境温度高于 55 ℃的开关(7.1.3.3),应标示如下:

$T$85/55(意即开关本体环境温度可达 85 ℃,而操动件环境温度上限值为 55 ℃)。

8.5.2 对于仅局部适用于额定环境温度高于 55 ℃或 35 ℃的开关(见 7.1.3.3 与 7.1.3.4),应标示如下:

$T$85/35(意即开关本体额定环境温度可达 85 ℃,而操动件环境温度上限值为 35 ℃)。

8.6 Ⅱ类设备或器具的符号(IEC 60417—5172 中符号)不适用于开关。

8.7 额定操作循环数应以科学方式采用表示幂的字母 E 作标记,对于 7.1.4.4 的操作循环数为10 000的开关,不需要该标志。

1E3＝1 000, 25E3＝25 000, 1E5＝100 000。

8.8 开关需要标出的标志应优先标在开关的主体上,允许标在不易拆卸的零件上,但不可标在螺钉、可拆卸垫圈或其他在开关接线、安装时可能拆下的零件上。装在电子开关内的任何可更换熔断器的特性标志应置于熔断器座上或靠近熔断器处。特性可用符号标出(见 IEC 60127)。

对小尺寸开关,标志可标在不同的表面上。

8.9 开关需要标出的标志应清晰耐久。

通过观察以及按下述方法用手擦拭标志来检验是否符号 8.1～8.8 的要求:

a) 用一块浸透蒸馏水的脱脂棉在约 15 s 内擦拭 15 个来回,随后,

b) 用一块浸透汽油的脱脂棉在约 15 s 内擦拭 15 个来回。

试验期间,应用约 2 N/cm^2 的压力将脱脂棉压在标志上。

试验后,标志仍应易于辨认。

8.10 本身具有外壳并且不装在器具内的开关,应清楚地标出"断开"位置。对具有微断开或电子断开的开关,不应以符号"○"标志其"断开"位置,对于开关位置标志不可能标出或会引起误解时,例如跷板开关或有多个自动复位按钮的按钮开关,应标出其操动方向。对于具有多个操动件的开关,标志应指示各个操动件的各自操作结果。

对于单按钮的按钮开关,其"断开"位置不必标出。

注:符号"○"仅使用于完全断开的开关。

8.11 对于电子软线开关和电子独立安装开关,如果其端子多于 2 个,则应用一个背离端子的箭头或用

8.3 中提到的符号来标明负载端子,对调节负载的端子和电子独立安装开关其他端子则应对应于安装说明书予以标出。

除非电子开关能通过其端子的标志而明确安装,否则就应随同每个开关一起提供接线图。

9 防触电保护

9.1 开关按正常使用方式安装和操作时,以及在拆除任何易拆卸零件(带灯头的灯泡除外)后,在任何使用位置上,均应具有足够的防止触及开关带电部分的保护。

用于Ⅱ类器具的开关还应防止触及仅由基本绝缘与带电部分隔开的金属零件或其基本绝缘本身。

注:就本部分而言,认为通过保护阻抗接至带电部分的金属传导表面(见 9.1.1)已提供了防触电保护。

通过观察及下述试验来检验:

a) 开关按制造厂文件规定的任何方位安装,并拆下易拆卸零件(带灯头的灯泡除外)后,对开关易触及部分进行试验;
b) 用 GB 4208—2008 中的铰接试指探触每个可能的方位,探触时不用力,对阻挡铰接试指进入的孔隙,用尺寸与 GB 4208—2008 中的铰接试指相同的直形无铰接试指作进一步试验。用该直形无铰接试指加 20 N 力进行探触。如果该直形无铰接试指能进入孔隙,再用铰接试指以折角度重复试验。常用电气接触指示器来显示接触与否;
c) 对绝缘材料上和非接地金属零件上的孔隙,还应用图 13 所示探针探触每个可能的部位,探触时不用力;
d) 如有疑问,在 16.2.2 的试验条件下重复试验。

无论用标准试指还是用探针,均应不可能触及裸露的带电部分。

对具有双重绝缘结构零件的开关,铰接试指、直形无铰接试指应触不到仅由基本绝缘与带电部分隔开的不接地金属零件或基本绝缘本身。

漆膜、瓷漆、纸、棉织物、金属零件上的氧化膜、玻璃粉和受热即软的密封胶不应用作防止触及带电部分的保护。

除非另有规定,与不超过 24V 的特低安全电压(SELV)电源连接的零件不作为带电零件。

注:推荐采用一只灯泡作为电接触指示器,其电压不低于 40 V。

9.1.1 电子开关所需的易触及金属零件(例如传感表面)可通过保护阻抗接至带电部分。

保护阻抗应由电阻器和(或)电容器组成,并应符合下列一种条件:

a) 至少有 2 个独立的、具有同样标称值的电阻器串联。电阻器应符合 24.3 的要求;
b) 至少有 2 个独立的,具有同样电容值的电容器串联。电容器应符合 IEC 60384-14 中 YZ 级的要求;
c) 有至少一个符合 24.3 的电阻器与一个符合 IEC 60384-14 中 YZ 级要求的电容器串联。

若要拆下保护阻抗或将保护阻抗短路,应只有将电子开关破坏或使电子开关明显不能使用后才有可能。

保护阻抗应设计和放置成沿它们表面和表面间能满足第 20 章的要求。

通过观察以及 24.3 中的试验来检验。

9.1.2 如果不用工具即能把盖、盖板或熔断器拆下,或者依照说明书规定为维修而更换熔断器时必须拆下要用工具来固定的盖或盖板,则即使在取下盖或盖板后,仍应确保防止触及带电部分的保护。

注:如果在开关装入器具后,即可实现本要求,则开关本身就不必符合本要求。

用铰接试指、直形无铰接试指和 GB/T 16842 的试验探棒 B 来检验。

9.1.3 如果开关具有一个用于调节开关整定点的、使用者易触及的孔(按制造厂说明安装后),而且该孔有此用途的标记,则调节不应引起触电危险。

通过用 GB/T 16842 的试验探棒 C,穿入孔中探触来检验。探针应不触及带电部分。

9.2 如果拆下操动件后会触及带电部分，则操动件应予充分固定，如果只有靠破坏、割开操动件或借助工具拆下操动件才能触及带电部分，即认为操动件是充分固定的。

通过在按 18.4 试验期间的观察以及用 GB/T 16842 的试验探棒 B 不用力探触来检验。

9.3 除用于Ⅲ类器具的开关，操动件的易触及部分应由下列一种材料制成：

a) 绝缘材料；

b) 由附加绝缘与基本绝缘零件隔开的金属；

c) 由双重绝缘或加强绝缘与带电部分隔开的金属；

d) 对于电子开关，由保护阻抗与带电部分隔开的金属。

对 a)至 c)项，通过观察、测量以及相应的试验来检验。

对 d)项，按下述方法来检验：

在单件易触及金属零件或任何易触及金属零件组合与地之间，通过一个 2 kΩ 的无感电阻，在额定电压下(以及"接通"状态时的额定负载)，在"接通"与"断开"状态时，和(或)最低和最高整定值进行测量。测量期间，保护阻抗中的每一个电阻器和所有其他元件(如有)要短路，每次短路一个。

在任何一次测量中，交流 1 kHz 及以下的电流不得超过 0.7 mA(峰值)，直流不得超过 2 mA。

频率在 1 kHz 以上的，0.7 mA 的限值要乘以以 kHz 为单位的频率值，但不得超过 70 mA。

9.4 电容器不应与开关按制造厂规定安装时易触及的不接地金属零件相连接。电容器的金属外壳应由附加绝缘与这些易触及的不接地金属零件隔开。

通过观察以及按第 15 章和第 20 章的要求来检验。

10 接地装置

10.1 用于Ⅱ类器具的开关不应有将开关或其零件接地的装置，但允许有保持接地电路连续性的过渡连接装置。

通过观察来检验。

10.2 接地端子、接地端头和其他接地装置不应与中性线端子呈电气连接。

通过观察来检验。

10.3 对用于Ⅰ类器具的开关，若绝缘损坏就可能带电的易触及金属零件应有接地装置。

通过观察来检验。

10.3.1 由双重绝缘或加强绝缘与带电部分隔开的零件，及由连接接地端子、接地端头或其他接地装置的金属零件与带电部分隔开的零件，都不认为是绝缘损坏就可能带电的零件。

10.3.2 开关的易触及金属零件可通过其紧固件接地，但联结处的金属表面必须洁净。

10.4 接地端子、接地端头或其他接地装置与其所连接的各零件之间的联结应是低电阻的。

通过下述试验来检验：

a) 接地端子、接地端头或其他接地装置与其所连接的各零件之间依次通以 1.5 倍额定电流，但不小于 25 A，电源的空载电压不超过交流 12 V。

b) 达到稳定状态后，测量接地端子、接地端头或其他接地装置与其所连接的零件之间的电压降，并根据电流和电压降计算出电阻。

电阻不得大于 50 mΩ。

注：务必注意，切勿让测试探头与被测零件之间的接触电阻影响试验结果。

10.5 连接非制备导线的各种接地端子规格不应小于相应载流端子所要求的规格。不使用工具，应不可能松开夹紧装置，夹紧装置应充分锁定，以防意外松动。

通过观察、手试以及第 11 章的相应试验来检验。

10.5.1 通常 11.1 和 11.2 的端子常用的结构具有良好的弹性，符合充分锁定、防止意外松动的要求。

10.5.2 如果开关会受到过度振动或周期性的温度变化，则在采用柱式端子时，可能有必要采取附加措施,例如使用具有足够弹性的零件(如压板)等。

10.6 如果在正常使用时不必拧动接地联接,并且每一联接至少有2只螺钉,则允许采用自切螺钉和自攻螺钉提供接地通路。

通过观察以及在19.2试验时来检验。

10.7 接地端子的所有零件应不会由于其接触接地导线的铜或其他任何与之接触的零件而引起腐蚀。

10.8 除非接地端子本体是外壳的一部分,否则接地端子本体应由黄铜制成,或由耐腐蚀性能不亚于黄铜的其他金属制成。当接地端子本体是外壳的一部分时,任何螺钉或螺母均应由黄铜制成,也可由耐腐蚀性能和防锈能力均不亚于黄铜的其他金属制成。

10.9 如果接地端子本体是铝或铝合金机架或外壳的一部分,则应有措施避免铜与铝或铝合金接触而引起腐蚀。

通过观察来检验是否符合10.7、10.8和10.9的要求。如有疑问,则对材料及其镀层或涂层进行分析。

11 端子与端头

11.1 连接非制备铜导线的端子

11.1.1 共同要求

11.1.1.1 端子应用螺钉、螺母、弹簧、楔块、偏心块、锥体或等效的构件或方法实现连接,接线和拆线时不需使用专用工具。

通过观察来检验。

11.1.1.2 在夹紧和松开夹紧装置时,端子不应松动。

如果端子的活动不会妨害开关的正确动作,则允许采用浮动的端子或装在浮动部件上的端子(例如某些积木式开关中用的端子)。

通过将一根具有表4规定最大截面积或制造厂规定截面积的导线夹紧和松开各10次来检验,对螺纹型端子施加的扭矩按表20规定。

11.1.1.3 端子的结构或位置应使开关在接线或按规定方式操作时,导线不可能滑脱。

通过下述试验来检验:

a) 端子接上表4规定的最大截面积或制造厂规定截面积的导线,螺纹型端子用表20规定的扭矩拧紧夹紧装置。然后,再接上表4规定的最小截面积导线,重复上述试验;
b) 供连接2根或2根以上导线的端子接上规定根数的导线,重复此项试验;
c) 导线插入端子前,应将硬线的线芯矫直;将软线朝一个方向绞捻,在约2 cm长度内均匀地绞捻一转;
d) 将导线插入并超出端子,超出长度等于规定的最短距离;如果未规定该距离,则一直插到底,直到碰上挡块,或插到导线从端子另一侧伸出,恰好使绞合导线最易散开的位置为止;
e) 对于软线,还要用新导线按上述反方向绞捻后,重复此项试验。

试验后,导线不应散脱而进入或穿过夹紧装置与定位件间的空隙。

表4 端子承载的电阻性电流与相应的连接非制备导线的截面积

端子承载的电阻性电流 A		软线			
		截面积 mm^2			端子 规格号
大于	至	最小	中间	最大	
—	3	—	0.5	0.75	0
3	6	0.5	0.75	1.0	0
6	10	0.75	1.0	1.5	1

表 4（续）

端子承载的电阻性电流 A		软线			
		截面积 mm²			端子 规格号
大于	至	最小	中间	最大	
10	16	1.0	1.5	2.5	2
16	25	1.5	2.5	4.0	3
25	32	2.5	4.0	6.0	4
32	40	4.0	6.0	10.0	5
40	63	6.0	10.0	16.0	6

端子承载的电阻性电流 A		硬线			
		截面积 mm²			端子 规格号
大于	至	最小	中间	最大	
—	3	0.5	0.75	1.0	0
3	6	0.75	1.0	1.5	1
6	10	1.0	1.5	2.5	2
10	16	1.5	2.5	4.0	3
16	25	2.5	4.0	6.0	4
25	32	4.0	6.0	10.0	5
32	40	6.0	10.0	16.0	6
40	63	10.0	16.0	25.0	7

表 5 （空白）

11.1.1.4 连接软线的端子在接线时，即使有芯线从端子中散脱，也不应使带电部分与易触及金属零件接触；对用于Ⅱ类器具的开关，还不应使带电部分与仅由附加绝缘和易触及金属零件隔开的金属零件接触；也不应使那些只有通过开关的动作才会呈电气联接的端子之间形成的短路。

通过观察和下述试验来检验：

a) 把表 4 规定的最小截面积或制造厂规定截面积的软线线端剥去 8 mm 长的绝缘层，留出一根芯线，其余完全插入端子并夹紧；

b) 在不撕裂绝缘层的情况下，把那根留出的芯线向各个可能的方向弯折，但不得绕过隔板作急剧弯折。

该留出的芯线应不触及上述提到的有关零件；接地端子上留出的芯线还应不触及带电部分。

11.1.1.5 端子应能夹紧导线而不过度损伤导线。

通过观察来检验。

注：试验尚在考虑中

11.1.1.6 如果端子会因导线的过度插入而减小爬电距离和/或电气间隙，或影响开关机能，则应设计得使导线插入孔中的情况清晰可见，或应设计有挡块，挡住导线过度插入。

通过观察以及在 11.1.1.3 和 11.1.1.4 试验时来检验。

11.1.2 连接非制备导线的螺纹型端子

11.1.2.1 螺纹型端子应能连接表4规定截面积和类型的导线。

按7.2.1分类的端子,应能连接相应夹紧范围内全部软线和硬线。

按7.2.2分类的端子,应能连接制造厂规定截面积和类型的导线。

注:螺纹型端子示例见图1、图2、图3、图4和图5。

通过观察、测量以及插入表4规定截面积的软线和硬线或制造厂规定的导线来检验。应不需过度用力,即能将导线插入端子接线孔,并达到设计深度。

11.1.2.2 螺纹型端子应能将导线可靠地夹紧在金属表面之间。

通过观察以及下述试验来检验:

a) 螺纹型端子接以表4规定的最小和最大或制造厂规定的截面积导线,用表20相应栏内所示值的扭矩拧紧端子螺钉;

b) 如果螺钉是开槽六角头螺钉,则施加的扭矩为表20第Ⅲ类栏内所示值;

c) 每根导线经受表6规定的拉力,历时1 min,拉力不猛然施加,其方向为导线安放空间的轴线方向。

表6 螺纹型端子拉力

端子规格号	0	1	2	3	4	5	6	7
拉力 N	35	40	50	60	80	90	100	135

d) 如果端子是适用于连接2根或2根以上导线的,则依次对每根导线施加相应的拉力。

试验期间,导线在端子内应无明显的位移。

11.1.2.3 夹紧导线用的螺钉和螺母不应用来紧固其他零件,但可用来将夹紧件保持定位或防止夹紧件转动。

通过观察以及在19.2试验期间来检验。

11.1.3 连接非制备导线的无螺纹端子。

11.1.3.1 无螺纹端子应能按其分档恰当地连接表4规定截面积的导线,其中软线截面积不超过2.5 mm^2,硬线截面积不超过4 mm^2。

如何插接与脱开导线应是显而易见的。

注:无螺纹端子示例见图6。

脱开导线时,应需要一个不同于拉动导线的动作,在正常使用中,该动作不论是否借助于工具,用手即能实现。

供帮助插接或脱开导线的工具使用的开口应与进线孔明显不同。

通过观察、测量以及插入表4规定截面积的相应软线或硬线来检验。

应不需过度用力即能将导线插入端子,达到设计深度。

11.1.3.2 无螺纹端子应能承受正常使用中出现的机械应力。

导线应可靠地夹紧在金属表面之间,但对规定用在电流不大于0.2 A电路中的无螺纹端子,其中一个表面可以是非金属的。

通过下述试验来检验,试验用无绝缘层的铜导线进行,先用表4规定的最大截面积或制造厂规定截面积的铜导线,再用表4规定的最小截面积或制造厂规定截面积的铜导线:

a) 连接硬线的端子:实芯导体插、脱5次,绞合导体插、脱1次;

b) 连接软线的端子:插、脱5次;

c) 连接硬线与软线的端子:如果端子能接软、硬两种型式的导线,就用软线和硬线进行上述次数的试验。

按上述次数插、脱导线时,除最后一次是用其前一次的导线并夹紧在同一部位外,其余各次均用新导线。每次插入时,应尽可能将导线推入端子或达到充分连接为止。

每次插入后，导线先绕轴线捻转90°，然后施加表6规定的拉力，历时1 min，拉力不猛然施加，其方向为导线安放空间的轴线方向。

如果端子是适用于连接2根或2根以上导线的，则依次对每根导线施加相应的拉力。

试验期间，导线不应从端子中脱出。

试验后，无螺纹端子和夹紧装置均不应松动。

注：对硬线的弯折试验正在考虑中。

11.1.3.3 规定用来将多根导线相互连接起来的无螺纹端子的结构应使：

——导线插入后，操作其中任何一根导线的夹紧装置，应不影响其他导线夹紧装置的操作；

——脱开导线时，各根导线既可同时脱出，也可分别脱出。

通过观察以及用相应的导线作各种可能组合后进行试验来检验。

11.1.3.4 无螺纹端子应能承受正常使用期间出现的热应力。

如果无螺纹端子的夹紧装置是开关导电路径的一部分，则在进行第17章试验期间加以检验。

如果开关的额定操作循环数低于10 000，或无螺纹端子的夹紧装置不是开关导电路径的一部分，则通过下述热耐久性试验来检验。

就本试验而言，对属于7.1.3.2和7.1.3.3分类的开关，用3只独立的新开关按制造厂说明安装和接线，并放置在加热箱内，加热箱的初始温度保持在(25±2)℃。

对属7.1.3.3分类的开关要安装得与正常使用时一样。

对属7.1.3.1分类的开关，3只独立的新开关在整个试验期内，保持在(25±10)℃，并且只经受电流的周期变化。

试验期间，开关通以最大额定电流。

开关经受192个试验周期，每个周期约为1 h，即

a) 箱内温度在约20 min内上升到额定环境温度上限值维持该温度在±5 ℃范围内，约10 min；

b) 然后让开关在约20 min内冷却到约30 ℃，允许采用风冷，保持该温度约10 min。在冷却期间，试样不通过电流；

c) 加热箱内温度应在离试样组至少50 mm处测量。

经192个试验周期后，在额定电流和在(25±10)℃的环境温度条件下，其余条件按16.2.2规定，测量端子温升，温升不得超过55K。

如果其中有一个端子试验不合格，则用第2组试样复试，该组试样全部应符合要求。

11.1.4 连接非制备导线的穿刺绝缘端子。

注：以GB 13140.4为基础的要求和试验正在考虑中。

11.2 连接制备铜导线和(或)需使用专用工具的端子

11.2.1 共同要求

11.2.1.1 端子按制造厂说明接线时，应适合其用途。

通过观察以及在第16章和第19章试验时检验。

11.2.1.2 端子应能连接制造厂规定的类型和截面积的导线

通过观察以及连接规定的类型和截面积的导线来检验。

11.2.1.3 端子应能将导线可靠地夹紧在金属表面之间，而不过度损伤导线。

通过观察以及在第16章和第19章试验时检验。只有当导线直接夹紧在端子中或专门制备的方法已明确时，才考虑检验结果。在其他情况下，都是由实际使用来确定其可靠性。

11.2.1.4 如端子因导线的过度插入而会减小爬电距离和(或)电气间隙或影响开关机能，则应设计得使导线插入孔中的情况清晰可见，或应有挡块限制导线过度插入。

通过观察以及在11.2 1.2和11.2.1.3试验时来检验。

11.2.2 连接制备导线的螺纹型端子

无其他特殊要求。

11.2.3 连接制备导线的无螺纹端子

11.2.3.1 无螺纹端子应将导线夹紧在金属表面之间，但是，规定用于电流不大于0.2 A电路中的端子，其中一个表面可以是非金属的。

通过观察来检验。

11.2.3.2 无螺纹端子应能承受正常使用中出现的热应力。

通过11.1.3.4相应试验来检验。

11.2.3.3 无螺纹端子如何插接与脱开导线应是显而易见的。

通过观察和插入规定类型和截面积的相应软线和/或硬线来检验。

11.2.4 不可拆开的无螺纹端头

11.2.4.1 不可拆开的无螺纹端头应在金属表面之间夹紧导线，但对规定用在电流不大于0.2 A电路中的端子，其中一个表面可以是非金属的。

通过观察来检验。

11.2.4.2 无螺纹端头应承受正常使用中的热应力。

通过按11.1.3.4的相关试验来检验。

11.2.4.3 如何插接导线应是显而易见的。

通过观察和用规定类型和截面的相应软线和/或硬线插入无螺纹端头的试验来检验。

11.2.5 扁形快速连接端头的插片

11.2.5.1 作为开关零件的插片，其尺寸(除凹坑和孔的尺寸任选)应符合IEC 61210:1993表10-1和图1的规定，或符合附录U的规定。

通过测量来检验。

注1：新设计时不推荐使用附录U。

注2：插套插入开关插片的插入点允许选择，只要保持完整机械特性和保持与插套的插接功能。

允许采用与GB 17196或附录U所示尺寸不同的插片，但其尺寸与形状在正常使用中与图8所示的插套或规定的专用插套连接件安全配对。

11.2.5.2 插片的材料和镀层应如表7规定，与插片最高温度相适应。

表7 插片材料与镀层

插片材料与镀层	插片最高温度 ℃
裸铜	155
裸黄铜	210
镀锡的铜和铜合金	160
镀镍的铜和铜合金	185
镀银的铜和铜合金	205
镀镍的钢	400
不锈钢	400
注：除表中规定的材料或镀层可以使用外，只要其电气和机械性能，特别是耐腐蚀性能和机械强度不亚于表列材料和镀层的其他材料，也可使用。	

11.2.5.3 插片应能承受插套的插接与拔脱，而不会使开关损伤达到影响符合本部分的程度。

通过平稳施加表8规定的轴向力来检验。不应出现明显的位移或损伤。

表 8 对插片的插拔力

插片规格[2]	插入力[1] N	拔出力[1] N
2.8	64	58
4.8	80	98[2]
6.3	96	88
9.5	120	110
1) 此力是指单个插片最大允许值。 2) 根据 IEC 60760 的插套实际结构,该值比大一档规格插片的拔出力值要大。		

11.2.5.4 插片应留有足够的空间,以便能插接相应的制造厂规定的插套。

通过下述试验来检验:

把相应的插套以制造厂声明的最不利的方向插到各插片上,插接过程中,任何插片和其邻接部位均不应出现扭歪或变形,爬电距离和电气间隙也不应减小到第 20 章规定值以下。

注:相应的插套示于图 8。

11.2.6 连接内部绝缘层铜导线的穿刺绝缘端子

注:要求与试验尚在考虑中

11.2.7 锡焊端头

11.2.7.1 锡焊端头应具有良好的可焊性

通过按 GB/T 2423.28—2008 第 4 章进行的试验来检验。

就试验 Ta 而言,选择表 9 所列试验条件。

检验具有正常耐焊接热能力的锡焊端头是否符合 11.2.7.2 要求,应在本试验后立即进行。

表 9 Ta 试验条件

GB/T 2423.28—2008 条目	条 件
4.3.2/4.8.3	不需要清除油脂
4.4	不进行初始检测
4.5	不老化
4.6/4.7	根据 7.2.10 和 7.2.11 规定的锡焊端头型式选用:试验方法 1:温度为 235 ℃的锡槽;或试验方法 2:温度为 350 ℃的烙铁
4.6.2/4.8.2.3	非活性焊剂
4.6.3/4.9.2	浸渍时间:2 s~3 s
4.6.3	不使用热挡板
4.7.3	烙铁采用“B”型
4.7.3	不使用散热器
4.7.3	烙铁作用时间:2 s~3 s
4.8.4	焊接时间:最大 2 s
4.9	不作弱湿润试验
4.10	最后检测:按本部分第 16 章进行温升试验

湿润面应覆有光亮的锡焊层，仅有少量分散的缺陷，例如：针眼、未湿润的或弱湿润的区域，这些缺陷不应集中在一个区域内。

11.2.7.2 锡焊端头应具有良好的耐焊接热能力。

对具有1型耐焊接热能力的锡焊端头(属7.2.14.1分类)在进行11.2.7.1的试验时来检验。

试验后，锡焊端头应不松动，不应有不利于其继续使用的位移，应仍符合第20章的要求。

对具有2型耐焊接热能力的锡焊端头(属7.2.14.2分类)，按GB/T 2423.28—2008第5章"试验Tb：元器件耐焊接热的能力"进行的试验来检验。

就试验Tb而言，选择表10所列试验条件。

表10 Tb试验条件

GB/T 2423.28—2008条目	条　　件
5.3	不进行初始检测
5.4/5.5	根据制造厂说明的锡焊端头型式选用：试验方法1：温度为260 ℃的锡槽；或试验方法2：温度为350 ℃的烙铁
5.4.3	浸渍时间：(5±1)s
5.4.3	不使用热挡板
5.6.1	烙铁采用"B"型
5.6.3	不使用散热器
5.6.3	烙铁作用时间：(5±1)s

试验后，锡焊端头应不松动，不应有不利于其继续使用的位移，应仍符合第20章要求。

11.2.7.3 属7.2.12分类的锡焊端头应具有不依赖锡焊而使导线固定在其应有位置上的机械措施。

这类措施可由下列方法提供：

——可用来勾住导线的孔；

——把端头的边缘形状制作得能在锡焊前使导线卷绕于其上；

——靠近锡焊联接处有夹紧装置。

11.2.8 熔接端头

没有专用要求。

11.2.9 压接端头

没有专用要求。

11.3 连接电源线和外接软线的端子的附加要求

相对应的不同极性端子的位置应相互靠近。如有接地端子，还应靠近接地端子，除非在技术上有充分理由不能这么做。

注：按GB 4706.1，电源线与器具由下列一种方式联接：

——X型联接；

——Y型联接；

——Z型联接。

12 结构

12.1 防触电保护的结构要求

12.1.1 采用双重绝缘时，基本绝缘和附加绝缘应能分别试验，否则应有其他方法对该两种绝缘的性能加以检验。

通过观察来检验。

a) 如果基本绝缘和附加绝缘不能被分别试验，或者不能用其他方法检验该两种绝缘，则认为该绝缘是加强绝缘。

b) 制作专门的试样或绝缘零件试样，都认为是提供检验手段的方法。

12.1.2 开关的爬电距离和电气间隙应不会由于磨损而减小到第20章规定值以下，在正常使用中，开关导电零件松动、脱离原位应不可能导致附加绝缘或加强绝缘的爬电距离和电气间隙减小。

就本试验而言：

——认为2个相互无关的紧固件不会同时松动；

——用配有锁紧垫圈的螺钉或螺母紧固的零件，只要在用户日常维修、保养期间不需要拆卸这些螺钉、螺母，即认为是不易松动的；

——如果在第18章和第19章试验期间，弹簧和弹性零件不会松动脱落，即认为是不易松动脱落的。

12.1.3 内装线的刚性、固定和绝缘应使爬电距离和电气间隙在正常使用时不会减小到第20章规定值以下。

内装线如有绝缘，则在安装和正常使用期间，绝缘应不会受到损伤。

若导线的绝缘层在电气性能方面低于相关电缆和软线的国家标准中的要求，或在第15章规定条件下对导体与卷包在绝缘层上的金属箔之间进行的介电强度试验不合格，即认为该导线是裸导体。

12.1.4 对于带有半导体开关器件和机械开关装置组合的电子开关，与半导体开关器件串联的触头应符合完全断开或微断开的要求。

12.1.5 对于与半导体开关器件并联的机械开关装置，未规定其断开类型的要求。

12.2 开关安装和正常操作时的安全结构要求

12.2.1 盖、盖板、可取下的操动件及提供安全的其他零件应装配得不使用工具就不可能将其移位或拆下，盖或盖板的紧固件不应用来紧固除操动件外的任何其他零件。

带有指示器的盖板或操作钮等可取下的零件应不可能装配得与实际开关位置不相对应。

12.2.2 盖或盖板的紧固螺钉应是栓住不会脱落的。

采用硬纸板或类似材料制成的紧配垫圈认为可满足要求。

12.2.3 按规定方式拆卸操动件时，开关不应受损。

通过观察来检验是否符合12.2.1、12.2.2和12.2.3的要求，对不用工具即可拆卸的操动件通过18.4的试验来检验。

12.2.4 拉线开关的拉线应与带电部分绝缘，在装接或更换拉线时，应不需要拆卸那些一旦拆下即会导致触及带电部分的零件。

通过观察来检验。

12.2.5 如果开关装有指示灯，则应能按制造厂说明提供正确的指示。

通过将开关接至与灯回路标志电压或开关额定电压（视具体适用情况而定）的偏差不大于±10%的电压来检验。

12.3 开关安装和软线连接的结构要求

12.3.1 开关按制造厂说明的方法安装，应不会影响符合本部分。

12.3.1.1 这些安装方法应使开关不可能转动或作其他方式的移动，不借助于工具就不能将开关从器具上取下。如果在开关正常使用期间必须取下某一零件（例如钥匙），均应满足第9章、第15章和第20章的要求。

通过观察和手试来检验。

a) 对于用一个螺母和一个与传动装置同轴的单层套筒紧固的开关如果拧紧和/或松开螺母需要使用工具，而且这些零件具有足够的机械强度，即认为符合本条要求。

b) 对于用无螺纹固定方法安装的附装开关，如果在开关能从器具上取下前需要使用工具，即认为符合本条要求。

13 机构

对电子开关而言，这些要求仅适用于具有机械开关装置的电子开关。

13.1 对直流开关而言，除额定电压不高于28 V或额定电流不大于0.1 A外，其触头接通与分断速度应与操动的速度无关。

通过按第17章进行的试验来检验。

13.2 开关的动触头应只能停留在“接通”和“断开”位置。如果触头的中间位置与操动件的中间位置相对应，不至于对标出的“断开”位置指示产生误解，并且触头开距足够，则中间位置是允许的。

一旦触头压力足以保证符合第16章的要求，即认为开关处于“接通”位置。

当触头开距足以保证符合第15章的要求时，即认为开关处于“断开”位置。

在中间位置上触头开距是否足够，由是否符合第15章为其邻近的“断开”位置所规定的要求来确定。

13.3 放开操动件时，操动件应自动占有或留在与动触头相对应的位置，但是对于只有一个静止位置的开关，操动件可占有其正常静止位置。

通过手试来检验是否符合13.2和13.3的要求。试验时，开关按制造厂说明安装，操动件按正常使用方式操动。

必要时，按15.3的介电强度试验来确定处于中间位置时的触头开距是否足够，试验时，不需取下盖，试验电压施加在相关端子之间。

13.4 拉线开关在拉动和放开拉线后，机构中的有关零件应处于能立即执行操作循环中下一步操作的位置上。

通过观察和下述试验来检验。

拉线开关按制造厂说明安装，平稳施加拉力，然后撤去拉力，拉力垂直向下，不大于45 N，或与铅垂线成45°角，不大于70 N，开关应由某一位置驱动到下一个位置。

13.5 除非按表3中6.2项已有规定，否则多极开关的有关各极应基本上一齐接通和分断。具有可通断中性极的开关，其中性极可比其他极先接通，后分断。

通过观察来检验，如有必要，可通过试验来检验。

14 防固体异物、防水和防潮

14.1 防固体异物

开关按制造厂说明安装和使用时，应具有标明的防固体异物的防护等级，如GB 4208—2008中5.2的规定。

通过GB 4208规定的相应试验来检验。

取下易拆卸零件，如果开关所标明的防固体异物防护等级取决于安装在器具内或器具上，则应恰当地安装在一个模拟器具的关闭的箱内或箱上，并且应用此模拟装配件进行试验。

对于特征数字5或6的试验按GB 4208—2008中13.4规定的第2种类型进行，试样处于制造厂声明的最不利的位置，持续试验8 h。在8 h期间，试验中试样应交替加载，即1 h通以最大额定电流和1 h断电。

对于第一位特征数字5的试验，只要满足下列条件，即认为开关符合要求：

——所有动作仍如制造厂规定的那样正常；

——端子的温升试验，除在额定电流和(25±10)℃的环境温度条件外，其余按16.2规定的条件进行试验，端子温升不超过55 K；

——符合15.3的介电强度要求，但在施加试验电压前，试样不经潮湿处理。试验电压应为15.3规定的相应试验电压的75%；

——在带电部分与接地金属、易触及金属零件或操动件之间未出现瞬间故障。

对第一位特征数字为6的试验，只要在试验结束时开关内部看不到粉尘沉积，认为防护是合乎要求的。

14.2 防水

开关按制造厂说明安装和使用时，应具有所标明的防水等级。

通过GB 4208中规定的相应试验来检验。试验时，开关按正常使用位置放置，在经受下述试验前，要将开关在(25±10)℃的温度条件下存放24 h。

然后如下开关按GB 4208进行试验：

——IPX1开关按GB 4208—2008中13.2.1试验时，泄水孔打开；

——IPX2开关按GB 4208—2008中13.2.2试验时，泄水孔打开；

——IPX3开关按GB 4208—2008中13.2.3试验时，泄水孔不打开；

——IPX4开关按GB 4208—2008中13.2.4试验时，泄水孔不打开；

——IPX5开关按GB 4208—2008中13.2.5试验时，泄水孔不打开；

——IPX6开关按GB 4208—2008中13.2.6试验时，泄水孔不打开；

——IPX7开关按GB 4208—2008中13.2.7试验时，泄水孔不打开。

在相应试验后，紧接着开关应能耐受15.3中规定的介电强度试验，观察绝缘件上应没有导致将爬电距离和电气间隙减小到第20章规定值以下的水痕。

a) 试验期间，开关应不通电。水温与开关的温度差异应不大于5 K。

b) 应拆除易拆卸零件。

c) 装有由橡胶或热塑性塑料制成的可分离的密封垫、螺纹密封盖、薄膜或其他密封材料的开关，先要在加热箱内老化，箱内空气成分和压力与环境空气一致，自然通风。

d) 无T额定值的开关放在温度为(70±2)℃的箱内，有T额定值的开关放在温度为(T+30)℃的箱中；均保持240 h。螺纹有密封盖或薄膜的开关接上第11章规定的导线。螺纹密封盖用表21规定的扭矩拧紧。外壳紧固螺钉用表20规定的扭矩拧紧。

e) 老化后，立即从加热箱内取出试样，在(25±10)℃的温度条件下放置至少16 h，避免阳光直接照射。

f) 如果开关的防水等级取决于其安装在器具内或器具上，则应恰当安装在模拟器具的关闭的箱内或箱上，并且应用此模拟装配元器件进行试验。

g) 对第2位特征数字为3和4的试验，应优先使用GB 4208规定的手持式喷头。

14.3 防潮

所有开关应能承受在正常使用中可能出现的潮湿环境。

通过本条潮湿处理以及紧接着进行15.2和15.3的试验来检验。电缆进线口(如有)和泄水孔都要打开，如果水密型开关有泄水孔，泄水孔也要打开。

a) 易拆卸零件要取下，如有必要还要与开关主体一起经受潮湿处理。

b) 潮湿处理在潮湿箱内进行，箱内空气相对湿度在91%与95%之间。在放置试样的所有地方，空气温度保持在20 ℃～30 ℃间任一合适的温度值(t)，允许波动范围±1 ℃。

c) 试样放入潮湿箱前，其温度要达到t与(t+4)℃之间

试样在箱内保存96 h。

d) 潮湿处理后，紧接着在潮湿箱内，或在使试样达到上述温度的室内，重新装配好易拆卸零件，立即进行15.2和15.3的试验。

开关不应出现任何会有损于符合本部分的损伤。

注1：大多数情况下，在潮湿处理前将试样放置在规定的温度环境中至少4 h，即可达到该温度。

注2：为了使潮湿箱内达到规定条件，必须保证箱内空气不断循环，一般还要使用隔热的潮湿箱。

15 绝缘电阻和介电强度

15.1 开关应具有足够的绝缘电阻和介电强度。

通过在14.3的试验后紧接着进行15.2和15.3的试验来检验。

表12的试验电压施加在：

——工作绝缘：开关的不同极之间。为此，每个极的全部零件连接在一起；

——基本绝缘：连接在一起的全部带电零件与覆盖在基本绝缘易触及外表面上的金属箔以及与基本绝缘接触的易触及金属零件之间；

——双重绝缘：连接在一起的全部带电零件与覆盖在基本绝缘的通常不易触及的外表面上的金属箔以及不易触及的金属零件之间，然后在覆盖在附加绝缘的通常不易触及的内表面上、并与不易触及的金属零件连接的金属箔，与覆盖在附加绝缘易触及外表面上，并与易触及金属零件连接的金属箔之间；

——加强绝缘：连在一起的全部带电零件与覆盖在加强绝缘的易触及外表面上的金属以及易触及金属零件之间；

——触头：开关每个极的分开触头之间。

金属箔不要压入孔隙，但要用标准试指将其推入拐角空隙处或类似部位。

如果基本绝缘和附加绝缘不可能被分别试验，则所提供的绝缘应经受为加强绝缘规定的试验电压。

对于电子开关，对完全断开和微断开的试验，仅在具有与半导体开关器件串联的机械开关装置的电子开关上进行。

对于电子开关，保护阻抗两端和由元件相互连接起来的极间不进行试验。

15.2 测量绝缘电阻时施加约500 V直流电压，在电压施加1 min后测量。

绝缘电阻应不小于表11规定值。

表11 最小绝缘电阻

被测绝缘	绝缘电阻 MΩ
工作绝缘	2
基本绝缘	2
附加绝缘	5
加强绝缘	7

注：如陶瓷之类材料被认为具有足够的绝缘电阻，不经受绝缘电阻试验。

15.3 绝缘承受频率为50 Hz或60 Hz的实际正弦波形电压，试验电压应在5 s时间内从0 V均匀地上升到表12规定值，并保持该值5 s。

不应出现闪络或击穿。放电可忽略不计。

表12 介电强度

被试绝缘 或 电气断开点之间[2)]	试验电压(方均根值)[1)] 额定电压(U_N) V			
	$U_N \leqslant 50$	$50 < U_N \leqslant 130$	$130 < U_N \leqslant 250$	$250 < U_N \leqslant 480$
工作绝缘[3)]	500	1 300	1 500	1 500
基本绝缘[4)]	500	1 300	1 500	1 500
附加绝缘[4)]		1 300	1 500	1 500

表 12（续）

被试绝缘或电气断开点之间[2]	试验电压(方均根值)[1] 额定电压(U_N) V			
	$U_N \leqslant 50$	$50 < U_N \leqslant 130$	$130 < U_N \leqslant 250$	$250 < U_N \leqslant 480$
加强绝缘[4)5)]	500	2 600	3 000	3 000
电子断开	100	400	500	700
微断开	100	400	500	700
完全断开	500	1 300	1 500	1 500

注 1：不大于 50V：按 GB/T 17045 定义，不直接接到供电电网，预期不遭受暂态过电压。

注 2：大于 50 V：试验电压值基于 GB/T 17045。

——对于工作绝缘、基本绝缘、附加绝缘和完全断开，此值由公式：$U_N+1\ 200$ 计算并圆整得出。

——对于微断开和电子断开，此值由公式：U_N+250 V 计算并圆整得出。

注 3：本部分中，所考虑的相线与中线间的最高电压为 $U_N=300$ V。

1） 试验用的高压变压器应设计成：输出电压调节到试验电压后，输出端子短路时，输出电流至少为 200 mA。当输出电流小于 100 mA 时，过流继电器应不脱扣。注意：测得的试验电压方均根值偏差在±3%内。

2） 有可能使本试验不能实施的特殊元件，如氖灯、线圈、绕组和电容器等，可视被试绝缘情况，或断开其一极，或短接。如果在用于第 16 章和第 17 章试验的试样上无法进行 15.3 的试验时，试验应在附加试样上进行。附加试样可以是省略了相应元件的专用试样。

3） 极间绝缘就是一个例子（见定义 3.7.5）。

4） 对基本绝缘、附加绝缘和加强绝缘试验时，将所有带电部分连接在一起，并保证所有活动零件处于最不利位置。

5） 对兼有加强绝缘和双重绝缘的开关务必注意施加在加强绝缘上的电压不会使双重绝缘中的基本绝缘或附加绝缘受到过度电压。

16 发热

16.1 一般要求

开关在正常使用时达到的温度不应过高，在正常使用中的最大额定电流或制造厂说明的等效发热电流以及开关额定温度下运行时，所采用的材料不应对开关的性能产生有害影响。

16.2 触头与端子

16.2.1 开关触头和端子的材料和结构应不会由于其氧化或其他劣化而对开关的操作和性能产生不利影响。

16.2.2 通过观察以及下述试验来检验。

试验如下进行：

a） 对连接非制备导线的端子接以长度最短为 1 m（除非制造厂规定长度在 1 m 以下）、具有表 4 规定的中间或制造厂规定的截面积的导线。

b） 对连接制备导线的端子接以长度为 1 m 或 1 m 以下（如果制造厂这样规定）、具有制造厂规定的相应截面积的导线。

c） 用表 20 相应栏目中规定值的 2/3 扭矩拧紧端子螺钉和/或螺母。

d） 自动复位开关的操动件固定在规定的“接通”位置。

e） 对配有无螺纹端子的开关，应保证按第 11 章规定将导线正确地接到端子上。

f) 开关同时接通的各极可以用导线串联，两极之间的导线长度，除非制造厂规定小于1 m，否则应为1 m。

g) 将开关按制造厂规定方式安装或放置在无强迫对流的合适的加热箱或冷冻箱内，或在自由通风的环境温度条件下试验。

注1：如果强迫对流不影响试样，则允许使用有强迫对流的试验箱。

注2：电子开关不必放在加热箱或冷冻箱内。

h) T额定值不大于55 ℃的开关在温度为(25±10)℃的环境中试验。T额定值大于55 ℃的开关在无强迫对流的加热箱内试验，箱内温度提高到开关T额定值，并维持在(T±5)℃或T±0.05T，取其中范围大的。

对于仅局部适用于额定环境温度高于55 ℃的开关，当按制造厂规定要求安装时，那些可触及部分应处于不高于55 ℃的环境温度中。

i) 测量安放试样处的空气温度时，应尽可能靠近试样所占空间的中心，距离试样约50 mm。

j) 试验电路如图18所示。在开关A闭合状态下调整负载。

试样在无电流流通的状态下作20个操作循环。将操动件停留在最不利的"接通"位置，开关加以电阻性负载最大额定电流1.06倍的负载。如果有多个"接通"位置，则应在最不利的那个位置上进行考核。试验电路可以采用任何方便的交流电压或直流电压，交流开关和无极性的直流开关，用直流电压进行试验时，两个极性都应试验，取两次温升值的平均值。

属7.1.13.4.1～7.1.13.4.5分类的多向开关按17.2.1.1规定的会产生最大发热的负载加载。

划分特定负载开关的各独立负载应遵照制造厂文件规定。

k) 试验期间(除触头以及与之有关联的载流件外)可能发热或影响端子温度的元件不通电。这些元件应从电路上断开，或选择合适试验电压以保证其发热影响最小。

l) 试验电流[1]至少维持1 h，或维持到端子温度稳定。当每隔5 min读取的连续3个续数变化不大于±2 ℃时，即认为温度稳定。

注：试验期间，注意试验电流需保持稳定。

m) 端子温度用细丝热电偶测量，热电偶应放置得对被测温度影响极小，可忽略不计。测量点要设置在端子上，尽可能靠近开关壳体。热电偶如不可能直接置于端子上，也允许置在导线上，但应尽可能靠近开关。

n) 端子的温升不应超过45 K。

o) 对于电子开关，补充下列试验条件：

——对与半导体开关器件串联的电气触头的试验，半导体开关器件要短接；

——软线开关应以正常方式放置在暗黑色涂漆的胶合板上试验；

——如果开关具有一个与半导体开关器件并联的机械触头，则测量在触头闭合之前那一刻的温升。或者改用另一种方法，即开关温升可在专门制作的试样上测量：

- 属7.1.17.1、7.1.17.2和7.1.17.4分类的开关用电阻性负载按上述a)～n)项进行试验；
- 适用于实际使用的特定试验条件的开关(见7.1.17.3)在器具内或与器具一起试验。

16.3 其他零件

16.3.1 开关其他零件达到的温度不应过高，以免在正常使用中损害开关的性能或操作，或危及使用者和/或开关邻近环境。

16.3.2 对机械式开关，通过下述试验来检验。

a) 开关按制造厂说明安装，按16.2.2规定接上导线并通以试验电流，并增加所有开关最高额定

---

1) IEC 61058-1:2000中此处为最大额定电流，而实际试验电流是最大额定电流的1.06倍，此处似用试验电流为宜。

温度条件下进行试验的要求。

b) 对于仅局部适用于高于 55 ℃额定环境温度的开关，那些按制造厂说明安装后易触及的零件应处于不高于 55℃的温度环境中。

c) 试验设备的金属安装表面的温度应介于 T 与 20 ℃之间。

d) 开关中若装有其他热源，则这些热源的电路应具有所说明的最大功率，并且其所接的电源电压，应选用 0.94～1.06 倍额定电压中产生热量最大者。

注：这类热源的例子有：白炽灯和配有电阻器的放电灯等。

e) 表 13 列出的开关零件和(或)表面的温度用细丝热电偶或其他等效器件测定，其选择和放置应尽量减少对被测温度的影响。

f) 测定表面温度用的热电偶附着于直径为 5 mm，厚为 0.8 mm 涂黑的铜或黄铜圆盘背面。圆盘要尽可能安放在被测表面上的正常使用时温度可能最高的部位。

g) 测定操动件温度时，必须考虑到所有在正常使用中握持的部分以及与热金属接触的非金属部分。

h) 试验期间，温度应不超过表 13 规定值。

注：表 13 的温度限值依据 GB 4706.1 中的规定值，因为这些限值尚在研究中，将有必要重新审查这些限值。

16.3.3 对于电子开关，通过下述试验来检验。

a) 电子开关应按制造厂说明安装并根据表 4 接上导线，在最高额定温度条件下进行试验。

试验电路见图 18。开关 A 处于闭合状态时，在额定电压下调整负载。

试验时，电子开关应触发。电子开关处于最不利的"接通"位置。如果有多个"接通"位置，则应在最不利的那个"接通"位置上进行考核。

如果开关有一个与半导体开关器件并联的机械触头，则记录下在触头闭合前那一刻位置时的温度。

试验期间，电压应选用 0.94～1.06 倍额定电压中产生热量最大者。

在用等效发热电流试验期间，选择一个或几个参考点，并记录其温度。

注 1：温度记录数据可用来与在最大电流和冷却条件下实际使用中的发热试验进行对比。

负载条件如下：

——对未标明等效发热电流的电子开关，以额定电流和额定工作制进行试验；

——对制造厂标明等效发热电流的电子开关，以规定的等效发热电流和工作制进行试验；

——对用于特定实际使用的电子开关，在器具内或与器具一起进行试验。

注 2：在实际使用存在的冷却条件下，以实际使用的满载电流及其额定工作制，所产生的热量不宜高于以等效发热电流进行试验期间所记录的值。

注 3：有关合适的参考点(例如金属散热器，与散热器有关的绝缘材料)的资料可由制造厂指出。

b) 对于仅局部适用于高于 35 ℃或 55 ℃的额定环境温度的电子开关(属 7.1.3.4 或 7.1.3.1 分类)，电子开关按制造厂说明安装后易触及的那些零件应处于不高于 35 ℃或 55 ℃的温度环境中。

c) 试验设备的金属安装表面的温度应介于 T 与环境温度之间。

d) 电子开关中若装有除电子元件之外的热源，则这些热源电路应具有制造厂说明的最大功率，并且其所接电源的电压，应选用在 0.94～1.06 倍额定电压中产生热量最大者。

注：这类热源的例子有：白炽灯或配有电阻器的放电灯。

e) 表 13 列出的开关零件和表面的温度应用细丝热电偶或其他等效器件测定，其选择和放置应尽量减少对被测温度的影响。

绕组的最高温度用电阻法，计算出温升 t，再加上环境温度来确定。

铜绕组的温升由式(1)算出：

$$t=\frac{(R_2-R_1)(234.5+t_1)}{R_1}-(t_2-t_1) \quad \cdots\cdots(1)$$

式中：

t——温升；

R_1——试验开始时的电阻；

R_2——试验结束时的电阻；

t_1——试验开始时的环境温度；

t_2——试验结束时的环境温度。

试验开始时，绕组应处于环境温度。

注：试验结束时的绕组电阻建议这样确定：在开关断开后尽可能立刻测量电阻，然后再以一段段短的时间间隔测量电阻，使之能绘制出电阻对时间的曲线，用以推断出开关断开瞬间的电阻值。

f) 用以测定表面温度的热电偶附着于直径 5 mm、厚 0.8 mm 涂黑的铜或黄铜圆盘的背面，圆盘要尽可能安放在被测表面上的正常使用时温度可能最高的部位。

g) 测定操动件温度时，必须考虑到所有在正常使用中握持的部分以及与热金属接触的非金属部分。

h) 如有整定点，则整定点应调节到会出现最高温度。试验期间，开关的状态应不变，熔断器和其他保护器应不动作，表 13 第 1 栏内的允许最高温度不应被超出。

注 1：开关状态的无意识微小变化（例如相位角的双向变化）忽略不计。

注 2：试验期间，要测出为进行 21.1 的试验所必需的温度。

表 13 允许最高温度

零　　件	最高温度	
	正常条件 16.3.2 和 16.3.3 ℃	不正常条件第 23 章 ℃
不易拆卸的电缆或软线的橡皮绝缘或聚氯乙烯绝缘：		
——无 T 标志	75[1)]	T[2)]
——有 T 标志	T[2)]	T[2)]
作为附加绝缘的软线护套	60	120
用于密封垫或其他零件的、变质后会影响安全的橡胶（非合成的）：		
——用作附加绝缘或加强绝缘时	65	125
——其他情况	75	135
用作绝缘的材料（规定用于导线的除外）：		
——印制电路板	[3)]	
下列材料的模压件		
——热固性材料	[4)9)]	
——热塑性材料	[4)]	
除操动件或手柄之外的所有易触及表面	85	100

表 13（续）

零件	最高温度	
	正常条件 16.3.2 和 16.3.3 ℃	不正常条件第 23 章 ℃
仅短时握持的操动件或手柄的易触及表面：		
——金属的	60	100
——陶瓷或玻璃材料的	70	100
——模压材料或橡胶的	85	100
绝缘材料外壳内侧	5)	
绕组—耐热等级6)：		
——A 级	100	135
——E 级	115	150
——B 级	120	155
——F 级	145	180
——H 级	165	200
——200 级	185	220
——220 级	205	240
——250 级	235	270
根据表 4，非制备导线的端子和端头	80[7]	125[8]
其他导线的端子或端头	7)	125[8]

1) 该限值适用于符合相应国家标准的电缆、软线和导线，对其他电线，限值可不同。

2) 一旦有了高温电缆、软线和导线的国家标准，该限值即可采用。

3) 材料必须符合 GB/T 18381。最高允许温度不得超过该材料被证实能安全使用的温度。

4) 未规定限值。为了进行第 21 章试验，应测出材料温度。

5) 绝缘材料外壳内侧的允许温升为相应各该材料所表明的允许温升。

6) 耐热等级是考虑到平均温度与最高温度之间惯用的差值，根据 GB/T 11021 的耐热等级和扣除下列差值后得到：

A 级和 E 级………5 ℃

B 级和 F 级………10 ℃

H 级至 250 级………15 ℃

7) 除非制造厂已规定了更高的温度值，否则测出的温度不得超过 80 ℃。

8) 除非制造厂已规定了更高的温度值，否则测出的温度不得超过 125 ℃。

9) 对机械开关，最高允许温度不得超过该材料能安全使用的温度，材料应能耐受第 21 章的试验，为此测出温度。

表 14 用于电子开关的热固性材料温度

零 件	最高温度	
	正常条件 16.3.2 和 16.3.3 ℃	不正常条件第 23 章 ℃
用作绝缘的材料(规定用于导线的除外):		
三聚氰胺-甲醛、苯酚-甲醛或苯酚-糠醛树脂	135(225)[1]	145(225)[1]
尿素-甲醛树脂	115(200)[1]	125(200)[1]
下列材料的模压件:		
——带纤维填料的酚醛	110(200)[1]	165(200)[1]
——带无机填料的酚醛	125(225)[1]	185(225)[1]
——三聚氰胺-甲醛	100(175)[1]	175
——尿素甲醛	90(175)[1]	175
——玻璃纤维增强聚酯	135	185
——硅橡胶	170	225
——聚四氟乙烯	290	290
1) 如果材料与热金属接触,但不受到电气应力,则采用括号内的值。		

17 耐久性

17.1 一般要求

17.1.1 开关应能经受正常使用中出现的机械的、电气的和热的应力而无过度磨损或其他有害后果。

除电子开关外其他所有开关均按 17.1.2 的规定来检验。

电子开关按 17.1.3 的规定来检验。

注:不同的试验类型在 17.2.4 中加以规定。

17.1.2 除电子开关外,其他所有开关的试验顺序如下:

——17.2.4.3 中规定的高速条件下的试验,此试验仅适用于多极开关,且极性可变换的连接模式;

——17.2.4.2 中规定的慢速条件下的试验;

——17.2.4.1 中规定的加快速度条件下提高电压的试验,此试验不适用于属 7.1.2.9 分类的开关;

——17.2.4.9 规定的加快速度条件下电机堵转的试验,此试验仅适用于属 7.1.2.9 分类的开关;

——17.2.4.4 中规定的加快速度条件下的试验;

——17.2.4.10 中规定的极慢速条件下的试验,该试验仅适用于 13.1 提到的开关;

——按 16.2 进行的温升试验,除非温升实验在额定电流下和在(25±10)℃环境温度中进行外;

——按 15.3 进行的介电强度试验,但试样在施加试验电压前不经受潮湿处理,试验电压降为该条规定值的75%。

17.1.3 电子开关按表15规定,并根据其在7.1.17中的分类属性按下列试验条件进行试验:

——在7.1.17.1的功能试验条件下,以等效发热电流或额定电阻性电流(如未标明等效发热电流),及无强制冷却条件下进行试验;

——在7.1.17.2的模拟试验条件下,按7.1.2的负载类型和7.1.15分类的冷却条件以及表17和表18规定的试验条件进行试验;

——在7.1.17.3的实际使用特定试验条件下,在器具内或与器具一起,并以器具的冷却条件进行试验;

——在7.1.17.4的根据工作制的试验条件下,可结合模拟试验条件或实际使用特定试验条件进行试验。

注:附加的机械操作件(例如电动工具用的限速整定钮之类的操动件)不予考虑。

这些试验的电气,温度和机械条件应按17.2.1、17.2.2和17.2.3的规定。

表15 带或不带电气触头的,不同类型电子开关的电气耐久性试验

<table>
<tr><th colspan="2" rowspan="3">电子开关类型[3)]</th><th colspan="6">试验条件</th></tr>
<tr><th colspan="2">功能试验(7.1.17.1)</th><th colspan="2">模拟试验(7.1.17.2)
(表17、表18)</th><th colspan="2">实际使用的特定试验条件
(7.1.17.3)</th></tr>
<tr><th>完整开关</th><th>触头</th><th>完整开关</th><th>触头</th><th>完整开关</th><th>触头</th></tr>
<tr><td>SSD
不带电气
触头[1)]</td><td> 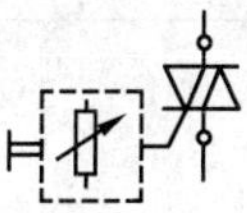</td><td>TL1
TC5,TC6,
TC8
TE1,TE3</td><td>—</td><td>TL3
TC5,TC6,
TC8
TE1,TE3</td><td>—</td><td>TL4
TC5,TC6,
TC8
TE1,TE3</td><td>—</td></tr>
<tr><td rowspan="2">SSD
带串联
触头</td><td rowspan="2"> 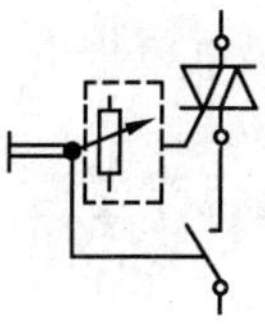</td><td rowspan="2">TL1
TC5,TC6,
TC8
TE1,TE3</td><td rowspan="2">串联触头:
TC1,TC4
TL2
TE1~TE3
SSD短路[2)]</td><td>a) TL1
TC5,TC6,
TC8
TE1,TE3</td><td>a) 串联触头:
TL3,TC1,
TC4
TE1~TE3
SSD短路[2)]</td><td rowspan="2">TL4
TC5,TC8
TE1,TE3</td><td rowspan="2">串联触头:
TC7
TL4
TE1~TE3
SSD短路[2)]</td></tr>
<tr><td>b) TL3
TC5,TC6,
TC8
TE1,TE3</td><td>b) 串联触头:
TL3,TC1,
TC7
TE1~TE3
SSD短路[2)]</td></tr>
<tr><td>SSD
带并联
触头</td><td> 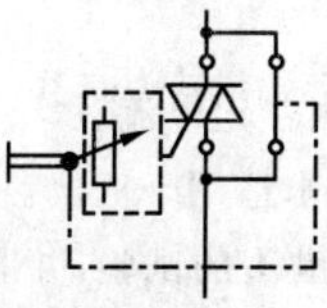</td><td>TL1
TC5,TC6,
TC8
TE1,TE3</td><td>并联触头:
TC1,TC4
TL2
TE1~TE3
SSD断开</td><td>TL3
TC5,TC6,TC8
TE1,TE3</td><td>并联触头:
TC1,TC4
TL3
TE1~TE3
SSD断开</td><td>TL4
TC5,TC8
TE1,TE3</td><td>并联触头:
TC7
TL4
TE1~TE3
SSD断开</td></tr>
</table>

表 15（续）

<table>
<tr><th colspan="2" rowspan="2">电子开关类型[3]</th><th colspan="6">试验条件</th></tr>
<tr><th colspan="2">功能试验(7.1.17.1)</th><th colspan="2">模拟试验(7.1.17.2)
(表 17、表 18)</th><th colspan="2">实际使用的特定试验条件
(7.1.17.3)</th></tr>
<tr><th colspan="2"></th><th>完整开关</th><th>触头</th><th>完整开关</th><th>触头</th><th>完整开关</th><th>触头</th></tr>
<tr><td rowspan="3">SSD
带串并联
触头</td><td rowspan="3"></td><td rowspan="3">TL1
TC5,TC6,TC8
TE1,TE3</td><td rowspan="2">串联触头：
TC1,TC4
TL2
TE1～TE3
SSD 短路[2]</td><td>a) TL1
TC5,TC6,TC8
TE1,TE3</td><td>a) 串联触头：
TL3,TC1,TC4
TE1～TE3
SSD 短路[2]</td><td rowspan="3">TL4
TC5,TC8
TE1,TE3</td><td rowspan="2">串联触头：
TC7
TL4
TE1～TE3
SSD 短路[2]</td></tr>
<tr><td rowspan="2">b) TL3
TC5,TC6,TC8
TE1,TE3</td><td>b) 串联触头：
TL3,TC1,TC7
TE1～TE3
SSD 短路[2]</td></tr>
<tr><td>并联触头：
TC1,TC4
TL2
TE1～TE3
SSD 断开</td><td>a)和 b)并联
触头：
TC1,TC7
TL3
TE1～TE3
SSD 断开</td><td>并联触头：
TC7
TL4
TE1～TE3
SSD 断开</td></tr>
</table>

TL＝试验负载类型：

TL1＝等效发热电流或最大额定电阻性电流(若未标明等效发热电流时)

TL2＝最大额定电阻性电流

TL3＝额定负载(7.1.2)

TL4＝特定负载(7.1.2.5)

TC＝试验条件类型

TC1＝加快速度条件下提高电压的试验(17.2.4.1)

TC2＝慢速条件下的试验(17.2.4.2)

TC3＝高速条件下的试验(17.2.4.3)

TC4＝加快速度条件下的试验(17.2.4.4)

TC5＝手动功能试验：以最大手动操作速度完成电子开关的全部功能 20 次(17.2.4.5)

TC6＝最小负载条件下的试验(17.2.4.6)

TC7＝试验条件按 TC4，操作循环数：1 000 或标明的操作循环数，两者中的少者(17.2.4.7)

TC8＝加快速度条件下全部操作循环数(17.2.4.8)

TE＝评定试验类型：

TE1＝功能合格(17.2.5.1)

TE2＝发热合格(17.2.5.2)

TE3＝绝缘合格(17.2.5.3)

1) SSD＝半导体开关器件。

2) 以这种方式完成短路，允许以最大额定电流设计的端子、触头和其他部件承载最大额定电流。

3) 对 SSD 和机械触头组合，当 SSD 功能和机械触头的功能各自独立时，第 1 部分要求适用于机械触头。

a)/b)试验采用 a)或 b)方法完成。同样方法将适用于完整开关和触头。带有串并联触头的试验，并联触头试验增加方法 a)或方法 b)，不要求方法 a)和方法 b)都进行。

17.1.4 在经过规定的所有试验后，试样应满足17.2.5的要求。

17.2 电气耐久性试验

17.2.1 电气条件

17.2.1.1 开关应按表17和(或)表18的规定加载，并按照7.1.13相应的说明，按表2指定的相应电路接线。

特定负载类型的开关和(或)连接模式按制造厂的规定要求接线与加载。

不外接负载的电路和触头以其指明的负载运行。

表2中，辅助开关(A)在试验电路中作为替代物，对具有2个"接通"位置试样(S)的试验是在2组独立的试样上进行的。为进行此2组试验而与试验负载的连接，在表2中就由辅助开关A来代表。

属7.1.13.4.2～7.1.13.4.5分类的多向开关按表16加载。

表16 多向开关的试验负载

操作循环	开关位置	开关型式条目	负载
前半数操作循环	最高负载	7.1.13.4.2～7.1.13.4.5	I_R
	低一档负载	7.1.13.4.2～7.1.13.4.5	$0.8\times I_R$
	再低一档负载	7.1.13.4.5	$0.533\times I_R$
后半数操作循环	最高负载	7.1.13.4.2～7.1.13.4.5	I_R
	低一档负载	7.1.13.4.2～7.1.13.4.5	$0.5\times I_R$
	再低一档负载	7.1.13.4.5	$0.333\times I_R$

其他开关位置的负载是为实现上述规定条件所需负载而形成的负载。

对于7.1.2.7特殊灯泡负载电路，其连接与试验负载按制造厂规定，采用在室温条件下出现的最大浪涌电流。

对于属7.1.2.6分类的20 mA负载的开关，电气耐久性试验是不必要的。

注：对于特殊灯泡负载，建议试样用现场使用的负载操作，而不用人工模拟负载。为了保证每个操作循环的冷态电阻和缩短试验时间，可以对特殊灯泡负载进行强制冷却。

对于电子开关，试验电路应如图19所示。在电子开关接入电路前，制造厂说明的负载应在额定电压下预先调整好。

17.2.1.2 当规定条件为提高电压条件时，所采用的负载为在额定电压下试验所规定的负载，然后再将电压提高到1.15倍额定电压。

对于交流电容性负载试验和模拟灯泡负载试验用的试验电路，试验电压是额定电压，试验电流增加到1.15倍额定电流。

17.2.2 温度条件

17.2.2.1 对属7.1.3.2和7.1.3.4.2分类的开关进行17.2.4.4和17.2.4.7中的试验时，前半阶段试验在最高环境温度T^{+5}_{0}℃条件下进行；后半阶段在(25±10)℃条件下进行，或在最低周围空气温度T^{0}_{-5}℃条件下进行(若T低于0 ℃)。

17.2.2.2 对属7.1.3.3分类的开关进行17.2.4.4和17.2.4.7中的试验时，那些制造厂说明要在0 ℃～55 ℃温度条件下使用的零件，在整个试验期间应处于该温度范围内。

开关其余部分，在试验的前半阶段应保持在最高周围空气温度T^{+5}_{0}℃；

后半阶段的试验在(25±10)℃条件下进行，或在最低周围空气温度T^{0}_{-5}℃条件下进行(若T低于0 ℃)。

表 17　交流电气耐久性试验负载

<table>
<tr><th>按 7.1.2 分类的电路类型</th><th>触头操作</th><th>试验电压</th><th>试验电流(方均根值)</th><th>功率因数[3]</th></tr>
<tr><td>基本电阻性(属 7.1.2.1 分类)</td><td>接通与分断</td><td>额定电压</td><td>I_{R}</td><td>≥0.9</td></tr>
<tr><td rowspan="2">电阻性和/或电动机
(属 7.1.2.2 分类)</td><td>接通[2]</td><td>额定电压</td><td>$6I_{\mathrm{M}}$ 或 I_{R}[1]</td><td>0.60(+0.05)≥0.9</td></tr>
<tr><td>分断</td><td>额定电压</td><td>I_{R} 或 I_{M}[1]</td><td>≥0.9
≥0.9[5]</td></tr>
<tr><td rowspan="2">功率因数不小于 0.6 的堵转电动机特殊负载电路
(属 7.1.2.9 分类)</td><td>接通</td><td>额定电压</td><td>$6I_{\mathrm{M}}$</td><td>0.60(+0.05)</td></tr>
<tr><td>分断</td><td>额定电压</td><td>$6I_{\mathrm{M}}$</td><td>0.60(+0.05)</td></tr>
<tr><td rowspan="2">感性负载电路
(属 7.1.2.8 分类)</td><td>接通[2]</td><td>额定电压</td><td>$6I_{\mathrm{l}}$</td><td>0.60(+0.05)</td></tr>
<tr><td>分断</td><td>额定电压</td><td>I_{l}</td><td>0.60(+0.05)</td></tr>
<tr><td>电阻性与电容性
(属 7.1.2.3 分类)</td><td>接通与分断</td><td colspan="3">在图 9a)所示电路中试验</td></tr>
<tr><td>钨丝灯泡负载
(属 7.1.2.4 分类)</td><td>接通与分断</td><td colspan="3">在图 9a)所示电路中试验[4]
额定电压≥110 V~,$X=16$
额定电压<110 V~,$X=10$</td></tr>
<tr><td>特殊灯泡负载电路
(属 7.1.2.7 分类)</td><td>接通与分断</td><td>额定电压</td><td colspan="2">由负载确定</td></tr>
<tr><td>特定负载
(属 7.1.2.5 分类)</td><td>接通与分断</td><td>额定电压</td><td colspan="2">由负载确定</td></tr>
<tr><td colspan="5">注:I_{l}:电感性负载电流;
I_{M}:电动机负载电流;
I_{R}:电阻性负载电流。</td></tr>
</table>

1)　取算术上大者,两者相等时,取不利者。

2)　规定的接通条件保持(50～100)ms,然后由辅助开关将其减小到规定的分断条件。

除电子开关外,对于其他所有开关,可以通过在电路中接入电阻器的方法将试验电流减小到 I_{R}。在将试验电流减小到 I_{R} 期间,允许试验电流短时间中断,中断时间不超过(50～100)ms。

对于电子开关,应在不使模拟的感性负载电路开路的情况下将试验电流减小到分断电流,以保证不产生不正常暂态电压。

达到这一要求的典型方法示于图 19。

3)　电阻器与电抗器不并联;但如果采用空心电抗器,则可与电阻器并联,电阻器中流过的电流约为电抗器中电流的 1%。铁芯电抗器可以采用,但电流应具有实际正弦波形。三相试验时,采用三芯电抗器。

4)　在用钨丝灯泡进行试验的场合,下列试验条件适用:

——比值应达到 $X=16$ 或 $X=10$;

——每个操作循环都应确保灯泡的冷态电阻;

——负载电路内的连接电阻(例如灯座)应保持不变;

——每个操作循环都应保证组成负载的灯泡的正常功能。

5)　按图 18 用以试验电子开关的试验电路应是基本电阻性的。

表 18 直流电气耐久性试验负载

<table>
<tr><th>接 7.1.2 分类的电路类型</th><th>触头操作</th><th>试验电压</th><th>试验电流</th><th>时间常数</th></tr>
<tr><td>基本电阻性负载</td><td>接通与分断</td><td>额定电压</td><td>I_R</td><td>L/R<1.15 ms</td></tr>
<tr><td>钨丝灯负载
(属 7.1.2.4 分类)</td><td>接通与分断</td><td colspan="3">在图 9b)所示电路中试验
额定电压≥110 V DC,X=16
额定电压<110 V DC,X=10[1)]</td></tr>
<tr><td>电阻性与与电容性负载
(属 7.1.2.3 分类)</td><td>接通与分断</td><td colspan="3">在图 9b)所示电路中试验</td></tr>
<tr><td>特殊灯泡负载电路
(属 7.1.2.7 分类)</td><td>接通与分断</td><td>额定电压</td><td colspan="2">由负载确定</td></tr>
<tr><td>特定负载
(属 7.1.2.5 分类)</td><td>接通与分断</td><td>额定电压</td><td colspan="2">由负载确定</td></tr>
<tr><td colspan="5">注：I_R:电阻性负载电流。</td></tr>
<tr><td colspan="5">1) 在用钨丝灯泡进行试验的场合,下列试验条件适用：
——比值应达到 X=16 或 X=10；
——每个操作循环都应确保灯泡的冷态电阻；
——负载电路内的连接电阻(例如灯座)应保持不变；
——每个操作循环都应保证组成负载的灯泡的正常功能。</td></tr>
</table>

17.2.3 手动和机械条件

17.2.3.1 开关可由手动或模拟正常驱动配置的合适的设备,通过操动件来操作。

操作循环的操作速度应如下：

对除电子开关以外的其他开关的试验：

a) 慢速条件下试验时：
——对旋转驱动,操作角≤45°时,约 9°/s；
——对旋转驱动,操作角>45°时,约 18°/s；
——对线性驱动,约 20 mm/s。

b) 高速条件下试验时,应用手尽可能快地驱动操动件。如果开关正常交货时是不带操动件的,则为此试验,制造厂应提供合适的操动件。

c) 加快速度条件下试验时：
——对旋转驱动,操动角≤45°时,约 45°/s；
——对旋转驱动,操作角>45°时,约 90°/s；
——对线性驱动,约 80 mm/s。

对电子开关的试验：

a) 慢速条件下试验时：
——对旋转动作,约 9°/s；
——对线性动作,约 5 mm/s。

b) 高速试验时,应用手尽可能快地驱动操动件。如果开关交货时是不带操动件的,则为此试验,制造厂应提供合适的操动件。

c) 加快速度条件下试验时：
——对旋转动作,约 45°/s；
——对线性动作,约 25 mm/s。

17.2.3.2 对自动复位开关，操动件应驱动到行程的对向极限位置。

17.2.3.3 慢速条件下试验期间，务必注意试验设备恰好带动操动件，在试验设备与操动件之间不应有明显的间隙。

17.2.3.4 加快速度条件下试验期间。

a) 务必保证试验设备能让操动件顺畅操作，不致妨碍开关机构的正常动作；

b) 对于两个方向上旋转都不受限制的旋转开关，进行本项试验，总操作循环数的3/4按顺时针方向，另外1/4按逆时针方向；

c) 对于只能朝一个方向旋转的旋转开关，如果用朝设计方向旋转所需力矩不可能反向转动操动件，试验就应按设计方向进行；

d) 试验期间不应另加润滑剂；

e) 作用到操动件终端止动件上的力不得超过制造厂为旋转驱动和线性驱动所规定的值(如有)，试验期间，操动件应驱动到制造厂规定的全行程。

17.2.3.4.1 除了17.2.4.9中规定的堵转试验和按图9a)和图9b)进行的电容性和模拟灯泡负载试验外，只要设计上许可，开关均按下列频率操作：

——额定电流不大于10 A的开关，为每分钟30次操作；

——额定电流大于10 A但小于25 A的开关，为每分钟15次操作；

——额定电流等于或大于25 A的开关，为每分钟7.5次操作。

每个操作循环中，“接通”时间约占25%，“断开”时间约占75%。

对按7.1.13.2.3，7.1.13.2.5，7.1.13.2.7和7.1.13.2.9分类的开关，“接通”时间约占50%。

17.2.3.4.2 对按图9a)和图9b)进行的电容性和模拟灯泡负载试验，开关以“接通”2 s、“断开”15 s的频率操作。

17.2.3.4.3 对电动机堵转试验而言，开关以“接通”1 s、“断开”30 s的频率操作。

17.2.4 试验条件类型(TC)

17.2.4.1 加快速度条件下提高电压的试验(TC1)

电气条件为17.2.1中对提高电压规定的条件。

操作方式按17.2.3中对加快速度试验的规定。

操作循环数为100。

17.2.4.2 慢速条件下的试验(TC2)

电气条件按17.2.1中的规定。

操作方式按17.2.3中对慢速试验的规定。

操作循环数为100。

17.2.4.3 高速条件下的试验(TC3)

本试验仅适用于多极的且出现极性变换的开关。

电气条件按17.2.1中的规定。

操作方式按17.2.3中对高速试验的规定。

操作循环数为100。

17.2.4.4 加快速度条件下的试验(TC4)

除电子开关外，所有其他开关的电气条件按17.2.1中的规定。

电子开关的电气条件按表15中的规定。

温度条件按17.2.2中的规定。

操作循环数为按7.1.4制造厂标明的数减去在17.2.4.1、17.2.4.2和17.2.4.3试验期间实际进行的操作循环数。

属7.1.13.4.2～7.1.13.4.5分类的开关的总操作次数应不大于200 000次。

操作方式按 17.2.3 中对加快速度试验的规定。

17.2.4.5 **手动功能试验(TC5)**

组装在电子开关内的半导体开关器件,包括其电子控制元件,要经受下述功能试验。

在额定电压下,对电子开关加以等效发热电流负载,若未标明等效发热电流,则加以最大额定电阻性电流负载,直至温度达到稳定状态。

以最大额定电阻性电流进行试验时,将电压再升高至 1.1 倍额定电压,再让其达到稳定。

用开关的操动件,以尽可能最快的频率,在整个操作范围内,从最小位置到最大位置再返回最小位置,开关这样操作 20 次。

试验期间和试验后,试样应正确地工作。

17.2.4.6 **最小负载条件下的功能试验(TC6)**

对于制造厂规定了最小负载或最小电流的电子开关,另外还要在 0.9 倍额定电压下以规定的最小负载或最小电流试验其特性。

用开关的操动件在整个操作范围内,从最小位置到最大位置,再返回最小位置,开关这样操作 10 次。

另外,对有遥控器的开关,还要用遥控器在整个操作范围内,从最小位置到最大位置,再返回最小位置,这样操作 10 次。

试验期间和试验后,试样应正确地工作。

17.2.4.7 **限定操作次数的试验(TC7)**

电气条件按表 15 中的规定。

温度条件按 17.2.2 中的规定。

操作循环数为 1 000 或制造厂标明的循环数两者中的小者。

操作方式按 17.2.3 中对加快速度试验的规定。

17.2.4.8 **耐久性试验(TC8)**

在加快速度条件下以表 15 规定的电气条件进行全数操作循环的试验。

17.2.4.9 **堵转试验(TC9)**

对于属 7.1.2.9 分类的开关,接通与分断所采用的试验负载条件为电阻性与(或)电动机负载的接通试验负载条件,规定的电流为 $6I_M$,功率因数为 0.6。

注:试验模拟电动机的堵转条件。

操作方式按 17.2.3 中对加快速度试验的规定。

操作循环数为 50。

17.2.4.10 **极慢速条件下的试验(TC10)**

电气条件按 17.2.1 中的规定。

通过一个用来模拟正常驱动的适当设备来操动开关的操动件。

每个操作循环中的驱动速度(适用于机械开关)应按如下规定:

——对旋转驱动,约 1°/s;

——对线性驱动,约 0,5 mm/s。

操作循环数为 100。

17.2.5 **合格评定**

17.2.5.1 **功能合格(TE1)**

在进行了 17.2.4 的全部相应试验后,如果:

——所有操作功能如制造厂说明的那样有效;

——电气联接件或机械联接件不出现松动;

——密封胶应不致流动达到露出带电部分的程度。

即认为开关符合要求。

17.2.5.2 发热合格(TE2)

在进行了 17.2.4 的全部相应试验后,按 16.2 规定,但通以额定电流,环境温度为(25±10)℃的条件进行端子的温升试验,如果端子温升不超过 55 K,即认为开关符合要求。

17.2.5.3 绝缘合格(TE3)

在进行了 17.2.4 的全部相应试验后,如果:

——除了试样在施加试验电压前不经受潮湿处理外,15.3 的介电强度要求适用,试验电压为 15.3 中规定值的 75%;

——在带电部分与接地金属、易触及金属零件或操动件之间未出现瞬间故障的迹象。

即认为开关符合要求。

18 机械强度

18.1 开关应具有足够的机械强度,其结构应能承受在正常使用中预料得到的粗率操作。

用于Ⅰ类器具的开关和用于Ⅱ类器具的开关的操动件易触及部分应具有足够的机械强度,或者即使操动件破损,仍能保持足够的防触电保护。

通过按顺序进行 18.2、18.3 和 18.4 中相应试验来检验。

18.2 用 IEC 60068 规定的弹簧驱动冲击试验器对开关作冲击检验。

用冲击试验器对操动件和开关按正常使用方式安装后易触及的所有表面进行试验。

附装开关安装在图 11 所示的试验装置上。对按 7.1.3.2 分类的环境温度低于 0 ℃的开关,试验在 $T_{-5}^{\ 0}$℃的最低环境温度中进行。

按制造厂的说明安装后只有操动件可触及的开关,应固定到图 11 所示的金属板上,使开关处于金属板与胶合板之间。

将冲击试验器校正到提供(0.5±0.04)Nm 的能量,对包括操动件在内的所有易触及表面,以垂直于被试部位表面的方向施加冲击。脚踏开关应经受同样试验,但冲击试验提供的能量要校正到(1.0±0.05)Nm。

对所有这类表面上每个可能的薄弱部位各施加 3 次冲击。

必须注意对某一部位的 3 次冲击不要影响其后各次冲击的结果。如果怀疑某一部位产生的缺陷是由于受先前冲击的影响,则可不计该缺陷,而另用一新试样,在同一部位上施加 3 次冲击,该新试样应能经得起试验。

脚踏开关另外还需经受下述试验:开关按正常使用方式安装在水平的面板内,露出操动件,通过一块直径为 50 mm 的圆钢板对开关施加力,在 1 min 内从开始的约 250 N 持续增长到 750 N,然后维持该值 1 min。该力仅施加一次。

试验后,开关应仍符合第 9 章、第 13 章、第 15 章 和第 20 章的要求。绝缘衬垫、隔层等不应松动;易拆卸零件和其他外部零件(如盖板等)仍能取下和更换而不需破坏这些零件或其绝缘衬垫。

操动件应仍能正常动作,提供相应的断开。

如有怀疑,按 15.3 的规定,对附加绝缘或加强绝缘进行介电强度试验。

表面粗糙度的损伤,不致使爬电距离或电气间隙减小到第 20 章规定值以下的微小凹痕,以及不影响防触电保护或防水等级的细小缺口均可忽略不计。肉眼看不出的裂痕和在纤维增强模制件等上的表面裂痕也不予考虑。如果装饰性罩盖衬有内盖,而在取下装饰性罩盖后,内盖能承受本条试验,则装饰性罩盖的开裂也可忽略不计。

18.3 拉线开关还需另外进行下述拉力试验:开关按制造厂规定安装,拉线受到一个平稳施加的拉力,先朝正常方向拉 1 min,然后朝偏离正常方向不超过 45°角的方向拉 1 min。拉力最小值应如表 19 的规定,或为正常操动力的 3 倍(选用两者中大的)。

表 19 拉力最小值

额定电流 A	拉力 N	
	正常方向	偏离正常方向 45°
不大于 4	50	25
大于 4	100	50

试验后，开关不应呈现不符合本部分的损伤。

18.4 装有操动件的开关或规定要配装操动件的开关应进行下述试验：

首先对操动件施加拉力 1 min，试图拉脱操动件。

施加的拉力通常为 15 N，但是对正常使用中要拉动的操动件，拉力增大到 30 N。

然后，对所有操动件施加 30 N 推力，历时 1 min。

试验期间，允许操动件在传动机构上有所移动，但这种移动不会导致开关位置的指示不正确。

在拉、推两项试验后，试样都不应呈现有损于符合本部分的损伤。

如果开关规定要有操动件，但交付检验时却没有，则要用 30 N 的拉力和推力施加到传动机构上。

除了自硬性胶粘剂外，其他胶粘剂均认为不足以防止操动件松脱。

19 螺钉、载流件和联接件

19.1 电气联接件的一般要求

除了陶瓷、纯云母以及其他具有同样合适特征的绝缘材料外，电气联接件的接触压力不应通过绝缘材料传递，但是，如果有直观证据证明绝缘材料任何可能的收缩或变形可由金属零件的足够弹性所补偿，则可通过绝缘传递接触压力。

a) 材料是否合适，根据开关在适用温度范围内其尺寸是否稳定而定；

b) 本要求不适用于连接指示灯的、或电路电流不大于 20 mA 的开关内部联接件。

通过观察来检验。

19.2 螺纹联接件

19.2.1 电气的和非电气的螺纹联接件应能承受正常使用中产生的机械应力。

19.2.2 传递接触压力的螺钉应旋入金属螺纹中，这类螺钉不应由软的或易于蠕变的金属(如锌或铝)制成。

19.2.3 安装开关时会拧动的机械联接件不应使用自攻螺钉或自切螺钉，除非这些螺钉上是装有规定与螺钉嵌在一起的零件。此外，安装时要拧动的自切螺钉应与开关相关零件锁定。

19.2.4 除非能将所联接的载流件相互直接接触并夹紧，并且提供合适的锁紧措施，否则就不应采用自攻(金属薄板)螺钉来联接载流件。除非能产生符合国家标准的螺纹或等效螺纹，否则自切(自攻螺纹)螺钉不应用作载流件的电气联接件。无论如何，如果这类螺钉有可能被使用者或安装者拧动，就不应使用，但螺纹是由挤压成型的除外。

目前，暂时认为 SI、BA 和统一标准螺纹是与国家标准螺纹等效的。

通过观察来检验，对开关安装和接线时有可能拧动的螺钉和螺母还通过下述试验来检验。

将螺钉或螺母拧紧和松开：

——10 次，对旋入绝缘材料的螺钉；

——5 次，对其他情况。

与按钮或扳钮同轴的螺母要拧紧和松开各 5 次。如果螺纹都是绝缘材料的，则扭矩为 0.8 Nm；如果螺纹是金属的，则扭矩为 1.8 Nm。

与绝缘材料螺纹旋合的螺钉每次要完全旋出后再重新旋入。在试验端子的螺钉和螺母时，要将具有第 11 章规定截面积的导线放入端子。对于不是连接电源电缆或软线的端子或导线截面积不大于 6 mm^2时，导线用实芯硬线；对于其他情况，导线用绞合硬线。

对于连接电源电缆或软线用的端子，导线应具有规定的最大截面积。

用合适的试验用螺钉旋具或扳手将螺钉或螺母拧紧和松开。除非另有规定，否则拧紧时施加的扭矩应等于表 20 相应栏目内的规定值。

表 20 扭矩值

螺纹公称直径 mm		扭矩 Nm				
大于	至	Ⅰ	Ⅱ	Ⅲ	Ⅳ	Ⅴ
—	1.6	0.05	—	0.1	0.1	—
1.6	2.0	0.10	—	0.2	0.2	—
2.0	2.8	0.2	—	0.4	0.4	—
2.8	3.0	0.25	—	0.5	0.5	—
3.0	3.2	0.3	—	0.6	0.6	—
3.2	3.6	0.4	—	0.8	0.8	—
3.6	4.1	0.7	1.2	1.2	1.2	1.2
4.1	4.7	0.8	1.2	1.8	1.8	1.8
4.7	5.3	0.8	1.4	2.0	2.0	2.0
5.3	6	—	1.8	2.5	3.0	3.0
6	8	—	2.5	3.5	6.0	4.0
8	10	—	3.5	4.0	10.0	6.0
10	12	—	4.0	—	—	8.0
12	15	—	5.0	—	—	10.0

螺钉或螺母每拧松一次，导线要移动一下。

第Ⅰ栏适用于拧紧后不突出孔外的无头螺钉以及其他不能用刀头宽度比螺钉直径大的螺钉旋具拧紧的螺钉；

第Ⅱ栏适用于螺钉旋具拧紧的套筒式端子上的盖形螺母；

第Ⅲ栏适用于用螺钉旋具拧紧的其他螺钉；

第Ⅳ栏适用于不是用螺钉旋具拧紧的螺钉和螺母(套筒式端子的螺母除外)；

第Ⅴ栏适用于不是用螺钉旋具拧紧的套筒式端子的螺母。

对于开槽六角头螺钉，如果第Ⅲ栏和第Ⅳ栏内数值不同，则试验要进行 2 次：先对六角头施加第Ⅳ栏内规定的扭矩，再对另一组试样用螺钉旋具施加第Ⅲ栏规定的扭矩。如果第Ⅲ栏和第Ⅳ栏内数值相同，则仅用螺钉旋具进行试验。

试验期间，端子应不松动；不应有诸如螺钉断裂和螺钉头部的槽、螺纹、垫圈或 U 形卡的损伤等可能会影响螺纹联接件继续使用的损伤。

套筒式端子的公称直径是指开槽螺柱的公称直径。

试验用的螺钉旋具刀头形状必须适合被试螺钉头。试验时螺钉和螺母不应猛然拧紧。

注：开关安装和接线时可能被拧动的螺钉、螺母包括端子螺钉、螺母和盖的紧固螺钉等。

19.2.5 有螺纹密封盖的开关应进行下述试验。

螺纹密封盖配装一金属圆棒，棒的直径比密封圈内径略小，是与该内径最接近的、以毫米为单位的整数值。用合适的扳手将密封盖拧紧，施加在扳手上的扭矩如表 21 所示，历时 1 min。

表 21　螺纹密封盖用扭矩值

试棒直径 mm		扭矩 Nm	
大于	至	金属密封盖	绝缘材料密封盖
—	14	6.25	3.75
14	20	7.5	5.0
20	—	10.0	7.5

试验后，密封盖和试样外壳均不应呈现本部分涵义的损伤。

19.2.6　开关安装或接线时要拧动的螺钉应保证能正确地导入螺孔或螺母中。

只要能防止螺钉以歪斜状态旋入，即认为满足了正确导入的要求，例如：靠待紧固件来导引螺钉；在内螺纹中开出环槽；采用前端去掉螺纹的螺钉等。

通过观察和手试来检验。

19.2.7　如果在开关不同零件间作机械联接用的螺钉又是载流的，则应予锁定，防止松动。如果用于载流联接的铆钉在正常使用中承受扭矩，则也应固定，防止松动。

通过观察和手试来检验。

弹簧垫圈可提供良好的锁定。对铆钉而言，非圆柱形铆钉杆或一个适当的切口即足以使铆钉固定。

受热即软的密封胶只对正常使用时不承受扭矩的螺纹联接提供良好的锁定。

19.2.8　夹紧导线用的螺钉和螺母应具有符合国家标准的螺纹，或在螺距和机械强度方面与之相差不大的螺纹。

通过观察和 19.2 的试验来检验。

目前，暂时认为公制 ISO 螺纹以及 SI、BA 和 UN 螺纹是在螺距和机械强度方面与国家标准螺纹相差不大的螺纹。

19.3　载流件

在开关所处条件下，载流件和接地通路中的零件应具有足够的机械强度和耐腐蚀性能。

端子的弹簧、弹性零件、夹紧螺钉等不认为是主要供载流用的零件。

在允许的温度范围内以及在正常的化学污染环境中使用时，耐腐蚀的金属举例如下：

——铜；

——对冷加工零件，含铜量至少 58%的铜合金，对其他零件，含铜量至少 50%的铜合金；

——含铬量不少于 13%，含碳量不大于 0.09%的不锈钢；

——镀锌层符合 GB/T 9799 的钢，其镀层厚度至少为：

- 5 μm，使用条件 1(对无防护开关)；
- 12 μm，使用条件 2(对防护等级为 IPX1～IPX4 的开关)；
- 25 μm，使用条件 3(对防护等级为 IPX5～IPX7 的开关)；

——镍加铬镀层符合 GB/T 9797 的钢，其镀层厚度至少为：

- 20 μm，使用条件 2(对无防护开关)；
- 30 μm，使用条件 3(对防护等级为 IPX1～IPX4 的开关)；
- 40 μm，使用条件 4(对防护等级为 IPX5～IPX7 的开关)；

——锡镀层符合 GB/T 12599 的钢，其镀层厚度至少为：

- 12 μm，使用条件 2(对无防护开关)；
- 20 μm，使用条件 3(对防护等级为 IPX1～IPX4 的开关)；
- 30 μm，使用条件 4(对防护等级为 IPX5～IPX7 的开关)。

可能遭受电弧或机械磨损的零件不应由有镀层的钢制成。

通过观察来检验,必要时通过化学分析检验。

注 1:本要求不适用于转换和滑动的触头。

注 2:本要求不适用于承载电流不大于 20 mA 的载流件。

20 电气间隙、爬电距离、固体绝缘和硬印制电路板部件的涂敷层

开关的结构应使其电气间隙、爬电距离、固体绝缘和硬印制电路板部件的涂敷层在考虑环境影响因素后应足以承受在开关预期寿命期内可能出现的电气的、机械的和热的应力。

电气间隙、爬电距离、固体绝缘和硬印制电路板部件的涂敷层应符合 20.1~20.4 相应条款。

注:本要求和试验是以 GB/T 16935.1 和 IEC 60664-3 为基础的。

20.1 电气间隙

电气间隙的大小应能耐受制造厂按 7.1.10 所规定的额定脉冲电压,这是在考虑了附录 K 列出的额定电压与过电压类别以及制造厂按 7.1.6 所规定的污染等级的因素后确定的。

为了测量电气间隙:

——取下易拆卸零件,把装配在不同方位的活动零件置于最不利位置。

注 1:活动零件例如六角螺母,其方位在整个装配过程中是不可能控制的。

——穿透绝缘材料表面上的槽缝或开口的距离要测量到覆盖在表面上的金属箔。用 GB 4208 的试指把金属箔推入拐角和类似处,但不压入开口。

——测量时,为了力图减小电气间隙,对裸导体和易触及表面加力。

该力为:

- 2 N(对裸导体);
- 30 N(对易触及表面)。

力通过 GB 4208—2008 图 1 所示铰接试指尺寸相同的无铰接试指施加。

当按 9.1 规定探触开口时,在带电零件与金属箔之间的绝缘穿通距离应不减小到规定值以下:

注 2:电气间隙和爬电距离的测量见附录 A。

注 3:测定电气间隙的流程图列于附录 B。

20.1.1 基本绝缘的电气间隙

基本绝缘的电气间隙应不小于表 22 中列出的值。

然而,除了表 22 表脚注 5 标出的值外,其余各项可用比表中规定值更小的电气间隙,只要开关满足附录 M 的脉冲耐电压试验;但上述情况只有在零件是刚性的或是由模制件定位的,或者在结构上此距离不可能由于变形或在安装接线和正常使用期间零件移动而减小时才可采用。

通过测量来检验,必要时进行附录 M 的试验来检验。

20.1.2 工作绝缘的电气间隙

工作绝缘的电气间隙应不小于 20.1.1 中对基本绝缘的规定值。

通过测量来检验,必要时进行附录 M 的试验来检验。

20.1.3 附加绝缘的电气间隙

附加绝缘的电气间隙应不小于表 22 中列出的值。

通过测量来检验。

20.1.4 加强绝缘的电气间隙

加强绝缘的电气间隙应不小于 20.1.1 中对基本绝缘的规定值,但采用的是表 22 中高一档的额定脉冲耐电压。比表 22 中规定值更小的电气间隙是不允许的。

通过测量来检验。

表 22 基本绝缘最小电气间隙

额定脉冲耐电压[2] kV	海拔高度至 2 000 m 的空气中最小电气间隙/mm[1)7)3)]		
	污染等级 1	污染等级 2	污染等级 3
0.33	0.01	0.2[4)5)]	0.8[5)]
0.50	0.04	0.2[4)5)]	0.8[5)]
0.80	0.10	0.2[4)5)]	0.8[5)]
1.5	0.5	0.5	0.8[5)]
2.5	1.5	1.5	1.5
4.0	3	3	3
6[6)]	5.5	5.5	5.5

1) 海拔高于 2 000 m 时,电气间隙应乘以附录 N 规定的海拔高度修正系数。

2) 该电压为:

——工作绝缘:电气间隙两端间预期会出现的最大脉冲电压;

——直接受到低压电网瞬时过电压或受该过电压影响的基本绝缘:开关的额定脉冲耐电压;

——其他基本绝缘:电路中可能出现的最大脉冲电压。

3) 污染等级详情见附录 L。

4) 对印制电路材料而言,污染等级 1 的值适用,除非该值应不小于 0.04 mm。

5) 最小电气间隙值宁可根据经验而不根据基本数据。

6) 该电压只有在确定额定脉冲耐电压为 4.0 kV 的加强绝缘时才适用。

7) 对硬印制电路板上的电气间隙而言,只要保证满足第 23 章要求,并且过流保护提供完全断开,则规定值并不适用。

注:表 22 中规定值等同于 GB/T 16935.1 中的值且并未增大,这是因为在开关寿命期内预计电气间隙的减小(例如由于机械磨损)极小,还因为通常器具开关的外形尺寸小。

20.1.5 断开的电气间隙

20.1.5.1 电子断开

对电子断开无电气间隙规定。

20.1.5.2 微断开

端子和端头之间的电气间隙应满足 20.1.2 的对工作绝缘的要求。

对触头开距无电气间隙规定。

其他由于开关动作而分离的载流件之间的电气间隙应等于或大于相关触头开距的实际值。但是,对于额定脉冲耐电压不小于 1.5 kV 的开关,电气间隙至少为 0.5 mm。

注:对硬印制电路板上的电气间隙,只要保证满足第 23 章的要求,并且过流保护提供完全断开,则规定值并不适用。

20.1.5.3 完全断开

完全断开的电气间隙应不小于 20.1.1 中对基本绝缘的规定值,比表 22 列出的值更小的电气间隙是不允许的。

开关内任何一极中,由于开关动作而分离的各零件之间的电气间隙,如果是由 2 处或 2 处以上断开段组成的,则认为开距是各段断开距离之和。每处断开距离应不小于规定距离的 1/3。

20.2 爬电距离

爬电距离的大小应由正常使用中预期会出现的电压,同时考虑到制造厂按 7.1.6 标明的污染等级以及材料组别的因素来确定。

为了测量：

——取下易拆卸零件，把装配在不同方位的活动零件置于最不利位置。

注1：活动零件例如六角螺母，其方位在整个装配过程中是不可能控制的。

——穿透绝缘材料表面上的槽缝或开口的距离要测量到覆盖在表面上的金属箔。

用GB 4208的试指把金属箔推入拐角和类似处，但不压入开口。

——测量时，为了力图减小爬电距离，对裸导体和易触及表面加力。

该力为：

- 2N(对裸导体)
- 30N(对易触及表面)

力通过GB 4208—2008图1所示铰接试指尺寸相同的无铰接试指施加。

注2：爬电距离的测量见附录A。

注3：测定爬电距离的流程图列于附录B。

注4：爬电距离不可能小于相关的电气间隙。

材料组别与耐电痕化指数(PTI)值之间的关系如下：

材料组别Ⅰ　600≤PTI

材料组别Ⅱ　400≤PTI<600

材料组别Ⅲa　175≤PTI<400

材料组别Ⅲb　100≤PTI<175

这些PTI值是根据附录D的耐电痕化试验获得。

注5：务必注意GB 4706的某些部分要求最小PTI值为250。

注6：对玻璃、陶瓷和其他无机材料而言，它们是不起痕的，爬电距离就不一定要大于其伴随的电气间隙。

20.2.1 基本绝缘的爬电距离

基本绝缘的爬电距离应不小于表23中列出的值。

通过测量来检验。

表23 基本绝缘最小爬电距离

额定电压方均根植[1] V	爬电距离[2] mm						
	污染等级1	污染等级2			污染等级3		
		材料组别			材料组别		
		Ⅰ	Ⅱ	Ⅲa/Ⅲb	Ⅰ	Ⅱ	Ⅲa
50[3]	0.2	0.6	0.9	1.2	1.5	1.7	1.9
125	0.3	0.8	1.1	1.5	1.9	2.1	2.4
250	0.6	1.3	1.8	2.5	3.2	3.6	4.0
320	0.75	1.6	2.2	3.2	4	4.5	5
400	1.0	2.0	2.8	4.0	5.0	5.6	6.3
500	1.3	2.5	3.6	5.0	6.3	7.1	8.0

1)　此电压是以额定电压为基础，由GB/T 16935.1的表3a和表3b经合理化所得。

2)　污染等级详情见附录L。

3)　涉及SELV，应考虑9.1的最后一段。

20.2.2 工作绝缘的爬电距离

工作绝缘的爬电距离应不小于表24中列出的值。

通过测量来检验。

20.2.3 附加绝缘的爬电距离

附加绝缘的爬电距离应不小于 20.2.1 中为基本绝缘规定的值。

通过测量来检验。

表 24 工作绝缘最小爬电距离

工作电压（方均根值）[1] V	印制电路板部件 污染等级		污染等级[2)6)]						
	1[3)]	2[4)]	1[3)]	2			3		
				材料组别			材料组别		
	mm	mm	mm	Ⅰ mm	Ⅱ mm	Ⅲ[5)] mm	Ⅰ mm	Ⅱ mm	Ⅲ[5)] mm
10	0.025	0.04	0.08	0.4	0.4	0.4	0.95	0.95	0.95
12.5	0.025	0.04	0.09	0.42	0.42	0.42	1.0	1.0	1.0
16	0.025	0.04	0.1	0.45	0.45	0.45	1.05	1.05	1.05
20	0.025	0.04	0.11	0.48	0.48	0.48	1.1	1.1	1.1
25	0.025	0.04	0.125	0.5	0.5	0.5	1.2	1.2	1.2
32	0.025	0.04	0.14	0.53	0.53	0.53	1.25	1.25	1.25
40	0.025	0.04	0.16	0.56	0.8	1.1	1.3	1.3	1.3
50	0.025	0.04	0.18	0.6	0.85	1.2	1.4	1.6	1.8
63	0.04	0.063	0.2	0.63	0.9	1.25	1.5	1.7	1.9
80	0.063	0.1	0.22	0.67	0.95	1.3	1.6	1.8	2.0
100	0.1	0.16	0.25	0.74	1	1.4	1.7	1.9	2.1
125	0.16	0.25	0.28	0.75	1.05	1.5	1.8	2.0	2.2
160	0.25	0.4	0.32	0.8	1.1	1.6	1.9	2.1	2.4
200	0.4	0.63	0.42	1	1.4	2	2.0	2.2	2.5
250	0.56	1	0.56	1.25	1.8	2.5	2.5	2.8	3.2
320	0.75	1.6	0.75	1.6	2.2	3.2	3.2	3.6	4.0
400	1	2	1	2	2.8	4	4.0	4.5	5.0
500	1.3	2.5	1.3	2.5	3.6	5	5.0	5.6	6.3
630	1.8	3.2	1.8	3.2	4.5	6.3	6.3	7.1	8
800	2.4	4	2.4	4	5.6	8	8	9	10
1 000	3.2	5	3.2	5	7.1	10	10	11	12.5

1) 允许用插入法获得中间值。

2) 污染等级详情在附录 L 中列出。

3) 材料组别Ⅰ、Ⅱ、Ⅲa 和Ⅲb。

4) 材料组别Ⅰ、Ⅱ、Ⅲa。

5) 材料组别Ⅲ包括Ⅲa 和Ⅲb。

6) 对硬印制电路板上的爬电距离，只要保证满足第 23 章的要求，并且过流保护提供完全断开，则规定值并不适用。

20.2.4 加强绝缘的爬电距离

加强绝缘的爬电距离应不小于 20.2.1 中对基本绝缘的规定值的 2 倍。

通过测量来检验。

20.2.5 断开的爬电距离

断开的爬电距离应不小于20.2.2中对工作绝缘的规定值。

通过测量来检验。

注1：对导电性污染，见附录L最后一段。

注2：对硬印制电路板上的爬电距离，只要满足第23章的要求，并且过流保护提供完全断开，则规定值并不适用。

20.3 固体绝缘

固体绝缘应能持久地耐受在开关预期使用寿命期内可能出现的电气的和机械的应力以及温度和环境的影响。

在第14章、第15章、第16章和第17章试验时检验是否符合要求。

易触及的固态附加绝缘穿通距离应至少为0.8 mm。

易触及的固态加强绝缘穿通距离应至少为下值：

——对额定脉冲耐电压不大于1 500 V者：0.8 mm；

——对额定脉冲耐电压不小于2 500 V者：1.5 mm。

注1：规定值考虑了在固体绝缘中作为单一故障出现的开裂的可能性。该值与表22基本绝缘相当，作污染等级3考虑。

注2：对工作绝缘、基本绝缘、不易触及的附加绝缘和不易触及的加强绝缘均无最小厚度的规定。

通过观察和测量来检验。

注3：对易触及绝缘的磨损试验尚在考虑中。

20.4 硬印制电路板部件的涂敷层

硬印制电路板部件的涂敷层应按其采用的A型或B型提供防污染保护和(或)绝缘层。

注：对A型和B型涂敷层的解释见附录P。

20.4.1 A型涂敷层

如制造厂说明的那样具有A型涂敷层的硬印制电路板部件的绝缘距离应符合表22中规定的污染等级1的电气间隙最高值和表24中规定的污染等级1的爬电距离最高值。

通过测量以及对A型涂敷层以表25中给出的试验等级和条件进行IEC 60664-3中第6章的相关试验来检验。

注：涂敷的印制电路板绝缘距离测量的详情见附录Q。

表25 试验等级与条件

IEC 60664-3条目	试验等级与条件
6.6.1冷贮存	−25 ℃
6.6.3温度急剧变化	严酷等级2(−25 ℃～125 ℃)
6.7电迁移	不适用
6.8.6局部放电	不适用

试样可以是：

——IEC 60664-3的5.1和5.2中规定的标准试样，或是

——IEC 60664-3的5.3中规定的任何有代表性的硬印制电路板部件。

20.4.2 B型涂敷层

如制造厂说明的那样具有B型涂敷层的硬印制电路板部件应符合20.3中规定的对固体绝缘的要求，在印制电路板涂敷层下的导体之间的电气间隙和爬电距离未作规定。

通过用20.4.1中规定的试样、以表25给定的试验等级与条件对B型涂敷层进行IEC 60664-3的第6章相应试验来检验。

21 着火危险

21.1 耐热性

非金属材料的部件应具有足够的耐热性。

与传动机构不为一体的小零件、装饰物、操动体和其他不要求试验的零件，本要求不适用。

注：小零件的定义由 IEC 60695-2-11 中 3.1 的规定。

是否符合要求，应用新试样在以下温度，通过按 GB/T 5169.21 球压试验来检验：

a) (20±2)℃加上 16.3 发热试验中测得的最高温度，或制造厂声明的最高温度，或(75±2)℃，取最高值。

开关按制造厂说明安装后易触及的零件，和变质后会使开关变为不安全的零件(如要求的保护等级的降低，或爬电距离和电气间隙降低到第 20 章规定值以下)。

b) (T_b±2)℃，其中 T_b 等于(T+20)℃，其最小值为 125 ℃，或等于 20 ℃加上 16.3 试验中测得的最高温度(如果此温度高于前者)。

——接触、保持电气联接件或将电气联接件夹住定位的零件，包括那些将电气联接件保持在弹簧力作用下的零件(例如开关内部一个依靠弹簧保持定位的电气联接件，而弹簧是与非金属零件结合在一起的，如果该非金属零件变质就可能引起过热)；

——接触或支承热源(例如散热片)的零件；

21.2 耐不正常发热

非金属材料的部件应能承受不正常发热。

与传动机构不为一体的装饰物、操动体和不大可能点燃的或不大可能使开关火焰蔓延的零件，不要求进行本试验。

当开关太小或其形状不便于在完整开关上进行试验时，则用制造该零件的材料制成试样进行试验。该试样尺寸应大于等于(60 mm×60 mm)，并且厚度等于开关上相关零件测得的最小厚度。

注：假如在开关试验表面内能够包含直径为 15 mm 圆，则该开关可用来进行本试验。灼热丝应施加在圆中心。

是否符合要求，应用新试样通过 GB/T 5169.11 的灼热丝试验来检验，灼热丝温度为：

a) 对接触、保持电气联接件或将电气联接件夹住定位的零件，包括那些将电气联接件保持在弹簧力作用下的零件(例如开关内部一个依靠弹簧保持定位的电气联接件，而弹簧是与非金属零件结合在一起的，如果该非金属零件变质就可能引起过热)：

——650 ℃；

——750 ℃；

——850 ℃。

b) 所有其他零件为 650 ℃。

当试样满足下列条件时，认为灼热丝试验合格：

在灼热丝移去后 30 s 内火焰或灼热熄灭，并且紧裹绢纸的铺底层没有点燃。

如果没有出现火焰或被点燃，应给出记录说明。

22 防锈

因锈蚀而可能损害安全的铁质零件应具有足够的防锈保护。

通过下述试验来检验：

将被试零件放在三氯乙烷或类似试剂中，浸泡 10 min，以除去被试零件上的全部油脂，然后将零件放入温度为(25±10)℃、浓度为 10%的氯化铵水溶液中浸泡 10 min。

甩去所有液滴后，不经干燥处理，即将零件放入温度为(25±10)℃、相对湿度至少 95%的箱中 10 min，然后将零件放在温度为(100±5)℃的加热箱中干燥 10 min，零件表面不应出现锈迹。

锐边上的锈迹和任何可擦除的淡黄色膜斑可忽略不计。对于小螺旋弹簧和类似零件以及受磨损但不易触及的零件，一层油脂即可提供良好的防锈保护。对这类零件仅在怀疑油脂膜的有效性时才进行试验，而且试验前不事先除去油脂。

23 电子开关的不正常工作和故障条件

开关的结构应防止由于不正常条件引起着火产生损害安全或防触电保护的机械损伤的情况发生。

通过以下试验来检验：

——23.1 的不正常条件下的温度试验；

——23.2 的不正常条件下的防触电保护试验；

——23.3 的短路保护试验；

——23.4 的冷却失效保护试验。

允许在一只试样上进行所有试验，只要在更换了附装的熔断器后，开关仍然能按规定的额定值工作，否则就应使用新试样。

23.1 开关在不正常条件下工作时，应没有一个零件的温度高到会使开关周围有着火的危险。

通过开关在如 23.1.1 所述故障条件下的发热试验来检验。

试验期间，温度应不超过表 13 和表 14 第 2 栏中的规定值。

23.1.1 除非另有规定，试验时开关按 16.3.3 的规定安装、接线和加载。

23.1.1.1 与 23.1.1.2 中所指出的各项不正常条件要逐项依次施加。

注：试验期间也会出现其他故障，这类故障是试验的直接后果。

不正常条件以对试验最方便的顺序施加。

23.1.1.1 应模拟下列不正常条件：

——将小于表 22～表 24 规定值的爬电距离和电气间隙两端短路，但符合第 20 章要求者除外；

——将绝缘涂敷层(例如由清漆或瓷漆构成的涂敷层)两侧短路。

这样的涂敷层在确定爬电距离与电气间隙时忽略不计的。

如果瓷漆形成导线的绝缘层，即认为提供了 1 mm 的爬电距离和电气间隙。

注 1：对涂漆绝缘层的试验正在考虑中。

注 2：术语“涂敷层”并不适用于灌装(“封装”)。

——将半导体器件短路或开路；

——将不符合 24.2 或 24.3 要求的电容器或电阻器短路或开路；

——将软线开关和独立安装开关负载侧的端子短路。

应避免由于相继顺序试验而引起的应力累积，因此而需要使用附加试样。但附加试样的数量应通过对有关电路的评估以保持最少数量。

每次只施加一项不正常条件，并且在施加下一项不正常条件前，损伤处应予修复。

如果试验期间某项需模拟的不正常条件会影响其他不正常条件，则所有这些不正常条件需同时施加。

如果开关温度受到自动保护器(包括熔断器)的限制，则温度在保护器动作 2 min 后测量。

如果限温器件不动作，则连续工作的(S1 工作制)开关温度在达到稳态后测量或在 4 h 后测量(择其中时间短者)。

对短时工作的(S2 工作制)开关，温度在开关运行 2 min 后测量。

对断续周期工作的(S3 工作制)开关，温度在达到稳态后或在 4 h 后测量(择其中时间短者)。

如果温度受到熔断器的限制，要进行下述附加试验：

——将熔断器短路，并在相关故障条件下测量电流；

——再接通开关，通电时间为 GB 9364 中规定的该型熔断器与上述测得电流相对应的最大熔断时间，温度在这段时间结束后 2 min 测量。

23.1.1.2 电子软线开关和电子独立安装开关应进行下述过载试验：

——无附装限温器件或无附装熔断器的开关，按 23.1.1.2.1 进行试验；

——受自动保护器(包括非 GB 9364 所属的熔断器)保护的开关，按 23.1.1.2.2 进行试验；

——受符合 GB 9364 的内装熔断器保护的开关，按 23.1.1.2.3 进行试验；

——受内装熔断器和自动保护器两者保护的开关，按 23.1.1.2.4 进行试验。

开关置于最不利的“接通”位置。

在达到稳态后或 30 min 后测量温度(择其中时间短者)。

23.1.1.2.1 对连续工作的(S1 工作制)开关，以保护开关用熔断器的约定熔断电流加载，历时 1 h。

对短时工作的(S2 工作制)开关，在开关运行 2 min 后测量温度。

对断续周期工作的(S3 工作制)开关，在达到稳态后或 4 h 后测量温度(择其中时间短者)。

这些试验要采用的约定熔断电流在表 26 中规定。

表 26 约定熔断电流与额定电流的关系

开 关	额定电流 I A	约定熔断电流[1] A
软线开关	$I \leqslant 16$	26
独立安装开关	$I \leqslant 16$	26
	$16 < I \leqslant 32$	51
	$32 < I \leqslant 63$	101

1) 规定值源自 IEC 60269-1。

23.1.1.2.2 对连续工作的(S1 工作制)开关，以会使保护器在 1 h 后脱扣、流经开关的电流的 0.95 倍加载。

在达到稳态后或 4 h 后测量温度(择其中时间短者)。

对短时工作的(S2 工作制)开关，在开关运行 2 min 后测量温度。

对断续周期工作的(S3 工作制)开关，在达到稳态后或在 4 h 后测量温度(择其中时间短者)。

23.1.1.2.3 用阻抗可忽略不计的连接片代替熔断器，并应这样加载：使流经连接片的电流为熔断器额定电流的 2.1 倍。

对连续工作的(S1 工作制)开关，在达到稳态后或在 30 min 后测量温度(择其中时间短者)。

对短时工作的(S2 工作制)开关，在开关运行 2 min 后测量温度。

对断续周期工作的(S3 工作制)开关，温度在达到稳态后或在 4 h 后测量(择其中时间短者)。

23.1.1.2.4 电子软线开关和电子独立安装开关既可按 23.1.1.2.3 中所述带附装熔断器的加载，也可按 23.1.1.2.2 中所述带另外的自动保护器的加载，选择其中需要负载低的一种进行试验。

23.2 即使开关正在故障条件下测试或已经在故障条件下测试过，开关应仍然具有防触电保护能力。

通过进行 23.1 所述试验来检验。

经受试验后，开关仍应符合第 9 章的要求。

23.3 电子软线开关和电子独立安装开关应能耐受可能遭受的短路情况而不会危及周围环境。

通过以下试验来检验。

开关在基本非感性电路中进行试验，电路中串联有负载阻抗和用来限制允通 I^2t 的电器器件。

电源的预期短路电流应为 1 500 A 方均根值，电压等于被试开关额定电压。

预期允通 I^2t 值为 15 000 A^2s。

注 1：预期电流指流过电路的电流，这种电路中的开关、限流器件和负载阻抗都被阻抗可忽略不计的连接片所取代，其他无任何变动。

注 2：预期 I^2t 值指电路中的开关和负载阻抗都被阻抗可忽略不计的连接片所取代时，限流器件容许的允通值。I^2t

值可通过使用熔丝、引燃管或其他合适的器件加以限制。

注 3：15 000 A^2s 的 I^2t 值对应于 16 A 小型断路器在 1 500 A 预期短路电流下测得的不利的允通 I^2t 值。

开关试验电路图示于图 17。

应将阻抗 Z_1（短路阻抗）调节到满足规定预期短路电流条件。

应将阻抗 Z_2（负载阻抗）调节到使开关承受最小负载或额定负载的 10%左右，择两者中的负载大者。

注 4：开关处于接通状态必需有负载。

将电路校正到下列容差范围内：电流＋5%/0%，电压＋10%/0%，频率＋5%/0%

I^2t 值±10%。

制造厂如有推荐的附装熔断器，则要装入被加载的开关内。如有可调控制器，则要整定在最大输出位置，同时在其断开位置处加以旁路。

由辅助开关 A 引起 6 次短路，这 6 次短路不与电压波形同步。

注 5：由于需要避免选择波形点时机的复杂性，有必要进行 6 次试验。

注 6：经验表明在这些试验中至少有一次会导致接近最大的 I^2t 总值。

注 7：务必注意螺线管驱动的气动装置可引起非故意的同步。

试验期间不应出现火焰或燃着的颗粒散射。

有外壳的开关要用薄纸卷包。

注 8：按 ISO 4046:1978 中 6.86 的规定的卷包薄纸：一种通常重量在 12 g/m²～30 g/m² 之间的柔软而坚牢的轻质卷包纸。这种纸原先打算用于易损物品的保护性包装和用来包裹礼品的。

对局部有外壳包封的开关，其非包封部分要在离其表面 6 mm～10 mm 处放置有干燥的外科手术用脱脂棉的条件下试验。

不应发生脱脂棉点燃。

试验后，易触及金属部分不应带电。

试样不必保持正常工作状态。然而，除非开关明显不能再使用了，否则任何附装的自动保护器的触头不应熔焊。

23.4 防止万一冷却失效而着火的保护

对于制造厂标明等效发热电流、规定要在强制冷却条件下使用的开关，开关按 16.3.2 中的规定安装和接线，但试验时无强制冷却。

开关通以额定电流，直至达到稳态或到开关断开负载电路为止。

试验期间，不应出现火焰或燃着的颗粒散射。

如果制造厂说明开关在此试验条件下将会断开，则此功能应予验证。

24 电子开关元器件

若失效就可能引起触电或着火危险的元器件（例如：SELV 变压器、保护阻抗、熔断器、会引起触电危险的电容器以及抑制电磁干扰用的电容器）应符合本部分的要求，或者符合相应的国家元器件标准，只有这些标准的应用才是合理的。

如果元器件标有其运行特征，则除非本部分对其特别规定以外，否则，其在电子开关中的使用情况应与这些标志一致。

对于必须符合其他标准的元器件，通常分别按相应标准进行如下试验：

如果元器件标有其标志，并按其标志使用，则试样数为该相应标准所要求的数量。

若尚未有国家标准，或元器件未曾按相应国家标准试验过，或未按其规定的额定值使用时，元器件要在电子开关中所出现的条件下进行试验。

装在电子开关中的元器件作为电子开关的一个组成部分经受本部分的全部试验。

注：符合相应的国家元器件标准并不一定保证符合本部分的要求。

24.1 保护器件

保护器件应符合相应的国家标准和/或下列条目中规定的补充要求：

24.1.1 熔断器；

24.1.2 断路器；

24.1.3 只减小电流的保护器；

24.1.4 熔断电阻器。

24.1.1 熔断器

熔断器(如有)应符合 GB 9364.1 或 GB/T 13539.5，并且如果流过熔断器的故障电流没有被限制在熔断器的分断容量上，那么熔断器的额定分断容量应至少为 1 500 A。

24.1.2 断路器

断路器应具有足够的接通与分断能力，并应选择有恰当的动作次数，且应符合下列条目中的要求和试验规范：

24.1.2.1 不可复位的断路器；

24.1.2.2 可复位的非自动复位断路器；

24.1.2.3 自动复位断路器。

通过对 3 只试样按下述常规试验规范以及其相应类型规定的附加试验进行试验来检验。

如果电子开关中的断路器承受的基准温度在 0 ℃～35 ℃或 55 ℃范围之外(对应于 7.1.3.4.2 或 7.1.3.2 和 7.1.3.3)，则试样以该基准温度进行试验。

试验期间，其他条件应与电子开关中出现的条件类同。

试验期间应不出现持续电弧。

试验后，试样不应呈现有损于其继续使用或电子开关安全的损伤。

断路器的开关频率可以增加，高于电子开关固有的正常开关频率，只要不致引发断路器更大的失效危险。

如果断路器不可能分开单独试验，则必须提交使用该断路器的电子开关附加试样。

24.1.2.1 不可复位断路器

不可复位断路器应为符合 GB 9816 的熔断片或符合 IEC 60730-2-9 的金属一次动作器件(SOD)。

通过 24.1.2 的试验来检验。

试验后，电源应被切断，温度既不超过制造厂规定的最高温度，也不超过表 13 中对不正常条件规定的值。

24.1.2.2 可复位的非自动复位断路器

可复位的、非自动复位断路器应符合 GB 14536.1 及其相应的第 2 部分。

通过 24.1.2 的试验和下述附加试验来检验。

在电子开关负载回路中可复位的、非自动复位断路器以 1.1 倍电子开关额定电压和如下规定的负载进行试验。

在断路器每次动作后使之复位，这样连续操作 10 次。

——白炽灯用电子开关中的断路器在非感性电路中试验，并以保护熔断器的约定熔断电流加载。

——控速电路用电子开关中的断路器经受 2 组各 10 次的操作。

- 第 1 组中，被试断路器接通一条流过 $9I_n$ 电流($\cos\phi=0.8\pm0.05$)的电路，在每一次闭合 50～100 ms 后借助于辅助开关断开该电流；
- 第 2 组中，由辅助开关接通流过 $6I_n$ 电流($\cos\phi=0.6\pm0.05$)的电路，而由被试断路器断开电路。

——用于其他类型负载的断路器以断开和接通制造厂规定的电流进行试验。

注 1：$6I_n$ 和 $9I_n$ 值是暂时的。

注 2:"I_n"指电子开关的额定电流。如果电子开关有额定负载,以取代额定电流,则 I_n 是在假设电动机负载的 $\cos\phi$ 为 0.6 时计算得出。

24.1.2.3 自动复位断路器

自动复位断路器应符合 GB 14536 系列标准。

通过 24.1.2 的试验以及下述附加试验来检验。

电子开关负载回路中的自动复位断路器以 1.1 倍电子开关额定电压和如下规定的负载进行试验:

——白炽灯用电子开关中的断路器在非感性电路中自动操作 200 个循环,并以保护熔断器约定熔断电流加载。

注:其他类型负载用的电子开关中的断路器按制造厂的规定进行试验。

24.1.3 只减小电流的保护器(例如 PTC 电阻器)

只减小电流的保护器应属 GB 14536.1 中附录 J 的热敏电阻类型或 IEC 60738-1 的 PTC-S 热敏电阻。

通过 24.1.2 的试验以及下述附加试验来检验。

对于在 25 ℃环境温度下额定零功率电阻的功耗大于 15W 的 PTC-S 热敏电阻,其封装盒或管应符合 IEC 60707 中可燃性类别 FV1 或更好。

可燃性的判定按 IEC 60707 进行。

24.1.4 熔断电阻器

熔断电阻器应具有足够的分断容量,在故障条件断开时应不致引起火焰或燃着的颗粒散射。

如有怀疑,对同样电阻器的新试样复试。如果电阻器再以同样方式切断电路,则认可其作为对相应故障条件保护的熔断电阻器。

24.2 电容器

下列电容器应符合 GB/T 14472 的要求,并应符合表 27 的要求:

——可引起触电或着火危险的电容器和抗电磁干扰电容器;

——其短路或断开会导致违反故障条件下关于触电或着火危险的要求的电容器;

——其短路会导致流过其端子的电流大于 0.5 A 的电容器。

按 GB/T 14472 的 4.12 规定进行的湿热稳态试验时间为 21 d。

确定电流时,把熔断器看作短路的。而对其他保护器,电阻性元件由一等效阻抗所取代。

表 27 对电容器的要求

电容器应用	电容器类型(按 GB/T 14472)		
	$U_n\leqslant$125 V	125 V $<U_n\leqslant$ 250 V	
		无过流保护[1)]	有过流保护[1)]
带电导体(L 或 N)与地(PE)之间	Y4	Y2	Y2
在带电导体之间(L 与 N 之间或 L_1 与 L_2 之间)			
——不串联阻抗	X2	X1	X2
——串联阻抗,短路电容器时,该阻抗将电流限制在			
• 0.5 A 及以上	X3	X2	X3
• 小于 0.5 A	无专门要求	无专门要求	无专门要求
1) 熔断电阻器(内装的或外接的)。			

24.3 电阻器

根据 9.1.1 规定的保护阻抗的电阻器和在故障条件下(见第 23 章)因短路或断路引起缺陷的电阻器,在过载情况下应具有充分稳定的电阻值,并应符合 IEC 60065:2005 中 14.1 的要求。

25 电磁兼容性(EMC)要求

器具开关按制造厂的说明使用时,应达到抗扰度和发射的要求。

规定装入器具或附装在器具内的电子开关应符合器具成品的抗扰度和发射的要求。

将电子开关附装或拼合在器具中检验其是否符合要求。

注:规定装入器具或附装在器具内的电子开关,只有当制造厂申请时才试验。

电子软线开关和电子独立安装开关按制造厂的规定使用时,应达到抗扰度和发射的要求。

通过25.1和25.2的试验来检验,电子软线开关和电子独立安装开关作为单独分离的器件进行试验,或与相关器具一起进行试验。

25.1 抗扰度

本部分范围内的机械开关不受电磁骚扰的影响,因而抗扰度试验是不必要的。

电子开关的开关状态(接通或断开)和/或整定值应有防电磁骚扰保护。

进行下列试验时,电子开关按正常使用方式安装,并按第17章规定加载,使其在额定电压下达到额定负载。

每只电子开关处于下列状态下进行试验(视具体情况而定):

a) “接通”状态,最高整定点;

b) “接通”状态,最低整定点;

c) “断开”状态,最高整定点;

d) “断开”状态,最低整定点。

25.1.1 电压暂降、短时中断和电压变化的抗扰度试验2)

电子开关应以GB/T 17626.11中规定的试验设备按25.1的规定进行试验,试验时按表28,以至少10 s的间隔顺序进行3个等级的电压暂降(或中断)。

供电电压的突变应出现在过零点。试验电压发生器的输出阻抗应是低阻抗。即使在跌变时,也是如此。

试验电压U_T与被变换的电压之间的转换是突变的。

注:100%U_T即等于额定电压。

试验电平0%对应于全部供电电压中断。

表28 电压暂降与短时中断的试验电平和持续时间

试验电平 %U_T	电压暂降(或中断) %U_T	额定频率下的持续周波数 周波
0	100	10
40	60	10
70	30	10

试验期间,电子开关的状态和/或整定点可变动。

试验期间,照明器具的偶尔闪烁和电动机偶尔不规则的运转均可忽略不计。

试验后,电子开关应处于初始状态,整定点应不变动。

25.1.2 承受1.2/50浪涌(冲击)抗扰度试验

注:如果电子开关是规定要与不同种类型负载一起使用的,则为了这些试验,宜选择最严酷的负载。

按GB/T 17626.5,以1 kV的开路试验电压(2级)进行试验。

试验期间,开关状态和/或整定点应不变动。

2) 标题名称与电磁兼容性相应国家标准统一。

试验期间,照明器具的偶尔闪烁和电动机偶尔不规则的运转均可忽略不计。

试验后,电子开关应处于的初始状态,整定点应不变动。

25.1.3 电快速瞬变脉冲群抗扰度试验

电子开关应能经受出现在电源和控制端子(或端头)上的重复快速瞬变(短时脉冲群)。

按 GB/T 17626.4,以下述试验规范进行试验。

由耦合到电源和控制端子(或端头)上的短时脉冲群组成的重复快速瞬变的等级按表 29。

表 29 快速短时脉冲群

开路输出试验电压±10%	
电源端子(或端头)	控制端子(或端头)
1 kV(2 级)	0.5 kV(2 级)

试验电压的两种极性是强制性的。

试验持续时间应不小于 1 min。

试验期间,电子开关状态和/或整定点可变动。

试验期间,照明器具的偶尔闪烁和电动机偶尔不规则的运转均可忽略不计。

试验后,开关应保持在其初始状态。

注:如果出现整定点变动,应有可能通过操作控制器使整定点复位。

25.1.4 静电放电抗扰度试验

按正常使用方式安装的电子开关应能承受静电接触和空中放电。

按 GB/T 17626.2,这样进行试验:对制造厂指定的 10 个预定点的各点施加一次正、一次负的两种类型(空中或接触)(如有必要)的放电。

施加下列试验电平:

——接触放电试验电压:4 kV;

——空气放电试验电压:8 kV。

试验期间,开关状态和/或整定点可变动。

试验期间,照明器具的偶尔闪烁和电动机偶尔不规则的运转均可忽略不计。

试验后电子开关应保持在其初始状态。

注 1:如果出现整定点变动,应有可能通过操作控制器使整定点复位。

注 2:某些带有可调延时装置的电子开关(例如被动红外开关—“PIR 开关”)宜调节成延时时间大于试验时间。

注 3:就试验结果而言,在关于不确定测量方面的状况未弄清之前,在试验限值范围内的测得值是认可的。

25.1.5 辐射的电磁场试验

遭受电磁场(诸如由会产生发射电磁能量的连续波的便携式无线电收发机或其他器材产生的电磁场)的电子开关应试验如下。

按 GB/T 17626.3,施加 3 V/m 的电场强度进行试验。

注:由 GB/T 17626.6 的试验取代 GB/T 17626.3 的试验正在考虑中。

试验后,电子开关应处于初始状态,整定点应不变动。

试验期间,除电子开关的状态和/或整定点可变动外其他变化则不允许。

试验期间,照明器具的偶尔闪烁和电动机偶尔不规则的运转可忽略不计。

25.1.6 电平磁场试验

该试验仅适用于装有易受磁场影响装置的电子开关,例如,霍尔元件、话筒等的电子开关。

电子开关应能承受电平磁场试验。

试验按 GB/T 17626.8 进行,磁场强度 3 A/m,50 Hz。

试验期间,电子开关的状态不应改变。

试验期间,灯的偶然闪光或者电动机无规律运转都是不允许的。

25.2 发射

就本部分范围内的机械开关电器而言，只是在开关操作时才可能产生电磁骚扰。因为这是不连续的，所以不需要发射试验。

25.2.1 低频发射

规定要接到公用低压电网上的电子开关应不致在该电网中引起过度骚扰。

通过按 GB 17625.1 和 GB 17625.2 或 GB 17625.3 进行试验来检验。

如果电子开关符合这些标准的判定依据，即认为满足本条款要求，但对 11 次谐波而言，要观察频谱。

如果观察显示频谱的包络线随着谐波次数的增加而单调递减，则能将测量值限制到 11 次谐波为止。

25.2.2 无线电频率发射

电子软线开关和独立安装开关应设计得不会产生过度的无线电干扰。

电子开关应符合 CISPR14-1 或 CISPR15 的要求。对用于电气灯具的电子开关，CISPR15 适用。CISPR15:2007 的 8.1.4.1 和 8.1.4.2 作下述修改后适用。

通过以下试验检验：

a) 在主端子上(CISPR 15:2007 的 8.1.4.1)

进行一个 9 kHz 到 30 MHz 全频的初始测量或扫描，状态处于最高设置的导通状态。另外，当连接上最大负载时，在以下频率点和超出按 CISPR15 规定的限值低于 6 dB 的预定电平的局部最大干扰频率点，控制设定值应随最大干扰而变化：

9 kHz，50 kHz，100 kHz，150 kHz，240 kHz，550 kHz，1 MHz，1.4 MHz，2 MHz，3.5 MHz，6 MHz，10 MHz，22 MHz 和 30 MHz。

b) 在负载和/或控制端子(CISPR 15:2007 的 8.1.4.2)

进行一个 150 kHz～30 MHz 全频的初始测量或扫描，状态处于最高设置的导通状态。另外，当连接上最大负载时，在以下频率点和超出按 CISPR15 规定的限值低于 6 dB 的预定电平的局部最大干扰频率点，控制设定值应随最大干扰而变化：

150 kHz，240 kHz，550 kHz，1 MHz，1.4 MHz，2 MHz，3.5 MHz，6 MHz，10 MHz，22 MHz 和 30 MHz。

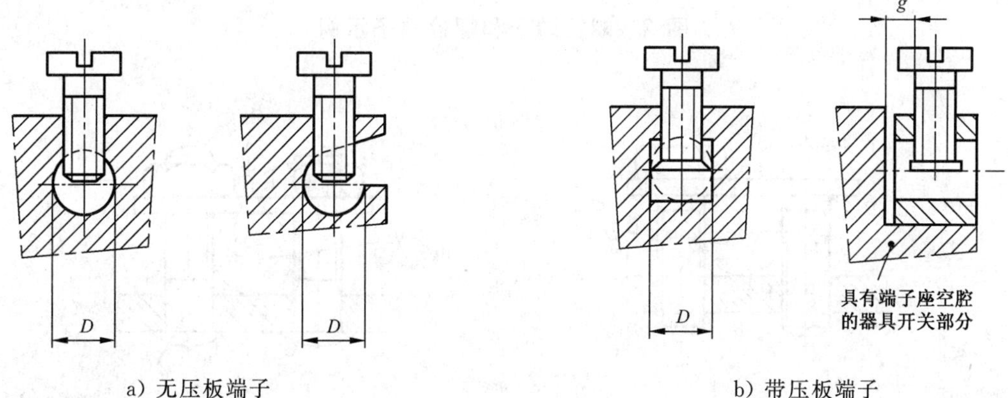

a) 无压板端子

b) 带压板端子

D——导体空间(未规定)；

g——夹紧螺钉与挡板间的距离(未规定)。

图 1 柱式端子示例

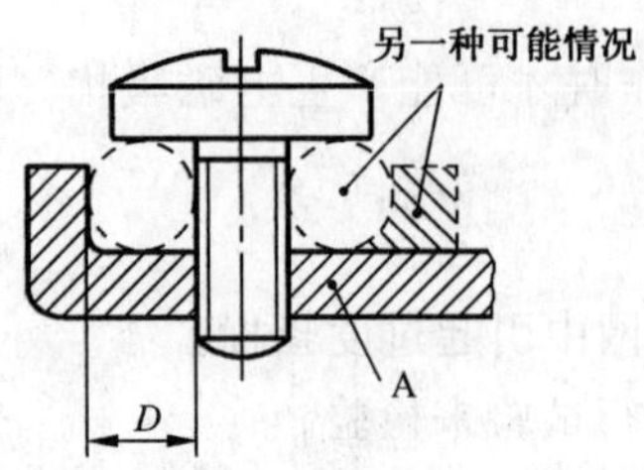

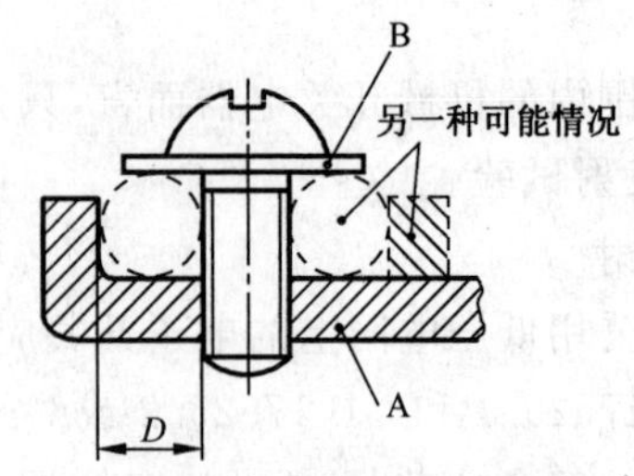

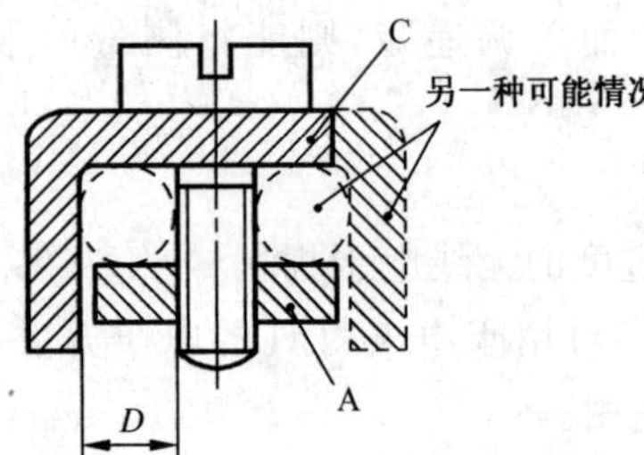

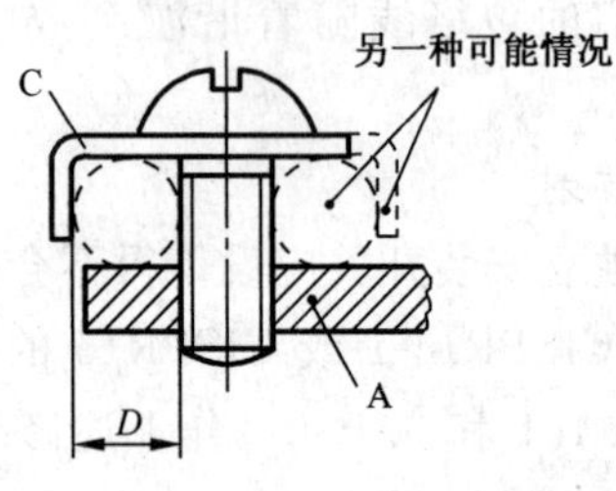

a）螺钉端子

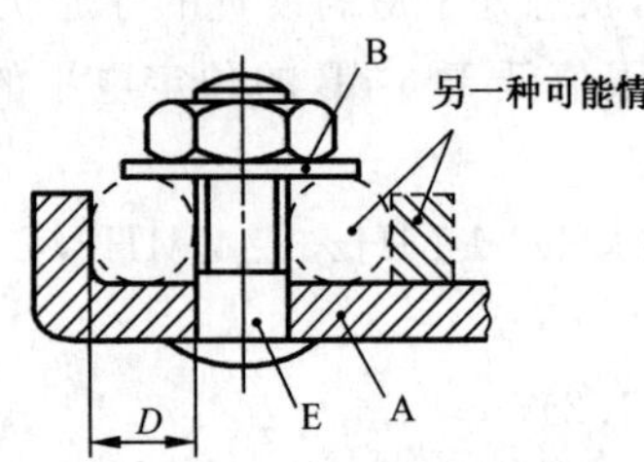

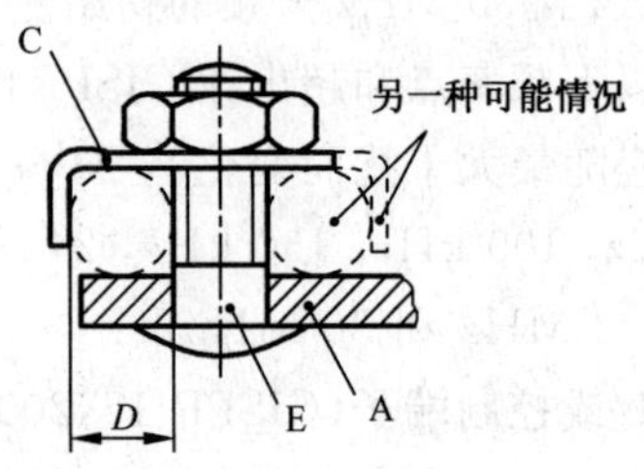

b）螺栓端子

A——固定部件；

B——垫圈或压板；

C——防松散件；

D——导体空间（未规定）；

E——螺栓。

图 2 螺钉端子和螺栓端子示例

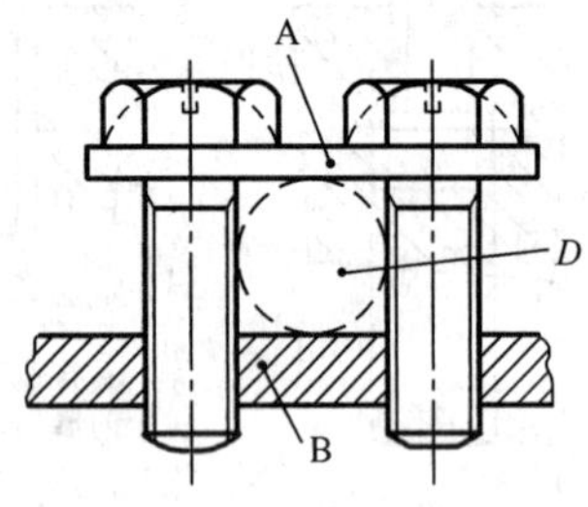

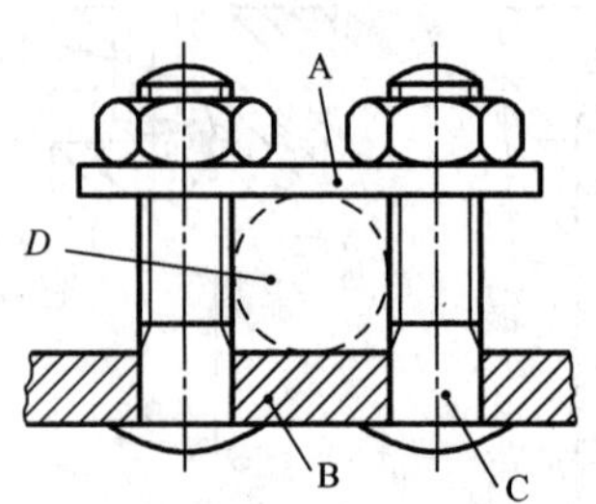

A——鞍板；

B——电缆接线片或接线排；

C——螺栓；

D——导体空间（未规定）。

图 3 鞍式端子示例

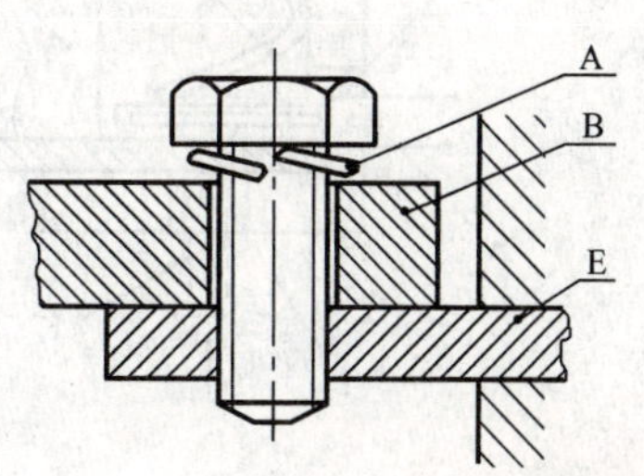

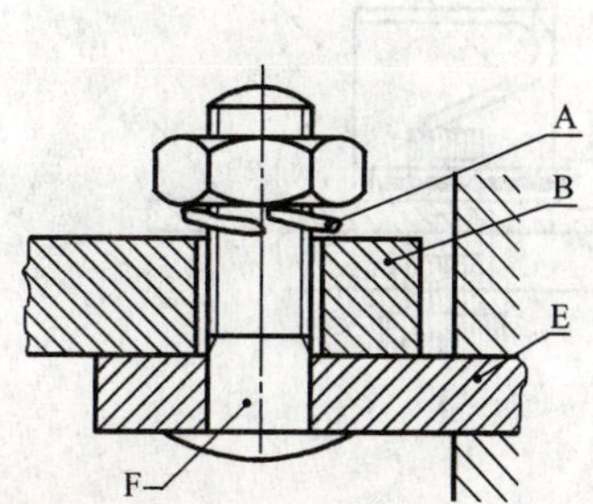

A——锁紧件；

B——电缆接线片或接线排；

E——固定部件；

F——螺栓。

图 4 接片式端子示例

A——固定部件；

D——导体空间(未规定)(底部稍倒圆)。

图 5 套筒式端子示例

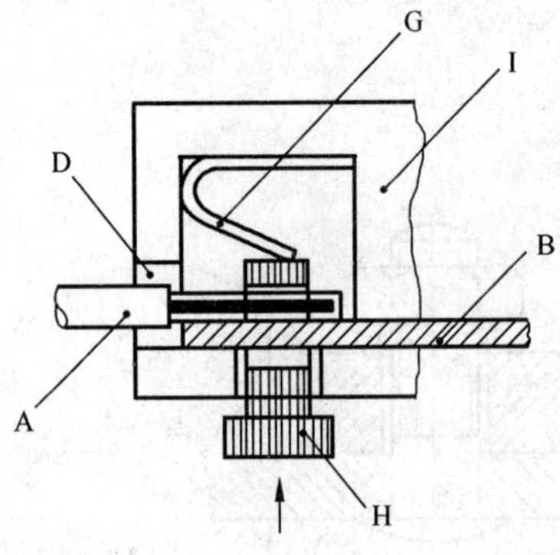

a) 间接夹紧，用操动元件松脱的

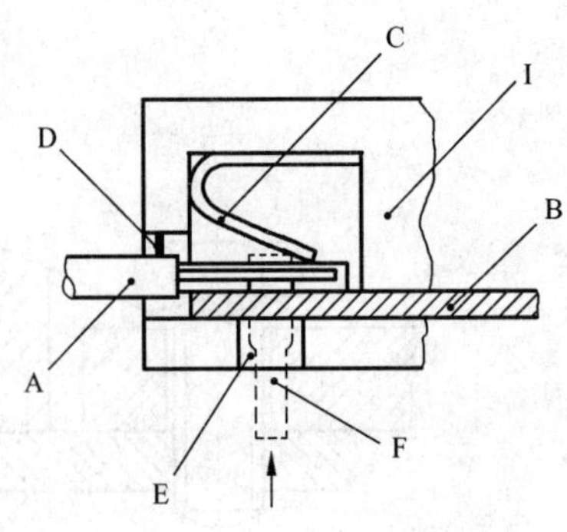

b) 直接夹紧，用工具松脱的

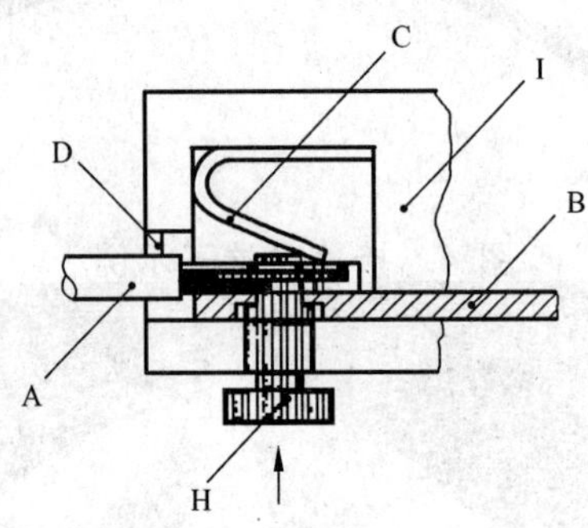

c) 直接夹紧，用操动元件松脱的

A——导体；
B——载流件；
C——夹紧弹簧；
D——进线孔；
E——工具孔；
F——工具(螺钉旋具)；
G——压力弹簧；
H——操动元件；
I——开关部分。

图6 无螺纹端子示例

图7 〈空白〉

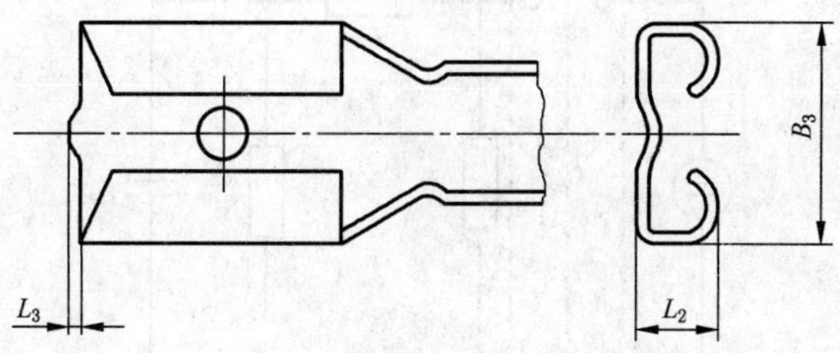

插套尺寸 mm

与插套适配的插片规格	B_3 最大值	L_2 最大值	L_3 最大值
2.8×0.5	3.8	2.3	0.5
2.8×0.8	3.8	2.3	0.5
4.8×0.5[1)]	6.0	2.9	0.5
4.8×0.8	6.0	2.9	0.5
6.3×0.8	7.8	3.5	0.5
9.5×1.2	11.1	4.0	0.5
1) 在新设计中不推荐使用 4.8×0.5 规格。			

图 8 扁形快速连接端头的试验插套

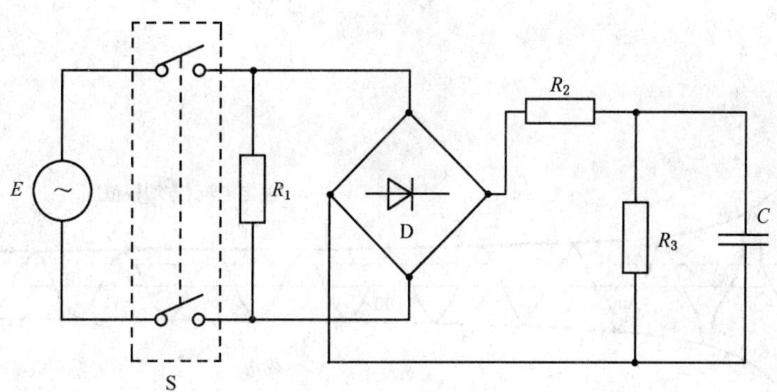

$R_1=E/I$ （E 为额定电压，I 为额定电阻性电流或灯泡额定电流）

$R_2=R_1\times1.414/(X-1)$ （X 是峰值浪涌电流与额定电阻性电流的比值，或为冷态灯泡峰值冲击电流与灯泡额定电流的比值）

$R_3=(800/X)\times R_1$；

$C\times R_2=2\ 500\ \mu s$；

D——硅整流桥；

S——试样。

挑选电路元件和电源阻抗，保证浪涌电流、冷态灯泡峰值冲击电流、额定电阻性电流或灯泡额定电流的误差在 10% 以内。

a) 交流电容性负载与模拟钨丝灯泡负载的试验电路

图 9 电容性负载试验电路

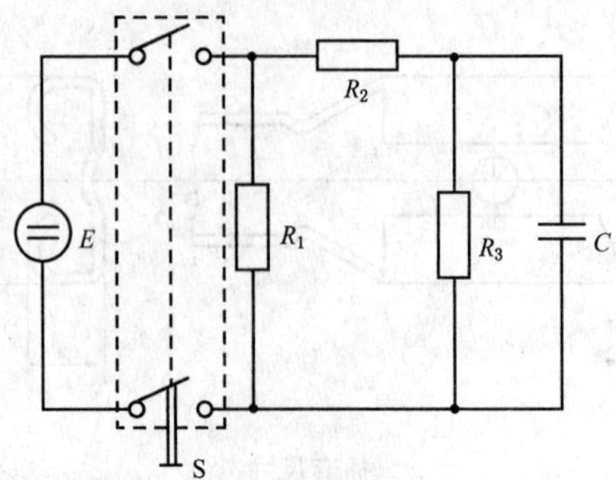

$R_1=E/I$ （E 为额定电压，I 为额定电阻性电流或灯泡额定电流）

$R_2=R_1\times1.414/(X-1)$ （X 是峰值浪涌电流与额定电阻性电流的比值，或为冷态灯泡峰值冲击电流与灯泡额定电流的比值）

$R_3=(800/X)\times R_1$；

$C\times R_2=2\ 500\ \mu s$；

D——硅整流桥；

S——试样。

挑选电路元件和电源阻抗，保证浪涌电流、冷态灯泡峰值冲击电流、额定电阻性电流或灯泡额定电流的误差在10%以内。

b) 直流电容性负载与模拟灯泡负载的试验电路

图 9（续）

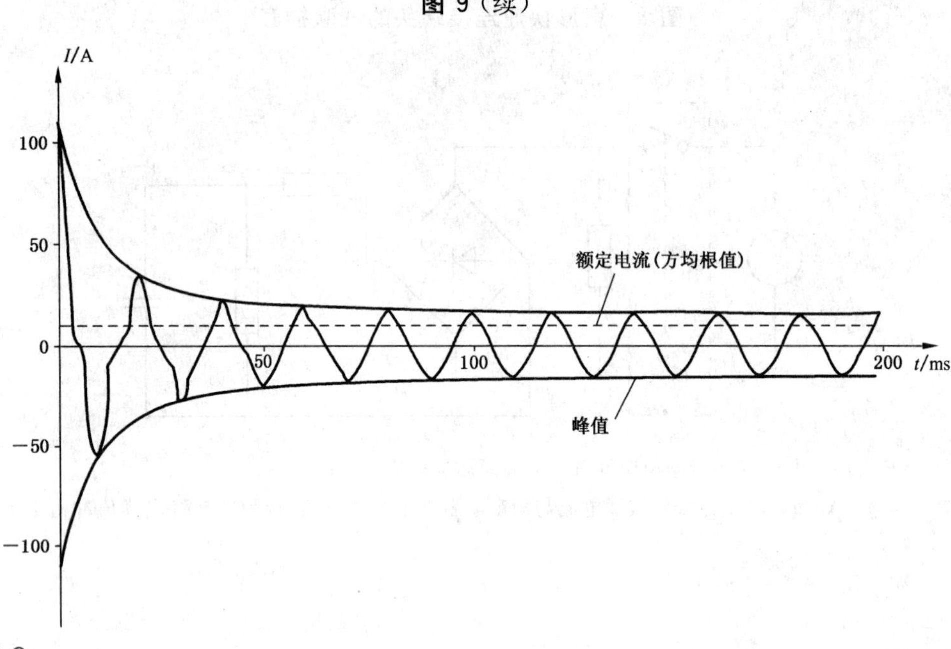

$R_1=25\ \Omega$；

$R_2=3.93\ \Omega$；

$R_3=2\ 000\ \Omega$；

$C=636\ \mu F$。

图 10 试验额定值为 10/100 A 250 V～的开关时电容性负载试验电路参数值

尺寸单位为毫米

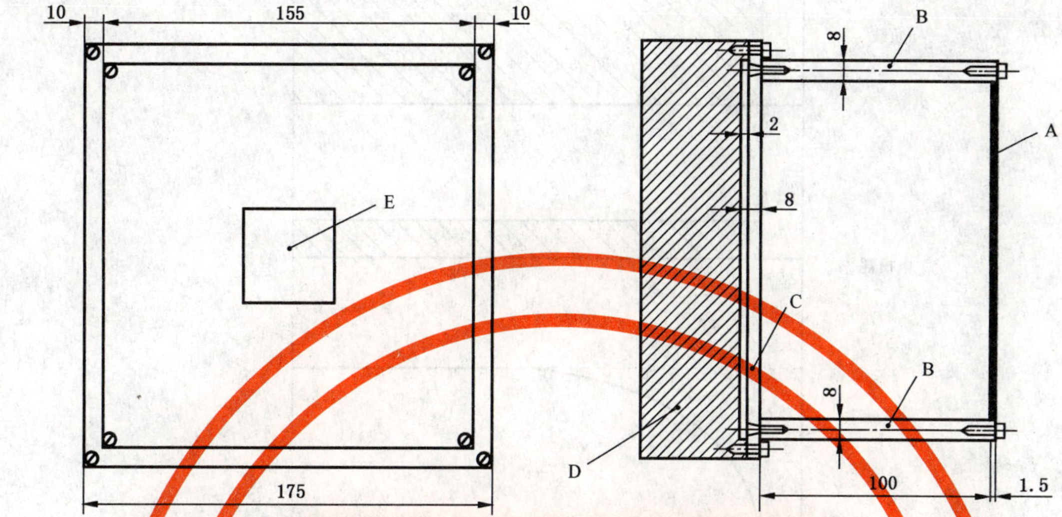

A——1.5 mm 厚的可更换钢板；

B——8 mm 厚的铝板；

C——8 mm 厚的胶合板；

D——质量为(10±1)kg 的钢质安装底座；

E——钢板上为试样开出的开口。

图 11 冲击试验用安装座

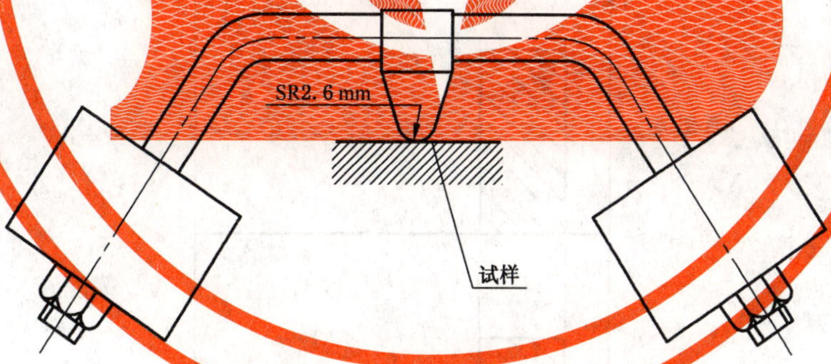

SR2.6 mm

试样

图 12 球压试验器

尺寸单位为毫米

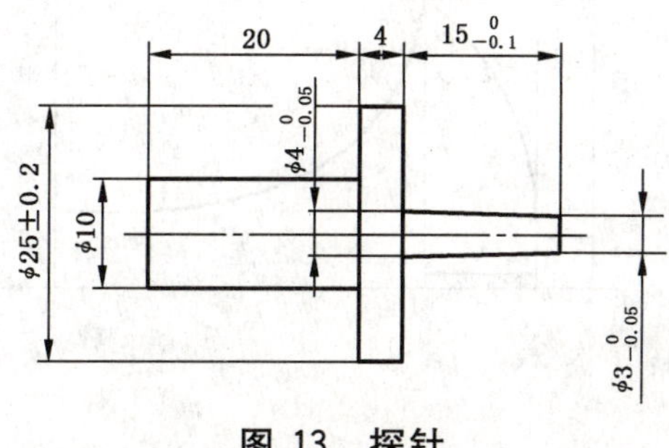

图 13 探针

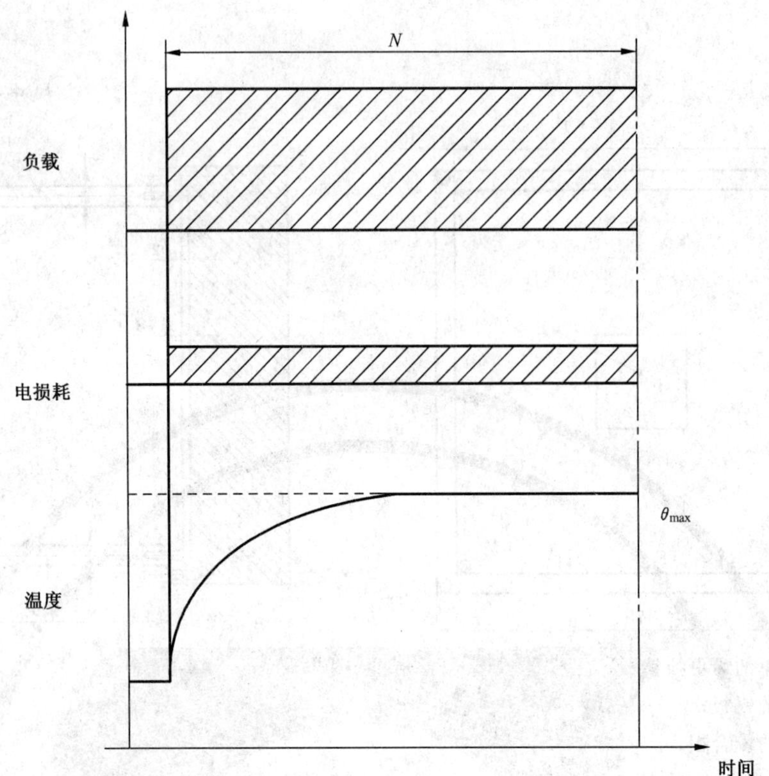

N——在恒定负载下运行的时间；

θ_{max}——达到的最高温度。

图 14　连续工作—工作制 S1(见 7.1.16.1)

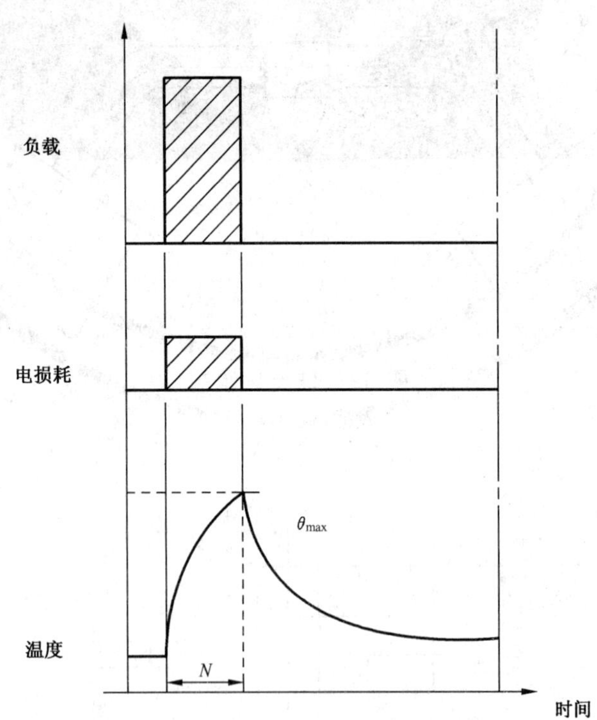

N——在恒定负载下运行的时间；

θ_{max}——达到的最高温度。

图 15　短时工作—工作制 S2(见 7.1.16.2)

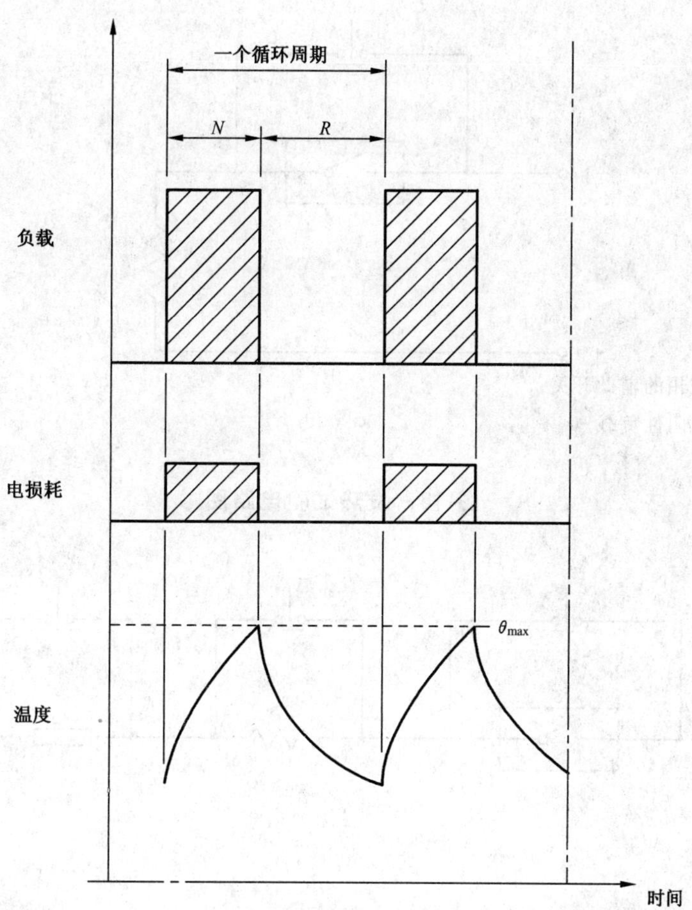

N——在恒定负载下运行；

R——停电静止阶段；

θ_{max}——达到的最高温度。

图 16　断续周期工作—工作制 S3(见 7.1.16.3)

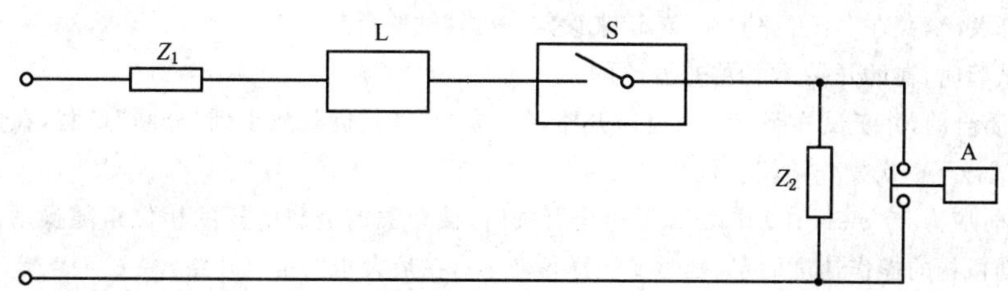

A——形成短路用辅助开关；

L——允通 I^2t 的限制器件；

S——试样；

Z_1——调节预期短路电流用的阻抗(非感性)；

Z_2——调节负载用阻抗(非感性)。

图 17　短路试验电路图

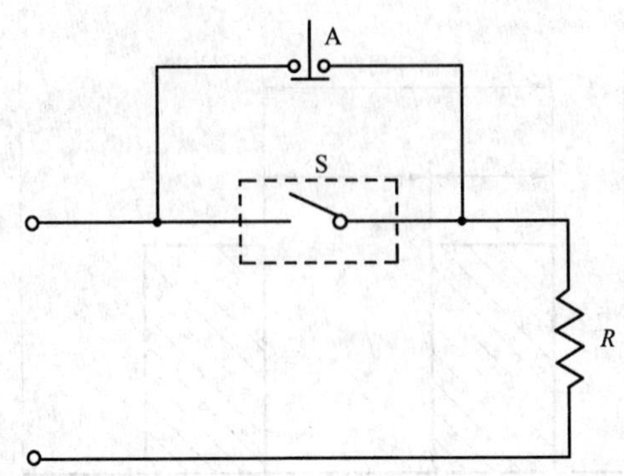

A——调整开关负载用的辅助开关；

R——达到电流的电阻性负载；

S——试样。

图 18 发热试验电路图

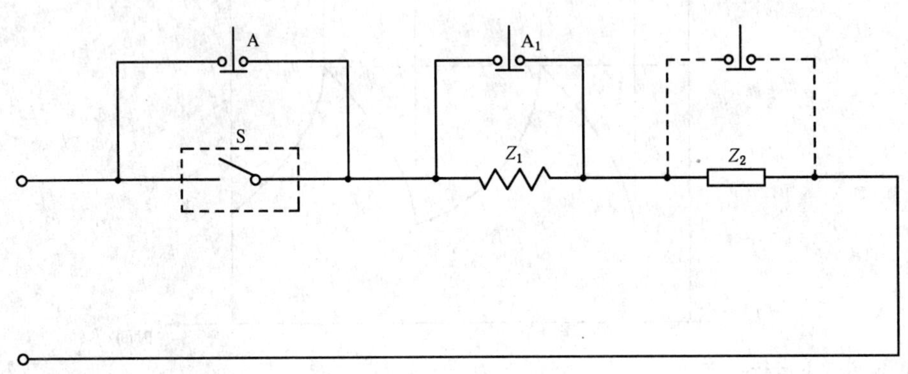

A——调整开关负载用的辅助开关；

A_1——达到“分断”电流用的辅助开关；

S——试样；

Z_1——达到“分断”电流的电阻性负载；

Z_2——用于“接通”电流的负载。

通过闭合辅助开关 A 和 A_1，调节 Z_2 来设定“接通”试验负载。

通过闭合辅助开关 A，并在 A_1 开路时调节 Z_1 来设定“分断”试验负载。

在电气耐久性试验时，辅助开关 A 始终是开路的。

A_1 在开始时是闭合的，并于试样闭合后再延时开路，使“接通”试验负载减小到“分断”负载，在此试验后，试样 S 断开，辅助开关 A_1 在试样下一次操作前闭合。

试验触头时，延时应为 50 ms～100 ms。试验电子开关时，被开关的负载电压的相位角随操动件的运动而变化，延时要随试验设备驱动机构的操作速度而定，延时要选择得使 A_1，在最大相位角时开路。

注：某些模拟负载，例如 12(2)A，需要增加辅助开关以设定正确的分断负载。

图 19 耐久性试验电路图

附 录 A
（规范性附录）
电气间隙和爬电距离的测量

示例 1～示例 11 中规定的宽度 X 随污染等级而作如下变化，适用于全部示例：

污染等级	宽度 X（最小值）
1	0.25 mm
2	1.0 mm
3	1.5 mm

如果与宽度 X 有关联的电气间隙小于 3 mm，则 X 最小值可减至该电气间隙的 1/3。

测量爬电距离和电气间隙的方法在示例 1 至示例 11 中指出。这些示例并未区分气隙与沟槽，也未区分是何类绝缘。

作下列假定：

——假定任何凹口被长度等于规定宽度 X、并置于最不利位置上的绝缘连线所跨接（见示例 3）；

——跨越沟槽的距离等于或大于规定宽度 X 时，爬电距离沿沟槽轮廓测量（见示例 2）；

——在测量彼此间能相对移动的零件之间的电气间隙和爬电距离时，在这些零件处于其最不利位置时测量。

例 1～例 11 注释：

- - - - - - - -电气间隙

————爬电距离

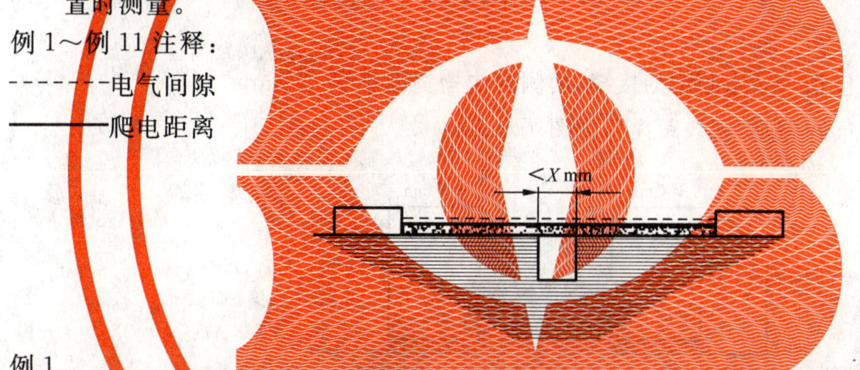

例 1

条件：所考虑的路径包括宽度小于“X”mm，深度任意的平行边或收敛边沟槽。

规则：爬电距离和电气间隙直接横跨沟槽测量，如图所示。

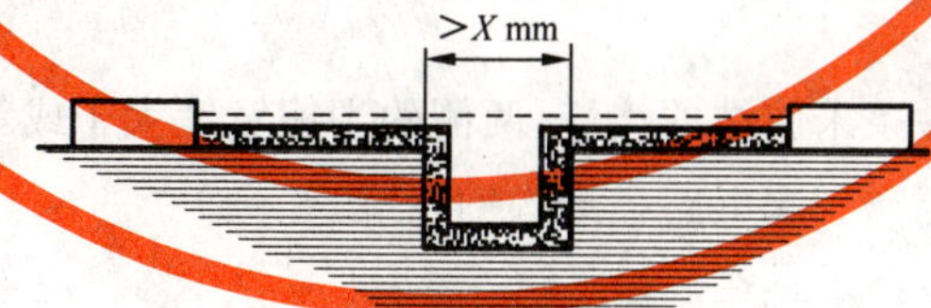

例 2

条件：所考虑的路径包括宽度大于或等于“X”mm，深度任意的平行边沟槽。

规则：电气间隙是“视线”距离。爬电路径沿沟槽轮廓。

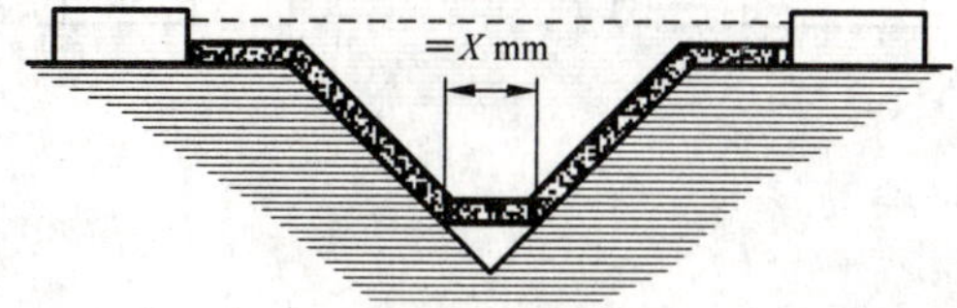

例 3

条件：所考虑的路径包括宽度大于“X”mm 的 V 形槽。

规则：电气间隙是“视线”距离。爬电路径沿沟槽轮廓，但沟槽底部被“X”mm 连线“短路”。

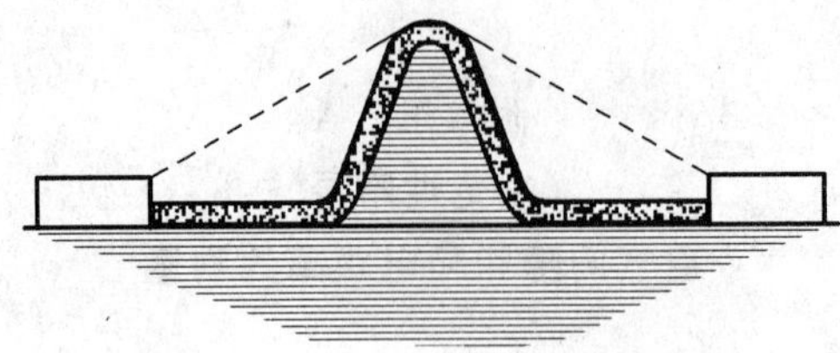

例 4

条件:所考虑的路径包括一条筋。

规则:电气间隙是越过筋顶的最短直接空间路径。爬电路径沿筋的轮廓。

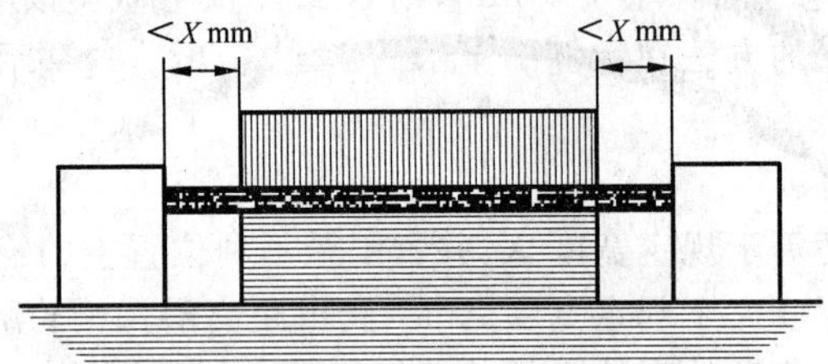

例 5

条件:所考虑的路径包括一条未胶结的接缝,两侧的沟槽宽度小于"X"mm。

规则:爬电距离和电气间隙是"视线距离",如图所示。

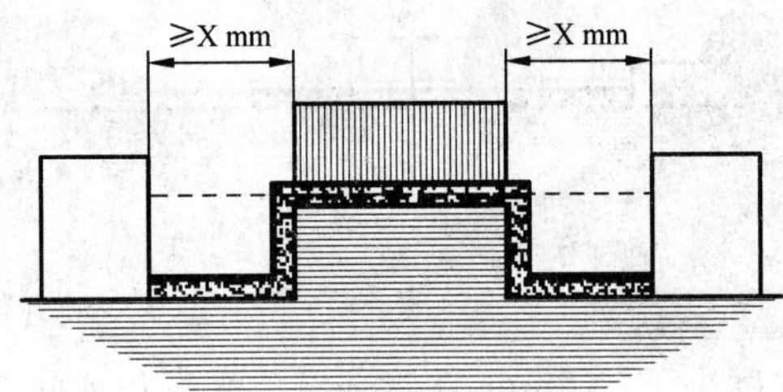

例 6

条件:所考虑的路径包括一条未胶结的接缝,两侧的沟槽宽度大于或等于"X"mm。

规则:电气间隙是"视线"距离。爬电路径沿沟槽轮廓。

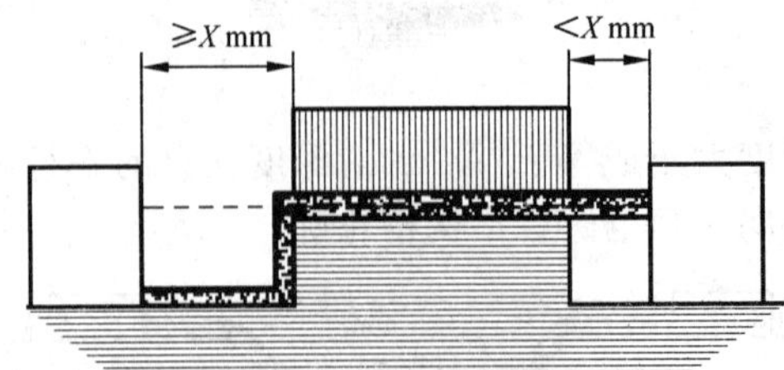

例 7

条件:所考虑的路径包括一条未胶结的接缝,其一侧的沟槽宽度小于"X"mm,另一侧的沟槽宽度大于或等于"X"mm。

规则:电气间隙和爬电距离如图所示。

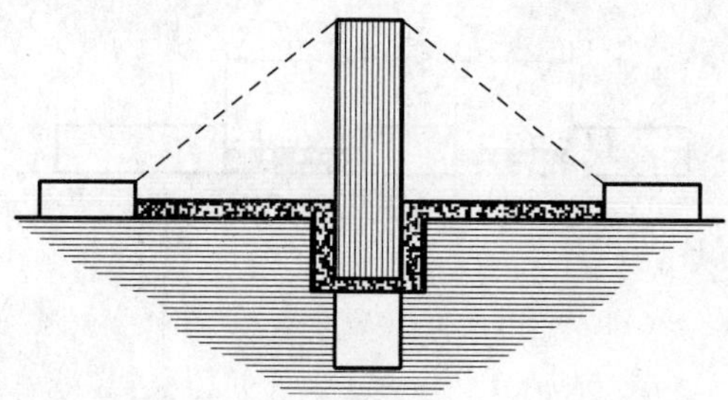

例 8

条件:穿过未胶结接缝的爬电路径小于跨越隔板的爬电距离。

规则:电气间隙是跨越隔板顶部的最短直接空间路径。

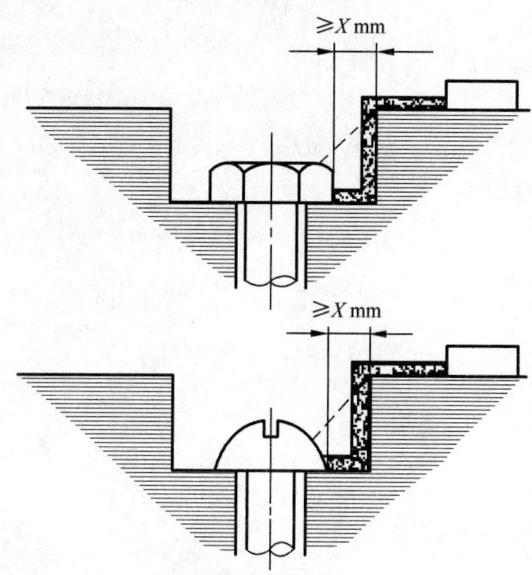

例 9

螺钉头与凹槽壁之间的间隙宽度相当大,应该给予考虑。

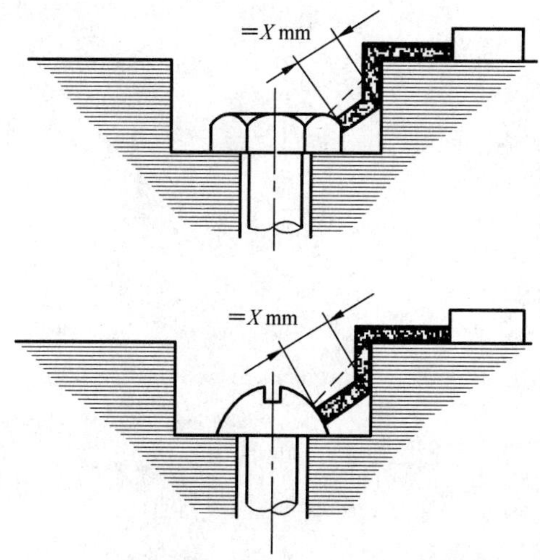

例 10

螺钉头与凹槽壁之间的间隙太窄,不予考虑。

测量时爬电距离从螺钉到凹槽壁的距离等于“X”mm。

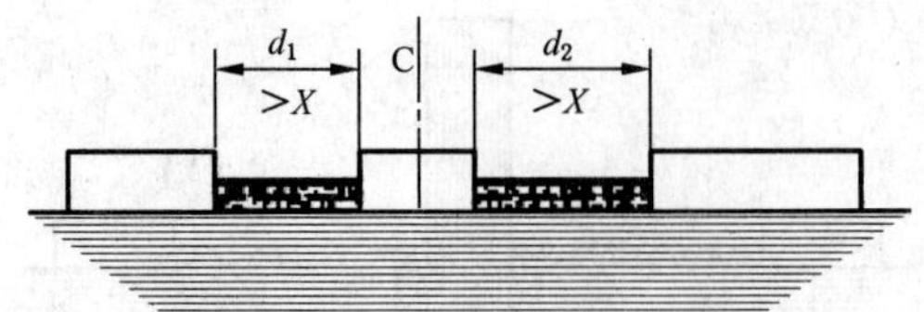

例 11

C 为活动零件。

电气间隙是距离 d_1+d_2，爬电距离也是 d_1+d_2。

附　录　B
（资料性附录）
确定电气间隙和爬电距离的示意图

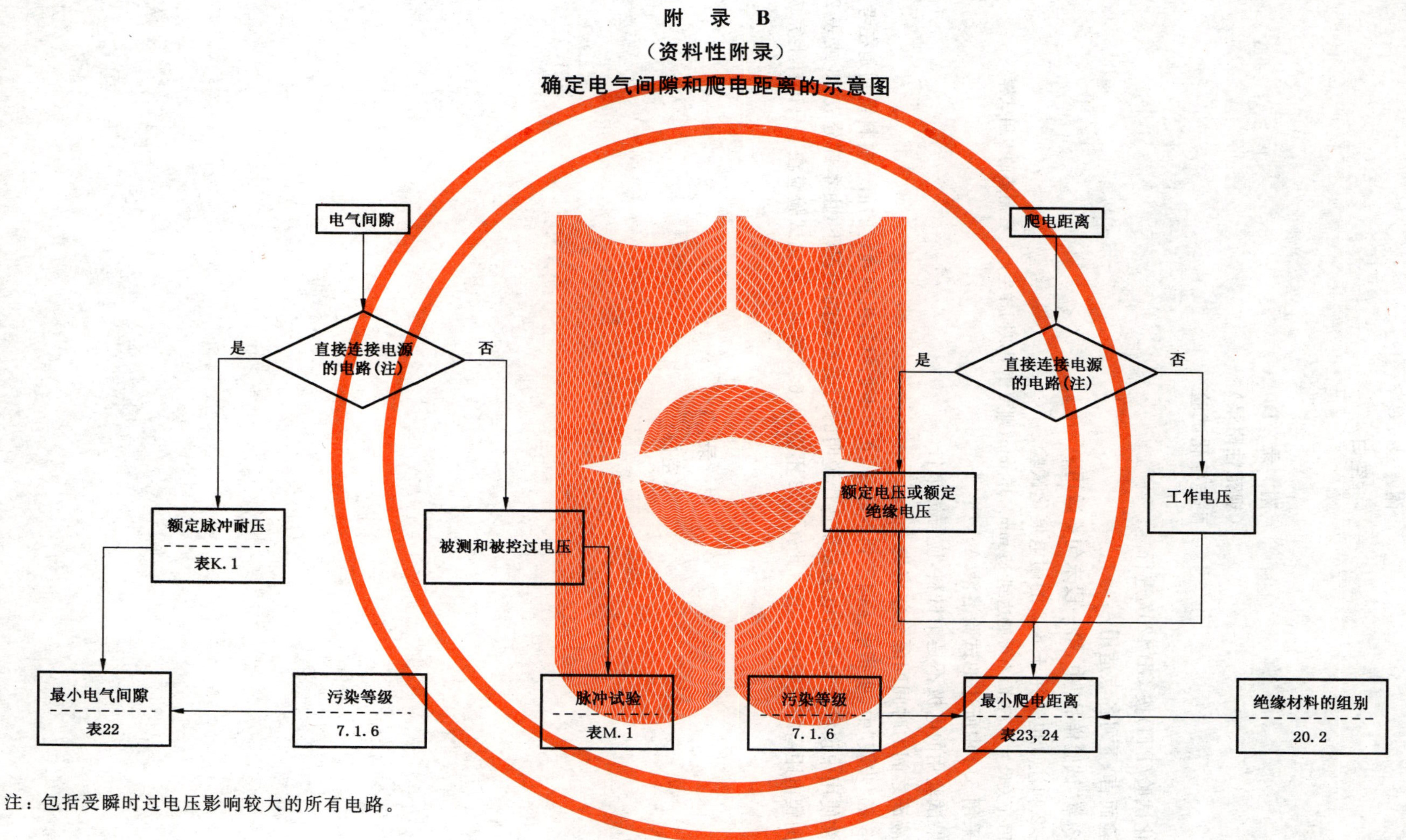

注：包括受瞬时过电压影响较大的所有电路。

附 录 C
〈空白〉

附 录 D
(规范性附录)
耐电痕化试验

耐电痕化试验(PTI)按 GB 4207 进行。

就本试验而言,下列各点适用:

a) 第 3 章“试验样品”中,第一段末句不适用。

此外,注 2 和注 3 也适用于 6.3 的耐电痕化试验。

注:如果因开关尺寸小,表面不可能达到 15 mm×15 mm,则可使用以同样生产过程制造的专用试样。

b) 应采用 5.4 中所述的试验溶液 A。

c) 如果试验用的电极不是铂材料,应写进报告。

d) 两液滴之间的时间间隔允差应为±1 s。

e) 第 6 章“步骤”中,所指电压调整到本部分 20.2 根据材料组别确定的值。材料组别是在考虑到正常使用中预料会出现的电压和制造厂说明的污染等级的情况下,由本部分表 23 或表 24 对被测爬电距离的规定中得出。此外,6.2 不适用,6.3 的耐电痕化试验应在 5 只试样上完成。

附 录 E
〈空白〉

附 录 F
（资料性附录）
开关应用导则

F.1 在实际应用中，开关用来控制多种不同类型的电路，控制电流的范围很广。如果对每只开关进行各种相应负载的试验，在经济上是不合理的。为了进行鉴定试验，确定了代表实际应用的典型电路的标准试验电路条件。在考核开关的电气额定值时就采用该标准电路条件。下述导则可用以确定某一特定开关的额定值是否适合于控制实际应用的电路。

F.1.1 电阻性负载电流额定值

电阻性负载电流额定值用功率因数不低于 0.95 的基本电阻性负载来确定。

F.1.1.1 标有电阻性负载额定值的开关可用来控制电动机负载，只要：

——功率因数不低于 0.8，电动机负载电流不超过开关电阻性负载电流额定值的 60%，而冲击电流值不超过电阻性负载电流值；或

——功率因数不低于 0.6，电动机负载电流不超过开关电阻性负载电流额定值的 16%。

F.1.1.2 标有电阻性负载额定值的开关可用来控制钨丝灯泡负载，只要钨丝灯泡负载稳态电流不超过开关电阻性负载电流额定值的 10%。

F.1.2 电阻性和（或）电动机负载电流额定值

电动机负载电流额定值用电路接通时功率因数为 0.6，电路分断时功率因数为 0.95 的负载来确定。

F.1.2.1 标有电阻性负载和电动机负载 2 种额定值的开关不适用于通断电阻性满负载加上电动机满负载的组合负载。这种开关能够用来通断电阻性负载加上电动机负载的组合负载，条件是电阻性电流与 6 倍电动机稳态电流的矢量和不超过电阻性电流额定值或 6 倍电动机电流额定值（择两者中的大者），而且还取决于组合负载的功率因数。电阻性电流与电动机稳态电流的矢量和应不超过电阻性电流额定值。

注：这种开关的一个例子是用开关内的同一组触头控制热风机电路，热风机内装有加热元件和电动机。

F.1.2.2 标有电阻性负载和电动机负载 2 种额定值的开关可用于钨丝灯负载，只要灯泡负载稳态电流不超过电阻性电流额定值的 10%或电动机电流额定值的 60%（择两者中大者）。

F.1.2.3 只标有电动机电流额定值的开关可归入：

——7.1.2.2 分类，指明电阻性负载等于电动机负载；或

——7.1.2.5 分类，为特定负载。

F.1.3 电容性和电阻性组合负载额定值

注：例如收音机和电视机中的电路。

F.1.4 特定负载额定值

注 1：例如荧光灯负载和功率因数低于 0.6 的电感性负载。

注 2：器具本身提供的开关可用器具内的电路试验，并作为特定负载归入 7.1.2.5 分类。

F.1.5 不大于 20 mA 的电流额定值

注：例如控制氖指示灯和其他信号灯的开关。

附　录　G
（空白）

附　录　H
（资料性附录）
扁形快速连接端头，选择插套的方法

为了试验带插片的开关，应采用尺寸符合 IEC 60760 的认可的插套。

如有疑问，提供图 8 插套进行下述试验。如果经受住试验，则用该同批产品中的新试样对开关进行试验。

6 只插套试样接上表 4 规定的中间的、或制造厂规定的截面积导线。对每只插套插入未用过的插片，再拔出插片，同一插片再插、拔 5 次。插、拔力要轴向平稳施加；每次插拔时，测量插入力和拔出力。

插、拔力应在表 H.1 规定的限值范围内。

表 H.1　扁形快速连接端头的插拔力

<table>
<tr><td colspan="2" rowspan="3">插片规格
mm</td><td>第一次插入</td><td colspan="3">第一次拔出</td><td colspan="2">第六次拔出</td></tr>
<tr><td rowspan="2">单个最大力
N</td><td rowspan="2">最大力
N</td><td colspan="2">最小力</td><td colspan="2">最小力</td></tr>
<tr><td>平均
N</td><td>单个
N</td><td>平均
N</td><td>单个
N</td></tr>
<tr><td rowspan="4">未镀的黄铜插片与未镀的黄铜插套</td><td>2.8</td><td>53</td><td>44</td><td>13</td><td>9</td><td>9</td><td>5</td></tr>
<tr><td>4.8</td><td>67</td><td>89</td><td>22</td><td>13</td><td>13</td><td>9</td></tr>
<tr><td>6.3</td><td>80</td><td>80</td><td>27</td><td>18</td><td>22</td><td>18</td></tr>
<tr><td>9.5</td><td>100</td><td>80</td><td>30</td><td>20</td><td>30</td><td>20</td></tr>
<tr><td rowspan="4">未镀的黄铜插片与镀锡的插套</td><td>2.8</td><td>53</td><td>44</td><td>13</td><td>9</td><td>9</td><td>5</td></tr>
<tr><td>4.8</td><td>67</td><td>89</td><td>22</td><td>13</td><td>13</td><td>9</td></tr>
<tr><td>6.3</td><td>76</td><td>76</td><td>22</td><td>13</td><td>18</td><td>13</td></tr>
<tr><td>9.5</td><td>100</td><td>80</td><td>40</td><td>23</td><td>40</td><td>23</td></tr>
</table>

附　录　I
（空白）

附　录　J
（空白）

附　录　K
（规范性附录）
额定脉冲耐电压、额定电压与过电压类别间的关系

表 K.1　由低电压网直接供电的开关的额定脉冲耐电压

根据 GB 156 的电网标准电压[1)] V		由标准电压导出的相线对中线电压，交流或直流 V	额定脉冲耐电压[2)3)] kV		
			过电压类别		
三相	单相		Ⅰ	Ⅱ	Ⅲ
230/400；277/480	120～240	≤50	0.33	0.5	0.8
		≤100	0.5	0.8	1.5
		≤150	0.8	1.5	2.5
		≤300	1.5	2.5	4.0

注 1：更详细资料，见 IEC 60664-1。例如，关于过电压类别见 2.2.2.1.1。

注 2：通常认为器具开关属于过电压类别Ⅱ。如果器具中装入防止瞬时过电压的专用保护，则过电压类别Ⅰ适用。

1)　“/”标记指明三相 4 线配电系统。小值为相电压而大值为线电压。

2)　标有这些额定脉冲耐电压的开关，按照 GB/T 17045 能用于建筑物电气安装中。

3)　对于能在开关端子处产生过电压的开关，额定脉冲耐电压意味着开关按相关器具标准和制造厂说明书使用时，应不产生超出此值的过电压。

附 录 L
（规范性附录）
污 染 等 级

微小环境决定了污染对绝缘的影响。然而，在考虑微小环境时不得不考虑到宏观环境。

在为某一污染等级设计的开关内，可以设置围栏或密封，使电气间隙和爬电距离的利用符合较原来低的污染等级。当开关碰到冷凝时，这类减小污染的措施可能不是有效的。

小的电气间隙能够被固体颗粒、尘埃和水完全跨接。因此，在微小环境中可能产生污染处，规定了最小电气间隙。

注：在有潮气的情况下，污染会变成导电的。由脏水、烟垢、金属或碳粉引起的污染本质上是导电的。

微小环境中的污染等级

为了估量爬电距离和电气间隙、规定了微小环境中以下 3 级的污染等级：

——污染等级 1

无污染或仅出现干燥的、非导电性污染，污染没有影响。

——污染等级 2

除了偶尔由于预料得到的冷凝而引起的暂时的导电性外，仅出现非导电性污染。

——污染等级 3

出现导电性污染或出现干燥的非导电性污染但由于可预料的冷凝会变成导电性的。

在开关的燃弧腔室内可能出现由离子化气体和金属沉积所引起的导电性污染，对于这种类型污染，未规定污染等级。安全性方面在第 17 章试验期间加以检验。

附 录 M
（规范性附录）
脉冲电压试验

本试验的目的在于证实电气间隙经得起规定瞬时过电压。脉冲耐电压试验以具有 GB/T 16927.1—1997 规定的 1.2/50 μs 波形的电压进行，模拟大气过电压。还包括低压设备的开关过电压。

试验应这样进行：每一极性至少 3 次脉冲，脉冲间隔至少 1 s。

注：脉冲发生器的输出阻抗不宜高于 500 Ω。当对装有跨接试验电路的元件的试样进行试验时，可采用低得多的输出阻抗。

当试样内提供浪涌抑制时，脉冲应具有下列特性：

——对空载电压而言，波形 1.2/50 μs，幅值等于表 M.1 中的值；

——对相应的浪涌电流，波形 8/20 μs。

注：不管试样是否装有浪涌抑制，试验电源的电压波形都适用的。如果试样装有浪涌抑制，则脉冲电压波形可能被斩波，但试样应在试验后再次处于正常操作状态下。

如果试样未装浪涌抑制并承受脉冲电压，则波形不会有显著的畸变。

表 M.1 用以检验电气间隙的海平面试验电压

额定脉冲耐电压 U kV	海平面脉冲试验电压 U kV
0.33	0.35
0.5	0.55
0.8	0.91
1.5	1.75
2.5	2.95
4.0	4.8
6.0	7.3

注 1：试验电气间隙时，相关联的固体绝缘将受到试验电压。因为表 M.1 的脉冲电压相对于脉冲耐电压要高，固体绝缘将不得不作相应设计，这导致固体绝缘脉冲承受能力要提高。

注 2：试验可以在气压调节到对应于海拔 2 000 m 时的值(80 kPa)和 20 ℃的条件下进行，试验电压对应于额定的脉冲耐电压。这种情况下，固体绝缘将不会受到与在海平面试验时一样的耐受要求。

注 3：关于电气间隙的介电强度的相关影响因素(气压、海拔、温度、湿度)在 GB/T 16935.1 的 4.1.1.2.1.2 中给予说明。

附 录 N
（规范性附录）
海拔修正系数

因为表 22 规定的尺寸对海拔 2 000 m 及以下是有效的，对海拔 2 000 m 以上的电气间隙应乘以如下规定的海拔修正系数。

表 N.1 海拔高度修正系数

海 拔 m	正常大气压 kPa	电气间隙乘数
2 000	80.0	1.00
3 000	70.0	1.14
4 000	62.0	1.29
5 000	54.0	1.48
6 000	47.0	1.70
7 000	41.0	1.95
8 000	35.5	2.25
9 000	30.5	2.62
10 000	26.5	3.02
15 000	12.0	6.67
20 000	5.5	14.50

附 录 O
〈空白〉

附 录 P
（规范性附录）
硬印制电路板部件涂敷的类型

A 型涂敷层:仅通过改善涂敷层下印刷线路导体之间空间的环境来提供防污染保护达到 1 级污染。20.1 和 20.2 的电气间隙和爬电距离要求适用于涂敷层下的硬印制电路板。

B 型涂敷层:通过将导体包封在固体绝缘中以提供防污染保护,以致 20.1 和 20.2 的电气间隙和爬电距离要求不适用于涂敷层下的导体之间。

注 1:如果涂敷层将 2 个导电部分中的一个或 2 个,连同他们之间的爬电距离的至少 80%覆盖住,则该 2 个导电部分之间的涂敷层能够是有效。因此,一些有涂敷层的硬印制电路板部件比之未涂敷的同样的硬印制电路板部件能够用于更高的电压或减小导电部分之间的电气间隙和爬电距离。

注 2:20.1 和 20.2 的电气间隙和爬电距离要求适用于硬印制电路板的所有无涂敷层部分以及在涂敷层之上的导电部分之间。

附 录 Q
（规范性附录）
测量有A型涂敷层的印制电路板的绝缘距离

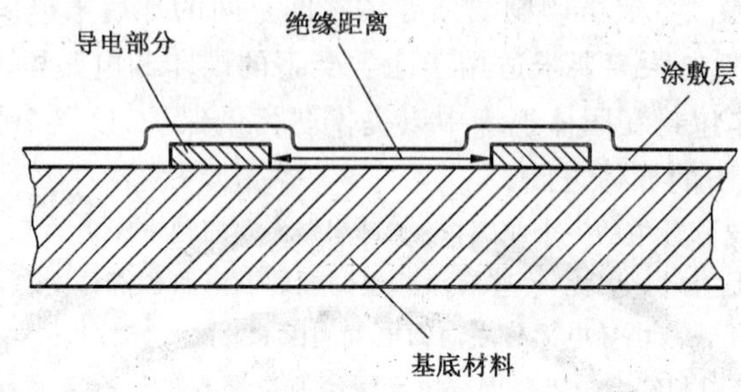

图 Q.1 绝缘距离的测量

绝缘距离在基底材料上的涂敷层下测出。

附　录　R
（规范性附录）
例 行 试 验

R.1　说明

在那些100%检测的地方规定的标准例行试验，被认为对安全是至关重要的。

R.2　总则

没有通过相应试验的开关应采取校正措施。

R.3　降低电气间隙的地方进行的例行试验

基本绝缘或工作绝缘的电气间隙，如小于表22规定值，应通过例行试验和附录M的试验检验。

R.4　软线开关和独立安装开关进行的例行试验

软线开关（GB 15092.2）和独立安装开关（GB 15092.4）应进行以下试验：

——按10.4，但试验电流不小于10 A的接地连续性试验。试验持续到测量所需时间。

——对模压软电缆的不可拆线开关，按第15章，但不经受潮湿处理的介电强度试验，试验施加在开关易触及金属零件和开关带电零件之间，试验在表12规定值下进行1 s。

附　录　S
（资料性附录）
抽样试验

S.1　说明

附录S提供了确认生产的产品经本部分型式试验后仍能按要求方法操作的导则。如能达到同一目的的，本附录没有提及的试验方法也可采用。

S.2　总则

本附录规定的抽样试验可认为是产品检验试验方案的一部分。产品检验适用于开关的在线生产过程。

如果开关不能通过相关试验，应采取校正措施。

从生产线上随机抽取样品进行符合S.3的试验，与所述过程一致，需要量、特性和试验频率和这些试验的抽样率可能受以下因素影响：

——产品的结构；

——采用的质量控制体系，和；

——产品制造厂的规模。

如果供选试验方案表明是等效的话，抽样试验可以用不同于那些用于型式试验的方法来进行试验。

采用的质量控制体系应包括应用于制造和生产体系的质量控制体系单元。质量控制体系的要求可以用其他方法来满足。

S.3　试验

S.3.1　与开关类别或开关分组无关，以下试验作为生产过程抽样方案的一部分适用：

——按第8章标志内容的检查，和按8.9标志耐久性检查。

注1：当明显符合要求时，试验可以不做。（例如：模压、蚀刻或类似方法）。

——按第15章但不经受潮湿处理的介电强度试验。

注2：当明显符合要求时，试验可以不做。（例如：设计）。

S.3.2　在规程中规定的具有代表性的时间周期，在该时间周期，以下试验应按给定次序进行：

——按第15章做介电强度试验。

——按16.2，在触头和端子上进行发热试验。

——按第17章做耐久性试验。

试验样品数见本部分表1，按附录T对开关族分组，然后试验可以在按附录T选取的试样上进行。附录T给出了为此而对开关族的开关类别分组的体系示例。其他分组体系也可以适用于该目的。

S.3.3　在规程中规定的有代表性的时间周期内，符合第21章的灼热丝试验和球压试验和符合附录D的耐电痕化试验应在能代表不同开关结构的材料试样和生产中的材料上进行。但如果另外能证明同样的原材料、模具和工艺方法已做型式试验，则上述这些试验不适用，可认为模具验证程序部分已完成。这些试验可以作进厂检验的一部分而不是产品试验的一部分。

附 录 T
（资料性附录）
开 关 族

T.1 说明

附录T给出了开关族中开关类别分组的示例方法，涉及S.3.2规定的试验。出于该目的的其他分组方式也可以。本附录所谓的"开关族"是指在结构和性能上具有代表性的不同开关类别的简单分组。

T.2 总则

开关类别可分成这样的开关族：可用每次都进行的试验来代表开关族的最严酷情况。

否则，当开关族包括不同额定值的开关类别，应选择与生产数量成比列的数量进行试验，且每次以所选开关类别的最严酷额定值试验。

开关族可以包括以下变化：

——开关的电气额定值不同，

- 具有相同的触头结构，除了尺寸、厚度或触头材料外；
- 有相同的内部触头、基座和操动件设置；
- 相同的极数。

——不同的外部零件，如类似于端子和操动件。

——单向、双向和多向类型。

——开关的常开和常闭复位类别。

——以下条件下的不同触头结构：

具有相同或不同电气额定值的开关，使用了相同的基本触头结构，除尺寸、厚度或触头的材料外，可以包括在同一开关族内，只要开关具有相同的内部触头、基座和操动件设置和相同的极数。

——单极、双极和多极类型，当其电气额定值相同，并且有相似的内部触头、基座和操动件设置。

——在相同结构内部中，电气额定值、温度和操作循环数额定值的不同组合。

T.3 在开关族内选择试验用开关的原则

T.3.1 单向/双向；或同一开关族里的复位开关：

应在有效基础上选择。

T.3.2 同一开关族中的不同极数：应按产量比例变化选。

T.3.3 同一开关族中相同电气额定值的不同操作循环数额定值和电气、温度和操作循环数额定值的不同组合：按每种类别产量，成比例地改变选择。

T.3.4 相同触头但在同一开关族里有不同电气额定值：

如开关族包括各种额定值，则与每种类别产量成比例地改变选择。耐久性试验应在最大伏安额定值，在对所被选开关种类合适的最高电压下进行，并且发热试验应在所选开关类别合适的最大电流额定值下进行。

T.3.5 同一开关族中的不同触头和不同额定值：试验用开关类别的选择，应随每种所用触头类型的产量变化，耐久性试验应在最大伏安额定值，在可适用于被选开关类型的最大电压下进行。发热试验应在所选开关类别合适的最大电流额定值下进行。

T.3.6 同一开关族中相同的电气额定值（例如：相同伏安额定值但电压和电流额定值不同）：按产量改变选择，考虑T.3.4中规定的开关族中的最大额定值。

附 录 U
（规范性附录）
开关插片部分的尺寸

U.1 开关插片部分应符合图 U.1 的尺寸规定。

U.2 插片上可制有不硬性规定的锁扣，锁扣可以是圆形或矩形的凹坑，也可以是孔，应设置在图 U.1 所示沿插片中心线的“*EF*”区域内。

U.3 为了防止插片翻过面来插接而采取的措施可设置在图 U.1 所示沿插片中心线的“*EF*”区域内。

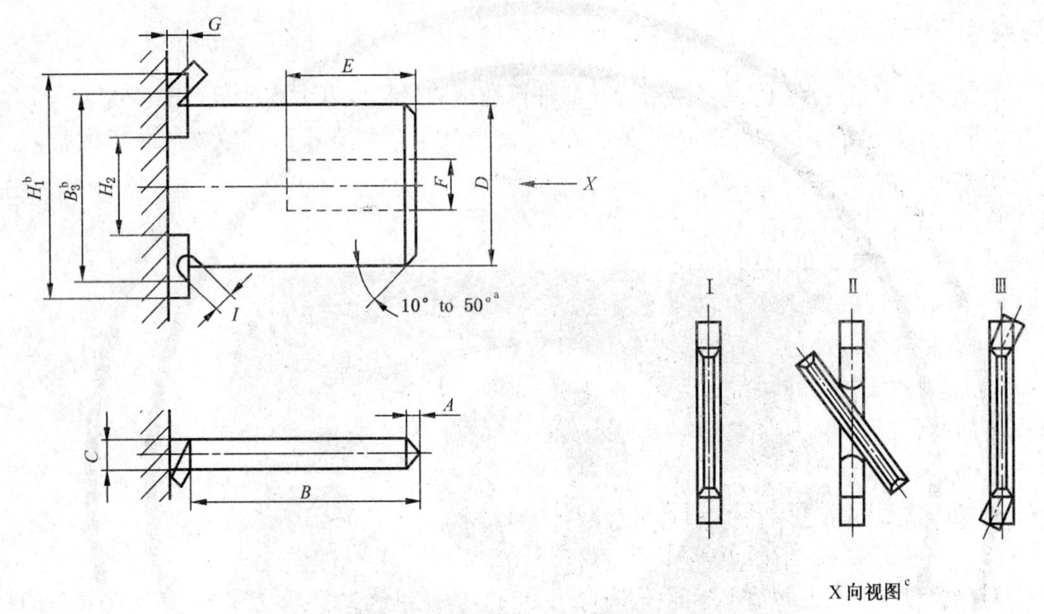

插片尺寸[e]

mm

标称尺码	*A*（强制）最大值	*B*（强制）最小值	*C*（强制）+0.04 −0.03	*D*（强制）±0.1	*E*（不强制）最大值	*F*（不强制）最大值	*G*（强制）最小值	H_2（不强制）最小值	*I*（不强制）直径最大值
2.8×0.5[a]	1.3	7.0	0.5	2.8	3.2	1.7	0.6	1.3	1.0
2.8×0.8	1.3	7.0	0.8	2.8	3.2	1.7	0.6	1.3	1.0
4.8×0.5[a]	1.3	6.2	0.5	4.7	4.3	1.7	0.6	2.8	1.0
4.8×0.8	1.3	6.2	0.8	4.7	4.3	1.7	0.6	2.8	1.0
6.3×0.8	1.3	7.8	0.8	6.3	5.7	2.5	0.6	2.8	1.3
9.5×1.2	1.3	12.0	1.2	9.5	6.5	2.5	0.6	2.8	1.8

a 新设计中不推荐 2.8×0.5 和 4.8×0.5 规格。

b 尺寸“B_3”和“H_1”不规定。

c “*X*”向视图显示Ⅰ、Ⅱ、Ⅲ例不同的可能配置方式。

d 插片尾部形状作成便于插上插套。

e 按图 U.1 尺寸制造的插片将与按 IEC 60760 制造的插套配对。其插拔力参阅附录 H。

图 U.1 扁形快速连接端头的插片

附 录 V
（资料性附录）
无人照看器具用耐不正常发热的要求和试验

V.1 无人照看器具用耐不正常发热的要求和试验

无人照看运行的器具将按 GB 4706.1 中 30.2.3.1 和 30.2.3.2 规定进行试验。然而这些试验不适用于：

——支撑熔接连接件的部件；

——支撑 GB 4706.1 中 19.11.1 规定的低功率电路连接件的部件；

——印制线路板的焊接连接件；

——安装在印制线路板上小元件上的连接件；

——距这些连接件 3 mm 内的部件。

注 1：小元件的实例：二极管、晶体管、电阻、电感、集成电路和不直接连接到电源的电容。

支撑正常工作期间载流超过 0.2 A 的连接件的绝缘材料部件，以及距这些连接处 3 mm 内的绝缘材料，应按照 GB/T 5169.11 进行灼热丝试验，灼热丝严酷等级为 850 ℃。然而按照 GB/T 5169.12，对具有灼热丝可燃性指数至少为 850 ℃的材料部件，灼热丝试验不必进行。如果由于样品与相应部件的厚度差值在 ± 0.1 mm 内，使灼热丝可燃性指数不适用，那么试验试样厚度应等于最接近于 GB/T 5169.12规定的首选值，且试验试样厚度不能比实际相应部件厚。

注 2：GB/T 5169.12 规定的首选值是：(0.75±0.01)mm；(1.5±0.1)mm；(3.0±0.2)mm。

注 3：元件中的触头例如开关触头被认为是连接件。

注 4：将灼热丝顶端施加到连接件附件的部位上。

符合 GB 4706.1 附录 E 针焰试验的小部件，灼热丝试验不需进行。或所提供试样厚度不厚于器具相关部件厚度，按 GB/T 5169.16 类别为 V-0 或 V-1 材料的小部件，灼热丝试验也不需进行。

注 5：小部件定义见 GB/T 5169.1。

载流连接件 3 mm 内的绝缘材料，除了连接件由不同材料的隔离挡板屏蔽起来外，应按照相关温度进行 GB/T 5169.11 的灼热丝试验，灼热丝顶端施加到嵌入的隔离挡板的适当位置和不是直接施加到表面隔离挡板。支撑载流连接件的绝缘材料部件和距这些载流件 3 mm 以内的绝缘材料部件，应进行 GB/T 5169.11 的灼热丝试验。但按 GB/T 5169.13 其材料类别的灼热丝至少达到下列起燃温度值的部件，不进行灼热丝试验：

——775 ℃，对于正常工作期间其载流超过 0.2 A 的连接件；

——675 ℃，其他连接件。

如果由于样品与相关部件的厚度差值在±0.1 mm 内，灼热丝起燃温度值是不适用的，那么试验试样厚度应等于最接近于 GB/T 5169.13 规定的首选值，且试验试样厚度不能比实际相应部件厚。

注 6：GB/T 5169.13 规定的首选值是：(0.75±0.01)mm；(1.5±0.1)mm；(3.0±0.2)mm。

载流连接件 3 mm 内的绝缘材料，除了连接件由不同材料的隔离挡板屏蔽起来外，应按照相关温度进行 GB/T 5169.11 的灼热丝试验，灼热丝顶端施加到嵌入的隔离挡板的适当位置和不是直接施加到表面隔离挡板。在按 GB/T 5169.11 进行灼热丝试验时，灼热丝温度为：

——750 ℃，对于正常工作期间其载流超过 0.2A 的连接件；

——650 ℃，其他连接件。

注 7：元件中的触头例如开关触头被认为是连接件。

注 8：将灼热丝顶端施加到连接件附件的部件上。

如果部件可经受 GB/T 5169.11 灼热丝试验，但在试验期间产生的火焰持续超过 2 s，则这些部件和邻近部件需进行下述试验。该连接件上方直径 20 mm、高 50 mm 的圆柱范围内的部件，进行

GB 4706.1附录E的针焰试验。但用符合GB 4706.1附录E针焰试验的隔离挡板屏蔽起来的部件不需进行试验。

在试样不厚于器具相关部件的情况下，材料类别按GB/T 5169.16为V-0或V-1的部件不进行针焰试验。

参 考 文 献

GB 4706.1　家用和类似用途电器的安全　第1部分:通用要求(IEC 60335-1,IDT)

GB/T 5169.1　电工电子产品着火危险试验　第4部分:着火试验术语(IEC 60695-4,IDT)

GB/T 5169.16　电工电子产品着火危险试验　第16部分:50 W水平与垂直火焰的试验方法(IEC 60695-11-10,IDT)

ICS 17.140.50
A 59

中华人民共和国国家标准

GB/T 15173—2010/IEC 60942:2003
代替 GB/T 15173—1994

电声学　声校准器

Electroacoustics—Sound calibrators

(IEC 60942:2003,IDT)

2010-09-02 发布　　2011-04-01 实施

中华人民共和国国家质量监督检验检疫总局
中国国家标准化管理委员会　发布

前　言

本标准是对 GB/T 15173—1994《声校准器》的修订。

本标准等同采用 IEC 60942:2003《电声学　声校准器》(英文第三版)。

为便于使用,本标准做了下列编辑性修改:

a) 用小数点“.”代替作为小数点的逗号“,”;

b) 删除国际标准的前言;

c) 规范性引用文件一章中的引导语按 GB/T 1.1—2000 的规定修改。

本标准代替 GB/T 15173—1994《声校准器》。

本标准与 GB/T 15173—1994 相比主要变化如下:

a) 增加了引言;

b) 取消了标称值、等效自由场声压级和等效扩散场声压级等 3 条术语的定义(GB/T 15173—1994 的 3.2～3.3),增加了规定声压级等 12 条术语(本标准的 3.2～3.13);

c) 改变了等级标识,由 0 级、1 级和 2 级改为 LS 级、1 级和 2 级;取消了限制使用环境条件的标记“L”(GB/T 15173—1994 的 4.3.4),增加了需对环境影响修正的标记“C”(本标准的 5.1.4);

d) 增加了参考环境条件(本标准的第 4 章);

e) 工作环境条件的范围与声级计(GB/T 3785.1—2010(IEC 61672-1:2002))的规定协调一致;

f) 允差中包括最大许可测量不确定度;

g) 增加了电源电压范围内的声压级要求(本标准的 5.2.4);

h) 取消了频率稳定性的要求(GB/T 15173—1994 的 4.2.3);

i) 取消了猝发音能力的规范(GB/T 15173—1994 的 4.5);

j) 增加了用于测定级别的传声器类型的规范(本标准的 5.7.1);

k) 删除了等效自由场和扩散场声级的规范;

l) 增加了电磁兼容的要求(本标准的 5.8);

m) 增加了型式评价试验的内容(本标准的附录 A);

n) 增加了周期试验的内容(本标准的附录 B);

o) 增加了型式评价报告格式(本标准的附录 C)。

本标准的附录 A、附录 B 和附录 C 为规范性附录。

本标准由中华人民共和国工业和信息化部提出。

本标准由全国电声学标准化技术委员会归口(SAC/TC 23)。

本标准起草单位:中国计量科学研究院、衡阳衡仪电气有限公司、中国电子科技集团公司第三研究所。

本标准主要起草人:陈剑林、刘湘衡、张美娥、牛锋、翁泰来。

本标准于 1994 年 8 月首次发布,本次为第一次修订。

引　言

声校准器是一种当耦合到规定型号和结构（如带或者不带保护栅罩）的传声器上时，能在一个或多个规定频率上产生一个或多个已知声压级的装置。声校准器产生的声压级与环境条件例如气压、空气温度和相对湿度有关。

声校准器有两个主要用途：

a） 测定规定型号和结构的传声器的声压灵敏度；

b） 检查或调节声学测量装置或系统的总灵敏度。

电声学 声校准器

1 范围

本标准规定了3个级别声校准器的性能要求:实验室标准(LS级)、1级和2级。其中LS级的允差限最小,2级的允差限最大。LS级声校准器一般只在实验室中使用,而1级和2级声校准器为现场使用。1级声校准器主要与IEC 61672.1中规定的1级声级计配套使用,2级声校准器主要与2级声级计配套使用。

满足本标准要求的LS级声校准器的允差限基于使用符合IEC 61094-1规定的实验室标准传声器,满足本标准要求的1级和2级声校准器的允差限基于使用符合GB/T 20441.4规定的工作标准传声器。

具有多声压级和多频率的声校准器,所有的声压级和频率组合具有相同的级别标识,同时在使用说明书中规定该仪器符合本标准要求。

本标准不包括等效自由场声压级或无规入射声压级的要求,它们可用于声级计总灵敏度调节。

声校准器可能具有其他功能,例如猝发声,本标准不包括对这些其他功能的要求。

2 规范性引用文件

下列文件中的条款通过本标准的引用而成为本标准的条款。凡是注日期的引用文件,其随后所有的修改单(不包括勘误的内容)或修订版均不适用于本标准,然而,鼓励根据本标准达成协议的各方研究是否可使用这些文件的最新版本。凡是不注日期的引用文件,其最新版本适用于本部分。

GB/T 3785.1—2010 电声学 声级计 第1部分:规范(IEC 61672-1:2002,IDT)

GB/T 3240—1982 声学测量中的常用频率(idt ISO 266:1975)

GB 9254—2008 信息技术设备的无线电骚扰限值和测量方法(CISPR 22:2006,IDT)

GB/T 17626.2—2006 电磁兼容 试验和测量技术 静电放电抗扰度试验(IEC 61000-4-2:2001,IDT)

GB/T 17799.1—1999 电磁兼容 通用标准 居住、商业和轻工业环境中的抗扰度试验(idt IEC 61000-6-1:1997)

GB/T 17799.3—2001 电磁兼容 通用标准 居住、商业和轻工业环境中的发射标准(idt CISPR/IEC 61000-6-3:1996)

GB/T 20441.4—2006 测量传声器 第4部分:工作标准传声器规范(IEC 61094-4:1995,IDT)

ISO/IEC 指南:1995,测量不确定度的表述指南(GUM)

ISO 公告:1993 ISBN 92-67-01075-1 国际计量学基本词汇和通用术语

IEC 61094-1:2000 测量传声器 第1部分:实验室标准传声器规范

IEC 61094-2:1992 测量传声器 第2部分:采用互易技术对实验室标准传声器声压校准的原级方法

IEC 61094-5:2001 测量传声器 第5部分:工作标准传声器声压校准的比较法

IEC 60050(801):1994 国际电工词汇(IEV) 801章:声学和电声学

IEC 61000-4-3:2002 电磁兼容(EMC) 第4-3部分:试验和测量技术 射频电磁场抗扰度试验,基础EMC公告

OIML 国际建议 R97:1990 气压计

3 术语和定义

IEC 60050(801):1994 和 ISO 公告《国际计量学基本词汇和通用术语》确立的以及下列术语和定义适用于本标准。

3.1

声校准器 sound calibrator

一种当耦合到规定型号和结构的传声器上时，能产生规定声压级和规定频率的正弦声压的装置。

3.2

规定声压级 specified sound pressure level

在参考环境条件下，声校准器和一个已知型号和结构的传声器一起使用时所产生的声压级，它对单个的声校准器(如 LS 级声校准器)或相同型号的所有声校准器(如 1 级或 2 级声校准器)是有效的。

3.3

标称声压级 nominal sound pressure level

为标记使用，取整到最接近于规定声压级的分贝值，它对相同型号的所有声校准器是有效的。

3.4

规定频率 specified frequency

在参考环境条件下，由声校准器产生的声信号频率，它对单个声校准器(如 LS 级声校准器)或相同型号的所有声校准器(如 1 级或 2 级声校准器)是有效的。

3.5

标称频率 nominal frequency

接近于规定频率，为标记使用，通常按 GB/T 3240—1982 进行取整。

3.6

主声压级 principal sound pressure level

仪器使用说明书中所规定的主要声压级。

注：在验证声校准器符合本标准要求时使用主声压级。

3.7

主频率 principal frequency

仪器使用说明书中所规定的主要频率。

注：在验证声校准器符合本标准要求时使用主频率。

3.8

重复 replication

将传声器耦合到声校准器，然后将传声器从声校准器完全移开的重复测量。

3.9

总失真 total distortion

所有失真分量的方均根值与整个信号的方均根值之比的百分数。

3.10

参考方位 reference orientation

声校准器腔体开口的主轴(传声器沿此轴插入腔体)与射频场中发射器或接收器的主方向一致时声校准器的方向。腔体开口面远离发射器或接收器。

3.11

参考平面 reference plane

传声器和声校准器之间的接触面。

3.12

传声器有效负载体积　effective load volume of a microphone

在参考环境条件下，与由参考平面、传声器膜片和在参考平面上传声器的外圆柱面所限定的腔体具有相同声顺的空气体积，包括传声器的等效体积（见 IEC 61094-1:2000）。

注：有效负载体积通常用立方毫米表示。

4　参考环境条件

声校准器规定性能的参考环境条件为：

空气温度：23 ℃；

气压：101.32 kPa；

相对湿度：50%。

5　要求

5.1　一般要求

5.1.1　满足本标准要求的声校准器应该具备本章所描述的特性。对本标准而言，为适应多个类型的传声器而提供的任何适配器都是整个声校准器的一部分。

5.1.2　声校准器应该满足本标准对于一个或多个声压级和频率的有效组合的要求。满足本标准要求的所有组合应有相同的级别标识。对本标准中未提供允差限的声压级和频率设置，不应注明满足本标准要求。

5.1.3　LS级声校准器应提供单个的校准表，表中应包含6.2中所要求的信息。对于1级和2级声校准器，规定声压级和规定频率应在使用说明中给出。

5.1.4　需对静压的影响进行修正以满足相应级别要求的LS级和1级声校准器，应在声校准器的级别标识上加注字母“C”。而其他环境条件下对于能达到相应级别规定的LS级和1级声校准器应不需要进行环境条件修正。需对任何环境条件进行修正以满足相应级别要求的2级声校准器，应在声校准器的级别标识上加注字母“C”。适用时，级别标识应表示为LS/C级、1/C级和2/C级。如果允许并且需要对环境条件的变化进行修正以满足规定的要求，这些修正应在使用说明书中加以说明。

5.1.5　需要对静压影响进行修正以满足本标准要求的1级声校准器应提供气压计。气压计应能测量静压，使声校准器满足相应级别要求的能力不受影响。需要对静压的影响进行修正以满足本标准要求的2级声校准器应提供气压计（气压计测量静压的方法应使声校准器满足本标准相应级别的要求的能力不受影响），除非修正量足够小，以至于对±6.0 kPa静压范围内的任何变化，未修正的测量声压级满足本标准的要求。在这种情况下，对静压变化影响所施加的修正量，以及当声校准器工作在不同的海拔高度时如何计算相关修正的信息应一起在使用说明书中加以说明。

注1：LS级声校准器一般只在实验室中使用，当LS级声校准器带有“C”标识时，实验室中应具备测量静压的相应设备。因此不要求为此等级声校准器提供气压计。

注2：气压计上可以直接提供用于将测得的声压级修正到参考静压下的数据。

5.1.6　需对温度和相对湿度的影响进行修正以符合本标准要求的2级声校准器，应提供测量相关环境条件的方法。提供的测量方法应确保用此方法测量的环境条件能使声校准器满足要求，级别不受影响。

注：“提供的方法”所得到的数据可直接用于将测得的声压级修正到参考环境条件下。

5.1.7　声校准器的设计和所用材料应能保证声校准器工作的长期稳定性。

5.1.8　如果规定声校准器的某个方位用于满足本标准的要求，则应在声校准器上标示该方位，或在声校准器上标示查看使用说明书，使用说明书中应注明所要求的方位。

5.1.9　声校准器的所有性能要求均与其操作有关，包括传声器和声校准器的稳定耦合以及声压级和频率的稳定。声压级和频率稳定所需的时间，从声校准器与传声器耦合并接通电源起，对于5.4中规定的任何环境条件组合，应不超过 30 s，并应在使用说明书中注明。应允许声校准器和传声器在耦合之前与主要环境条件达到均衡。

注：传声器与声校准器耦合后，所需要的稳定时间可能与所用声校准器及传声器型号不同有明显变化。

5.1.10 声校准器中非供操作者使用的部件，应采用密封或标记的方法加以保护。

5.1.11 本标准中的允差限包括了测量扩展不确定度。测量扩展不确定度按 ISO/IEC 测量不确定度表述指南计算，其包含因子为 2，相应于 95％的置信水平。检测实验室最大允许测量扩展不确定度在附录 A 和附录 B 中给出。声校准器的制造商可以从相应的允差限中减去最大测量扩展不确定度，以计算设计和制造用的允差限。

5.1.12 当测量结果或此结果与相应设计目标值之差的绝对值加上检测实验室的实际测量扩展不确定度后，全部位于该级别规定的允差限之内时，证实该声校准器满足本标准要求。对于法制计量，本标准规定的允差限可作为型式评价、首次检定和后续检定的最大允许误差。

5.1.13 如果检测实验室的实际测量扩展不确定度超过附录 A 和附录 B 给出的最大允许值，则此测量不能作为满足本标准性能要求的证明。

5.2 声压级

5.2.1 一般要求

5.2.1.1 声校准器产生的所有规定声压级应在使用说明书中标明，其分辨力应等于或优于 0.1 dB。

5.2.1.2 本标准规定的所有要求和允差限均相对于在插入传声器后，与其膜片上所产生的声压级有关。

5.2.1.3 当声校准器与使用说明书中规定型号和结构的传声器耦合工作时，其主声压级应至少为 90 dB(参考 20 μPa)。

5.2.2 产生的声压级

声校准器产生的声压级应是 20 s 测量期间的平均值。对于带字母“C”标识的声校准器，如果需要，测得的声压级应修正到第 4 章给出的参考环境条件下。测得的声压级与相应的规定声压级之差的绝对值，再加上测量扩展不确定度后，不应超过表 1 给出的相应级别的允差限。这些允差限适用于在参考环境条件及其附近的以下范围内所作的测量：气压 97 kPa～105 kPa，温度 20 ℃～26 ℃，相对湿度 40％～65％。

5.2.3 短期级漂移

声压级的漂移应在时间计权 F(IEC 61672-1:2000 规定标称时间常数为 125 ms)上测量，在声校准器工作的 20 s 期间内以一定的间隔至少测量 10 次。测得的最大和最小声压级差值的一半，再加上测量扩展不确定度后，应不超过表 1 给出的相应级别的短期级漂移限。这些短期级漂移限适用于在参考环境条件及其附近以下范围内的测量：气压 97 kPa～105 kPa，温度 20 ℃～26 ℃，相对湿度 40％～65％。

表 1 在参考环境条件及附近时声压级和短期级漂移的允差限

标称频率范围 Hz	声压级允差限 dB			短期级漂移限 dB		
	LS 级	1 级	2 级	LS 级	1 级	2 级
31.5～<160	—	0.50	—	—	0.20	—
160～1 250	0.20	0.40	0.75	0.05	0.10	0.20
>1 250～4 000	—	0.60	—	—	0.10	—
>4 000～8 000	—	0.80	—	—	0.10	—
>8 000～16 000	—	1.00	—	—	0.10	—

注 1：声压级允差限是声校准器产生的声压级与规定声压级之差的绝对值，加上测量扩展不确定度。

注 2：短期级漂移限是相应测量得到的短期级漂移，加上测量扩展不确定度。

注 3：对于 LS 级或者 2 级声校准器，表中符号“—”表示对此标称频率范围本标准没有给出允差限。

5.2.4 电源电压范围内的声压级

在使用说明书规定的电源电压范围内，按5.2.2测定的声校准器产生的声压级，与在标称电源电压和参考环境条件下测得的声压级之差的绝对值，再加上测量扩展不确定度后，应不超过表2给出的相应级别的允差限。对于电源电压范围内的任何电压，测得的声压级与规定声压级之差的绝对值也不应超过表1给出的允差限。

表2 在参考环境条件下电源电压对声压级影响的允差限

允差限 dB		
LS级	1级	2级
0.05	0.10	0.20
注：允差限是声校准器在工作电压范围内产生的声压级与在标称电源电压下产生的声压级之差的绝对值，加上测量扩展不确定度。		

5.3 频率

5.3.1 一般要求

5.3.1.1 声校准器产生的声信号的主频率应该在160 Hz～1 250 Hz频率范围内。规定频率应按GB/T 3240—1982中3.1给出的准确频率公式计算，或在GB/T 3240—1982表1中给出的频率中选取。

5.3.1.2 应可在主频率上得到主声压级。

5.3.2 声校准器产生的声信号的频率

声校准器产生的声信号的频率与相应的规定频率之差的绝对值(百分数)，再加上测量扩展不确定度后，应不超过表3给出的相应级别的允差限。这些允差限适用于在参考环境条件及其附近的以下范围内的测量：气压97 kPa～105 kPa，温度20 ℃～26 ℃，相对湿度40%～65%。

表3 在参考环境条件及其附近时频率的允差限

允差限 %		
LS级	1级	2级
1.0	1.0	2.0
注1：允差限是声校准器产生的声信号频率与相应规定频率之差的绝对值(百分数)，加上测量扩展不确定度。 注2：允差限用规定频率上的百分数表示。		

5.4 静压、空气温度和湿度的影响

5.4.1 对97 kPa～105 kPa、20 ℃～26 ℃和40%～65%相对湿度范围之外的环境条件，对以下列出的环境条件范围的任一种组合，相对于参考条件下的测量值，声校准器应工作在表4和表5给出的允差限内，且不应超过表6给出的相应级别的允差限。

LS级	静压：	65 kPa～108 kPa；
	空气温度：	＋16 ℃～＋30 ℃；
	相对湿度：	25%～90%。
1级	静压：	65 kPa～108 kPa；
	空气温度：	－10 ℃～＋50 ℃；
	相对湿度：	25%～90%；

超过 39 ℃的空气温度和相对湿度组合会产生结露现象，因此从性能试验中排除。

2 级　　静压：　65 kPa～108 kPa；

空气温度：　0 ℃～+40 ℃；

相对湿度：　25%～90%。

注：1 级和 2 级声校准器环境条件的范围与 GB/T 3785.1 中对 1 级和 2 级声级计的规定相同。

5.4.2 满足表 4、表 5 和表 6 中相应级别要求的 LS 级和 1 级声校准器，在 5.4.1 规定的适用环境条件范围内，但需要对静压影响进行修正才能达到表 4 和表 5 中规定的要求时，声校准器应当标识为 LS/C 级或 1/C 级。同样，满足表 4、表 5 和表 6 中该级别要求的 2 级声校准器，当在 5.4.1 规定的相应环境条件范围内，需要对任何环境影响进行修正后才能达到表 4 和表 5 中规定的要求时，声校准器应当标识为 2/C 级。所有的相关修正量，以及它们对应于 95% 置信水平时的测量扩展不确定度，应在使用说明书中给出。使用说明书中还应包括声校准器满足相关级别要求所需要的环境条件的最大测量扩展不确定度的描述。

表 4　在规定环境条件范围内声压级的允差限

标称频率范围 Hz	允差限 dB		
	LS 级	1 级	2 级
31.5～<160	—	0.50	—
160～1 250	0.20	0.40	0.60
>1 250～4 000	—	0.60	—
>4 000～8 000	—	0.80	—
>8 000～16 000	—	1.00	—

注 1：允差限是声校准器在规定环境条件范围内(包括表 1 涵盖的条件)产生的声压级与在参考环境条件下测得的声压级之差的绝对值，加上测量扩展不确定度。

注 2：对于 LS 级或者 2 级声校准器，表中符号“—”表示对此标称频率范围本标准没有给出允差限。

表 5　在规定环境条件范围内频率的允差限

允差限 %		
LS 级	1 级	2 级
1.0	1.0	2.0

注 1：允差限是声校准器在规定环境条件范围内(包括表 3 涵盖的条件)产生的声信号的频率与在参考环境条件下测得的频率之差的绝对值(百分数)，加上测量扩展不确定度。

注 2：允差限用规定频率上的百分数表示。

5.5 总失真

对 5.4.1 规定的适用环境条件范围，在至少 22.5 Hz～20 kHz 频率范围内测得的总失真，加上测量扩展不确定度后应不超过表 6 中规定的最大值。

注：失真仪可指示信号中不需要分量的幅度与基波分量幅度之比。对本标准中规定的最大失真限，根据总失真分量的方均根与总信号的方均根之比，或者与基波的方均根之比测得的失真之差与测量不确定度相比可以忽略不计。

表 6 最大总失真

标称频率范围 Hz	总失真 %		
	LS级	1级	2级
31.5～<160	—	4.0	—
160～1 250	2.5	3.0	4.0
>1 250～16 000	—	4.0	—

注1：允差指声校准器产生的最大总失真，加上测量扩展不确定度。

注2：对于LS级或者2级声校准器，表中符号"—"表示对此标称频率范围本标准没有给出允差限。

5.6 电源供电要求

声校准器应提供检查电源电压方法，以确保声校准器能按本标准要求工作，或当电源电压低至声校准器不能按本标准要求工作时，应确保声校准器停止产生任何声输出。

5.7 传声器的规范和校准

5.7.1 传声器的型号和适配器

5.7.1.1 声校准器使用说明书应根据 IEC 61094-1:2000 或 GB/T 20441.4—2006 指定传声器的结构，或作为选择(如需要时可附加)，制造商或供货商的名称，型号标识和结构(例如带或不带保护栅罩)，这些传声器规定与声校准器配套使用时，以使声校准器满足本标准要求。在每种情况下，使用说明书还应注明要求的适配器结构(如果有)。

5.7.1.2 对LS级声校准器，规定的传声器结构或者型号中应至少有一种是 IEC 61094-1:2000 中规定的实验室标准传声器。

5.7.1.3 对1级和2级声校准器，规定的传声器型号中应至少有一种是 GB/T 20441.4—2006 中规定的工作标准传声器。

注：满足 IEC 61094-1:2000 对实验室标准传声器要求的测量传声器也满足 GB/T 20441.4—2006 对工作标准传声器的要求。

5.7.2 传声器的灵敏度级

对于规定型号的传声器，应至少可用以下方法之一确定传声器的声压灵敏度级：

a) IEC 61094-2:1992 中规定的方法；

b) IEC 61094-5:2001 中规定的方法，或者交替使用比较法。

5.8 电磁兼容

5.8.1 一般要求

声校准器应满足本标准关于射频辐射和对静电放电、工频和射频场抗扰度的要求。

5.8.2 射频辐射

5.8.2.1 在 30 MHz～230 MHz 的频率范围内，在 10 m 处测得的声校准器射频辐射的电磁场强度应不超过 30 dB(参考 1 μV/m)准峰值级，在 230 MHz～1 GHz 的频率范围内，在 10 m 处测得的声校准器射频辐射的电磁场强度应不超过 37 dB(参考 1 μV/m)准峰值级。

注1：上限由许多不同标准的兼容决定。此限在 GB/T 17799.3—2001 表1中给出，形成声校准器的基本要求。

注2：CISPR 16-1:1999 的 4.1.2 中规定了准峰值接收器的特性。

5.8.2.2 使用说明书应给出声校准器产生最大射频辐射的工作模式。

5.8.3 静电放电

5.8.3.1 声校准器应能经受住 4 kV 的接触放电和 8 kV 的空气放电，其正负电压值均相对地电位而言。

注：此要求根据 GB/T 17799.1—1999 的表1中1.4的规定。

5.8.3.2 静电放电试验中和试验后，用 GB/T 17799.1—1999 中规定的性能标准 B 进行判断。

5.8.3.3 静电放电试验完成后，声校准器的所有工作状态和结构应与试验开始前的设置相同。

5.8.4 对工频和射频场抗扰度

5.8.4.1 声校准器对以下的工频和射频范围及场强应呈现出最小的抗扰度：

——频率范围为 26 MHz～1 GHz，方均根电磁场强度达到 10 V/m(未调制)，900 Hz 正弦调制幅度为 80%；

——均匀的方均根交变磁场强度为 80 A/m，频率为 50 Hz 和 60 Hz。

注 1：这些要求对 GB/T 17799.1—1999 的表 1 中 1.1 和 IEC 61000-6-2：1999 的表 1 中 1.2 规定作了少量的修改，分别是将射频频率范围扩展至从 26 MHz～1 GHz，调制频率从 1 kHz 改为 900 Hz，工频场的场强增加到 80 A/m，去掉了 IEC 61000-6-2：1999 的表 1 中注 3 所列的小场强要求。

注 2：如果未调制的方均根电磁场强度大于 10 V/m 时，声校准器能够满足本标准的要求。相应的场强应在使用说明书中说明。

5.8.4.2 声校准器置于参考方位，用于传声器插入的耦合腔开口面背离工频或射频场辐射器，当施加工频或射频场后，声校准器的工作状态应不发生变化。工频或射频场存在与不存在时声校准器产生的声压级之差的绝对值，对 LS 级声校准器应不超过 0.15 dB，1 级声校准器应不超过 0.3 dB，2 级声校准器应不超过 0.5 dB。对于多声压级或多频率，或者二者兼有的声校准器，此要求适用于使用说明书中注明满足本标准要求的频率和声压级的每种组合。

5.8.4.3 声校准器的使用说明书应注明产生最小工频和射频场抗扰度(最大敏感度)的结构和可能有的连接装置。

6 仪器标志和文件

6.1 声校准器的标志

声校准器上应留有标志的位置，满足本标准要求的声校准器应提供以下最基本的信息。其中 a)项和 b)项应标志在声校准器上。其余项目应标志在声校准器上或使用时显示在声校准器上：

a) 制造商或者供应商的名称或商标；

b) 型号标识和序列号；

c) 参考本标准的编号和公布年份；

d) 声校准器的等级，包括需要对环境条件例如静压加以修正的字母“C”标识；

e) 满足该级别要求的声压级和频率所有组合的清晰指示；

f) 标称声压级(一个或多个)；

g) 标称频率(一个或多个)；

h) 如果声校准器需要并且可能的话，给出安装传声器要求的方向指示；

i) 如果声校准器采用电池供电，优先的电池型号；

j) 如果提供适配器，给出适配器的型号标识。

6.2 LS 级声校准器的单个校准表

制造商或者供应商应为 LS 级声校准器提供单个的校准表。校准表中应该给出规定声压级和规定频率，它们是与声校准器满足本标准要求所适用的型号和结构的传声器产生的。

6.3 使用说明书

使用说明书应随声校准器一起提供，使用说明书应包括第 5 章和 6.1 所要求的信息。还应包含如下信息：

a) 传声器型号(和所用结构)和需要的相应适配器的识别，当声校准器与适配器一起按说明书的描述使用时，可保证声校准器实现说明书中列举的功能。

b) 当声校准器与规定型号和结构的传声器耦合时，其输出信号的信息：LS 级声校准器至少给出输出信号的标称声压级和标称频率，1 级和 2 级声校准器给出输出信号的规定声压级和规定频率。

c) 如果声校准器的指定方位用于满足本标准要求，则此方位应当注明。

d) 对于所有可能的声压级和频率的组合，一旦声校准器与传声器耦合并启动后，规定声压级和频率达到稳定所需的时间。此外，使用说明书还应给出声校准器与传声器耦合在一起后，其组合所需要的稳定时间。

e) 主声压级。当声校准器只有一个有效声压级时，这个声压级就是主声压级。

f) 主频率。当声校准器只有一个有效频率时，这个频率就是主频率。

g) 5.4 中规定的声校准器工作的环境条件范围和修正数据(如果有)，以及修正数据对应于 95% 置信水平时的测量扩展不确定度；对于带字母标识“C”，但不要求提供气压计的 2 级声校准器，当声校准器在不同海拔高度工作时如何计算修正的信息。

h) 该级别满足本标准要求的声压级和频率有效组合的识别。

i) 声校准器在每个设置的声压级上工作期间，保证周围环境声级足够低所推荐的方法。

j) 对 LS 级声校准器，包括带字母标识“C”的，由于所插入传声器的有效负载体积的变化导致声校准器产生的声压级的典型变化。

k) 可用电池的型号，如果可能，给出电池的使用寿命，电池状态指示器及其工作的所有细节，标称电压，最大电压和最小电压；外接电源的连接方法。

l) 对于带字母标识“C”的声校准器，给出声校准器满足相关级别要求，能力不受影响时环境条件测量的最大扩展不确定度；随声校准器提供的气压计，其静压测量的扩展不确定度。

m) 对于需要但没有提供气压计的 LS 级声校准器，对静压测量适用装置的详细说明。

n) 标称工作模式结构的说明。

o) 声校准器所用的电缆和附件(如果有)，声校准器配其使用时满足 5.8 的电磁兼容要求。

p) 试验射频场暴露影响的参考方向的描述。

q) 如果适用，声校准器满足标准的要求，大于 10 V/m 的未调制方均根电磁场强度。

r) 最大射频辐射时的配置，设置的声压级和频率。

s) 如果有配置和连接设备，其对工频和射频场产生的最小抗扰度(最大敏感度)。

t) 不满足本标准要求的声压级和频率组合的详细资料，包括它们的声学特性的描述和相应设计目标保持的标称允差限的介绍。

注：对本标准中未作规定的声校准器的附加功能，说明书中应包括此功能作用的介绍，制造商对附加功能设计目标的描述和相应标称允差限，包括测量扩展不确定度的说明。

附 录 A
（规范性附录）
型式评价试验

A.0 引言

A.0.1 本附录给出了证明声校准器的一个型号满足本标准规定的所有要求所必需试验的细则。这些试验对LS级、1级和2级声校准器均适用，目的是保证所有检测实验室用一致的方法执行型式评价试验。本附录中描述的所有适用试验均应执行。

A.0.2 当测量的结果或者测量结果与相应设计目标之差的绝对值，加上检测实验室实际的测量扩展不确定度后，不超过规定的允差限，则可证明满足本标准的要求。执行这些试验的实验室应根据ISO/IEC“测量不确定度表述指南”计算所有的测量不确定度。实际的扩展不确定度应以95％的置信水平用需要的包含因子进行计算。如果检测实验室仅需做单项测量，该实验室需要用基于类似声校准器多次测量的初期评估对总不确定度做一个随机分布的估算。

注：一般情况下，包含因子2约为95％的置信水平，除非其分布要求用其他的包含因子来维持95％的置信水平。

A.0.3 本附录中给出的测量扩展不确定度是证明在本附录下满足本标准要求的最大允许值。如果检测实验室执行测量的实际扩展不确定度超过这个最大允许值，则此测量不能用来证明满足本标准的要求。

A.0.4 在本附录的表格中给出了最大允许测量扩展不确定度。对于声校准器在参考环境条件下或者参考环境条件附近工作时，表A.1给出了产生的声压级和短期级漂移的数据，表A.2给出了产生的声信号频率的数据。表A.3给出了在规定的环境条件范围内，输出信号的总失真数据。对于声校准器在规定的环境条件范围工作时，表A.4给出了产生的声压级的数据，表A.5给出了产生的声信号频率的数据。

A.0.5 检测实验室所用的仪器，其适用参量应在校准有效期内，并可根据需要溯源到国家标准。

A.1 提交试验

A.1.1 对型式评价试验，应提交5台相同型式的声校准器样品。检测实验室至少选择5个样品中的2个进行试验。2个样品中至少有1个应完全按照本附录给出的程序试验。检测实验室可以自行决定是否要对第2个样品也进行全部试验，还是只选择对型式认可足够了的有限试验。

注：根据试验样品的数量，型式认可可以限定为2 a，以获得关于该型式更多的经验。

A.1.2 每个声校准器，连同所有相关的附件（例如适配器或者气压计），均应与使用说明书复印件一起提交，每个LS级声校准器还应提供一个单个的校准表。

A.2 主值

A.2.1 应确认声校准器的主声压级满足5.2.1.3的要求。

A.2.2 应确认声校准器的主频率满足5.3.1.1的要求。

A.3 声校准器的标志和提供的文件

应按要求查证声校准器上的标志和使用说明书提供的信息，且包括6.1和6.3规定的所有信息。对于LS级声校准器，应查证其单个校准表，包含6.2要求的所有信息。

A.4 在参考环境条件及其附近的性能试验

A.4.1 概述

A.4.1.1 A.4中的全部试验应在5.2.2中规定的环境条件范围内进行。

A.4.1.2 对带字母标识“C”的LS级和1级声校准器,使用说明书中提供的关于静压影响的数据,应适用于将测量得到的声压级修正到参考环境条件下。如果声校准器配有气压计,则应用该气压计来测量静压,然后根据使用说明书中提供的相应数据,将测量得到的声压级修正到参考环境条件下。

A.4.1.3 对带字母标识“C”的2级声校准器,应用使用说明书中提供的关于气压、温度和相对湿度影响的相应数据,将测得的声压级修正到参考环境条件下。如随声校准器提供了测量相关环境条件的方法,则应按此方法测量环境条件,然后用使用说明书中提供的相应数据把测量得到的声压级修正到参考环境条件下。

A.4.1.4 除A.4.3.7、A.4.3.8、A.4.5.2、A.4.5.4和A.4.6.2中描述的试验外,所有的测量均应在标称工作电压20%范围内的一个工作电压上进行,同时不超过规定的最大或者最小工作电压。

A.4.2 方位

如果使用说明书中注明了声校准器使用时的规定方位,试验时应选用此方位。如未规定方位,对A.4.3.3中描述的声压级的测量应至少在3个不同方位上进行。

A.4.3 声压级

A.4.3.1 测量声校准器产生的声压级,应在使用说明书中规定的主声压级上,在使用说明书中注明满足本标准要求的每个频率设置上进行,测量20 s工作期间的平均值。

A.4.3.2 对于LS级声校准器,传声器应是IEC 61094-1中规定的实验室标准传声器。对于1级和2级声校准器,传声器应该是GB/T 20441.4中规定的工作标准传声器。

注1:满足IEC 61094-1对实验室标准传声器要求的测量传声器也满足GB/T 20441.4对工作标准传声器的要求。

注2:测量声压级时,建议采用插入电压技术(见IEC 61094-1:2000中5.3)或等效的方法测量传声器的开路电压。

注3:选择传声器型号时,应该选用IEC 61094-1或GB/T 20441.4中电声特性用字母“P”标识的传声器。

A.4.3.3 声压级测量应重复两次总共测量3次。测得声压级的平均值与相应的规定声压级之差的绝对值,加上测量扩展不确定度后,应不超过表1中给出的声校准器相应级别的允差限。实际的测量扩展不确定度应不超过表A.1中给出的声校准器相应级别的要求。

A.4.3.4 应至少用另一只同型号的实验室标准传声器或工作标准传声器,在使用说明书注明满足本标准要求的每个频率设置上,重复A.4.3.3所述的声压级测量。

A.4.3.5 对多声压级的声校准器,还应在使用说明书注明满足本标准要求的每个声压级和每个频率设置上,用同型号的传声器,按A.4.3.3所述测量声校准器产生的声压级。

A.4.3.6 使用说明书中给出的程序应确保试验期间到达传声器的环境声级对声校准器的工作来说足够低。

A.4.3.7 应在声校准器的电池状态指示器或声信号切断功能能工作的电源最低工作电压的5%以内时,用同型号的传声器重复声压级的测量(复现的除外),测量应在使用说明书注明仪器满足本标准要求的以下声压级和频率组合上进行:

——主声压级和主频率;

——最大声压级和在此声压级上可能的最小和最大频率;

——最小声压级和在此声压级上可能的最小和最大频率;

——最小频率和在此频率上可能的最小和最大声压级;

——最大频率和在此频率上可能的最小和最大声压级。

A.4.3.8 测量声校准器在降低的工作电压下传声器输出电平相对于声校准器在标称电源电压和参考环境条件下传声器的输出电平的变化量。对于每个组合,声校准器在降低的工作电压下产生的声压级与在标称电源电压和参考环境条件下产生的声压级之差的绝对值,加上实际的测量扩展不确定度后,应不超过表2中给出的允差限。差值的实际测量扩展不确定度应不超过0.04 dB。同时,测得的声压级与规定声级之差的绝对值,加上实际的测量扩展不确定度后,应不超过表1中给出的允差限。

注:本条中规定的不确定度包括在表A.1中给出的最大允许扩展不确定度中。

A.4.3.9 如果声校准器设计用外部电源供电，应该在最大允许电源电压下在主声压级和主频率上对声压级进行重复测量。应测量声校准器在最大允许电源电压下传声器输出电平相对于声校准器在标称电源电压和参考环境条件下传声器输出电平的变化量。声校准器在最大允许电源电压下产生的声压级与在标称电源电压和参考环境条件下产生的声压级之差的绝对值，加上实际的测量扩展不确定度后，应不超过表2中给出的允差限。差值的实际测量扩展不确定度应不超过0.04 dB。同时，测量的声压级与规定声级之差的绝对值，加上实际的测量扩展不确定度后，应不超过表1中给出的允差限。

注：本条中规定的不确定度包括在表A.1中给出的最大允许扩展不确定度中。

A.4.3.10 当所用传声器的型号和结构不是A.4.3.2规定的，而使用说明书中指明声校准器满足本标准中相应级别的要求，则应用这种传声器按A.4.3中描述进行重复测量，除非检测实验室有可靠的、合理的证据证明能与其他型号传声器等效或者可施加修正。在这些情况下，实验室可不需要用所有型号和结构的传声器进行测量，但需使用这些等效型号的代表性传声器测量。

A.4.4 声压级稳定性——短期级漂移

A.4.4.1 声校准器腔中声压级的短期漂移应在主声压级和主频率上，使用A.4.3.2中的传声器测定。选择时间计权F(见IEC 61672-1)，在声校准器工作的20 s期间内以一定的间隔至少测量10次，找出最大和最小输出声压级。测得的最大和最小声压级之差的一半，加上实际的测量扩展不确定度后，应不超过表1中给出的相应级别的允差限。实际的测量扩展不确定度应不超过表A.1中相应级别的值。

A.4.4.2 短期级漂移应只用一个传声器测量。

A.4.4.3 对于多声压级的声校准器，A.4.4.1和A.4.4.2中描述的短期级漂移测量应该在主频率和使用说明书中注明满足本标准要求的最小声压级设置上重复进行。

表A.1 在参考环境条件及附近的声压级和短期级漂移的最大允许测量扩展不确定度

标称频率范围 Hz	产生的声压级的测量不确定度 dB			短期级漂移的测量不确定度 dB		
	LS级	1级	2级	LS级	1级	2级
31.5～<160	—	0.20	—	—	0.10	—
160～1 250	0.10	0.15	0.35	0.02	0.03	0.05
>1 250～4 000	—	0.25	—	—	0.03	—
>4 000～8 000	—	0.35	—	—	0.03	—
>8 000～16 000	—	0.50	—	—	0.03	—
注：对于LS级或者2级声校准器，表中符号“—”表示对此标称频率范围本标准没有给出允差限。						

A.4.5 频率

A.4.5.1 声校准器产生的声信号的频率应该用A.4.3.2中的传声器，在主声压级上，对使用说明书中给出的满足本标准要求的每个频率设置进行测量。每个测得的频率和相应的规定频率之差的绝对值(百分数)，加上实际的测量扩展不确定度，应不超过表3中给出的相应级别的允差限。实际的测量扩展不确定度应不超过表A.2中给出的相应级别的要求。

A.4.5.2 应在声校准器的电池状态指示器或声信号切断功能能工作的电源最低工作电压的5%以内时，用同型号的传声器重复频率的测量，测量应在使用说明书注明仪器满足本标准要求的以下声压级和频率组合上进行：

——主声压级和主频率；

——最大声压级和在此声压级上可能的最小和最大频率；

——最小声压级和在此声压级上可能的最小和最大频率；

——最小频率和在此频率上可能的最小和最大声压级；

——最大频率和在此频率上可能的最小和最大声压级。

A.4.5.3 每个测得频率和相应的规定频率之差值的绝对值(百分数)，加上实际的测量扩展不确定度后，应不超过表3中给出的相应级别声校准器的允差限。实际的测量扩展不确定度应不超过表A.2中给出的相应级别的值。

A.4.5.4 如果声校准器设计用外部电源供电，应在最大允许电源电压下在主声压级和主频率上对频率进行重复测量。每个测得频率和相应规定频率之差的绝对值(百分数)，加上实际的测量扩展不确定度后，不应该超过表3中给出的相应级别的允差限。实际的测量扩展不确定度应不超过表A.2中给出的相应级别的值。

表 A.2 在参考环境条件及附近的频率的最大允许测量扩展不确定度

频率测量不确定度 %		
LS级	1级	2级
0.3	0.3	0.3
注：测量扩展不确定度用规定频率的百分数来表示。		

A.4.6 总失真

A.4.6.1 声校准器产生的声压信号的总失真应至少在22.5 Hz～20 kHz的频率范围内，用A.4.3.2中所述的传声器，对每一个频率设置，在使用说明书中给出的满足本标准要求的最大和最小声压级上进行测量。测得的总失真加上实际测量扩展不确定度后，应不超过表6中给出的相应级别的限值。实际的测量扩展不确定度应不超过表A.3中给出的相应级别的值。

A.4.6.2 应在声校准器的电池状态指示器或声信号切断功能能工作的电源最低工作电压的5%以内时，用同型号的传声器重复失真的测量，测量应在使用说明书注明仪器满足本标准要求的以下声压级和频率组合上进行：

——最大声压级和在此声压级上可能的最小和最大频率；

——最小声压级和在此声压级上可能的最小和最大频率；

——最小频率和在此频率上可能的最小和最大声压级；

——最大频率和在此频率上可能的最小和最大声压级。

测得的总失真，加上实际的测量扩展不确定度后，应不超过表6中给出的相应级别的限值。实际测量扩展不确定应不超过表A.3中给出的相应级别的值。

注1：总失真的测量可以采用带阻滤波器(失真因子仪表)或适用的分析仪。

注2：选择传声器型号时，应选用IEC 61094-1或GB/T 20441.4中电声特性用字母“P”标识的传声器。

表 A.3 在适用环境条件下总失真的最大允许测量扩展不确定度

标称频率范围 Hz	总失真的测量不确定度 %		
	LS级	1级	2级
31.5～<160	—	1.0	—
160～1 250	0.5	0.5	1.0
>1 250～16 000	—	1.0	—
注1：上面的不确定度用失真的百分数表示。 注2：对于LS级或者2级声校准器，表中符号“—”表示对此标称频率范围本标准没有给出允差限。			

A.5 环境试验

A.5.1 概述

A.5.1.1 如果使用说明书中规定了特殊类型和规格的电池，则在试验环境条件变化的影响时，声校准应该安装此种电池。

A.5.1.2 为了缩短温度和湿度对声校准器输出声压级影响的试验时间，A.5.4 描述了比 A.5.5、A.5.6 和 A.5.7 给出的全部试验的简化试验。这些简化试验测量温度和湿度的组合对声校准器输出的影响。对于简化试验，应用小于表 4 和表 5 中的允差来证明满足本标准的要求。如果声校准器在所有试验条件下满足这些减小的允差限(见 A.5.4.7)，则应当认为满足本标准要求，并且不需要进行 A.5.5、A.5.6 和 A.5.7 的试验。对 A.5.4 中的任何试验，如果声校准器不能满足这些减小的允差限(见 A.5.4.7)，则需要进行 A.5.5、A.5.6 和 A.5.7 的全部试验，以确定声校准器允差限是否在表 4 给出的值之内，并满足本标准要求。

A.5.1.3 对于带字母标识"C"的 LS 级和 1 级声校准器，应用使用说明书中提供的静压影响数据将测得的声压级修正到参考环境条件下。如果随声校准器提供气压计，应用提供的气压计测量静压。

注：气压计提供的修正数据可直接用于将测得的声压级修正到参考环境条件下的声压级。

A.5.1.4 对于带字母标识"C"的 2 级声校准器，应用使用说明书中提供的静压、温度和相对湿度影响的相应数据，将测得的声压级修正到参考环境条件下。如果随声校准器提供了测量相关环境条件的方法，则应用提供的方法测量相关环境条件。

注："提供的方法"提供的修正数据可直接用于将测得的声压级修正到参考环境条件下的声压级。

A.5.2 静压的影响

A.5.2.1 应在适用的静压范围内，在主声压级和主频率以及使用说明书注明满足本标准要求的所有更高的频率上测量声校准器产生的声压级，声压级测量应使用一个规定型号和结构的传声器，在需要的频率范围内，其静压和温度系数已知。测量期间，温度尽可能保持恒定，最好在参考温度的±2 ℃以内。在参考静压下，相对湿度应在参考相对湿度的±20%以内。

注：在给定的潮湿空气体积中，当通过减少或增加潮湿空气的数量，使此体积中空气的静压减小或增大时，此体积中的水蒸气的总量也将成比例的减少或增加。因而相对湿度将从最初的相对湿度减小或增大。出于实际的原因，对通过减少或增加初始体积中空气数量引起相对湿度变化产生静压影响的试验不予修正。

A.5.2.2 声压级测量应最少取 5 个静压点，随静压的变化测量传声器输出电平相对于在参考环境条件下传声器的输出电平的变化量。这些静压应包括参考静压和相应级别声校准器适用的最小和最大静压。在每个静压条件，测量前，声校准器应至少在该静压下保留 10 min 的时间以适应静压环境。静压测量装置的校准应能溯源至国家标准，其静压测量结果的实际测量扩展不确定度相对于 95%置信水平应不超过 0.2 kPa。

A.5.2.3 测得的声压级应按 A.5.1.3 或 A.5.1.4 所述的相应方法修正到参考环境条件。考虑到传声器的灵敏度级随静压、温度和湿度的变化而改变，因此，传声器灵敏度级也应加以适当修正。

A.5.2.4 在某静压范围内测得的声压级(如果声校准器带字母标识"C"，加以合适的修正)与在参考环境条件下测得的声压级之差的绝对值，加上实际测量扩展不确定度后，不超过表 1 或表 4 给出的该静压和该级别的允差限，此静压范围应至少和使用说明书中给出的静压范围一样宽。且应包括 5.4.1 对该级别声校准器的规定。实际的测量扩展不确定度应不超过表 A.4 中给出的相应级别的值。

表 A.4 在规定的环境条件范围内声压级的最大允许测量扩展不确定度

标称频率范围 Hz	声压级的测量不确定度 dB		
	LS 级	1 级	2 级
31.5～<160	—	0.25	—
160～1 250	0.10	0.15	0.20

表 A.4(续)

标称频率范围 Hz	声压级的测量不确定度 dB		
	LS级	1级	2级
>1 250～4 000	—	0.30	—
>4 000～8 000	—	0.35	—
>8 000～16 000	—	0.40	—

注1：这些测量不确定度是规定的环境条件范围内测得的声压级与参考环境条件下测得声压级之差。

注2：这些不确定度包括制造商提供的修正值的不确定度(如果适用)。

注3：这些不确定度不包括表A.1中给出的参考环境条件下的测量不确定度。

注4：对于LS级或者2级声校准器，表中符号“—”表示对此标称频率范围本标准没有给出允差限。

A.5.2.5 声校准器产生的声压信号的总失真应根据A.4.6.1，在最低静压下，在主频率和使用说明书中注明仪器满足本标准要求的最大声压级设置上测量。

A.5.3 试验空气温度和相对湿度变化的影响时环境适应要求

A.5.3.1 在试验空气温度和相对湿度变化对声校准器产生的声压级、频率和总失真的影响时，声校准器和测量传声器应放入环境箱内。

A.5.3.2 试验空气温度和相对湿度变化的影响时，在所有环境适应期间，测量传声器不应耦合到声校准器上，声校准器的电源开关处于关断状态。

A.5.3.3 任何测量之前，声校准器应当保持电源开关关断状态，在近似参考环境条件下均衡12 h。

A.5.3.4 对于试验温度和湿度组合的影响和试验相对湿度的单独影响时，在每个测量条件下，测量前，声校准器和传声器的均衡时间应至少附加7 h。对于空气温度影响的单独试验，均衡时间至少附加3 h。

A.5.3.5 如果检测实验室有能力将传声器耦合到声校准器而不影响相对湿度，在传声器和声校准器耦合所需要的压力均衡时间之后即可进行测量，否则，开始测量前应再均衡3 h。

A.5.4 温度和湿度组合影响的简化试验

A.5.4.1 声校准器在主声压级和主频率上产生的声压级和声信号的频率，应在以下相应级别适用的温度和相对湿度组合条件下测量：

LS级
——参考温度和参考相对湿度；
——温度16 ℃和相对湿度25%；
——温度30 ℃和相对湿度90%。

1级
——参考温度和参考相对湿度；
——温度－10 ℃和相对湿度65%；
——温度5 ℃和相对湿度25%；
——温度40 ℃和相对湿度90%；
——温度50 ℃和相对湿度50%。

2级
——参考温度和参考相对湿度；
——温度0 ℃和相对湿度30%；
——温度40 ℃和相对湿度90%。

测量过程中，静压应尽可能保持恒定，最好在参考静压的＋2.0 kPa～－4.0 kPa以内。

规定的试验条件的允差限为温度±2.5 ℃和相对湿度±10%。声压级和频率测量应使用规定型号和结构的传声器，在要求的范围内，其静压、温度和相对湿度系数已知。温度和相对湿度测量装置的校准应能溯源至国家标准，这些测量装置对相关环境条件的测量结果不应影响声校准器满足相应级别的要求。实际的测量扩展不确定度应不超过0.5 ℃和5%RH。

注：规定的试验条件的允差限包括实际的测量扩展不确定度。

先在参考温度和参考相对湿度上测量声压级和频率，然后按规定温度由高向低的顺序测量，最后再在参考温度和参考相对湿度上测量。

注：温度和相对湿度组合选择时考虑了在有效环境试验中很容易出现的结露现象。组合也反映了LS级、1级和2级声校准器常用的环境条件范围。

A.5.4.2 声校准器产生的声压级和声信号频率的变化，应测量随温度和相对湿度的变化后传声器输出信号电平和频率相对于首次在参考温度和参考相对湿度下测得的传声器输出信号电平和频率的变化量。

A.5.4.3 测得的声压级应按A.5.1.3或A.5.1.4中描述的适用方法修正到参考环境条件。考虑到传声器灵敏度级随温度、相对湿度和静压的变化而改变，因此，传声器的灵敏度级也应加以适当修正。

A.5.4.4 对于多声压级或多频率，或两者兼有的声校准器，应附加在参考温度和参考相对湿度下，对使用说明书注明仪器满足本标准要求的以下声压级和频率组合上测量声压级和频率：

——最大声压级和在此声压级上可能的最小和最大频率；

——最小声压级和在此声压级上可能的最小和最大频率；

——最小频率和在此频率上可能的最小和最大声压级；

——最大频率和在此频率上可能的最大和最小声压级。

A.5.4.5 对于多声压级或多频率，或两者兼有的声校准器，应在A.5.4.1给出的相应级别的最大和最小温度及其结合的相对湿度条件下，对使用说明书注明仪器满足本标准要求的以下的声压级和频率组合作进一步的测量。

——主声压级和主频率；

——最大声压级和在此声压级上可能的最小和最大频率；

——最小声压级和在此声压级上可能的最小和最大频率；

——最小频率和在此频率上可能的最小和最大声压级；

——最大频率和在此频率上可能的最小和最大声压级。

A.5.4.6 声校准器产生的声压级和声信号频率的变化，应测量随温度和相对湿度变化后传声器输出信号电平和频率相对于首次在参考温度和参考相对湿度下测得的传声器输出信号电平和频率的变化量。

A.5.4.7 测量得到的声压级（如果声校准器带字母标识“C”，应加以合适修正）与在首次参考温度和参考相对湿度下以及适当的声压级和频率上测得的相应声压级之差的绝对值，加上实际的测量扩展不确定度，应不超过从表4导出的以下缩小的允差限：对于LS级和1级声校准器，适用的允差限为表4中给出的值减去0.05 dB，对于2级声校准器，适用的允差限为表4中给出的值减去0.10 dB。测得的频率与首次在参考温度和参考相对湿度下测得的相应频率之差的绝对值（百分数），加上实际的测量扩展不确定度，应不超过从表5导出的以下缩小的允差限：对于LS级、1级和2级声校准器，适用的允差限分别为0.8%、0.8%和1.6%。实际的测量扩展不确定度应不超过表A.4和表A.5中给出的相应级别的值。

表A.5 在规定环境条件范围内频率的最大允许测量扩展不确定度

频率测量不确定度 %		
LS级	1级	2级
0.3	0.3	0.3
注：测量扩展不确定度用规定频率的百分数来表示。		

A.5.5 空气温度的影响

A.5.5.1 如按A.5.4中描述的试验结果的要求，应在适用的温度范围内测量声校准器在主声压级和主频率上产生的声压级和信号频率。如声校准器为多声压级或多频率的或两者兼有,测量应在使用说明书注明仪器满足本标准要求的如下条件下重复:

——最大声压级和在此声压级上可能的最小、主要和最大频率;

——最小声压级和在此声压级上可能的最小、主要和最大频率;

——最小频率和在此频率上可能的最小、主要和最大声压级;

——最大频率和在此频率上可能的最小、主要和最大声压级。

声压级和频率的测量应使用一个规定型号和结构的传声器,在要求的范围内,其温度、静压和相对湿度系数已知。测量期间,静压应尽可能的保持不变,最好在参考静压的+2.0 kPa～−4.0 kPa之间,相对湿度也应尽可能保持恒定在参考相对湿度的±20%内的一个注明的湿度上。

A.5.5.2 声校准器产生的声压级和声信号频率的变化,应测量随温度变化后传声器输出信号电平和频率相对于在参考环境条件下传声器的输出信号电平和频率的变化量。测量应至少在5个温度下进行。这些温度应包括参考温度、相应级别声校准器适用的最小和最大温度以及在20 ℃～26 ℃范围之外的其他两个温度。温度测量装置的校准应能溯源至国家标准,其温度测量结果应不影响声校准器满足相应级别要求的能力。装置的实际测量扩展不确定度应不超过0.5 ℃。

注1:每次改变温度时需要监视相对湿度,以保证相对湿度保持在A.5.5.1中规定的允差限内。

注2:应避免环境箱内温度快速变化。

注3:十分当心避免由于环境箱内空气的温度变化而产生凝结现象。

注4:如果检测实验室认为3 h的环境适应时间不够,可以增加适应时间。

A.5.5.3 测得的声压级应按A.5.1.3或A.5.1.4中描述的适用方法修正到参考环境条件。考虑到传声器灵敏度级随温度、静压和相对湿度的变化而改变,因此,传声器的灵敏度级也应加以适当修正。

A.5.5.4 使用说明书中应至少规定以下适用的空气温度范围,它应包括5.4.1中对相应级别给出的范围。

——测得的声压级(如声校准器带字母标识“C”应加以合适修正)与在参考环境条件下测定的相应声压级之差的绝对值,加上实际测量扩展不确定度后,应不超过表4中给出的允差限。

——测得的频率与在参考环境条件下测定的频率之差的绝对值(百分数),加上实际测量扩展不确定度后,应不超过表5中给出的允差限。

实际的测量扩展不确定度不应超过表A.4和表A.5分别为相应级别所给出的值。

A.5.6 相对湿度的影响

A.5.6.1 如按A.5.4中描述的试验结果的要求,应在适用的相对湿度范围内,测量声校准器在主声压级和主频率上产生的声压级。如果声校准器为多声压级或多频率或两者兼有,测量应在使用说明书注明仪器满足本标准要求的如下条件下重复:

——最大声压级和在此声压级上可能的最小、主要和最大频率;

——最小频率和在此频率上可能的最大声压级;

——最大频率和在此频率上可能的最大声压级。

声压级和频率的测量应使用一个规定型号和结构的传声器,在要求的范围内,其静压、温度和相对湿度系数已知。测量期间,静压和温度应尽可能保持恒定,最好在参考静压的+2.0 kPa～−4.0 kPa之内,和参考温度的±2 ℃之内。

A.5.6.2 声校准器产生的声压级和声信号频率的变化,应测量随相对湿度变化后传声器输出信号电平和频率相对于在参考环境条件下传声器输出信号电平和频率的变化量,其测量最少在5个相对湿度上,这些相对湿度应包括参考相对湿度、5.4.1中规定的相应级别声校准器适用的最小和最大相对湿度以及在40%～65%范围之外的其他两个相对湿度。相对湿度测量装置的校准应能溯源至国家标准,相对湿度测量结果应不影响声校准器满足相应级别的要求。装置的实际测量扩展不确定度应不超过5%。

A.5.6.3 测得的声压级应按 A.5.1.3 或 A.5.1.4 中描述的适用方法修正到参考环境条件。考虑到传声器灵敏度级随相对湿度、静压和温度的变化而改变，因此，传声器的灵敏度级也应加以适当修正。

A.5.6.4 使用说明书中应至少规定以下适用的相对湿度范围，它应包括 5.4.1 中对相应级别给出的范围。

——测得的声压级(如声校准器带字母标识“C”应加以合适修正)与在参考环境条件下测定的相应声压级之差的绝对值，加上实际测量扩展不确定度后，应不超过表 4 中给出的允差限。

——测得的频率与在参考环境条件下测定的频率之差的绝对值(百分数)，加上实际测量扩展不确定度后，应不超过表 5 中给出的允差限。

实际的测量扩展不确定度应不超过表 A.4 和表 A.5 为相应级别所给出的值。

A.5.7 温度和相对湿度组合的影响

A.5.7.1 如按 A.5.4 中描述的试验结果要求，应在以下相应级别适用的温度和相对湿度组合条件下测量声校准器在主声压级和主频率上产生的声压级和声信号频率：

对 LS 级声校准器

——参考温度和参考相对湿度；

——温度 16 ℃和相对湿度 25%；

——温度 30 ℃和相对湿度 90%。

对 1 级声校准器

——参考温度和参考相对湿度；

——温度－10 ℃和相对湿度 65%；

——温度 40 ℃和相对湿度 90%。

对 2 级声校准器

——参考温度和参考相对湿度；

——温度 0 ℃和相对湿度 30%；

——温度 40 ℃和相对湿度 90%。

标称温度的允差限为±2.5 ℃，标称相对湿度的允差限为±10%。

A.5.7.2 声压级和频率的测量应使用一个规定型号和结构的传声器，在要求的范围内，其静压、温度和相对湿度系数已知。测量期间，静压应尽可能保持恒定，最好在参考静压的＋2.0 kPa～－4.0 kPa 之内。温度和相对湿度测量设备的实际扩展不确定度不应超过 0.5 ℃和 5%RH。

注：规定的试验条件的允差限包括实际测量扩展不确定度。

A.5.7.3 声校准器产生的声压级和声信号频率的变化，应测量随温度和相对湿度变化后传声器输出信号的电平和频率相对于在参考环境条件下传声器输出信号电平和频率的变化量。温度和相对湿度测量装置的校准应能溯源至国家标准，这些装置对相应环境条件的测量结果应不影响声校准器满足相应级别的要求。

A.5.7.4 测得的声压级应当按 A.5.1.3 或 A.5.1.4 中描述的适用方法修正到参考环境条件。考虑到传声器灵敏度级随温度、相对湿度和气压的变化而改变，因此，传声器的灵敏度级也应加以适当修正。

A.5.7.5 每个测得的声压级(如果声校准器带字母标识“C”，应加以合适修正)与在参考环境条件下测定的相应声压级之差的绝对值，加上实际的测量扩展不确定度，应不超过表 4 中给出的相应级别的允差限。每个测量得到的频率与在参考环境条件下确定的相应频率之差的绝对值(百分数)，加上实际的测量扩展不确定度，应不超过表 5 中给出的相应级别的允差限。实际测量扩展不确定度应不超过表 A.4 和表 A.5 中给出的相应级别的值。

A.6 电磁兼容

A.6.1 一般要求

A.6.1.1 本章所描述的试验均应进行，除非特殊结构的声校准器对此不适用，这种情况下应当用等效的试验来代替。

A.6.1.2 在试验期间,声校准器应设置在使用说明书针对该试验规定的工作模式。并应在使用说明书规定的优选供电电源下工作。

A.6.1.3 完成试验所需设备的全部细节和详细的试验方法大部分在其他标准中给出,本章给出了附加要求。第2章中列出的这些其他标准在所有相关试验时应参照。

A.6.1.4 电磁和静电特性的测量不确定度应按所适用标准的规定,声校准器检测实验室的实际测量扩展不确定度应不超过本章中给出的值。

A.6.2 射频辐射

A.6.2.1 声校准器应按使用说明书的规定进行配置和设置,以使声校准器在被研究的频率范围内产生最大射频辐射。

A.6.2.2 射频辐射应按 GB 9254—2008 第6章和第10章中的描述进行测量。所有测得的辐射应满足 GB 9254—2008 表1中的外壳封装要求。

A.6.2.3 声校准器起始试验应在使用说明书给出的参考方位上进行。使用说明书中规定的声校准配用型号的传声器应插入到声校准器的腔中。

A.6.2.4 保持 A.6.2.1 和 A.6.2.3 的配置不变,声校准器应至少在另外一个平面上进行射频辐射试验。该平面位于使用的射频测量系统合适的位置限内,并近似垂直于参考方向。

A.6.2.5 任何用于保持声校准器位置的固定件和安装件(如果适用,包括传声器和电缆)应对声校准器的射频辐射测量没有重要影响。

A.6.2.6 如果声校准器配置任何接口或电缆插座等连接设备,那么,所有射频辐射试验均应在电缆连接到所有适用的连接设备状态下进行。所有电缆应无接头,并应按 GB 9254—2008 中第8章描述的方式排列,除非声校准器制造商也提供了用此电缆连接到声校准器的设备,这种情况下所有试验应在连接状态下进行。

A.6.3 静电放电

A.6.3.1 静电放电试验需要的设备和试验方法应按 GB/T 17626.2 所述。

A.6.3.2 如果声校准器配置的连接设备在正常工作模式下不是必备的,则静电放电试验时不应连接电缆。放电不应作用于凹进连接器或声校准器外表面的连接器插脚。

A.6.3.3 试验期间,任何用于保持声校准器位置的支座或器件不应遮盖声校准器上静电试验需要作用的任何部分,也不应影响声校准器的试验。声校准器配用的规定型号的传声器应插入声校准器腔中。声校准器的设置应根据使用说明书设置在正常使用的主频率和主声压级上。

A.6.3.4 应在正负极最大电压下,对声校准器的所有合适的部分,分别施加10次接触和空气放电。

注:应注意保证声校准器在重复放电前,上次试验的任何影响应完全释放。

A.6.3.5 放电后,声校准器应返回到与放电前相同的工作状态。试验期间,特性中非定量改变是允许的。

A.6.3.6 如果使用说明书中规定在放电试验后性能降低或功能损失,此性能降低或功能损失不应产生永久性的工作影响或结构变化。

A.6.4 工频和射频场抗扰度

A.6.4.1 射频场试验需要的设备和试验方法应按 IEC 61000-4-3:2002 所述。

A.6.4.2 试验应首先在使用说明书中给出的参考方位上进行,传声器或"遥测传声器"("remote-microphone")适配器插入声校准器的腔中,声校准器设置在主声压级和主频率上工作,没有电磁场存在时产生的声压级应予记录。

注:为了避免电磁场对传声器的可能影响,可在声校准器腔和传声器所在区域之间使用一个"遥控传声器"适配器,包括一个非金属管,传声器所在区域的电场强度比声校准器感受到的要低。

A.6.4.3 射频场抗扰度试验应用连续频率扫描或在 IEC 61000-4-3:2002 第8章中的离散频率点上进

行,除了对500 MHz以下频率增量不超过4%以外,对其他所有频率增量不超过2%,用以取代IEC 61000-4-3规定的1%以外。在每个频率上停留的时间应适合于被试声校准器,在有限数量离散频率上的试验不排除声校准器在规定范围内的所有频率上满足对本标准要求的需要。

注:IEC 61000-4-3中规定的1%频率增量可能在证明符合其他标准或要求时需要。

A.6.4.4 如果声校准器配置任何接口或电缆插座等连接设备,那么,所有工频场和射频场抗扰度试验均应在电缆连接到所有适用的连接设备状态下进行。所有电缆应无接头,并应按GB 9254—2008第8章描述的方式排列,除非声校准器制造商也提供了用此电缆连接到声校准器的设备,这种情况下所有试验应在连接状态下进行。

A.6.4.5 工频场应按5.8.4.1的规定,工频场敏感度试验时,声校准器使用传声器的方式应不影响工频场,传声器应为使用说明书中声校准器规定使用的型号。

A.6.4.6 保持A.6.4.2和A.6.4.4的配置不变,声校准器应至少在另外一个平面上进行试验。该平面位于使用的射频发射系统合适的位置限内,并近似垂直于包含参考方向主轴的平面。

A.6.4.7 应按使用说明书给出的程序,保证试验期间到达传声器的环境声级与声校准器工作时的要求相比足够低。试验期间,声校准器应保持完全工作状态,其设置与试验开始前相同。

测得的声压级与工频场或射频场不存在时测得的声压级之差的绝对值,加上实际测量扩展不确定度,应不超过5.8.4.2中的要求。对所有级别的声校准器,实际的测量扩展不确定度不应超过0.05 dB。这不包括电磁场测量贡献的不确定度。

A.6.4.8 如果使用说明书注明在主声压级和主频率外任何附加的其他声压级和频率组合上,声校准器满足本标准要求,则以下的工频和射频抗扰度试验应重复:

——对于多声压级单频率声校准器,使用说明书中注明仪器满足本标准要求的所有声压级均要试验;
——对于多频率单声压级声校准器,使用说明书中注明仪器满足本标准要求的所有频率均要试验;
——对于多声压级多频率声校准器,使用说明书中注明仪器满足本标准要求的所有频率均要在满足本标准要求的最小声压级上试验;
——对于多声压级多频率声校准器,使用说明书中注明仪器满足本标准要求的所有声压级均要在主频率上试验。

A.6.4.9 在每种情况下,测得的声压级与工频场或射频场不存在时测得的声压级之差的绝对值,加上实际测量扩展不确定度,应不超过5.8.4.2的要求。对所有级别的声校准器,实际测量扩展不确定度应不超过0.05 dB。这不包括电磁场测量贡献的不确定度。

附 录 B
（规范性附录）
周 期 试 验

B.0 引言

B.0.1 本附录给出了适用于LS级、1级和2级声校准器周期试验的细则。其目的是保证所有检测实验室用一致的方法执行周期试验，本附录中描述的所有适用的试验均应执行。

B.0.2 当测量结果或者测量结果与相应设计目标之差的绝对值，加上检测实验室实际的测量扩展不确定度后不超过规定的允差限，则可证明声校准器满足本附录的要求。执行这些试验的实验室应根据ISO/IEC《测量不确定度表述指南》计算所有的测量不确定度。实际的扩展不确定度应以95%的置信水平用需要的包含因子进行计算。如果检测实验室仅做单项测量，该实验室需要用基于类似声校准器多次测量的初期评估对总不确定度做一个随机分布的估算。

注：一般情况下，包含因子2约为95%的置信水平，除非其分布要求用其他的包含因子来维持95%的置信水平。

B.0.3 附录A中相应试验给出的测量扩展不确定度也是证明满足本附录要求的最大允许值。如果检测实验室执行测量的实际扩展不确定度超过这个最大允许值，则此测量不能用来证明满足本附录的要求。

B.0.4 为了法制计量的目的，本附录B中描述了相关的周期试验。这些试验适用于首次检定和后续检定。试验满足附录B后，如果需要，声校准器可以根据国家规程用检定标志加以标记。

B.0.5 检测实验室所用的仪器，其适用参量应在校准有效期内，并可根据需要溯源到国家标准。

B.1 提交试验

如果检测实验室要求，声校准器连同所有相关的附件（例如适配器或者气压计）均应与使用说明书复印件一起提交。LS级声校准器还应提供单个校准表。

B.2 初步检查

任何测量前，应目视检查声校准器和所有附件，保证各控制功能工作正常。并按使用说明书中规定的方法，确定仪器的供电电源在使用说明书规定的工作限值之内。

B.3 性能试验

B.3.1 方位

如果使用说明书给出了声校准器使用的规定方位，试验时应使用此方位。

B.3.2 环境条件

B.3.2.1 第3章中的所有试验应在如下的环境条件范围下进行：80 kPa～105 kPa、20 ℃～26 ℃和25%RH～70%RH。

B.3.2.2 对于带字母标识“C”的LS级和1级声校准器，应用使用说明书中提供的静压影响数据将测得的声压级修正到参考环境条件下。如果随声校准器提供气压计，则应用它来测量静压。

注：气压计可提供直接数据将测量的声压级修正到参考静压下。

B.3.2.3 对于带字母标识“C”的2级声校准器，应用使用说明书中提供的气压、温度和相对湿度影响数据，并将测得的声压级修正到参考环境条件下。如果随声校准器提供了测量相关环境条件的方法，应用该方法测量环境条件。

注：“提供的方法”提供的数据可直接用于将测得的声压级修正到参考环境条件下的声压级。

B.3.3 附加设备

如果随声校准器提供了气压计，在测量声校准器产生的声压级之前，应在当前气压下，通过与校准过的精密气压计比较的方法检查气压计的示值。被试气压计的读数应记录，如果使用说明书中为声校准器给出了静压测量的允差，指示的静压应在使用说明书中给出的允差范围内。

注：气压计的单点静压检查不能给出其他静压时的信息。因此，将提供的气压计与经过校准的精密气压计在使用的静压范围内进行比较是好的做法。国际建议 OIML R97 给出了合适的试验程序。

B.3.4 声压级

B.3.4.1 传声器与声校准器耦合后，应允许经过使用说明书中规定的时间使传声器与声校准器达到均衡。在主声压级和主频率上，用 20 s 的平均时间测量声校准器产生的声压级。对于 LS 级声校准器，传声器应是 IEC 61094-1:2000 规定的实验室标准传声器，对于 1 级和 2 级声校准器，传声器应是 GB/T 20441.4—2006 规定的工作标准传声器。

注：满足 IEC 61094-1:2000 实验室标准传声器要求的测量传声器也满足 GB/T 20441.4—2006 工作标准传声器的要求。

B.3.4.2 应按使用说明书给出的程序，保证试验期间到达传声器的环境声级与声校准器工作时要求的相比足够低。

B.3.4.3 声压级应用下面两种方法之一测量。

B.3.4.3.1 传声器法

被试声校准器产生的声压级应使用校准过的传声器或传声器系统测量。可使用插入电压技术(见 IEC 61094-2:1992)或等效的方法。

注：建议检测实验室保持两条独立溯源至国家标准的途径，分别使用传声器或者传声器系统和一个已校准过的设备(in-house artefact)，例如声校准器。在进行本附录的任何测量前和测量后，都应用该设备(in-house artefact)去核对校准过的传声器或传声器系统的性能。

B.3.4.3.2 声校准器比较法

被试声校准器产生的声压级通过与校准过的声校准器产生的声压级比较进行测量。

注 1：建议检测实验室保持两条独立溯源至国家标准的途径，分别是校准过的声校准器和一个已校准的设备，例如另外一个声校准器、传声器或传声器系统。在进行本附录的任何测量前和测量后，都应用该设备(in-house artefact)去核对校准过的声校准器的性能。

注 2：当校准过的声校准器与被试声校准器工作时产生的声压级和频率不同时，检测实验室需要确定测量系统在所需频率上的级线性和频率响应。

B.3.4.4 测量

B.3.4.4.1 按 B.3.4.3.1 或 B.3.4.3.2 描述的方法，在主频率上测量主声压级应重复 2 次总计测量 3 次。测得的声压级的平均值与规定声压级之差的绝对值，加上实际测量扩展不确定度，不应超过表 1 中相应级别的允差限。实际的测量扩展不确定度不应超过表 A.1 中相应级别的值。

B.3.4.4.2 对于多频率声校准器，应在使用说明书注明满足本标准要求的最高频率和最低频率设置上如 B.3.4.4.1 所述重复测量主声压级。

B.3.4.4.3 声压级的测量应在使用说明书注明满足本标准要求的所有其他声压级和频率设置的组合上重复(不包括反复)进行。每个测得的声压级与相应的规定声压级之差的绝对值，加上实际测量扩展不确定度，不应超过表 1 中给出的相应级别的允差限。实际的测量扩展不确定度不应超过表 A.1 中相应级别的值。

注 1：试验一般只用一个型号的传声器。

注 2：对同一个声校准器的每次随后的周期检定试验，所用传声器的型号最好与上一次周期检定时相同。对声校准器不做灵敏度调节，本试验程序给出长期稳定性信息。

B.3.5 频率

应在主声压级和使用说明书中注明满足本标准要求的每个频率设置上，测量声校准器耦合到 B.3.4 中规定的传声器上后产生的声信号频率。测得的频率与相应规定频率之差值的绝对值(百分数),加上实际测量扩展不确定度后,不应超过表3中给出的相应级别的允差限。实际的测量扩展不确定度不应超过表A.2中相应级别的值。

B.3.6　总失真

应在使用说明书注明满足本标准要求的每个频率上可能的最大声压级和最小声压级档上,用B.3.4中规定的传声器,至少在22.5 Hz～20 kHz频率范围内测量声校准器产生的声压信号的总失真。测得的总失真,加上实际测量扩展不确定度后,不应超过表6中给出的允差限。实际的测量扩展不确定度不应超过表A.3中的值。

注1:总失真的测量可以采用带阻滤波器(失真因子仪表)或合适的分析仪。

注2:选择传声器型号时,应选用IEC 61094-1:2000或GB/T 20441.4—2006中电声特性用字母“P”标识的传声器。

B.4　用其他型号传声器校准声校准器

第B.3章给出了使用特定型号的传声器,证明声校准器符合本附录对周期试验要求所需试验的细节。除这些试验外,声校准器可用其他型号的传声器校准。对于这些附加试验,测得的声压级、频率和总失真应在试验文件中给出。在这种情况下,应使用要求的传声器型号和第B.3章中描述的试验方法进行测量。声校准器校准所要求的任何其他传声器的型号,应是指定与特定型号声校准器配套使用的型号。所用的测量方法,测量得到的值和相应的实际测量扩展不确定度应在试验文件中给出。

B.5　文件

本章只是建议性的,检测实验室提供的文件范围和内容将根据相关国家规程有所变化。然而试验后,检测实验室出具的文件宜至少包括如下的信息:

a) 执行试验的实验室的名称和位置;

b) 制造商或供货商的名称和声校准器的型号标识;

c) 声校准器的产品号,以及配用的任何适配器的详细资料;

d) 所用传声器的型号和结构以及制造商或供应商的名称;

e) 对负责型式评价试验机构的公布资料有效性的表述,证明提交周期试验的此型号声校准器已全部完成本标准附录A的型式评价试验;

f) 声校准器已按本标准附录B规定进行试验的说明;

g) 如果提供的声校准器型号性能的公布资料对附录A型式评价要求有效,并且按附录B试验的结果满意,则表述如下:“由于公布的资料有效,负责试验机构认可型式评价试验结果,证明此型号声校准器完全满足GB/T 15173—2010附录A的型式评价要求,试验声校准器满足GB/T 15173—2010 X级的全部要求”。公布资料的来源应在参考文献中给出,这些资料用于支持本结论;

h) 如果提供的声校准器型号性能的公布资料对附录A型式评价要求不是有效,但按附录B试验的结果满意,则表述如下:“对给定的声压级和频率,对执行试验的环境条件,此声校准器满足GB/T 15173—2010附录B周期试验X级的要求。然而,负责型式认可的试验机构关于证明此型号声校准器满足GB/T 15173—2010附录A型式评价要求的公布资料无效,因此,对声校准器的性能不做满足GB/T 15173—2010要求的一般性表述或结论”;

i) 周期检定试验的日期;

j) 测量方法的描述;

k) 测得的声压级(如果声校准器带字母标识“C”,修正到参考环境条件下)以及相应的不确定度和所用环境修正数据(如果有)来源的信息(使用说明书或仪器,例如,气压计);

l) 测得的频率和总失真以及相应的测量扩展不确定度;

m) 试验时的环境条件；

n) 如果对声校准器或提供的气压计作任何调节，调节之前所有的指示或者测得的声压级；

o) 如果声校准器不满足本标准附录 B 在试验条件下对相应标识级别的要求，对试验不满足的表述；

p) 如适用，按第 B.4 章用其他型号传声器测得的声压级、频率和总失真的附加值，以及测量扩展不确定度。

附 录 C
（规范性附录）
型式评价报告的格式

C.0 引言

C.0.1 提交给法定计量检定机构的声校准器应满足本标准给出的要求。

C.0.2 为了法定计量的目的，本标准给出的允差限作为型式评价的最大允许误差。

C.0.3 附录C给出了标准化的型式评价报告。声校准器型式评价的各试验结果均应以认可的形式提交。这些试验描述在本标准的附录中。如适用，应进行所有规定的试验。

C.0.4 通过型式评价的声校准器型号的信息，建议由检测实验室公布。

C.1 标志

成功通过附录A要求的试验后，除6.1所要求的标志外，可根据国家规程，对被试型号的声校准器加以认可符号的标志。

C.2 提交试验

C.2.1 提交型式评价试验的同型式声校准器的样品数量应满足A.1.1的要求。检测实验室最少应选择2个声校准器样品进行型式评价试验。2个样品中至少有1个应按附录A的程序进行全部试验。检测实验室应自行决定是否对第2个样品进行全部试验，或者只进行对型式认可足够的有限试验。

注：根据试验样品的数量，型式认可可能限定为2a，以获得关于该型式更多的经验。

C.2.2 使用说明书中描述的所有附件（例如气压计或连接线）应随声校准器一起提供。

C.2.3 包含6.2中要求的所有信息的单个校准表应随每个LS级声校准器提供。

C.2.4 使用说明书应随声校准器一起提供。

C.3 型式评价报告

C.3.1 以下记录组成了附录A所要求的用于声校准器型式试验的型式评价报告的格式。本型式评价报告由两部分组成，第1部分给出了报告的内容摘要、符合性表述以及本标准要求的所有信息的检查，第2部分给出了详细的试验结果。本报告的两部分可以由同一国家的不同机构完成，第2部分中的所有试验也可能不在一个实验室进行，试验可能涉及到其他的实验室。这样的情况下，每个机构或实验室应负责完成型式评价报告的相关部分。应给出所涉及的每个机构和实验室的全称及地址。对于第2部分，每个实验室进行的试验应在型式评价报告中明确识别。

C.3.2 除以下各项记录所给出的内容外，每份型式评价报告应在每页的抬头给出如下信息：参照GB/T 15173—2010附录C，报告的页数，观察者或操作者的信息，执行试验的日期和报告的唯一性编号。对每份表格，应清晰地标明被试声校准器的序列号，试验使用的适配器和传声器的信息。

C.3.3 如果适用，报告的相关记录对每个被试声校准器样品应是完整的。

C.3.4 第2部分的表格给出了应提供结果的细节。可根据被试声校准器的需要扩展或者复制这些表格，例如对于多频率或多声压级，或者二者兼有的声校准器，其包含几个频率和声压级的情况。

声校准器型式评价报告

报告编号…………………

声校准器型号标识………………

声校准器的规范和试验要求在GB/T 15173—2010中给出。本型式评价报告给出了对声校准器的型式进行检验和试验的详细资料，以确定声校准器是否符合规范要求。

本报告分为两部分，第1部分给出了报告的内容摘要，符合性表述以及本标准要求的所有信息的核对。

第1部分依照下面的例子完成：

+	—	
×		认可
	×	不认可
n/a	n/a	不适用

第2部分给出详细的试验结果。

对本报告第1部分和对确定型式认可负责的办公室或实验室：

名称 ……………………………………………………………………………………………

地址 ……………………………………………………………………………………………

签名 ……………………………………………………………………………………………

对本报告第2部分负责的实验室：

名称 ……………………………………………………………………………………………

地址 ……………………………………………………………………………………………

签名 ……………………………………………………………………………………………

如果第2部分中的所有试验不是由一个实验室完成，上面的信息应对每个实验室重复，每个实验室完成的试验应在报告中清晰识别。

报告日期：……………………

第1部分 关于该型式的一般信息

申请号:……………………………………………………………………………………………

制造商:……………………………………………………………………………………………

制造商的地址:……………………………………………………………………………………

申请者:……………………………………………………………………………………………

申请者的地址:……………………………………………………………………………………

仪器型号:…………………………………………………………………………………………

使用说明书中规定的符合 GB/T 15173—2010 的声校准器的级别:……………………………

提供的样品数量:……………………………………………………………………(至少5个)

下面的表格给出使用说明书中注明满足 GB/T 15173—2010 对注明等级的要求的频率、声压级和传声器型号结构的详细资料。

标称频率 Hz	规定频率 Hz	传声器的 结构和型号	标称声压级 dB(参考 20 μPa)	规定声压级 dB(参考 20 μPa)

摘 要

试验编号	GB/T 15173—2010的章条号	描述	+	—	试验报告的页码	备注*
—	5	要求				
—	6.1	声校准器的标志				
—	6.2	LS级声校准器的单个校准表				
—	6.3	使用说明书				
1	A.4.3	声压级**				
2	A.4.4	声压级稳定性——短期级漂移				
3	A.4.5	频率				
4	A.4.6	总失真				
5	A.5.2	静压的影响				
6	A.5.4	温度和湿度组合影响的简化试验				
7	A.5.5	空气温度的影响				
8	A.5.6	相对湿度的影响				
9	A.5.7	温度和相对湿度组合的影响				
10	A.6.2	射频辐射				
11	A.6.3	静电放电				
12	A.6.4	工频和射频场抗扰度				

* 记入报告中出现相关“注”的页码。

** 本报告中声压级用 SPL 表示。

通用要求

GB/T 15173 要求包含的条号	描述	+	—	备注
5.1.3	LS 级声校准器提供的校准表			
5.1.7	设计和材料			
5.2.1.3	至少为 90 dB(参考 20 μPa)的主声压级			
5.3.1.1	160 Hz～1 250 Hz 范围内的主频率			
5.3.1.2	在主频率上适用的主声压级			

声校准器的标志

GB/T 15173 要求包含的条号	铭牌或标志	+	—	备注
6.1a)	制造商或供应商的名称或商标			
6.1b)	型号标识和序列号			
6.1c)	参考 GB/T 15173—2010			
6.1d)	仪器的级别，如适用，包括字母标识“C”和使用的修正量			
6.1e)	满足相应级别要求的声压级和频率组合的清晰指示			
6.1f)	标称声压级(一个或多个)			
6.1g)	标称频率(一个或多个)			
6.1h)	如可能和适用，要求方位的指示			
6.1i)	如果声校准器采用电池供电，优选的电池型号			
6.1j)	如提供，适配器型号的标志			

使用说明书

GB/T 15173 要求包含的条号	信息	+	—	备注
6.3a)	保证声校准器正常工作的传声器型号和结构、适配器和结构的识别			
6.3b)	至少以 0.1 dB 的分辨力给出: 对 LS 级——标称声压级和标称频率 对 1 级和 2 级——规定声压级和规定频率			
6.3c)	如果要求,声校准器的规定方位			
6.3d)	规定声压级和规定频率达到稳定所需的时间 传声器和声校准器耦合后稳定所需时间			
6.3e)	主声压级			
6.3f)	主频率			
6.3g)	声校准器工作规定的环境条件范围和修正数据,如适用,包括修正数据的测量扩展不确定度 对未提供气压计的 2/C 级声校准器,如何计算不同海拔高度下静压影响修正的信息			
6.3h)	满足 GB/T 15173 相应要求的声压级和频率组合的标示			
6.3i)	保证环境声级明显低于声校准器工作时在每个声级设置上的要求所推荐的程序			
6.3j)	对 LS 级和 LS/C 级声校准器,随插入传声器的有效负载体积变化,声校准器产生声压级的典型变化			
6.3k)	如适用,电池的型号和使用寿命,任何电池状态指示器及其工作的详细说明 标称、最大和最小电源电压 如适用,给出外部电源的连接方法			
6.3l)	对于带字母标识“C”的声校准器,给出环境条件测量的最大扩展不确定度的表述,这些测量不应影响声校准器满足相应级别的要求; 如果提供气压计,用该气压计进行静压测量的扩展不确定度细节			
6.3m)	对要求提供气压计而未提供的 LS 级声校准器,合适的静压测量设备的细节			
6.3n)	常规工作模式的配置			
6.3o)	声校准器满足电磁兼容要求的任何电缆和附件的细节			
6.3p)	射频场影响试验时的参考方位			
6.3q)	如适用,声校准器满足 GB/T 15173 要求,大于 10 V/m 的未调制的方均根电磁场强度			
6.3r)	最大射频辐射时声压级和频率设置的结构			
6.3s)	产生最小工频和射频场抗扰度时的配置和连接设备(如果有)			
6.3t)	不满足相应级别要求的声压级和频率组合的细节,包括其声学特性的描述以及设计目标和标称允差限的表述			

第2部分
试验信息

本报告的第1部分给出了被试声校准器型式的一般信息。

试验期间更多的规定信息在下面给出：

提交的声校准器试验样品：

声校准器样品	声校准器的序列号	气压计的型号/产品号(如适用)	选择做全部试验的样品*	选择做有限试验的样品*
1				
2				
3				
4				
5				
* 在表格相应列和行中，用符号×表示选择的样品。				

提交的适配器：

声校准器样品	适配器1		适配器2		适配器3	
	传声器类别或传声器型号	适配器型号	传声器类别或传声器型号	适配器型号	传声器类别或传声器型号	适配器型号
1						
2						
3						
4						
5						

传声器类别见GB/T 20441系列。

提交的附件：

附件的类型	制造商	型号	产品号(如适用)

主声压级……………………………………………dB(参考 20 μPa)

主频率 ……………………………………………Hz

声校准器工作规定的静压范围:……………至……………(kPa)

如果声校准器带字母标识“C”,提供的静压修正数据的细节:……………………………………

声校准器工作规定的温度范围:………………至……………(℃)

如果声校准器带字母标识“C”(2 级,仅对温度),提供的温度修正数据的细节:………………………

声校准器工作规定的相对湿度范围:……………至………………(%)

如果声校准器带字母“C”标识(2 级,仅对相对湿度),提供的相对湿度修正数据的细节:……………

方位:…………………………………… 稳定时间:…………………………………………

电池:型号 ………………;标称电压:………………V;需要的个数………………

对于型式评价报告第 2 部分描述的 12 个试验中的每项试验,其对应表格中显示的允差限应为 GB/T 15173—2010 第 5 章规定的值。最大允许测量扩展不确定度应为 GB/ T 15173—2010 附录 A 中规定的值。

试验期间使用的传声器

在相应的列或行中用符号×表示每项试验所用传声器。

	传声器号					
	1	2	3	4	5	6
制造商						
型号						
序列号						
GB/T 20441 的传声器类别						
校准方法						
压力系数(如果需要) (dB/kPa)						
温度系数(如果需要) (dB/kPa)						
相对湿度系数(如果需要) (dB/%)						
试验 1 声压级						
试验 2 声压级稳定性——短期级漂移						
试验 3 频率						
试验 4 总失真						
试验 5 静压影响						
试验 6 温度和相对湿度组合的简化试验						
试验 7 空气温度的影响						
试验 8 相对湿度的影响						
试验 9 温度和相对湿度组合的影响						
试验 10 射频辐射						
试验 11 静电放电						
试验 12 工频和射频场的抗扰度						

传声器 1 传声器 2 应为相同型号。

试验1　参考环境条件及其附近的声压级

(GB/T 15173—2010 中 5.2.2 和 A.4.3.1～A.4.3.4)

主声压级

传声器1

频率档 Hz	规定的 SPL dB (参考 20 μPa)	测得的平均 SPL dB (参考 20 μPa)*	实际的测量扩展不确定度 dB	测得的 SPL 与规定的 SPL 之差的绝对值加上实际的测量扩展不确定度 dB	允差限 dB	最大允许测量扩展不确定度 dB
* 如果声校准器带字母标识“C”,需要修正到参考环境条件下。						

传声器2

频率设置 Hz	规定的 SPL dB (参考 20 μPa)	测得的平均 SPL dB (参考 20 μPa)*	实际的测量扩展不确定度 dB	测得的 SPL 与规定的 SPL 之差的绝对值加上实际的测量扩展不确定度 dB	允差限 dB	最大允许测量扩展不确定度 dB
* 如果声校准器带字母标识“C”,需要修正到参考环境条件下。						

其他声压级(GB/T 15173—2010 中 5.2.2 和 **A.** 4.3.5)

对于每个附加的声压级,需复制表格。

传声器1

频率设置 Hz	规定的 SPL dB (参考 20 μPa)	测得的平均声压级 dB (参考 20 μPa)*	实际的测量扩展不确定度 dB	测得的 SPL 与规定的 SPL 之差的绝对值加上实际的测量扩展不确定度 dB	允差限 dB	最大允许测量扩展不确定度 dB
* 如果声校准器带字母标识“C”,需要修正到参考环境条件下。						

测量期间的静压范围______ kPa～______ kPa

测量期间的温度范围______℃　～______℃

测量期间的相对湿度范围______%～______%

备注:

工作电压降低对声压级的影响(GB/T 15173—2010 中 5.2.4 和 A.4.3.7)

降低的工作电压(最小工作电压的5%以内)..................V

传声器1

SPL和频率设置	在标称的声校准器工作电压下测得的传声器输出电压 V	在降低的声校准器工作电压下测得的传声器输出电压 V	实际的测量扩展不确定度 dB	在降低的工作电压下测得的SPL与在标称工作电压下产生的SPL之差的绝对值加上实际的测量扩展不确定度 dB	允差限 dB	最大允许测量扩展不确定度 dB
主SPL+ 主频率						
最大SPL+此SPL上最低频率						
最大SPL+此SPL上最高频率						
最小SPL+此SPL上最低频率						
最小SPL+此SPL上最高频率						
最低频率+此频率上最小SPL						
最低频率+此频率上最大SPL						
最高频率+此频率上最小SPL						
最高频率+此频率上最大SPL						
注:大多数情况下不需要完成表中的所有行,因为所有规定的组合仅适用于产生多个声压级和多个频率的声校准器。						
如果声校准器带字母标识“C”,需要修正到参考环境条件下。						

这些结果也用于检验声校准器在降低的工作电压下满足表1的允差限。

用外接电源供电对声压级的影响(GB/T 15173—2010 中 5.2.4 和 A.4.3.9)

传声器 1

SPL 和频率的设置	在标称的声校准器工作电压下测得的传声器输出电压 V	在最大允许声校准器电源电压下测得的传声器输出电压 V	实际的测量扩展不确定度 dB	声校准器由外电源电压供电时，测得的 SPL 与在标称电压下产生的 SPL 之差的绝对值加上实际的测量扩展不确定度* dB	允差限 dB	最大允许测量扩展不确定度 dB
主 SPL＋主频率						
* 如果声校准器带字母标识“C”，需要修正到参考环境条件下。						

这些结果也用于检验声校准器在最大允许工作电压下满足表 1 的允差限

测量期间的静压范围______ kPa～______ kPa

测量期间的温度范围______℃ ～______℃

测量期间的相对湿度范围______%～______%

备注：

其他的传声器型号(GB/T 15173—2010 中 5.2.2、5.2.4 和 A.4.3.10)

除非检测实验室有其他型号传声器等效的可靠、合理证据，或者可施加修正，并给出容许单独评价的细节，对所有其他传声器型号，应重复试验 1 的所有试验。在这种情况下，需复制上述表格。

试验 2　在参考环境条件及其附近的声压级稳定性——短期级漂移
(GB/T 15173—2010 中 5.2.3、A.4.4.1 和 A.4.4.3)

主声压级和主频率

20 s 期间内测量 10 次

传声器 1

测得的最大传声器输出电压 V	测得的最小传声器输出电压 V	实际的测量扩展不确定度 dB	相应 SPL 变化的二分之一加上测量扩展不确定度 dB	允差限 dB	最大允许测量扩展不确定度 dB

这些结果也用于检验声校准器满足表 1 对声压级和对 20 s 期间所有测得的声压级输出的允差限。

最小声压级和主频率

20 s 期间内测量 10 次

传声器 1

测得的最大传声器输出电压 V	测得的最小传声器输出电压 V	实际的测量扩展不确定度 dB	相应 SPL 变化的二分之一加上测量扩展不确定度 dB	允差限 dB	最大允许测量扩展不确定度 dB

这些结果也用于检验声校准器满足表 1 对声压级和对 20 s 期间所有测得的声压级输出的允差限。

测量期间的静压范围______ kPa～______ kPa

测量期间的温度范围______℃ ～______℃

测量期间的相对湿度范围______%～______%

备注：

试验 3　频率

(GB/T 15173—2010 中 5.3.2 和 A.4.5.1)

主声压级

传声器 1

规定频率 Hz	测得频率 Hz	实际的测量扩展不确定度 %	测得频率与规定频率之差的绝对值(百分数)加上实际的测量扩展不确定度 %	允差限 %	最大允许测量扩展不确定度 %

降低工作电压对频率的影响(GB/T 15173—2010 中 5.3.2 和 A.4.5.2)

降低的工作电压(在最小工作电压的 5%以内)....................V

传声器 1

SPL 和频率的设置	规定频率 Hz	在降低的声校准器工作电压下测得的频率 Hz	实际的测量扩展不确定度 %	在降低的工作电压下测得的频率与规定频率之差的绝对值(百分数)加上实际的测量扩展不确定度 %	允差限 %	最大允许测量扩展不确定度 %
主 SPL+ 主频率						
最大 SPL+ 此 SPL 上最低频率						
最大 SPL+ 此 SPL 上最高频率						
最小 SPL+ 此 SPL 上最低频率						
最小 SPL+ 此 SPL 上最高频率						
最低频率+ 此频率上最小 SPL						
最低频率+ 此频率上最大 SPL						
最高频率+ 此频率上最小 SPL						
最高频率+ 此频率上最大 SPL						
注：大多数情况下不需要完成表中的所有行,因为所有规定的组合仅适用于产生多个声压级和多个频率的声校准器。						

用外部电源供电对频率的影响(GB/T 15173—2010 中 5.3.2 和 A.4.5.4)

SPL 和频率的设置	规定频率 Hz	在最大允许声校准器工作电压下测得的频率 Hz	实际的测量扩展不确定度 %	在最大允许工作电压下测得的频率与规定频率之差的绝对值(百分数)加上实际的测量扩展不确定度 %	允差限 %	最大允许测量扩展不确定度 %
主 SPL+主频率						

测量期间的静压范围______ kPa～______ kPa

测量期间的温度范围______℃ ～______℃

测量期间的相对湿度范围______%～______%

备注:

试验 4　总失真

（GB/T 15173—2010 中 5.5 和 A.4.6.1）

最大声压级

传声器 1

频率设置 Hz	测得的失真 %	实际的测量扩展不确定度 %	测得的失真加上实际的测量扩展不确定度 %	最大允许总失真 %	最大允许测量扩展不确定度 %

最小声压级

传声器 1

频率设置 Hz	测得的失真 %	实际的测量扩展不确定度 %	测得的失真加上实际的测量扩展不确定度 %	最大允许总失真 %	最大允许测量扩展不确定度 %

降低工作电压对总失真的影响(GB/T 15173—2010 中 5.5 和 A.4.6.2)

降低的工作电压(最小工作电压 5%以内)..................V

传声器 1

SPL 和频率设置	测得的失真 %	实际的测量扩展不确定度 %	测得的失真加上实际的测量扩展不确定度 %	最大允许总失真 %	最大允许测量扩展不确定度 %
最大 SPL+ 此 SPL 的最低频率					
最大 SPL+ 此 SPL 的最高频率					
最小 SPL+ 此 SPL 的最低频率					
最小 SPL+ 此 SPL 的最高频率					
最低频率+ 此频率的最小 SPL					
最低频率+ 此频率的最大 SPL					
最高频率+ 此频率的最小 SPL					
最高频率+ 此频率的最大 SPL					
注:大多数情况下不需要完成表中的所有行,因为所有规定的组合仅适用于产生多个声压级和多个频率的声校准器。					

测量期间的静压范围______kPa~______kPa

测量期间的温度范围______℃ ~______℃

测量期间的相对湿度范围______%~______%

备注:

试验 5　静压影响

(GB/T 15173—2010 中 5.4 和 A.5.2)

主声压级和主频率

声压级

目标静压 kPa	测得的静压 kPa	测得的传声器输出电压 V	实际的测量扩展不确定度 dB	修正到参考环境条件下的相应 SPL 与在参考环境条件下测得的 SPL 之差的绝对值加上实际的测量扩展不确定度* dB	允差限** dB	最大允许测量扩展不确定度 dB
65.0						
101.3						
108.0						

* 采用的修正应考虑传声器的灵敏度级随气压、温度和相对湿度的变化而发生的任何改变。对带字母标识"C"的 LS 级和 1 级声校准器,还应考虑静压对声校准器输出的影响,加以修正。

对带字母标识"C"的 2 级声校准器,应考虑静压、温度和相对湿度对声校准器输出的影响,加以修正。

** 如果适用,允差限应为表 1 或表 4 中规定的值。

对高于主频率的每个频率设置,上面的表格应复制。

失真

最大声压级和主频率

目标静压 kPa	测得的静压 kPa	测得的失真 %	实际的测量扩展不确定度 %	测得的失真加上实际的测量扩展不确定度 %	最大允许总失真 %	最大允许测量扩展不确定度 %
65.0						

静压测量用 ……………………………………………………………………………………

(说明所用设备的制造商、型号和产品号)

测量扩展不确定度______ kPa

空气温度测量用 ……………………………………………………………………………

(说明所用设备的制造商、型号和产品号)

测量期间空气温度范围______℃～______℃

测量扩展不确定度______℃

相对湿度测量用 ……………………………………………………………………………

(说明所用设备的制造商、型号和产品号)

测量期间相对湿度范围(在环境压力下)______%～______%

测量扩展不确定度______%

备注：

试验 6　温度和相对湿度组合的简化试验

（GB/T 15173—2010 中 5.4、A.5.3 和 A.5.4）

主声压级和主频率

主声压级

目标温度和相对湿度 ℃和%	测得的温度 ℃	测得的相对湿度 %	测得的传声器输出电压 V	实际的测量扩展不确定度 dB	修正到参考环境条件下的相应SPL与在参考环境条件下测得的SPL之差的绝对值加上实际的测量扩展不确定度* dB	允差限 dB	最大允许测量扩展不确定度 dB
23 ℃+50%							
23 ℃+50%							

* 采用的修正应考虑传声器的灵敏度级随气压、温度和相对湿度的变化而发生的任何改变。对带字母标识“C”的 LS 级和 1 级声校准器，也应考虑静压对声校准器输出的影响，加以修正。

对带字母标识“C”的 2 级声校准器，应考虑静压、温度和相对湿度对声校准器输出的影响，加以修正。

频率

目标温度和相对湿度 ℃和%	测得的温度 ℃	测得的相对湿度 %	测得的频率 Hz	实际的测量扩展不确定度 %	测得的频率与在参考环境条件下首次测量频率之差的绝对值（百分数）加上实际的测量扩展不确定度 %	允差限 %	最大允许测量扩展不确定度 %
23 ℃+50%							
23 ℃+50%							

静压测量用 ……………………………………………………………………………………………

（说明所用设备的制造商、型号和产品号）

测量期间静压范围______ kPa～______ kPa

测量扩展不确定度______ kPa

空气温度测量用 ………………………………………………………………………………………

（说明所用设备的制造商、型号和产品号）

测量扩展不确定度______℃

相对湿度测量用 ………………………………………………………………………………………

（说明所用设备的制造商、型号和产品号）

测量扩展不确定度______%

备注：

多声压级和多频率声校准器的附加测量(GB/T 15173—2010 中 5.4、A.5.3 和 A.5.4)

参考环境条件

声压级

SPL 和频率设置	测得的温度 ℃	测得的相对湿度 %	测得的传声器输出电压 V
最大 SPL+此 SPL 的最低频率			
最大 SPL+此 SPL 的最高频率			
最小 SPL+此 SPL 的最低频率			
最小 SPL+此 SPL 的最高频率			
最低频率+此频率的最小 SPL			
最低频率+此频率的最大 SPL			
最高频率+此频率的最小 SPL			
最高频率+此频率的最大 SPL			
注：大多数情况下不需要完成表中的所有行，因为所有规定的组合仅适用于产生多个声压级和多个频率的声校准器。			

最高温度和最大相对湿度

最低温度和最小相对湿度

对多声压级和多频率声校准器,下面的表格要对上面每个条件设置复制。

声压级

SPL 和频率的设置	测得的温度 ℃	测得的相对湿度 %	测得的传声器输出电压 V	实际的测量扩展不确定度 dB	修正到参考环境条件下的相应 SPL 与在参考环境条件下测得的 SPL 之差的绝对值加上实际的测量扩展不确定度* dB	允差限 dB	最大允许测量扩展不确定度 dB
最大 SPL+ 此 SPL 的最低频率							
最大 SPL+ 此 SPL 的最高频率							
最小 SPL+ 此 SPL 的最低频率							
最小 SPL+ 此 SPL 的最高频率							
最低频率+ 此频率的最小 SPL							
最低频率+ 此频率的最大 SPL							
最高频率+ 此频率的最小 SPL							
最高频率+ 此频率的最大 SPL							

注:大多数情况下不需要完成表中的所有行,因为所有规定的组合仅适用于产生多个声压级和多个频率的声校准器。

* 采用的修正应考虑传声器的灵敏度级随气压、温度和相对湿度的变化而发生的任何改变。对带字母标识“C”的 LS 级和 1 级声校准器,也应考虑静压对声校准器输出的影响,加以修正。

对带字母标识“C”的 2 级声校准器,应考虑静压、温度和相对湿度对声校准器输出的影响,加以修正。

参考环境条件

频率

SPL 和频率设置	测得的温度 ℃	测得的相对湿度 %	测得的频率 Hz
最大 SPL＋此 SPL 的最低频率			
最大 SPL＋此 SPL 的最高频率			
最小 SPL＋此 SPL 的最低频率			
最小 SPL＋此 SPL 的最高频率			
最低频率＋此频率的最小 SPL			
最低频率＋此频率的最大 SPL			
最高频率＋此频率的最小 SPL			
最高频率＋此频率的最大 SPL			
注：大多数情况下不需要完成表中的所有行，因为所有规定的组合仅适用于产生多个声压级和多个频率的声校准器。			

最高温度和最大相对湿度

最低温度和最小相对湿度

对多声压级和多频率声校准器，下面的表格要对上面每个条件设置复制。

SPL 和频率的设置	测得的温度 ℃	测得的相对湿度 %	测得的频率 Hz	实际的测量扩展不确定度 %	测得的频率与在参考环境条件下测得的频率之差的绝对值(百分数)加上实际的测量扩展不确定度 %	允差限 %	最大允许测量扩展不确定度 %
最大 SPL+此 SPL 的最低频率							
最大 SPL+此 SPL 的最高频率							
最小 SPL+此 SPL 的最低频率							
最小 SPL+此 SPL 的最高频率							
最低频率+此频率的最小 SPL							
最低频率+此频率的最大 SPL							
最高频率+此频率的最小 SPL							
最高频率+此频率的最大 SPL							

注：大多数情况下不需要完成表中的所有行，因为所有规定的组合仅适用于产生多个声压级和多个频率的声校准器。

静压测量用 ……………………………………………………………………………………………

(说明所用设备的制造商、型号和产品号)

测量期间静压范围______ kPa～______ kPa

测量扩展不确定度______ kPa

空气温度测量用 ………………………………………………………………………………………

(说明所用设备的制造商、型号和产品号)

测量扩展不确定度______℃

相对湿度测量用 ………………………………………………………………………………………

(说明所用设备的制造商、型号和产品号)

测量扩展不确定度______%

备注：

试验 7　空气温度的影响(如果试验 6 的结果要求才需做)
(GB/T 15173—2010 中 5.4、A.5.3 和 A.5.5)

主声压级和主频率
最大声压级和此声压级上可能的最低频率
最大声压级和主频率
最大声压级和此声压级上可能的最高频率
最小声压级和此声压级上可能的最低频率
最小声压级和主频率
最小声压级和此声压级上可能的最高频率
最低频率和此频率上可能的最小声压级
最低频率和主声压级
最低频率和此频率上可能的最大声压级
最高频率和此频率上可能的最小声压级
最高频率和主声压级
最高频率和此频率上可能的最大声压级

对于多声压级和多频率声校准器，根据要求，对上面要求的每个设置，下面的表格需要复制。

注：大多数情况下不需要完成表中的所有行，因为所有规定的组合仅适用于产生多个声压级和多个频率的声校准器。

目标温度 ℃	测得的温度 ℃	测得的传声器输出电压 V	实际的测量扩展不确定度 dB	修正到参考环境条件下的相应 SPL 与参考环境条件下测得的 SPL 之差的绝对值加上实际的测量扩展不确定度[a] dB	允差限 dB	最大允许测量扩展不确定度 dB
最低温度						
23.0						
最高温度						

[a] 采用的修正应考虑传声器的灵敏度级随气压、温度和相对湿度的变化而发生的任何改变。对带字母标识“C”的 LS 级和 1 级声校准器，也应考虑静压对声校准器输出的影响，加以修正。
对带字母标识“C”的 2 级声校准器，应考虑静压、温度和相对湿度对声校准器输出的影响，加以修正。

频率

目标温度 ℃	测得的 温度 ℃	测得的 频率 Hz	实际的测量扩展不确定度 %	测得的频率与参考环境条件下测得的频率之差的绝对值(百分数)加上实际的测量扩展不确定度 %	允差限 %	最大允许测量扩展不确定度 %
最低温度						
23.0						
最高温度						

静压测量用 ……………………………………………………………………………………

(说明所用设备的制造商、型号和产品号)

测量期间静压范围______ kPa～______ kPa

测量扩展不确定度______ kPa

空气温度测量用 ………………………………………………………………………………

(说明所用设备的制造商、型号和产品号)

测量扩展不确定度______℃

相对湿度测量用 ………………………………………………………………………………

(说明所用设备的制造商、型号和产品号)

测量期间相对湿度范围______%～______%

测量扩展不确定度______%

备注:

试验 8　相对湿度的影响(如果试验 6 的结果要求才需做)
(GB/T 15173—2010 中 5.4、A.5.3 和 A.5.6)

主声压级和主频率

最大声压级和此声压级上可能的最低频率

最大声压级和主频率

最大声压级和此声压级上可能的最高频率

最低频率和此频率上可能的最大声压级

最高频率和此频率上可能的最大声压级

对于多声压级和多频率声校准器,根据需要,对上面的每个设置,下面的表格需要复制。

注:大多数情况下不需要完成表中的所有行,因为所有规定的组合仅适用于产生多个声压级和多个频率的声校准器。

声压级

目标相对湿度 %	测得的相对湿度 %	测得的传声器输出电压 V	实际测量扩展不确定度 dB	修正到参考环境条件下的相应 SPL 与在参考环境条件下测得的 SPL 之差的绝对值加上实际的测量扩展不确定度* dB	允差限 dB	最大允许测量扩展不确定度 dB
最小相对湿度						
50						
最大相对湿度						

* 采用的修正应考虑传声器的灵敏度级随气压、温度和相对湿度的变化而发生的任何改变。对带字母标识“C”的 LS 级和 1 级声校准器,也应考虑静压对声校准器输出的影响,加以修正。

对带字母标识“C”的 2 级声校准器,应考虑静压、温度和相对湿度对声校准器输出的影响,加以修正。

频率

目标相对湿度 %	测得的相对湿度 %	测得的频率 Hz	实际的测量扩展不确定度 %	测得的频率与参考环境条件下测得的频率之差的绝对值(百分数)加上实际的测量扩展不确定度 %	允差限 %	最大允许测量扩展不确定度 %
最小相对湿度						
50						
最大相对湿度						

静压测量用 ……………………………………………………………………………………………

(说明所用设备的制造商、型号和产品号)

测量期间静压范围_____kPa～_____kPa

测量扩展不确定度_____kPa

空气温度测量用 …………………………………………………………………………………

(说明所用设备的制造商、型号和产品号)

测量期间空气温度范围_____℃～_____℃

测量扩展不确定度_____℃

相对湿度测量用 …………………………………………………………………………………

(说明所用设备的制造商、型号和产品号)

测量扩展不确定度_____%

备注：

试验 9 温度和相对湿度组合的影响(如果试验 6 的结果要求才需做)
(GB/T 15173—2010 中 5.4、A.5.3 和 A.5.7)

主声压级和主频率

声压级

目标温度和相对湿度 ℃和%	测得的温度 ℃	测得的相对湿度 %	测得的传声器输出电压 V	实际的测量扩展不确定度 dB	修正到参考环境条件下的 SPL 与在参考环境条件下测得的 SPL 之差的绝对值加上实际测量扩展不确定度* dB	允差限 dB	最大允许测量扩展不确定度 dB
23 ℃+50%							

* 采用的修正应考虑传声器的灵敏度级随气压、温度和相对湿度的变化而发生的任何改变。对带字母标识“C”的 LS 级和 1 级声校准器,也应考虑静压对声校准器输出的影响,加以修正。
对带字母标识“C”的 2 级声校准器,应考虑静压、温度和相对湿度对声校准器输出的影响,加以修正。

频率

目标温度和相对湿度 ℃和%	测得的温度 ℃	测得的相对湿度 %	测得的频率 Hz	实际的测量扩展不确定度 %	测得的频率与在参考环境条件下测得的频率之差的绝对值(百分数)加上实际的测量扩展不确定度 %	允差限 %	最大允许测量扩展不确定度 %
23 ℃+50%							

静压测量用 ……………………………………………………………………………………………

(说明所用设备的制造商、型号和产品号)

测量期间静压范围______ kPa~______ kPa

测量扩展不确定度______ kPa

空气温度测量用 ………………………………………………………………………………………

(说明所用设备的制造商、型号和产品号)

测量扩展不确定度______℃

相对湿度测量用 ………………………………………………………………………………………

(说明所用设备的制造商、型号和产品号)

测量扩展不确定度______%

备注:

试验 10　射频辐射

(GB/T 15173—2010 中 5.8.2、A.6.1 和 A.6.2)

声校准器结构:……………………………………………………………………………………

声校准器设置:SPL …………dB　　频率……………Hz

电缆/连接设备的安装:………………………………………………………………………

测量距离:……………………m

参考方位

频率范围 MHz	最大测得的射频辐射的电磁场强度 dB(在给定距离上参考 1 μV/m准峰值)	射频辐射的最大电磁场强度 dB(距离 10 m 参考 1 μV/m 准峰值)*	最大允许射频辐射电磁场强度 dB(距离 10 m 参考 1 μV/m 准峰值)
30～230			30
>230～1 000			37
* 测量距离为 10 m 时,本栏可以不填。			

近似垂直于参考方向平面的其他平面

所用平面的描述……………………………………………………………

频率范围 MHz	最大测得的射频辐射的电磁场强度 dB(在给定距离上参考 1 μV/m 准峰值)	射频辐射的最大电磁场强度 dB(距离 10 m 参考 1 μV/m 准峰值)*	最大允许射频辐射电磁场强度 dB(距离 10 m 参考 1 μV/m 准峰值)
30～230			30
>230～1 000			37
* 测量距离为 10 m 时,本栏可以不填。			

测量期间静压范围______ kPa～______ kPa

测量期间温度范围______℃～______℃

测量期间相对湿度范围______%～______%

备注:

试验 11　静电放电

(GB/T 15173—2010 中 5.8.3、A.6.1 和 A.6.3)

主声压级和主频率

电缆和连接设备的安装：……………………………………………………………

放电形式	放电电平 kV	放电后声校准器全部工作/设置与试验开始前相同？ 是/否
接触放电	+4	
	−4	
空气放电	+8	
	−8	

测量期间静压范围______ kPa～______ kPa

测量期间温度范围______℃～______℃

测量期间相对湿度范围______%～______%

备注：

试验 12　工频和射频场的抗扰度
（GB/T 15173—2010 中 5.8.4、A.6.1 和 A.6.4）

主声压级和主频率
对多声压级单频率声校准器：所有声压级
对多频率单声压级声校准器：所有频率
对多声压级多频率声校准器：最小声压级上的所有频率和主频率上的所有声压级
对多声压级和/或多频率声校准器，对每个要求的 SPL 和频率组合，相关信息和下表应复制。

工作模式：……………………………………………………………
电缆和连接设备的安装：………………………………………………………………

射频场不存在时的声压级或传声器的输出电压 …………………dB 或 V

参考方位——均方根场强达到 10 V/m（未调制），900 Hz、80％正弦幅度调制

频率范围 MHz	测得的 SPL 或传声器输出电压 dB 或 V	实际的测量扩展不确定度 dB	相应的 SPL 与射频场不存在时的 SPL 之差的绝对值加上实际的测量扩展不确定度 dB	允差限 dB	最大允许测量扩展不确定度 dB
26～500					
500～1 000					

近似垂直于参考方向平面的其他平面——方均根场强达到 10 V/m（未调制），900 MHz、80％正弦幅度调制
所用平面的描述………………………………………………………

频率范围 MHz	测得的 SPL 或传声器输出电压 dB 或 V	实际的测量扩展不确定度 dB	相应的 SPL 与射频场不存在时的 SPL 之差的绝对值加上实际的测量扩展不确定度 dB	允差限 dB	最大允许测量扩展不确定度 dB
26～500					
500～1 000					

无工频场存在时测得的声压级或传声器输出电压 ....dB或V

参考方位——均匀的方均根交变磁场强度80 A/m

频率范围 Hz	SPL或测得的传声器输出电压 dB或V	实际的测量扩展不确定度 dB	相应的SPL与工频场不存在时的SPL之差的绝对值加上实际的测量扩展不确定度 dB	允差限 dB	最大允许测量扩展不确定度 dB
50					
60					

近似垂直于参考方向平面的其他平面——均匀的方均根交变磁场强度80 A/m

所用平面的描述..

频率范围 Hz	SPL或测得的传声器输出电压 dB或V	实际的测量扩展不确定度 dB	相应的SPL与工频场不存在时的SPL之差的绝对值加上实际的测量扩展不确定度 dB	允差限 dB	最大允许测量扩展不确定度 dB
50					
60					

测量期间静压范围______ kPa～______ kPa

测量期间温度范围______℃～______℃

测量期间相对湿度范围______%～______%

备注：

参 考 文 献

[1] IEC 61000-6-2:1999,Electromagnetic compatibility(EMC)—Part 6-2:Generic standards—Immunity for industrial environments

[2] CISPR 16-1:1999,Specification for radio disturbance and immunity measuring apparatus and methods—Part 1:Radio disturbance and immunity measuring apparatus

ICS 75.140
E 43

中华人民共和国国家标准

GB/T 15180—2010
代替 GB/T 15180—2000

重交通道路石油沥青

Petroleum asphalts for heavy traffic road pavement

2011-01-10 发布　　　　2011-05-01 实施

中华人民共和国国家质量监督检验检疫总局
中国国家标准化管理委员会　发布

前 言

本标准与 JIS K 2207:1996《石油沥青》(英文版)的一致性为非等效。

本标准与 JIS K 2207:1996《石油沥青》的主要差异如下:

——本标准增加第 2 章 规范性引用文件;

——本标准各牌号沥青增加了蜡含量不大于 3.0%的技术要求(本版的第 4 章);

——本标准取消了蒸发试验以及与其相关的质量变化和针入度比指标(见 JIS K 2207:1996 中的第 5 章);

——本标准 AH-50 15 ℃延度由不小于 10 cm 改为不小于 80 cm(见本版的第 4 章,JIS K 2207:1996 中的第 5 章);

——本标准增加了薄膜烘箱后 15 ℃的延度(见本版的第 4 章,JIS K 2207:1996 中的第 5 章);

——本标准将 15 ℃的密度不小于 1.000 g/cm^3 修改为报告 25 ℃的密度(见本版的第 4 章,JIS K 2207:1996 中的第 5 章)。

本标准代替 GB/T 15180—2000《重交通道路石油沥青》。

本标准与 GB/T 15180—2000 的主要差异如下:

——本标准取消了薄膜烘箱前后 25 ℃的延度(见 GB/T 15180—2000 中的第 4 章);

——本标准将薄膜烘箱试验后 15 ℃延度的报告值改为具体值(见本版的第 4 章,GB/T 15180—2000 中的第 4 章);

——本标准增加了 AH-30 牌号及其技术要求(见本版的第 4 章)。

本标准由石油产品和润滑剂标准化技术委员会提出。

本标准由全国石油产品和润滑剂标准化技术委员会石油沥青分技术委员会归口。

本标准起草单位:中国石油大学(华东)重质油研究所。

本标准主要起草人:张玉贞、张小英。

本标准所代替标准的历次版本发布情况为:

——GB/T 15180—1994、GB/T 15180—2000。

重交通道路石油沥青

1 范围

本标准规定了以石油为原料，经适当工艺生产的适用于修筑重交通道路的石油沥青的技术要求及试验方法，以及包装、标志、贮存、运输等要求。

本标准适用于修筑高速公路、一级公路和城市快速路、主干路等重交通道路石油沥青，也适用于其他各等级公路、城市道路、机场道面等，以及作为乳化沥青、稀释沥青和改性沥青原料的石油沥青。

2 规范性引用文件

下列文件中的条款通过本标准的引用而成为本标准的条款。凡是注日期的引用文件，其随后所有的修改单(不包括勘误的内容)或修订版均不适用于本标准，然而，鼓励根据本标准达成协议的各方研究是否可使用这些文件的最新版本。凡是不注日期的引用文件，其最新版本适用于本标准。

GB/T 267 石油产品闪点与燃点测定法(开口杯法)

GB/T 4507 沥青软化点测定法(环球法)

GB/T 4508 沥青延度测定法

GB/T 4509 沥青针入度测定法

GB/T 5304 石油沥青薄膜烘箱试验方法

GB/T 8928 固体和半固体石油沥青密度测定法

GB/T 11147 沥青取样法

GB/T 11148 石油沥青溶解度测定法

SH/T 0425 石油沥青蜡含量测定法

SH 0164 石油产品包装、贮运及交货验收规则

3 产品分类

本标准按针入度范围分为AH-130、AH-110、AH-90、AH-70、AH-50、AH-30等六个牌号。

4 技术要求及试验方法

本标准的技术要求及试验方法见表1。

表1 重交通道路石油沥青技术要求

项目	质量指标						试验方法
	AH-130	AH-110	AH-90	AH-70	AH-50	AH-30	
针入度(25 ℃,100 g,5 s) 1/10 mm	120～140	100～120	80～100	60～80	40～60	20～40	GB/T 4509
延度(15 ℃)/cm 不小于	100	100	100	100	80	报告[a]	GB/T 4508
软化点/℃	38～51	40～53	42～55	44～57	45～58	50～65	GB/T 4507
溶解度/% 不小于	99.0	99.0	99.0	99.0	99.0	99.0	GB/T 11148
闪点/℃ 不小于	230					260	GB/T 267
密度(25 ℃)/(kg/m³)	报告						GB/T 8928

表 1（续）

项　　目		质量指标						试验方法
		AH-130	AH-110	AH-90	AH-70	AH-50	AH-30	
蜡含量/%	不大于	3.0	3.0	3.0	3.0	3.0	3.0	SH/T 0425
薄膜烘箱试验(163 ℃,5 h)								GB/T 5304
质量变化/%	不大于	1.3	1.2	1.0	0.8	0.6	0.5	GB/T 5304
针入度比/%	不小于	45	48	50	55	58	60	GB/T 4509
延度(15 ℃)/cm	不小于	100	50	40	30	报告[a]	报告[a]	GB/T 4508
[a] 报告应为实测值。								

5 包装、标志、贮运及交货验收

本产品的包装、标志、贮存、运输及交货验收按 SH 0164 进行。

6 采样

采样按 GB/T 11147 进行。

ICS 01.140.30
L 72

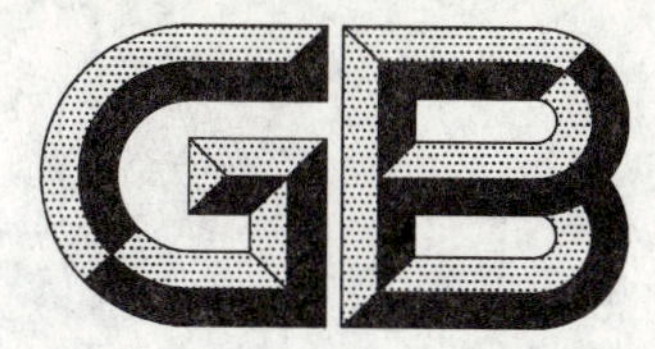

中华人民共和国国家标准

GB/T 15191—2010
代替 GB/T 15191—1997

贸易数据交换 贸易数据元目录 数据元

Trade data interchange—Trade data elements directory—Data elements

(ISO 7372:2005,Trade data interchange—Trade data elements directory—Vol. Ⅰ—Data Elements,MOD)

2010-12-01 发布 2011-05-01 实施

中华人民共和国国家质量监督检验检疫总局
中国国家标准化管理委员会 发布

前　言

本标准修改采用ISO 7372:2005《贸易数据元交换　贸易数据元目录　第1册　数据元》。

本标准与ISO 7372:2005相比，主要差异为：

——本标准将ISO 7372:2005的第1章的第1条至第5条上升为章，并在语言组织和结构上根据GB/T 1.1—2000的编写要求作了整理、修改、整合和完善。将第7条放入本标准的第6章，删除了第6条、第8条；

——本标准将ISO 7372:2005的第2章作为本标准的附录A；

——本标准为方便我国用户实际应用，增加了按英文字母排序的索引；

——本标准更正了ISO 7372:2005中的一处编辑性错误，即将ISO 7372:2005中标记为2141的数据元的标记变更为2161。

本标准代替GB/T 15191—1997《贸易数据元目录　标准数据元》。

本标准与GB/T 15191—1997相比，主要变化如下：

——根据当前国际贸易的发展和变化以及我国实际应用的需要，将标准名称作了调整，由上一版的《贸易数据元目录　标准数据元》变更为本标准的《贸易数据元交换　贸易数据元目录　数据元》；

——将GB/T 15191—1997第1章的引言调整、补充和完善为本标准的引言；

——将GB/T 15191—1997的第1章第1条、第2条、第3条、第4条、第5条相应调整为本标准的第1章、第2章、第3章、第4章、第5章，并作了修改、补充和完善；

——将GB/T 15191—1997的第4章调整为本标准的第6章，第7章；

——将GB/T 15191—1997的第2章调整为本标准的附录A；

——将GB/T 15191—1997的第3章调整为本标准的索引；

——本标准的数据元数量从1 037个增至1 317个，其中新增461个数据元，删除185个数据元，变更856个数据元，变更针对的是GB/T 15191—1997；

——本标准删除GB/T 15191—1997的附录A、附录B、附录C和附录D。

本标准的附录A为资料性附录。

本标准由全国电子业务标准化技术委员会提出并归口。

本标准起草单位：中国标准化研究院。

本标准的主要起草人：曹新九、胡涵景、刘颖、张荫芬、王凌云。

本标准所替代标准的历次版本发布情况为：

——GB/T 15191—1994、GB/T 15191—1997。

引　言

随着科学技术与经济的快速发展，国家与国家之间的经济关系越来越紧密，世界经济已经成为一个不可分割的整体，几乎任何国家都参与到世界经济活动中，这就是所谓的经济全球化。在经济全球化过程中，国际贸易将快速发展，世界贸易量将大幅度增加，商业单据数量要多得多，内容也要复杂得多，国际贸易程序所涉及的机构或部门也很复杂，作为国际贸易单证的基础标准贸易数据元目录得到了广泛应用，并不断得到修订和补充，促进了国际贸易的快速发展。目前欧、美等发达国家海关均已广泛采用贸易数据元目录作为各项单证的数据基础，我国的亚洲邻国或地区也相应广泛应用贸易数据元这一标准。

作为本标准的采标国际标准，ISO 7372 自 1993 年修订以来，国际贸易的发展导致了上一版某些与其他联合国文件的不兼容。2005 年由联合国欧洲经济委员会(UN/ECE)和 ISO/TC 154(行政、商业和工业的过程、数据元和文件技术委员会)在 93 版的基础上又进行了修订、完善和补充，消除了这些不一致的情况，并被 ISO/TC 154(行政商业和工业的过程、数据元和文件技术委员会)采纳为贸易数据元目录(TDED)，且由 ISO 和 UN/ECE 联合维护机构负责维护(见附录 A)。与上一版相比在标准的内容和说明上都有较大变化，并更正了以前标准中的部分错误，增加了更新的技术内容。ISO 7372:2005 包括下列三册：

——第 1 册：数据元；

——第 2 册：用户代码表，由 UN/CEFACT 负责制定和维护；

——第 3 册：贸易简化建议书一览表，由 UN/ECE 与联合国贸发会(UNCTAD)的贸易高效化特别工作组(SPTE)负责制定和维护。

本版 TDED 主要源自 UN/EDIFACT 目录 D.02A：

——第 1 册是 D.02A EDED(数据元)的超级集合；

——第 2 册是 D.02A UNCL(代码)的子集。

UNTDED(第 1 册)可从 ECE/TRADE Division(贸易署)获得。地址为：Palais des Nations，CH-1211 Geneva 10，Fax：+41 22 9170037。

ISO 7372 可从 ISO 中央秘书处得到。地址为：1，Rue de Varembe，CH-1211，Geneva 20。

目前，我国的《贸易数据元目录》国家标准是 1997 年第一次修订，等同 ISO 7372 标准 93 版，标准水平已严重滞后，也远远不能满足实际需要。为使我国的国家标准与国际标准相衔接，尽快解决标准老化问题，推进我国对外经济贸易、商业、海关领域、交通运输、远洋运输、金融行业和工业等领域国际贸易的快速提升，贸易数据元目录的及时修订已成为我国经济贸易发展的一项刻不容缓的工作。因此，全国电子业务标准化技术委员会及时提出了本标准的修订工作，并经起草组认真细致地对本标准进行了修订。

贸易数据交换
贸易数据元目录　数据元

1　范围

本标准规定了国际贸易数据交换中的贸易数据元。

本标准适用于国际贸易纸面单证数据交换以及其他方式的数据处理和通信。

2　规范性引用文件

下列文件中的条款通过本标准的引用而成为本标准的条款。凡是注日期的引用文件，其随后所有的修改单（不包括勘误的内容）或修订版均不适用于本标准，然而，鼓励根据本标准达成协议的各方研究是否可使用这些文件的最新版本。凡是不注日期的引用文件，其最新版本适用于本标准。

GB/T 2659—2000　世界各国和地区名称代码(eqv ISO 3166:1997)

GB/T 7408—2005　数据元和交换格式　信息交换　日期和时间的表示法(ISO 8601:2000,IDT)

GB/T 12406—2008　表示货币和资金的代码(ISO 4217:2001,IDT)

GB/T 14805.10—2005　用于行政、商业和运输业电子数据交换的应用级语法规则　第10部分：语法服务目录(ISO 9735:2002-10,IDT)

GB/T 15273.1—1995　信息处理　八位单字节编码图形字符集　第一部分：拉丁字母一(idt ISO 8859-1:1987)

GB/T 15273.2—1995　信息处理　八位单字节编码图形字符集　第二部分：拉丁字母二(idt ISO 8859-2:1987)

GB/T 15273.7—1996　信息处理　八位单字节编码图形字符集　第七部分：拉丁/希腊字母(idt ISO 8859-7:1987)

GB/T 16472—1996　货物类型、包装类型和包装材料类型代码

GB/T 16833—2002　用于行政、商业和运输业电子数据交换的代码表

ISO 6346:1995　海运集装箱　代码、鉴别、标识

3　术语和定义

下列术语和定义适用于本标准。

3.1

字母字符集　alphabetic character set

包含有字母，还可含有控制字符、间隔字符和特殊字符，但不包含数字的一种字符集。

[GB/T 5271.4—2000，定义 04.01.03]

3.2

字母数字字符集　alphanumeric character set

含有字母和数字字符，也可含有控制字符、间隔字符和特殊字符的一种字符集。

[GB/T 5271.4—2000，定义 04.01.05]

3.3

空白(符)　blank;character

在图形字符串中表示一个空位的字符。

[GB/T 5271.4—2000，定义 04.03.09]

3.4

字符　character

用于数据表达、组织或控制的某个元素集中的一个元素。

[GB/T 5271.4—2000,定义 04.01.01]

3.5

字符集　character set

对于某些用途而言被认为是完整的不同字符的有限集合。

[GB/T 5271.4—2000,定义 04.01.02]

3.6

代码　code

将一组数据元转换成另一组数据元的规则的集合。

3.7

数据　data

事实、概念或指令的一种形式化的表示形式,以适合于人工或自动方式进行通信、解释或处理。

3.8

数据元　data element

在确定的上下文中被认为不可再细分的数据单元。已规定了标识、描述和值表示的数据元。

[GB/T 14805.1—2007,定义 4.28]

3.9

数据元标记　data element tag

数据元目录中的数据元的唯一标识符。

3.10

数据元值　data element value

按照数据元目录中的规定表示的已标识的数据元的特定项。

[GB/T 14805.1—2007,定义 4.32]

3.11

数据元值长度　data element value length

数据元值中字符的数目。

3.12

数字　digit;numeric character

对事实、概念或指令的一种形式化表示,适用于以人工或自动方式进行通信、解释或处理。

[GB/T 18391.1—2008,定义 3.12]

3.13

字母　letter

一种图形字符,在书面语言中,它单独或与其他字符一起表示口语中的一个或多个声音元素。

[GB/T 5271.4—2000,定义 04.03.02]

3.14

数字字符集　numeric character set

包含有数字,也可含有控制符和特殊字符,但不包含字母的一种字符集。

[GB/T 5271.4—2000,定义 04.01.04]

3.15

特殊字符　special character

非字母、数字、空格符或表意符号的一种图形字符。

4　缩略语

下列缩略语适用于本标准。

AWB—IATA Air Waybill,国际航空运输协会(IATA)空运单

CIM—Rail Consignment Note(CIM Convention),铁路托运单(CIM 约定)

CIMP—IATA Cargo Interchange Message Procedures Manual(CARGO-IMP manual),IATA 货物交换报文程序手册(CARGO-IMP 手册)

CMR—Road Consignment Note(CMR Convention),公路托运单(CMR 约定)

EC—European Communities,欧共体

EFTA—European Free Trade Association,欧洲自由贸易联盟

IATA—International Air Transport Association,国际航空运输协会

ICC—International Chamber of Commerce(ICC),国际商会(ICC)

INV—United Nations Layout Key for Aligned Invoices,联合国套合式发票样式

MAR—IMO Model forms and ICS Standard Bill of Lading,国际海运组织(IMO)格式和国际船运协会(ICS)标准提单

SAD—Single Administrative Document(EC and EFTA),单一管理单证(EC 和 EFTA)

SWIFT—Society for Worldwide Interbank Financial Telecommunication,环球银行金融电信协会

TDED—Trade Data Elements Directory,贸易数据元目录

UNLK—United Nations Layout Key,联合国贸易单证样式

UNSM—United Nations Standard Message(UN/EDIFACT),联合国标准报文(UN/EDIFACT)

5 贸易数据元的表示

5.1 字符集

数据元的表示采用 GB/T 15273.1—1994、GB/T 15273.2—1995、GB/T 15273.7—1996 中规定的字符。

5.2 数据元的表示

每个已标识的数据元应给出如下内容:

a) 数据元名称;

b) 概念的描述,用以解释商定的含义和帮助确定该数据元所提供的信息内容(数据值);

c) 数据值字符表示包括说明、可用空间(字符数)的指示和在套合式格式中的位置,以及在特定交换协议中所确定的字段长度;

d) 必要时还包括:

  1) 被广泛使用的该数据元名称的同义词;

  2) 给出附加信息的注释;

  3) 引用本标准其他部分或其他资料的参考;

e) 数据元的值可用自然语言或代码表述,有时需要使用其中的一种,有时则两种均需要使用。

5.3 表示法及类目的描述和缩写

5.3.1 数据元条目的格式

TDED 中的所有名称和定义应符合牛津英语辞典(包括拼写和意思)。

每一数据元条目的第 1 行包含数据元数字标记和名称。

此外每一数据元条目由若干部分组成,每个部分由一标题标识。以下标题用于指明条目的不同部分:

a) “说明”=数据元的描述;

b) “表示”=数据条目的字符表示、可用空间以及位置;

c) “注释”=适当的附加信息;

d) “参考”=在“注释”不充分时,指出资料的来源(一般用“参考”和相应的章条号表示);

e) “同义词”=数据元名称的同义词。

数据元条目之间用一横线分隔。自然语言文本(偶数标记数字)表示的数据元和相应的代码型(上

述偶数标记数字加1的奇数数字)值表示的数据元交替出现。

变更指示符标记如下：

add=增加；

cn=变更名称；

cnd=变更名称+描述；

cnr=变更名称+表示；

cndr=变更名称+描述+表示；

x=标记删除(用标记+名称)；

u=不删除(重新安排)。

变更删除和不删除数据元指示符标记如下：

GB/T 15191—1994、GB/T 15191—1997		本标准	变更指示符应是
活动条目	=≫	删除条目	x
删除条目	=≫	活动条目	u
删除条目	=≫	删除条目	x

表明变更指示符应不再使用。

5.3.2 字符表示的缩写

下列缩写用于解释字符表示：

a=字母字符

n=数字字符

an=字母和数字字符

3=定长3位字符

..17=最多可用17位字符位置的不定长的数据单位

..35×5=可占用5行,每行最多35位字符的不定长的数据单位

..35×n=每行1～35位字符,不确定行数,不定长的数据单位

an5(aannn)=定长5位字母数字字符,前2位为字母字符,后跟3位数字字符不间断排列

an5(aa-nn)=定长5位字母数字字符,由两个子单元组成,各单元之间用连字符“-”连接

n7(nn,nnnn,n)=定长7位数字字符,由三个子单元组成,不间断,“,”仅表示各单元之间的分隔

(n2)a3=定长3位字母字符,其前是2位数字字符

L=行,符合ISO 3535和UNLK格式规定的数据项的行号(或行数)

P=位置,符合ISO 3535和UNLK格式规定的数据项的字符位置号(或位置数)

5.3.3 关于字符表示的参考

当使用上述缩写形式规定字符表示时,既要涉及在联合国单证样式或在其他有关套合式国际单证中的数据条目的可用空间和条目位置,也要涉及在已标识的交换协议中的表示。

无论何时,均要给出在国际级使用的套合式格式中出现的数据元的行和字符位置,这样做的目的是为了确认其是否与UNLK一致或指示与UNLK的差异,或两种格式之间的不同。

如果在特定交换协议中规定了固定字段长度,应表示在首字母缩略语之后,例如：SWIFT:n6,CIMP:an..12,UNSM:an5。这主要是为了指示通过这些系统传输数据项的可能的约束条件。在某些情况下,一些组织已引用了非ECE推荐标准的行业代码。这种情况应参见相关组织或协议指定的代码,例如在铁路托运单中的货币代码：CIM n2。

下列用于标注有关文件、约定和交换标准中所用的首字母缩写词或缩略语已在4中列出。

在套合式格式中的字符表示和条目位置的说明中,这些首字母缩略语按下列表示使用：

a) 只在AWB中使用的表示和位置：

表示:AWB:a2;L 24,P 49-50

b) WB中的表示和位置不同于通用的基于UNKL的标准：

表示:n..10; L 54-60,P 49-56

-AWB:n..8; L 33-44,P 39-46

c) 在 AWB 与 CMR 中的表示符合通用标准,但位置对每个单证是特定的:

表示:an..17; L 04,P 63-80

-AWB: L 01,P 08-22

-CMR: L 59,P 20-26

d) 在 AWB 中的表示符合通用标准,但与 CIM 存在差异:

表示:n..14;

-AWB: L 60,P 09-22

-CIM:an..8;L 49,P 51-58

5.4 在数据元和代码之间交叉引用:()和[]

下列规则适用于 UN/EDIFACT 代码表:

"如果一个通用数据元与一个标识符值组合后与 TDED 中现有的特定数据元相同,则标识符代码值的描述用方括号[]中特定数据元标记开始"。例如:

3035 参与方功能代码标识符

…

BB 买方银行

[3420] 买方进行付款的银行。

[3420] 指出了 3420 是当前贸易数据元目录(TDED)中特定的数据元:

3420 买方银行

描述:买方进行付款的银行。

"如果一个通用数据元与一个标识符值组合后与 TDED 中现有的特定数据元相同,但特定数据元给出的信息通常在 EDIFACT 与分隔数据元相关的报文中给出,仅复制功能含义,则标识符代码值的描述用圆括号()中特定数据元标记开始"。例如:

3035 参与方功能代码标识符

…

AL 当事人

(3340) 在海关授权和监管下(适当时,有一个担保人),负责货物管理和搬移(转运)的参与方。

(3340) 指出了 3340 是当前 UNTDED 中特定的数据元:

3340 主要负责的参与方。

描述:负责接收的参与方名称和地址。

该规则目前适用于 TDED 中允许相同标记但使用圆括号的数据元。

5.5 数据元类别,标识符(标记)分配

在目录中使用 4 位数字作为数据元标识符(标记)。考虑到把数据元按大的类别进行分组能够帮助用户,同时考虑到需要为国家和公司的使用预留空间,在本框架中把数字标识符分成 9 个通用类别。

偶数标记号用来表示普通语言表示的数据项(包括数值而不是代码),而奇数标记号用于代码型表示,适当时,可以出现相同数据元,而标记不同,例如:4460 付款方式;4461 付款方式,代码型。

对标识符有下列规定:

——标识符可以是字母数字型的,应有一个奇数标记(连续标识符除外,这时可以有一个偶数标记)。

——应不使用偶数之前的号,但对于需要文本版本时除外。

在现有条目与该规则不一致的地方如果已标识业务需求并要求变更时应进行改正。

标记的目的是给出语言独立的数据元标识符;这些号码之所以重要是因为它们表示大的类别,同时指出是用普通语言还是代码进行描述。

对某些数据元组特定的规则在下面给出。

6 贸易数据元的分组

为方便用户使用本标准，将数据元分为几个类目，同时也考虑到国家和部门使用，预留了足够的空间。此外，本标准不包括服务数据元，这些数据元在 GB/T 14805.10—2005 中给出。

本标准中使用下列类目分组：

a) 第 1 组：(1000～1699)单证、参考

用于数据处理或单证的数据元，例如需要为用户数据交换提供服务的数据元、单证和报文名称、参考和参考号、顺序号(如项号、页号以及单证副本数)；

b) 第 2 组：(2000～2699)日期、时间、期限

所有时间的表示，如日历日期、时间期限(月、星期、日)，时限、起始和终止日期；

对于日期和时间：

——对于数据元“日期时间文本”版本，应给出偶数标记；

——对于数据元常用的“日期时间”数字值表示，应给出下列基数标记，并有一个引导表示(GB/T 7408—2005)：

——n8 为 YYYYMMDD 或

——n17 为 YYYYMMDDHHMMThhmm

在现有条目与该规则不一致的地方如果已标识业务需求并要求变更时应进行改正。

c) 第 3 组：(3000～3699)参与方、地址、地点、国家

法人和自然人的名称和地址、官员名称、组织机构、地点、国家、路线；

d) 第 4 组：(4000～4699)条款、条件、术语、说明

鉴证、授权、背书、证明、条目、条件、条款、参考条目、戳记、标签、请求、说明、收据、声明、资料文本；

e) 第 5 组：(5000～5699)金额、费用、百分比

财产价值、金额、费用；用于商业、运输、海关、统计以及其他用途的数额和价值；例如作为发票计算基准的价格、费率、百分率和折扣的详细内容；

f) 第 6 组：(6000～6699)计量标识符、数量(非货币量)

尺码、重量、体积、距离、温度、货币及其他数量(第 5 组中的货币量除外)、计量单位说明符；

在 5000 组和 6000 组中标识的金额、计量和量：

——对于文本版本的该数据元，应给出偶数标记。

——对于该数据元常用的数字值表示，应给出下列基数标记。

在现有条目与该规则不一致的地方如果已标识业务需求并要求变更时应进行改正。

当使用小数点和负号时，每个小数点或负号占一个字符的位置。这不包括在数据元值表示法的数字字符规范中，并且应在数据处理和打印中考虑。

在数值中小数点的位置没有规定，可以根据需要在任何数字之间。系统有时需要有多种特定方法，以便帮助设计者规定小数点的位置，表 1 可以作为指南。

表 1 数值中小数点的位置

01	重量	3 位小数
	体积	4 位小数
	其他量	3 位小数
02	单价	4 位小数
	其他量	3 位小数
03	货币汇率	6 位小数
	百分比	4 位小数
	税率	4 位小数

g) 第7组:(7000～7699)货物和物品的描述和标识符

货物和物品的描述、分类和标识、托运物标识符、包装号和种类、危险品细目;

h) 第8组:(8000～8699)运输方式、工具和设备

运输工具和集装箱的标识和描述、运输设备细目、运输方式和动态、航次号和航班号;

i) 第9组:(9000～9699)其他数据元(海关等)

1～8类中未列明的其他数据元。

本标准所选择的数据元的分类体系是以数据项的特征为基准,并考虑其属性,而不考虑其应用领域。如所有的日期都在一个大组中,所有的名称在另一个大组中,所有的金额在第三个大组中,不考虑日期、名称和金额的种类。

即使用户不知道数据元的准确名称或数据元的应用领域,根据上述分类原则,用户就有可能非常准确地找到所需要的数据元,其范围不会超过一个大组中的100条数据元。

应注意每大类的数据元标记号。

标记699以内由TDED维护机构分配。

标记700～799用于正在开发中的报文类型,并由提供方分配。

800以上的数据元标记可为国家或地区报文开发组使用。

7 贸易数据元的属性

在数据元目录列表中给出下列贸易数据元的9个属性:

a) 资料性属性 变更指示符:

add 增加

cn 变更名称

cnd 变更名称+描述

cnr 变更名称+表示

cndr 变更名称+描述+表示

x 标记删除(用标记+名称)

u 不删除(重新安排)

b) 规范性属性 标记(UID唯一标识符)

c) 资料性属性 新名称=字典条目名称=对象类+特性词+表示词,在一个单元格中相连,没有重复词

d) 规范性属性 说明(定义,自由文本)

e) 资料性属性 表示

f) 规范性属性 数据元名称(源自GB/T 15191—1997中的老名称)

g) 资料性属性 业务术语(同义词)

h) 资料性属性 注(使用〈〈x〉=〉《用于替代…》)

i) 资料性属性 联接位置,连接代码表(UNCL)

所有其他属性都是资料性的,储存在ISO/TC 154网址(http://www.iso.org/tc154)的主数据库中,并将被更新,用户可以从中获取。

8 贸易数据元目录

本标准以列表的形式给出贸易数据元目录,见表2。

附录A给出贸易数据元目录(ISO 7372)的维护程序和机构说明。

表 2　贸易数据元目录

变更指示符	标记(标识符)	字典条目名称	原数据元名称	说明	表示	业务术语(同义词)	注	联接位置
[1]	[2]	[3]	[4]	[5]	[6]	[7]	[8]	[9]
cnd	1000	Document. Type Name. Text (单证. 类型名称. 文本)	单证/报文名称 (Document/message name)	单证的自由文本名称，如：形式发票和商业发票	an..35	单证/报文名称		UNLK:L 02,P 45-80, MAR:IMO/FAL 1-7
cndr	1001	Document. Type. Code (单证. 类型. 代码)	单证/报文名称，代码型 (Document/message name,coded)	规定单证名称的代码，如：352 表示形式发票，380 表示商业发票	an..3	单证/报文. 代码		UNLK:L 04,P 41-45 CIMP:(120):a1 SAD:(SAD 1(first to third subdivision))
x	1002						已删除，由数据元 1000 替用	
cnd	1003	Document. Type. Identifier (单证. 类型. 标识符)	报文名称，代码型 (Message name,coded)	单证类型标识符，如：发票。也可见数据元 0065	an..6	报文名称代码		CIMP:(101):a3
cnd	1004	Document. Identifier (单证. 标识符)	单证/报文号 (Document/message number)	标识一个特定单证的参考号	an..35	单证/报文号		CIMP:(112) n3 and (114) an6 or(805)n8 and(118)n6 MAR:IMO/FAL 2 UNLK:an..17 L 04,P 63-80
add	1007	Event. Identifier (事件. 标识符)		标识一个事件的参考号	an..35			
add	1008	Event. Sequence. Identifier (事件. 顺序. 标识符)		在若干事件中区分一个特定事件的顺序号	n..5			

表 2（续）

变更指示符	标记（标识符）	字典条目名称	原数据元名称	说明	表示	业务术语（同义词）	注	联接位置
[1]	[2]	[3]	[4]	[5]	[6]	[7]	[8]	[9]
cnd	1010	Additional Document. Identifier（附加单证. 标识符）	附加单证参考（Additional document reference）	提供附加信息第 12 页共 302 页单证的标识符	an..35			SAD:(SAD 44)
add	1012	Packing List Document. Item Sequence. Identifier（装箱单. 项顺序. 标识符）		在装箱单中区分一个具体项目的顺序编号	n..5			
cndr	1014	Packing List Document. Identifier（装箱单. 标识符）	装箱单号（Packing List number）	标识装箱单的参考号	an..35			UNLK:an..17,L 04 P 63-80
cndr	1016	Consignment. Carrier Assigned. Identifier（托运. 承运人指定. 标识符）	订舱编号（Booking reference number）	承运人或其代理人对一票具体的托运货物指定的参考号。如：装货前为其预留舱位的订舱编号	an..35	预留的装运号		CIMP:(117):an..15 MAR:IMO/FAL 7 UNLK:an..17 L 04,P 63-80
cndr	1018	Order Acknowledgement Document. Identifier（订单确认单. 标识符）	订单确认号（Acknowledgement of Order number）	标识一个订单确认的参考号	an..35	订单回复号		UNLK:L 04,P 63-80
cndr	1022	Order Document. Buyer Assigned. Identifier（订单. 买方指定. 标识符）	订单号（Order number）	买方为订单指定的标识符	an..35	订单号		UNLK:L 04,P 63-80 CIM:n..7;L 62,P 13-19

表 2（续）

变更指示符	标记（标识符）	字典条目名称	原数据元名称	说明	表示	业务术语(同义词)	注	联接位置
[1]	[2]	[3]	[4]	[5]	[6]	[7]	[8]	[9]
add	1024	Additional Document. Name. Text（附加单证. 名称. 文本）		附加单证的自由文本名称	an..35			
add	1025	Additional Document. Name. Code（附加单证. 名称. 代码）		规定附加单证名称的代码	an..3			
add	1027	Invoice Document. Type. Code（发票单证. 类型. 代码）		规定一个发票类型的代码	an..3			
add	1029	Document. Rule Section. Identifier（单证. 规则区. 标识符）		标识单证中规则的一个区域	an..35			
cndr	1030	Collection Advice Document. Identifier（收款通知单. 标识符）	收款通知书号（Advice of collection number）	标识一个收款通知单的参考号	an..35			UNLK:an..17 L 04,P 63-80
add	1033	Delivery Note Document. Identifier（交货通知单. 标识符）		标识一个交货通知单的参考号	an..35			UNLK:an..17 L 04,P 63-80
add	1035	Despatch Advice Document. Identifier（发货通知单. 标识符）		标识一个发货通知单的参考号	an..35			UNLK:an..17 L 04,P 63-80
add	1037	Manifest Document. Identifier（载货清单（舱单）. 标识符）		标识一个载货清单(舱单)的参考号	an..35			UNLK:an..17 L 04,P 63-80

表 2（续）

变更指示符	标记(标识符)	字典条目名称	原数据元名称	说明	表示	业务术语(同义词)	注	联接位置
[1]	[2]	[3]	[4]	[5]	[6]	[7]	[8]	[9]
add	1039	House Waybill Document. Identifier (内部运单.标识符)		标识一个内部运单的参考号	an..35			UNLK:an..17 L 04,P 63-80
add	1041	Excess Transport Movement. Service. Identifier (额外运输搬移.服务.标识符)		标识在一个现有运输合同上增加的运输服务的参考号	an..35			
add	1043	Job. Identifier (工作.标识符)		标识一项工作的参考号	an..35			
add	1045	Consolidation. Load Plan. Identifier (拼装.装载图.标识符)		标识一份装载图的参考号,该图是确定如何装载及以何种顺序将托运货物拼装进一种运输工具	an..35			
cnd	1046	Document. Total Page. Quantity (单证.总页数.数量)	页数 (Number of pages)	单证的总页数	n..3			UNLK:L 02,P 76-80 SAD:(SAD 3(2))
cnd	1049	Document. Section. Code (单证.栏目.代码)	报文节,代码型 (Message section, coded)	规定单证中一个栏目的代码	an..3	报文节代码		
cnd	1050	Sequence. Position. Identifier (顺序.位置.标识符)	顺序号 (Sequence number)	标识一个顺序排列中的位置	an..10			MAR:IMO/FAL 4-5
cnd	1052	Document. Item. Identifier (单证.项.标识符)	报文项号 (Message item number)	标识单证中的一个项	an..35	报文项号		

表 2(续)

变更指示符	标记(标识符)	字典条目名称	原数据元名称	说明	表示	业务术语(同义词)	注	联接位置
[1]	[2]	[3]	[4]	[5]	[6]	[7]	[8]	[9]
cnd	1054	Document. Sub-Item. Identifier (单证. 分项. 标识符)	报文分项号 (Message sub-item number)	标识单证中的一个分项	n..6	报文分项号		
add	1057	Version. Identifier (版本. 标识符)		标识一个版本	an..9			
add	1059	Release. Identifier (发布. 标识符)		标识一个发布	an..9			
add	1061	Revision. Identifier (修订. 标识符)		标识一个修订	an..6			
add	1065	Shipment. Identifier (装运. 标识符)		标识一个装运的参考号	an..35	装运参考号		
cnd	1066	Document. Originals Issued Quantity. Text (单证. 签发的正本数量. 文本)	正本提单份数(文字型) (Number of original Bills of Lading, in words)	用文字表示签发的单证正本的总份数	an..17			UNLK:L 64, P 36-54
cnd	1067	Document. Originals Issued. Quantity (单证. 签发的正本. 数量)	正本提单份数(数字型) (Number of original Bills of Lading, in figures)	用数字表示签发的单证正本的总份数	n..2	正本提单份数		UNLK:L 64, P 36-40
add	1068	Document. Copies Issued Quantity. Text (单证. 签发的副本数量. 文本)		用文字表示签发的单证副本的总份数	an..35			

表 2（续）

变更指示符	标记（标识符）	字典条目名称	原数据元名称	说明	表示	业务术语（同义词）	注	联接位置
[1]	[2]	[3]	[4]	[5]	[6]	[7]	[8]	[9]
add	1069	Document. Copies Issued. Quantity（单证. 签发的副本. 数量）		用数字表示签发的单证副本的总份数	n..2	副本提单份数		UNLK:L 64,P 45-49
cndr	1070	Charges Note Document. Attachment. Indicator（费用通知单. 附件. 指示符）	费用单（Charges Note）	预先印制在运输合同单证上的费用单的指示	an1			CIM:Checkmark L 62,P47
cnd	1073	Document. Line Action. Code（单证. 行行为. 代码）	单证项指示符，代码型（Document line indicator, coded）	标识一个与单证中行有关的行为的代码	an..3			
add	1077	Conveyance Arrival Declaration Document. Identifier（运输工具抵达申报单. 标识符）		向公共管理当局所作的运输工具（例如：船）抵达的申报	an..35			UNLK: an.. 17 L 04, P 63-80 MAR:IMO/FAL 1-3,5-6
add	1079	Conveyance Departure Declaration Document. Identifier（运输工具驶离申报单. 标识符）		向公共管理当局所作的运输工具（例如：船）驶离的申报	an..35			UNLK: an.. 17 L 04, P 63-80 MAR:IMO/FAL 1-3,5-6
cndr	1082	Line Item. Sequence. Identifier（行项. 顺序. 标识符）	分项号（Line item number）	用于区分系列行项中单一行项的标识符	an..6	行项号		UNLK:L 36-46,P 00-08

表 2（续）

变更指示符	标记（标识符）	字典条目名称	原数据元名称	说明	表示	业务术语(同义词)	注	联接位置
[1]	[2]	[3]	[4]	[5]	[6]	[7]	[8]	[9]
cndr	1088	Proforma Invoice Document. Identifier（形式发票单证.标识符）	形式发票号（Proforma Invoice number）	标识一个形式发票的参考号	an..35			UNLK:an..17,L 04,P 63-80
add	1091	Previous Customs Document. Identifier（先前海关单证.标识符）		先前海关单证的标识符	an..35			SAD:(SAD 40)
add	1095	Export Permit. Control Classification. Identifier（出口许可证.管理分类.标识符）		用于管理的出口许可证分类，比如涉及武器和军民两用产品以及技术贸易管理的瓦圣纳协议	an..35			
add	1097	Customs Declaration Document. Trader Assigned. Identifier（海关申报单.贸易商指定.标识符）		由贸易商指定的用于标识一个报关声明的参考号	an..35			
add	1099	Transport Means. Stay. Identifier（运输工具.停留.标识符）		在港口或机场，运输工具停留的标识符	an..35	船舶停留参考号		
add	1103	Split Consignment. Carrier Assigned. Identifier（分批托运.承运人指定.标识符）		由承运人指定的分批托运的每一批的标识符	an..35			

表 2（续）

变更指示符	标记（标识符）	字典条目名称	原数据元名称	说明	表示	业务术语(同义词)	注	联接位置
[1]	[2]	[3]	[4]	[5]	[6]	[7]	[8]	[9]
x	1106						由数据元1107替用	
add	1107	Import Permit. Identifier（进口许可证.标识符）		标识一个进口许可证的参考号	an..35	进口许可证号		UNLK:L 04,P 63-80
add	1109	Certificate Of Shipment Document. Identifier（装运证书.标识符）		标识一个装运证书的参考号	an..35			UNLK:L 04,P 63-80
add	1111	Commission Note Document. Identifier（佣金通知单.标识符）		标识一个佣金通知的参考号	an..35			UNLK:L 04,P 63-80
add	1113	Credit Note Document. Identifier（贷记通知单.标识符）		标识一个贷记通知的参考号	an..35			UNLK:L 04,P 63-80
add	1115	Dangerous Goods Declaration Document. Identifier（危险品申报单.标识符）		标识一个危险品申报的参考号	an..35	危险品通知		MAR:IMO/FAL 7 UNLK:L 04,P 45-62
add	1117	Debit Note Document. Identifier（借记通知单.标识符）		标识一个借记通知的参考号	an..35			UNLK:an..17 L 04,P 63-80
add	1121	Shipping Instruction Document. Identifier（装运指示单.标识符）		标识一个装运指示的参考号	an..35			UNLK:an..17 L 04,P 63-80

表 2（续）

变更指示符	标记（标识符）	字典条目名称	原数据元名称	说明	表示	业务术语（同义词）	注	联接位置
[1]	[2]	[3]	[4]	[5]	[6]	[7]	[8]	[9]
add	1123	Shipping Note Document. Identifier（装运通知单. 标识符）		标识一个装运通知单的参考号	an..35			UNLK:an..17 L 04,P 63-80
add	1125	Status Report Document. Identifier（状态报告单. 标识符）		标识一个状态报告的参考号	an..35			
add	1127	Status Request Document. Identifier（状态请求单. 标识符）		标识一个状态请求的参考号	an..35			
cndr	1128	Despatch Note Document. Identifier（发货通知单. 标识符）	发运单号（Despatch Note number）	标识一个发货通知单的参考号	an..35			UNLK:an..17 L 04,P 63-80
cndr	1131	Code List. Identifier. Code（代码表. 标识符. 代码）	代码表限定符（Code list qualifier）	标识用户或代码表维护机构的代码	an..17			
cndr	1140	Consignment. Consignor Assigned Identifier. Identifier（托运. 发货人指定标识. 标识符）	发货人参考号（Consignor's Reference number）	由发货人指定的标识一个特定托运的参考号	an..35			UNLK: an..17 L 06, P 63-80 SAD:(SAD 7)
cndr	1142	Carrier Agent. Carrier Assigned Identifier. Identifier（承运人代理. 承运人指定标识. 标识符）	代理人账户号（Agent's account number）	由承运人指定的标识一个代理人的账户的参考号	an..35			AWB:L 20,P 27-44 CIMP:(108):n..14

表 2（续）

变更指示符	标记（标识符）	字典条目名称	原数据元名称	说明	表示	业务术语(同义词)	注	联接位置
[1]	[2]	[3]	[4]	[5]	[6]	[7]	[8]	[9]
add	1145	Traveller. Reference. Identifier（旅客.参考.标识符）		标识一个旅客的参考	an..35			
add	1146	Account. Name. Text（账户.名称.文本）		账户的名称	an..35			
add	1147	Account. Identifier（账户.标识符）		标识一个账户	an..35			
add	1148	Account. Abbreviated Name. Text（账户.缩略名称.文本）		一个账户的缩略名称	an..17			
cndr	1150	Consignment. Receipt. Identifier（托运.收据.标识符）	收讫号（Received number）	指定一个参考号用来标识抵达目的地的托运物	an..35	收讫号		CIM:n..4;L 69,P 76-82
cnd	1153	Reference. Type. Code（参考.类型.代码）	参考限定符（Reference qualifier）	规定一个参考类型的代码	an..3			
cndr	1154	Reference. Identifier（参考.标识符）	参考号（Reference number）	标识一个参考	an..70			UNLK: an..35 × 2; L 06-07,P 45-80
cnd	1156	Document Line. Identifier（单证行.标识符）	行号（Line number）	标识一个单证的行	an..6			
cnd	1159	Sequence Identifier. Source. Code（顺序标识符.来源.代码）	顺序号来源,代码型（Sequence number source,coded）	规定顺序标识符来源的代码	an..3			

表 2（续）

变更指示符	标记（标识符）	字典条目名称	原数据元名称	说明	表示	业务术语（同义词）	注	联接位置
[1]	[2]	[3]	[4]	[5]	[6]	[7]	[8]	[9]
cnd	1160	Required Document. Function Name. Text（所需单证. 功能名称. 文本）	所需单证（Document required）	所需单证功能的名称	an..35			SWIFT:an..65×12
cndr	1161	Required Document. Function. Identifier（所需单证. 功能. 标识符）	所需单证，代码型（Document required，coded）	所需单证功能的标识符（见 GB/T 16833—2002）	an..3			
cndr	1166	Loading List Document. Quantity（装货清单. 数量）	装货清单数（Number of loading lists）	装货清单，载货清单或其他类似单证的数量	n..5			SAD:(SAD 4)
cndr	1168	Tax. Payment. Identifier（税. 付款. 标识符）	延期支付参考（Deferred payment reference）	标识关税/税付款的参考号，例如：转运手续中的关税/税的支付	an..35			SAD:(SAD 48)
add	1170	Accounting Journal. Name. Text（会计分类账. 名称. 文本）		会计分类账的名称	an..35			
add	1171	Accounting Journal. Identifier（会计分类账. 标识符）		会计分类账的标识	an..17			
cndr	1172	Documentary Credit. Identifier（跟单信用证. 标识符）	跟单信用证号（Documentary credit number）	标识一个跟单信用证的参考号	an..35	信用信函号		SWIFT:an..16 UNLK:an..17,L 04,P 63-80

表 2（续）

变更指示符	标记（标识符）	字典条目名称	原数据元名称	说明	表示	业务术语（同义词）	注	联接位置
[1]	[2]	[3]	[4]	[5]	[6]	[7]	[8]	[9]
cndr	1174	Delivery Instruction. Identifier（交货指示.标识符）	交货指示号（Delivery instruction number）	标识一个交货指示单证的参考号	an..35			UNLK:an..17,L 04,P 63-80
cndr	1176	Financial Transaction. Buyer Assigned. Identifier（金融交易.买方指定.标识符）	买方金融交易参考（Buyer's financial transaction reference）	由买方指定的用于表示金融交易的参考号	an..35			
cndr	1188	Transport Contract Document. Identifier（运输合同单证.标识符）	运输单证号（Transport document number）	标识能证明一个运输合同单证的参考号	an..35	提单号；主运单号		AWB:L 01,P 09-11;P 15-22;P 66-67;L 64;P 66-77 CIMP:(112):n3;(113):n8 or(119):n8 CMR:L 59,P 20-26 INV:L 36-64,P 09-26 Inland Waterways B/L:L 02,P 45-62 UNLK:an..17,L 04,P 63-80
x	1190						由数据元1000替用	
x	1191						由数据元1001替用	

表 2(续)

变更指示符	标记(标识符)	字典条目名称	原数据元名称	说明	表示	业务术语(同义词)	注	联接位置
[1]	[2]	[3]	[4]	[5]	[6]	[7]	[8]	[9]
cnd	1194	Person. Document. Identifier (个人. 证件. 标识符)	个人身份证件 (Personal identity document)	标识个人的证件的注册号	an..35			MAR:IMO/FAL 5
cnd	1198	Document. Exemplar. Quantity (单证. 份数. 数量)	随附单证份数 (Number of copies of document enclosed)	正本单证和副本单证的总数	n..2			
u	1202	Consignment. Identifier (托运. 标识符)		标识一个货物特定托运的唯一参考	an..35	唯一托运参考(UCR)		UNLK:an..17,L 06,P 63-80 CIM:L 64,P 69-79 and n7;L 66,P 73-82
cndr	1208	Export Permit. Identifier (出口许可证. 标识符)	出口许可证号 (Export Licence number)	标识一个出口许可证的参考号	an..35	出口许可证号		UNLK:an..17,L 04,P 63-80
cnd	1212	Document. Page. Identifier (单证. 页. 标识符)	页号 (Page number)	用于标识页码	n..3			UNLK:L 02,P 72-75 SAD:(SAD(3(1))
cnd	1218	Document. Originals Required. Quantity (单证. 所需的正本. 数量)	所需正本单证的份数 (Number of originals of document required)	所需正本单证的数量	n..2			UNLK:L 63,P 36-40
cnd	1220	Document. Copies Required. Quantity (单证. 所需的副本. 数量)	所需单证份数 (Number of copies of document required)	所需副本单证的数量	n..2			SWIFT:an..65×12 UNLK:L 63,P 45-49 MAR:IMO/FAL 1
cnd	1222	Configuration. Level. Identifier (配置. 等级. 标识符)	配置等级 (Configuration level)	用于标识配置的等级	n..2	配置等级号		

表 2（续）

变更指示符	标记（标识符）	字典条目名称	原数据元名称	说明	表示	业务术语（同义词）	注	联接位置
[1]	[2]	[3]	[4]	[5]	[6]	[7]	[8]	[9]
cnd	1225	Document. Function. Code（单证. 功能. 代码）	报文功能，代码型（Message function, coded）	指示单证功能的代码	an..3	报文功能代码		SAD:（SAD 40）
cnd	1227	Calculation. Sequence. Code（计算. 顺序. 代码）	计算顺序指示符，代码型（Calculation sequence indicator, coded）	规定计算顺序的代码	an..3			
add	1228	Action. Text（行为. 文本）		已经或将要采取的行为的自由格式描述	an..35			
cnd	1229	Action. Code（行为. 代码）	行动请求/通知，代码型（Action request/notification, coded）	规定已经或将要采取的行为的代码	an..3			CIMP:（409）
cnd	1230	Monetary Amount Adjustment. Identifier（货币金额调整. 标识符）	折让或费用号（Allowance or charge number）	用于标识如折让或费用等货币金额的调整	an..35			
cndr	1236	Freight Charge. Sequence. Identifier（运费. 顺序. 标识符）	运费项号（Freight item number）	区分每一笔单独运费的序列号	n..5	运费号		UNLK:L 54-60, P 00-08
x	1241						由数据元4405替用	
x	1245						由数据元4405替用	
cndr	1246	Rejection Report Document. Identifier（拒绝报告单. 标识符）	拒收报告号（Rejection report number）	用于标识拒绝报告的参考号	an..35			

表 2（续）

变更指示符	标记（标识符）	字典条目名称	原数据元名称	说明	表示	业务术语（同义词）	注	联接位置
[1]	[2]	[3]	[4]	[5]	[6]	[7]	[8]	[9]
cndr	1274	Conference Contract Document. Identifier（公会合同单. 标识符）	货运组织合同号（Conference Contract number）	用于标识一个公会合同的参考号	an..35	货运合同，货运合同号		UNLK:an..17 L 04,P 63-80
cndr	1296	Contract Document. Identifier（合同证书. 标识符）	合同号（Contract number）	买卖双方之间签定的合同的标识符	an..35	合同号		UNLK:an..17 L 04,P 63-80
cndr	1310	Partial Shipment. Identifier（部分装运. 标识符）	部分托运编号（Part consignment number）	一个订单中装运部分的标识符	an..35	部分托运编号		CIMP:(703):a1;(905):n2
cnd	1312	Consignment. Loading Sequence. Identifier（托运. 装载顺序. 标识符）	托运物装载顺序号（Consignment load sequence number）	一个托运和多个托运的装载顺序的标识符	n..4			
cndr	1318	Contract Document Addendum. Identifier（合同证书附件. 标识符）	合同附件号（Contract Addendum number）	用于标识合同证书附件的参考号	an..35			UNLK:an..17 L 04,P 63-80
cndr	1332	Quotation Document. Identifier（报价单. 标识符）	发盘号（Offer number）	用于标识报价的参考号	an..35	报价号 出价号		UNLK:an..17 L 04,P 63-80
cndr	1334	Invoice Document. Identifier（发票. 标识符）	发票号（Invoice number）	用于标识一个发票的参考号	an..35	发票号		UNLK:an..17 L 04,P 63-80
cndr	1346	Enclosed Document. Function Name. Text（随附单证. 功能名称. 文本）	随附单证（Document enclosed）	随附单证功能的名称	an..70			CIM:an..47×4;L 39-42,P 02-49 CMR:an..35×3;L 24-26,P 09-44

表 2（续）

变更指示符	标记（标识符）	字典条目名称	原数据元名称	说明	表示	业务术语（同义词）	注	联接位置
[1]	[2]	[3]	[4]	[5]	[6]	[7]	[8]	[9]
cndr	1347	Enclosed Document. Function. Code（随附单证. 功能. 代码）	随附单证，代码型（Document enclosed，coded）	说明一个随附单证的代码	an..3			
x	1348						无业务需求	
x	1349						无业务需求	
cndr	1362	Consignment. Consignee Assigned. Identifier（托运. 收货人指定. 标识符）	收货人的货物参考号（Consignee's shipment reference number）	由收货人指定的用于标识特定托运的参考号	an..35			UNLK：an..17 L 06，P 63-80
cndr	1366	Document. Source. Text（单证. 来源. 文本）	单证/报文出处（Document/message source）	单证来源的自由文本描述	an..70	单证/报文出处		
cnd	1370	Document. Recipient Name. Text（单证. 接收方名称. 文本）	单证接收方（Document recipient）	将要接收或已经接收单证方的名称	an..35			
cnd	1373	Document. Status. Code（单证. 状况. 代码）	单证/报文状况，代码型（Document/message status，coded）	规定单证状况的代码	an..3	单证/报文状况代码		
cndr	1376	Engineering. Change. Identifier（工程. 变更. 标识符）	工程变更号（Engineering change number）	一个工程变更的标识符	an..35	工程变更号		
cnd	1420	Kanban Card. Identifier（Kanban 卡. 标识符）	Kanban 卡号（Kanban card number）	用于标识 Kanban 卡的参考号	an..3			

表 2（续）

变更指示符	标记（标识符）	字典条目名称	原数据元名称	说明	表示	业务术语（同义词）	注	联接位置
[1]	[2]	[3]	[4]	[5]	[6]	[7]	[8]	[9]
cndr	1426	Goods Declaration Document. Customs. Identifier（货物申报单. 海关. 标识符）	货物报关单号(海关)（Goods declaration number(Customs)）	由海关指定或接受的用于标识货物申报单的参考号	an..35	货物报关单号		CIMP:(904):an..17 UNLK:an..17 L 04,P 63-80 SAD:(SAD A and SADC)
x	1430						无业务需求	
cnd	1438	Package. Buyer Assigned. Identifier（包装. 买方指定. 标识符）	买方的包装标识号（Buyer's package identification number）	由买方指定用于标识单一包装的唯一号码	an..9			
cndr	1460	Consignment. Freight Forwarder Assigned. Identifier（托运. 货运代理人指定. 标识符）	货运代理人参考号（Freight forwarder's reference number）	由货运代理人指定的用于标识一个特殊托运的参考号	an..35			UNLK:an..17 L 06,P 63-80
x	1472							
add	1481	Controlling Agency. Identifier（管理机构. 标识符）		用于标识管理机构	an..2			
x	1478						由数据元 1218/1220 替用	
cndr	1490	Consignment. Sequence. Identifier（托运. 顺序. 标识符）	拼装货物项号（Consolidation item number）	在多个托运中区分一个特定托运的顺序号	n..5			

表 2（续）

变更指示符	标记（标识符）	字典条目名称	原数据元名称	说明	表示	业务术语（同义词）	注	联接位置
[1]	[2]	[3]	[4]	[5]	[6]	[7]	[8]	[9]
cndr	1492	Transport Equipment. Sequence. Identifier（运输设备. 顺序. 标识符）	集装箱项号（Container item number）	在多个运输设备中区分一种特定运输设备的顺序号	n..5			CIMP：(115)：an1n3 UNLK：L 28-50，P 00-08 MAR：IMO/FAL 2
x	1494						由数据元 8260 替用	
cnd	1496	Goods Item. Sequence. Identifier（货物项. 顺序. 标识符）	货物分项号（Goods item number）	在一票托运中区分一个特殊货物项的顺序号	n..5			UNLK：L 28-50，P 00-08 SAD(SAD 32)
x	1498						由数据元 8260 替用	
add	1501	Computer Environment. Type. Code（计算机环境. 类型. 代码）		规定计算机环境细目类型的代码	an..3			
add	1502	Data. Format. Text（数据. 格式. 文本）		数据格式的自由格式描述	an..35			
add	1503	Data. Format. Code（数据. 格式. 代码）		规定数据格式的代码	an..3			
add	1505	Value List. Type. Code（值表. 类型. 代码）		规定值表类型的代码	an..3			
add	1507	Designated Class. Code（指示符分类. 代码）		规定指示符分类的代码	an..3			
add	1508	File. Name. Text（文件. 名称. 文本）		文件的名称	an..35			

表 2（续）

变更指示符	标记（标识符）	字典条目名称	原数据元名称	说明	表示	业务术语(同义词)	注	联接位置
[1]	[2]	[3]	[4]	[5]	[6]	[7]	[8]	[9]
add	1510	Computer Environment. Name. Text（计算机环境. 名称. 文本）		计算机环境的名称	an..35			
add	1511	Computer Environment. Code（计算机环境. 代码）		规定计算机环境的代码	an..3			
add	1514	Value List. Name. Text（值表. 名称. 文本）		值的代码或非代码表的名称	an..70			
add	1516	File. Format Name. Text（文件. 格式名称. 文本）		文件格式的名称	an..17			
add	1519	Value List. Identifier（值列表. 标识符）		标识一个代码型或非代码型值的列表	an..35			
add	1521	Data Set. Identifier（数据集. 标识符）		用于标识数据集	an..35			
add	1523	Message Implementation. Identifier（报文实施. 标识符）		标识一个报文实施的代码	an..6			
U	2000	Date. Date. Text（日期. 日期. 文本）	日期	说明公历的某一天，该天通过年、月、周、日或年日来组合，用数字或文字表示	an..35			
U	2001	Date. Date. Date Time（日期. 日期. 日期时间）	日期，代码型	说明公历的某一天，该天通过年、月、周、日或年日来组合。（YYMMDD或CCYYMMDD）	an..19			

表 2（续）

变更指示符	标记（标识符）	字典条目名称	原数据元名称	说明	表示	业务术语（同义词）	注	联接位置
[1]	[2]	[3]	[4]	[5]	[6]	[7]	[8]	[9]
U	2002	Time. Time. Text（时间. 时间. 文本）	时间	说明一天中的某一时间点，该时间点通过小时、分钟、秒和毫秒来组合，用数字或文字表示	an..35			
add	2003	Time. Date Time（时间. 日期时间）		说明一天中的某一时间点，该时间点通过小时、分钟、秒和毫秒来组合表示。（HHMMSSnnn）	n9			
cnd	2005	Date. Function. Code（日期. 功能. 代码）	日期/时间/期限限定符（Date/time/period qualifier）	规定日期、时间或期限功能的代码	an..3			MAR：IMO/FAL 1，5
cnd	2006	Document. Issue Date Time. Text（单证. 签发日期时间. 文本）	单证日期（Document date）	说明用数字和文字形式表示的单证出据日期，必要时签署或采取其他方式使其生效的日期	an..17			MAR：IMO/FAL 7 UNLK：L 04，P 45-62
cndr	2007	Document. Issue. Date Time（单证. 签发. 日期时间）	单证日期，代码型（Document date，coded）	单证出据日期，必要时签署或采取其他方式使其生效的日期	an..19			CIMP：(200)：n2；(201)：a3；(202)：n2 MAR：IMO/FAL 1-7 SAD：(SAD 54)
cnd	2009	Terms. Time Reference. Code（条款. 时间参考. 代码）	时间关系，代码型（Time relation，coded）	与付款条款关联的参考日期、时间或期限的代码	an..3			

表 2（续）

变更指示符	标记（标识符）	字典条目名称	原数据元名称	说明	表示	业务术语（同义词）	注	联接位置
[1]	[2]	[3]	[4]	[5]	[6]	[7]	[8]	[9]
cnd	2010	Order Document. Issue Date Time. Text（订单. 签发日期时间. 文本）	订单日期（Order date）	用数字和文字表示的订单签发的日期	an..17			UNLK:L 04,P 45-62
cndr	2011	Order Document. Issue. Date Time（订单. 签发. 日期时间）	订单日期,代码型（Order date,coded）	订单的日期	an..19	购买订单日期		UNLK:L 03,P 56-62
cnd	2013	Frequency. Code（频度. 代码）	频度,代码型（Frequency,coded）	规定重复出现比率的代码	an..3			
cnd	2015	Despatch. Pattern. Code（发货. 方式. 代码）	发送方式,代码型（Despatch pattern,coded）	规定日常发货的天数/期限的代码	an..3			
cnd	2017	Despatch. Pattern Timing. Code（发货. 方式具体时间. 代码）	发送方式具体时间,代码型（Despatch pattern timing,coded）	规定一个发货方式中的日期/时间集的代码	an..3			
add	2018	Age. Measure（年龄. 计量）		说明人或事物的生命或生存的时间长度	n..3			
x	2020						由数据元2126替用	
add	2023	Period. Function. Code（期限. 功能. 代码）		限定期限功能的代码	an..3			
cnd	2024	Delivery. Last Date Time. Text（交货. 最后日期时间. 文本）	交货最后日期（和时间）（Delivery last date（and time））	用数字和文字表示的交货的最后日期、时间	an..17			UNLK:L 22,P 63-80

表 2（续）

变更指示符	标记（标识符）	字典条目名称	原数据元名称	说明	表示	业务术语(同义词)	注	联接位置
[1]	[2]	[3]	[4]	[5]	[6]	[7]	[8]	[9]
cndr	2025	Delivery. Last Date Time. Date Time（交货. 最后日期时间. 日期时间）	交货最后日期（和时间），代码型（Delivery last date（and time），coded）	交货的最后日期、时间	an..19			UNLK：Date only：L 21，P 74-80 Date and time：L 21，P 74-80
cnd	2026	Consignment. Expected Acceptance Date Time. Text（托运. 预计接收日期时间. 文本）	向承运人交货的预定日期（Expected date of delivery to carrier）	用数字和文字表示的托运人预计在货物交货地点交货的日期	an..17			
cnd	2027	Consignment. Expected Acceptance. Date Time（托运. 预计接收日期时间. 日期时间）	向承运人交货的预定日期，代码型（Expected date of delivery to carrier，coded）	托运人预计在货物交货地点交货的日期、时间	an..19			
add	2029	Time Zone. Identifier（时区. 标识符）		标识一个时区	an..3			
x	2030						由数据元2481替用	
cnd	2032	Customs Declaration Document. Lodgement Date Time. Text（海关申报单. 提交日期时间. 文本）	货物报关单提交日期（海关）（Goods declaration presentation date（Customs））	用数字和文字表示的向海关申报的日期	an..17			UNLK：L 04，P 45-62

表 2（续）

变更指示符	标记（标识符）	字典条目名称	原数据元名称	说明	表示	业务术语（同义词）	注	联接位置
[1]	[2]	[3]	[4]	[5]	[6]	[7]	[8]	[9]
cndr	2033	Customs Declaration Document. Lodgement. Date Time（海关申报单. 提交日期时间. 日期时间）	货物报关单提交日期（海关），代码型（Goods declaration presentation date (Customs), coded）	向海关申报的日期	an..19			UNLK:L 03,P 56-62
cnd	2034	Payment. Availability Date Time. Text（付款. 可用性日期时间. 文本）	付款日期（Payment date）	根据付款条款，用数字和文字表示的可获得贷方到期金额的日期	an..17	有效日期		
cndr	2035	Payment. Availability Date Time（付款. 可用性日期时间. 日期时间）	付款日期，代码型（Payment date, coded）	根据付款条款，可获得贷方到期金额的日期	an..19			
cnd	2036	Goods Declaration Document. Acceptance Date Time. Text（货物申报单. 接受日期时间. 文本	货物报关单接受日期（海关）（Goods declaration acceptance date (Customs)）	用数字和文字表示的海关依法接受申报单的日期	an..17			
cndr	2037	Goods Declaration Document. Acceptance. Date Time（货物报关单. 接受. 日期时间）	货物报关单接受日期（海关），代码型（Goods declaration acceptance date (Customs), coded）	海关依法接受申报单的日期	an..19	货物报关单接受日期（海关）		

表 2（续）

变更指示符	标记（标识符）	字典条目名称	原数据元名称	说明	表示	业务术语（同义词）	注	联接位置
[1]	[2]	[3]	[4]	[5]	[6]	[7]	[8]	[9]
add	2039	Certificate Of Origin Document. Issue. Date Time（正本单证证书. 签发. 日期时间）		订单确认签发日期	an..19			UNLK:L 03,P 56-62
cnd	2040	Order Acknowledgement Document. Issue Date Time. Text（订单确认单. 签发日期时间. 文本）	订单确认日期（Acknowledgement of Order date）	用数字和文字表示的订单确认签发日期	an..17			UNLK:L 04,P 45-62
cndr	2041	Order Acknowledgement Document. Issue. Date Time（订单确认单. 签发. 日期时间）	订单确认日期,代码型（Acknowledgement of Order date,coded）	订单确认签发日期	an..19			UNLK:L 03,P 56-62
add	2043	Consignment. Exportation. Date Time（托运. 出口. 日期时间）		所托运货物驶离最终港口、机场或海关辖区边岗的日期、时间	an..19	出口日期		
add	2045	Transport Equipment. Loading. Date Time（运输设备. 装载. 日期时间）		运输设备即将装载或已装载的日期、时间	an..19	填装日期 装箱日期		
add	2047	Previous Customs Document. Issue. Date Time（先前的海关单证. 签发. 日期时间）		先前的海关单证的日期	an..19			

表 2（续）

变更指示符	标记（标识符）	字典条目名称	原数据元名称	说明	表示	业务术语(同义词)	注	联接位置
[1]	[2]	[3]	[4]	[5]	[6]	[7]	[8]	[9]
add	2049	Customs Procedure. Date Time（海关手续. 日期时间）		海关管理范围内的办理货物手续的日期	an..19			
add	2051	Transport Means. Master Birth. Date Time（运输工具. 主管人出生. 日期时间）		运输工具的主管人的出生日期，如：船长、机长和驾驶员	an..19			
add	2053	Consignment. Earliest Availability. Date Time（托运. 最早交付运输. 日期时间）		货物托运在接收地点最早可交付的日期、时间	an..19			
add	2055	Customs Declaration Document. Issue. Date Time（海关申报单. 签发. 日期时间）		一个确认海关申报单的签发日期	an..19			UNLK：L 03，P 56-62
add	2056	Customs Control. Start Date. Indicator（海关监管. 开始日期. 指示符）		指示海关监管是否得到确认的开始日期	an1	抵达确认指示符		
add	2058	Document. Effective End Date Time. Text（单证. 有效截止日期时间. 文本）		用数字和文字表示的单证到期日期	an..17			

表 2（续）

变更指示符	标记（标识符）	字典条目名称	原数据元名称	说明	表示	业务术语(同义词)	注	联接位置
[1]	[2]	[3]	[4]	[5]	[6]	[7]	[8]	[9]
add	2059	Document. Effective End. Date Time（单证. 有效截止. 日期时间）		单证到期日期	an. . 19			MAR:IMO/FAL 5
cnd	2060	Documentary Credit Document. Presentation Duration. Text（跟单信用证. 交单期限. 文本）	跟单信用证交单期限（Documentary credit presentation period）	在信用证有效期内，从签发议付单证起算的信用有效期，以数字和文字形式表示的天数	an. . 35			SWIFT:an. . 35×4 UNLK:L 55,P 09-44
add	2063	Transport Means. Registration. Date Time（运输工具. 登记. 日期时间）		船、车辆和其他交通工具向主管机构登记的日期	an. . 19			MAR:IMO/FAL 1
x	2067						由数据元 2069 替用	
cndr	2069	Event. Effective Start. Date Time（事件. 有效开始. 日期时间）	生效日期，代码型（Effective from date, coded）	一个特定事件生效的日期或时间	an. . 19			
x	2071						由数据元 2073 替用	
cndr	2073	Event. Effective End. Date Time（事件. 有效截止. 日期时间）	有效截止日期，代码型（Effective to date, coded）	一个特定事件失效的日期或时间	an. . 19			

表 2（续）

变更指示符	标记（标识符）	字典条目名称	原数据元名称	说明	表示	业务术语（同义词）	注	联接位置
[1]	[2]	[3]	[4]	[5]	[6]	[7]	[8]	[9]
add	2077	Time. Variation. Numeric（时间. 变量. 数字）		规定一个时间变量	n..3			
cnd	2078	Export Permit. Effective End Date Time. Text（出口许可证. 有效截止日期时间. 文本）	出口许可证有效截止日期（Export Licence expiry date）	用数字和文字表示的出口许可证有效期截止日期	an..17	出口许可证有效期截止日期		
cndr	2079	Export Permit. Effective End. Date Time（出口许可证. 有效截止. 日期时间）	出口许可证有效截止日期，代码型（Export Licence expiry date，coded）	出口许可证有效期截止日期	an..19	出口许可证有效期截止日期，代码型		
x	2080						由数据元 2126 替用	
x	2088						无业务需求	
add	2090	Delivery. Earliest Date Time. Text（交货. 最早日期时间. 文本）		用数字和文字表示的一票货物不得发生交货的日期以及任意时间	an..35			
add	2091	Delivery. Earliest. Date Time（交货. 最早. 日期时间）		一票货物还没有发生之前的日期以及任意时间	an..19			

表 2（续）

变更指示符	标记（标识符）	字典条目名称	原数据元名称	说明	表示	业务术语（同义词）	注	联接位置
[1]	[2]	[3]	[4]	[5]	[6]	[7]	[8]	[9]
add	2092	Delivery. Latest Date Time. Text（交货. 最后日期时间. 文本）		用数字和文字表示的一票货物不得发火最迟发生的日期以及任意时间	an..17			
add	2093	Delivery. Latest. Date Time（交货. 最后. 日期时间）		一个交货不会再发生之后的日期以及任意时间	an..19			
add	2095	Document. Cancellation. Date Time（单证. 取消. 日期时间）		一个单证取消的日期	an..19			
add	2097	Document. Acceptance. Date Time（单证. 接收. 日期时间）		一个单证接收的日期	an..19			
cnd	2100	Transport Equipment. Availability Date Time. Text（运输设备. 可用日期时间. 文本）	运输装置安排日期（和时间）（Transport unit disposition date(and time)）	用数字和文字表示的运输设备在装卸地点可使用的日期、时间	an..17			
cndr	2101	Transport Equipment. Availability. Date Time（运输设备. 可用. 日期时间）	运输装置安排日期（和时间），代码型（Transport unit disposition date(and time), coded）	运输设备在装卸地点可使用的日期以及任意时间	an..19			

表 2（续）

变更指示符	标记（标识符）	字典条目名称	原数据元名称	说明	表示	业务术语(同义词)	注	联接位置
[1]	[2]	[3]	[4]	[5]	[6]	[7]	[8]	[9]
add	2103	Consignment. Latest Availability. Date Time（托运. 最迟可用. 日期时间）		货物托运在接收地点可用的最后日期、时间	an..19			
add	2105	Delivery. Requested. Date Time（交货. 请求. 日期时间）		请求交货的日期以及任意时间	an..19			
cnd	2106	Transport Means. Actual Arrival Date Time. Text（运输工具. 实际抵达日期时间. 文本）	到达日期(和时间)（Arrival date(and time)）	用数字和文字表示的运输工具抵达的日期或时间	an..17			MAR:IMO/FAL 1,3,5-6
cndr	2107	Transport Means. Actual Arrival. Date Time（运输工具. 实际抵达. 日期时间）	到达日期(和时间)，代码型（Arrival date(and time),coded)	运输工具抵达的日期或时间	an..19			CIMP:Date only:(201):a3;(202):n2 Date and time:(201)+(202)+(203):n4 MAR:IMO/FAL 1 SAD:(SAD I)
add	2109	Delivery. Estimated. Date Time（交货. 预计. 日期时间）		预计交货的日期、时间	an..19			
add	2111	Consignment. Availability Due. Date Time（托运. 应付运. 日期时间）		货物托运在接收地点最迟可交付的日期、时间	an..19			

表 2（续）

变更指示符	标记（标识符）	字典条目名称	原数据元名称	说明	表示	业务术语（同义词）	注	联接位置
[1]	[2]	[3]	[4]	[5]	[6]	[7]	[8]	[9]
add	2113	Consignment. Unloading. Date Time（托运. 卸载. 日期时间）		货物托运在接收地点从运输工具上将要或已经卸载的日期、时间	an..19			
x	2114						由数据元 2409 替用	
add	2116	Time Zone. Difference. Numeric（时区. 时差. 数字）		在两个确定的时区之间的差	n..4			
add	2118	Period. Detail. Text（期限. 细目. 文本）		期限细目的自由格式描述	an..35			
add	2119	Period. Detail. Code（期限. 细目. 代码）		规定期限细目的代码	an..3			
x	2121						无业务需求	
add	2123	Transport Equipment. Actual Pick-up. Date Time（运输设备. 实际提取. 日期时间）		货物托运的承运人实际提取货物的日期、时间	an..19	实际领取日期时间		
add	2124	Consignment. Actual Pick-up Date Time. Text（托运. 实际提取日期时间. 文本）		货物托运的承运人实际提取货物的日期、时间	an..17	实际领取时期时间		

表 2（续）

变更指示符	标记（标识符）	字典条目名称	原数据元名称	说明	表示	业务术语(同义词)	注	联接位置
[1]	[2]	[3]	[4]	[5]	[6]	[7]	[8]	[9]
add	2125	Transport Equipment. Earliest Pick-up. Date Time （运输设备. 最早提取. 日期时间）		货物托运的承运人实际提取货物的最早日期以及任意时间	an..19	最早领取日期时间		
cnd	2126	Consignment. Actual Acceptance Date Time. Text （托运. 实际接收日期时间. 文本）	接货日期（Acceptance date）	用数字和文字表示的在接收地点承运人接收托运货物的实际日期	an..17	接货日期 货物接管日期(公路）		CIM:n4;L 69,P 65-69 UNLK:L 22,P 09-26
cndr	2127	Consignment. Actual Acceptance. Date Time （托运. 实际接收. 日期时间）	接货日期,代码型（Acceptance date, coded）	在接收地点承运人接收托运货物的实际日期、时间	an..19			UNLK:L 21,P 20-26
x	2128						无业务需求	
x	2129						无业务需求	
add	2131	Transport Equipment. Latest Pick-up. Date Time （运输设备. 最后提取. 日期时间）		货物托运的承运人实际提取货物的最后日期、时间	an..19	最后领取日期时间		
add	2133	Event. Notification. Date Time （事件. 通知. 日期时间）		一个事件通知的日期、时间	an..19			

表 2（续）

变更指示符	标记（标识符）	字典条目名称	原数据元名称	说明	表示	业务术语（同义词）	注	联接位置
[1]	[2]	[3]	[4]	[5]	[6]	[7]	[8]	[9]
add	2135	Consignment. Customs Release. Date Time（托运. 海关放行. 日期时间）		海关放行一票托运货物的日期、时间	an..19			
cnd	2136	Delivery. First Date Time. Text（交货. 首次日期时间. 文本）	交货开始日期（Delivery first date）	用数字和文字表示的首次交货日期以及任意时间	an..17			UNLK:L 22,P 45-62
cndr	2137	Delivery. First. Date Time（交货. 首次. 日期时间）	交货开始日期,代码型（Delivery first date, coded）	首次交货日期以及任意时间	an..19			UNLK:L 21,P 60-72
cnd	2138	Delivery. Promised Before Date Time. Text（交货. 约定日期时间. 文本）	交货时间（Time of delivery）	用数字和文字表示的经买卖双方商定的应交货的日期以及任意时间	an..35			UNLK:L 22,P 45-80
add	2139	Delivery. Promised Before. Date Time（交货. 约定. 日期时间）		经买卖双方商定的应交货的日期以及任意时间	an..17			UNLK:L 23,P 45-62
x	2146						由数据元 2310/2311 替用	
add	2148	Date. Variation. Numeric（日期. 变更. 数字）		指示两个日期之间的差的数字	n..5			

表 2（续）

变更指示符	标记（标识符）	字典条目名称	原数据元名称	说明	表示	业务术语(同义词)	注	联接位置
[1]	[2]	[3]	[4]	[5]	[6]	[7]	[8]	[9]
cnd	2151	Period. Type. Code（期限. 类型. 代码）	期限类型，代码型（Type of period，coded）	规定期限类型的代码	an..3			
cnd	2152	Period. Count. Quantity（期限. 计数. 数量）	期限数（Number of periods）	期限数的计算值	n..3			
add	2155	Charge. Period Type. Code（费用. 期限类型. 代码）		规定一个费用期限类型的代码	an..17			
add	2156	Traveller. Check-in. Date Time（旅客. 登记. 日期时间）		说明登记日期或时间	an..17			
cnd	2158	Quotation Document. Issue Date Time. Text（报价单. 签发日期时间. 文本）	发盘日期（Offer date）	用数字和文字表示的报价签发日期	an..17			UNLK:L 04,P 45-62
cndr	2159	Quotation Document. Issue. Date Time（报价单. 签发. 日期时间）	发盘日期，代码型（Offer date，coded）	报价签发日期	an..19	开价日期 报价日期		UNLK:L 03,P 56-62
add	2161	Day Of Week. Code（一周中每天. 代码）		用数字串表示一周中的星期几（星期一用1表示）	an..7			
add	2162	Journey. Duration. Measure（行程. 期间. 数量）		说明行程开始至抵达所用的时间	an..6			

表 2（续）

变更指示符	标记（标识符）	字典条目名称	原数据元名称	说明	表示	业务术语（同义词）	注	联接位置
[1]	[2]	[3]	[4]	[5]	[6]	[7]	[8]	[9]
cnd	2170	Despatch. Actual Date Time. Text（发运. 实际日期时间. 文本）	发运日期（Despatch date）	用数字和文字表示的货物发运或托运的日期及任意时间	an..17			
cndr	2171	Despatch. Actual. Date Time（发运. 实际. 日期时间）	发运日期，代码型（Despatch date，coded）	货物发运或托运的日期及任意时间	an..19	装运日期		
add	2173	Commission Note Document. Issue. Date Time（佣金通知单. 签发. 日期时间）		佣金通知单签发的日期	an..19			UNLK:L 03,P 56-62
add	2175	Document Despatch Notice Document. Issue. Date Time（单证发送通知单. 签发. 日期时间）		单证发送通知签发的日期	an..19			UNLK:L 03,P 56-62
add	2177	Credit Note Document. Issue. Date Time（贷方通知单. 签发. 日期时间）		信用证通知单签发的日期	an..19			UNLK:L 03,P 56-62
add	2179	Dangerous Goods Declaration Document. Issue. Date Time（危险品申报单. 签发. 日期时间）		一个危险品声明签发的日期	an..19			UNLK:L 03,P 56-62

表 2（续）

变更指示符	标记（标识符）	字典条目名称	原数据元名称	说明	表示	业务术语（同义词）	注	联接位置
[1]	[2]	[3]	[4]	[5]	[6]	[7]	[8]	[9]
add	2181	Debit Note Document. Issue. Date Time（借方通知单．签发．日期时间）		借方通知签发日期	an..19			UNLK:L 03,P 56-62
add	2185	Shipping Instruction Document. Issue. Date Time（装运说明单证．签发．日期时间）		运输说明签发日期	an..19	货运说明签发日期；发运人说明信件签发日期		UNLK:L 03,P 56-62
add	2187	Shipping Note Document. Issue. Date Time（装运通知单．签发．日期时间）		运输通知签发日期	an..19	标准运输通知签发日期		UNLK:L 03,P 56-62
add	2189	Status Report Document. Issue. Date Time（状态报告单．签发．日期时间）		状态报告签发日期	an..19			
add	2193	Event. Date Time（事件．日期时间）		事件发生的日期、时间	an..19			
add	2195	Transport Means. Estimated Departure. Date Time（运输工具．预计驶离．日期时间）		运输工具计划驶离的日期、时间	an..19	预计的驶离时间		MAR:IMO/FAL 1

表 2（续）

变更指示符	标记（标识符）	字典条目名称	原数据元名称	说明	表示	业务术语(同义词)	注	联接位置
[1]	[2]	[3]	[4]	[5]	[6]	[7]	[8]	[9]
cnd	2206	Quotation Document. Effective Start Date Time. Text（报价单.生效开始日期时间.文本）	发盘生效日期（Offer commencement date）	用数字和文字表示的报价单生效日期	an..17			
cndr	2207	Quotation Document. Effective Start. Date Time（报价单.生效开始.日期时间）	发盘生效日期,代码型（Offer commencement date,coded）	报价单生效日期	an..19	发盘生效日期		
cnd	2210	Documentary Credit Document. Effective End Date Time. Text（跟单信用证.有效截止日期时间.文本）	跟单信用证到期日期（Documentary credit expiry date）	用数字和文字表示的跟单信用证的有效期截止日期	an..35			UNLK:L 10,P 45-80
cndr	2211	Documentary Credit Document. Effective End. Date Time（跟单信用证.有效截止.日期时间）	跟单信用证到期日期,代码型（Documentary credit expiry date,coded）	跟单信用证的有效期截止日期	an..19			SWIFT:n6 UNLK:L 09,P 38-44
cn	2218	Despatch Note Document. Issue Date Time. Text（发货通知单.签发日期时间.文本）	发运单日期（Despatch Note date）	用数字和文字表示的发货通知单的签发日期	an..17			UNLK:L 03,P 45-62

表 2（续）

变更指示符	标记（标识符）	字典条目名称	原数据元名称	说明	表示	业务术语（同义词）	注	联接位置
[1]	[2]	[3]	[4]	[5]	[6]	[7]	[8]	[9]
cndr	2219	Despatch Note Document. Issue. Date Time（发运通知单. 签发. 日期时间）	发运单日期，代码型（Despatch Note date, coded）	发运通知单的签发日期	an..19			UNLK:L 03,P 56-62
cnr	2221	Tax. Tax Point. Date Time（税. 计税. 日期时间）	计税日期，代码型（Tax point date, coded）	应付税款或计算税款的日期	an..19			
cnd	2236	Documentary Credit Document. Issue Date Time. Text（跟单信用证. 签发日期时间. 文本）	跟单信用证开证日期（Documentary credit issue date）	用数字和文字表示的跟单信用证签发日期	an..17			UNLK:L 10,P 27-44
cndr	2237	Documentary Credit Document. Issue. Date Time（跟单信用证. 签发. 日期时间）	跟单信用证开证日期，代码型（Documentary credit issue date, coded）	跟单信用证签发日期	an..19			SWIFT:n6 UNLK:L 09,P 38-44
cnd	2240	Export Permit. Effective Start Date Time. Text（出口许可证. 生效开始日期时间. 文本）	出口许可证生效日期（Export Licence commencement date）	用数字和文字表示的出口许可证生效日期	an..17	出口许可证生效日期		
cndr	2241	Export Permit. Effective Start. Date Time（出口许可证. 生效开始. 日期时间）	出口许可证生效日期，代码型（Export Licence commencement date, coded）	出口许可证生效日期	an..19	出口许可证生效日期，代码型		

表 2（续）

变更指示符	标记（标识符）	字典条目名称	原数据元名称	说明	表示	业务术语(同义词)	注	联接位置
[1]	[2]	[3]	[4]	[5]	[6]	[7]	[8]	[9]
cnr	2253	Calculation. Date Time（计算. 日期时间）	计算日期,代码型（Calculation date,coded）	实施计算的日期	an..19			
x	2264						由数据元2480替用	
x	2265						由数据元2481替用	
cnd	2272	Import Permit. Effective End Date Time. Text（进口许可证. 有效截止日期时间. 文本）	进口许可证有效截止日期（Import Licence expiry date）	用数字和文字表示的进口许可证有效期截止日期	an..17	进口许可证有效期截止日期		
cndr	2273	Import Permit. Effective End. Date Time（进口许可证. 有效截止. 日期时间）	进口许可证有效截止日期,代码型（Import Licence expiry date,coded）	进口许可证有效期截止日期	an..19	进口许可证有效期截止日期，代码型		
cnd	2280	Transport Means. Actual Departure Date Time. Text（运输工具. 实际驶离日期时间. 文本）	离港日期(和时间)（Departure date（and time)）	用数字和文字表示的运输工具实际驶离日期、时间	an..17			MAR:IMO/FAL 1,3,5-6
cndr	2281	Transport Means. Actual Departure. Date Time（运输工具. 实际驶离. 日期时间）	离港日期(和时间)，代码型（Departure date (and time),coded）	运输工具实际驶离日期、时间	an..19	离开日期 飞行日期 开航日期		CIMP:Date only:(201):a3;(202):n2 Date and time:(201)+(202)+(203):n4 MAR:IMO/FAL 1

表 2(续)

变更指示符	标记(标识符)	字典条目名称	原数据元名称	说明	表示	业务术语(同义词)	注	联接位置
[1]	[2]	[3]	[4]	[5]	[6]	[7]	[8]	[9]
cnd	2292	Import Permit. Issue Date Time. Text (进口许可证. 签发日期时间. 文本)	进口许可证签发日期 (Import Licence date)	用数字和文字表示的进口许可证签发日期	an..17	进口许可证日期		UNLK:L 04,P 45-62
cndr	2293	Import Permit. Issue. Date Time (进口许可证. 签发. 日期时间)	进口许可证签发日期,代码型 (Import Licence date, coded)	进口许可证签发日期	an..19	进口许可证日期,代码型		UNLK:L 03,P 56-62
cnd	2308	Export Permit. Validity Period. Text (出口许可证. 有效期限. 文本)	出口许可证有效期限 (Export Licence validity period)	用数字和文字表示的出口许可证的有效期限	an..35	出口许可证有效期限		
cnd	2310	Delivery. Period Date Time. Text (交货. 期限日期时间. 文本)	交货月 (Delivery month)	用数字和文字表示的买卖双方之间商定的交货期限	an..17			UNLK:L 22,P 63-80
cndr	2311	Delivery. Period. Date Time (交货. 期限. 日期时间)	交货月,代码型 (Delivery month,coded)	买卖双方之间认同的交货期限	an..19			UNLK:L 21,P 76-80 UNLK:L 22,P 45-80
cnd	2320	Import Permit. Effective Start Date Time. Text (进口许可证. 生效开始日期时间. 文本)	进口许可证生效日期 (Import Licence commencement date)	用数字和文字表示的进口许可证生效的日期	an..17	进口许可证生效日期		

表 2（续）

变更指示符	标记（标识符）	字典条目名称	原数据元名称	说明	表示	业务术语（同义词）	注	联接位置
[1]	[2]	[3]	[4]	[5]	[6]	[7]	[8]	[9]
cndr	2321	Import Permit. Effective Start. Date Time（进口许可证. 生效开始. 日期时间）	进口许可证生效日期，代码型（Import Licence commencement date, coded）	进口许可证生效的日期	an..19			
cnd	2326	Contract Document. Issue Date Time. Text（合同. 签发日期时间. 文本）	合同日期（Contract date）	用数字和文字表示的合同签发日期	an..17			UNLK:L 04, P 45-62
cndr	2327	Contract Document. Issue. Date Time（合同. 签发. 日期时间）	合同日期，代码型（Contract date, coded）	合同签发日期	an..19	Contract Signed Date 合同签字日期		UNLK:L 03, P 56-62
x	2334						由数据元 2310 替用	
cnd	2346	Consignment. Loading Date Time. Text（托运货物. 装运日期时间. 文本）	装船日期（Shipped on board date）	用数字和文字表示的托运物装载在运输工具上的日期	an..17			
cndr	2347	Consignment. Loading. Date Time（托运货物. 装载. 日期时间）	装船日期，代码型（Shipped on board date, coded）	托运物装载在运输工具上的日期	an..19			
cnd	2348	Transport Means. Estimated Arrival Date Time. Text（运输工具. 预计抵达日期时间. 文本）	预计到达目的地日期（和时间）（Estimated arrival date (and time) at destination）	用数字和文字表示的运输工具预计抵达的日期	an..17			MAR:IMO/FAL 1

表 2(续)

变更指示符	标记(标识符)	字典条目名称	原数据元名称	说明	表示	业务术语(同义词)	注	联接位置
[1]	[2]	[3]	[4]	[5]	[6]	[7]	[8]	[9]
cndr	2349	Transport Means. Estimated Arrival. Date Time (运输工具. 预计抵达. 日期时间)	预计到达目的地日期(和时间),代码型 (Estimated arrival date (and time)at destination, coded)	运输工具预计抵达的日期	an..19			
cnd	2350	Transport Means. Stay Date Time. Text (运输工具. 停留日期时间. 文本)	停留期 (Period of stay)	用数字和文字表示的运输工具在指定港或其他地点停留开始和截止日期的时间期限	an..35			MAR:IMO/FAL 3
cndr	2351	Transport Means. Stay. Date Time (运输工具. 停留. 日期时间)	停留期,代码型 (Period of stay,coded)	运输工具在指定港或其他地点停留开始和截止日期的时间期限	an..21			MAR:IMO/FAL 3
cnd	2354	Contract Document Addendum. Issue Date Time. Text (合同附件. 签发日期时间. 文本)	合同附件日期 (Contract Addendum date)	用数字和文字表示的合同附录的签发日期	an..17			UNLK:L 04,P 45-62
cndr	2355	Contract Document Addendum. Issue. Date Time (合同附件. 签发. 日期时间)	合同附件日期,代码型 (Contract Addendum date,coded)	合同附录的签发日期	an..19			UNLK:L 04,P 56-62
x	2370						由数据元 2310 替用	

表 2（续）

变更指示符	标记（标识符）	字典条目名称	原数据元名称	说明	表示	业务术语(同义词)	注	联接位置
[1]	[2]	[3]	[4]	[5]	[6]	[7]	[8]	[9]
cnd	2376	Invoice Document. Issue Date Time. Text (发票. 签发日期时间. 文本)	发票日期 (Invoice date)	用数字和文字表示的发票签发日期	an..17			UNLK:L 04,P 45-62
cndr	2377	Invoice Document. Issue. Date Time (发票. 签发. 日期时间)	发票日期,代码型 (Invoice date,coded)	发票签发日期	an..19	开票日期		UNLK:L 03,P 56-62
cnd	2379	Date Or Time Or Period. Format. Code (日期、时间或期限. 格式. 代码)	日期/时间/期限格式限定符 (Date/time/period format qualifier)	规定日期,时间或期限表示的代码	an..3			
cnd	2380	Date Or Time Or Period. Text (日期、时间或期限. 文本)	日期/时间/期限 (Date/time/period)	以特定表示法说明日期、日期和时间、时间或期限的值	an..35			
x	2387						在 TDED93 版中也删除	
x	2388						在 TDED93 版中也删除	
cnd	2404	Proforma Invoice Document. Issue Date Time. Text (形式发票. 签发日期时间. 文本)	形式发票日期 (Proforma Invoice date)	用数字和文字表示的形式发票签发的日期	an..17			UNLK:L 04,P 45-62

表 2（续）

变更指示符	标记（标识符）	字典条目名称	原数据元名称	说明	表示	业务术语（同义词）	注	联接位置
[1]	[2]	[3]	[4]	[5]	[6]	[7]	[8]	[9]
cndr	2405	Proforma Invoice Document. Issue. Date Time（形式发票. 签发. 日期时间）	形式发票日期，代码型（Proforma Invoice date, coded）	形式发票签发的日期	an..19			UNLK:L 03,P 56-62
cnd	2408	Quotation Document. Effective End Date Time. Text（报价单. 有效截止日期时间. 文本）	发盘截止日期（Offer expiry date）	用数字和文字表示的报价有效期的截止日期。	an..17			
cndr	2409	Quotation Document. Effective End. Date Time（报价单. 有效截止. 日期时间）	发盘截止日期，代码型（Offer expiry date, coded）	报价有效期的截止日期	an..19	发盘截止日期		
cnd	2416	Transport Contract Document. Issue Date Time. Text（运输合同. 签发日期时间. 文本）	运输单证日期（Transport document date）	用数字和文字表示的运输合同签发的日期	an..17			AWB:L 60,P 37-43 CMR:L 60,P 27-44（CMR 21） MAR:L 62,P 54-80
cndr	2417	Transport Contract Document. Issue. Date Time（运输合同. 签发. 日期时间）	运输单证日期，代码型（Transport document date, coded）	运输合同签发的日期	an..19			CIMP:(200):n2;(201):a3;(202):n2 CMR:L 59,P 39-44 MAR:L 61,P 56-62

表 2（续）

变更指示符	标记（标识符）	字典条目名称	原数据元名称	说明	表示	业务术语(同义词)	注	联接位置
[1]	[2]	[3]	[4]	[5]	[6]	[7]	[8]	[9]
cnd	2440	Consignment. Receipt Date Time. Text (托运货物. 接收日期时间. 文本)	收货日期(Goods receipt date)	用数字和文字表示的收货人收到货物的日期	an..17			UNLK:L 62,P 63-80
cndr	2441	Consignment. Acceptance. Date Time (托运货物. 接收. 日期时间)	收货日期,代码型 (Goods receipt date, coded)	收货人收到货物的日期	an..19			UNLK:L 61,P 56-62
cnd	2442	Import Permit. Validity Period. Text (进口许可证. 有效期限. 文本)	进口许可证有效期限 (Import Licence validity period)	进口许可证有效期的开始和截止日期	an..35	进口许可证有效期限		
cnd	2458	Packing List Document. Issue Date Time. Text (装箱单. 签发日期时间. 文本)	装箱单日期 (Packing List date)	用数字和文字表示的装箱单的签发日期	an..17			UNLK:L 04,P 45-62
cndr	2459	Packing List Document. Issue. Date Time (装箱单. 签发. 日期时间)	装箱单日期,代码型 (Packing List date, coded)	装箱单的签发日期	an..19			UNLK:L 03,P 56-62
x	2461						在 TDED93 版中也删除	
x	2470						由数据元 2480 替用	

表 2（续）

变更指示符	标记（标识符）	字典条目名称	原数据元名称	说明	表示	业务术语(同义词)	注	联接位置
[1]	[2]	[3]	[4]	[5]	[6]	[7]	[8]	[9]
cnd	2475	Event. Time Reference. Code（事件. 时间参考. 代码）	付款时间参考，代码型（Payment time reference，coded）	规定一个将要或已发生的事件参考时间的代码	an..3			
cnd	2480	Payment. Due Date Time. Text（付款. 到期日期. 文本）	付款到期日（Payment due date）	根据付款条款，用数字和文字表示的收款人应收款项的基准日期	an..17			UNLK:L 26,P 63-80
cndr	2481	Payment. Due. Date Time（付款. 到期. 日期时间）	付款到期日，代码型（Payment due date，coded）	根据付款条款，收款人应收款项的基准日期	an..19			UNLK:L 25,P 63-80
cnd	2490	Person. Birth Date Time. Text（个人. 出生日期时间. 文本）	出生日期（Date of birth）	用数字和文字表示的个人出生日期	an..17			MAR:IMO/FAL 5-6
cndr	2491	Person. Birth. Date Time（个人. 出生. 日期时间）	出生日期，代码型（Date of birth，coded）	个人出生日期	an..19			MAR:IMO/FAL 5-6
cn	2496	Product. Best Before Date Time. Text（产品. 最佳使用日期时间. 文本）	保鲜日期（Freshness guarantee date）	用数字和文字表示的产品最佳使用截止日期的指示	an..17			
cndr	2497	Product. Best Before. Date Time（产品. 最佳使用. 日期时间）	保鲜日期，代码（Freshness guarantee date，coded）	产品最佳使用截止日期的指示	an..19			

表 2（续）

变更指示符	标记（标识符）	字典条目名称	原数据元名称	说明	表示	业务术语（同义词）	注	联接位置
[1]	[2]	[3]	[4]	[5]	[6]	[7]	[8]	[9]
add	3000	Consignment. Final Delivery Location. Text（托运货物. 最终交货地点. 文本）		向最终收货人交付托运货物的地点名称和地址	an..512			
add	3001	Consignment. Final Delivery Location. Identifier（托运货物. 最终交货地点. 标识符）		标识向最终收货人交付托运货物的地点	an..35			SAD:(SAD 17(a)and 17(b))
cnr	3002	Buyer. Party Identification. Text（买方. 参与方标识. 文本）	买方（Buyer）	商品或服务售给的一方的名称和地址	an..512	购买方		UNLK:L 10-14,P 45-80
cn	3003	Buyer. Party. Identifier（买方. 参与方. 标识符）	买方，代码型（Buyer,coded）	商品或服务售给的一方的标识符	an..17			UNLK:L 09,P 63-80
cnr	3004	Warehouse Depositor. Party Identification. Text（仓储货主. 参与方标识. 文本）	仓库用户（Warehouse depositor）	在仓库中存放货物的一方的名称和地址	an..512			UNLK:an..35×5;L 10-18,P 09-44
cnr	3006	Invoicee. Party Identification. Text（发票. 受票方标识. 文本）	发票受票方（Invoicee）	接收发票的一方的名称和地址	an..512			

表 2(续)

变更指示符	标记(标识符)	字典条目名称	原数据元名称	说明	表示	业务术语(同义词)	注	联接位置
[1]	[2]	[3]	[4]	[5]	[6]	[7]	[8]	[9]
cnd	3007	Invoicee. Party. Identifier (发票.受票方.标识符)	发票受票方,代码型 (Invoicee,coded)	接收发票的一方的标识符	an..17			
add	3009	Maintenance Operation. Payer Type. Code (维护操作.付款方类型.代码)		标识维护操作付款方类型的代码	an..3			
add	3011	Payment. Customs Office Location. Identifier (付款.海关办公地点.标识符)		应付款或已付款的海关办公地点的标识符	an..35			
cndr	3012	Seller. Bank Identification. Text (卖方.指定银行标识.文本)	卖方银行 (Seller's bank)	卖方指定的收款银行的名称和地址	an..512			
cnd	3013	Seller. Bank. Identifier (卖方.指定银行.标识符)	卖方银行,代码型 (Seller's bank,coded)	标识卖方指定的收款银行	an..17			
add	3014	Consignment. Destination Country Name. Text (托运货物.最终目的地国家名称.文本)		最终交付托运货物地点所在国家的名称	an..35			
add	3015	Consignment. Destination Country. Identifier (托运货物.最终目的地国家.标识符)		标识最终交付托运货物地点所在国家	an..3			

表 2(续)

变更指示符	标记(标识符)	字典条目名称	原数据元名称	说明	表示	业务术语(同义词)	注	联接位置
[1]	[2]	[3]	[4]	[5]	[6]	[7]	[8]	[9]
add	3016	Document. Release Location. Text (单证. 发放地点. 文本)		单证(如:提单)将要发放或已发放的地点名称	an..256			
add	3017	Document. Release Location. Identifier (单证. 发放地点. 标识符)		标识单证(如:提货单)将要发放或已发放的地点	an..35			
cndr	3018	Trade Term. Location. Text (贸易术语. 地点. 文本)	Incoterms 规定的地点 (Incoterms place)	启运、装运或目的地地点或港口的名称,与相应的交货条款要求一致。如:Incoterms	an..256			UNLK:L 20,P 49-80 SAD:(SAD 20)
cndr	3019	Trade Term. Location. Identifier (贸易术语. 地点. 标识符)	Incoterms 规定的地点,代码型 (Incoterms place, coded)	启运、装运或目的地地点或港口的标识符,与相应的交货条款要求一致。如:Incoterms	an..35			UNLK:L 19,P 72-80
cnr	3020	Importer. Party Identification. Text (进口商(方). 参与方标识. 文本)	进口商(方) (Importer)	做一次进口申报的一方的名称和地址,其进口申报可由其结关代理人或其他授权人完成,进口申报的一方也可包括货主或货物托运人	an..512			UNLK:an..35×5;L 10-14 P 45-80 SAD:(SAD 14)
cnd	3021	Importer. Party. Identifier (进口方(商). 参与方. 标识符)	进口商(方),代码型 (Importer,coded)	标识做一次进口申报的一方,其进口申报可由其结关代理人或其他授权人完成,进口申报的一方也可包括货主或货物托运人	an..17			UNLK:L 09,P 63-80 SAD:(SAD 14(Nr))

表 2(续)

变更指示符	标记(标识符)	字典条目名称	原数据元名称	说明	表示	业务术语(同义词)	注	联接位置
[1]	[2]	[3]	[4]	[5]	[6]	[7]	[8]	[9]
cnr	3022	Warehouse Keeper. Party Identification. Text (仓储保管方. 参与方标识. 文本)	货物入库管理员 (Warehouse keeper)	对运进仓库的货物负责保管的一方的名称和地址	an..512			UNLK: an.. 35 × 5; L 10-14, P 45-80
cnr	3024	Goods Custodian. Party Identification. Text (货物监管方. 参与方标识. 文本)	货物保管员 (Goods custodian)	负责监管货物的一方的名称和地址	an..512			
cnr	3026	Goods Releasing. Party Identification. Text (货物放行. 参与方标识. 文本)	货物出库管理员 (Goods releaser)	授权从保管人处发放货物的一方的名称和地址	an..512			
cnd	3027	Goods Releasing. Party. Identifier (货物放行. 参与方. 标识符)	货物出库管理员, 代码型 (Goods releaser, coded)	授权从保管人处发放货物的一方标识符	an..17			
cnr	3028	Invoice Issuer. Party Identification. Text (发票签发方. 参与方标识. 文本)	发票签发方 (Invoice issuer)	发票签发方的名称和地址	an..512			
cnd	3029	Invoice Issuer. Party. Identifier (发票签发方. 参与方. 标识符)	发票签发方, 代码型 (Invoice issuer, coded)	发票签发方的标识符	an..17			

表 2（续）

变更指示符	标记（标识符）	字典条目名称	原数据元名称	说明	表示	业务术语（同义词）	注	联接位置
[1]	[2]	[3]	[4]	[5]	[6]	[7]	[8]	[9]
cndr	3030	Exporter. Party Identification. Text（出口方（商）. 参与方标识. 文本）	出口方（商）（Exporter）	做一次出口申报一方的名称和地址，其出口申报手续可由其结关代理人或其他授权人完成，出口申报一方也可包括制造商、卖主或其他人	an..512			UNLK：an..35×5；L 04-08，P 09-44 SAD：（SAD 14）
cnd	3031	Exporter. Party. Identifier（出口方（商）. 参与方. 标识符）	出口方（商），代码型（Exporter，coded）	标识做一次出口申报一方，其出口申报手续可由其结关代理人或其他授权人完成，出口申报一方也可包括制造商、卖主或其他人	an..17			UNLK：L 03，P 27-44 SAD：（SAD 14（Nr））
cndr	3032	Freight Charge. Prepaid To Location. Text（运费. 预付地点. 文本）	运费和附加费预付至（Freight and charges prepaid to）	运费已付至的地点的名称	an..70			
cnd	3035	Party. Function. Code（参与方. 功能. 代码）	参与方限定符（Party qualifier）	给参与方特定含义的代码	an..3			
cnd	3036	Party. Name. Text（参与方. 名称. 文本）	参与方名称（Party name）	参与方的名称	an..35			
cndr	3039	Party. Identifier（参与方. 标识符）	参与方标识（Party id identification）	规定参与方身份的代码	an..35			

表 2（续）

变更指示符	标记（标识符）	字典条目名称	原数据元名称	说明	表示	业务术语(同义词)	注	联接位置
[1]	[2]	[3]	[4]	[5]	[6]	[7]	[8]	[9]
cndr	3040	Declaration. Reporting Port Location. Text（申报. 报告港口地点. 文本）	报告单制作港口（Port where report is made）	申报进港或出港的港口的名称	an..256			MAR:IMO/Fal 2-7
cnd	3041	Declaration. Reporting Port Location. Identifier（申报. 报告港口地点. 标识符）	报告单制作港口，代码型（Port where report is made, coded）	申报进港或出港的港口的代码	an..35			UNLK:L 23, P 39-44
cndr	3042	Postal Service. Delivery Point. Text（邮政. 投递地点. 文本）	街道名称和门牌号码/邮政信箱（Street and number/P. O. Box）	邮政交货点的说明，如：街道和邮政信箱及号码	an..256			
cnd	3045	Party. Name Format. Code（参与方. 名称格式. 代码）	参与方名称格式，代码型（Party name format, coded）	规定参与方名称表示的代码	an..3			
x	3048						由数据元 3392 替用	
x	3049						由数据元 3392 替用	
cndr	3050	Consignment. Route. Text（托运. 路线. 文本）	运输路线（Routes）	货物运输路线的描述	an..512			CIM:an..38×3; L 24-26, P 45-82(CIM 49) AWB:L 22, P 27-44 CIMP:(313):a3

表 2（续）

变更指示符	标记（标识符）	字典条目名称	原数据元名称	说明	表示	业务术语（同义词）	注	联接位置
[1]	[2]	[3]	[4]	[5]	[6]	[7]	[8]	[9]
cndr	3051	Consignment. Route. Code（托运. 路线. 代码）	运输路线，代码型（Route，coded）	规定货物运输路线的代码	an..35			CIM：n..3；L 44，P 18-19 and L 50，P 18-19 and L 56，P 18-19 and on reverse of CIM form（CIM 54）
cnr	3052	Carrier Agent. Party Identification. Text（承运人代理. 参与方标识. 文本）	承运人代理（Carrier's agent）	被授权代理或代表承运人的参与方的名称和地址	an..512	装货经纪人 运货代理商		AWB：L 16-18，P 09-44 CIMP： （109）：an..14；（300）：an..35；（301）：an..35；（302）：an..17；（303）：an..9；（305）：an..9 MAR：IMO/FAL 1，7
cnd	3053	Carrier Agent. Party. Identifier（承运人代理. 参与方. 标识符）	承运人代理，代码型（Carrier's agent，coded）	被授权代理或代表承运人的参与方的标识	an..17	航空代理的 IATA 代码		AWB：L 20，P 09-26 CIMP：（309）：n4；（311）：n7
cnd	3055	Code List. Responsible Agency. Code（代码表. 负责机构. 代码）	代码表负责机构，代码型（Code list responsible agency，coded）	规定代码表维护机构的代码	an..3			
cndr	3056	Transport Means. Itinerary. Text（运输工具. 预定行程. 文本）	预定行程（Itinerary）	运输工具运输途中预定停靠的港口或其他地点的名称	an..512			

表 2（续）

变更指示符	标记（标识符）	字典条目名称	原数据元名称	说明	表示	业务术语(同义词)	注	联接位置
[1]	[2]	[3]	[4]	[5]	[6]	[7]	[8]	[9]
cndr	3057	Transport Means. Itinerary. Code (运输工具. 预定行程. 代码)	预定行程,代码型 (Itinerary,coded)	运输工具运输途中预定停靠的港口或其他地点的代码	an..256			
add	3058	Dangerous Goods. Emergency Contact Name. Text (危险品. 紧急联系人名称. 文本)		危险品发生紧急事件时可联系到的联系人的姓名	an..35			
add	3060	Dangerous Goods. Contact Name. Text (危险品. 联系人名称. 文本)		提供关于危险品的运输和危险材料详细信息的联系人的姓名	an..35			
add	3062	Event. Contact Party Identification. Text (事件. 联系方标识. 文本)		在一个事件中,可联系到的一方的名称和地址	an..512			
add	3064	Event. Contact Name. Text (事件. 联系人姓名. 文本)		为了解事件信息的联系人的姓名	an..35			
x	3066						由数据元3346替用	
add	3068	Consignment. Relay Location. Text (托运货物. 中转地点. 文本)		地点名称,即:根据同一个运输合同,将同一个承运人拥有或经营的运输工具之间中转货物的地点	an..256			

表 2（续）

变更指示符	标记（标识符）	字典条目名称	原数据元名称	说明	表示	业务术语（同义词）	注	联接位置
[1]	[2]	[3]	[4]	[5]	[6]	[7]	[8]	[9]
add	3069	Consignment. Relay Location. Identifier（托运货物. 中转地点. 标识符）		标识一个地点，该地点是根据同一个运输合同，将同一个承运人拥有或经营的运输工具之间中转货物的地点	an..35			
cnr	3070	Insurer. Party Identification. Text（承保人. 参与方标识. 文本）	承保人（Insurer）	承保人的名称和地址	an..512	承保商		UNLK:an..35×5 L 10-18, P 45-80
x	3072						由数据元3126替用	UNLK:L 10-14,P 45-80
x	3073						由数据元3127替用	UNLK:L 09,P 63-80
x	3074						由数据元3050替用	
cnd	3077	Test. Medium. Code（测试. 介质. 代码）	测试媒体，代码型（Test media,coded）	规定已测试或将要测试的介质的代码	an..3			
add	3079	Organisation. Classification. Code（组织机构. 分类. 代码）		规定组织机构分类的代码	an..3			
cndr	3080	Customs. Clearance Location. Text（海关. 结关地点. 文本）	结关地点（Customs clearance place）	海关结关的地点名称	an..256			CIM:L 22,P 45-82(CIM47) CIMP:(313):a3

表 2（续）

变更指示符	标记（标识符）	字典条目名称	原数据元名称	说明	表示	业务术语（同义词）	注	联接位置
[1]	[2]	[3]	[4]	[5]	[6]	[7]	[8]	[9]
add	3081	Customs. Clearance Location. Identifier（海关. 结关地点. 标识符）		标识海关结关的地点	an. . 35			
add	3082	Organisation. Class. Text（组织机构. 类别. 文本）		组织机构类别的名称	an. . 70			
add	3083	Organisation. Class. Code（组织机构. 类别. 代码）		规定组织机构类别的代码	an. . 17			
add	3085	Document Preparing Party. Identifier（单证制作方. 标识符）		标识负责制作单证的一方	an. . 17			
cndr	3086	Transit Regime. End Customs Office Location. Text（过境. 离境地海关地点. 文本）	转关地海关（Customs office of destination(transit)）	货物从一个海关转运到另一个海关的名称	an. . 256	转关地海关		SAD:(SAD 53)
cndr	3087	Transit Regime. End Customs Office Location. Identifier（过境. 离境地海关地点. 标识符）	转关地海关,代码型（Customs office of destination(transit),coded）	标识货物从一个海关转运到另一个海关	an. . 35			
cndr	3088	Consignment. Entry Customs Office Location. Text（货物. 入境海关地点. 文本）	入境地海关（Customs office of entry）	货物进入目的地国家（地区）的海关名称	an. . 256			

表 2（续）

变更指示符	标记（标识符）	字典条目名称	原数据元名称	说明	表示	业务术语（同义词）	注	联接位置
[1]	[2]	[3]	[4]	[5]	[6]	[7]	[8]	[9]
cndr	3089	Consignment. Entry Customs Office Location. Identifier（货物.入境海关地点.标识符）	入境地海关，代码型（Customs office of entry，coded）	标识货物进入目的地国家（地区）的海关	an..35			SAD：（SAD 29）
cndr	3090	Freight Charge. Payable From Location. Text（运费.计算起点.文本）	运费启算站（Freight from）	运价表适用的或发生其他费用的计算的起始地点名称	an..256			CIM：L 50，P 02-20 and L 56，P 02-50 and on reverse of CIM form
cndr	3091	Freight Charge. Payable From Location. Identifier（运费.计算起点.标识符）	运费启算站，代码型（Freight from，coded）	标识运价表适用的或发生其他费用的计算的起始地点	an..35			CIM：（nn-nnnnn，n）；L 47，P 04-12 and L 53，P 04-12 and L 59，P 04-12 and on reverse of CIM form（CIM 63，top part）
add	3092	Transport Equipment. Storage Location. Text（运输设备.存放地点.文本）		运输设备存放地点名称	an..256	预储藏地		
add	3095	Transport Means. Next Port of Call Location. Identifier（运输工具.下一个停靠地点.标识符）		标识一种运输工具计划停靠的下一个港口、机场或其他类型的地点	an..35			MAR：IMO/FAL 1，3，5-6

表 2（续）

变更指示符	标记（标识符）	字典条目名称	原数据元名称	说明	表示	业务术语(同义词)	注	联接位置
[1]	[2]	[3]	[4]	[5]	[6]	[7]	[8]	[9]
cndr	3096	Consignment. Exit Customs Office Location. Text（货物. 出境地海关地点. 文本）	出境地海关（Customs office of exit）	货物离开或预计离开发货国的海关名称	an..256			
cndr	3097	Consignment. Exit Customs Office Location. Identifier（货物. 出境地海关地点. 标识符）	出境地海关，代码型（Customs office of exit，coded）	标识货物离开或预计离开发货国的海关	an..35			MAR：IMO/FAL 1，3，5 SAD：(SAD 29)
add	3099	Consignment. Original Loading Location. Identifier（托运货物. 最初装运地点. 标识符）		标识运输工具上的货物最初装运的港口、机场、货运站、铁路站或其他地点	an..35			MAR：IMO/FAL 2
cndr	3102	Freight Charge. Payable To Location. Text（运费. 计算终点. 文本）	运费结算站（Freight to）	运价表适用的或发生其他费用的计算的终止地点名称	an..256			CIM：L 45，P 02-20 and L 51，P 02-20 and L 57，P 02-20 and on reverse of CIM form UNLK：L 62，P 36-53
cndr	3103	Freight Charge. Payable To Location. Identifier（运费. 计算终点. 标识符）	运费结算站，代码型（Freight to，coded）	标识运价表适用的或发生其他费用的计算的终止地点	an..35			CIM：(nn-nnnnn，n)；L 49，P 04-12 and L 55，P 04-12 and L 61，P 04-12 and on reverse of CIM form（CIM 63，bottom part）

表 2（续）

变更指示符	标记（标识符）	字典条目名称	原数据元名称	说明	表示	业务术语（同义词）	注	联接位置
[1]	[2]	[3]	[4]	[5]	[6]	[7]	[8]	[9]
add	3105	Transport Means. Registration Location. Identifier（运输工具. 登记地点. 标识符）		标识运输工具正式登记的地点	an..35			MAR:IMO/FAL 1
cndr	3106	Transit. Customs Office Location. Text（过境. 海关地点. 文本）	过境地海关（Customs office of transit）	负责办理过境手续的海关名称	an..256			SAD:SAD an..11(SAD 51)
cndr	3107	Transit. Customs Office Location. Identifier（过境. 海关地点. 标识符）	过境地海关，代码型（Customs office of transit，coded）	标识负责办理过境手续的海关	an..35			
cndr	3108	Payment. Location. Text（付款. 地点. 文本）	付款地点（Payment place）	已付款或将要付款的地点名称	an..256			
cndr	3109	Payment. Location. Identifier（付款. 地点. 标识符）	付款地点，代码型（Payment place，coded）	标识已付款或将要付款的地点	an..35			
cnr	3110	Transit Guarantee. Customs Office Location. Text（过境担保. 海关地点. 文本）	监管海关（Customs office of guarantee）	为运输过境货物，办理担保手续的海关	an..256	Customs office of guarantee 监管海关		SAD:(SAD 52)
cndr	3111	Transit Guarantee. Customs Office Location. Identifier（过境担保. 海关地点. 标识符）	监管海关，代码型（Customs office of guarantee，coded）	标识根据货物过境寄存程序负责货物安全或担保的海关	an..35			

表 2(续)

变更指示符	标记(标识符)	字典条目名称	原数据元名称	说明	表示	业务术语(同义词)	注	联接位置
[1]	[2]	[3]	[4]	[5]	[6]	[7]	[8]	[9]
x	3116						无业务需求	UNLK:L 16,P 45-62
x	3117						无业务需求	UNLK:L 15,P 60-62
cndr	3120	Transport Equipment Loading. Party Identification. Text (运输设备装货. 参与方标识. 文本)	装货方指示符 (Loader indicator)	执行运输设备装货一方的类型的文本表示	an..512	填运方;装箱方		CIM:(CIM 28)L32,P07 or L33,P07
cndr	3121	Transport Equipment Loading. Party. Identifier (运输设备装货. 参与方. 标识符)	装货方指示符,代码型 (Loader indicator, coded)	标识执行运输设备装货的一方的类型	an..17	Loader indicator, coded		CIM:(CIM 28)L32,P07 or L33,P07
cndr	3124	Party. Identification. Text (参与方. 标识. 文本)	名称和地址行 (Name and address line)	参与方的身份(如:参与方名称和地址)的文本表示	an..512	Name and address line 名称和地址行		
cndr	3126	Carrier. Party Identification. Text (承运人. 参与方标识. 文本)	承运人 (Carrier)	承担两指定地点之间货物运输的一方的名称和地址	an..512	航空公司,货运公司,海运公司,铁路系统/公司,内陆运输公司		AWB:L 03-07,P 63-81, L 24,P 13-29 CMR:an..35×5 L 10-14, P 45-80(CMR 16) UNLK:L 10-14,P 45-80

表 2（续）

变更指示符	标记（标识符）	字典条目名称	原数据元名称	说明	表示	业务术语(同义词)	注	联接位置
[1]	[2]	[3]	[4]	[5]	[6]	[7]	[8]	[9]
cnd	3127	Carrier. Party. Identifier （承运人. 参与方. 标识符）	承运人标识 （Carrier identification）	标识承担两指定地点之间货物运输的一方	an..17			AWB:L 24,P 13-29,34-36,41-43 CIM:L 04-08,P 02-07 CIMP:(312):an2 CMR:L 09,P 63-80 MAR:L 13,P 63-80 UNLK:L 09,P 63-80 MAR:IMO/FAL 1,7
x	3128							
add	3131	Address. Type. Code （地址. 类型. 代码）		规定地址类型的代码	an..3			
cnr	3132	Consignee. Party Identification. Text （收货人. 参与方标识. 文本）	收货人(Consignee)	货物接收一方的名称和地址	an..512	订货人		AWB:L 11-14,P 09-44 CIMP:(109):an..14; (300):an..35; (301):an..35;(302):an..17;(303):an..9;(304):a2; (305):an..9 UNLK:an..35×5 L 10-14,P 09-44 CIM:(CIM 14;CMR 2) MAR:IMO/FAL 2 SAD:(SAD 8)

表 2（续）

变更指示符	标记（标识符）	字典条目名称	原数据元名称	说明	表示	业务术语（同义词）	注	联接位置
[1]	[2]	[3]	[4]	[5]	[6]	[7]	[8]	[9]
cnd	3133	Consignee. Party. Identifier（收货人. 参与方. 标识符）	收货人，代码型（Consignee，coded）	标识货物接收的一方	an..17			AWB：L 09，P 27-44 CIM：n..13，L 09，P 32-44（CIM 15） CIMP：（320）：an..15 UNLK：L 09，P 27-44 SAD：（SAD 8（Nr））
cndr	3136	Insured. Party Identification. Text（被保险人. 参与方标识. 文本）	被保险人（Insured）	从某一特定发运的保险中受益的一方的名称和地址，该受益方通常为发货人	an..512			UNLK：an..35×5；L 04-08，P 09-44
cnd	3139	Contact. Function. Code（联系. 功能. 代码）	联系功能，代码型（Contact function，coded）	规定联系（例如部门或人）的功能的代码	an..3			
cnr	3140	Declarant. Party Identification. Text（申报. 参与方标识. 文本）	申报方（Declarant）	向政府机构提出申报或在法律允许范围内以其名义或代表其行为向政府机构提出申报的一方的名称和地址	an..512			UNLK：an..35×5；L 04-08，P 09-44
cnd	3141	Declarant. Party. Identifier（申报. 参与方. 标识符）	申报方，代码型（Declarant，coded）	标识向政府机构提出申报或在法律允许范围内以其名义或代表其行为向政府机构提出申报的一方	an..17			UNLK：L 03，P 27-44

表 2（续）

变更指示符	标记(标识符)	字典条目名称	原数据元名称	说明	表示	业务术语(同义词)	注	联接位置
[1]	[2]	[3]	[4]	[5]	[6]	[7]	[8]	[9]
cndr	3144	Delivery Party. Party Identification. Text（交货方. 参与方标识. 文本）	交货人（Delivery party）	在不是同一个收货人的情况下，货物应交付到的一方的名称和地址。如：集装箱将要或已经放置的地点	an..512	配置方，交货地址		CMR：an..35×3；L 16-18，P 09-44(CMR 3) UNLK：an..35×5；L 16-20，P 09-44
cnd	3145	Delivery Party. Party. Identifier（交货方. 参与方. 标识符）	交货人，代码型（Delivery party，coded）	在不是同一个收货人的情况下，标识货物应交付到的一方的名称和地址。如：集装箱将要或已经放置的地点	an..17			UNLK：L 15，P 27-44
cndr	3148	Communication. Address. Identifier（通信. 地址. 标识符）	通信号（Communication number）	标识一个通信地址	an..512			
cndr	3150	Despatch. Location. Text（发货. 地点. 文本）	发运地点（Despatch place）	发货或装货地点名称	an..256	装运地点		SWIFT：an..65 UNLK：L 24，P 27-44
cnd	3153	Communication. Medium Type. Code（通信. 媒介类型. 代码）	通信信道标识符，代码型（Communication channel identifier，coded）	规定通信媒介类型的代码	an..3			
cnd	3155	Communication. Means Type. Code（通信. 工具类型. 代码）	通信信道限定符（Communication channel qualifier）	规定通信工具地址类型的代码	an..3			
cndr	3156	Warehouse. Identification. Text（仓库. 标识. 文本）	仓库（Warehouse）	特定托运物存储的仓库地点	an..256			CIMP：(321)：an..7 UNLK：an..35×3；L 16-18，P 45-80

表 2（续）

变更指示符	标记（标识符）	字典条目名称	原数据元名称	说明	表示	业务术语(同义词)	注	联接位置
[1]	[2]	[3]	[4]	[5]	[6]	[7]	[8]	[9]
cndr	3157	Warehouse. Identifier（仓库. 标识符）	仓库,代码型（Warehouse,coded）	标识特定托运物存储的仓库	an. . 35			SAD:(SAD 49)
cndr	3160	Consignment. Goods Receipt Location Name. Text（托运. 收物地点名称. 文本）	收货地点（Goods receipt place）	收货人将要或已接收托运物的地点名称	an. . 256	物品接收地点		CMR:L 62,P 45-62（CMR 24）
cndr	3161	Consignment. Goods Receipt Location. Identifier（托运. 收物地点. 标识符）	收货地点,代码型（Goods receipt place,coded）	收货人将要或已接收托运物的代码	an. . 35	物品接收地点		
cnd	3164	Address. City. Text（地址. 城市. 文本）	城市名称（City name）	城市的名称				
add	3167	Maintenance Operation. Responsible Party Type. Code（维护操作. 责任方类型. 代码）		标识负责维护操作的一方的代码				
cn	3170	Freight Forwarder. Party Identification. Text（货运代理人. 参与方标识. 文本）	货运代理人（Freight forwarder）	承担货物运输的一方的名称和地址		代理人		CIMP:(109):an. . 14;(300):an. . 35;(301):an. . 35;(302): an. . 17;(303): an. . 9;(304):a2;(305):an. . 9 UNLK:an. . 35×5;L 16-18,P 09-44

表 2（续）

变更指示符	标记（标识符）	字典条目名称	原数据元名称	说明	表示	业务术语（同义词）	注	联接位置
[1]	[2]	[3]	[4]	[5]	[6]	[7]	[8]	[9]
cnd	3171	Freight Forwarder. Party. Identifier（货运代理人. 参与方. 标识符）	货运代理人，代码型（Freight forwarder, coded）	承担货物运输的一方的标识符				CIMP：(320)：an..15 UNLK：L 15，P 27-44
cnd	3174	Transport Equipment Operator. Party Identification. Text（运输设备操作方. 参与方标识. 文本）	集装箱经营人（Container operator）	拥有、经营或管理运输设备（集装箱）的一方的名称和地址		集装箱操作员		
cnd	3175	Transport Equipment Operator. Party. Identifier（运输设备操作方. 参与方. 标识符）	集装箱经营人，代码型（Container operator, coded）	标识拥有、经营或管理运输设备（集装箱）的一方				CIMP：(801)：an2
add	3177	Name. Component Type. Code（名称. 成分类型. 代码）		限定名称成分类型的代码				
cndr	3180	Notify Party. Party Identification. Text（被通知方. 参与方标识. 文本）	被通知方（Notify party）	被通知方的名称和地址		被通知方地址，被通知方		AWB：L 28-30，P 09-81 CIMP：(109)：an..14；(300)：an..35；(301)：an..35；(302)：an..17；(303)：an..9；(304)：a2；(305)：an..9 MAR：IMO/FAL 2 UNLK：an..35 × 3；L 16-18，P 09-44 SAD：(SAD 50)

表 2（续）

变更指示符	标记（标识符）	字典条目名称	原数据元名称	说明	表示	业务术语（同义词）	注	联接位置
[1]	[2]	[3]	[4]	[5]	[6]	[7]	[8]	[9]
cnd	3181	Notify Party. Party. Identifier（被通知方. 参与方. 标识符）	被通知方，代码型（Notify party，coded）	被通知方的标识				CIMP：(320)：an..15 UNLK：L 15，P 27-44
add	3182	Transport Equipment Load Authorization. Party Identification. Text（运输设备装载授权. 参与方标识. 文本）		授权负责确认运输设备装载的一方的名称和地址		装箱负责方、检查员		
add	3183	Transport Equipment Load Authorization. Party. Identifier（运输设备装载授权. 参与方. 标识符）		标识授权负责确认运输设备装载的一方				
add	3185	Nationality. Type. Code（国籍. 类型. 代码）		规定国籍类型（如出生或当前国籍）的代码				
cndr	3190	Documentary Credit Advising Bank. Party Identification. Text（跟单信用证通知银行. 参与方标识. 文本）	跟单信用证通知行（Documentary credit advising bank）	把跟单信用证通知给受益人的银行的名称和地址	an..512			SWIFT：-(Header)
cnd	3192	Financial Account. Holder Name. Text（账户. 持有人姓名. 文本）	账户名称（Account holder name）	账户的持有人姓名	an..35			

表 2（续）

变更指示符	标记（标识符）	字典条目名称	原数据元名称	说明	表示	业务术语（同义词）	注	联接位置
[1]	[2]	[3]	[4]	[5]	[6]	[7]	[8]	[9]
cndr	3194	Financial Account. Holder. Identifier（账户. 持有人姓名. 标识符）	账号（Account holder number）	标识一个账户的持有人	an..35			
cndr	3196	Agent. Party Identification. Text（代理人. 参与方标识. 文本）	代理人（Agent）	被授权代表另一方行为的一方的名称和地址	an..512	授权代理人姓名，授权代理人		SAD:（SAD 14）
add	3197	Agent. Party. Identifier（代理人. 参与方. 标识符）		被授权代表另一方行为的一方的标识	an..35			SAD:（SAD 14(Nr)）
cndr	3198	Documentary Credit Applicant. Party Identification. Text（跟单信用证申请人. 参与方标识. 文本）	跟单信用证申请人（Documentary credit applicant）	跟单信用证申请人的名称和地址	an..512			ICC:an..35×5 L 10-14，P 09-44 SWIFT:35×4
cnd	3202	Buyer. Contact Name. Text（买方. 联系人姓名. 文本）	买方的部门或人员（Buyer's department or employee）	买方企业中负责订单的联系人	an..35	采购部门或雇员		UNLK:L 14，P 45-80
cndr	3206	Country. Name. Text（国家. 名称. 文本）	国家（地区）（Country）	根据 GB/T 2659—2000 和 UN/ECE 第三号建议书中规定的国家或地理区域的名称	an..35			

表 2（续）

变更指示符	标记（标识符）	字典条目名称	原数据元名称	说明	表示	业务术语（同义词）	注	联接位置
[1]	[2]	[3]	[4]	[5]	[6]	[7]	[8]	[9]
cnd	3207	Country. Identifier（国家. 标识符）	国家（地区），代码型（Country，coded）	根据 GB/T 2659—2000 和 UN/ECE 第三号建议书中规定的国家或地理区域的名称的标识	an..3			
x	3209						无业务需求	
cndr	3212	Documentary Credit Document. Expiry Location. Text（跟单信用证. 有效期截止地点. 文本）	跟单信用证失效地点（Documentary credit expiry place）	跟单信用证有效期截止地点的名称	an..256			UNLK：L 08，P 45-80
cndr	3213	Documentary Credit Document. Expiry Location. Identifier（跟单信用证. 有效期截止地点. 标识符）	跟单信用证失效地点，代码型（Documentary credit expiry place，coded）	标识跟单信用证有效期截止的地点	an..35			SWIFT：an..29 UNLK：L 08，P 63-80
cndr	3214	Transport Means. Departure Location. Text（运输工具. 驶离地点. 文本）	启运地（Place of departure）	运输工具预定离开或已经离开的港口、机场或其他场所的名称	an..256			AWB：L 22，P 09-26 MAR：IMO/FAL 1，3，5-6
cndr	3215	Transport Means. Departure Location. Identifier（运输工具. 驶离地点. 标识符）	启运地，代码型（Place of departure，coded）	标识运输工具预定离开或已经离开的港口、机场或其他场所	an..35			AWB：L 01，P 12-14 CIMP：（313）：a3 UNLK：L 21，P 54-62

表 2（续）

变更指示符	标记（标识符）	字典条目名称	原数据元名称	说明	表示	业务术语(同义词)	注	联接位置
[1]	[2]	[3]	[4]	[5]	[6]	[7]	[8]	[9]
cndr	3216	Consignment. Final Destination Country Name. Text（托运货物.最终目的地国家名称.文本）	目的地国(地区)(Country of destination)	发货人或其代理人发货时指定的最后收到货物的国家(地区)	an..35	最终目的地国，抵达国		MAR:IMO/FAL 2 UNLK:L 18,P 63-79 SAD:(SAD 17)
cnd	3217	Consignment. Final Destination Country. Identifier（托运货物.最终目的地国家名称.标识符）	目的地国（地区），代码型（Country of destination, coded）	标识发货人或其代理人发货时指定的最后收到货物的国家（地区）	an..3			UNLK:L 17,P 74-79 SAD:(SAD 17a)
cnd	3219	Consignment. First Destination Country. Identifier（托运货物.第一目的地国家名称.标识符）	第一目的地国（地区），代码型（Country of first destination, coded）	货物从装载其出口的运输工具上卸下的国家(地区)	an..3			SAD:(SAD 10)ISO Alpha-2 Country code, cf. Vol. Ⅱ of UNTDED
cndr	3220	Exportation Country. Name. Text（出口国.名称.文本）	托运国(地区)（Country whence consigned）	最初向进口国发货但在中转国内不发生任何商业交易的国家(地区)。如:托运国,发货国;在两个关税联盟之间发货的国家	an..35	在两个关税联盟之间发运货物的国家，发货国，出口国，原产国		UNLK:L 16,P 45-61 SAD:(SAD 15)
cnd	3221	Consignment. Exportation Country. Identifier（托运货物.出口国.标识符）	托运国(地区),代码型（Country whence consigned, coded）	标识最初向进口国发货但在中转国内不发生任何商业交易的国家（地区）。如：托运国，发货国；在一个关税联盟的两个国家之间发货的国家	an..3			UNLK:L 15,P 56-61 SAD:(SAD 15a)

表 2（续）

变更指示符	标记（标识符）	字典条目名称	原数据元名称	说明	表示	业务术语(同义词)	注	联接位置
[1]	[2]	[3]	[4]	[5]	[6]	[7]	[8]	[9]
cnd	3222	First Related Location. Name. Text (第一相关地点. 名称. 文本)	第一相关地点/位置 (Related place/location one)	第一相关地点的名称	an..70			
cndr	3223	First Related Location. Identifier (第一相关地点. 名称. 标识符)	第一相关地点/位置标识 (Related place/location one identification)	用于标识第一相关地点	an..35			
cndr	3224	Location. Name. Text (地点. 名称. 文本)	地点/位置 (Place/location)	地点的名称	an..256			MAR:IMO/FAL 1,3,5-6
cndr	3225	Location. Identifier (地点. 标识符)	地点/位置标识 (Place/location identification)	用于标识一个地点	an..35			MAR:IMO/FAL 1,3,5-6
cnd	3227	Location. Function. Code (地点. 功能. 代码)	地点/位置限定符 (Place/location qualifier)	规定地点功能的代码	an..3			MAR:IMO/FAL 1-7
cndr	3228	Country. Subdivision. Text (国家. 行政区划. 文本)	国家行政区划,名称 (Country sub-entity, name)	一个国家行政区划的名称	an..70	州、县、部门，镇、省、国家等		
cnd	3229	Country. Subdivision. Identifier (国家. 行政区划. 标识符)	国家行政区划标识 (Country sub-entity identification)	用于标识一个国家行政区划	an..9			
x	3230						由数据元 3334 替用	

表 2（续）

变更指示符	标记（标识符）	字典条目名称	原数据元名称	说明	表示	业务术语（同义词）	注	联接位置
[1]	[2]	[3]	[4]	[5]	[6]	[7]	[8]	[9]
x	3231						由数据元 3335 替用	
cndr	3232	Second Related Location. Name. Text（第二相关地点. 名称. 文本）	第二相关地点/位置（Related place/location two）	第二相关地点的名称	an..70			
cndr	3233	Second Related Location. Identifier（第二相关地点. 标识符）	第二相关地点/位置标识（Related place/location two identification）	用于标识第二相关地点	an..35			
cndr	3234	Documentary Credit Applicant Agent Bank. Party Identification. Text（跟单信用证申请代理银行. 参与方标识. 文本）	跟单信用证申请行（Documentary credit applicant bank）	代表申请人利益的银行，而不是开证银行的银行的名称和地址	an..512			ICC：an..35×5 L 16-20，P 09-44 SWIFT：35×4(n..11)
cndr	3236	Sample. Location. Text（取样. 地点. 文本）	取样位置（Sample location）	取样地点的自由格式描述	an..256			
cndr	3237	Sample. Location. Identifier（取样. 地点. 标识符）	取样位置，代码型（Sample location, coded）	用于标识取样地点	an..35			
cndr	3238	Consignment. Origin Country Name. Text（托运货物. 原产地国名称. 文本）	原产地国（地区）（Country of origin）	根据税则标准、数量限制标准或任何其他与贸易有关措施，生产或制造货物的国家（地区）名称	an..35	原产地国		UNLK：L 18，P 45-62

表 2(续)

变更指示符	标记(标识符)	字典条目名称	原数据元名称	说明	表示	业务术语(同义词)	注	联接位置
[1]	[2]	[3]	[4]	[5]	[6]	[7]	[8]	[9]
cnd	3239	Consignment. Origin Country. Identifier (托运货物. 原产地国. 标识符)	原产地国(地区),代码型 (Country of origin, coded)	用于标识根据税则标准、数量限制标准或任何其他与贸易有关措施,生产或制造货物的国家(地区)	an..3			CIMP:(304):a2 UNLK:L 17,P 60-62 SAD:(SAD 34a)
cndr	3242	Documentary Credit Available Bank. Party Identification. Text (跟单信用证承兑行. 参与方标识. 文本)	跟单信用证承兑行 (Documentary credit available with)	跟单信用证可兑现的银行的名称和地址	an..512			ICC:L 18,P 45-80 SWIFT:an..35×2
cndr	3246	Consignment. Delivery Location. Text (托运. 交货地点. 文本)	交货地 (Place of delivery)	根据运输合同条款和条件规定,货物离开承运海关的地点	an..256			UNLK:L 26,P 27-44
cndr	3247	Consignment. Delivery Location. Identifier (托运. 交货地点. 标识符)	交货地,代码型 (Place of delivery, coded)	标识根据运输合同条款和条件规定,货物离开承运海关的地点	an..35			UNLK:L 25,P 36-44
cndr	3251	Address. Postcode. Identifier (地址. 邮政编码. 标识符)	邮政编码标识 (Postcode identification)	规定邮政区域或地址的代码	an..17			
cndr	3254	Seller Agent. Party Identification. Text (卖方代理. 参与方标识. 文本)	卖方代表 (Seller's representative)	在交易贸易中代表卖方的一方的名称和地址	an..512			UNLK:an..35×5;L 16-18,P 09-44

表 2（续）

变更指示符	标记（标识符）	字典条目名称	原数据元名称	说明	表示	业务术语(同义词)	注	联接位置
[1]	[2]	[3]	[4]	[5]	[6]	[7]	[8]	[9]
cndr	3255	Seller Agent. Party. Identifier （卖方代理. 参与方. 标识符）	卖方代表，代码型 （Seller's representative, coded）	标识在交易贸易中代表卖方的一方	an. . 17			AWB：L 26，P 09-26 UNLK：L15，P 27-44
cndr	3258	Transport Means. Destination Location. Text （运输工具. 目的地. 文本）	目的地 （Place of destination）	给运输工具指定的目的地港口、机场或其他场所的名称	an. . 256	目的地机场，抵达地点		AWB：L 24，P 09-12 and P 30-33 and P 37-40 MAR：IMO/FAL 1，3
cndr	3259	Transport Means. Destination Location. Identifier （运输工具. 目的地. 标识符）	目的地，代码型 （Place of destination, coded）	标识给运输工具指定的目的地港口、机场或其他场所	an. . 35			AWB：L 24，P 09-12 and P 30-33 and P 37-40 CIMP：(313)：a3 UNLK：L 26，P 18-44 MAR：IMO/FAL 1，3，5-6 SWIFT：an. . 35
cndr	3260	Documentary Credit Beneficiary. Party Identification. Text （跟单信用证受益人. 参与方标识. 文本）	跟单信用证受益人 （Documentary credit beneficiary）	跟单信用证受益方的名称和地址	an. . 512			ICC：an. . 35×5 L 10-14，P 45-80 SWIFT：35×4
add	3263	Transit. Country. Identifier （中转. 国家. 标识符）		在原驶离国和最终目的地国之间，货物和旅客途径的国家	an. . 2			
add	3265	Customs Declaration Document. Lodgement Location. Identifier （申报单. 栈存地点. 标识符）		标识申报单栈存的地点	an. . 35			SAD：(SAD(A)and SAD C))

表 2（续）

变更指示符	标记（标识符）	字典条目名称	原数据元名称	说明	表示	业务术语（同义词）	注	联接位置
[1]	[2]	[3]	[4]	[5]	[6]	[7]	[8]	[9]
add	3267	Goods Item. Origin Country Subdivision. Identifier（货物项.原产地国行政区划.标识符）		标识货物生产或制造的原产国地区行政区划，根据税则标准、数量限制标准或任何其他与贸易有关措施，生产或制造货物的国家（地区）名称	an..17			SAD:(SAD 34b)
add	3268	Transport Equipment. Loading Location. Text（运输设备.装货地点.文本）		货物装入运输设备的地点名称	an..256	填装地点，装箱地点		
add	3269	Transport Equipment. Loading Location. Identifier（运输设备.装货地点.标识符）		标识货物装入运输设备的地点	an..35			
cndr	3270	Documentary Credit Confirming Bank. Party Identification. Text（跟单信用证确认行.参与方标识.文本）	跟单信用证确认行（Documentary credit confirming bank）	被要求对跟单信用证加以确认的银行的名称和地址	an..512			
x	3274						由数据元 3102 替用	
cnd	3279	Geographic Area. Identifier（地理区域.标识符）	地理环境，代码型（Geographic environment，coded）	标识一个地理区域	an..3			

表 2（续）

变更指示符	标记（标识符）	字典条目名称	原数据元名称	说明	表示	业务术语(同义词)	注	联接位置
[1]	[2]	[3]	[4]	[5]	[6]	[7]	[8]	[9]
x	3280						由数据元3346 替用	UNLK:L 03,P 27-44
x	3281						由数据元3347 替用	UNLK:an..35×5;L 04-08,P 09-44
cndr	3282	Despatch Party. Party Identification. Text（发货方. 参与方标识. 文本）	发运方（Despatch party）	将接管或已接管货物的承运人一方的名称和地址。比如：集装箱装箱地点	an..512	装运方		
cnd	3283	Despatch Party. Party. Identifier（发货方. 参与方. 标识符）	发运方，代码型（Despatch party，coded）	标识将接管或已接管货物的承运人一方的名称和地址。比如：集装箱装箱地点	an..17	装运方		
cndr	3285	Instruction Receiving. Party. Identifier（指示接收方. 参与方. 标识符）	指示接收方标识（Recipient of the instruction identification）	标识接收指示的一方	an..35			
add	3286	Address. Component. Text（地址. 成分. 文本）		地址成分的自由格式说明	an..70			
add	3289	Person. Characteristic Type. Code（个人. 特征类型. 代码）		限定个人特征类型的代码	an..3			
cndr	3290	Documentary Credit Drawee. Party Identification. Text（跟单信用证受票人. 参与方标识. 文本）	跟单信用证受票人（Documentary credit drawee）	提取汇票的一方的名称和地址	an..512			SWIFT:an..35×2 UNLK:an..35×2;L 25-26,P 45-80

表 2（续）

变更指示符	标记（标识符）	字典条目名称	原数据元名称	说明	表示	业务术语（同义词）	注	联接位置
[1]	[2]	[3]	[4]	[5]	[6]	[7]	[8]	[9]
add	3292	Nationality. Country Name. Text（国籍. 国家名称. 文本）		国籍的名称	an..35			
add	3293	Nationality. Country. Identifier（国籍. 国家. 标识符）		标识一个国籍	an..3			
add	3295	Name. Original Alphabet. Code（姓名. 原字母. 代码）		规定用于表示姓名的原字母的代码	an..3			
x	3296						无业务需求	
add	3299	Address. Purpose. Code（地址. 用途. 代码）		规定地址用途的代码	an..3			
cndr	3301	Instruction Enacting. Party. Identifier（指令制定方. 参与方. 标识符）	指令制定方标识（Party enacting instruction identification）	标识制定指令的一方	an..35			
cndr	3302	Transport Movement. Pre-carriage Receipt Location. Text（运输动态. 前程运输接收地点. 文本）	前程承运人接货地点（Place of receipt by pre-carrier）	在主段运输中，货物将接收或已接收的前程运输地点名称	an..256			UNLK:L 22,P 27-44
cndr	3303	Transport Movement. Pre-carriage Receipt Location. Identifier（运输动态. 前程运输接收地点. 标识符）	前程承运人接货地点，代码型（Place of receipt by pre-carrier, coded）	在主段运输中，标识货物将或已接收的前程运输地点	an..35			UNLK:L 21,P 36-44

表 2（续）

变更指示符	标记（标识符）	字典条目名称	原数据元名称	说明	表示	业务术语（同义词）	注	联接位置
[1]	[2]	[3]	[4]	[5]	[6]	[7]	[8]	[9]
cndr	3308	Payer. Party Identification. Text（付款方. 参与方标识. 文本）	付款方（Payer）	负责付款一方的名称	an..512			
cnd	3309	Payer. Party. Identifier（付款方. 参与方. 标识符）	付款方，代码型（Payer，coded）	标识负责付款的一方	an..17			
add	3310	Person. Inherited Characteristic. Text（个人. 继承人特征. 文本）		继承人特征的自由文本描述	an..70			
add	3311	Person. Inherited Characteristic. Code（个人. 继承人特征. 代码）		规定继承人特征的代码	an..8			
cndr	3320	Documentary Credit Issuing Bank. Party Identification. Text（跟单信用证开证行. 参与方标识. 文本）	跟单信用证开证行（Documentary credit issuing bank）	签发跟单信用证的银行的名称和地址	an..512			ICC：an..35×5 L 04-08，P 09-44 SWIFT：（Header）
cndr	3322	Consignment. Baseport Loading Location. Text（托运货物. 基本港装载地点. 文本）	接货基本港（Baseport for acceptance）	根据运输合同，运输工具装货的地点或港口。在该地点或港口货物不一定装入主段运输工具	an..256	基本港装载		

表 2(续)

变更指示符	标记(标识符)	字典条目名称	原数据元名称	说明	表示	业务术语(同义词)	注	联接位置
[1]	[2]	[3]	[4]	[5]	[6]	[7]	[8]	[9]
cndr	3323	Consignment. Baseport Loading Location. Identifier (托运货物.基本港装载地点.标识符)	接货基本港,代码型 (Baseport for acceptance, coded)	标识根据运输合同,运输工具装货的地点或港口。在该地点或港口货物不一定装入主段运输工具	an..35			
cnd	3331	Consignment. Final Exportation Country. Identifier (托运货物.最后出口国.标识符)	最后托运国(地区),代码型 (Country of last consignment, coded)	标识货物已经或将要进入进口国之前的国家	an..2			SAD:(SAD 10)
cndr	3334	Consignment. Loading Location. Text (托运货物.装载地点.文本)	装货地点 (Place of loading)	货物装上运输工具的港口、机场、货栈、火车站或其他地点的名称	an..256	装载集装箱的货运站\港口, 装载机场, 装载码头		UNLK:L 24,P 27-44 SAD:(SAD 27)
cndr	3335	Consignment. Loading Location. Identifier (托运货物.装载地点.标识符)	装货地点,代码型 (Place of loading, coded)	标识货物装上运输工具的港口、机场、货栈、火车站或其他地点	an..35			MAR:IMO/FAL 2,7 UNLK:L 23,P 36-44
cndr	3336	Consignor. Party Identification. Text (发货人.参与方标识.文本)	发货人 (Consignor)	根据运输合同的规定,由订货方指定的托运一方的名称	an..512	发货人, 托运人		AWB:L 05-08,P 09-44 CIMP:(109):an..14; (300):an..35; (301):an..35; (302):an..17;(303):an..9; (304):a2;(305):an..9 UNLK:an..35×5;L 04-08, P 09-44(CIM 10;CMR 1) SAD:(SAD 2)

表 2(续)

变更指示符	标记(标识符)	字典条目名称	原数据元名称	说明	表示	业务术语(同义词)	注	联接位置
[1]	[2]	[3]	[4]	[5]	[6]	[7]	[8]	[9]
cnd	3337	Consignor. Party. Identifier (发货人. 参与方. 标识符)	发货人,代码型 (Consignor,coded)	标识根据运输合同的规定,由订货方指定的托运一方	an..17			AWB:L 03,P 27-44 CIM:n13;L 03,P 32-44 CIM 11 CIMP:(320):an..15 SAD:(SAD 2(Nr))
cndr	3340	Responsible To Customs. Party Identification. Text (责任方. 参与方标识. 文本)	主要责任方 (Principal responsible party)	经海关授权和提供担保情况下,负责货物搬运一方的名称和地址	an..512			SAD:(SAD 50)
cnd	3341	Responsible To Customs. Party. Identifier (责任方. 参与方. 标识符)	主要责任方,代码型 (Principal responsible party,coded)	标识经海关授权和提供担保情况下,负责货物搬运一方	an..17			SAD:(SAD 50(Nr))
cndr	3346	Seller. Party Identification. Text (卖方. 参与方标识. 文本)	卖方 (Seller)	将商品售给买方的一方的名称和地址	an..70			UNLK:an..70;L 04-08,P 09-44
cndr	3347	Seller. Party. Identifier (卖方. 参与方. 标识符)	卖方,代码型 (Seller,coded)	标识将商品售给买方的一方	an..35			UNLK:L 03,P 27-44
cndr	3348	Consignment. Acceptance Location. Text (托运货物. 接货地点. 文本)	接货地点 (Place of acceptance)	承运人接收货物的地点的名称	an..256	接收地点		CMR:L 20-22,P 09-44 (CMR 4) UNLK:L 22,P 27-44
cndr	3349	Consignment. Acceptance Location. Identifier (托运货物. 接货地点. 标识符)	接货地点,代码型 (Place of acceptance,coded)	标识承运人接收货物的地点	an..35			UNLK:L 21,P 36-44

表 2（续）

变更指示符	标记（标识符）	字典条目名称	原数据元名称	说明	表示	业务术语(同义词)	注	联接位置
[1]	[2]	[3]	[4]	[5]	[6]	[7]	[8]	[9]
cndr	3350	Documentary Credit Reimbursing Bank. Party Identification. Text（跟单信用证偿付行. 参与方标识. 文本）	跟单信用证偿付行（Documentary credit reimbursing bank）	开证行指定进行偿付/承兑/议付的银行的名称和地点	an..512			SWIFT:an..35×4(n..11)
x	3352						由数据元3336/3337替用	
cndr	3356	Consignment. Baseport Unloading Location. Text（托运. 卸货基本港地点. 文本）	交货基本港（Baseport for delivery）	根据运输合同，从交通工具卸货的地点或港口，货物在该地点或港口可能或不需要装载在主要工具	an..256	卸货港		
cndr	3357	Consignment. Baseport Unloading Location. Identifier（托运. 卸货基本港地点. 标识符）	交货基本港，代码型（Baseport for delivery, coded）	标识根据运输合同，从交通工具卸货的地点或港口，货物在该地点或港口可能或不需要装载在主要工具	an..35			
cndr	3358	Transport Movement. On-carriage Receipt Location. Text（运输动态. 续运交货地点. 文本）	续运承运人交货地（Place of delivery by on-carrier）	主段运输完成后，货物续运交货地点的名称	an..256			UNLK:L 26,P 27-44
cndr	3359	Transport Movement. On-carriage Receipt Location. Identifier（运输动态. 续运交货地点. 标识符）	续运承运人交货地，代码型（Place of delivery by on-carrier, coded）	标识主段运输完成后，货物续运交货的地点	an..35			UNLK:L 25,P 36-44

表 2（续）

变更指示符	标记（标识符）	字典条目名称	原数据元名称	说明	表示	业务术语（同义词）	注	联接位置
[1]	[2]	[3]	[4]	[5]	[6]	[7]	[8]	[9]
cndr	3360	Insurance Claims Adjuster. Party Identification. Text（保险索赔理赔人. 参与方标识. 文本）	保险索赔理赔人（Insurance claims adjuster）	保险索赔理赔人的名称和地址	an..512			UNLK：an..35×5；L 56-60，P 09-44
cnd	3363	Tariff Issuer. Party. Identifier（费率表发布方. 参与方. 标识符）	费率表发布方，代码型（Tariff issuer，coded）	标识维护费率表的一方	an..3			
cndr	3369	Freight Rate. Combination Location. Identifier（运费率. 组合地点. 标识符）	费率结合点代码（Rate combination point code）	标识运费率组合的地点	an..35			AWB：L 33-44，P 09-12（IATA location identifier code）
cndr	3370	Payee. Party Identification. Text（收款方. 参与方标识. 文本）	收款方（Payee）	收款方的名称和地址	an..512			
cnd	3371	Payee. Party. Identifier（收款方. 参与方. 标识符）	收款方，代码型（Payee，coded）	标识收款的一方	an..17			
cndr	3376	Second Notify Party. Party Identification. Text（第二被通知方. 参与方标识. 文本）	第二被通知方（Second notify party）	第二被通知方的名称和地址	an..512	已通知，第二被通知方地址		

表 2（续）

变更指示符	标记（标识符）	字典条目名称	原数据元名称	说明	表示	业务术语(同义词)	注	联接位置
[1]	[2]	[3]	[4]	[5]	[6]	[7]	[8]	[9]
cnd	3377	Second Notify Party. Party. Identifier（第二被通知方. 参与方. 标识符）	第二被通知方，代码型（Second notify party，coded）	标识第二被通知方	an..17			
add	3378	Third Notify Party. Party Identification. Text（第三被通知方. 参与方标识. 文本）		第三被通知方的名称和地址	an..512			
add	3379	Third Notify Party. Party. Identifier（第三被通知方. 参与方. 标识符）		标识第三被通知方	an..17			
x	3380						由数据元 3259 替用	SWIFT：an..35 and UNLK：L 26，P 18-44
cndr	3384	Goods Item. Storage Location. Text（货物项. 储藏地点. 文本）	货物位置（Location of goods）	一个特定货物项储藏的地点名称	an..256			CIMP：(321)：an..7 SAD：(SAD 30)
add	3385	Goods Item. Storage Location. Identifier（货物项. 储藏地点. 标识符）		标识一个特定货物项储藏的地点	an..35			

表 2（续）

变更指示符	标记（标识符）	字典条目名称	原数据元名称	说明	表示	业务术语(同义词)	注	联接位置
[1]	[2]	[3]	[4]	[5]	[6]	[7]	[8]	[9]
cndr	3392	Consignment. Unloading Location. Text（托运. 卸货地点. 文本）	卸货地点（Place of discharge）	货物从运输工具卸下的港口、机场、货栈、火车站或其他地点的名称	an..256	卸货地点，卸货机场，集装箱卸货货运站/码头，卸货码头，卸货地点		CIM:an..35×3;L 24-26，P 09-44 UNLK:L 26,P 09-26
cndr	3393	Consignment. Unloading Location. Identifier（托运. 卸货地点. 标识符）	卸货地点，代码型（Place of discharge, coded）	标识货物从运输工具卸下的港口、机场、货运站、火车站或其他地点	an..35			CIM:n..8(nn,nnnnn,n);L 23,P 32-44 UNLK:L 25,P 18-26
x	3394						无业务需求	UNLK:L 16,P 45-62
x	3395						无业务需求	UNLK:L 15,P 60-62
add	3397	Name. Status. Code（姓名. 状态. 代码）		说明姓名的状态（如：当前姓名）	an..3			
add	3398	Name. Component. Text（姓名. 成分. 文本）		姓名成分的自由格式描述	an..70			
add	3401	Name. Component Usage. Code（姓名. 成分用法. 代码）		规定姓名成分用法的代码	an..3			
add	3403	Name. Type. Code（姓名. 类型. 代码）		规定姓名类型的代码	an..3			
cn	3404	Person. Name. Text（个人. 姓名. 文本）	人名（Name of person）	个人的姓和名	an..25			MAR:(IMO FAL Forms 4-6)

表 2（续）

变更指示符	标记（标识符）	字典条目名称	原数据元名称	说明	表示	业务术语（同义词）	注	联接位置
[1]	[2]	[3]	[4]	[5]	[6]	[7]	[8]	[9]
cndr	3408	Transport Means. Master Name. Text（运输工具. 主官姓名. 文本）	船长（Master）	运输工具的主官名称，如船的船长姓名	an..70	船长，驾驶员，飞行员		MAR:（IMO FAL Forms 1-2）
cndr	3410	Document. Issue Location. Text（单证. 签发地点. 文本）	单证签发地（Place of issue of document）	签署或鉴证单证的地点的名称	an..256	单证完成地点		AWB:L 60,P 44-60 CIMP:(302):an..17 CMR:L 60,P 09-26 (CMR 21) INV:L 34-64,P 09-26 MAR:IMO/FAL 7 SAD:(SAD 54)
cndr	3411	Document. Issue Location. Identifier（单证. 签发地点. 标识符）	单证签发地，代码型（Place of issue of document, coded）	标识签署或鉴证单证的地点	an..35			CIMP:(313):a3 CMR:L 59,P 20-26 INV:L 34-64,P 09-26 MAR:L 61,P 63-80
cnd	3412	Contact. Name. Text（联系人. 姓名. 文本）	部门或人员（Department or employee）	部门或雇员的姓名	an..35			
cnd	3413	Contact. Identifier（联系人. 标识符）	部门或人员标识（Department or employee identification）	标识部门或雇员	an..35			
x	3414						由数据元3292替用	
x	3415						由数据元3293替用	

表 2（续）

变更指示符	标记（标识符）	字典条目名称	原数据元名称	说明	表示	业务术语(同义词)	注	联接位置
[1]	[2]	[3]	[4]	[5]	[6]	[7]	[8]	[9]
cndr	3416	Transport Means. Port Berth Location. Text（运输工具. 港口泊位地点. 文本）	船舶在港位置（Position of ship in port）	船停泊在港口的泊位或区域的名称	an..256			MAR:IMO/FAL 1-6
cndr	3420	Buyer. Bank Identification. Text（买方. 银行标识. 文本）	买方银行（Buyer's bank）	买方指定的付款银行的名称和地址	an..512			
cnd	3421	Buyer. Bank. Identifier（买方. 银行. 标识符）	买方银行,代码型（Buyer's bank,coded）	标识买方指定的付款银行	an..17			
cndr	3422	Payee. Bank Identification. Text（受款人. 银行标识. 文本）	收款银行（Payee's bank）	受款人指定的收款银行的名称和地址	an..512			
cnd	3423	Payee. Bank. Identifier（受款人. 银行. 标识符）	收款银行,代码型（Payee's bank,coded）	标识受款人指定的收款银行	an..17			
cndr	3424	Consignment. Transshipment Location. Text（托运. 转运地点. 文本）	转运地（Transhipment place）	在一项运输过程中,货物更换运输工具的地点	an..256			SAD:(SAD 55)
cndr	3425	Consignment. Transshipment Location. Identifier（托运. 转运地点. 标识符）	转运地,代码型（Transhipment place, coded）	标识在一项运输过程中,货物更换运输工具的地点	an..35			CIMP:(313):a3

表 2（续）

变更指示符	标记（标识符）	字典条目名称	原数据元名称	说明	表示	业务术语(同义词)	注	联接位置
[1]	[2]	[3]	[4]	[5]	[6]	[7]	[8]	[9]
cndr	3430	Insurer At Destination Agent. Party Identification. Text（目的地保险代理. 参与方标识. 文本）	目的地保险代理（Insurer's Agent at destination）	运货目的地的保险代理的名称和地址	an. . 512	目的地保险代理		UNLK：an. . 35 × 5； L 50-54，P 09-44
cnd	3432	Financial Institution. Name. Text（金融机构. 名称. 文本）	机构名称（Institution name）	机构的名称	an. . 70	银行名称		
cnd	3433	Financial Institution. Identifier（金融机构. 标识符）	机构名称标识（Institution name identification）	标识机构的名称	an. . 11	银行名称标识符		
cnd	3434	Financial Institution. Branch. Identifier（金融机构. 分支机构. 标识符）	分支机构号（Institution branch number）	标识一个分支机构	an. . 17			
cndr	3436	Financial Institution. Branch Location. Text（金融机构. 分支机构地点. 文本）	分支机构地点（Institution branch place）	分支机构的地点名称	an. . 256			

表 2（续）

变更指示符	标记（标识符）	字典条目名称	原数据元名称	说明	表示	业务术语（同义词）	注	联接位置
[1]	[2]	[3]	[4]	[5]	[6]	[7]	[8]	[9]
x	3438						由数据元 1993 替用	
x	3440						由数据元 3334 替用	
x	3442						由数据元 3258 替用	
x	3444						无业务需求	
cnd	3446	Party. Tax. Identifier（参与方. 税. 标识符）	参与方税收标识号（Party tax identification number）	标识由税收机构指定的参与方的税收号码	an..20			
cndr	3450	Financial Settlement. Party Identification. Text（财务结算. 参与方标识. 文本）	财务结算责任方（Party responsible for financial settlement）	负责与交易有关资金转账或退还的一方的名称和地址	an..512			SAD:SAD an..35×3 (SAD 9)
cnd	3451	Financial Settlement. Party. Identifier（财务结算. 参与方. 标识符）	财务结算责任方，代码型（Party responsible for financial settlement, coded）	标识负责与交易有关资金转账或退还的一方	an..17			SAD:(SAD 9)
add	3452	Language. Name. Text（语言. 名称. 文本）		语言的名称	an..35			

表 2（续）

变更指示符	标记（标识符）	字典条目名称	原数据元名称	说明	表示	业务术语(同义词)	注	联接位置
[1]	[2]	[3]	[4]	[5]	[6]	[7]	[8]	[9]
cnd	3453	Language. Identifier（语言. 标识符）	语言，代码型（Language, coded）	标识一种语言	an..3			
add	3455	Language. Usage. Code（语言. 用法. 代码）		规定一种语言使用的代码	an..3			
add	3457	Request. Originator Type. Code（请求. 发起方类型. 代码）		规定一个请求发起方类型的代码	an..3			
add	3459	Frequent Traveller. Identifier（经常旅客. 标识符）		标识一个经常旅客	an..25			
add	3460	Person. Given Name. Text（个人. 名. 文本）		个人的名	an..70			
add	3463	Gate. Identifier（通道. 标识符）		标识一个通道	an..6			
add	3465	In-house. Identifier（内部. 标识符）		唯一存在的制定标识	an..9			
cnd	3468	Seller. Contact Name. Text（卖方. 联系人姓名. 文本）	卖方部门或人员（Seller's department or employee）	卖方的销售部门或联系人的姓名	an..35			UNLK:L 08, P 09-44

表 2（续）

变更指示符	标记（标识符）	字典条目名称	原数据元名称	说明	表示	业务术语(同义词)	注	联接位置
[1]	[2]	[3]	[4]	[5]	[6]	[7]	[8]	[9]
cndr	3470	Freight Payer. Party Identification. Text（运费付款人. 参与方标识. 文本）	运费付款人（Freight payer）	负责支付运费的一方的名称和地址	an..512	运费付款人		
cnd	3471	Freight Payer. Party. Identifier（运费付款人. 参与方. 标识符）	运费付款人，代码型（Freight payer，coded）	标识负责支付运费的一方	an..17	运费付款人，代码型		
cndr	3472	Freight. Other Charge Payer. Text（运费. 其他费用付款人. 文本）	费用付款人（Charges payer）	负责支付非运费的其他费用的一方的名称和地址	an..512			
cnd	3473	Freight. Other Charge Payer. Identifier（运费. 其他费用付款人. 标识符）	费用付款人，代码型（Charges payer，coded）	标识负责支付非运费的其他费用的一方	an..17			
add	3475	Address. Status. Code（地址. 状态. 代码）		规定地址状态的代码	an..3			
add	3477	Address. Format. Code（地址. 格式. 代码）		规定地址格式的代码	an..3			
add	3478	Marital. Status. Text（婚姻. 状况. 文本）		个人婚姻状况的自由格式描述	an..35			
add	3479	Marital. Status. Code（婚姻. 状况. 代码）		规定个人婚姻状况的代码	an..3			

表 2（续）

变更指示符	标记（标识符）	字典条目名称	原数据元名称	说明	表示	业务术语（同义词）	注	联接位置
[1]	[2]	[3]	[4]	[5]	[6]	[7]	[8]	[9]
cnd	3480	Person. Job Title. Text（个人. 职位. 文本）	乘务人员职务（Rank or rating of crew member）	职位的名称：如工作人员的级别、等级等	an..17			MAR：IMO/FAL 4-5
add	3482	Person. Religion Name. Text（个人. 宗教信仰. 文本）		宗教信仰的名称	an..35			
add	3483	Person. Religion. Identifier（个人. 宗教信仰. 标识符）		标识个人宗教信仰	an..3			
cnd	3484	Person. Nationality. Text（个人. 国籍. 文本）	个人国籍（Nationality of person）	一个对象的国籍名称，比如：个人或一种运输工具所隶属的国家名称	an..35			MAR：（IMO FAL Forms 5-6）
add	3485	Person. Nationality. Identifier（个人. 国籍. 标识符）		标识一个对象的国籍，比如：个人或一种运输工具所隶属的国家名称	an..3			MAR：（IMO FAL Forms 5-6）
cndr	3486	Person. Birth Location. Text（个人. 出生地. 文本）	出生地（Place of birth）	个人出生的地点名称	an..256			MAR：IMO/FAL 5-6
cndr	3488	Person. Embarkation Location. Text（个人. 出生地. 标识符）	搭乘地点（Place of embarkation）	标识个人出生的地点	an..256			MAR：IMO/FAL 6

表 2（续）

变更指示符	标记（标识符）	字典条目名称	原数据元名称	说明	表示	业务术语(同义词)	注	联接位置
[1]	[2]	[3]	[4]	[5]	[6]	[7]	[8]	[9]
cndr	3490	Person. Disembarkation Location. Text（个人. 登陆或着陆地点. 文本）	登陆或着陆地点（Place of disembarkation）	人员（船员或乘客）离开运输工具的地点名称	an..256			MAR:IMO/FAL 6
cnd	3492	Seller. Bank Account. Identifier（卖方银行. 账户. 标识符）	卖方银行账号（Seller's bank account number）	标识指定收款的银行账户	an..10			
x	3494						由数据元 3480 替用	
add	3496	Sales. Channel. Identifier（销售. 渠道. 标识符）		标识一个销售渠道	an..17			
add	3499	Gender. Code（性别. 代码）		给出人、动物或植物性别的代码	an..3			
add	3500	Person. Family Name. Text（个人. 姓. 文本）		个人家族的名称	an..70	姓		
add	3503	Access. Authorisation. Identifier（访问. 授权. 标识符）		标识一个访问授权	an..9			

表 2（续）

变更指示符	标记（标识符）	字典条目名称	原数据元名称	说明	表示	业务术语（同义词）	注	联接位置
[1]	[2]	[3]	[4]	[5]	[6]	[7]	[8]	[9]
add	3504	Person. Title. Text （个人. 职务. 文本）		职务的自由格式描述	an..9			
add	3509	Transport Means. First Arrival Location. Identifier （运输工具. 第一抵达地. 标识符）		标识第一抵达地点，可以是港口、机场和陆路通道边境检查站	an..35			
add	3511	Goods Item. Examination Location. Identifier （货物项. 检查地点. 标识符）		标识一个区别于指定货物项地点的货物检查地点	an..35			
add	3512	Manufacturer. Party Identification. Text （制造方. 参与方标识. 文本）		货物制造商的名称和地址	an..512			
add	3513	Manufacturer. Party. Identifier （制造方. 参与方. 标识符）		货物制造商名称和地址的标识	an..35			
add	3514	Consignment. Exportation Country Subdivision. Text （托运. 出口国行政区划. 文本）		货物开始出口的国家行政区划	an..70	检查地点		

表 2（续）

变更指示符	标记（标识符）	字典条目名称	原数据元名称	说明	表示	业务术语(同义词)	注	联接位置
[1]	[2]	[3]	[4]	[5]	[6]	[7]	[8]	[9]
add	3515	Consignment. Exportation Country Subdivision. Identifier（托运. 出口国行政区划. 标识符）		货物开始出口的国家行政区划	an..17	出口地区		
add	3516	Document. Receiving Party Contact Name. Text（单证. 接受方联系人姓名. 文本）		接受单证的人员姓名	an..35			
add	3518	Document. Sending Party Contact Name. Text（单证. 发送方联系人姓名. 文本）		发送单证的人员姓名	an..35			
add	3520	Document. Receiving Party Identification. Text（单证. 接受方标识. 文本）		接受单证一方的名称和地址	an..512			
add	3521	Document. Receiving Party. Identifier（单证. 接受方. 标识符）		标识接受单证的一方	an..17			

表 2（续）

变更指示符	标记（标识符）	字典条目名称	原数据元名称	说明	表示	业务术语（同义词）	注	联接位置
[1]	[2]	[3]	[4]	[5]	[6]	[7]	[8]	[9]
add	3522	Document. Sending Party Identification. Text（单证. 发送方标识. 文本）		发送单证一方的名称和地址	an..512			
add	3523	Document. Sending Party. Identifier（单证. 发送方. 标识符）		标识发送单证的一方	an..17			
add	3524	Event. Location. Text（事件. 地点. 文本）		一个事件的名称和发生地点	an..256			
add	3525	Event. Location. Identifier（事件. 地点. 标识符）		标识一个事件的地点	an..35			
x	4000						由数据元1056替用	
cnr	4002	Transport Contract Document. Condition. Text（运输合同. 条款. 文本）	承运条件（Conditions of carriage）	注明单证上编印的或专门规定的承运人运输条款	an..512			AWB：L 08-14，P 45-81（Preprinted） CMR：an..35×2 L 07-08，P 45-80
cn	4004	Consignment. Freight Invoice Instruction. Text（托运货物. 运费发票开立说明. 文本）	运费计价说明（Freight invoicing instructions）	托运人对与一票货物相关的运费及附加费在借方记账时为标识各方所提出的要求	an..512			

表 2(续)

变更指示符	标记(标识符)	字典条目名称	原数据元名称	说明	表示	业务术语(同义词)	注	联接位置
[1]	[2]	[3]	[4]	[5]	[6]	[7]	[8]	[9]
cn	4006	Goods Receipt Document. Consignee Party Authentication. Text (货物收据. 收货方验证. 文本)	货物收据 (Goods receipt)	收货人出具的收到货物的证明	an..23			CMR:an..23×6 L 63-68,P 57-80(CMR 24)
add	4009	Option. Code (选项. 代码)		规定一个选项的代码	an..3			
x	4010						由数据元 4002 替用	
x	4012						由数据元 1202 替用	
cndr	4014	Transport Equipment. Information. Text (运输设备. 信息. 文本)	集装箱运输信息 (Container transport information)	关于运输设备可用信息的自由文本	an..512			CIMP:(804):an..53
cnd	4017	Delivery Plan. Commitment Level. Code (交付计划. 约定等级. 代码)	交货计划状况指示符,代码型 (Delivery plan status indicator,coded)	规定一项交付计划约定等级的代码	an..3			
add	4018	Related Information. Text (相关信息. 文本)		对相关信息的自由格式描述	an..35			

表 2（续）

变更指示符	标记（标识符）	字典条目名称	原数据元名称	说明	表示	业务术语（同义词）	注	联接位置
[1]	[2]	[3]	[4]	[5]	[6]	[7]	[8]	[9]
cnd	4020	Document. Issuer Declaration. Text（单证. 签发方声明. 文本）	声明（Declaration）	由单证签发方所作的声明文本	an..35			CIM：L 4-8，P 45-82 UNLK：an..35；L 36-64，P 09-44
cnd	4022	Business. Description. Text（业务. 描述. 文本）	业务描述（Business description）	对一项业务的自由格式描述	an..70			
cnd	4025	Business. Function. Code（业务. 功能. 代码）	业务功能，代码型（Business function，coded）	规定一项业务功能的代码	an..3			
cnd	4027	Business. Function Type. Code（业务. 功能类型. 代码）	业务功能限定符（Business function qualifier）	规定业务功能类型的代码	an..3			
x	4028						由数据元 3127 替用	
cnd	4030	Transport Contract Document. Goods Condition. Text（运输合同单证. 货物状况. 文本）	货物状况批注（Remarks on condition of goods）	对运输合同条款进行补充的报告，当发现包装缺失或货载残损时所作的事实陈述	an..35			CIMP：（706）：a4
cndr	4032	Transport Means. Additional. Text（运输工具. 附加信息. 文本）	船舶一般声明批注（Remarks on ship's general declaration）	有关运输工具的附加信息。对于船舶，根据国际海事组织（IMO）便利公约要求由船长提交的信息，但并未明确规定标准格式	an..512			MAR：IMO/FAL 1

表 2（续）

变更指示符	标记（标识符）	字典条目名称	原数据元名称	说明	表示	业务术语（同义词）	注	联接位置
[1]	[2]	[3]	[4]	[5]	[6]	[7]	[8]	[9]
cndr	4034	Customs Information. Text（海关信息. 文本）	海关信息（Customs information）	海关规定的自由文本信息	an..70			CIM：an..32×5 L 35-39，P 51-82 SAD：（SAD H and SAD I）
add	4035	Priority. Type. Code（优先级. 类型. 代码）		规定一种优先级的代码	an..3			
add	4036	Priority. Description. Text（优先级. 描述. 文本）		对优先级的自由格式描述	an..35			
add	4037	Priority. Description. Code（优先级. 描述. 代码）		规定一优先级的代码	an..3			
add	4038	Additional Safety. Information. Text（附加安全. 信息. 文本）		安全措施相关附加信息的自由格式描述	an..35			
add	4039	Additional Safety. Information. Code（附加安全. 信息. 代码）		规定安全措施有关附加信息的代码	an..3			
x	4040						无业务需求	CIM：L 64-69，P 25-27

表 2（续）

变更指示符	标记（标识符）	字典条目名称	原数据元名称	说明	表示	业务术语(同义词)	注	联接位置
[1]	[2]	[3]	[4]	[5]	[6]	[7]	[8]	[9]
cnd	4043	Trade. Class. Code（交易方. 类别. 代码）	贸易分类,代码型（Class of trade,coded）	标识交易方类别的代码	an..3			
add	4044	Safety Section. Name. Text（安全节. 名称. 文本）		报文安全分节的名称	an..70			
add	4046	Safety Section. Sequence. Identifier（安全节. 顺序. 标识符）		欧洲法律所要求的将安全节从连续排列的多节（如 16 个分节中的一节）数据中进行区分的标识	an..3			
add	4048	Certainty. Text（确定性. 文本）		对确定性的自由格式描述	an..35			
add	4049	Certainty. Code（确定性. 代码）		规定确定性的代码	an..3			
add	4051	Characteristic. Relevance. Code（性质. 关联. 代码）		规定关联性的代码	an..3			
cnd	4052	Trade Term. Description. Text（贸易条款. 描述. 文本）	交货条款（Terms of delivery）	对交货或运输条款的自由格式描述	an..70	Incoterms 国际贸易术语解释通则条款		UNLK:an..35×n; L 20,P 49-80

表 2（续）

变更指示符	标记（标识符）	字典条目名称	原数据元名称	说明	表示	业务术语(同义词)	注	联接位置
[1]	[2]	[3]	[4]	[5]	[6]	[7]	[8]	[9]
cnd	4053	Trade Term. Conditions. Code（贸易条款. 条件. 代码）	交货条款，代码型（Terms of delivery, coded）	规定交货或运输条款条件的代码	an..3	Incoterms Code 国际贸易术语解释通则条款代码		UNLK：L 20，P 45-48 SAD：(SAD 20)
cnd	4055	Trade Term. Function. Code（贸易条款. 功能. 代码）	交付条款的功能，代码型（Terms of delivery function, coded）	规定交货或运输条款功能的代码	an..3			
add	4056	Question. Text（问题. 文本）		对问题的自由格式描述	an..256			
add	4057	Question. Code（问题. 代码）		规定一个问题的代码	an..3			
add	4059	Clause. Function. Code（条款. 功能. 代码）		规定一个或一套条款性质的代码	an..3			
x	4062						无业务需求	
cnd	4065	Transport Contract Document. Condition. Code（运输合同. 条件. 代码）	合同和运输条件，代码型（Contract and carriage condition, coded）	标识合同及运输条款的代码	an..3			
add	4068	Clause. Text（条款. 文本）		条款的自由格式文本	an..70			

表 2(续)

变更指示符	标记(标识符)	字典条目名称	原数据元名称	说明	表示	业务术语(同义词)	注	联接位置
[1]	[2]	[3]	[4]	[5]	[6]	[7]	[8]	[9]
add	4069	Clause. Code (条款. 代码)		规定一项条款的代码	an..17			
cnd	4070	Consignment. Information For Consignee. Text (托运. 收货人信息. 文本)	收货人信息 (Information for consignee)	任何作为收货人信息的批注	an..35			CIM:an..35×4; L 15-18,P 09-44
add	4072	Proviso. Text (限制性条款. 文本)		对一限制性条款的自由格式描述	an..35			
add	4073	Proviso. Code (限制性条款. 代码)		规定一项限制性条款的代码	an..3			
add	4074	Proviso. Calculation. Text (限制性条款. 计算. 文本)		按限制性条款进行计算的自由格式描述	an..35			
add	4075	Proviso. Calculation. Code (限制性条款. 计算. 代码)		规定限制性条款计算的代码	an..3			
cndr	4078	Consignment. Handling Instruction. Text (托运货物. 装卸说明. 文本)	装卸说明 (Handling instructions)	对一套装卸说明的自由格式描述。例如特定货物、包装或运输设备(集装箱)应当如何装卸	an..512			AWB:L 28-30,P 09-81

表 2（续）

变更指示符	标记（标识符）	字典条目名称	原数据元名称	说明	表示	业务术语(同义词)	注	联接位置
[1]	[2]	[3]	[4]	[5]	[6]	[7]	[8]	[9]
cnd	4079	Consignment. Handling Instruction. Code (托运货物. 装卸说明. 代码)	装卸说明,代码型 (Handling instructions, coded)	规定装卸说明的代码	an..3			
cn	4080	Consignment. Loading Instruction. Text (托运货物. 装货说明. 文本)	装货说明 (Loading instructions)	规定货物或集装箱应当在何处或如何装上运输工具的通知	an..35			
cnd	4081	Consignment. Loading Instruction. Code (托运货物. 装货说明. 代码)	装货说明,代码型 (Loading instructions, coded)	标识规定货物或集装箱应当在何处或如何装上运输工具的通知的代码	an..17			CIMP:(705):a3;(807):a1
cnr	4084	Shipment. Package Status Report Document. Text (装运. 包装状态报告. 文本)	包装批注 (Packing remarks)	在缺失包装、包装货物中发现残损或其他情况时进行事实陈述的报告	an..512			
x	4088						无业务需求	
x	4090						由数据元 4244 or 4180 替用	CIM:an..28×6(reverse of form)

表 2（续）

变更指示符	标记（标识符）	字典条目名称	原数据元名称	说明	表示	业务术语（同义词）	注	联接位置
[1]	[2]	[3]	[4]	[5]	[6]	[7]	[8]	[9]
cndr	4092	Loading. Authorisation. Identifier（装货. 授权. 标识符）	装货授权号（Loading authorization number）	当托运货物收到运输限制时，由转运地点（如铁路或机场）授予规定装货权限的身份标识	an..35			CIM：L 02，P 66-82
add	4095	Goods Item. Customs Status. Code（货物项. 海关状态. 代码）		海关为管理目的认定的货物状态	an..3	货物的海关状态，代码型		
add	4097	Request. Override. Code（请求. 取代. 代码）		规定一项取代之前提交信息（如由于条件错误）的请求（包括原因在内）的代码	an..3			
add	4101	Proviso. Type. Code（限制性条款. 类型. 代码）		限定一项限制性条款的代码	an..3			
cndr	4102	Consignment. Payment Instruction. Text（托运货物. 付款说明. 文本）	预付款说明（Pre-payment instructions）	有关一票货物付款说明的文本表示	an..70			
cndr	4103	Consignment. Payment Instruction. Code（托运货物. 付款说明. 代码）	预付款说明，代码型（Pre-payment instructions，coded）	有关一票货物付款说明的代码	an..3			UNLK：L 20，P 45-82

表 2（续）

变更指示符	标记（标识符）	字典条目名称	原数据元名称	说明	表示	业务术语（同义词）	注	联接位置
[1]	[2]	[3]	[4]	[5]	[6]	[7]	[8]	[9]
cn	4106	Freight Charge. Prepayment Confirmation. Text（运费. 预付款确认. 文本）	运费预付确认（Freight prepayment confirmation）	托运人就确认运费已经预付而向承运人提出的要求，并由承运人就此予以确认	an..17			
x	4108						由数据元4106替用	
x	4111						由数据元4053替用	
cnr	4112	Insurance. Condition. Text（保险. 条款. 文本）	保险条款（Insurance conditions）	注明据以签发一份保险凭证的合同基本条款，和/或与异常货载相关的具体条款	an..512			
x	4120						无业务需求	CIM：an..35×3 L 20-22，P 09-44
cnr	4122	Consignment. Haulage Instruction. Text（托运货物. 拖运说明. 文本）	运货说明（Cartage instructions）	托运人向承运人发出的关于从提货地点到承运人机构、从承运人机构到交货地点，或在同一地点的承运人机构之间进行本地运输的说明	an..512			

表 2（续）

变更指示符	标记（标识符）	字典条目名称	原数据元名称	说明	表示	业务术语(同义词)	注	联接位置
[1]	[2]	[3]	[4]	[5]	[6]	[7]	[8]	[9]
cndr	4123	Consignment. Haulage Instruction. Code（托运货物. 拖运说明. 代码）	运货说明，代码型（Cartage instructions，coded）	规定托运人向承运人发出的关于从提货地点到承运人机构、从承运人机构到交货地点，或在同一地点的承运人机构之间进行本地运输的说明的代码	an..3			
cn	4130	Document. Carrier Party Authentication. Text（单证. 承运人确认. 文本）	承运人认证（Authentication by carrier）	单证已被承运人或其代理人签署或以其他方式确认的证据，与发送方的确认结合，即可构成有效的运输合同	an..45	承运人签字		AWB：L 56，P 37-81 CIMP：(414)：an..20 CMR：an..23×7；L 62-68，P 09-32(CMR 23)
x	4132						由数据元4133替用	
add	4133	Goods Item. Transshipment. Code（货物项. 中转. 代码）		规定货物是否要进行转运的代码	an..5			
cn	4136	Haulage. Sending Party Authentication. Text（拖运. 发送方确认. 文本）	发运人签证（Authentication by sender）	单证已由发送方或其代理人签署或以其他方式确认的证据，与承运人的确认结合，即可构成有效的运输合同	an..45	拖运方签署		AWB：an..43×5；L 56-60，P 37-80(or 83) CIMP：(414)：an..20 CMR：an..23×7；L 62-68，P 09-32(CMR 22)
cnr	4140	Goods Item. Containerized. Indicator（货物项. 集装箱化. 指示符）	集装箱运输指示符（Container transport indicator）	货物是否用集装箱运输的标志	an1			SAD：(SAD 19)

表 2（续）

变更指示符	标记（标识符）	字典条目名称	原数据元名称	说明	表示	业务术语(同义词)	注	联接位置
[1]	[2]	[3]	[4]	[5]	[6]	[7]	[8]	[9]
add	4142	Document. Information. Text（单证. 信息. 文本）		与单证相关的文本	an..512			
add	4144	Document. Disposition. Text（单证. 编排. 文本）		对单证规定编排细节的文本	an..512			
add	4148	Information. Category. Text（信息. 类别. 文本）		对信息类别的自由格式描述	an..512			
add	4149	Information. Category. Code（信息. 类别. 代码）		规定一种信息类别的代码	an..3			
add	4150	Information. Detail. Text（信息. 细目. 文本）		对信息细目的自由格式描述	an..512			
add	4151	Information. Detail. Code（信息. 细目. 代码）		规定信息细目的代码	an..17			
add	4153	Information. Function. Code（信息. 功能. 代码）		限定信息细目的代码	an..3			

表 2（续）

变更指示符	标记（标识符）	字典条目名称	原数据元名称	说明	表示	业务术语(同义词)	注	联接位置
[1]	[2]	[3]	[4]	[5]	[6]	[7]	[8]	[9]
cndr	4180	Transport Contract Document. Clause. Text（运输合同. 条款. 文本）	运输单证信息（Transport document information）	运输单证上有关货物托运的条款	an..512	提单条款		
cndr	4181	Transport Contract Document. Clause. Code（运输合同. 条款. 代码）	运输单证信息，代码型（Transport document information，coded）	规定一项运输单证有关货物托运条款的代码	an..3			UNLK:L 52-60，P 36-80
cnd	4183	Special Conditions. Code（特定条件. 代码）	特定条件，代码型（Special conditions，coded）	规定一套特定条件的代码	an..3			
add	4184	Special Requirement. Description. Text（特定要求. 描述. 文本）		对一项特定要求的自由格式描述	an..17			
add	4187	Special Requirement. Type. Code（特定要求. 类型. 代码）		规定一种特定要求的代码	an..4			
cn	4192	Certificate. Text（证明. 文本）	证书（Certification）	官方证书、合法手续或印章等的文本表示	an..35			UNLK:an35×n; L 36-64，P 45-80 SAD:(SAD G)
cndr	4202	Dangerous Goods. Certifying Text. Text（危险品. 证明文本. 文本）	ADR/IMDG 证书（ADR/IMDG Certification）	托运人证实装运的危险品是根据相关运输方式的国际规则核准的声明	an..512			AWB:L 53-54，P 37-81（Preprinted）

表 2（续）

变更指示符	标记（标识符）	字典条目名称	原数据元名称	说明	表示	业务术语(同义词)	注	联接位置
[1]	[2]	[3]	[4]	[5]	[6]	[7]	[8]	[9]
cndr	4210	Insurance. Action. Indicator（保险. 行为. 指示符）	保险行为说明符（Insurance action specifier）	规定通过单证签发方居间投保是否已经生效的标志	an1			
cnd	4215	Freight Charge. Payment Method. Code（运费. 支付方式. 代码）	运费支付方式，代码型（Transport charges method of payment, coded）	规定运费支付方式的代码	an..3			
cn	4218	Transport Service. Priority. Text（运输服务. 优先级. 文本）	运输优先级（Transport priority）	规定所要求运输服务优先级的陈述	an..17			
cnd	4219	Transport Service. Priority. Code（运输服务. 优先级. 代码）	运输优先级，代码型（Transport priority, coded）	规定运输服务优先级的代码	an..3			CIMP:(704):a1
cndr	4221	Discrepancy. Nature. Identifier（差异. 性质. 标识符）	单货不符，代码型（Discrepancy, coded）	规定用于定义差异性质的标识的代码	an..17			CIMP:(706):a4
cndr	4223	Consignment. Split Goods Item. Code（托运. 分装货物项. 代码）	托运物说明，代码型（Consignment description, coded）	规定一票货物是否和如何分装于不同运输设备的代码	an..3			CIMP:(703):a1

表 2（续）

变更指示符	标记（标识符）	字典条目名称	原数据元名称	说明	表示	业务术语（同义词）	注	联接位置
[1]	[2]	[3]	[4]	[5]	[6]	[7]	[8]	[9]
cnr	4225	Consignment. Status. Code（托运货物. 状态. 代码）	托运物状况，代码型（Consignment status，coded）	规定运送货物到达某一阶段的代码	an..3			CIMP：(400)：a3
x	4231						由数据元4221替用	
cnd	4233	Consignment. Marking Instruction. Code（托运货物. 标志制作说明. 代码）	标志说明，代码型（Marking instructions，coded）	规定标志制作要求的代码	an..3			
add	4236	Payment. Arrangement. Text（付款. 安排. 文本）		规定一项付款安排的自由格式文本	an..35			CMR：an..35×n L 57-58，P 09-44
cnd	4237	Payment. Arrangement. Code（付款. 安排. 代码）	预付/到付指示符，代码型（Prepaid/collect indicator，coded）	规定一项付款安排的代码	an..3			AWB：L 24，P 51-52 or 52-53 and P 55-56 or 57-58 CIMP：(403)：a1 CMR：a1 P＝prepaid，C＝collect
cndr	4240	Ascertained Weight. Measure. Text（确定重量. 计量. 文本）	重量确定（戳记）（Weight ascertained (stamp)）	确定或验证后真实重量（质量）的签注	an..70			CIM：Stamp and indication of weight(mass) when it differs from weight (mass) declared by consignor L 64-70，P 48-63
cnd	4244	Transport Contract Document. Remark. Text（运输合同. 批注. 文本）	托运人处理权（Shipper's disposition）	打印在运输单证上的有关整票货物的批注	an..17	提单批注		CIM：an..28×6(reverse of form)

表 2（续）

变更指示符	标记（标识符）	字典条目名称	原数据元名称	说明	表示	业务术语（同义词）	注	联接位置
[1]	[2]	[3]	[4]	[5]	[6]	[7]	[8]	[9]
cnr	4248	Consignment. Goods Release Restriction. Text（托运货物. 放货限制. 文本）	货物发放限制（Goods release restriction）	可向收货人或其代理人放货前应当满足的限制条件	an..512			
cnr	4260	Documentary Credit. Additional Condition. Text（跟单信用证. 附加条款. 文本）	跟单信用证附加条件（Documentary credit additional conditions）	任何跟单信用证的增补条件	an..512			SWIFT:an..65×24
cndr	4264	Insurance Coverage. Risk. Text（保险险种. 风险. 文本）	险种细目（Insurance coverage details）	对一份保险所含险种的描述	an..70	保险种类		
cn	4270	Documentary Credit Document. Additional Information. Text（跟单信用证. 附加信息. 文本）	跟单信用证金额限制（Documentary credit amount qualification）	任何对跟单信用证金额的追加限定	an..35			SWIFT:an..35×4 UNLK:an..35×4; L 28-52,P 09-44
cnd	4276	Payment Term. Text（付款条款. 文本）	付款条款（Terms of payment）	对交易各方之间付款条件的自由格式描述	an..35			UNLK:an..35×10; L 29-54,P 45-80
cnd	4277	Payment Term. Code（付款条款. 代码）	付款条款标识（Terms of payment identification）	交易各方之间付款条件的标识（通称）	an..17			UNLK:L 23,P 63-80

表 2（续）

变更指示符	标记（标识符）	字典条目名称	原数据元名称	说明	表示	业务术语(同义词)	注	联接位置
[1]	[2]	[3]	[4]	[5]	[6]	[7]	[8]	[9]
cnd	4279	Payment Term. Type. Code（付款条款. 种类. 代码）	付款条款类型限定符（Payment terms type qualifier）	限定付款条款种类的代码	an..3			
x	4280						由数据元 8022 替用	
x	4281						由数据元 8023 替用	
cn	4284	Consignment. Documentary Instruction. Text（托运. 跟单信用证说明. 文本）	发货人给承运人的指示（Sender's instructions to carrier）	发送方就海关、保险及其他手续向承运人作出的说明或声明	an..30			CIM：an..35×4；L 04-07，P 45-82(CIM 12) CMR：an..35×10 L 45-54，P 09-44(CMR 13)
x	4286						由数据元 3102 替用	
x	4287						由数据元 3103 替用	
x	4290						无业务需求	ICC：checkmark L 20，P 51 or 61 or 72 SWIFT：an..35×2
cnd	4294	Change. Reason. Text（变更. 原因. 文本）	变更原因（Change reason）	对变更原因的自由格式描述	an..35			

表 2（续）

变更指示符	标记（标识符）	字典条目名称	原数据元名称	说明	表示	业务术语（同义词）	注	联接位置
[1]	[2]	[3]	[4]	[5]	[6]	[7]	[8]	[9]
cnd	4295	Change. Reason. Code （变更. 原因. 代码）	变更原因，代码型 （Change reason，coded）	规定变更原因的代码	an..3			
x	4302						无业务需求	SWIFT：an..35×2 andUNLK：an..35×2；L 23-24，P 45-80
cnd	4308	Rejection. Reason. Text （拒绝. 原因. 文本）	拒绝原因 （Reason for rejection）	对拒绝原因的文本表示	an..35			
cndr	4309	Rejection. Reason. Code （拒绝. 原因. 代码）	拒绝原因，代码型 （Reason for rejection，coded）	规定拒绝原因的代码	an..3			
x	4312						无业务需求	
add	4314	Clinical Information. Detail. Text （临床信息. 细目. 文本）		对一项临床信息的自由格式描述	an..70			
add	4315	Clinical Information. Detail. Identifier （临床信息. 细目. 标识符）		规定一项临床信息的代码	an..17			

表 2（续）

变更指示符	标记（标识符）	字典条目名称	原数据元名称	说明	表示	业务术语（同义词）	注	联接位置
[1]	[2]	[3]	[4]	[5]	[6]	[7]	[8]	[9]
add	4317	Clinical Information. Function. Code（临床信息. 功能. 代码）		限定一种临床信息的代码	an..3			
x	4320						无业务需求	
x	4322						无业务需求	
x	4330						无业务需求	
x	4340						无业务需求	
cnd	4343	Response. Type. Code（应答. 类型. 代码）	应答类型，代码型（Response type，coded）	规定所要求或传输的收到确认类型	an..3			
add	4344	Response. Description. Text（应答. 描述. 文本）		对一项应答的自由格式描述	an..256			
add	4345	Response. Description. Code（应答. 描述. 代码）		规定一项应答的代码	an..3			
cnd	4347	Product. Identifier Function. Code（产品. 标识符功能. 代码）	产品标识功能限定符（Product function qualifier）	规定产品标识功能的代码	an..3			

表 2（续）

变更指示符	标记（标识符）	字典条目名称	原数据元名称	说明	表示	业务术语（同义词）	注	联接位置
[1]	[2]	[3]	[4]	[5]	[6]	[7]	[8]	[9]
x	4350						由数据元 4236 替用	
x	4351						由数据元 4237 替用	
x	4352						无业务需求	
x	4356						由数据元 1229 替用	
x	4360						无业务需求	ICC：Checkmark L 20，P 09 or 18
x	4362						无业务需求	
cndr	4366	Document. Original. Indicator（单证. 正本. 指示符）	正本提单（Original Bill of Lading）	单证经正式鉴定为正本的指示符	an1			
cnr	4372	Purchase. Condition. Text（采购. 条款. 文本）	购买条款（Conditions of purchase）	由买方直接或参照规定的一般条款	an..512			
cn	4376	Obligation. Guarantee. Text（义务. 担保. 文本）	担保细目（Security details）	有关承担出具现金、有价证券或保函以保证履行义务的明细事项，例如办理过境手续	an..35	转关担保种类		

表 2（续）

变更指示符	标记（标识符）	字典条目名称	原数据元名称	说明	表示	业务术语（同义词）	注	联接位置
[1]	[2]	[3]	[4]	[5]	[6]	[7]	[8]	[9]
cnd	4377	Obligation. Guarantee. Code （义务. 担保. 代码）	担保细目，代码型 （Security details，coded）	标识有关承担出具现金、有价证券或保函以保证履行义务的明细事项，例如办理过境手续	an. . 3			SAD:（SAD 52）
x	4380						无业务需求	UNLK:L 20，P 09-44
cnd	4383	Financial Institution. Operation. Code （金融机构. 操作. 代码）	银行业务，代码型 （Bank operation，coded）	规定一项银行操作的代码	an. . 3			
x	4390						无业务需求	
x	4391						由数据元 4467 替用	
cnd	4400	Instruction. Text （指示. 文本）	指示 （Instruction）	对一项指示的自由格式描述	an. . 35			
cnd	4401	Instruction. Code （指示. 代码）	指示，代码型 （Instruction，coded）	规定一项指示的代码	an. . 3			
cnd	4403	Instruction. Type. Code （指示. 类型. 代码）	指示限定符 （Instruction qualifier）	限定一种指示的代码	an. . 3			
add	4404	Status. Text （状态. 文本）		对一种状态的自由格式描述	an. . 35			

表 2（续）

变更指示符	标记（标识符）	字典条目名称	原数据元名称	说明	表示	业务术语（同义词）	注	联接位置
[1]	[2]	[3]	[4]	[5]	[6]	[7]	[8]	[9]
cnd	4405	Status. Code（状态. 代码）	状态，代码型（Status，coded）	规定一种状态的代码	an..3			SAD：(SAD 14(Nr))
cnd	4407	Sample Process. Step. Code（样本处理. 步骤. 代码）	样品处理状况，代码型（Sample process status，coded）	规定样本处理中一个步骤的代码	an..3			
x	4408						无业务需求	CIMP：(411)
cndr	4410	Accounting. Information. Text（会计. 信息. 文本）	会计信息（Accounting information）	用于会计处理的信息	an..512			AWB：L 16-22，P 45-81 and CIMP：(410)：an..34 SAD：(SAD B)
cn	4412	Quarantine. Status. Text（检疫. 状态. 文本）	检疫状况（Quarantine status）	对货物、运输设备以及任何包装/衬垫有关检疫限制状态的描述	an..20			
cnd	4413	Quarantine. Status. Code（检疫. 状态. 代码）	检疫状况，代码型（Quarantine status，coded）	规定关于货物、运输设备以及任何包装/衬垫的检疫限制状态的代码	an..3			
cnd	4415	Test. Method. Identifier（测试. 方法. 标识符）	测试方式标识（Test method identification）	标识一种测试方法	an..17			
cnd	4416	Test. Description. Text（测试. 描述. 文本）	测试描述（Test description）	对一项测试的自由格式描述	an..70			

表 2（续）

变更指示符	标记（标识符）	字典条目名称	原数据元名称	说明	表示	业务术语(同义词)	注	联接位置
[1]	[2]	[3]	[4]	[5]	[6]	[7]	[8]	[9]
cnd	4419	Test. Method Administration. Code（测试. 方法管理. 代码）	测试执行路径，代码型（Test route of administering，coded）	规定测试管理方法的代码	an..3			
cnd	4422	Contract Document. Type. Text（合同. 类型. 文本）	交易特征（Nature of transaction）	对合同类型的文本描述	an..17	往来性质		
cnd	4423	Contract Document. Type. Code（合同. 类型. 代码）	交易特征，代码型（Nature of transaction，coded）	规定一种合同类型的代码	an..8			SAD:(SAD 24)
cnd	4424	Test. Reason. Text（测试. 原因. 文本）	测试原因（Test reason）	进行一项测试的原因的名称	an..35			
cnd	4425	Test. Reason. Code（测试. 原因. 代码）	测试原因标识（Test reason identification）	规定进行一项测试的原因的代码	an..17			
cnd	4426	Document. Authentication. Text（单证. 认证. 文本）	认证（Authentication）	单证已由正式的确认方予以认证的证明	an..35	橡皮图章；印章；签名		CIMP:(414):an..20 SAD: SAD:(SAD 54 and SAD D and SAD F and SAD H) UNLK:L 62-64,P 09-44
cnd	4427	Document. Authentication. Code（单证. 认证. 代码）	认证，代码型（Authentication，coded）	规定单证已由正式的确认方予以认证的证明代码	an..17			UNLK:L 65,P 55-80

表 2（续）

变更指示符	标记（标识符）	字典条目名称	原数据元名称	说明	表示	业务术语（同义词）	注	联接位置
[1]	[2]	[3]	[4]	[5]	[6]	[7]	[8]	[9]
cnd	4428	Document. Endorsement. Text（单证. 背书. 文本）	背书（Endorsement）	单证已被签注的证明	an..35	签署		UNLK:L 64,P55-80
cnd	4431	Payment. Guarantee Means. Code（付款. 担保方式. 代码）	支付担保，代码型（Payment guarantee, coded）	规定付款担保方式的代码	an..3			UNLK:L 66,P55-80
x	4432						由数据元4180代替	
cnd	4435	Payment. Channel. Code（付款. 渠道. 代码）	支付渠道，代码型（Payment channel, coded）	规定付款渠道的代码	an..3			
add	4437	Account. Type. Code（账户. 类型. 代码）		限定账户类型的代码	an..3			
cnd	4438	Payment. Condition. Text（付款. 条件. 文本）	支付条件（Payment conditions）	一套付款条件的文本表示	an..35			
cnd	4439	Payment. Condition. Code（付款. 条件. 代码）	支付条件，代码型（Payment conditions, coded）	规定一套付款条件的代码	an..3			
cndr	4440	Free Text. Text（自由文本. 文本）	自由文本（Free text）	文本的自由格式	an..512			SAD:(SAD 44)
cndr	4441	Free Format. Code（自由格式. 代码）	自由文本，代码型（Free text, coded）	规定自由格式文本的代码	an..17			MAR:IMO/FAL 7

表 2(续)

变更指示符	标记(标识符)	字典条目名称	原数据元名称	说明	表示	业务术语(同义词)	注	联接位置
[1]	[2]	[3]	[4]	[5]	[6]	[7]	[8]	[9]
cnr	4443	Country. Relationship. Code (国家. 关系. 代码)	国家(地区)关系 ,代码型 (Country relationship, coded)	指明为履行责任所需明确的地点,是否处于申报国、同一经济或关税同盟的成员国或第三国	an..3			SAD:(SAD 20)
add	4447	Free Text. Format. Code (自由文本. 格式. 代码)		规定自由文本格式的代码	an..3			
cnd	4451	Free Text. Subject. Code (自由文本. 主题. 代码)	文本主题限定符 (Text subject qualifier)	规定文本主题的代码	an..3			MAR:IMO/FAL 7
cnd	4453	Free Text. Function. Code (自由文本. 功能. 代码)	文本功能,代码型 (Text function, coded)	规定自由文本功能的代码	an..3			
cnd	4455	Back Order. Arrangement Type. Code (延期交货. 安排类型. 代码)	延期交货,代码型 (Back order, coded)	规定一种延期交货安排的代码	an..3			
cnd	4457	Substitution. Condition. Code (替换. 条款. 代码)	产品/服务替换,代码型 (Product/service substitution, coded)	规定可以进行替换的条款的代码	an..3			

表 2（续）

变更指示符	标记（标识符）	字典条目名称	原数据元名称	说明	表示	业务术语（同义词）	注	联接位置
[1]	[2]	[3]	[4]	[5]	[6]	[7]	[8]	[9]
cn	4460	Payment. Means. Text（付款. 方式. 文本）	付款方式（Payment means）	规定付款方式，可能包括担保	an..35	支付工具		
cnd	4461	Payment. Means. Code（付款. 方式. 代码）	付款方式，代码型（Payment means，coded）	标识一种付款方式的代码	an..3			
cnd	4463	Intra-company Payment. Indicator. Code（公司内部付款. 指示符. 代码）	公司内部付款，代码型（Intra-company payment，coded）	标明一项公司内部付款的代码	an..3			
cnd	4465	Adjustment. Reason. Code（调整. 原因. 代码）	调整原因，代码型（Adjustment reason，coded）	规定调整原因的代码	an..3			
add	4467	Payment. Method. Code（付款. 方法. 代码）		规定一种付款方法的代码	an..4			SAD：（SAD 47(5)）
add	4469	Payment. Purpose. Code（付款. 用途. 代码）		标识一项付款的用途	an..4			
cnd	4471	Settlement. Means. Code（结算. 方式. 代码）	结算，代码型（Settlement，coded）	规定结算方式的代码	an..3			

表 2（续）

变更指示符	标记（标识符）	字典条目名称	原数据元名称	说明	表示	业务术语(同义词)	注	联接位置
[1]	[2]	[3]	[4]	[5]	[6]	[7]	[8]	[9]
add	4472	Information. Type. Text（信息. 类型. 文本）		一种信息类型的文本表示	an. . 35			
add	4473	Information. Type. Code（信息. 类型. 代码）		规定一种类型的代码	an. . 4			
add	4474	Accounting Entity. Type. Text（会计分录. 类型. 文本）		一种会计分录的名称	an. . 35			
add	4475	Accounting Entity. Type. Code（会计分录. 类型. 代码）		规定一种会计分录的代码	an. . 17			
cnd	4487	Financial Transaction. Type. Code（金融交易. 类型. 代码）	金融交易类型，代码型（Type of financial transaction，coded）	规定一种金融交易的代码	an. . 3			
cnr	4490	Sales. Condition. Text（销售. 条款. 文本）	销售条款（Conditions of sale）	卖方直接或参照规定的基本条款	an. . 512			
add	4492	Consignment. Delivery Instruction. Text（托运物. 交货说明. 文本）		有关一票托运物的交货说明	an. . 512			

表 2（续）

变更指示符	标记（标识符）	字典条目名称	原数据元名称	说明	表示	业务术语（同义词）	注	联接位置
[1]	[2]	[3]	[4]	[5]	[6]	[7]	[8]	[9]
cnd	4493	Consignment. Delivery Instruction. Code（托运物. 交货说明. 代码）	交货要求，代码型（Delivery requirements, coded）	规定一项交货说明的代码	an..3			
add	4494	Insurance. Coverage. Text（保险. 险种. 文本）		对保险险种的自由格式描述	an..35			
add	4495	Insurance. Coverage. Code（保险. 险种. 代码）		规定保险险种的代码	an..17			
add	4497	Insurance. Coverage Type. Code（保险. 险种类型. 代码）		规定保险险种含义的代码	an..3			
add	4499	Inventory. Movement Reason. Code（库存. 移动原因. 代码）		规定一项库存动态原因的代码	an..3			
add	4501	Inventory. Movement Direction. Code（库存. 移动流向. 代码）		规定一项库存动态流向的代码	an..3			

表 2（续）

变更指示符	标记（标识符）	字典条目名称	原数据元名称	说明	表示	业务术语（同义词）	注	联接位置
[1]	[2]	[3]	[4]	[5]	[6]	[7]	[8]	[9]
add	4503	Inventory. Balance Method. Code（库存. 结存方法. 代码）		规定用于建立库存结算方法的代码	an..3			
add	4505	Credit Cover. Request Type. Code（保证金. 请求类型. 代码）		规定请求保证金的类型的代码	an..3			
add	4507	Credit Cover. Response Type. Code（保证金. 回复类型. 代码）		规定对保证金请求的回复的类型的代码	an..3			
add	4509	Credit Cover. Response Reason. Code（保证金. 回复原因. 代码）		规定对保证金请求回复的原因的代码	an..3			
add	4510	Requested Information. Detail. Text（请求信息. 细目. 文本）		规定所请求应答信息的自由格式描述	an..35			
add	4511	Requested Information. Detail. Code（请求信息. 细目. 代码）		规定所请求应答信息的代码	an..3			

表 2（续）

变更指示符	标记（标识符）	字典条目名称	原数据元名称	说明	表示	业务术语（同义词）	注	联接位置
[1]	[2]	[3]	[4]	[5]	[6]	[7]	[8]	[9]
add	4513	Maintenance Operation. Type. Code（维护操作.类型.代码）		规定一种维护操作的代码	an..3			
add	4517	Seal. Condition. Code（封志.条件.代码）		规定向运输工具施加封志的条件的代码	an..3			
add	4519	Definition. Identifier（定义.标识符）		标识一项定义	an..35			
add	4521	Premium Calculation. Component. Identifier（保费计算.成分.标识符）		标识一项影响保险费计算的要素	an..17			
add	4522	Premium Calculation. Component Value Category. Text（保费计算.成分值种类.文本）		规定保险费计算值类别的自由格式文本	an..35			
add	5000	Service. Charge. Amount（服务.费用.金额）		计收服务费的货币金额	n..18			

表 2(续)

变更指示符	标记(标识符)	字典条目名称	原数据元名称	说明	表示	业务术语(同义词)	注	联接位置
[1]	[2]	[3]	[4]	[5]	[6]	[7]	[8]	[9]
cnr	5002	Consignment. Sender Additional Charge. Amount (托运.发送方附加费.金额)	发送人附加费用 (Supplementary charges, sender)	发送方应向承运人支付的附加费金额	n..18			CMR:L 55,P 54-63
cnd	5004	Monetary Amount. Amount (货币金额.金额)	货币金额 (Monetary amount)	说明一笔货币金额	n..18			
add	5006	Monetary Amount. Function. Text (货币金额.功能.文本)		一种货币金额功能的自由格式文本	an..70			
cnd	5007	Monetary Amount. Function. Code (货币金额.功能.代码)	货币功能,代码型 (Monetary function, coded)	规定一种货币金额功能的代码	an..3			
cndr	5008	Consignment. Consignor Additional Charge. Amount (托运货物.发货人附加费.金额)	发货人总附加费 (Additional charges total, consignor)	发货人应付的运费附加费总额	n..18			CIM:L 47,P 59-66 and L 53,P 59-66 and L 59,P 59-66(also on reverse)
cn	5010	Consignment. Insured Value. Text (托运货物.投保价值.文本)	保险金额(字母表示) (Value insured(in letters))	以文字表示的对一票货载投保的总金额	an..35	保险金额		UNLK L 24,P45-80

表 2(续)

变更指示符	标记(标识符)	字典条目名称	原数据元名称	说明	表示	业务术语(同义词)	注	联接位置
[1]	[2]	[3]	[4]	[5]	[6]	[7]	[8]	[9]
cndr	5011	Consignment. Insured Value. Amount (托运货物. 投保价值. 金额)	保险金额(数字表示)(Value insured(in figures))	以数字表示的对一票货载投保的总金额	n..18			AWB:L 26,P 45-55 CIMP:(508) n..11, or the letters 'XXX' UNLK:L 26,P 45-80
cnd	5013	Index. Function. Code (索引. 功能. 代码)	指数限定符 (Index qualifier)	规定一项索引功能的代码	an..3			
cndr	5014	Discount. Amount (折扣. 金额)	折扣 (Discount)	按照规定条款从发票金额中扣除的折扣金额或百分比,不同于支付(现金)折扣	n..18			AWB:L 33-44, P 39-46, P 48-59 CIMP:(514):n..8 UNLK:L 54,P 62-80
cnd	5016	Payment. Cash On Delivery. Text (付款. 货到付款. 文本)	货到付款金额(文字型)(Cash-on-delivery amount, in words)	以文字和数字表示的交货时应付的货币金额	an..35			CMR:L 60,P 45-80
cndr	5017	Consignment. Cash On Delivery. Amount (托运货物. 货到付款. 金额)	货到付款金额(数字型)(Cash-on-delivery amount, in figures)	以数字表示的交货时应付的货币金额	n..18	COD 金额		CIM:L 41-42,P 50-73(CIM 31) CIM:L 41 P 75-82(CIM 74)
x	5018						由数据元 5017 替用	
cndr	5020	Customs. Allowable Deduction Basis. Amount (海关. 允许减免基准. 金额)	扣除金额(海关)(Deducted amount(Customs))	为计算海关价值而允许的从应付价格中扣除的金额	n..18			ODETTE:n..11

表 2（续）

变更指示符	标记（标识符）	字典条目名称	原数据元名称	说明	表示	业务术语(同义词)	注	联接位置
[1]	[2]	[3]	[4]	[5]	[6]	[7]	[8]	[9]
cndr	5022	Consignment. Consignee Additional Charge. Amount（托运货物. 收货人附加费. 金额）	收货人总附加费（Additional charges total,consignee）	收货人应付的运费附加费总额	n..18			CIM:L 47,P 67-74 and L 53,P 67-74 and L 59,P 67-74(also on reverse) CMR:L 54,P 71-80
cnd	5025	Monetary Amount. Type. Code（货币金额. 类型. 代码）	货币金额类型限定符（Monetary amount type qualifier）	规定一种货币金额的代码	an..3			
cndr	5027	Index. Type. Code（索引. 类型. 代码）	指数类型,代码型（Index type,coded）	规定一种索引的代码	an..17			
cnr	5028	Late Payment. Annual Interest Percentage. Numeric（延期付款. 年利百分数. 数字）	拖欠利息（Interest on arrears）	商定的年息百分比,未能如约按期付款就将按此增加利息额	n..18	到期未付款利息		UNLK:L 36-46,P 09-44
cndr	5029	Late Payment. Annual Interest Percentage Numeric. Code（延期付款. 年利百分数. 代码）	拖欠利息,代码型（Interest on arrears, coded）	规定一项商定年息百分比的代码,未能如约按期付款就将按此利率增加利息额	an..5			
cndr	5030	Index. Value. Identifier（指数. 值. 标识符）	指数值（Index value）	标识一个指数的值	an..35			

表 2（续）

变更指示符	标记（标识符）	字典条目名称	原数据元名称	说明	表示	业务术语(同义词)	注	联接位置
[1]	[2]	[3]	[4]	[5]	[6]	[7]	[8]	[9]
cndr	5032	Goods Item. For Customs Declared Value. Amount（货物项. 海关申报价值. 金额）	海关价格（Customs value）	一票托运货物中按照同一海关程序，以及同一税则/统计类目、国家信息和关税体制向海关申报的那些货物的价值	n..18			
add	5034	Charge. Amount（费用. 金额）		对产品或服务计收的货币金额	n..18			
cnr	5036	Goods Item. For Carriage Declared Value. Amount（货物项. 运输申明价值. 金额）	发运申报价格（Declared value for carriage）	托运人或其代理人申报的价值，只是为了改变运输合同中承运人对货物灭失或损坏及延期交付的责任标准	n..18	交货权益		AWB：L 24，P 58-69 CIM：L 34-38，P 02-09（Ref：Article 16 of the CIM Convention） CIMP：（510）n..12，or the letters 'NVD' CMR：L 56，P 30-41（Ref：Article 24 of the CMR Convention）
cnd	5039	Index. Value Representation. Code（指数. 值表示. 代码）	指数值表示，代码型（Index value representation，coded）	规定指数值表示的代码	an..3			
cndr	5042	Consignment. Consignee Charge. Amount（托运货物. 收货人费用. 金额）	收货人总费用（Total charges，consignee）	应当由收货人支付的总金额	n..18			CIM：n..8（CIM 92；reverse of CIM form） CMR：L 57，P 71-80

表 2（续）

变更指示符	标记（标识符）	字典条目名称	原数据元名称	说明	表示	业务术语(同义词)	注	联接位置
[1]	[2]	[3]	[4]	[5]	[6]	[7]	[8]	[9]
cnd	5044	Monetary Amount Adjustment. Percentage. Numeric（货币金额. 调整百分数. 数字）	附加费/扣除额（Additional charges/deductions）	以百分比表示的对任何附加费用、款项或减免的规定	n..4	附加费/减除额		CIM:L 44-45,P 40-43 and L 50-51,P 40-43 and L 56-57,P 40-43(also on reverse)
cnd	5047	Contribution. Function. Code（分摊. 功能. 代码）	分摊额限定符（Contribution qualifier）	限定一项分摊的代码	an..3			
cnd	5048	Contribution. Type. Text（分摊. 类型. 文本）	分摊额类型（ Contribution type）	对一种分摊模式的自由格式描述	an..35			
cnd	5049	Contribution. Type. Code（分摊. 类型. 代码）	分摊额类型,代码型（Contribution type, coded）	规定一种分摊模式的代码	an..3			
x	5052						无业务需求	UNLK:L 36-44,P 09-44
add	5054	Consignment. Trade Term. Amount（托运货物. 贸易条款. 金额）		根据适用的贸易交付条款结算的必须或已经支付的货币金额	n..18	离岸价值		
cnd	5056	Payment. Discount Percentage. Numeric（付款. 折扣百分数. 数字）	付款折扣（Payment discount）	以百分比表示的折扣，如在规定期限内或在确定的付款日期之前进行付款就应从应付款总额中扣除的份额	n..10			UNLK:L 36-46,P 09-44

表 2(续)

变更指示符	标记(标识符)	字典条目名称	原数据元名称	说明	表示	业务术语(同义词)	注	联接位置
[1]	[2]	[3]	[4]	[5]	[6]	[7]	[8]	[9]
cndr	5057	Payment. Discount Percentage Numeric. Code (付款. 折扣百分数. 代码)	付款折扣,代码型 (Payment discount, coded)	规定一项百分率折扣的代码,如在规定期限内或在确定的付款日期之前进行付款就应从应付款总额中扣除的份额	an..5			
cndr	5060	Contract. Total Amount. Amount (合同. 总金额. 金额)	合同金额 (Contract amount)	合同的价值总额	n..18			
cnd	5062	Monetary Amount. Brought Forward. Amount (货币金额. 上期结转. 金额)	上期结转金额 (Amount brought forward)	前页或附单中结转的预付金额	n..18			CIM:(reverse of CIM form)
cndr	5068	Invoice. Line Item. Amount (发票. 行项. 金额)	发票金额 (Invoice amount)	与发票某一个别行项计费相关的总金额	n..18			UNLK:L 56,P 63-80
cndr	5070	Consignment. For Customs Total. Amount (货物. 报关总金额. 金额)	向海关申报的货物总价格 (Declared Customs value for entire consignment)	整票货物的报关总金额,不论该票货物是否应办理同一海关手续、归入同一税则号列/统计编号、来自同一原产国或同一税收制度	n..18			AWB:L 24,P 71-81 CIMP:(509):n..12,or the letters 'NCV'

表 2（续）

变更指示符	标记（标识符）	字典条目名称	原数据元名称	说明	表示	业务术语(同义词)	注	联接位置
[1]	[2]	[3]	[4]	[5]	[6]	[7]	[8]	[9]
add	5072	Customs Declaration. Invoice. Amount（海关申报. 发票. 金额）		一份申报单中呈报的发票金额总值	n..18			SAD:(SAD 22)
add	5074	Tax. Deduction. Amount（税. 减除. 金额）		减少征收的税款	n..18			
add	5077	Price. Currency. Identifier（价格. 货币. 标识符）		规定定价货币单位的代码	an..35			
cnd	5080	Consignment. Sender Brought Forward Payment. Amount（托运货物. 发送方上期结转付款. 金额）	发货人付款金额（Amount paid by sender）	从铁路托运单前页结转，由发货人支付的金额	n..18			CIM:(reverse of CIM form)
cr	5082	Payment. Amount（付款. 金额）	付款金额（Payment amount）	实际付款或应付的金额	n..18			ODETTE:n..11
cndr	5088	Consignment. Consignee Brought Forward Collect Charge. Amount（托运货物. 收货人上期结转费用. 金额）	收货人结转金额（Amount to be collected from consignee brought forward）	从铁路托运单前页结转，由收货人支付的金额	n..18			CIM:(reverse of CIM form)
x	5094						由数据元5214替用	UNLK:L 56,P 63-80

表 2（续）

变更指示符	标记（标识符）	字典条目名称	原数据元名称	说明	表示	业务术语（同义词）	注	联接位置
[1]	[2]	[3]	[4]	[5]	[6]	[7]	[8]	[9]
add	5097	World Trade Organisation Valuation Agreement. Addition. Code（世界贸易组织估价协议.附加费.代码）		评估海关定价的世界贸易组织（WTO）海关估价协议规定的，用于确定海关价格的任何附加费的代码	an..5			
cnr	5099	Transport Service. Freight Rate Class. Code（运输服务.费率等级.代码）	费率等级代码（Rate class code）	规定空运适用费率等级的代码	an..3	计费基准		AWB:L 33-44,P 22 CIMP:(507)
add	5104	Monetary Amount. Function Detail. Text（货币金额.功能细目.文本）		对货币金额功能细目的自由格式描述	an..70			
add	5105	Monetary Amount. Function Detail. Code（货币金额.功能细目.代码）		规定一项货币金额功能细目的代码	an..17			
cndr	5110	Line Item. Unit Price. Amount（行项.单价.金额）	单价（Unit price）	按数量单位计算一项物品金额的价格	n..18			UNLK:L36-46,P 64-71
x	5112						由数据元5290替用	

表 2（续）

变更指示符	标记（标识符）	字典条目名称	原数据元名称	说明	表示	业务术语（同义词）	注	联接位置
[1]	[2]	[3]	[4]	[5]	[6]	[7]	[8]	[9]
x	5114						由数据元 5290 替用	
cnr	5116	Line Item. Charge. Amount （行项. 费用. 金额）	单项金额 （Item amount）	按每一项货物或服务计费的金额	n. . 18	单项价格		UNLK:L36-46,P 72-80 SAD:(SAD 42)
cndr	5118	Line Item. Price. Amount （行项. 单价. 金额）	价格 （Price）	购买或销售货物的货币金额	n. . 18			
cn	5120	Consignment. Consignee Supplementary Charge. Amount （托运货物. 收货人附加费. 金额）	收货人附加费用 （Supplementary charges, consignee）	应由收货人向承运人支付的附加费金额	n. . 10			UNLK:L 54,P 62-80
cn	5122	Value Added Tax. Rate. Numeric （增值税. 税率. 数字）	增值税率 （Value-added tax rate）	根据适用的增值税或类似税种涉及金额的增值税率	an. . 10			
cnd	5125	Price. Congeries. Code （价格. 组成. 代码）	价格限定符 （Price qualifier）	规定一种价格	an. . 3			
cn	5126	Consignment. Freight Charge Basis Rate. Numeric （托运货物. 运费基准费率. 数字）	运费费率 （Freight rate）	以数量为单位的费率或单价，或百分比，据此计算运费及附加费	n. . 11			AWB:L 33-44,P 39-46 CIMP:(506):n. . 8 UNLK:L 52-66 P 27-54

表 2（续）

变更指示符	标记（标识符）	字典条目名称	原数据元名称	说明	表示	业务术语（同义词）	注	联接位置
[1]	[2]	[3]	[4]	[5]	[6]	[7]	[8]	[9]
cnr	5128	Consignment. Goods Value. Amount（托运货物.价值.金额）	货物价值（运输用）（Goods value（for freighting））	为计算运费或类似费用的货物价值	n..18			
cnr	5132	Consignment. Consignee Collect Charge. Amount（托运货物.收货人费用.金额）	收货人付款总额（Total amount to be collected from consignee）	运输单证所示应向收货人收取的总金额	n..18			AWB:L 60,P 23-36 CIM:n..8（reverse of CIM form）（CIM 97） CIMP:（501）:n..12
cnd	5134	Transport Equipment. Rate Class. Code（运输设备.费率等级.代码）	ULD 费率等级类型（ULD rate class type）	对运输设备规定费率等级的代码化描述，如成组载货设备（航空集装箱）费率等级	an..3			AWB:L 33-44,P 23-29 CIMP:（513）:n1（a1）a1
cndr	5139	Consignment. Charge Payment Method. Code（托运货物.付款方式.代码）	AWB 费用代码（AWB Charges code）	标识一种付款方式	an..3			AWB:L 24,P 48-49 CIMP:（503）:a2
cndr	5140	Invoice. Surcharge. Amount（发票.附加费.金额）	发票附加金额（Invoice additional amount）	应对商业发票总额追加的金额	n..18			UNLK:L 56,P 62-80
cndr	5142	Consignment. Collect Carry Forward Charge. Amount（托运货物.结转到付费用.金额）	结转金额（Amount to carry forward）	在目的地收取的费用总额或应结转的“到付”金额	n..18			CIM:L 62,P 74-82

表 2 (续)

变更指示符	标记(标识符)	字典条目名称	原数据元名称	说明	表示	业务术语(同义词)	注	联接位置
[1]	[2]	[3]	[4]	[5]	[6]	[7]	[8]	[9]
cnr	5146	Consignment. Collect Valuation Charge. Amount (托运货物. 到付从价运费. 金额)	应收的从价计费 (Valuation charge, to collect)	全部到付的从价运费金额	n..18			AWB:L 50,P 23-36 CIMP:(501):n..12
cndr	5150	Consignment. Prepaid Utilised. Amount (托运货物. 预付. 金额)	已用金额 (Amount utilized)	启运时在为一笔特定金额付费的情况下所用的部分"付"费	n..18			CIM:(reverse of CIM form)
cnd	5152	Tax Or Fee. Type. Text (税费. 类型. 文本)	关税/税/费类型 (Duty/tax/fee type)	适用于商品或服务的税费类型	an..35			
cnd	5153	Tax Or Fee. Type. Code (税费. 类型. 代码)	关税/税/费类型,代码型 (Duty/tax/fee type, coded)	规定一种适用于商品或服务的税费	an..3			SAD:(SAD 47(1))
cnr	5158	Consignment. Prepaid Other Charge. Indicator (托运货物. 预付其他费用. 指示符)	预付其他费用 (Other charges, prepaid)	其他费用都已预付的指示符	an1			AWB: Checkmark L 24, P 55-56 CIMP:(403):a1
add	5160	Monetary Amount. Total Amount. Amount (货币金额. 总金额. 金额)		规定一项货币金额的合计	n..18			UNLK:L 56,P 63-80

表 2（续）

变更指示符	标记（标识符）	字典条目名称	原数据元名称	说明	表示	业务术语(同义词)	注	联接位置
[1]	[2]	[3]	[4]	[5]	[6]	[7]	[8]	[9]
cndr	5162	Available Balance. Amount（可用余额. 金额）	可用余额（Balance available）	在对一项特定金额进行费用支付后可用的结余金额	n..18			CIM:(n2-n..7)(reverse of CIM form)
cn	5164	Invoice. Additional Cost. Text（发票. 附加费用. 文本）	发票附加费说明（Invoice additional cost specification）	以普通语言描述的向一张商业发票中的明细物品合计附加的项目	an..35			
add	5166	Consignment. Nil Insurance Value. Indicator（托运货物. 无保险价值. 指示符）		指明一票托运货物的保险申报价值是否为零	an1			
add	5168	Consignment. Nil Carriage Value. Indicator（托运货物. 无运输价值. 指示符）		指明一票托运货物的运输申报价值是否为零	an1			
add	5170	Consignment. Nil Customs Value. Indicator（托运货物. 无海关价值. 指示符）		指明一票托运货物是否无海关价值	an1			

表 2（续）

变更指示符	标记（标识符）	字典条目名称	原数据元名称	说明	表示	业务术语（同义词）	注	联接位置
[1]	[2]	[3]	[4]	[5]	[6]	[7]	[8]	[9]
cndr	5176	Consignment. Sender Freight Charge. Amount（托运货物. 发货方运费. 金额）	发货人所付运费（Carriage charges, sender）	发货方应向承运人支付的费用金额	n..18			CMR:L 52,P 54-63
cdr	5180	Invoice. Deduction. Amount（发票. 减免. 金额）	发票扣除额（Invoice deduction amount）	应当从一张商业发票总额中扣减的金额	n..18			UNLK:L 56,P 62-80
x	5184						由数据元 5302 替用	
cnd	5189	Monetary Amount Adjustment. Type. Code（货币金额调整. 类型. 代码）	费用/折让描述，代码型（Charge/allowance description, coded）	规定一种货币金额的调整，如抵扣或费用	an..3			
cnd	5190	Account. Brought Forward Balance. Amount（账户. 结转余额. 金额）	结转余额（Balance brought forward）	结转可用余额	n..18			CIM:(reverse of CIM form)
cnd	5192	Invoice. Deduction. Text（发票. 减免. 文本）	发票扣除说明（Invoice deduction specification）	以普通语言描述的从一张商业发票的物品明细合计中减免的项目	an..35			
cnr	5202	Consignment. Consignee Freight Charge. Amount（托运货物. 收货人运费. 金额）	收货人所付运费（Carriage charges, consignee）	应由收货人向承运人付费的金额	n..18			CMR:L 52,P 71-80

表 2（续）

变更指示符	标记（标识符）	字典条目名称	原数据元名称	说明	表示	业务术语（同义词）	注	联接位置
[1]	[2]	[3]	[4]	[5]	[6]	[7]	[8]	[9]
cn	5208	Consignment. Other Charge. Amount（托运货物. 其他费用. 金额）	其他费用金额（Other charges amount）	以文字或数字表示的特定单项费用的金额，不同于按重量或按价值的计费	an..35			AWB：Included in L 48-52，P 37-81 CIMP：(501)：n..12
x	5209						在 TDED93 版中删除	
cndr	5210	Quotation. Total Amount. Amount（报价. 总金额. 金额）	发盘总额（Offer amount）	一份报价的货币总额	n..18			
cnd	5213	Sub Line Item. Price Change Operation. Code（分行项. 价格变更操作. 代码）	分项价格变更，代码型（Sub-line price change，coded）	规定分行项价格变动操作的代码	an..3			
cndr	5214	Invoice. Total. Amount（发票. 总计. 金额）	物品项总额（Article items tota）	卖方应收的商业发票中与物品项目金额有关的总金额	n..18			UNLK：L 56，P 63-80 MAR：IMO/FAL 3-4
cnr	5218	Goods Item. For Statistics Declared Value. Amount（货物项. 统计申报价值. 金额）	统计价格（Statistical value）	一票货物中那些具有相同统计类目货物进行统计申报的价值	n..18			SAD：(SAD 46)

表 2（续）

变更指示符	标记（标识符）	字典条目名称	原数据元名称	说明	表示	业务术语（同义词）	注	联接位置
[1]	[2]	[3]	[4]	[5]	[6]	[7]	[8]	[9]
x	5222						由数据元 5398 替用	
cndr	5228	Consignment. Consignee Tariff Charge. Amount（托运货物. 收货人运价计费. 金额）	按运价表应付费用（Charges'To pay'-Tariff currency）	应由收货人按每一运费等级支付的运输费用	n..18			CIM：L 44-45，P 67-74 and L 50-51，P 67-74 and L 56-57，P 67-74（also on reverse）
cnd	5237	Charge. Category. Code（费用. 类别. 代码）	费用类别，代码型（Charge category，coded）	规定一种费用类别的代码	an..3			
cnr	5238	Customs. Additional Value Basis. Amount（海关. 附加价值基准. 金额）	附加额（海关）（Added amount（Customs））	用于海关估价基准所需的附加额	n..18	其他追加金额		SAD：（SAD 47(3)）
cnr	5240	Consignment. Agent Other Charge. Amount（托运货物. 代理其他费用. 金额）	代理人应收的其他总费用（Total other charges due agent，to collect）	代理人应收的除按重量和价值计费之外的单项费用到付金额合计	n..18			AWB：L 54，P 23-36 CIMP：(501)：n..12
cnd	5242	Tariff. Class. Text（运价. 等级. 文本）	费率/运价等级（Rate/tariff class）	对适用费率或运价本的自由格式描述	an..35	费率		

表 2（续）

变更指示符	标记（标识符）	字典条目名称	原数据元名称	说明	表示	业务术语（同义词）	注	联接位置
[1]	[2]	[3]	[4]	[5]	[6]	[7]	[8]	[9]
cnd	5243	Tariff. Class. Code（运价. 等级. 代码）	费率/运价等级标识（Rate/tariff class identification）	规定适用费率或运价等级的代码	an..9	费率代码		
cnd	5245	Percentage. Type. Code（百分比. 类型. 代码）	百分比限定符（Percentage qualifier）	规定一种百分比的代码	an..3			
cndr	5246	Consignment. Consignee Other Charge. Amount（托运货物. 收货人其他付费. 货币）	收货人应付其他费用（Other charges, consignee）	收货人应向承运人支付附加费用的金额	n..18			CMR:L 56,P 71-80
cnd	5249	Percentage. Basis. Code（百分比. 基准. 代码）	百分比基准，代码型（Percentage basis, coded）	规定百分比计算基准的代码	an..3			
cndr	5250	Consignment. Consignor Tariff Charge. Amount（托运货物. 托运人运费. 金额）	按运价表已付费用（Charges'paid'-Tariff currency）	应由托运人按每一运价等级支付的运输费用	n..18			CIM:L 44-45,P 59-66 and L 50-51,P 59-66 and L 56-57,P59-66(also on reverse)
cnd	5252	Consignment. Charge. Text（托运货物. 费用. 文本）	费用描述（Charge description）	一票托运货物项下每一单项费用的费用种类的名称	an..30			AWB:L 48-52,P 37-81

表 2（续）

变更指示符	标记（标识符）	字典条目名称	原数据元名称	说明	表示	业务术语（同义词）	注	联接位置
[1]	[2]	[3]	[4]	[5]	[6]	[7]	[8]	[9]
cnd	5253	Consignment. Charge. Code（托运货物. 费用. 代码）	费用描述，代码型（Charge description，coded）	一票托运货物项下每一单项费用的费用种类的代码	an..3	附加费		AWB：Included in L 48-52，P 37-81 CIMP：(504)：an2
add	5261	Charge. Unit. Code（费用. 单位. 代码）		规定一项费用单位的代码	an..3			
cndr	5264	Consignment. Freight Charge Deduction. Amount（托运货物. 运费减免. 金额）	收货人运费扣除额（Carriage deductions，consignee）	从收货人应向承运人支付的运费中扣减的金额	n..18			CMR：L 53，P 71-80
add	5267	Service. Type. Code（服务. 类型. 代码）		规定一种服务的代码	an..3			
cnr	5270	Consignment. Total Prepaid Due Carrier Other Charge. Amount（托运货物. 承运人其他费收预付合计. 金额）	预付给承运人的其他总费用（Total other charges due carrier，prepaid）	承运人应收的除按重量和价值计费之外的单项费用（按费用项目名称）的预付金额合计	n..18			AWB：L 56，P 09-22 CIMP：(501)：n..12
cnd	5273	Tax or Fee. Rate Basis. Code（税费. 费率基准. 代码）	关税/税/费率基准标识（Duty/tax/fee rate basis identification）	规定税费的费率基准的代码，如按重量、价值或数量	an..3			
cnd	5275	Supplementary Tariff. Code（附加运价. 代码）	增补费率/运价基准标识（Supplementary rate/tariff basis identification）	规定一种附加的费率或运价的代码	an..6	附加费率		

表 2（续）

变更指示符	标记（标识符）	字典条目名称	原数据元名称	说明	表示	业务术语(同义词)	注	联接位置
[1]	[2]	[3]	[4]	[5]	[6]	[7]	[8]	[9]
cndr	5276	Consignment. Sender Balance. Amount（托运货物. 发送方运费余额. 金额）	发货人应付运费余额（Carriage balance, sender）	在扣减发送方应付承运人运费的任何减免额之后的运费金额	n. . 18			CMR:L 54, P 54-63
cndr	5278	Tax Or Fee. Rate. Text（税费. 费率. 文本）	关税/税/费率（Duty/tax/fee rate）	对一种税费的费率的文本表示	an. . 18			
cnd	5279	Tax Or Fee. Rate. Code（税费. 费率. 代码）	关税/税/费率标识（Duty/tax/fee rate identification）	规定一种税费费率的代码	an. . 7			
cndr	5280	Consignment. Additional Charge. Amount（托运货物. 附加费. 金额）	附加费（Additional charges）	附加费的金额	n. . 18			CIM:(n. . 3-n. . 8); L 47-49, P 23-48 and L 53-55, P 23-48 and L 59-61, P 23-48(also on reverse)
cnd	5283	Tax Or Fee. Function. Code（税费. 功能. 代码）	关税/税/费功能限定符（Duty/tax/fee function qualifier）	规定一种税费功能的代码	an. . 3			
cnd	5284	Unit Price. Basis. Quantity（单价. 基准. 数量）	单价基准（Unit price basis）	规定单价的基准	n. . 9	费率基准		

表 2 (续)

变更指示符	标记(标识符)	字典条目名称	原数据元名称	说明	表示	业务术语(同义词)	注	联接位置
[1]	[2]	[3]	[4]	[5]	[6]	[7]	[8]	[9]
cndr	5286	Tax Or Fee. Assessment Basis. Amount (税费.评估基准.金额)	关税/税/费估价基准 (Duty/tax/fee assessment basis)	规定评估一项税费的金额	n..18			SAD:(SAD 47(2))
cnd	5289	Tax Or Fee. Account. Code (税费.账户.代码)	关税/税/费科目标识 (Duty/tax/fee account identification)	规定一个税费的账户	an..6			
cnr	5290	Consignment. Freight Charge. Amount (托运货物.运费.金额)	运输费用 (Freight cost)	托运人根据运输合同,用任何运输工具,从一地到另一地运送货物所发生的费用。除运费之外,还可能包括包装、制单、装货,以及保险等多项(与运费相关的延伸)费用	n..18	运费(海关),运费及附加费总额		UNLK:L 60,P 63-80
x	5292						由数据元 5290 替用	
cnr	5294	Tax. Collect Amount. Amount (税.收取金额.金额)	应收税额 (Tax,to collect)	应收税额	n..18			AWB:L 52,P 23-36 CIMP:(501):n..12
x	5297						在 TDED93 版中删除	

表 2（续）

变更指示符	标记（标识符）	字典条目名称	原数据元名称	说明	表示	业务术语(同义词)	注	联接位置
[1]	[2]	[3]	[4]	[5]	[6]	[7]	[8]	[9]
cnr	5298	Consignment. Prepaid Weight And Valuation Charge. Indicator（托运货物. 从重和从价计费预付. 指示符）	预付从重计费/从价计费（Weight/Valuation charge, prepaid）	指出从重和从价计费全部预付	an1			AWB:Checkmark L 24, P 51-52
cndr	5302	Consignment. Total Prepaid Freight Charge. Amount（托运货物. 总预付运费. 金额）	预付金额（Prepaid amount）	预付整票托运货物费用的货币金额	n..18			AWB:L 60, P 09-22 CIM:n..12; L 49, P 51-58 and L 55, P 51-58 and L 61, P 51-58 (also on reverse) (CIM 71) CIMP:(501):n..12
cnd	5305	Tax Or Fee. Category. Code（税费. 类别. 代码）	关税/税/费类别，代码型（Duty/tax/fee category, coded）	规定一类税费的代码	an..3			
x	5306						在 TDED93 版中删除	
cnr	5310	Price. Basis. Quantity（单价. 基准. 数量）	决定价格数量（Price determining quantity）	以不同于交付数量表示的另一数量单位，用于作为计算单项物品金额的基准	n..18			
x	5312						由数据元 5264 替用	

表 2（续）

变更指示符	标记（标识符）	字典条目名称	原数据元名称	说明	表示	业务术语（同义词）	注	联接位置
[1]	[2]	[3]	[4]	[5]	[6]	[7]	[8]	[9]
add	5314	Remuneration. Type. Text（薪酬. 类型. 文本）		一种薪酬的名称	an..35			
add	5315	Remuneration. Type. Code（薪酬. 类型. 代码）		规定一种薪酬名称的代码	an..3			
cnr	5316	Consignment. Customs Value Basis. Amount（托运货物. 海关估价基准. 金额）	海关价格基准（Customs value basis）	对一票托运货物中按照相同海关程序，并处于相同税则/统计类目、国家及关税制度下的那些货物进行海关定价时用作定价基准的发票或其他价格（如销售价格、相同货物价格）	n..18			
cnr	5320	Consignment. Total Collect Carrier Other Charge. Amount（托运货物. 到付的承运人其他费收. 金额）	承运人应收的其他总费用（Total other charges due carrier，to collect）	承运人应收的除从重和从价计费之外的各项到付费用金额合计	n..18			AWB:L 56，P 23-36 CIMP:(501):n..12
cndr	5322	Consignment. Sender Other Charge. Amount（托运货物. 发送方其他付费. 金额）	发货人所付其他费用（Other charges，sender）	应由发送方向承运人支付的附加费用金额	n..18			CMR:L 56，P 54-63

表 2（续）

变更指示符	标记（标识符）	字典条目名称	原数据元名称	说明	表示	业务术语(同义词)	注	联接位置
[1]	[2]	[3]	[4]	[5]	[6]	[7]	[8]	[9]
cnr	5325	Payment. Discrepancy Reason. Code（付款. 误差原因. 代码）	支付不符原因，代码型（Reason for payment discrepancy，coded）	表示实际付款金额与计费金额之间出现差额的原因的代码	an..3			
cnr	5328	Consignment. Collect Weight Charge. Indicator（托运货物. 到付从重计费. 指示符）	应收从重计费/从价计费（Weight/Valuation charge，to collect）	指示全部的从重和从价计费均为到付	an1			AWB：Checkmark L 24，P 53-54 CIMP：(403)：a1
cndr	5332	Consignment. Consignee Section. Amount（托运货物. 收货付费段. 金额）	收货人应付区段总金额（Section total amount，consignee）	按所收货币计价的收货人应付运价表区段的总金额	n..18			CIM：L 49，P 74-82 and L 55，P 74-82 and L 61，P 74-82(also on reverse)
cnr	5336	Consignment. Agent Prepaid Other Charge. Amount（托运货物. 预付代理人其他费用. 金额）	预付给代理人的其他总费用（Total other charges due agent，prepaid）	代理人应收的除从重和从价计费之外的各项预付费用的总额	n..18			AWB：L 54，P 09-22 CIMP：(501)：n..12
x	5338						在 TDED93 版中删除	
cnr	5346	Consignment. Other Cost. Amount（托运货物. 其他费用. 金额）	其他费用（Other costs）	除包装、运输和保险之外单列的费用	n..18			UNLK：L 56，P 62-80

表 2（续）

变更指示符	标记（标识符）	字典条目名称	原数据元名称	说明	表示	业务术语(同义词)	注	联接位置
[1]	[2]	[3]	[4]	[5]	[6]	[7]	[8]	[9]
x	5348						在 TDED93 版中删除	
cndr	5350	Consignment. Prepaid Weight Charge. Amount（托运货物. 预付计重费用. 金额）	预付从重计费（Weight charge, prepaid）	按重量或体积计费的全部预付金额	n..18			AWB:L 48,P 09-22 CIMP:(501):n..12
cndr	5352	Consignment. Consignor Section. Amount（托运货物. 托运人付费段. 金额）	发货人应付区段总费用（Section total charges amount,consignor）	应由托运人按运价本货币为分段运价支付运费及附加费的总额	n..18			CIM:L 49,P 59-66 and L 55,P 59-66 and L 61, P 59-66(also on reverse)
x	5354						在 TDED93 版中删除	
x	5356						在 TDED93 版中删除	
x	5358						在 TDED93 版中删除	
x	5360						在 TDED93 版中删除	
x	5362						由数据元 5332 替用	CIM:L 49,P 66-73 and L 55,P 66-73 and L 61, P 66-73(also on reverse)

表 2（续）

变更指示符	标记（标识符）	字典条目名称	原数据元名称	说明	表示	业务术语（同义词）	注	联接位置
[1]	[2]	[3]	[4]	[5]	[6]	[7]	[8]	[9]
cnr	5364	Consignment. Collect Weight Charge. Amount（托运货物. 到付从重计费额. 金额）	应收从重计费（Weight charge, to collect）	按重量或体积计费的全部到付金额	n..18			AWB:L 48,P 23-36 CIMP:(501):n..12
cndr	5372	Consignment. Consignor Total Tariff Charge. Amount（托运货物. 托运人运费总额. 金额）	发货人总费用（Total charges, consignor）	由托运人支付的费用总额	n..18			CIM:(reverse of CIM form)
cnd	5375	Price. Type. Code（价格. 种类. 代码）	价格类型，代码型（Price type, coded）	规定一种价格的代码	an..3			
cnd	5377	Price. Change Type. Code（价格. 变动类型. 代码）	价格变更指示符，代码型（Price change indicator, coded）	规定价格变动类型的代码	an..3			
cnd	5379	Product. Group Type. Code（产品. 组类型. 代码）	价格/运价表类型，代码型（Price/tariff type, coded）	规定产品分组类型的代码	an..3			
cnr	5380	Order. Undelivered Quantity. Quantity（订单. 未交付数量. 数量）	未交付的订货数量（Remaining ordered quantity）	卖方为顺序交货而标注的数量	n..18	未交付订货数量		
x	5383						在 TDED93 版中删除	

表 2（续）

变更指示符	标记（标识符）	字典条目名称	原数据元名称	说明	表示	业务术语(同义词)	注	联接位置
[1]	[2]	[3]	[4]	[5]	[6]	[7]	[8]	[9]
x	5384						在 TDED93 版中删除	
cnd	5387	Price. Specification. Code（价格. 说明. 代码）	价格类型限定符（Price type qualifier）	标识价格说明的代码	an..3			
cnd	5388	Product. Pricing Group Name. Text（产品. 定价分组名称. 文本）	定价分组（Pricing group）	对货物或服务进行分组归并而成的定价组合的名称	an..35	服务种类名称		
cndr	5389	Product. Pricing Group. Code（产品. 定价分组. 代码）	定价分组，代码型（Pricing group，coded）	对货物或服务进行分组归并而成的定价组合的代码	an..25	服务种类代码		
cr	5390	Order. Amount（订单. 金额）	订单金额（Order amount）	一份订单的总金额	n..18			
cnd	5393	Price. Multiplier Function. Code（价格. 乘数功能. 代码）	价格乘数限定符（Price multiplier qualifier）	规定一价格乘数的功能的代码	an..3			
cndr	5394	Price. Multiplier Rate. Numeric（价格. 乘数率. 数字）	价格乘数（Price multiplier）	规定价格乘数的比率	n..18			
cndr	5398	Consignment. Total Collect Freight Charge. Amount（托运货物. 到付运费总金额. 金额）	收费总额（Total collect charges）	应向收货人或在交货后收取的整票托运费用的货币金额	n..18			AWB：L 64，P 37-50 AWB：L 62，P 23-36 CIMP：(501)：n..12

表 2（续）

变更指示符	标记（标识符）	字典条目名称	原数据元名称	说明	表示	业务术语（同义词）	注	联接位置
[1]	[2]	[3]	[4]	[5]	[6]	[7]	[8]	[9]
cndr	5402	Currency. Exchange Rate. Numeric（货币. 汇率. 数字）	汇率（Rate of exchange）	用一种货币表示另一种货币的比率	n..18	货币兑换率		AWB:L 62,P 09-22 CIM:n..8; L 39,P 75-82 and L. 42,P 75-82 and L 47,P 51-18 and L 47,P 75-82 and L 53,P 51-58 and L 53,P 75-82 and L 59 CIMP:(607):n..11 SAD:(SAD 23)
cndr	5408	Invoice Document. Exemption. Amount（发票. 免税. 金额）	免征增值税金额（Amount exempt from value added tax）	免除纳税（如增值税）责任或义务的发票金额	n..18			
x	5410						无业务需求	AWB:Checkmark L 24,P 57-58
x	5414						由数据元 5416 替用	CIM:n..24; L 39-40,P 50-73(CIM 30)
cndr	5416	Consignment. Disbursement. Amount（托运货物. 支出费用. 金额）	以托收货币计价的支付金额（Disbursement amount in currency of collecton）	根据托运人指示应由承运人收取的支出费用的金额				CIM:L40,P 75-82(CIM 74)
cndr	5419	Rate. Type. Code（费率. 类型. 代码）	费率类型限定符（Rate type qualifier）	规定一种费率的代码	an..20			
cndr	5420	Unit Price. Rate Basis. Numeric（单价. 费率基准. 数字）	单位费率（Rate per unit）	以单价基准规定的单位描述费率	n..18			CIM:n..6; L 44-45,P 45-50 and L 50-51,P 45-50 and L 56-57,P 45-50(also on reverse)

表 2（续）

变更指示符	标记（标识符）	字典条目名称	原数据元名称	说明	表示	业务术语(同义词)	注	联接位置
[1]	[2]	[3]	[4]	[5]	[6]	[7]	[8]	[9]
x	5422						在 TDED93 版中删除	
x	5424						在 TDED93 版中删除	
x	5427						在 TDED93 版中删除	
cndr	5428	Consignment. Total Paid To Carrier By Sender Charge. Amount（托运货物. 发送方应付承运人费用总金额. 金额）	发货人总费用（Total charges, sender）	应当由发送方向承运人付款的费用总额	n..18			CIM:n..8; L 62, P 50-57 CMR:L 57, P 54-63
cnd	5430	Consignment. Tariff. Text（托运货物. 运价. 文本）	所用运价表（Tariff applied）	适用一票托运货物的运价表的自由文本说明	an..17			
cnd	5431	Consignment. Tariff. Code（托运货物. 运价. 代码）	所用运价表，代码型（Tariff applied, coded）	规定适用一票托运货物的运价表的代码	an..4			CIM:n4(6); L 44-45, P 21-26 and L 50-51, P 21-26 and L 56-57, P 21-26(also on reverse)
cnr	5432	Consignment. Tariff Class. Amount（托运货物. 运价等级. 金额）	运费项目金额（Freight item amount）	一票托运中属于同一费率等级的部分货物的运费	n..18			AWB:L 33-44, P 48-59 CIMP:(501):n..12

表 2（续）

变更指示符	标记（标识符）	字典条目名称	原数据元名称	说明	表示	业务术语（同义词）	注	联接位置
[1]	[2]	[3]	[4]	[5]	[6]	[7]	[8]	[9]
cnr	5436	Consignment. Destination Charge. Amount（托运货物. 目的地费用. 金额）	目的地费用（Charges at destination）	以目的地货币表示的发生在目的地的装卸、堆存等费用	n..18			AWB:L 64,P 23-36 CIMP:(501):n..12
cnd	5440	Transport Service. Tariff Class. Code（运输服务. 运价等级. 代码）	运价表等级说明符（Tariff class specifier）	规定适用于一项运输服务的运价等级	an..4			CIM:n4(5); L 44-45,P 34-38 and L 50-51,P 34-38 and L 56-57,P 34-38(also on reverse)(CIM 57)
cndr	5444	Consolidated Invoice. Amount（合并发票. 金额）	总发票金额（Total Invoice amount）	一张或多张发票合计的货币金额	n..18			SAD:n..13(SAD 22) UNLK:L 68,P 58-72
x	5446						由数据元5000替用	UNLK: L 48, P 69-78 to be moved
cnr	5448	Transport Equipment. Total For Customs Packing Cost. Amount（运输设备. 报关包装费用总金额. 金额）	包装费(海关)（Packing cost (Customs)）	所有海关认定的集装箱及其任何性质的遮蔽物连带货物所发生的费用，以及包装费用，无论人工或材料	n..18			
cd	5450	Documentary Credit. Amount（跟单信用证. 金额）	跟单信用证金额（Documentary credit amount）	跟单信用证的金额	an..35			ICC:L 16,P 45-80 SWIFT:(a3):n..12

表 2（续）

变更指示符	标记(标识符)	字典条目名称	原数据元名称	说明	表示	业务术语(同义词)	注	联接位置
[1]	[2]	[3]	[4]	[5]	[6]	[7]	[8]	[9]
cnr	5452	Valuation. Prepaid Charge. Amount （预付. 从价计费. 金额）	预付从价计费 （Valuation charge, prepaid）	全部预付的未声明价值附加费金额	n..18			AWB:L 50,P 09-22 CIMP:(501):n..12
cnr	5454	Prompt Payment. Discount. Amount （立即付款. 折扣. 金额）	付款折扣金额 （Payment discount amount）	如在规定期限进行付款就从货物或服务的总价中扣除的金额	n..18			
cnr	5458	Account. Balance. Amount （账户. 余额. 金额）	账户余额 （Account balance）	账户结余的金额	n..18			
cnr	5460	Documentary Credit. Charge Instruction. Text （跟单信用证. 费用说明. 文本）	跟单信用证费用 （Documentary credit charges）	跟单信用证有关费用的说明	an..512			SWIFT:an..35×6
cnd	5463	Monetary Amount Adjustment. Function. Code （货币金额调整. 功能. 代码）	折让或费用限定符 （Allowance or charge qualifier）	规定一项货币金额调整功能的代码	an..3			
x	5464						由数据元 5398 替用	AWB:L 62,P 23-36 and CIMP:(501):n..12
x	5474						由数据元 5022 替用	CMR:L 54,P 71-80

表 2（续）

变更指示符	标记（标识符）	字典条目名称	原数据元名称	说明	表示	业务术语（同义词）	注	联接位置
[1]	[2]	[3]	[4]	[5]	[6]	[7]	[8]	[9]
x	5479				an..3		由数据元 9143 替用	
cnr	5480	Tax. Prepaid. Amount（税.预付.金额）	预付税（Tax，prepaid）	预付税款的金额	n..18			AWB：L 52，P 09-22 CIMP：(501)：n..12
cndr	5482	Percentage. Percentage. Numeric（百分比.百分比.数字）	百分比（Percentage）	描述一项百分比	n..18			
x	5484						在 TDED93 版中删除	
cn	5486	Consignment. Insurance. Amount（托运货物.保险.金额）	保险费（Insurance cost）	为货物投保而应付保险公司保险费的金额	n..10			UNLK：L 52，P 62-80
cnr	5488	Consignment. To Importation Location Insurance. Amount（托运货物.至进口地点保险.金额）	保险费（海关）（Insurance cost（Customs））	为投保货物至进口港或进口地点而应向保险公司支付的保险费金额	n..18			
cnr	5490	Value Added Tax. Amount（增值税.金额）	增值税额（Value-added tax amount）	针对发票的应税金额以适用的税率所填报的增值税（或类似税种），用本国货币表示的金额	n..18			

表 2（续）

变更指示符	标记（标识符）	字典条目名称	原数据元名称	说明	表示	业务术语(同义词)	注	联接位置
[1]	[2]	[3]	[4]	[5]	[6]	[7]	[8]	[9]
x	5492						在 93 版中删除	
cnd	5495	Sub Line Item. Level. Code （分行项. 等级. 代码）	分项指示符，代码型 (Sub-line indicator, coded)	标明一项分行项的代码	an..3			
x	5496							MAR:IMO/FAL 3
add	5504	Tax Or Fee. Assessed. Amount （税费. 评估. 金额）		自查的应付税费（包括各类税费）金额和减免（如果适用）税额。根据项目和/或申报按税费种类进行估算	n..18			SAD:(SAD 47(4))
add	5506	Exit To Entry. Charge. Amount （出口到进口. 费用. 金额）		从国外出口地点到进口地点的运输、保险及所有其他费用和开支的总额	n..18	费用		
add	5509	Customs Valuation. Method. Code （海关估价. 方法. 代码）		标明海关确定价值的方法	an..3			
add	5510	Valuation. Adjustment Percentage. Numeric （估价调整. 百分比. 数字）		针对估价进行调整的百分率	n..18			

表 2（续）

变更指示符	标记（标识符）	字典条目名称	原数据元名称	说明	表示	业务术语（同义词）	注	联接位置
[1]	[2]	[3]	[4]	[5]	[6]	[7]	[8]	[9]
add	5513	Freight Charge. Apportion Method. Code（运费. 分配方法. 代码）		对每一票货物用多票申报按比例进行运费分配的方法	an..3			
add	5514	Valuation. Adjustment. Amount（估价. 调整. 金额）		据以调整估价的货币金额	n..18			
add	6000	Geographical Coordinate. Latitude. Measure（地理坐标. 纬度. 计量）		以度、分和秒计量，从赤道向北或向南确定的角距离				
add	6002	Geographical Coordinate. Longitude. Measure（地理坐标. 经度. 计量）		测定的经度值，即地球表面经过某一特定地点的子午线与标准子午线或本初子午线向东或向西产生的角距离，以度、分和秒计量				
add	6004	Humidity. Percentage. Measure（湿度. 百分比. 计量）		对空气中湿度进行的测量，以百分比计量				
cnd	6008	Height. Measure（高度. 计量）	高度（Height dimension）	说明高度的数值	n..15			UNLK：L 36-64，P 09-44

表 2（续）

变更指示符	标记（标识符）	字典条目名称	原数据元名称	说明	表示	业务术语(同义词)	注	联接位置
[1]	[2]	[3]	[4]	[5]	[6]	[7]	[8]	[9]
cndr	6012	Consignment. Gross Weight. Measure（托运货物. 毛重. 计量）	托运物毛重（Consignment gross weight）	一票托运货物项下所有货物毛重（质量）的总和，包括包装，但运输设备除外	n..16	托运货物毛重；合计毛重		AWB:n..7; L 46,P 13-19 CIMP:(600):n..7 MAR:IMO/FAL 2,7 UNLK:L 34 P 64-71
add	6014	Consignment. Net Weight. Measure（托运货物. 净重. 计量）		一票托运货物项下所有货物净重（质量）的总和	n..16			
add	6016	Goods Item. Net Weight. Measure（货物项. 净重. 计量）		货物去除包装后的重量(质量）	n..16			UNLK:L 40-50 P 64-71
add	6018	Line Item. Gross Weight. Measure（行项. 毛重. 计量）		包括包装但不包括运输设备的行项目所列货物的重量(质量）	n..16			UNLK:L 36-46 P 27-55
add	6020	Line Item. Net Weight. Measure（行项. 净重. 计量）		去除所有包装后行项目所列货物的重量(质量）	n..16			UNLK:L 36-46 P 27-55
add	6022	Package. Gross Weight. Measure（包装. 毛重. 计量）		去除所有填充物的包装重量(质量）	n..16			
cnd	6024	Order Document. Quantity（订单. 数量）	订货量（Quantity ordered）	预订的数量	n..9			UNLK:L 36-46 P 56-62

表 2（续）

变更指示符	标记（标识符）	字典条目名称	原数据元名称	说明	表示	业务术语（同义词）	注	联接位置
[1]	[2]	[3]	[4]	[5]	[6]	[7]	[8]	[9]
add	6026	Package. Net Weight. Measure（包装.净重.计量）		去除所有填充物的包装重量（质量）	n..16			
add	6028	Package. Gross Volume. Measure（包装.总容量.计量）		去除填充物的包装重量（质量）	n..16			
cnd	6030	Chargeable Weight. Basis. Measure（计费重量.基准.计量）	计费重量，千克（Chargeable weight，kg）	以此为基础进行计费的毛重（质量）	an..8			AWB：L 33-44，P 31-37 CIM：L 44-45，P 51-58 and L 50-51，P 51-58 and L 56-57，P 51-58（also on reverse）（CIM 60） CIMP：（600）：n..7
add	6032	Customs Tariff. Quantity Deduction. Quantity（海关税则.扣除数量.数量）		为核定海关税额基准而应当从课税数量中扣除的数量	n..18			
add	6036	Consolidation. Gross Weight. Measure（拼装.毛重.计量）		一票货物项下所有货物毛重（质量）的总合，包括包装，但运输设备除外	n..16			
add	6038	Consolidation. Gross Volume. Measure（拼装.总容量.计量）		一笔拼装业务项下各票货物的总容量合计	n..16			

表 2（续）

变更指示符	标记（标识符）	字典条目名称	原数据元名称	说明	表示	业务术语(同义词)	注	联接位置
[1]	[2]	[3]	[4]	[5]	[6]	[7]	[8]	[9]
add	6040	Consolidation. Net Weight. Measure（拼装. 净重. 计量）		一笔拼装业务项下各票货物净重的合计，不包括包装和运输设备	n..16			
add	6042	Consolidation. Loading Length. Measure（拼装. 装载长度. 计量）		拼装货物在运输工具或运输设备中占用的总长，一笔拼装业务项下所有托运货物的装载需要这一长度范围的绝对宽度和高度	n..16			
add	6044	Consignment. Loading Length. Measure（托运货物. 装载长度. 计量）		运输工具或运输设备的总长，一票托运货物项下的所有货物的装载需要这一长度范围的绝对宽度和高度	n..16			
add	6046	Transport Equipment. Loading Length. Measure（运输设备. 装载长度. 计量）		运输设备的总长，货物的装载需要这一长度范围的绝对宽度和高度	n..16			
cndr	6048	Net Net Weight. Measure（纯净重. 计量）	纯净重（Net net weight）	未加任何包装的货物重量(质量)	n..14	海关重量		SAD:(SAD 38)

表 2（续）

变更指示符	标记（标识符）	字典条目名称	原数据元名称	说明	表示	业务术语(同义词)	注	联接位置
[1]	[2]	[3]	[4]	[5]	[6]	[7]	[8]	[9]
cndr	6052	Transport Means. Tare Weight. Measure（运输工具. 皮重. 计量）	车皮重量（Vehicle tare）	运输工具的重量，包括永久紧固设备，但不包括货物和可拆换附件	n..14	车重		CIM:L 13-14,P 69-73(CIM 20)
add	6054	Consolidation. Consignment. Quantity（拼装. 托运货物. 数量）		一笔拼装业务项下托运货物票数的合计	n..16			
add	6056	Consolidation. Goods Item. Quantity（拼装. 货物项. 数量）		对组成一笔拼装业务的明细货物种类数量进行的不分票合计	n..16			
cndr	6060	Quantity. Quantity. Text（量. 数量. 文本）	量（Quantity）	用数字和文字对数量进行的文本表示	an..35			
add	6061	Quantity. Quantity（量. 数量）		对数量值的数字表示	n..16			UNLK:L 36-46 P 56-62
cnd	6063	Quantity. Type. Code（量. 类型. 代码）	量限定符（Quantity qualifier）	限定数量种类的代码	an..3			
cnd	6064	Quantity. Variation. Quantity（量. 差异. 数量）	量差值（Quantity difference）	规定一数量差异的值	n..15			
cnd	6066	Document. Control Total. Numeric（单证. 控制总计. 数字）	控制值（Control value）	对一份单证的特定值进行全面汇总所获得的数值	n..18	数位总合，核对总计		

表 2（续）

变更指示符	标记（标识符）	字典条目名称	原数据元名称	说明	表示	业务术语(同义词)	注	联接位置
[1]	[2]	[3]	[4]	[5]	[6]	[7]	[8]	[9]
cnd	6069	Control Total. Type. Code（控制总计. 类型. 代码）	控制限定符（Control qualifier）	限定一种数位总合的代码	an..3			
cnd	6071	Frequency. Type. Code（频率. 类型. 代码）	频度限定符（Frequency qualifier）	限定频率的代码	an..3			
cnd	6072	Frequency. Quantity（频率. 数量）	频度值（Frequency value）	已知时间内的重复次数	n..9			
cnd	6074	Confidence. Percentage. Numeric（置信. 百分比. 数字）	置信界限（Confidence limit）	以百分比表示一个真值处于某一特定置信区间的可信程度	n..6			
add	6077	Result. Representation. Code（结果. 表示. 代码）		说明结果表示的代码	an..3			
add	6079	Result. Normalcy. Code（结果. 正常. 代码）		说明与标准相符程度的代码	an..3			
cnd	6080	Transport Equipment. Maximum Load Weight. Measure（运输设备. 最大载重. 计量）	车载限额，吨（Vehicle load limit，t）	根据适用规则的额定最大运输载重量	n..4	重量，集装箱安全公约最大重量		CIM：L 13-14，P 75-79（CIM 44）

表 2（续）

变更指示符	标记（标识符）	字典条目名称	原数据元名称	说明	表示	业务术语（同义词）	注	联接位置
[1]	[2]	[3]	[4]	[5]	[6]	[7]	[8]	[9]
add	6082	Dosage. Text（剂量. 文本）		对剂量的自由格式描述	an..70			
add	6083	Dosage. Identifier（剂量. 标识符）		标识剂量的代码	an..8			
add	6085	Dosage. Administration Type. Code（剂量. 管理类型. 代码）		限定剂量管理的代码	an..3			
add	6087	Result. Type. Code（结果. 类型. 代码）		限定结果值类型的代码	an..3			
add	6090	Tax Or Fee. Assessment Basis. Quantity（税费. 评估基准量. 数量）		规定作为评估税费基准的数量	n..18			SAD:(SAD 47)
add	6092	Document Declared Gross Weight. Measure（单证申明毛重. 计量）		单证中所申明的全部货物的重量（质量），包括包装但不包括承运人的设备	n..14			
add	6094	Consolidation. Package. Quantity（拼装. 包装. 数量）		一笔拼装业务项下各票托运货物件数的汇总合计	n..16			

表 2（续）

变更指示符	标记(标识符)	字典条目名称	原数据元名称	说明	表示	业务术语(同义词)	注	联接位置
[1]	[2]	[3]	[4]	[5]	[6]	[7]	[8]	[9]
add	6096	Package. Length. Measure（包装. 长度. 计量）		说明一件货物的长度	n..7			
add	6098	Package. Width. Measure（包装. 宽度. 计量）		说明一件货物的宽度	n..7			
cnd	6102	Goods Item. Customs Tariff. Quantity（货物项. 海关税则. 数量）	附加量（Supplementary quantity）	按照海关税则、统计或会计要求的单位计点的货物数量	n..13	补充申报数量		SAD:(SAD 41)
add	6104	Transport Means. Onboard Person. Quantity（运输工具. 乘载人数. 数量）		运输工具上乘载的总人数（乘客及乘务人员，包括机长/船长）	n..4			MAR:IMO/FAL 3
add	6106	Crew. Quantity（乘务员. 数量）		运输工具上乘务员总数，包括机长/船长	n..3			MAR:IMO/FAL 1
cnd	6110	Chargeable Distance. Measure（计费距离. 计量）	运价表距离，千米（Tariff distance，km）	适用特定运价表的两个地点之间的距离	n..7			CIM:L 47，P 14-19 and L 53，P 13-19 and L 59，P 13-19(also on reverse)
add	6113	Length. Type. Code（长度. 类型. 代码）		规定长度类型的代码	an..3			

表 2（续）

变更指示符	标记(标识符)	字典条目名称	原数据元名称	说明	表示	业务术语(同义词)	注	联接位置
[1]	[2]	[3]	[4]	[5]	[6]	[7]	[8]	[9]
add	6114	Simple Data Element. Maximum Character Length. Quantity（简单数据元. 最大字符长度. 数量）		说明简单数据元长度的最大值	n..3			
add	6116	Simple Data Element. Minimum Character Length. Quantity（简单数据元. 最小字符长度. 数量）		说明简单数据元长度的最小值	n..3			
cnd	6130	Freight Charge. Basis. Text（运费. 基准. 文本）	运费费率基准（Freight rate basis）	以自由格式文本表示的计算运费及附加费的数量单位	an..10			UNLK:L 52-66 P 27-54
cnd	6131	Freight Charge. Quantity Unit Basis. Code（运费. 数量单位基准. 代码）	运费费率基准,代码型（Freight rate basis, coded）	计算运费及附加费的数量单位	an..3			UNLK:L 52-66 P 27-54
cnd	6140	Width. Measure（宽度. 计量）	宽度（Width dimension）	说明宽度的数值	n..15			UNLK:L 36-46,P 09-44
x	6142						由数据元6322替用	

表 2（续）

变更指示符	标记（标识符）	字典条目名称	原数据元名称	说明	表示	业务术语（同义词）	注	联接位置
[1]	[2]	[3]	[4]	[5]	[6]	[7]	[8]	[9]
cnd	6145	Dimension. Type. Code（尺寸.类型.代码）	尺码限定符（Dimension qualifier）	限定一种尺寸的代码	an..3			
cn	6146	Legal Weight. Measure（法定重量.计量）	法定重量（Legal weight）	根据某些国家法律规定可包括包装的货物重量（质量）（可能与净重（质量）相等）	n..8			
x	6150						没有明确的业务需求，对1993版进行修改	
cnd	6152	Range. Maximum Value. Measure（范围.最大值.计量）	范围最大值（Range maximum）	规定一个范围的最大值	n..18			
add	6154	Non-discrete Measurement. Name. Text（非离散计量.名称.文本）		非离散计量的名称	an..70			
cndr	6155	Non-discrete Measurement. Code（非离散计量.代码）	计量特征，代码型（Measurement attribute，coded）	规定非离散计量的代码	an..17			

表 2(续)

变更指示符	标记(标识符)	字典条目名称	原数据元名称	说明	表示	业务术语(同义词)	注	联接位置
[1]	[2]	[3]	[4]	[5]	[6]	[7]	[8]	[9]
cnd	6156	Transport Equipment. Tare Weight. Measure (运输设备. 皮重. 计量)	集装箱箱重 (Container tare weight)	运输设备的重量(质量),包括永久紧固设备,但不包括货物和可拆换附件	n..5			AWB:L 33-44,P 13-19
x	6158						由数据元 6294 替用	
cnd	6160	Net Weight. Measure (净重. 计量)	净重 (Net weight)	货物重量(质量),包括通常随附的包装	n..11			SAD: SAD: L 32, P 63-74 (SAD 38) UNLK:L 28-34,P 63-71 MAR:IMO/FAL 7
cnd	6162	Range. Minimum Value. Measure (范围. 最小值. 计量)	范围最小值 (Range minimum)	说明范围的最小值	n..18			
x	6165						没有明确的业务需求,对 1993 版进行修改	
cnd	6167	Range. Type. Code (范围. 类型. 代码)	范围类型限定符 (Range type qualifier)	限定一种范围的代码	an..3			
cnd	6168	Length. Measure (长度. 计量)	长度 (Length dimension)	说明长度的数值	n..15			UNLK:L 36-46,P 09-44

表 2（续）

变更指示符	标记（标识符）	字典条目名称	原数据元名称	说明	表示	业务术语(同义词)	注	联接位置
[1]	[2]	[3]	[4]	[5]	[6]	[7]	[8]	[9]
x	6170						没有明确的业务需求，对1993版进行修改	
cnd	6173	Size. Type. Code（尺寸. 类型. 代码）	尺寸限定符（Size qualifier）	说明一种尺寸的代码	an. . 3			
cnd	6174	Size. Measure（尺寸. 计量）	尺寸（Size）	说明量化等级的数值	n. . 15			
add	6176	Occurrence. Maximum Value. Quantity（次数. 最大值. 数量）		说明最大出现次数	n. . 7			
add	6178	Edit Field. Character Length. Quantity（编辑字段. 字符长度. 数量）		对编辑字段规定的长度值	n. . 3			
cnd	6180	Payment. Currency. Text（付款. 货币. 文本）	付款货币（Payment currency）	用于付款的货币单位的名称	an. . 26			
cnd	6181	Payment. Currency. Identifier（付款. 货币. 标识符）	付款货币，代码型（Payment currency, coded）	标识用于付款的货币单位（见 GB/T 12406—2008 三字母代码）	a3			

表 2（续）

变更指示符	标记（标识符）	字典条目名称	原数据元名称	说明	表示	业务术语（同义词）	注	联接位置
[1]	[2]	[3]	[4]	[5]	[6]	[7]	[8]	[9]
x	6190						没有明确的业务需求，对1993版进行修改	
cnd	6240	Storage Temperature. Measure（储存温度. 计量）	储存温度（Storage temperature）	货物储藏所需加热或制冷的标准	an..8			
cnd	6242	Transport Temperature. Measure（运输温度. 计量）	运输温度（Transport temperature）	关于货物运输的规定温度	an..8	冷冻/冷藏温度设定		
cnd	6245	Temperature. Type. Code（温度. 类型. 代码）	温度限定符（Temperature qualifier）	限定一种温度的代码	an..3			
cndr	6246	Temperature. Measure（温度. 计量）	温度设定（Temperature setting）	说明温度的数值	n..15			
cnd	6256	Freight Charge. Basis. Quantity（运费. 基准. 数量）	运费计费量（Freight quantity）	作为运费及附加费基础的数量	n..9			UNLK:L 52-66 P 27-54
cnd	6264	Ships Stores. Item. Quantity（船用物品. 项. 数量）	储存项目量（Quantity of stores item）	为运输工具自身耗费所储备的物品或产品的数量	n..9	船舶自用储备物品数量		

表 2(续)

变更指示符	标记(标识符)	字典条目名称	原数据元名称	说明	表示	业务术语(同义词)	注	联接位置
[1]	[2]	[3]	[4]	[5]	[6]	[7]	[8]	[9]
cnd	6270	Product. Delivered. Quantity (产品.交付量.数量)	交货量 (Quantity delivered)	卖方交付的数量	n..9			UNLK:L 36-46 P 56-62
cn	6272	Working Days. Quantity (工作天数.数量)	工作天数 (Number of working days)	规定期间的工作日天数	n..3			
x	6280						无业务需求	
cnr	6292	Goods Item. Gross Weight. Measure (货物项.毛重.计量)	毛重 (Gross weight)	货物重量(质量),包括包装,但不包括承运人的设备	n..14	实际毛重(质量)		AWB:L 33-44,P 13-19 CIM:L 28-33,P 63-74(CIM 26) CIMP:(600):n..7 CMR: L 28-42, P 63-71 (CMR 11) SAD:(SAD 35) UNLK:L 28-52,P 63-74
cndr	6294	Transport Equipment. Gross Weight. Measure (运输设备.毛重.计量)	集装箱毛重 (Container gross weight)	运输设备的重量(质量),如集装箱或类似的成组装载设备,连带所载货物,包括包装和承运人设备	n..14			
cndr	6296	Split Goods Item. Gross Weight. Measure (分装货物项.毛重.计量)	分批重量 (Weight split)	分装于一项特定运输设备中的货物重量(质量)	n..14			

表 2(续)

变更指示符	标记(标识符)	字典条目名称	原数据元名称	说明	表示	业务术语(同义词)	注	联接位置
[1]	[2]	[3]	[4]	[5]	[6]	[7]	[8]	[9]
cndr	6298	Transport Means. Laden Weight. Measure (运输工具.装载重量.计量)	装载车辆重量 (Vehicle laden weight)	运输工具及其所载货物的实际重量(质量)	n..14			
cndr	6300	Transport Means. Gross Weight. Measure (运输工具.毛重.计量)	总登记吨 (Gross tonnage)	根据《1969 年船舶丈量的国际公约》的规则所确定的船舶总容积	n..14	船舶吨位		
cndr	6302	Transport Means. Net Weight. Measure (运输工具.净重.计量)	净登记吨 (Net tonnage)	根据《1969 年船舶丈量的国际公约》的规则所确定的船舶可用舱容	n..14	船舶最大载货舱容		
cnd	6306	Transport Means. Utilisation Percentage. Numeric (运输工具.利用率.数字)	车辆使用装载量 (Vehicle capacity used)	运输工具可用装载能力的百分比	n..4	船舶最大装载能力使用率		
cnd	6311	Measurement. Function. Code (计量.功能.代码)	计量应用限定符 (Measurement application qualifier)	限定计量目的的代码	an..3			MAR:IMO/FAL 2
cnd	6313	Measured Attribute. Type. Code (计量属性.种类.代码)	计量尺度,代码型 (Measurement dimension,coded)	说明计量属性种类的代码	an..3			

表 2（续）

变更指示符	标记（标识符）	字典条目名称	原数据元名称	说明	表示	业务术语（同义词）	注	联接位置
[1]	[2]	[3]	[4]	[5]	[6]	[7]	[8]	[9]
cnd	6314	Measurement. Value. Measure（计量. 值. 计量）	计量值（Measurement value）	说明一项计量的值	an..18			MAR:IMO/FAL 2
add	6316	Line Item. Gross Volume. Measure（行项. 总容积. 计量）		通常是对件杂货或运输工具的最大长度、宽度和高度相乘得出的容积，即体积	n..9	立方体积		
x	6318						由数据元 5482 替用	
cnd	6321	Measurement. Significance. Code（计量. 有效性. 代码）	计量有效位数，代码型（Measurement significance，coded）	说明计量有效性的代码	an..3			
cnd	6322	Goods Item. Gross Measurement Cube. Measure（货物项. 测量体积. 计量）	体积（Cube）	通常是对件杂货或运输工具的最大长度、宽度和高度相乘得出的体积，即立方体	n..9	（GMC）测定立方体积（GMC）		CIMP:(500):n..9 UNLK:L 28-38，P 72-80
cnd	6324	Split Consignment. Gross Measurement Cube. Measure（分装货物. 测量体积. 计量）	分批体积（Cube split）	分装于特定运输设备中货物的立体（立方）体积	n..9			

表 2（续）

变更指示符	标记（标识符）	字典条目名称	原数据元名称	说明	表示	业务术语（同义词）	注	联接位置
[1]	[2]	[3]	[4]	[5]	[6]	[7]	[8]	[9]
cnd	6331	Statistic. Type. Code（统计. 类型. 代码）	统计类型，代码型（Statistic type，coded）	限定统计类型的代码	an..3			
cnd	6341	Currency. Market. Identifier（货币. 市场. 标识符）	外汇交易市场，代码型（Currency market exchange，coded）	标识某一货币交易市场	an..3			
cnd	6343	Currency. Type. Code（货币. 类型. 代码）	货币限定符（Currency qualifier）	规定货币类型的代码	an..3			
cn	6344	Currency. Text（货币. 文本）	货币（Currency）	一种货币单位或币种的名称或符号	an..26			
cnd	6345	Currency. Identifier（货币. 标识符）	货币，代码型（Currency，coded）	规定货币单位或币种的代码	an..3			AWB：L 24，P 45-48 CIM：n2；L 45，P 18-19 and L 55，P 18-19 and L 61，P 18-19（also on reverse）（CIM 70） CIMP：（606）：a3 SAD：（SAD 22）
cnd	6347	Currency. Usage. Code（货币. 用法. 代码）	货币细目限定符（Currency details qualifier）	说明货币用法的代码	an..3			

表 2（续）

变更指示符	标记（标识符）	字典条目名称	原数据元名称	说明	表示	业务术语(同义词)	注	联接位置
[1]	[2]	[3]	[4]	[5]	[6]	[7]	[8]	[9]
cnd	6348	Currency. Rate. Numeric（货币. 比率. 数字）	货币率基准（Currency rate base）	为表示货币计量单位规定所用的倍增因数的值	n..4			
cnd	6350	Unit. Quantity（单位. 数量）	单位数（Number of units）	规定单位数量	n..15			
cnd	6353	Unit. Type. Code（单位. 类型. 代码）	单位数限定符（Number of units qualifier）	限定单位类型的代码	an..3			
add	6410	Measurement. Unit. Text（计量. 单位. 文本）		计量单位的名称，表示重量（质量）、容量、长度、面积、体积或其他数量或度量	an..35			
cndr	6411	Measurement. Unit. Code（计量. 单位. 代码）	计量单位限定符（Measure unit qualifier）	计量单位的标志，表示重量（质量）、容量、长度、面积、体积或其他数量或度量	an..8	计量单位限定符		AWB:L 33-44,P 20 CIMP:(601):a1;(604):a2 SAD:(SAD 47(2))
cnr	6420	Dangerous Goods. Net Weight. Measure（危险品. 净重. 计量）	危险品净量（Dangerous goods net quantity）	一件货物所含危险品的重量(质量)或体积，不包括任何包装材料的重量(质量)或体积	n..14			
cn	6422	Consignment. Gross Volume. Measure（托运货物. 总体积. 计量）	托运体积（Consignment cube）	一票托运各项货物体积的合计	n..9	Cube 体积		UNLK:L34 P 72-80

表 2（续）

变更指示符	标记（标识符）	字典条目名称	原数据元名称	说明	表示	业务术语(同义词)	注	联接位置
[1]	[2]	[3]	[4]	[5]	[6]	[7]	[8]	[9]
cnd	6424	Sample. Frequency. Quantity （取样. 频率. 数量）	抽样频度值 （Sample frequency value）	按照规则或计算收集样品的数量	n..9			
add	6426	Process. Stage. Quantity （处理. 阶段. 数量）		对一项处理中的阶段数的合计	n..2			
add	6428	Process. Stage. Identifier （处理. 阶段. 标识符）		表示一个特定的处理阶段	n..2			
add	6432	Significant Digit. Quantity （有效位数. 数量）		计算有效位数	n..2			
add	6434	Statistical Concept. Identifier （统计概念. 标识符）		对统计概念的自由格式标识	an..35			
add	7001	Object. State Type. Code （对象. 状态类型. 代码）		限定对象状态类别的代码。	an..3			
cndr	7002	Goods Item. Description. Text （货物项. 描述. 文本）	货物描述(商品名称) (Description of goods)	用普通语言对一种货物性质的描述，能够满足海关、统计或运输的需要	an..512	货物性质		CIM:L 28-38,P 09-49 CIMP:(708):an..15 CMR: L 29-52, P 34-60 (CMR 9) MAR:IMO/FAL 7S WIFT:an..65×4 (an..65×24) UNLK:an..26×n; L 28-50, P 34-60 SAD:(SAD 31)

表 2（续）

变更指示符	标记（标识符）	字典条目名称	原数据元名称	说明	表示	业务术语（同义词）	注	联接位置
[1]	[2]	[3]	[4]	[5]	[6]	[7]	[8]	[9]
cndr	7004	Consignment. Summary Description. Text（托运货物. 简要名称. 文本）	简要货物描述（Brief cargo description）	用普通语言对托运货物进行的概括性描述	an..256			UNLK:an..30×n L 28-34，P 27-56
add	7006	Object. State. Text（对象. 状态. 文本）		对对象状态的自由格式描述	an..70			
add	7007	Object. State. Code（对象. 状态. 代码）		规定对象状态的代码	an..3			
cndr	7008	Line Item. Text（行项. 文本）	项目描述（Item description）	对行项的自由格式描述	an..256			UNLK:an..30×n L 36-46，P 27-56
cndr	7009	Line Item. Code（行项. 代码）	项目描述标识（Item description identification）	规定行项的代码	an..17			
x	7010						由数据元7357替用	
cnd	7011	Line Item. Availability. Code（行项. 可用性. 代码）	物品可用性，代码型（Article availability，coded）	规定行项可用的代码	an..3			

表 2(续)

变更指示符	标记(标识符)	字典条目名称	原数据元名称	说明	表示	业务术语(同义词)	注	联接位置
[1]	[2]	[3]	[4]	[5]	[6]	[7]	[8]	[9]
add	7012	Goods Item. Package. Quantity (货物项. 包装. 数量)		货物件数,按不打开包装就无法分开的货物封装为一件	n..9			
add	7014	Consignment. Package Type. Text (托运货物. 包装类型. 文本)		货物在托运过程中的外表形态的通称	an..70			
x	7020						由数据元7140替用	
x	7023						没有明确的业务需求,对1993版进行修改	
cnd	7036	Characteristic. Text (特征. 文本)	特征 (Characteristic)	一项特征的自由格式描述	an..35			
cnd	7037	Characteristic. Code (特征. 代码)	特征标识 (Characteristic identification)	规定一项特征的代码	an..17			
cnd	7039	Sample. Selection Method. Code (取样. 选取方法. 代码)	取样方式,代码型 (Sample selection method,coded)	规定样品选取方法的代码	an..3			
x	7042						由数据元8046替用	

表 2（续）

变更指示符	标记（标识符）	字典条目名称	原数据元名称	说明	表示	业务术语（同义词）	注	联接位置
[1]	[2]	[3]	[4]	[5]	[6]	[7]	[8]	[9]
cnd	7045	Sample. State. Code（样品. 状态. 代码）	样品描述，代码型（Sample description，coded）	规定样品状态的代码	an..3			
cnd	7047	Sample. Direction. Code（取样. 方向. 代码）	取样方位，代码型（Sample direction，coded）	规定采样方向的代码	an..3			
x	7052						由数据元 7002 替用	
cn	7054	Ships Stores. Item Name. Text（船用物品. 项名. 文本）	储存项（Stores item）	为运输工具上的消耗所储备的物品或产品的名称	an..35			MAR：IMO/FAL 3
cn	7056	Transport Means. Passenger. Quantity（运输工具. 乘客. 数量）	旅客人数（Number of passengers）	运输工具搭载乘客总人数	n..4			MAR：IMO/FAL 1
cnd	7059	Class. Type. Code（分类. 类型. 代码）	性质分类，代码型（Property class，coded）	规定一种分类的代码	an..3			
cnd	7064	Package. Type. Text（包装. 类型. 文本）	包装类型（Type of packages）	物品包装种类的名称	an..35			AWB：L 28-30，P 09-81 CIMP：(412)：an..38 CMR：L 28-42，P 34-51 (CMR 8) MAR：IMO/FAL 2 UNLK：an..17 L 28-34，P34-51

表 2（续）

变更指示符	标记（标识符）	字典条目名称	原数据元名称	说明	表示	业务术语（同义词）	注	联接位置
[1]	[2]	[3]	[4]	[5]	[6]	[7]	[8]	[9]
cndr	7065	Package. Type. Code（包装.类型.代码）	包装类型标识（Type of packages identification）	规定物品包装种类的代码。（见 GB/T 16472—1996）	an..17	包装分类代码		MAR：IMO/FAL 2，7 SAD：（SAD 31）
cn	7070	Package. Sequence. Identifier（包装.顺序.标识符）	件号（Package number）	发货人为标识特定货物包装所指定的编号	an..17			
cnd	7073	Packaging. Term. Code（包装.条款.代码）	包装条款和条件，代码型（Packaging terms and conditions，coded）	规定包装条款的代码	an..3			
cnd	7075	Packaging. Level. Code（包装.等级.代码）	包装等级，代码型（Packaging level，coded）	规定一层包装的代码	an..3			
cnd	7077	Description. Format. Code（描述.格式.代码）	项目描述类型，代码型（Item description type，coded）	规定一种描述格式的代码	an..3			
cnd	7081	Line Item. Characteristic. Code（行项.特征.代码）	项目特征，代码型（Item characteristic，coded）	规定一行项目特征的代码	an..3			
cnd	7083	Configuration. Operation. Code（配置.操作.代码）	配置，代码型（Configuration，coded）	规定一项配置操作的代码	an..3			

表 2（续）

变更指示符	标记（标识符）	字典条目名称	原数据元名称	说明	表示	业务术语(同义词)	注	联接位置
[1]	[2]	[3]	[4]	[5]	[6]	[7]	[8]	[9]
cnd	7085	Consignment. Cargo Type. Code（托运货物. 货物类型. 代码）	货物性质，代码型（Nature of cargo，coded）	规定一种货物的代码	an..3			
cnd	7088	Dangerous Goods. Flashpoint. Measure（危险品. 闪点. 计量）	危险品闪点（Dangerous goods flash-point）	规定危险品闪点的数值	an..8			MAR：IMO/FAL 7
add	7091	Membership. Identifier（成员. 标识符）		标识成员编号的参考号	an..35			
cndr	7102	Goods Item. Shipping Marks. Text（货物项. 运输标志. 文本）	运输标志（Shipping marks）	对一个运输单元或包装上的标志和编号的自由格式描述	an..512			AWB：L 28-30，P 09-81 CMR：L 28-42，P 09-26（CMR 6） UNLK：an..17；L 28-34，P 09-26 MAR：IMO/FAL 2，7 SAD：（SAD 31）
cnd	7106	Substance. Flashpoint. Measure（物质. 闪点. 计量）	装运闪点（Shipment flashpoint）	按照 ISO 1523：1973 闭杯试验测定的蒸发气体可被点燃的摄氏温度	n3			MAR：IMO/FAL 7
x	7108						由数据元 7357 替用	
add	7110	Characteristic. Value. Text（特征. 值. 文本）		对一特征的自由格式描述	an..35			

表 2（续）

变更指示符	标记（标识符）	字典条目名称	原数据元名称	说明	表示	业务术语(同义词)	注	联接位置
[1]	[2]	[3]	[4]	[5]	[6]	[7]	[8]	[9]
add	7111	Characteristic. Value. Code（特征. 值. 代码）		确定一种特征的代码	an..3			
cnd	7124	United Nations Dangerous Goods. Identifier（联合国危险品. 标识符）	UNDG号（UNDG number）	联合国危险品标识（UNDG）是联合国对货运常见危险品清单所含物质和物品指定的唯一序列号	n4			MAR:IMO/FAL 7
cnd	7130	Shipment. Authorisation. Identifier（装运. 授权. 标识符）	客户授权号（Customer authorization number）	标识一项由买方签发的装运授权	an..17			
add	7133	Product. Detail Type. Code（产品. 明细类型. 代码）		限定一种产品明细的代码	an..3			
add	7134	Product. Name. Text（产品. 名称. 文本）		标识一种产品的名称	an..35			
add	7135	Product. Identifier（产品. 标识符）		标识一项产品	an..35			

表 2（续）

变更指示符	标记（标识符）	字典条目名称	原数据元名称	说明	表示	业务术语(同义词)	注	联接位置
[1]	[2]	[3]	[4]	[5]	[6]	[7]	[8]	[9]
add	7139	Product. Characteristic. Identifier（产品. 特征. 标识符）		规定产品特征标识的代码	an..3			
cnd	7140	Line Item. Identifier（行项. 标识符）	项号（Item number）	标识行项目的参考号，如零件编号	an..35			UNLK:L 36-46,P 13-47 SAD:n..2(SAD 32)
cnd	7143	Line Item. Identifier Type. Identifier（行项. 标识符类型. 标识符）	项号类型,代码型（Item number type, coded）	标识一种行项目识别符	an..3			
x	7148						由数据元 7357 替用	UNLK:L 28-51,P 52-62
x	7153						由数据元 4405 替用	
add	7160	Special Service. Text（特别服务. 文本）		对一宗特别服务的自由格式描述	an..35			
cnd	7161	Special Service. Code（特别服务. 代码）	特别服务,代码型（Special services, coded）	规定一宗特别服务的代码	an..3			
cndr	7164	Hierarchical Structure. Level. Identifier（层次结构. 层. 标识符）	层次标识号（Hierarchical ID number）	在层次结构中标明一个层级	an..35			

表 2（续）

变更指示符	标记(标识符)	字典条目名称	原数据元名称	说明	表示	业务术语(同义词)	注	联接位置
[1]	[2]	[3]	[4]	[5]	[6]	[7]	[8]	[9]
cndr	7166	Hierarchical Structure. Parent. Identifier (层次结构. 上层. 标识符)	层次上层标识 (Hierarchical parent ID)	在层次结构中标识上一层级	an..35			
add	7168	Level. Sequence. Identifier (层级. 顺序. 标识符)		在众多层级中标识一个特定层级的顺序编号	an..3			
add	7171	Hierarchical Structure. Object Relationship. Code (层次结构. 对象关系. 代码)		规定在层次对象和一个认定对象之间指定关系的代码	an..3			
add	7173	Hierarchical Structure. Object Type. Code (层次结构. 对象类型. 代码)		在层次中限定一个对象的代码	an..3			
add	7176	Risk Object. Sub-type. Text (风险对象. 子类. 文本)		对一风险对象子类的自由格式描述	an..70			
add	7177	Risk Object. Sub-type. Identifier (风险对象. 子类. 标识符)		标识风险对象子类的代码	an..17			

表 2（续）

变更指示符	标记（标识符）	字典条目名称	原数据元名称	说明	表示	业务术语（同义词）	注	联接位置
[1]	[2]	[3]	[4]	[5]	[6]	[7]	[8]	[9]
add	7179	Risk Object. Type. Identifier（风险对象.类型.标识符）		标识一种风险对象的代码	an..17			
x	7182						由数据元8351替用	
cnr	7184	Consignment. Dangerous Goods. Indicator（托运货物.危险品.指示符）	危险品：RID指示符（Dangerous goods：RID indicator）	指出运输是否遵循有关危险品运输的国际规则	an1			CIM：Checkmark L 28，P 60（CIM 33）. In interchange：n1
cnd	7186	Process. Type. Text（处理.类型.文本）	处理类型（Process type）	对一种处理的自由格式描述	an..35			
cnd	7187	Process. Type. Code（处理.类型.代码）	处理类型标识（Process type identification）	规定一种处理的代码	an..17			
cnd	7188	Test. Method Revision. Identifier（测试.修改方法.标识符）	测试修订号（Test revision number）	标识测试方法的一次修改	an..30			
add	7190	Process. Detail. Text（处理.明细.文本）		对一项处理的自由格式描述	an..70			

表 2（续）

变更指示符	标记（标识符）	字典条目名称	原数据元名称	说明	表示	业务术语（同义词）	注	联接位置
[1]	[2]	[3]	[4]	[5]	[6]	[7]	[8]	[9]
add	7191	Process. Detail. Code（处理. 明细. 代码）		规定一项处理的代码	an..17			
cnd	7194	Line Item. Seller Assigned. Identifier（行项. 卖方指定. 标识符）	卖方的物品号（Seller's article number）	卖方指定的商品标识	an..35			UNLK：L 36-46，P 09-44
x	7203						由数据元 8249 替用	
cnd	7224	Package. Quantity（包装. 数量）	件数（Number of packages）	单项物品件数，按不首先打开包装就无法分开的封装为一件	n..8	件数		AWB：L 33-44，P 09-12 CIMP：（701）：n..4 CMR：L 28-42，P 27-33（CMR 7） UNLK：L 28-51，P 27-33 Add MAR：IMO/FAL 2，7 SAD：（SAD 31）
cnd	7226	Split Goods Item. Package. Quantity（分装货物项. 包装. 数量）	分装件数（Package split）	一项分装货物中的件数	n..6			CIMP：（701）：n..4
cnd	7228	Transport Equipment. Package. Quantity（运输设备. 包装. 数量）	装箱件数（Number of packages stuffed）	一票托运货物的部分或全部装入或装上一个运输设备的件数	n..6			

表 2（续）

变更指示符	标记（标识符）	字典条目名称	原数据元名称	说明	表示	业务术语(同义词)	注	联接位置
[1]	[2]	[3]	[4]	[5]	[6]	[7]	[8]	[9]
x	7230						由数据元 7002/7233/7370 替用	AWB:L 33-44,P 61-81 and CIMP:(708):an..15;(709):an..20
cnd	7233	Packaging. Information. Code（包装信息. 代码）	包装信息,代码型（Packaging related information,coded）	规定包装相关信息的代码	an..3			
cnd	7240	Consignment. Goods Item. Quantity（托运货物. 货物项. 数量）	项目总数（Total number of items）	一票托运货物中对货种计数的总数	n..15			SAD:(SAD 5)
cn	7242	Product. Model. Identifier（产品. 型号. 标识符）	型号（Model number）	制造商指定的参考号,按照相同结构设计标明同类产品	an..35			UNLK:L 36-46,P09-44
x	7246						由数据元 7402 替用	
cn	7254	Dangerous Goods. Technical Name. Text（危险品. 技术名称. 文本）	危险品技术名称（Dangerous goods technical name）	正式的运输名称,必须源于正确的技术名称,危险物质或物品因此得以正确标识,或其本身就足以提供便于引用公认技术文献的信息进行标识	an..26			MAR:IMO/FAL 7

表 2（续）

变更指示符	标记（标识符）	字典条目名称	原数据元名称	说明	表示	业务术语（同义词）	注	联接位置
[1]	[2]	[3]	[4]	[5]	[6]	[7]	[8]	[9]
cnd	7273	Service. Requirement. Code（服务. 需求. 代码）	服务需求，代码型（Service requirement，coded）	规定一项服务需求的代码	an..3			
x	7282						由数据元 7357 替用	
add	7290	Consignment. Documentary Credit Cover. Indicator（托运货物. 跟单信用证范围. 指示符）		一票特定托运货物是否属于跟单信用证项下的标志	an1			
x	7291						由数据元 7290 替用	
cnd	7293	Domain. Function. Code（定义域. 功能. 代码）	行业标识限定符（Sector/subject identification qualifier）	规定一个定义域或门类范围的代码	an..3			
add	7294	Domain. Requirement Or Condition. Text（定义域. 要求或条件. 文本）		对定义域的要求或条件的无格式文本描述	an..35			
cnd	7295	Domain. Requirement Or Condition. Identifier（定义域. 要求或条件. 标识符）	需求或条件标识（Requirement/condition identification）	标识定义域的一项要求或条件	an..17			

表 2（续）

变更指示符	标记（标识符）	字典条目名称	原数据元名称	说明	表示	业务术语(同义词)	注	联接位置
[1]	[2]	[3]	[4]	[5]	[6]	[7]	[8]	[9]
cnd	7297	Set. Type. Code（集合. 类型. 代码）	集标识限定符（Set identification qualifier）	限定一种集合的代码	an..3			
add	7299	Object. Requirement Designator. Code（对象. 指定要求. 代码）		描述一种针为对象而指定要求的代码	an..3			
cnd	7304	Line Item. Buyer Assigned Identifier. Identifier（行项. 买方指定标识符. 标识符）	买方的物品号（Buyer's article number）	买方指定的物品编号	an..35			UNLK:L36-46,P 09-44
cnd	7338	Product. Production Batch. Identifier（产品. 生产批次. 标识符）	物品批号（Article batch number）	制造商为相同生产批次指定产品归类所编配的参考号	an..17			UNLK:L 36-46,P 09-44
cndr	7357	Goods Item. Type. Code（货物项. 类型. 代码）	商品/费率标识（Commodity/rate identification）	用于海关、运输或统计的货物种类（通称）代码	an..35	承运人商品代码		AWB:L 33-44,P 23-29 CIM:L 44-45,P 38-32 and L 50-51,P 28-32 and L 56-57,P 28-32(also on reverse) CIMP:(707):n4..7 and (900):n4..8 CMR:n5; L 28-32,P 75-82 CIM:n5; L 28-32,P 75-82 MAR:IMO/FAL 2 SAD:(SAD 33) UNLK:L 28-50,P 52-62

表 2（续）

变更指示符	标记（标识符）	字典条目名称	原数据元名称	说明	表示	业务术语（同义词）	注	联接位置
[1]	[2]	[3]	[4]	[5]	[6]	[7]	[8]	[9]
cnd	7361	Goods Item. Customs Required. Identifier（货物项. 海关要求. 标识符）	海关代码标识（Customs code identification）	海关标识货物的代码	an..18			
add	7364	Process. Indicator. Text（处理. 指示符. 文本）		对处理进度指标的自由格式描述	an..35			
cnd	7365	Process. Indicator. Code（处理. 指示符. 代码）	处理指示符，代码型（Processing indicator, coded）	表示处理进度指标的代码	an..3			
cndr	7368	Package. Total Quantity. Text（包装. 总数. 文本）	总件数（文字型）（Total number of packages in words）	以文字表达的总件数	an..70			
cndr	7370	Consignment. Package. Quantity（托运货物. 包装. 数量）	总件数（Total number of packages）	对一票托运货物的件数合计	n..8	总件数		SAD:(SAD 6)
x	7380						由数据元 8078/8273/8351 替用	
cnd	7383	Object. Topological Position. Code（对象. 拓扑位置. 代码）	表面/内层指示符，代码型（Surface/layer indicator, coded）	规定对象拓扑位置的代码，如外表或内层的位置	an..3			

表 2（续）

变更指示符	标记（标识符）	字典条目名称	原数据元名称	说明	表示	业务术语（同义词）	注	联接位置
[1]	[2]	[3]	[4]	[5]	[6]	[7]	[8]	[9]
cnd	7402	Object. Identifier（对象.标识符）	特征号（Identity number）	标识一个对象，如制造商用于唯一标识一件产品所附加的编号	an..35	统一编号		UNLK:L 36-46,P 09-44
cnd	7405	Object. Identifier Type. Code（对象.标识符类型.代码）	特征号限定符（Identity number qualifier）	限定对象标识的代码	an..3			
cnd	7410	Crew. Personal Effects. Text（乘务人员.个人财物.文本）	乘务人员随带品（Crew's effects）	根据运输工具到达地的法律规定，乘务人员个人自用物品中应税或属于禁止或限制规定的物品名称及数量	an..35			MAR:IMO/FAL 4
x	7416						由数据元 8351/8273 替用	MAR:IMO/FAL 7
add	7418	Hazardous Material. Category Name. Text（危险物质.分类名称.文本）		危险物质的分类名称	an..35			
cndr	7419	Hazardous Material. Category. Code（危险物质.分类.代码）	危险物质分类代码，标识（Hazardous material class code,identification）	规定危险物质类别的代码	an..7			

表 2（续）

变更指示符	标记（标识符）	字典条目名称	原数据元名称	说明	表示	业务术语（同义词）	注	联接位置
[1]	[2]	[3]	[4]	[5]	[6]	[7]	[8]	[9]
x	7421						由数据元 3055/1131 替用，对 1993 版进行修改	
cn	7424	Shipment. Transport Unit. Identifier （装运.运输单元.标识符）	运输组号 （Transport group number）	用于为商定的装载发运标识预定成组货载内的货物组合	an..17			
cnd	7429	Index. Structure Type. Code （索引.结构类型.代码）	索引结构限定符 （Indexing structure qualifier）	限定一种索引结构的代码	an..3			
cnd	7431	Agreement. Function. Code （协议.功能.代码）	协议类型限定符 （Agreement type qualifier）	限定一种协议的代码	an..3			
add	7432	Agreement. Type. Text （协议.类型.文本）		对一种协议的自由格式描述	an..70			
cnd	7433	Agreement. Type. Code （协议.类型.代码）	协议类型，代码型 （Agreement type, coded）	规定一种协议的代码	an..3			
x	7434						由数据元 7432 替用	

表 2（续）

变更指示符	标记（标识符）	字典条目名称	原数据元名称	说明	表示	业务术语(同义词)	注	联接位置
[1]	[2]	[3]	[4]	[5]	[6]	[7]	[8]	[9]
cnd	7436	Index. First Level. Identifier（索引. 第一层. 标识符）	第一层标识（Level one ID）	标识用顺序机制对索引结构中的项目进行定位的第一层	an..17			
cnd	7438	Index. Second Level. Identifier（索引. 第二层. 标识符）	第二层标识（Level two ID）	标识用顺序机制对索引结构中的项目进行定位的第二层	an..17			
cnd	7440	Index. Third Level. Identifier（索引. 第三层. 标识符）	第三层标识（Level three ID）	标识用顺序机制对索引结构中的项目进行定位的第三级	an..17			
cnd	7442	Index. Fourth Level. Identifier（索引. 第四层. 标识符）	第四层标识（Level four ID）	标识用顺序机制对索引结构中的项目进行定位的第四层	an..17			
cnd	7444	Index. Fifth Level. Identifier（索引. 第五层. 标识符）	第五层标识（Level five ID）	标识用顺序机制对索引结构中的项目进行定位的第五层	an..17			
cnd	7446	Index. Sixth Level. Identifier（索引. 第六层. 标识符）	第六层标识（Level six ID）	标识用顺序机制对索引结构中的项目进行定位的第六层	an..17			
cnd	7449	Membership. Type. Code（成员. 类型. 代码）	成员资格限定符（Membership qualifier）	限定成员种类的代码	an..3			

表 2（续）

变更指示符	标记（标识符）	字典条目名称	原数据元名称	说明	表示	业务术语（同义词）	注	联接位置
[1]	[2]	[3]	[4]	[5]	[6]	[7]	[8]	[9]
cnd	7450	Membership. Category. Text（成员. 分类. 文本）	成员资格类别（Membership category）	成员分类的自由格式描述	an..35			
cnd	7451	Membership. Category. Code（成员. 分类. 代码）	成员资格类别标识（Membership category identification）	规定成员类别的代码	an..4			
cnd	7452	Membership. Status. Text（成员. 状态. 文本）	成员资格状况（Membership status）	对成员状态的自由格式描述	an..35			
cnd	7453	Membership. Status. Code（成员. 状态. 代码）	成员资格状况，代码型（Membership status, coded）	规定成员状态的代码	an..3			
cnd	7455	Membership. Level Function. Code（成员. 等级功能. 代码）	成员资格等级限定符（Membership level qualifier）	限定成员级别的代码	an..3			
cnd	7456	Membership. Level. Text（成员. 等级. 文本）	成员资格等级（Membership level）	对成员级别的自由格式描述	an..35			
cnd	7457	Membership. Level. Code（成员. 等级. 代码）	成员资格等级标识（Membership level identification）	规定成员级别的代码	an..9			

表 2（续）

变更指示符	标记（标识符）	字典条目名称	原数据元名称	说明	表示	业务术语(同义词)	注	联接位置
[1]	[2]	[3]	[4]	[5]	[6]	[7]	[8]	[9]
add	7458	Attendee. Category. Text（出席者. 分类. 文本）		对一类出席者的自由格式描述	an..35			
add	7459	Attendee. Category. Code（出席者. 分类. 代码）		规定一种出席者类别的代码	an..3			
cn	7488	Dangerous Goods. Additional Information. Text（危险品. 附加信息. 文本）	危险品附加信息（Dangerous goods additional information）	对一票托运货物中每一危险物质或物品所要求的附加信息	an..26			Add MAR:IMO/FAL 7
add	7491	Inventory. Type. Code（库存. 类型. 代码）		规定一种库存的代码	an..3			
add	7493	Damage. Detail Type. Code（残损. 明细类型. 代码）		限定残损明细的代码	an..3			
add	7495	Object. Type. Code（对象. 类型. 代码）		限定一种对象的代码	an..3			
add	7497	Structure Component. Function. Code（结构组件. 功能. 代码）		限定结构组件功能的代码	an..3			

表 2（续）

变更指示符	标记（标识符）	字典条目名称	原数据元名称	说明	表示	业务术语(同义词)	注	联接位置
[1]	[2]	[3]	[4]	[5]	[6]	[7]	[8]	[9]
add	7500	Damage. Type. Text（残损. 类型. 文本）		对一种残损的自由格式描述	an..35			
add	7501	Damage. Type. Code（残损. 类型. 代码）		规定一种残损的代码	an..3			
add	7502	Damage. Area. Text（残损. 部位. 文本）		对残损部位的自由格式描述	an..35			
add	7503	Damage. Area. Code（残损. 部位. 代码）		规定残损部位的代码	an..4			
add	7504	Component. Type. Text（组件. 类型. 文本）		对一种组件的自由格式描述	an..35			
add	7505	Component. Type. Code（组件. 类型. 代码）		规定一种组件的代码	an..3			
add	7506	Component. Material. Text（组件. 材质. 文本）		对组件材质的自由格式描述	an..35			
add	7507	Component. Material. Code（组件. 材质. 代码）		规定一种组件的材质	an..3			
add	7508	Damage. Severity. Text（残损. 严重性. 文本）		对残损严重性的自由格式描述	an..35			

表 2（续）

变更指示符	标记（标识符）	字典条目名称	原数据元名称	说明	表示	业务术语(同义词)	注	联接位置
[1]	[2]	[3]	[4]	[5]	[6]	[7]	[8]	[9]
add	7509	Damage. Severity. Code（残损. 严重性. 代码）		规定残损严重性的代码	an..3			
add	7511	Marking. Type. Code（标志. 类型. 代码）		规定一种标志类型的代码	an..3			
add	7512	Structure Component. Identifier（结构组件. 标识符）		标识结构的一个组件	an..35			
add	7515	Structure. Type. Code（结构. 类型. 代码）		规定一种结构类型的代码	an..3			
x	8008						由数据元 8155 替用	
cn	8012	Consignment. Transport. Text（托运货物. 运输. 文本）	运输事项（Transport details）	商用运输信息(通称)	an..35	运输信息		CIMP:(314,404,405,406,407,408,415,418):an..65 UNLK:an..35×3 L 20-22,P 09-44
add	8015	Traffic Restriction. Code（交通管制. 代码）		规定一项交通管制的代码	an..3			

表 2（续）

变更指示符	标记（标识符）	字典条目名称	原数据元名称	说明	表示	业务术语（同义词）	注	联接位置
[1]	[2]	[3]	[4]	[5]	[6]	[7]	[8]	[9]
add	8017	Traffic Restriction. Application. Code（交通管制.申请.代码）		规定一项交通管制申请的代码	an..3			
x	8020						由数据元8053替用	
add	8021	Attached Transport Equipment. Category. Code（附属运输设备.类型.代码）		规定运输设备所附加设备的种类的代码，如滑轮、货板、绳索、链条	an..7			CIM:L 09,P 45-51 and 64-70
cnd	8022	Charge. Text（费用.文本）	运费和费用（Freight and charges）	无格式的费用名称，如运费及附加费	an..26	费用种类		UNLK:L53-66,P 28-65
cnd	8023	Charge. Code（费用.代码）	运费和费用标识（Freight and charges identification）	规定一项费用的代码，如运费及附加费	an..17			
add	8024	Transport Means. Call Purpose. Text（运输工具.停靠目的.文本）		对运输工具停靠目的的自由格式描述	an..35			
add	8025	Transport Means. Call Purpose. Code（运输工具.停靠目的.代码）		规定运输工具停靠目的的代码	an..3			MAR:IMO/FAL 1

表 2（续）

变更指示符	标记（标识符）	字典条目名称	原数据元名称	说明	表示	业务术语（同义词）	注	联接位置
[1]	[2]	[3]	[4]	[5]	[6]	[7]	[8]	[9]
cnd	8028	Transport Means. Journey. Identifier（运输工具.班次.标识符）	运输参考号（Conveyance reference number）	标识运输工具的一段行程，如航次号、航班号、班次号	an..17	航班号、班次号、航次号		CIMP:(201):a3; (202):n2; (312):an2;(800):n3(n1)(a1) MAR:IMO/FAL 1,5-7
cnd	8030	Attached Transport Equipment. Shipping Marks. Text（附属运输设备.运输标志.文本）	装货索具/集装箱的标志和编号（Loading tackle/containers, Marks and Numbers）	标识运输设备附带的一项运输设备的标志和编号	an..12	装货滑车标志和编号		CIM:L 09,P 52-63 and P 71082
x	8032						由数据元8046替用	
add	8035	Traffic Restriction. Function. Code（交通管制.功能.代码）		规定一项交通管制功能的代码	an..3			
cndr	8036	Transport Equipment. Returnability. Indicator（运输设备.可回收.指示符）	可回收设备指示符（Returnable equipment indicator）	标明运输设备是否为可回收的专用数据元	an1			
cnd	8040	Transport Means. Axle. Quantity（运输工具.车轴.数量）	车轴数（Vehicle axles）	运输工具车轴的数量	n..2			CIM:L 13-14,P 80-82 (CIM 45)

表 2（续）

变更指示符	标记（标识符）	字典条目名称	原数据元名称	说明	表示	业务术语(同义词)	注	联接位置
[1]	[2]	[3]	[4]	[5]	[6]	[7]	[8]	[9]
cndr	8042	Transport Means. Stowage Location. Text（运输工具. 积载位置. 文本）	积载位置（Stowage place onboard）	运输工具上装载货物或运输设备的某一指定位置的文本描述	an. . 256	箱位		MAR:IMO/FAL 7
cndr	8043	Transport Means. Stowage Location. Identifier（运输工具. 积载位置. 标识符）	积载位置,代码型（Stowage place onboard,coded）	运输工具上装载货物或运输设备的某一指定位置的标识	an. . 35			CIMP:(807):a1 MAR:IMO/FAL 7
cndr	8044	Transport Means. Stores Stowage Location. Text（运输工具. 自用物品储备库位置. 文本）	储存位置（Store place）	运输工具上储备自用物品的某一指定位置的文本描述	an. . 256	船用物品库		MAR:IMO/FAL 3
add	8045	Transport Means. Stores Stowage Location. Identifier（运输工具. 自用物品储备库位置. 标识符）		运输工具上储备自用物品的某一指定位置的标识	an. . 35	船用物品库		MAR:IMO/FAL 3
cnd	8046	Consignment. Transport Equipment. Quantity（托运货物. 运输设备. 数量）	集装箱箱数（Number of containers）	在一票托运货物中对运输设备的计数,如集装箱及类似的成组载货设备	n. . 6	件数		AWB:L 46,P 09-12 CIM:L 12,P 57-59 or L 12,P 63-65 CIMP:(702):n. . 2 CMR:L 28-42,P 27-33 (CMR 7) UNLK:L 28-50,P 27-33 MAR:IMO/FAL 2

表 2（续）

变更指示符	标记（标识符）	字典条目名称	原数据元名称	说明	表示	业务术语（同义词）	注	联接位置
[1]	[2]	[3]	[4]	[5]	[6]	[7]	[8]	[9]
cndr	8051	Transport Movement. Stage. Identifier（运输动态. 阶段. 标识符）	运输阶段限定符（Transport stage qualifier）	规定一个特定运输阶段的代码	an..17			
cnd	8053	Transport Equipment. Category. Code（运输设备. 种类. 代码）	设备限定符（Equipment qualifier）	规定一种运输设备类型的代码	an..3			CIM:L 09,P 45-51 and 64-70
x	8056						由数据元 6168 替用	
cnd	8066	Transport Movement. Mode. Text（运输动态. 方式. 文本）	运输方式（Mode of transport）	一种运输方式的名称	an..17			
cnd	8067	Transport Movement. Mode. Code（运输动态. 方式. 代码）	运输方式，代码型（Mode of transport, coded）	规定一种运输方式的代码	an..3			SAD:(SAD 26)
x	8072						由数据元 6008 替用	
cnd	8077	Transport Equipment. Supplier Party Type. Code（运输设备. 提供方类型. 代码）	设备提供方，代码型（Equipment supplier, coded）	标识提供运输设备一方类别的代码	an..3			

表 2（续）

变更指示符	标记（标识符）	字典条目名称	原数据元名称	说明	表示	业务术语(同义词)	注	联接位置
[1]	[2]	[3]	[4]	[5]	[6]	[7]	[8]	[9]
cnd	8078	Additional Hazard. Class. Identifier（危险品补充信息. 等级. 标识符）	危险品/项目/页号（Hazard substance/item/page number）	标识补充的危险等级	an..7			
cn	8082	Transport Movement. On-carriage Means Type. Text（运输动态. 续运运输工具类型. 文本）	续运运输工具（On-carriage transport means）	主段运输之后运送货物的运输工具	an..17	由…接续运输，内陆接续运输安排		UNLK:L 26,P 09-26
cnd	8083	Transport Movement. On-carriage Means Type. Code（运输动态. 续运运输工具类型. 代码）	续运运输工具，代码型（On-carriage transport means, coded）	规定主段运输后运送货物的运输工具的代码	an..8			UNLK:L 25,P 18-26
cnd	8092	Hazard Code. Version. Identifier（危险品代码. 版本. 标识符）	危险品代码版本号（Hazard code version number）	标识危险品代码的版本编号	an..10			
cnd	8101	Transport Means. Direction. Code（运输工具. 方向. 代码）	运送方向，代码型（Transit direction, coded）	规定运输方向的代码	an..3			
x	8110						由数据元 8028 替用	

表 2（续）

变更指示符	标记（标识符）	字典条目名称	原数据元名称	说明	表示	业务术语(同义词)	注	联接位置
[1]	[2]	[3]	[4]	[5]	[6]	[7]	[8]	[9]
cndr	8112	Transport Equipment. Exclusive Use. Indicator（运输设备.独占.指示符）	整车/零担货载（Wagon/part load）	指出发货人是否要求为其货物单独占用一项运输设备	an1	整箱拼箱标志，卡车整车少于整车标志，独占不独占车皮标志		
x	8114						无业务需求	
x	8120						由数据元 8212 替用	
x	8122						由数据元 8212 替用	MAR:IMO/FAL 1-7 and UNLK:L 24,P 09-26
x	8123						由数据元 8213 替用	MAR: IMO/FAL 1-3, 5-7 and UNLK:L 23,P 19-26
cnd	8126	Dangerous Goods. Transport Emergency Card. Identifier（危险品.运输应急卡.标识符）	紧急卡号（Trem card number）	标识危险货物运输应急卡(TREM)	an..10			
x	8130						由数据元 8168 替用	
x	8131						由数据元 8169 替用	
x	8136						由数据元 6080 替用	

表 2（续）

变更指示符	标记（标识符）	字典条目名称	原数据元名称	说明	表示	业务术语(同义词)	注	联接位置
[1]	[2]	[3]	[4]	[5]	[6]	[7]	[8]	[9]
x	8142						对 1993 版进行修改，由数据元 8334 替用	
x	8143						对 1993 版进行修改，由数据元 8335 替用	
x	8148						用相似数据元，如 6168（长），6140（宽），6008（高）	
x	8149						用相似数据元，如 6168（长），6140（宽），6008（高）	
cnd	8154	Transport Equipment. Characteristic. Text（运输设备. 特征. 文本）	设备规格和类型（Equipment size and type）	对运输设备尺码和类型之类的特征的自由格式描述	an..35			UNLK:L 28-50,P 09-26
cndr	8155	Transport Equipment. Characteristic. Code（运输设备. 特征. 代码）	设备规格和类型标识（Equipment size and type identification）	规定运输设备特征的代码，即尺码和类型。（见 ISO 6346:1995 海运集装箱）	an..10			CIM:L 12,P 60-62 or L 12,P 66-67 MAR:IMO/FAL 2

表 2（续）

变更指示符	标记（标识符）	字典条目名称	原数据元名称	说明	表示	业务术语（同义词）	注	联接位置
[1]	[2]	[3]	[4]	[5]	[6]	[7]	[8]	[9]
cnd	8158	Dangerous Goods. Upper Part Orange Hazard Placard. Identifier（危险品. 橙色上标. 标识符）	危险品标识上位号（Hazard identification number，upper part）	规定要求在运输工具上方标示的橙色危险警示牌编号	an..4			
x	8162						由数据元 8212 替用	
x	8164						由数据元 8250 替用	
add	8168	Transport Equipment. Fullness. Text（运输设备. 满载程度. 文本）		说明运输设备满载程度的无格式文本	an..35			
cnd	8169	Transport Equipment. Fullness. Code（运输设备. 满载程度. 代码）	满/空指示符，代码型（Full/empty indicator，coded）	规定运输设备满载程度的代码	an..3	满载或空载标志		CIMP：(803)：n1
cn	8170	Transport Movement. Pre-carriage Mode. Text（运输动态. 前程运输方式. 文本）	前程运输方式（Pre-carriage transport mode）	在主段运输之前运送货物的运输方式	an..17			UNLK：L 22，P 09-26

表 2（续）

变更指示符	标记（标识符）	字典条目名称	原数据元名称	说明	表示	业务术语(同义词)	注	联接位置
[1]	[2]	[3]	[4]	[5]	[6]	[7]	[8]	[9]
cndr	8171	Transport Movement. Pre-carriage Mode. Code（运输动态. 前程运输方式. 代码）	前程运输方式，代码型（Pre-carriage transport mode，coded）	规定在主段运输之前运送货物的运输方式的代码	an..3			UNLK：L 21，P 17-18
cnd	8178	Transport Means. Type. Text（运输工具. 类型. 文本）	运输工具类型（Type of means of transport）	运输工具类型的自由格式描述	an..17	车型，船型		MAR：IMO/FAL 1 SAD：(SAD 21)
cnd	8179	Transport Means. Type. Code（运输工具. 类型. 代码）	运输工具类型标识（Type of means of transport identification）	规定运输工具类型的代码	an..8			MAR：IMO/FAL 1 SAD：(SAD 26)
x	8182						由数据元 6140 替用	
cnd	8186	Dangerous Goods. Lower Part Orange Hazard Placard. Identifier（危险品. 橙色下标. 标识符）	物品标识下位号（Substance identification number，lower part）	规定要求在运输工具下方标示的橙色危险警示牌编号	an4			
x	8190						由数据元 8012 替用	

表 2（续）

变更指示符	标记（标识符）	字典条目名称	原数据元名称	说明	表示	业务术语(同义词)	注	联接位置
[1]	[2]	[3]	[4]	[5]	[6]	[7]	[8]	[9]
add	8193	Transport Equipment. Legal Status. Code（运输设备. 法定资格. 代码）		按照集装箱公约规范的运输设备法定资格	an..35			
cnd	8211	Dangerous Goods. Transport Authorisation. Code（危险品. 运输核准. 代码）	运输许可,代码型（Permission for transport,coded）	规定核准危险品运输的代码	an..3			
cndr	8212	Transport Means. Identifier. Text（运输工具. 标识符. 文本）	运输工具标识（Id of the means of transport）	具体运输工具的名称,如船名	an..35			CIMP:(808):an..10 MAR:IMO/FAL 1-7 UNLK:L 24,P 09-26
cnd	8213	Transport Means. Identifier（运输工具. 标识符）	运输工具标识的标识（Id of means of transport identification）	标识具体的运输工具,如一艘船舶的国际海事组织编号	an..9	车辆登记号		MAR:IMO/FAL 1-3,5-7 UNLK:L 23,P 19-26
add	8214	Transport Means. Change. Indicator（运输工具. 变更. 指示符）		运输工具是否发生变更的标志	an1			
add	8216	Journey. Stop. Quantity（行程. 站. 数量）		规定在一段行程中的站数	n..3			

表 2（续）

变更指示符	标记（标识符）	字典条目名称	原数据元名称	说明	表示	业务术语（同义词）	注	联接位置
[1]	[2]	[3]	[4]	[5]	[6]	[7]	[8]	[9]
add	8218	Traveller. Accompanied By Infant. Indicator（旅客. 陪伴婴儿. 指示符）		指出旅客是否陪伴婴儿的代码	an1			
x	8228						由数据元 8028 替用	
x	8243						由数据元 4079 替用	
cnd	8246	Dangerous Goods. Marking. Identifier（危险品. 标记. 标识符）	危险品标记（Dangerous goods label marking）	标识危险品的标记	an..4			MAR:IMO/FAL 7
cnd	8249	Transport Equipment. Status. Code（运输设备. 状态. 代码）	设备状况，代码型（Equipment status, coded）	规定运输设备状态的代码	an..3			
cnd	8250	Transport Means. At Presentation. Identifier（运输工具. 当前. 标识符）	出发/到达的运输工具标识（Identification of means of transport at departure/arrival）	标识向海关进行货物申报情况下的托运货物（出口启运，进口到达）当时所用运输工具	an..26			SAD:(SAD 18)
cnd	8255	Packing Instruction. Type. Code（包装说明. 类型. 代码）	包装说明，代码型（Packing instruction, coded）	描述一种包装类型的代码	an..3			

表 2（续）

变更指示符	标记（标识符）	字典条目名称	原数据元名称	说明	表示	业务术语（同义词）	注	联接位置
[1]	[2]	[3]	[4]	[5]	[6]	[7]	[8]	[9]
cndr	8260	Transport Equipment. Identifier（运输设备.标识符）	设备标识号（Equipment identification number）	标识一项运输设备，如集装箱或成组载货设备（航空集装箱）	an..35			MAR：IMO/FAL 2,7 UNLK：L 13-14，P 45-68
x	8262						无明确业务需求	
x	8264						对1993版进行修改，由数据元8212替用	
x	8265						对1993版进行修改，由数据元8213替用	
cnd	8270	Transport Means. At Border Crossing. Identifier（运输工具.跨境.标识符）	跨境运营的运输工具标识（Identification of active means of transport crossing the border）	标识发往国外出口或向国内最终目的地进口跨越边境所用的运输工具	an..25			SAD：（SAD 21）
cnd	8273	Dangerous Goods. Regulation. Code（危险品.规则.代码）	危险品规则，代码型（Dangerous goods regulations，coded）	描述一项危险品规则的代码	an..3			MAR：IMO/FAL 7

表 2（续）

变更指示符	标记（标识符）	字典条目名称	原数据元名称	说明	表示	业务术语(同义词)	注	联接位置
[1]	[2]	[3]	[4]	[5]	[6]	[7]	[8]	[9]
x	8275						由数据元 8169 替用	
cndr	8281	Transport Means. Ownership. Code（运输工具. 所有权. 代码）	运输所有权,代码型（Transport ownership, coded）	规定运输工具所有权的代码	an..3			
x	8320						由数据元 8260 替用	
cnd	8323	Goods Item. For Government Transport Movement. Code（货物项. 政府管辖的运输动态. 代码）	运输动态,代码型（Transport movement, coded）	描述特定运输动态的代码	an..3			
x	8325						由数据元 8179 替用	
x	8328						由数据元 8046 替用	
x	8332						由数据元 8335 替用	
cnd	8334	Goods Item. Transport Movement Type. Text（货物项. 运输交接方式. 文本）	动态类型（Movement type）	运输交接方式的自由格式描述	an..35			CIMP:(804):an..53 UNLK:L 28,P 12-38

表 2（续）

变更指示符	标记（标识符）	字典条目名称	原数据元名称	说明	表示	业务术语（同义词）	注	联接位置
[1]	[2]	[3]	[4]	[5]	[6]	[7]	[8]	[9]
cnd	8335	Goods Item. Transport Movement Type. Code（货物项. 运输交接方式. 代码）	动态类型，代码型（Movement type，coded）	规定运输交接方式的代码	an..3			UNLK：L 28，P 09-11
cnd	8339	Packaging. Danger Level. Code（包装. 危险品包装等级. 代码）	包装组，代码型（Packing group，coded）	规定必须达到的危险品包装等级	an..3			MAR：IMO/FAL 7
cnd	8341	Goods Item. Haulage Arrangement. Code（货物项. 拖运安排. 代码）	搬运安排，代码型（Haulage arrangements，coded）	规定安排拖车运输货物的代码	an..3			
cnd	8351	Dangerous Goods. Hazard Class. Identifier（危险品. 危险等级. 标识符）	危险品代码标识（Hazard code identification）	根据相关权威规则如国际海事组织（IMO）海上人命安全公约（SOLAS 公约）国际海运危险货物和公路铁路环境的国际公路运输危险货物欧洲协议（ADR）国际铁路危险货物规则（RID）的等级编号的定义，对危险品所适用危险级别的标识	an..7	IMDG 分类号，ADR/RID 分类号		CMR：L 44，P 09-44 MAR：IMO/FAL 7
cnd	8364	Dangerous Goods. Transport Emergency Procedure. Identifier（危险品. 运输应急措施. 标识符）	EMS（船舶载运危险货物应急措施）号（EMS number）	标识危险品运输的应急措施	an..6	应急措施编号		MAR：IMO/FAL 7

表 2（续）

变更指示符	标记（标识符）	字典条目名称	原数据元名称	说明	表示	业务术语(同义词)	注	联接位置
[1]	[2]	[3]	[4]	[5]	[6]	[7]	[8]	[9]
cnd	8393	Returnable Package. Load Content. Code（可回收包装. 内装货载. 代码）	可回收包装内装物，代码型（Returnable package load contents，coded）	规定可回收包装内装货载的代码	an..3			
cnd	8395	Returnable Package. Freight Payment Responsibility. Code（可回收包装. 运费支付责任. 代码）	可回收包装运送付款责任，代码型（Returnable package freight payment responsibility，coded）	规定可回收包装运费支付责任的代码	an..3			
cnd	8410	Hazardous Material. Medical First Aid Guide. Identifier（危险物质. 医疗急救指南. 标识符）	MFAG（危险货物事故医疗急救指南）（MFAG）	标识危险品的医疗急救指南（MFAG）	an..4			
cn	8428	Transport Movement. Pre-carriage Means Type. Text（运输动态. 前程运输工具类型. 文本）	前程运输工具（Pre-carriage transport means）	主段运输之前运送货物的运输工具	an..17	由…发运		UNLK：L 22，P 09-26
cnd	8429	Transport Movement. Pre-carriage Means Type. Code（运输动态. 前程运输工具类型. 代码）	前程运输工具，代码型（Pre-carriage transport means，coded）	规定主段运输之前运送货物的运输工具的代码	an..8			UNLK：L 21，P 18-26

表 2（续）

变更指示符	标记（标识符）	字典条目名称	原数据元名称	说明	表示	业务术语（同义词）	注	联接位置
[1]	[2]	[3]	[4]	[5]	[6]	[7]	[8]	[9]
cn	8442	Transport Movement. On-carriage Mode. Text（运输动态. 接续运输方式. 文本）	续运运输方式（On-carriage transport mode）	主段运输之后运送货物的运输方式	an..17			
cndr	8443	Transport Movement. On-carriage Mode. Code（运输动态. 接续运输方式. 代码）	续运运输方式，代码型（On-carriage transport mode，coded）	规定主段运输之后运送货物的运输方式的代码	an..3			
cn	8452	Transport Means. Registration Nationality. Text（运输工具. 登记国籍. 文本）	运输工具的国（地区）籍（Nationality of means of transport）	运输工具登记入籍的国家名称	an..17	船旗、船籍		MAR：IMO/FAL 1-7 SAD：（SAD 55）
cnd	8453	Transport Means. Registration Nationality. Identifier（运输工具. 登记国籍. 标识符）	运输工具的国（地区）籍，代码型（Nationality of means of transport，coded）	规定运输工具登记入籍的国家代码	an..3			MAR：IMO/FAL 1-7
x	8454						由数据元 4237 替用	

表 2（续）

变更指示符	标记（标识符）	字典条目名称	原数据元名称	说明	表示	业务术语(同义词)	注	联接位置
[1]	[2]	[3]	[4]	[5]	[6]	[7]	[8]	[9]
cnd	8457	Excess Transport Movement. Reason. Code（追加运输. 原因. 代码）	额外运输原因，代码型（Excess transportation reason，coded）	规定追加运输的原因	an. . 3			
cnd	8459	Excess Transport Movement. Responsible Party. Code（追加运输. 责任方. 代码）	额外运输责任，代码型（Excess transportation responsibility，coded）	规定追加运输责任方的代码	an. . 3			
cnd	9003	Employment. Detail Function. Code（职业. 详细职能. 代码）	职业限定符（Employment qualifier）	规定职业具体职能的代码	an. . 3			
cnd	9004	Employment. Category. Text（职业. 分类. 文本）	职业类别（Employment category）	对一类职业的自由格式描述	an. . 35			
cnd	9005	Employment. Category. Code（职业. 分类. 代码）	职业类别，代码型（Employment category，coded）	规定一种职业类别的代码	an. . 3			
cnd	9006	Qualification. Class. Text（限定. 分类. 文本）	限制条件分类（Qualification classification）	对限定分类的自由格式描述	an. . 35			

表 2（续）

变更指示符	标记（标识符）	字典条目名称	原数据元名称	说明	表示	业务术语（同义词）	注	联接位置
[1]	[2]	[3]	[4]	[5]	[6]	[7]	[8]	[9]
cnd	9007	Qualification. Class. Code（限定. 分类. 代码）	限制条件分类，代码型（Qualification classification，coded）	规定限定分类的代码	an..3			
cnd	9008	Occupation. Text（职位. 文本）	职业（Occupation）	对职位的自由格式描述	an..35			
cnd	9009	Occupation. Code（职位. 代码）	职业，代码型（Occupation，coded）	规定职位的代码	an..3			
x	9011						由数据元 4405 替用	
cndr	9012	Status. Reason. Text（状态. 原因. 文本）	状态原因（Status reason）	对状态原因的自由格式描述	an..256			
cnd	9013	Status. Reason. Code（状态. 原因. 代码）	状态原因，代码型（Status reason，coded）	规定状态原因的代码	an..3			
cnd	9015	Status. Category. Code（状态. 类别. 代码）	状态类型，代码型（Status type，coded）	规定状态类别的代码	an..3			
cnd	9017	Attribute. Function. Code（属性. 功能. 代码）	属性功能限定符（Attribute function qualifier）	限定属性功能的代码	an..3			

表 2（续）

变更指示符	标记（标识符）	字典条目名称	原数据元名称	说明	表示	业务术语(同义词)	注	联接位置
[1]	[2]	[3]	[4]	[5]	[6]	[7]	[8]	[9]
cndr	9018	Attribute. Text （属性. 文本）	属性 （Attribute）	对属性的自由格式描述	an..256			
cndr	9019	Attribute. Code （属性. 代码）	属性，代码型 （Attribute，coded）	规定一项属性的代码	an..17			
add	9020	Attribute. Type. Text （属性. 类型. 文本）		对属性种类的自由格式描述	an..70			
cndr	9021	Attribute. Type. Code （属性. 类型. 代码）	属性类型，代码型 （Attribute type，coded）	规定一项属性种类的代码	an..17			
add	9023	Definition. Function. Code （定义. 功能. 代码）		规定定义功能的代码	an..3			
add	9025	Definition. Extent. Code （定义. 范围. 代码）		规定定义范围的代码	an..3			
add	9026	Edit Mask. Format. Identifier （编辑掩码. 格式. 标识符）		标识编辑掩码的格式	an..35			
add	9029	Value Definition. Function. Code （数值定义. 功能. 代码）		限定数值定义的代码	an..3			

表 2（续）

变更指示符	标记（标识符）	字典条目名称	原数据元名称	说明	表示	业务术语（同义词）	注	联接位置
[1]	[2]	[3]	[4]	[5]	[6]	[7]	[8]	[9]
add	9031	Edit Mask. Representation. Code（编辑掩码. 表示. 代码）		规定编辑掩码表示的代码	an..3			
cn	9032	Customs. Previous Procedure. Text（海关. 上一道手续. 文本）	前期海关手续（Previous Customs procedure）	海关手续，如有需要，适用于之前为货物申办的另一道不同的海关手续	an..17			
cndr	9033	Customs. Previous Procedure. Code（海关. 上一道手续. 代码）	前期海关手续，代码型（Previous Customs procedure，coded）	规定海关手续的代码，如有需要，适用于之前为货物申办的另一道不同的海关手续	an..7			SAD：（SAD 37）
add	9035	Qualification. Application Area. Code（资格. 适用范围. 代码）		规定资格适用范围的代码	an..3			
add	9037	Qualification. Type. Code（资格. 类型. 代码）		规定一种资格的代码	an..3			
add	9038	Facility. Type. Text（设施. 类型. 文本）		对设施类型的自由格式描述	an..70			
add	9039	Facility. Type. Code（便利条件. 类型. 代码）		规定便利条件类型的代码	an..3			

表 2（续）

变更指示符	标记（标识符）	字典条目名称	原数据元名称	说明	表示	业务术语（同义词）	注	联接位置
[1]	[2]	[3]	[4]	[5]	[6]	[7]	[8]	[9]
add	9040	Reservation. Identifier（预订. 标识符）		标识一项预订	an..20			
add	9043	Reservation. Type. Code（预订. 类型. 代码）		限定一种预订的代码	an..3			
add	9045	Basis. Function. Code（基准. 功能. 代码）		限定基准的代码	an..3			
add	9046	Basis. Type. Text（基准. 类型. 文本）		对基准类型的自由格式描述	an..35			
add	9047	Basis. Type. Code（基准. 类型. 代码）		规定基准类型的代码	an..3			
add	9048	Applicability. Type. Text（适用性. 类型. 文本）		对适用性类的自由格式描述	an..35			
add	9049	Applicability. Type. Code（适用性. 类型. 代码）		规定一种适用性的代码	an..3			
add	9051	Applicability. Function. Code（适用性. 功能. 代码）		限定适用性的代码	an..3			

表 2（续）

变更指示符	标记（标识符）	字典条目名称	原数据元名称	说明	表示	业务术语（同义词）	注	联接位置
[1]	[2]	[3]	[4]	[5]	[6]	[7]	[8]	[9]
cnd	9141	Relationship. Type. Code（关系. 类型. 代码）	关系限定符（Relationship qualifier）	限定一种关系的代码	an..3			
cnd	9142	Relationship. Text（关系. 文本）	关系（Relationship）	对关系的自由格式描述	an..35			
cnd	9143	Relationship. Code（关系. 代码）	关系，代码型（Relationship，coded）	规定一种关系的代码	an..3			
cndr	9144	Party. Relationship. Indicator（参与方. 关系. 指示符）	参与方关系（Parties' relationship）	标明两个参与方之间是否存在某种关联，如融资关系	an1			
add	9146	Composite Data Element. Tag. Identifier（复合数据元. 标记. 标识符）		识别复合数据元标记的标识符	an..4			
add	9148	Directory. Status. Identifier（目录. 状态. 标识符）		标识一套目录的状态	an..3			

表 2（续）

变更指示符	标记（标识符）	字典条目名称	原数据元名称	说明	表示	业务术语(同义词)	注	联接位置
[1]	[2]	[3]	[4]	[5]	[6]	[7]	[8]	[9]
add	9150	Simple Data Element. Tag. Identifier（简单数据元. 标记. 标识符）		标识简单数据元的标记	an..4			
add	9153	Simple Data Element. Character Representation. Code（简单数据元. 字符表示. 代码）		规定简单数据元字符表示的代码	an..3			
add	9160	Code. Set. Indicator（代码. 集合. 指示符）		标明数据元是否关联一套代码的标志	an1			
add	9162	Data Element. Tag. Identifier（数据元. 标记. 标识符）		识别数据元的标记	an..4			
add	9164	Group. Identifier（组. 标识符）		标识一个组合	an..4			
add	9166	Segment. Tag. Identifier（数据段. 标记. 标识符）		标识数据段的标记	an..3			
add	9169	Data. Representation. Code（数据. 表示. 代码）		规定一种数据表示法的代码	an..3			

表 2（续）

变更指示符	标记（标识符）	字典条目名称	原数据元名称	说明	表示	业务术语(同义词)	注	联接位置
[1]	[2]	[3]	[4]	[5]	[6]	[7]	[8]	[9]
add	9170	Event. Type. Text （事件. 类型. 文本）		对一类事件的文本描述	an..70			
add	9171	Event. Type. Code （事件. 类型. 代码）		规定一类事件的代码	an..3			
add	9172	Event. Text （事件. 文本）		对事件的自由格式描述	an..256			
add	9173	Event. Code （事件. 代码）		规定一个事件的代码	an..35			
add	9175	Data Element. Function. Code （数据元. 功能. 代码）		规定数据源用法种类的代码	an..3			
cnd	9212	Tax. Regime Type. Text （税. 体制类型. 文本）	关税待遇类型 （Type of duty regime）	对一种税制的文本描述，如：优惠关税税率	an..17			
cnd	9213	Tax. Regime Type. Code （税. 体制类型. 代码）	关税待遇类型，代码型 （Type of duty regime, coded）	规定一种税制的代码，依据税制进行征税，如关税优惠待遇	an..3			SAD：（SAD 36）
cnd	9280	Validation. Result. Text （验证. 结果. 文本）	验证结果 （Validation result）	规定对验证结果的评价	an..35			

表 2（续）

变更指示符	标记（标识符）	字典条目名称	原数据元名称	说明	表示	业务术语(同义词)	注	联接位置
[1]	[2]	[3]	[4]	[5]	[6]	[7]	[8]	[9]
cnd	9282	Validation. Key. Identifier（验证. 密钥. 标识符）	验证密钥标识（Validation key identification）	标识用于验证计算的加密密钥	an..35			
add	9285	Validation. Criteria. Code（验证. 标准. 代码）		规定适用的验证标准的代码	an..3			
cndr	9302	Transport Equipment. Sealing Party Type. Text（运输设备. 加封方类型. 文本）	铅封方（Sealing party）	对施加铅封一方作用的文本描述	an..35			
cnd	9303	Seal. Sealing Party Type. Code（运输设备. 施封方类型. 代码）	铅封方，代码型（Sealing party，coded）	规定施加铅封一方类型的代码	an..3			
cndr	9308	Transport Equipment. Seal. Identifier（运输设备. 铅封. 标识符）	铅封号（Seal number）	运输设备所加铅封的标识号	an..35			MAR：IMO/FAL 2，7 SAD：(SAD D)
cndr	9321	Application. Error. Code（应用. 错误. 代码）	应用错误，代码型（Application error，coded）	规定应用错误的代码	an..8			

表 2(续)

变更指示符	标记(标识符)	字典条目名称	原数据元名称	说明	表示	业务术语(同义词)	注	联接位置
[1]	[2]	[3]	[4]	[5]	[6]	[7]	[8]	[9]
cnd	9353	Government. Procedure. Code (官方. 程序. 代码)	政府程序,代码型 (Government procedure,coded)	规定一个官方程序	an..3			
cnd	9380	Customs Party. Procedure. Text (海关当事方. 手续. 文本)	海关手续 (Customs procedure)	对海关监管货物履行海关手续的文本描述	an..17			SAD:(SAD E)
cndr	9381	Customs Party. Procedure. Code (海关当事方. 手续. 代码)	海关手续,代码型 (Customs procedure, coded)	规定对海关监管货物履行海关手续的代码	an..7			SAD:(SAD 37)
cnd	9411	Government. Involvement. Code (官方. 牵涉. 代码)	政府参与,代码型 (Government involvement,coded)	规定涉及官方的要求和状态的代码	an..3			
cnd	9415	Government. Agency. Code (官方. 机构. 代码)	政府机构,代码型 (Government agency, coded)	规定一个官方机构的代码	an..3			
cnd	9417	Government. Action. Code (官方. 措施. 代码)	政府行为,代码型 (Government action, coded)	规定官方所采取措施种类的代码,如检查、扣留、熏蒸、防护等	an..3			
cnd	9419	Service. Layer. Code (服务. 层. 代码)	服务层,代码型 (Service layer,coded)	规定服务层的代码	an..3			

表 2（续）

变更指示符	标记（标识符）	字典条目名称	原数据元名称	说明	表示	业务术语(同义词)	注	联接位置
[1]	[2]	[3]	[4]	[5]	[6]	[7]	[8]	[9]
add	9421	Process. Stage. Code （处理. 阶段. 代码）		规定处理过程中某一阶段的代码	an..3			
add	9422	Value. Value. Text （数值. 值. 文本）		规定一个值	an..512			
add	9424	Array Cell. Data. Text （数组单元. 数据. 文本）		对数组单元内容的自由格式描述	an..512			
add	9426	Code. Value. Code （代码. 值. 代码）		规定某一代码的值	an..35			
add	9428	Array Cell. Structure. Identifier （数组单元. 结构. 标识符）		标识数组单元的结构	an..35			
add	9430	Foot Note. Set. Identifier （脚注. 集合. 标识符）		标识一套脚注	an..35			
add	9432	Foot Note. Identifier （脚注. 标识符）		标识一个脚注	an..35			
add	9434	Code. Name. Text （代码. 名称. 文本）		代码的名称	an..70			

表 2（续）

变更指示符	标记（标识符）	字典条目名称	原数据元名称	说明	表示	业务术语(同义词)	注	联接位置
[1]	[2]	[3]	[4]	[5]	[6]	[7]	[8]	[9]
add	9436	Clinical Intervention. Text（临床介入. 文本）		对临床介入的自由格式描述	an..70			
add	9437	Clinical Intervention. Code（临床介入. 代码）		规定一种临床介入的代码	an..17			
add	9441	Clinical Intervention. Type. Code（临床介入. 类型. 代码）		规定一种临床介入的代码	an..3			
add	9443	Attendance. Function. Code（护理. 功能. 代码）		限定一种护理的代码	an..3			
add	9444	Admission. Type. Text（住院. 类型. 文本）		住院分类的无格式说明	an..35			
add	9445	Admission. Type. Code（住院. 类型. 代码）		规定住院类型的代码	an..3			
add	9446	Discharge. Type. Text（出院. 类型. 文本）		出院类的自由格式描述	an..35			
add	9447	Discharge. Type. Code（出院. 类型. 代码）		规定出院分类的代码	an..3			

表 2（续）

变更指示符	标记（标识符）	字典条目名称	原数据元名称	说明	表示	业务术语(同义词)	注	联接位置
[1]	[2]	[3]	[4]	[5]	[6]	[7]	[8]	[9]
add	9448	File. Generation Command. Text（文件. 生成命令. 文本）		文件生成命令的名称	an..35			
add	9450	File. Compression Technique. Text（文件. 压缩技术. 文本）		文件压缩技术的名称	an..35			
add	9453	Code. Source. Code（代码. 来源. 代码）		规定代码值来源的代码	an..3			
add	9501	Formula. Type. Code（公式. 类型. 代码）		规定一种公式的代码	an..3			
add	9502	Formula. Name. Text（公式. 名称. 文本）		标识一个公式的名称	an..35			
add	9505	Formula. Complexity. Code（公式. 复杂性. 代码）		规定公式复杂性的代码	an..3			
add	9507	Formula Sequence. Function. Code（公式顺序. 功能. 代码）		对公式顺序进行专门定义的代码	an..3			
add	9509	Formula Sequence. Operand. Code（公式顺序. 操作数. 代码）		规定公式顺序中特定类型操作数的代码	an..17			

表 2（续）

变更指示符	标记（标识符）	字典条目名称	原数据元名称	说明	表示	业务术语(同义词)	注	联接位置
[1]	[2]	[3]	[4]	[5]	[6]	[7]	[8]	[9]
add	9510	Formula Sequence. Name. Text（公式顺序. 名称. 文本）		标识公式顺序的名称	an..35			
add	9605	Data. Type. Code（数据. 类型. 代码）		规定数据类型的代码	an..3			
add	9606	Response. Yes Or No. Indicator（应答. “是（Y）”或“否（N）”. 指示符）		可规定“是”或“否”的代码	an1			
add	9619	Adjustment. Category. Code（调整. 类别. 代码）		规定调整一般类别的代码	an..3			
add	9620	Policy. Limitation. Identifier（政策. 限制. 标识符）		规定一项政策限制的代码	an..10			
add	9623	Diagnosis. Type. Code（诊断. 类型. 代码）		规定诊断种类的代码	an..3			
add	9625	Related Cause. Code（相关条款. 代码）		规定一项关联条款的代码	an..3			
add	9627	Admission. Source. Code（住院. 来源. 代码）		规定住院来源的代码	an..3			

表 2（续）

变更指示符	标记（标识符）	字典条目名称	原数据元名称	说明	表示	业务术语(同义词)	注	联接位置
[1]	[2]	[3]	[4]	[5]	[6]	[7]	[8]	[9]
add	9629	Procedure. Modification. Code（程序.修改.代码）		规定程序修改的代码	an..3			
add	9635	Event. Function. Code（事件.功能.代码）		限定事件细节的代码	an..3			
add	9636	Event. Category. Text（事件.类别.文本）		对事件类别的自由格式描述	an..70			
add	9637	Event. Category. Code（事件.类别.代码）		规定事件类别的代码	an..3			
add	9639	Diagnosis. Category. Code（诊断.类别.代码）		规定诊断类别的代码	an..3			
add	9641	Service. Basis. Code（服务.基准.代码）		规定进行一项服务的基本条件的代码	an..3			
add	9643	Supporting Evidence. Type. Code（支持证据.类型.代码）		限定一种支持证据的代码	an..3			
add	9647	Cavity. Zone. Code（空洞.区域.代码）		规定空洞区的代码	an..3			
add	9649	Process. Information Function. Code（处理.信息功能.代码）		限定处理信息的代码	an..3			

附 录 A
（资料性附录）
贸易数据元目录的维护

A.1 简介

TDED 第 1 册根据维护机构的审查不断得到更新。修订和增补的内容将编入到目录中。UN/ECE 和 ISO 的联合维护机构被委托负责贸易数据元目录（TDED）和 ISO 7372 的维护，以使该标准能适应并满足贸易中的变化和新的需求。由于 UNTDED 既是一项政府间的推荐标准，也是一项国际标准，所以维护机构的成员及其工作程序具有双重属性。

根据 ISO 技术工作导则附录 G 的规定，ISO 理事会已指定了 ISO 7372 的维护机构（简称 ISO 7372/MA）。ISO 7372/MA 与欧经会国际贸易程序简化工作组（ECE/WP.4）设立的一个专门机构，联合构成 UNTDED 的维护机构，以下均称为维护机构（MA）。

A.2 维护机构的作用

由 ECE/WP.4 与 ISO 理事会授权的 MA 具有以下职能：

a） 对 UNTDED 中的数据元进行增补或删除并赋予数字标识符（标记）；

b） 适时将数据元变更情况通知相关各方；

c） 为用户定期提供修订单，以保证 UNTDED 正确更新；

d） 在正常工作过程中，根据需要，为下列内容的实际应用建立附加规则：

——选择数据元、为其命名并赋予数字标识符（标记）；

——将数据元划入相应大类；

——标准数据元的表示及其在国际贸易信息交换中的应用。

A.3 成员

A.3.1 成员说明

UN/ECE 的秘书处和 ISO 中央秘书处理所当然地参加 MA，除了 ECE/WP.4 之外，其成员由下列政府间和非政府团体、ISO 成员体及有关的 ISO 技术委员会的代表组成。以下团体指定一个代表参加。

A.3.2 政府间和非政府团体

下列政府间和非政府团体均被邀请共同参加维护工作：

海关合作理事会（CCC）（现用 WCO）

国际铁路运输委员会（CIT）

国际货运、转运商协会联盟（FIATA）

国际航空运输协会（IATA）

国际商会（ICC）

国际船运协会（ICS）

国际海事组织（IMO）

国际公路运输联盟（IRU）

结构化信息标准促进机构（OASIS）

国际铁路联盟（UIC）

联合国欧经会贸易简化和电子业务中心（UN/CEFACT）

联合国贸易和发展会议(UNCTAD)

万国邮政联盟(UPU)

世界海关组织(WCO)(原为 CCC)

A.3.3 国际标准化组织

下列 ISO 成员团体和技术团体均具有 ISO 7372 维护机构成员的资格：

ISO/TC 37 术语和其他语言标准化技术委员会

ISO/TC 46 信息与文件标准化技术委员会

ISO/TC 68 银行及相关金融业务标准化技术委员会

ISO/TC 154 行政、商业和工业文件及数据元标准化技术委员会

ISO/TC 184 工业自动化系统集成标准化技术委员会

ISO/TC 204 智能运输系统标准化技术委员会

ISO/TC 215 健康信息学标准化技术委员会

ISO/IEC JTC 1/SC 31 数据元表示标准化分技术委员会

ISO/IEC JTC 1/SC 32 数据管理和交换标准化分技术委员会

A.3.4 准成员

根据维护机构的建议，其他国际组织也可应邀成为维护机构的准成员并指定一名代表参加。

A.3.5 外界专家

必要时授权维护机构听取外界专家意见。

A.3.6 维护机构秘书处(MAS)

维护机构秘书处的成员由 UN/ECE 下设的贸易署与 ISO 共同组成。

MAS 的职责是：

——受理 UNTDED 中的数据元的变更、增补或删除的提案；

——在规定的时期内提出适当的建议或提案并转给 MA 成员讨论或裁决；

——维护 UNTDED 的主体。

A.4 程序规则

A.4.1 变更、增补或删除数据元的提案

凡是涉及本 UNTDED 中的数据元的变更、增补或删除的提案可由下列组织提交：

——任何 ISO 成员体；

——任何 UN/ECE/TRADE/WP.4 的政府和国际组织成员；

——代表该目录用户的任何其他国际组织。

同时将 TDED 的变更请求表提交给 MAS。

凡涉及 UN/EDIFACT 中所用的现有数据元的变更、增补或删除的提案应由 MA 按 UN/EDIFACT 维护程序提交。

凡涉及 UN/EDIFACT 所用的，且是 UNTDED 中现有的非 UN/EDIFACT 数据元的变更、增补或删除的提案应提交给 MA。

A.4.2 贸易数据元目录的变更

为保证贸易数据元的连续性和稳定性，作为一个基本原则，数据元的变更应尽量维持在最小限度内。

A.4.2.1 现有数据元的名称或描述的变更

如果某一数据元的概念不受影响，那么对现有数据元名称或描述的变更不会导致其数字标识符(标记)的变更。

原来的名称可相互参考。

如果按此方法变更数据元的名称或描述，其概念没有实质性的变化，只是应用领域的扩大或进一步明确，并在由于变更而产生不利影响的用户未提出异议的情况下，才可保留该数字标识符。

A.4.2.2 数据元概念的变更

当数据元概念变更时，应指定一个新的数字标识符。

原来的概念和标识符保留一段过渡时间，过渡时间将取决于与用户协商的结果。

A.4.2.3 数据元的增补

经 MA 同意在 UNTDED 中收入的任何新数据元，都将在该数据元所属的大类中被分配一个数字标识符。这也适用于临时数据元。

A.4.2.4 数据元的删除

标有删除标记(仅有标记、名称和删除日期)的数据元应继续保留在目录中，并且有一个"用…代替"的迁移路径。因此标有删除标记的数据元的数字标识符不应当用于新数据元。

A.4.2.5 技术评估核查表

MA 认为：

——其数据维护请求(DMR)程序应是可预测的、文档化的和透明的；

——最佳获取工具是核心构件技术评估核查表(见 ISO/TS 15000-5 ebXMLCCTS)；

——ISO 7372/MA DMR 程序应与 UN/CEFACT DMR 程序相关联，并且完全一致。

MA 为今后的 TDED 版本的制作解析了签发和申请技术评估核查表(TAC)。

A.5 MA 成员的协商

MAS 收到提案后，应在适当时，将提案和 MAS 的建议分发给 MA 成员，并在一般不少于两个月的时间内作出答复。MAS 将会在召开成员会之前确定答复的时间内考虑在 MA 成员内部进行必要协调。

在发出提案之前，MAS 应尽力对提案所述数据元的应用含义提出评审意见。为此，通过 MAS，MA 可直接与 UNTDED 的用户、国家贸易简化组织和其他有关各方协商。

当急需引入一个新的数据元或变更一个现有数据元时，MAS 有权接受一项临时提案，后续手续仍应按上述要求进行。按正常程序，提案提交方应接受提案被拒绝或被修改的可能。

A.6 投票程序

对提案做出的决议必须经过 MA 的一致通过或在 MA 会议上通过。其程序必须写入会议的议程草案。

根据 ISO 规则，参与决议的 MA 的 ISO 成员应通过投票方式表决。MA 的每个 ISO 成员有一票表决权。准成员具有与正式成员同样的地位，但不能参加投票表决。

如果情况紧急，可通过电话得到 MA 的每一位成员的意见，但必须用书面形式再证实，如信函、电传或其他方式。

在规定答复的时期内没有答复则被视为弃权。

MA 的决定必须得到其大多数成员的支持。

如果投票结果得不到绝大多数正式成员的通过，则要进行重新投票表决或提交给 MA 会议讨论。投票单应附有收到的第一轮投票的所有评论意见及 MAS 的意见。答复的时间为 1 个月。在决定执行第二轮投票结果时，应以投赞成票和反对票的多数作为计算基础。

如果对某一提案的投票重新进行，这一程序应不延迟那些已获得必要支持的提案的公布。在提案未被接受的情况下，应向提案人告知该提案未被接受的理由。

A.7 已批准修订的数据元的实施

一项数据元的修订(即变更、增补或删减)经 MA 批准后生效,并每年公布一次。

ISO 7372 的修订应由 MAS 通知 ISO 的成员体和 UNTDED 的用户。有关 UNTDED 的制定、复制和传播的实际安排以及 UNTDED 修订单等事宜由 UN/ECE 秘书处负责。

参 考 文 献

[1] GB/T 5271.1—2000 信息技术 词汇 第1部分:基本术语(eqv ISO 2382-1:1993)

[2] GB/T 5271.4—2000 信息技术 词汇 第4部分:数据的组织(eqv ISO 2382-4:1999)

[3] GB/T 14805.1—2007 行政、商业和运输业电子数据交换(EDIFACT)应用级语法规则(语法版本号:4,语法发布号:1)第1部分:公用的语法规则(ISO 9735-1:2002,IDT)

[4] GB/T 148—1997 印刷、书写和绘图纸幅面尺寸(neq ISO 216:1975)

[5] GB/T 4873—1985 信息处理用连续格式纸 尺寸与输送孔(neq ISO 2784:1974)

[6] GB 3100—1993 国际单位制及其应用(eqv ISO 1000:1992)

[7] GB/T 14392—2009 国际贸易单证样式(ISO 6422:1985,MOD)

[8] GB/T 15191—1997 贸易数据元目录 标准数据元(idt ISO 7372:1993)

[9] GB/T 18391.1—2009 信息技术 元数据注册系统(MDR) 第1部分:框架(ISO/IEC 11179-1:2004,IDT)

[10] ISO 3535:1977 格式设计纸和格式图

[11] ISO 7372:2005 贸易数据交换 贸易数据元目录 Vol.I 数据元

[12] UN/CEFACT 第1号建议书 联合国贸易单证样式

[13] UN/EDIFACT 第6号建议书 国际贸易套合式发票单证样式

[14] UN/EDIFACT 第8号建议书 唯一标识代码方法学-UNIC

[15] UN/EDIFACT 第11号建议书 国际危险品运输单证格式

[16] UN/EDIFACT 第12号建议书 简化海运单证程序措施

[17] UN/EDIFACT 第15号建议书 简单运输标志

[18] UN/EDIFACT 第22号建议书 标准托运指示单证样式

[19] UN/EDIFACT 第25号建议书 联合国行政、商业和运输业电子数据交换(UN/EDIFACT)的使用

索　引

本索引给出按数据元英文字母的顺序排列，其中本索引不列出已删除的数据元。

字典条目名称	数据元名称	标记	变更指示符
[A]			
Access. Authorisation. Identifier(访问. 授权. 标识符)		3503	add
Account. Abbreviated Name. Text(账户. 缩略名称. 文本)		1148	add
Account. Balance. Amount(账户. 余额. 金额)	账户余额(Account balance)	5458	cnr
Account. Brought Forward Balance. Amount(账户. 结转余额. 金额)	结转余额(Balance brought forward)	5190	cnd
Account. Identifier(账户. 标识符)		1147	add
Account. Name. Text(账户. 名称. 文本)		1146	add
Account. Type. Code(账户. 类型. 代码)		4437	add
Accounting Entity. Type. Code(会计分录. 类型. 代码)		4475	add
Accounting Entity. Type. Text(会计分录. 类型. 文本)		4474	add
Accounting. Information. Text(会计. 信息. 文本)	会计信息(Accounting information)	4410	cndr
Accounting Journal. Identifier(会计分类账. 标识符)		1171	add
Accounting Journal. Name. Text(会计分类账. 名称. 文本)		1170	add
Action. Code(行为. 代码)	行动请求/通知，代码型(Action request/notification，coded)	1229	cnd
Action. Text(行为. 文本)		1228	add
Additional Document. Identifier(附加单证. 标识符)	附加单证参考(Additional document reference)	1010	cnd
Additional Document. Name. Code(附加单证. 名称. 代码)		1025	add
Additional Document. Name. Text(附加单证. 名称. 文本)		1024	add
Additional Hazard. Class. Identifier(危险品补充信息. 等级. 标识符)	危险品/项目/页号(Hazard substance/item/page number)	8078	cnd
Additional Safety. Information. Code(附加安全. 信息. 代码)		4039	add
Additional Safety. Information. Text(附加安全. 信息. 文本)		4038	add

字典条目名称	数据元名称	标记	变更指示符
Address. City. Text(地址. 城市. 文本)	城市名称(City name)	3164	cnd
Address. Component. Text(地址. 成分. 文本)		3286	add
Address. Format. Code(地址. 格式. 代码)		3477	add
Address. Postcode. Identifier(地址. 邮政编码. 标识符)	邮政编码标识(Postcode identification)	3251	cndr
Address. Purpose. Code(地址. 用途. 代码)		3299	add
Address. Status. Code(地址. 状态. 代码)		3475	add
Address. Type. Code(地址. 类型. 代码)		3131	add
Adjustment. Category. Code(调整. 类别. 代码)		9619	add
Adjustment. Reason. Code(调整. 原因. 代码)	调整原因,代码型(Adjustment reason,coded)	4465	cnd
Admission. Source. Code(住院. 来源. 代码)		9627	add
Admission. Type. Code(住院. 类型. 代码)		9445	add
Admission. Type. Text(住院. 类型. 文本)		9444	add
Age. Measure(年龄. 计量)		2018	add
Agent. Party Identification. Text(代理人. 参与方标识. 文本)	代理人(Agent)	3196	cndr
Agent. Party. Identifier(代理人. 参与方. 标识符)		3197	add
Agreement. Function. Code(协议. 功能. 代码)	协议类型限定符(Agreement type qualifier)	7431	cnd
Agreement. Type. Code(协议. 类型. 代码)	协议类型,代码型(Agreement type,coded)	7433	cnd
Agreement. Type. Text(协议. 类型. 文本)		7432	add
Applicability. Function. Code(适用性. 功能. 代码)		9051	add
Applicability. Type. Code(适用性. 类型. 代码)		9049	add
Applicability. Type. Text(适用性. 类型. 文本)		9048	add
Application. Error. Code(应用. 错误. 代码)	应用错误,代码型(Application error,coded)	9321	cndr
Array Cell. Data. Text(数组单元. 数据. 文本)		9424	add
Array Cell. Structure. Identifier(数组单元. 结构. 标识符)		9428	add
Ascertained Weight. Measure. Text(确定重量. 计量. 文本)	重量确定(戳记)(Weight ascertained(stamp))	4240	cndr

字典条目名称	数据元名称	标记	变更指示符
Attached Transport Equipment. Category. Code(附属运输设备.类型.代码)		8021	add
Attached Transport Equipment. Shipping Marks. Text(附属运输设备.运输标志.文本)	装货索具/集装箱的标志和编号(Loading tackle/containers, Marks and Numbers)	8030	cnd
Attendance. Function. Code(护理.功能.代码)		9443	add
Attendee. Category. Code(出席者.分类.代码)		7459	add
Attendee. Category. Text(出席者.分类.文本)		7458	add
Attribute. Code(属性.代码)	属性,代码型(Attribute,coded)	9019	cndr
Attribute. Function. Code(属性.功能.代码)	属性功能限定符(Attribute function qualifier)	9017	cnd
Attribute. Text(属性.文本)	属性(Attribute)	9018	cndr
Attribute. Type. Code(属性.类型.代码)	属性类型,代码型(Attribute type,coded)	9021	cndr
Attribute. Type. Text(属性.类型.文本)		9020	add
Available Balance. Amount(可用余额.金额)	可用余额(Balance available)	5162	cndr
[B]			
Back Order. Arrangement Type. Code(延期交货.安排类型.代码)	延期交货,代码型(Back order,coded)	4455	cnd
Basis. Function. Code(基准.功能.代码)		9045	add
Basis. Type. Code(基准.类型.代码)		9047	add
Basis. Type. Text(基准.类型.文本)		9046	add
Business. Description. Text(业务.描述.文本)	业务描述(Business description)	4022	cnd
Business. Function Type. Code(业务.功能类型.代码)	业务功能限定符(Business function qualifier)	4027	cnd
Business. Function. Code(业务.功能.代码)	业务功能,代码型(Business function,coded)	4025	cnd
Buyer. Bank Identification. Text(买方.银行标识.文本)	买方银行(Buyer's bank)	3420	cndr
Buyer. Bank. Identifier(买方.银行.标识符)	买方银行,代码型(Buyer's bank,coded)	3421	cnd
Buyer. Contact Name. Text(买方.联系人姓名.文本)	买方的部门或人员(Buyer's department or employee)	3202	cnd
Buyer. Party Identification. Text(买方.参与方标识.文本)	买方(Buyer)	3002	cnr

字典条目名称	数据元名称	标记	变更指示符
Buyer. Party. Identifier(买方. 参与方. 标识符)	买方,代码型(Buyer,coded)	3003	cn
[C]			
Calculation. Date Time(计算. 日期时间)	计算日期,代码型(Calculation date,coded)	2253	cnr
Calculation. Sequence. Code(计算. 顺序. 代码)	计算顺序指示符,代码型(Calculation sequence indicator, coded)	1227	cnd
Carrier Agent. Carrier AssignedIdentifier. Identifier(承运人代理. 承运人指定. 标识符)	代理人科目号(Agent's account number)	1142	cndr
Carrier Agent. Party Identification. Text(承运人代理. 参与方标识. 文本)	承运人代理(Carrier's agent)	3052	cnr
Carrier Agent. Party. Identifier(承运人代理. 参与方. 标识符)	承运人代理,代码型(Carrier's agent,coded)	3053	cnd
Carrier. Party Identification. Text(承运人. 参与方标识. 文本)	承运人(Carrier)	3126	cndr
Carrier. Party. Identifier(承运人. 参与方. 标识符)	承运人标识(Carrier identification)	3127	cnd
Cavity. Zone. Code(空洞. 区域. 代码)		9647	add
Certainty. Code(确定性. 代码)		4049	add
Certainty. Text(确定性. 文本)		4048	add
Certificate Of Origin Document. Issue. Date Time(正本单证证书. 签发. 日期时间)		2039	add
Certificate Of Shipment Document. Identifier(装运证书. 标识符)		1109	add
Certificate. Text(证明. 文本)	证书(Certification)	4192	cn
Change. Reason. Code(变更. 原因. 代码)	变更原因,代码型(Change reason,coded)	4295	cnd
Change. Reason. Text(变更. 原因. 文本)	变更原因(Change reason)	4294	cnd
Characteristic. Code(特征. 代码)	特征标识(Characteristic identification)	7037	cnd
Characteristic. Relevance. Code(性质. 关联. 代码)		4051	add
Characteristic. Text(特征. 文本)	特征(Characteristic)	7036	cnd
Characteristic. Value. Code(特征. 值. 代码)		7111	add
Characteristic. Value. Text(特征. 值. 文本)		7110	add

字典条目名称	数据元名称	标记	变更指示符
Charge. Amount(费用. 金额)		5034	add
Charge. Category. Code(费用. 类别. 代码)	费用类别,代码型(Charge category,coded)	5237	cnd
Charge. Code(费用. 代码)	运费和费用标识(Freight and charges identification)	8023	cnd
Charge. Period Type. Code(费用. 期限类型. 代码)		2155	add
Charge. Text(费用. 文本)	运费和费用(Freight and charges)	8022	cnd
Charge. Unit. Code(费用. 单位. 代码)		5261	add
Chargeable Distance. Measure(计费距离. 计量)	运价表距离,千米(Tariff distance,km)	6110	cnd
Chargeable Weight. Basis. Measure(计费重量. 基准. 计量)	计费重量,千克(Chargeable weight,Kg)	6030	cnd
Charges Note Document. Attachment. Indicator(费用通知单. 附件. 指示符)	费用单(Charges Note)	1070	cndr
Class. Type. Code(分类. 类型. 代码)	性质分类,代码型(Property class,coded)	7059	cnd
Clause. Code(条款. 代码)		4069	add
Clause. Function. Code(条款. 功能. 代码)		4059	add
Clause. Text(条款. 文本)		4068	add
Clinical Information. Detail. Identifier(临床信息. 细目. 标识符)		4315	add
Clinical Information. Detail. Text(临床信息. 细目. 文本)		4314	add
Clinical Information. Function. Code(临床信息. 功能. 代码)		4317	add
Clinical Intervention. Code(临床介入. 代码)		9437	add
Clinical Intervention. Text(临床介入. 文本)		9436	add
Clinical Intervention. Type. Code(临床介入. 类型. 代码)		9441	add
Code List. Identifier. Code(代码表. 标识符. 代码)	代码表限定符(Code list qualifier)	1131	cndr
Code List. Responsible Agency. Code(代码表. 负责机构. 代码)	代码表负责机构,代码型(Code list responsible agency, coded)	3055	cnd
Code. Name. Text(代码. 名称. 文本)		9434	add
Code. Set. Indicator(代码. 集合. 指示符)		9160	add

字典条目名称	数据元名称	标记	变更指示符
Code. Source. Code(代码. 来源. 代码)		9453	add
Code. Value. Code(代码. 值. 代码)		9426	add
Collection Advice Document. Identifier(收款通知单. 标识符)	收款通知书号(Advice of collection number)	1030	cndr
Commission Note Document. Identifier(佣金通知单. 标识符)		1111	add
Commission Note Document. Issue. Date Time(佣金通知单. 签发. 日期时间)		2173	add
Communication. Address. Identifier(通信. 地址. 标识符)	通信号(Communication number)	3148	cndr
Communication. Means Type. Code(通信. 工具类型. 代码)	通信信道限定符(Communication channel qualifier)	3155	cnd
Communication. Medium Type. Code(通信. 媒介类型. 代码)	通信信道标识符,代码型(Communication channel identifier,coded)	3153	cnd
Component. Material. Code(组件. 材质. 代码)		7507	add
Component. Material. Text(组件. 材质. 文本)		7506	add
Component. Type. Code(组件. 类型. 代码)		7505	add
Component. Type. Text(组件. 类型. 文本)		7504	add
Composite Data Element. Tag. Identifier(复合数据元. 标记. 标识符)		9146	add
Computer Environment. Code(计算机环境. 代码)		1511	add
Computer Environment. Name. Text(计算机环境. 名称. 文本)		1510	add
Computer Environment. Type. Code(计算机环境. 类型. 代码)		1501	add
Conference Contract Document. Identifier(公会合同单. 标识符)	货运组织合同号(Conference Contract number)	1274	cndr
Confidence. Percentage. Numeric(置信. 百分比. 数字)	置信界限(Confidence limit)	6074	cnd
Configuration. Level. Identifier(配置. 等级. 标识符)	配置等级(Configuration level)	1222	cnd
Configuration. Operation. Code(配置. 操作. 代码)	配置,代码型(Configuration,coded)	7083	cnd
Consignee. Party Identification. Text(收货人. 参与方标识. 文本)	收货人(Consignee)	3132	cndr
Consignee. Party. Identifier(收货人. 参与方. 标识符)	收货人,代码型(Consignee,coded)	3133	cnd
Consignment. Acceptance Location. Identifier(托运货物. 接货地点. 标识符)	接货地点,代码型(Place of acceptance,coded)	3349	cndr

字典条目名称	数据元名称	标记	变更指示符
Consignment. Acceptance Location. Text(托运货物. 接货地点. 文本)	接货地点(Place of acceptance)	3348	cndr
Consignment. Acceptance. Date Time(托运货物. 接收. 日期时间)	收货日期,代码型(Goods receipt date,coded)	2441	cndr
Consignment. Actual Acceptance Date Time. Text(托运. 实际接收日期时间. 文本)	接货日期(Acceptance date)	2126	cnd
Consignment. Actual Acceptance. Date Time(托运. 实际接收. 日期时间)	接货日期,代码型(Acceptance date,coded)	2127	cndr
Consignment. Actual Pick-up Date Time. Text(托运. 实际提取日期时间. 文本)		2124	add
Consignment. Additional Charge. Amount(托运货物. 附加费. 金额)	附加费(Additional charges)	5280	cndr
Consignment. Agent Other Charge. Amount(托运货物. 代理其他费收. 金额)	代理人应收的其他总费用(Total other charges due agent, to collect)	5240	cnr
Consignment. Agent Prepaid Other Charge. Amount(托运货物. 预付代理人其他费用. 金额)	预付给代理人的其他总费用(Total other charges due agent,prepaid)	5336	cnr
Consignment. Availability Due. Date Time(托运. 应付运. 日期时间)		2111	add
Consignment. Baseport Loading Location. Identifier(托运货物. 基本港装载地点. 标识符)	接货基本港,代码型(Baseport for acceptance,coded)	3323	cndr
Consignment. Baseport Loading Location. Text(托运货物. 基本港装载地点. 文本)	接货基本港(Baseport for acceptance)	3322	cndr
Consignment. Baseport Unloading Location. Identifier(托运. 卸货基本港地点. 标识符)	交货基本港,代码型(Baseport for delivery,coded)	3357	cndr
Consignment. Baseport Unloading Location. Text(托运. 卸货基本港地点. 文本)	交货基本港(Baseport for delivery)	3356	cndr
Consignment. Cargo Type. Code(托运货物. 货物类型. 代码)	货物性质,代码型(Nature of cargo,coded)	7085	cnd
Consignment. Carrier Assigned. Identifier(托运. 承运人指定. 标识符)	订舱编号(Booking reference number)	1016	cndr
Consignment. Cash On Delivery. Amount(托运货物. 货到付款. 金额)	货到付款金额(数字型)(Cash-on-delivery amount, in figures)	5017	cndr

字典条目名称	数据元名称	标记	变更指示符
Consignment. Charge Payment Method. Code(托运货物.付款方式.代码)	AWB费用代码(AWB Charges code)	5139	cndr
Consignment. Charge. Code(托运货物.费用.代码)	费用描述,代码型(Charge description,coded)	5253	cnd
Consignment. Charge. Text(托运货物.费用.文本)	费用描述(Charge description)	5252	cnd
Consignment. Collect Carry Forward Charge. Amount(托运货物.结转到付费用.金额)	结转金额(Amount to carry forward)	5142	cndr
Consignment. Collect Valuation Charge. Amount(托运货物.到付从价运费.金额)	应收的从价计费(Valuation charge,to collect)	5146	cnr
Consignment. Collect Weight Charge. Amount(托运货物.到付从重计费额.金额)	应收从重计费(Weight charge,to collect)	5364	cnr
Consignment. Collect Weight Charge. Indicator(托运货物.到付从重计费.指示符)	应收从重计费/从价计费(Weight/Valuation charge,to collect)	5328	cnr
Consignment. Consignee Additional Charge. Amount(托运货物.收货人附加费.金额)	收货人总附加费(Additional charges total,consignee)	5022	cndr
Consignment. Consignee Assigned. Identifier(托运.收货人指定.标识符)	收货人的货物参考号(Consignee's shipment reference number)	1362	cndr
Consignment. Consignee Brought Forward Collect Charge. Amount(托运货物.收货人上期结转费用.金额)	收货人结转金额(Amount to be collected from consignee brought forward)	5088	cndr
Consignment. Consignee Charge. Amount(托运货物.收货人费用.金额)	收货人总费用(Total charges,consignee)	5042	cndr
Consignment. Consignee Collect Charge. Amount(托运货物.收货人费用.金额)	收货人付款总额(Total amount to be collected from consignee)	5132	cnr
Consignment. Consignee Freight Charge. Amount(托运货物.收货人运费.金额)	收货人所付运费(Carriage charges,consignee)	5202	cnr
Consignment. Consignee Other Charge. Amount(托运货物.收货人其他付费.货币)	收货人应付其他费用(Other charges,consignee)	5246	cndr
Consignment. Consignee Section. Amount(托运货物.收货付费段.金额)	收货人应付区段总金额(Section total amount,consignee)	5332	cndr

字典条目名称	数据元名称	标记	变更指示符
Consignment. Consignee Supplementary Charge. Amount(托运货物. 收货人附加费. 金额)	收货人附加费用(upplementary charges,consignee)	5120	cn
Consignment. Consignee Tariff Charge. Amount(托运货物. 收货人运价计费. 金额)	按运价表应付费用(Charges'To pay'-Tariff currency)	5228	cndr
Consignment. Consignor Additional Charge. Amount(托运货物. 发货人附加费. 金额)	发货人总附加费(Additional charges total,consignor)	5008	cndr
Consignment. Consignor Assigned Identifier. Identifier(托运. 发货人指定标识. 标识符)	发货人参考号(Consignor's Reference number)	1140	cndr
Consignment. Consignor Section. Amount(托运货物. 托运人付费段. 金额)	发货人应付区段总费用(Section total charges amount, consignor)	5352	cndr
Consignment. Consignor Tariff Charge. Amount(托运货物. 托运人运费. 金额)	按运价表已付费用(Charges'paid'-Tariff currency)	5250	cndr
Consignment. Consignor Total Tariff Charge. Amount(托运货物. 托运人运费总额. 金额)	发货人总费用(Total charges,consignor)	5372	cndr
Consignment. Customs Release. DateTime(托运. 海关放行. 日期时间)		2135	add
Consignment. Customs Value Basis. Amount(托运货物. 海关估价基准. 金额)	海关价格基准(Customs value basis)	5316	cnr
Consignment. Dangerous Goods. Indicator(托运货物. 危险品. 指示符)	危险品:RID 指示符(Dangerous goods:RID indicator)	7184	cnr
Consignment. Delivery Instruction. Code(托运物. 交货说明. 代码)	交货要求,代码型(Delivery requirements,coded)	4493	cnd
Consignment. Delivery Instruction. Text(托运物. 交货说明. 文本)		4492	add
Consignment. Delivery Location. Identifier(托运. 交货地点. 标识符)	交货地,代码型(Place of delivery,coded)	3247	cndr
Consignment. Delivery Location. Text(托运. 交货地点. 文本)	交货地(Place of delivery)	3246	cndr
Consignment. Destination Charge. Amount(托运货物. 目的地费用. 金额)	目的地费用(Charges at destination)	5436	cnr
Consignment. Destination Country Name. Text(托运货物. 最终目的地国家名称. 文本)		3014	add

字典条目名称	数据元名称	标记	变更指示符
Consignment. Destination Country. Identifier(托运货物. 最终目的地国家. 标识符)		3015	add
Consignment. Disbursement. Amount(托运货物. 支出费用. 金额)	以托收货币计价的支付金额(Disbursement amount in currency of collecton)	5416	cndr
Consignment. Documentary Credit Cover. Indicator(托运货物. 跟单信用证范围. 指示符)		7290	add
Consignment. Documentary Instruction. Text(托运. 跟单信用证说明. 文本)	发货人给承运人的指示(Sender's instructions to carrier)	4284	cn
Consignment. Earliest Availability. Date Time(托运. 最早交付运输. 日期时间)		2053	add
Consignment. Entry Customs Office Location. Identifier(货物. 入境海关地点. 标识符)	入境地海关,代码型(Customs office of entry,coded)	3089	cndr
Consignment. Entry Customs Office Location. Text(货物. 入境海关地点. 文本)	入境地海关(Customs office of entry)	3088	cndr
Consignment. Exit Customs Office Location. Identifier(货物. 出境地海关地点. 标识符)	出境地海关,代码型(Customs office of exit,coded)	3097	cndr
Consignment. Exit Customs Office Location. Text(货物. 出境地海关地点. 文本)	出境地海关(Customs office of exit)	3096	cndr
Consignment. Expected Acceptance Date Time. Text(托运. 预计接收日期时间. 文本)	向承运人交货的预定日期(Expected date of delivery to carrier)	2026	cnd
Consignment. Expected Acceptance. Date Time(托运. 预计接收日期时间. 日期时间)	向承运人交货的预定日期,代码型(Expected date of delivery to carrier,coded)	2027	cnd
Consignment. Exportation Country Subdivision. Identifier(托运. 出口国行政区划. 标识符)		3515	add
Consignment. Exportation Country Subdivision. Text(托运. 出口国行政区划. 文本)		3514	add
Consignment. Exportation Country. Identifier(托运货物. 出口国. 标识符)	托运国(地区),代码型(Country whence consigned,coded)	3221	cnd

字典条目名称	数据元名称	标记	变更指示符
Consignment. Exportation. Date Time(托运. 出口. 日期时间)		2043	add
Consignment. Final Delivery Location. Identifier(托运. 最终交货地点. 标识符)		3001	add
Consignment. Final Delivery Location. Text(托运. 最终交货地点. 文本)		3000	add
Consignment. Final Destination Country. Identifier(托运货物. 最终目的地国家名称. 标识符)	目的地国(地区),代码型(Country of destination,coded)	3217	cnd
Consignment. Final Destination Country Name. Text(托运货物. 最终目的地国家名称. 文本)	目的地国(地区)(Country of destination)	3216	cndr
Consignment. Final Exportation Country. Identifier(托运货物. 最后出口国. 标识符)	最后托运国(地区),代码型(Country of last consignment, coded)	3331	cnd
Consignment. First Destination Country. Identifier(托运货物. 第一目的地国家名称. 标识符)	第一目的地国(地区),代码型(Country of first destination,coded)	3219	cnd
Consignment. For Customs Total. Amount(货物. 报关总金额. 金额)	向海关申报的货物总价格(Declared Customs value for entire consignment)	5070	cndr
Consignment. Freight Charge Basis Rate. Numeric(托运货物. 运费基准费率. 数字)	运费费率(Freight rate)	5126	cn
Consignment. Freight Charge Deduction. Amount(托运货物. 运费减免. 金额)	收货人运费扣除额(Carriage deductions,consignee)	5264	cndr
Consignment. Freight Charge. Amount(托运货物. 运费. 金额)	运输费用(Freight cost)	5290	cnr
Consignment. Freight Forwarder Assigned. Identifier(托运. 货运代理人指定. 标识符)	货运代理人参考号(Freight forwarder's reference number)	1460	cndr
Consignment. Freight Invoice Instruction. Text(托运. 运费发票开立说明. 文本)	运费计价说明(Freight invoicing instructions)	4004	cn
Consignment. Goods Item. Quantity(托运货物. 货物项. 数量)	项目总数(Total number of items)	7240	cnd
Consignment. Goods Receipt Location Name. Text(托运. 收物地点名称. 文本)	收货地点(Goods receipt place)	3160	cndr

字典条目名称	数据元名称	标记	变更指示符
Consignment. Goods Receipt Location. Identifier(托运. 收物地点. 标识符)	收货地点,代码型(Goods receipt place,coded)	3161	cndr
Consignment. Goods Release Restriction. Text(托运货物. 放货限制. 文本)	货物发放限制(Goods release restriction)	4248	cnr
Consignment. Goods Value. Amount(托运货物. 价值. 金额)	货物价值(运输用)(Goods value(for freighting))	5128	cnr
Consignment. Gross Volume. Measure(托运货物. 总体积. 计量)	托运体积(Consignment cube)	6422	cn
Consignment. Gross Weight. Measure(托运货物. 毛重. 计量)	托运物毛重(Consignment gross weight)	6012	cndr
Consignment. Handling Instruction. Code(托运货物. 装卸说明. 代码)	装卸说明,代码型(Handling instructions,coded)	4079	cnd
Consignment. Handling Instruction. Text(托运货物. 装卸说明. 文本)	装卸说明(Handling instructions)	4078	cndr
Consignment. Haulage Instruction. Code(托运货物. 拖运说明. 代码)	运货说明,代码型(Cartage instructions,coded)	4123	cndr
Consignment. Haulage Instruction. Text(托运货物. 拖运说明. 文本)	运货说明(Cartage instructions)	4122	cnr
Consignment. Identifier(托运. 标识符)		1202	u
Consignment. Information For Consignee. Text(托运. 收货人信息. 文本)	收货人信息(Information for consignee)	4070	cnd
Consignment. Insurance. Amount(托运货物. 保险. 金额)	保险费(Insurance cost)	5486	cn
Consignment. Insured Value. Amount(托运货物. 投保价值. 金额)	保险金额(数字表示)(Value insured(in figures))	5011	cndr
Consignment. Insured Value. Text(托运货物. 投保价值. 文本)	保险金额(字母表示)(Value insured(in letters))	5010	cn
Consignment. Latest Availability. Date Time(托运. 最迟可用. 日期时间)		2103	add
Consignment. Loading Date Time. Text(货物. 装运日期时间. 文本)	装船日期(Shipped on board date)	2346	cnd
Consignment. Loading Instruction. Code(托运货物. 装货说明. 代码)	装货说明,代码型(Loading instructions,coded)	4081	cnd
Consignment. Loading Instruction. Text(托运货物. 装货说明. 文本)	装货说明(Loading instructions)	4080	cn
Consignment. Loading Length. Measure(托运货物. 装载长度. 计量)		6044	add
Consignment. Loading Location. Identifier(货物. 装载地点. 标识符)	装货地点,代码型(Place of loading,coded)	3335	cndr
Consignment. Loading Location. Text(托运货物. 装载地点. 文本)	装货地点(Place of loading)	3334	cndr
Consignment. Loading Sequence. Identifier(托运. 装载顺序. 标识符)	托运物装载顺序号(Consignment load sequence number)	1312	cnd

字典条目名称	数据元名称	标记	变更指示符
Consignment. Loading. Date Time(托运货物. 装载. 日期时间)	装船日期,代码型(Shipped on board date,coded)	2347	cndr
Consignment. Marking Instruction. Code(托运货物. 标志制作说明. 代码)	标志说明,代码型(Marking instructions,coded)	4233	cnd
Consignment. Net Weight. Measure(托运货物. 净重. 计量)		6014	add
Consignment. Nil Carriage Value. Indicator(托运货物. 无运输价值. 指示符)		5168	add
Consignment. Nil Customs Value. Indicator(托运货物无海关价值. 指示符)		5170	add
Consignment. Nil Insurance Value. Indicator(托运货物. 无保险价值. 指示符)		5166	add
Consignment. Origin Country Name. Text(托运货物. 原产地国名称. 文本)	原产地国(地区)(Country of origin)	3238	cndr
Consignment. Origin Country. Identifier(托运货物. 原产地国. 标识符)	原产地国(地区),代码型(Country of origin,coded)	3239	cnd
Consignment. Original Loading Location. Identifier(货物. 最初装运地点. 标识符)		3099	add
Consignment. Other Charge. Amount(托运货物. 其他费用. 金额)	其他费用金额(Other charges amount)	5208	cn
Consignment. Other Cost. Amount(托运货物. 其他费用. 金额)	其他费用(Other costs)	5346	cnr
Consignment. Package Type. Text(托运货物. 包装类型. 文本)		7014	add
Consignment. Package. Quantity(托运货物. 包装. 数量)	总件数(Total number of packages)	7370	cndr
Consignment. Payment Instruction. Code(托运货物. 付款说明. 代码)	预付款说明,代码型(Pre-payment instructions,coded)	4103	cndr
Consignment. Payment Instruction. Text(托运货物. 付款说明. 文本)	预付款说明(Pre-payment instructions)	4102	cndr
Consignment. Prepaid Other Charge. Indicator(托运货物. 预付其他费用. 指示符)	预付其他费用(Other charges,prepaid)	5158	cnr
Consignment. Prepaid Utilised. Amount(托运货物. 预付. 金额)	已用金额(Amount utilized)	5150	cndr
Consignment. Prepaid Weight And Valuation Charge. Indicator(托运货物. 从重和从价计费预付. 指示符)	预付从重计费/从价计费(Weight/Valuation charge, prepaid)	5298	cnr

字典条目名称	数据元名称	标记	变更指示符
Consignment. Prepaid Weight Charge. Amount(托运货物. 预付计重费用. 金额)	预付从重计费(Weight charge,prepaid)	5350	cndr
Consignment. Receipt Date Time. Text(托运货物. 接收日期时间. 文本)	收货日期(Goods receipt date)	2440	cnd
Consignment. Receipt. Identifier(托运. 收据. 标识符)	收讫号(Received number)	1150	cndr
Consignment. Relay Location. Identifier(托运货物. 中转地点. 标识符)		3069	add
Consignment. Relay Location. Text(托运货物. 中转地点. 文本)		3068	add
Consignment. Route. Code(托运. 路线. 代码)	运输路线,代码型(Route,coded)	3051	cndr
Consignment. Route. Text(托运. 路线. 文本)	运输路线(Routes)	3050	cndr
Consignment. Sender Additional Charge. Amount(托运. 发送方附加费. 金额)	发送人附加费用(Supplementary charges,sender)	5002	cnr
Consignment. Sender Balance. Amount(托运货物. 发送方运费余额. 金额)	发货人应付运费余额(Carriage balance,sender)	5276	cndr
Consignment. Sender Brought Forward Payment. Amount(托运货物. 发送方上期结转付款. 金额)	发货人付款金额(Amount paid by sender)	5080	cnd
Consignment. Sender Freight Charge. Amount(托运货物. 发货方运费. 金额)	发货人所付运费(Carriage charges,sender)	5176	cndr
Consignment. Sender Other Charge. Amount(托运货物. 发送方其他付费. 金额)	发货人所付其他费用(Other charges,sender)	5322	cndr
Consignment. Sequence. Identifier(托运. 顺序. 标识符)	拼装货物项号(Consolidation item number)	1490	cndr
Consignment. Split Goods Item. Code(托运. 分装货物项. 代码)	托运物说明,代码型(Consignment description,coded)	4223	cndr
Consignment. Status. Code(托运货物. 状态. 代码)	托运物状况,代码型(Consignment status,coded)	4225	cnr
Consignment. Summary Description. Text(托运货物. 摘要描述. 文本)	简要货物描述(Brief cargo description)	7004	cndr
Consignment. Tariff Class. Amount(托运货物. 运价等级. 金额)	运费项目金额(Freight item amount)	5432	cnr
Consignment. Tariff. Code(托运货物. 运价. 代码)	所用运价表,代码型(Tariff applied,coded)	5431	cnd
Consignment. Tariff. Text(托运货物. 运价. 文本)	所用运价表(Tariff applied)	5430	cnd

字典条目名称	数据元名称	标记	变更指示符
Consignment. To Importation Location Insurance. Amount(托运货物. 至进口地点保险. 金额)	保险费(海关)(Insurance cost(Customs))	5488	cnr
Consignment. Total Collect Carrier Other Charge. Amount(托运货物. 到付的承运人其他费收. 金额)	承运人应收的其他总费用(Total other charges due carrier, to collect)	5320	cnr
Consignment. Total Collect Freight Charge. Amount(托运货物. 到付运费总金额. 金额)	收费总额(Total collect charges)	5398	cndr
Consignment. Total Paid To Carrier By Sender Charge. Amount(托运货物. 发送方应付承运人费用总金额. 金额)	发货人总费用(Total charges, sender)	5428	cndr
Consignment. Total Prepaid Due Carrier Other Charge. Amount(托运货物. 承运人其他费收预付合计. 金额)	预付给承运人的其他总费用(Total other charges due carrier, prepaid)	5270	cnr
Consignment. Total Prepaid Freight Charge. Amount(托运货物. 总预付运费. 金额)	预付金额(Prepaid amount)	5302	cndr
Consignment. Trade Term. Amount(托运货物. 贸易条款. 金额)		5054	add
Consignment. Transport Equipment. Quan tity(托运货物. 运输设备. 数量)	集装箱箱数(Number of containers)	8046	cnd
Consignment. Transport. Text(托运货物. 运输. 文本)	运输事项(Transport details)	8012	cn
Consignment. Transshipment Location. Identifier(托运. 转运地点. 标识符)	转运地,代码型(Transhipment place, coded)	3425	cndr
Consignment. Transshipment Location. Text(托运. 转运地点. 文本)	转运地(Transhipment place)	3424	cndr
Consignment. Unloading Location. Identifier(托运. 卸货地点. 标识符)	卸货地点,代码型(Place of discharge, coded)	3393	cndr
Consignment. Unloading Location. Text(托运. 卸货地点. 文本)	卸货地点(Place of discharge)	3392	cndr
Consignment. Unloading. Date Time(托运. 卸载. 日期时间)		2113	add
Consignor. Party Identification. Text(发货人. 参与方标识. 文本)	发货人(Consignor)	3336	cndr
Consignor. Party. Identifier(发货人. 参与方. 标识符)	发货人,代码型(Consignor, coded)	3337	cnd
Consolidated Invoice. Amount(合并发票. 金额)	总发票金额(Total Invoice amount)	5444	cndr
Consolidation. Consignment. Quantity(拼装. 托运货物. 数量)		6054	add

字典条目名称	数据元名称	标记	变更指示符
Consolidation. Goods Item. Quantity(拼装. 货物项. 数量)		6056	add
Consolidation. Gross Volume. Measure(拼装. 总容量. 计量)		6038	add
Consolidation. Gross Weight. Measure(拼装. 毛重. 计量)		6036	add
Consolidation. Load Plan. Identifier(拼装. 装载图. 标识符)		1045	add
Consolidation. Loading Length. Measure(拼装. 装载长度. 计量)		6042	add
Consolidation. Net Weight. Measure(拼装. 净重. 计量)		6040	add
Consolidation. Package. Quantity(拼装. 包装. 数量)		6094	add
Contact. Function. Code(联系. 功能. 代码)	联系功能,代码型(Contact function,coded)	3139	cnd
Contact. Identifier(联系人. 标识符)	部门或人员标识(Department or employee identification)	3413	cnd
Contact. Name. Text(联系人. 姓名. 文本)	部门或人员(Department or employee)	3412	cnd
Contract Document Addendum. Identifier(合同证书附件. 标识符)	合同附件号(Contract Addendum number)	1318	cndr
Contract Document Addendum. Issue Date Time. Text(合同附件. 签发日期时间. 文本)	合同附件日期(Contract Addendum date)	2354	cnd
Contract Document Addendum. Issue. Date Time(合同附件. 签发. 日期时间)	合同附件日期,代码型(Contract Addendum date,coded)	2355	cndr
Contract Document. Identifier(合同证书. 标识符)	合同号(Contract number)	1296	cndr
Contract Document. Issue Date Time. Text(合同. 签发日期时间. 文本)	合同日期(Contract date)	2326	cnd
Contract Document. Issue. Date Time(合同. 签发. 日期时间)	合同日期,代码型(Contract date,coded)	2327	cndr
Contract Document. Type. Code(合同. 类型. 代码)	交易特征,代码型(Nature of transaction,coded)	4423	cnd
Contract Document. Type. Text(合同. 类型. 文本)	交易特征(Nature of transaction)	4422	cnd
Contract. Total Amount. Amount(合同. 总金额. 金额)	合同金额(Contract amount)	5060	cndr
Contribution. Function. Code(分摊. 功能. 代码)	分摊额限定符(Contribution qualifier)	5047	cnd
Contribution. Type. Code(分摊. 类型. 代码)	分摊额类型,代码型(Contribution type,coded)	5049	cnd
Contribution. Type. Text(分摊. 类型. 文本)	分摊额类型(Contribution type)	5048	cnd
Control Total. Type. Code(控制总计. 类型. 代码)	控制限定符(Control qualifier)	6069	cnd

字典条目名称	数据元名称	标记	变更指示符
Controlling Agency. Identifier(管理机构. 标识符)		1481	add
Conveyance Arrival Declaration Document. Identifier(运输工具抵达申报单. 标识符)		1077	add
Conveyance Departure Declaration Document. Identifier(运输工具驶离申报单. 标识符)		1079	add
Country. Identifier(国家. 标识符)	国家(地区),代码型(Country,coded)	3207	cnd
Country. Name. Text(国家. 名称. 文本)	国家(地区)(Country)	3206	cndr
Country. Relationship. Code(国家. 关系. 代码)	国家(地区)关系,代码型(Country relationship,coded)	4443	cnr
Country. Subdivision. Identifier(国家. 行政区划. 标识符)	国家行政区划标识(Country sub-entity identification)	3229	cnd
Country. Subdivision. Text(国家. 行政区划. 文本)	国家行政区划,名称(Country sub-entity,name)	3228	cndr
Credit Cover. Request Type. Code(保证金. 请求类型. 代码)		4505	add
Credit Cover. Response Reason. Code(保证金. 回复原因. 代码)		4509	add
Credit Cover. Response Type. Code(保证金. 回复类型. 代码)		4507	add
Credit Note Document. Identifier(贷记通知单. 标识符)		1113	add
Credit Note Document. Issue. Date Time(信用证通知单. 签发. 日期时间)		2177	add
Crew. Personal Effects. Text(乘务人员. 个人财物. 文本)	乘务人员随带品(Crew's effects)	7410	cnd
Crew. Quantity(乘务员. 数量)		6106	add
Currency. Exchange Rate. Numeric(货币. 汇率. 数字)	汇率(Rate of exchange)	5402	cndr
Currency. Identifier(货币. 标识符)	货币,代码型(Currency,coded)	6345	cnd
Currency. Market. Identifier(货币. 市场. 标识符)	外汇交易市场,代码型(Currency market exchange,coded)	6341	cnd
Currency. Rate. Numeric(货币. 比率. 数字)	货币率基准(Currency rate base)	6348	cnd
Currency. Text(货币. 文本)	货币(Currency)	6344	cn
Currency. Type. Code(货币. 类型. 代码)	货币限定符(Currency qualifier)	6343	cnd
Currency. Usage. Code(货币. 用法. 代码)	货币细目限定符(Currency details qualifier)	6347	cnd

字典条目名称	数据元名称	标记	变更指示符
Customs Control. Start Date. Indicator(海关监管.开始日期.指示符)		2056	add
Customs Declaration Document. Issue. Date Time(海关申报单.签发.日期时间)		2055	add
Customs Declaration Document. Lodgement Date Time. Text(海关申报单.提交日期时间.文本)	货物报关单提交日期(海关)(Goods declaration presentation date(Customs))	2032	cnd
Customs Declaration Document. Lodgement Location. Identifier(申报单.栈存地点.标识符)		3265	add
Customs Declaration Document. Lodgement. Date Time(海关申报单.提交日期时间.日期时间)	货物报关单提交日期(海关),代码型(Goods declaration presentation date(Customs),coded)	2033	cndr
Customs Declaration Document. Trader Assigned. Identifier(海关申报单.贸易商指定.标识符)		1097	add
Customs Declaration. Invoice. Amount(海关申报.发票.金额)		5072	add
Customs Information. Text(海关信息.文本)	海关信息(Customs information)	4034	cndr
Customs Party. Procedure. Code(海关当事方.程序.代码)	海关手续,代码型(Customs procedure,coded)	9381	cndr
Customs Party. Procedure. Text(海关当事方.程序.文本)	海关手续(Customs procedure)	9380	cnd
Customs Procedure. Date Time(海关手续.日期时间)		2049	add
Customs Tariff. Quantity Deduction. Quantity(海关税则.扣除数量.量)		6032	add
Customs Valuation. Method. Code(海关估价.方法.代码)		5509	add
Customs. Additional Value Basis. Amount(海关.附加价值基准.金额)	附加额(海关)(Added amount(Customs))	5238	cnr
Customs. Allowable Deduction Basis. Amount(海关.允许减免基准.金额)	扣除金额(海关)(Deducted amount(Customs))	5020	cndr
Customs. Clearance Location. Identifier(海关.结关地点.标识符)		3081	add
Customs. Clearance Location. Text(海关.结关地点.文本)	结关地点(Customs clearance place)	3080	cndr
Customs. Previous Procedure. Code(海关.上一道手续.代码)	前期海关手续,代码型(Previous Customs procedure,coded)	9033	cndr

字典条目名称	数据元名称	标记	变更指示符
Customs. Previous Procedure. Text(海关. 上一道手续. 文本)	前期海关手续(Previous Customs procedure)	9032	cn
[D]			
Damage. Area. Code(残损. 部位. 代码)		7503	add
Damage. Area. Text(残损. 部位. 文本)		7502	add
Damage. Detail Type. Code(残损. 明细类型. 代码)		7493	add
Damage. Severity. Code(残损. 严重性. 代码)		7509	add
Damage. Severity. Text(残损. 严重性. 文本)		7508	add
Damage. Type. Code(残损. 类型. 代码)		7501	add
Damage. Type. Text(残损. 类型. 文本)		7500	add
Dangerous Goods Declaration Document. Identifier(危险品申报单. 标识符)		1115	add
Dangerous Goods Declaration Document. Issue. Date Time(危险品申报单. 签发. 日期时间)		2179	add
Dangerous Goods. Additional Information. Text(危险品. 附加信息. 文本)	危险品附加信息(Dangerous goods additional information)	7488	cn
Dangerous Goods. Certifying Text. Text(危险品. 证明文本. 文本)	ADR/IMDG 证书(ADR/IMDG Certification)	4202	cndr
Dangerous Goods. Contact Name. Text(危险品. 联系人名称. 文本)		3060	add
Dangerous Goods. Emergency Contact Name. Text(危险品. 紧急联系人名称. 文本)		3058	add
Dangerous Goods. Flashpoint. Measure(危险品. 闪点. 计量)	危险品闪点(Dangerous goods flashpoint)	7088	cnd
Dangerous Goods. Hazard Class. Identifier(危险品. 危险等级. 标识符)	危险品代码标识(Hazard code identification)	8351	cnd
Dangerous Goods. Lower Part Orange Hazard Placard. Identifier(危险品. 橙色下标. 标识符)	物品标识下位号(Substance identification number, lower part)	8186	cnd
Dangerous Goods. Marking. Identifier(危险品. 标记. 标识符)	危险品标记(Dangerous goods label marking)	8246	cnd
Dangerous Goods. Net Weight. Measure(危险品. 净重. 计量)	危险品净量(Dangerous goods net quantity)	6420	cnr
Dangerous Goods. Regulation. Code(危险品. 规则. 代码)	危险品规则,代码型(Dangerous goods regulations, coded)	8273	cnd

字典条目名称	数据元名称	标记	变更指示符
Dangerous Goods. Technical Name. Text(危险品.技术名称.文本)	危险品技术名称(Dangerous goods technical name)	7254	cn
Dangerous Goods. Transport Authorisation. Code(危险品.运输核准.代码)	运输许可,代码型(Permission for transport,coded)	8211	cnd
Dangerous Goods. Transport Emergency Card. Identifier(危险品.运输应急卡.标识符)	紧急卡号(Trem card number)	8126	cnd
Dangerous Goods. Transport Emergency Procedure. Identifier(危险品.运输应急措施.标识符)	EMS(船舶载运危险货物应急措施)号(EMS number)	8364	cnd
Dangerous Goods. Upper Part Orange Hazard Placard. Identifier(危险品.橙色上标.标识符)	危险品标识上位号(Hazard identification number,upper part)	8158	cnd
Data Element. Function. Code(数据元.功能.代码)		9175	add
Data Element. Tag. Identifier(数据元.标记.标识符)		9162	add
Data Set. Identifier(数据集.标识符)		1521	add
Data. Format. Code(数据.格式.代码)		1503	add
Data. Format. Text(数据.格式.文本)		1502	add
Data. Representation. Code(数据.表示.代码)		9169	add
Data. Type. Code(数据.类型.代码)		9605	add
Date Or Time Or Period. Text(日期、时间或期限.文本)	日期/时间/期限(Date/time/period)	2380	cndr
Date Or Time Or Period. Format. Code(日期、时间或期限.格式.代码)	日期/时间/期限格式限定符(Date/time/period format qualifier)	2379	cnd
Date. Date. Date Time(日期.日期.日期时间)	日期,代码型	2001	U
Date. Date. Text(日期.日期.文本)	日期	2000	U
Date. Function. Code(日期.功能.代码)	日期/时间/期限限定符(Date/time/period qualifier)	2005	cnd
Date. Variation. Numeric(日期.变更.数字)		2148	add
Day Of Week. Code(一周中每天.代码)		2161	add
Debit Note Document. Identifier(借记通知单.标识符)		1117	add
Debit Note Document. Issue. Date Time(借方通知单.签发.日期时间)		2181	add

字典条目名称	数据元名称	标记	变更指示符
Declarant. Party Identification. Text(申报. 参与方标识. 文本)	申报方(Declarant)	3140	cnr
Declarant. Party. Identifier(申报. 参与方. 标识符)	申报方,代码型(Declarant,coded)	3141	cnd
Declaration. Reporting Port Location. Identifier(申报. 报告港口地点. 标识符)	报告单制作港口,代码型(Port where report is made,coded)	3041	cnd
Declaration. Reporting Port Location. Text(申报. 报告港口地点. 文本)	报告单制作港口(Port where report is made)	3040	cndr
Definition. Extent. Code(定义. 范围. 代码)		9025	add
Definition. Function. Code(定义. 功能. 代码)		9023	add
Definition. Identifier(定义. 标识符)		4519	add
Delivery Instruction. Identifier(交货指示. 标识符)	交货指示号(Delivery instruction number)	1174	cndr
Delivery Note Document. Identifier(交货通知单. 标识符)		1033	add
Delivery Party. Party Identification. Text(交货方. 参与方标识. 文本)	交货人(Delivery party)	3144	cndr
Delivery Party. Party. Identifier(交货方. 参与方. 标识符)	交货人,代码型(Delivery party,coded)	3145	cnd
Delivery Plan. Commitment Level. Code(交付计划. 约定等级. 代码)	交货计划状况指示符,代码型(Delivery plan status indicator,coded)	4017	cnd
Delivery. Earliest. Date Time(交货. 最早. 日期时间)		2091	add
Delivery. Earliest Date Time. Text(交货. 最早日期时间. 文本)		2090	add
Delivery. Estimated. Date Time(交货. 预计. 日期时间)		2109	add
Delivery. First Date Time. Text(交货. 首次日期时间. 文本)	交货开始日期(Delivery first date)	2136	cnd
Delivery. First. Date Time(交货. 首次. 日期时间)	交货开始日期,代码型(Delivery first date,coded)	2137	cndr
Delivery. Last Date Time. Date Time(交货. 最后日期时间. 日期时间)	交货最后日期(和时间),代码型(Delivery last date(and time),coded)	2025	cndr
Delivery. Last Date Time. Text(交货. 最后日期时间. 文本)	交货最后日期(和时间)(Delivery last date(and time))	2024	cnd
Delivery. Latest. Date Time(交货. 最后. 日期时间)		2093	add
Delivery. Latest Date Time. Text(交货. 最后日期时间. 文本)		2092	add
Delivery. Period Date Time. Text(交货. 期限日期时间. 文本)	交货月(Delivery month)	2310	cnd
Delivery. Period. Date Time(交货. 期限. 日期时间)	交货月,代码型(Delivery month,coded)	2311	cndr

字典条目名称	数据元名称	标记	变更指示符
Delivery. Promised Before. Date Time(交货. 约定. 日期时间)		2139	add
Delivery. Promised Before Date Time. Text(交货. 约定日期时间. 文本)	交货时间(Time of delivery)	2138	cnd
Delivery. Requested. Date Time(交货. 请求. 日期时间)		2105	add
Description. Format. Code(描述. 格式. 代码)	项目描述类型,代码型(Item description type,coded)	7077	cnd
Designated Class. Code(指示符分类. 代码)		1507	add
Despatch Advice Document. Identifier(发货通知单. 标识符)		1035	add
Despatch Note Document. Identifier(发货通知单. 标识符)	发运单号(Despatch Note number)	1128	cndr
Despatch Note Document. Issue Date Time. Text(发货通知单. 签发日期时间. 文本)	发运单日期(Despatch Note date)	2218	cn
Despatch Note Document. Issue. Date Time(发运通知单. 签发. 日期时间)	发运单日期,代码型(Despatch Note date,coded)	2219	cndr
Despatch Party. Party Identification. Text(发货方. 参与方标识. 文本)	发运方(Despatch party)	3282	cndr
Despatch Party. Party. Identifier(发货方. 参与方. 标识符)	发运方,代码型(Despatch party,coded)	3283	cnd
Despatch. Actual Date Time. Text(发运. 实际日期时间. 文本)	发运日期(Despatch date)	2170	cnd
Despatch. Actual. Date Time(发运. 实际. 日期时间)	发运日期,代码型(Despatch date,coded)	2171	cndr
Despatch. Location. Text(发货. 地点. 文本)	发运地点(Despatch place)	3150	cndr
Despatch. Pattern Timing. Code(发货. 方式具体时间. 代码)	发送方式具体时间,代码型(Despatch pattern timing,coded)	2017	cnd
Despatch. Pattern. Code(发货. 方式. 代码)	发送方式,代码型(Despatch pattern,coded)	2015	cnd
Diagnosis. Category. Code(诊断. 类别. 代码)		9639	add
Diagnosis. Type. Code(诊断. 类型. 代码)		9623	add
Dimension. Type. Code(尺寸. 类型. 代码)	尺码限定符(Dimension qualifier)	6145	cnd
Directory. Status. Identifier(目录. 状态. 标识符)		9148	add
Discharge. Type. Code(出院. 类型. 代码)		9447	add
Discharge. Type. Text(出院. 类型. 文本)		9446	add

字典条目名称	数据元名称	标记	变更指示符
Discount. Amount(折扣. 金额)	折扣(Discount)	5014	cndr
Discrepancy. Nature. Identifier(差异. 性质. 标识符)	单货不符,代码型(Discrepancy,coded)	4221	cndr
Document Declared Gross Weight. Measure(单证申明毛重. 计量)		6092	add
Document Despatch Notice Document. Issue. Date Time(单证发运公告单. 签发. 日期时间)		2175	add
Document Line. Identifier(单证行. 标识符)	行号(Line number)	1156	cnd
Document Preparing Party. Identifier(单证制作方. 标识符)		3085	add
Document. Acceptance. Date Time(单证. 接收. 日期时间)		2097	add
Document. Authentication. Code(单证. 认证. 代码)	认证,代码型(Authentication,coded)	4427	cnd
Document. Authentication. Text(单证. 认证. 文本)	认证(Authentication)	4426	cnd
Document. Cancellation. Date Time(单证. 取消. 日期时间)		2095	add
Document. Carrier Party Authentication. Text(单证. 承运人确认. 文本)	承运人认证(Authentication by carrier)	4130	cn
Document. Control Total. Numeric(单证. 控制总计. 数字)	控制值(Control value)	6066	cnd
Document. Copies Issued. Quantity(单证. 签发的副本. 数量)		1069	add
Document. Copies Issued Quantity. Text(单证. 签发的副本数量. 文本)		1068	add
Document. Copies Required. Quantity(单证. 所需的副本. 数量)	所需单证份数(Number of copies of document required)	1220	cnd
Document. Disposition. Text(单证. 编排. 文本)		4144	add
Document. Effective End Date Time. Text(单证. 有效截止日期时间. 文本)		2058	add
Document. Effective End. Date Time(单证. 有效截止. 日期时间)		2059	add
Document. Endorsement. Text(单证. 背书. 文本)	背书(Endorsement)	4428	cnd
Document. Exemplar. Quantity(单证. 份数. 数量)	随附单证份数(Number of copies of document enclosed)	1198	cnd
Document. Function. Code(单证. 功能. 代码)	报文功能,代码型(Message function,coded)	1225	cnd
Document. Identifier(单证. 标识符)	单证/报文号(Document/message number)	1004	cnd
Document. Information. Text(单证. 信息. 文本)		4142	add

字典条目名称	数据元名称	标记	变更指示符
Document. Issue Date Time. Text(单证. 签发日期时间. 文本)	单证日期(Document date)	2006	cnd
Document. Issue Location. Identifier(单证. 签发地点. 标识符)	单证签发地,代码型(Place of issue of document,coded)	3411	cndr
Document. Issue Location. Text(单证. 签发地点. 文本)	单证签发地(Place of issue of document)	3410	cndr
Document. Issue. Date Time(单证. 签发. 日期时间)	单证日期,代码型(Document date,coded)	2007	cndr
Document. Issuer Declaration. Text(单证. 签发方声明. 文本)	声明(Declaration)	4020	cnd
Document. Item. Identifier(单证. 项. 标识符)	报文项号(Message item number)	1052	cnd
Document. Line Action. Code(单证. 行行为. 代码)	单证项指示符,代码型(Document line indicator,coded)	1073	cnd
Document. Original. Indicator(单证. 正本. 指示符)	正本提单(Original Bill of Lading)	4366	cndr
Document. Originals Issued Quantity. Text(单证. 签发的正本数量. 文本)	正本提单份数(文字型)(Number of original Bills of Lading,in words)	1066	cnd
Document. Originals Issued. Quantity(单证. 签发的正本. 数量)	正本提单份数(数字型)(Number of original Bills of Lading,in figures)	1067	cnd
Document. Originals Required. Quantity(单证. 所需的正本. 数量)	所需正本单证的份数(Number of originals of document required)	1218	cnd
Document. Page. Identifier(单证页. 标识符)	页号(Page number)	1212	cnd
Document. Receiving Party Contact Name. Text(单证. 接受方联系人姓名. 文本)		3516	add
Document. Receiving Party Identification. Text(单证. 接受方标识. 文本)		3520	add
Document. Receiving Party. Identifier(单证. 接受方. 标识符)		3521	add
Document. Recipient Name. Text(单证. 接收方名称. 文本)	单证接收方(Document recipient)	1370	cnd
Document. Release Location. Identifier(单证. 发放地点. 标识符)		3017	add
Document. Release Location. Text(单证. 发放地点. 文本)		3016	add
Document. Rule Section. Identifier(单证. 规则区. 标识符)		1029	add
Document. Section. Code(单证. 栏目. 代码)	报文节,代码型(Message section,coded)	1049	cnd
Document. Sending Party Contact Name. Text(单证. 发送方联系人姓名. 文本)		3518	add

字典条目名称	数据元名称	标记	变更指示符
Document. Sending Party Identification. Text(单证. 发送方标识. 文本)		3522	add
Document. Sending Party. Identifier(单证. 发送方. 标识符)		3523	add
Document. Source. Text(单证. 来源. 文本)	单证/报文出处(Document/message source)	1366	cndr
Document. Status. Code(单证. 状况. 代码)	单证/报文状况,代码型(Document/message status,coded)	1373	cnd
Document. Sub-Item. Identifier(单证. 分项. 标识符)	报文分项号(Message su-item number)	1054	cnd
Document. Total Page. Quantity(单证. 总页数. 数量)	页数(Number of pages)	1046	cnd
Document. Type Name. Text(单证. 类型名称. 文本)	单证/报文名称(Document/message name)	1000	cnd
Document. Type. Code(单证. 类型. 代码)	单证/报文名称,代码型(Document/message name,coded)	1001	cndr
Document. Type. Identifier(单证. 类型. 标识符)	报文名称,代码型(Message name,coded)	1003	cnd
Documentary Credit Advising Bank. Party Identification. Text(跟单信用证通知银行. 参与方标识. 文本)	跟单信用证通知行(Documentary credit advising bank)	3190	cndr
Documentary Credit Applicant Agent Bank. Party Identification. Text(跟单信用证申请代理银行. 参与方标识. 文本)	跟单信用证申请行(Documentary credit applicant bank)	3234	cndr
Documentary Credit Applicant. Party Identification. Text(跟单信用证申请人. 参与方标识. 文本)	跟单信用证申请人(Documentary credit applicant)	3198	cndr
Documentary Credit Available Bank. Party Identification. Text(跟单信用证承兑行. 参与方标识. 文本)	跟单信用证承兑行(Documentary credit available with)	3242	cndr
Documentary Credit Beneficiary. Party Identification. Text(跟单信用证受益人. 参与方标识. 文本)	跟单信用证受益人(Documentary credit beneficiary)	3260	cndr
Documentary Credit Confirming Bank. Party Identification. Text(跟单信用证确认行. 参与方标识. 文本)	跟单信用证确认行(Documentary credit confirming bank)	3270	cndr
Documentary Credit Document. Additional Information. Text(跟单信用证. 附加信息. 文本)	跟单信用证金额限制(Documentary credit amount qualification)	4270	cn
Documentary Credit Document. Effective End Date Time. Text(跟单信用证. 有效截止日期时间. 文本)	跟单信用证到期日期(Documentary credit expiry date)	2210	cnd

字典条目名称	数据元名称	标记	变更指示符
Documentary Credit Document. Effective End. Date Time(跟单信用证. 有效截止. 日期时间)	跟单信用证到期日期，代码型(Documentary credit expiry date，coded)	2211	cndr
Documentary Credit Document. Expiry Location. Identifier(跟单信用证. 有效期截止地点. 标识符)	跟单信用证失效地点，代码型(Documentary credit expiry place，coded)	3213	cndr
Documentary Credit Document. Expiry Location. Text(跟单信用证. 有效期截止地点. 文本)	跟单信用证失效地点(Documentary credit expiry place)	3212	cndr
Documentary Credit Document. Issue Date Time. Text(跟单信用证. 签发日期时间. 文本)	跟单信用证开证日期(Documentary credit issue date)	2236	cnd
Documentary Credit Document. Issue. Date Time(跟单信用证. 签发. 日期时间)	跟单信用证开证日期，代码型(Documentary credit issue date，coded)	2237	cndr
Documentary Credit Document. Presentation Duration. Text(跟单信用证. 交单期限. 文本)	跟单信用证交单期限(Documentary credit presentation period)	2060	cnd
Documentary Credit Drawee. Party Identification. Text(跟单信用证受票人. 参与方标识. 文本)	跟单信用证受票人(Documentary credit drawee)	3290	cndr
Documentary Credit Issuing Bank. Party Identification. Text(跟单信用证开证行. 参与方标识. 文本)	跟单信用证开证行(Documentary credit issuing bank)	3320	cndr
Documentary Credit Reimbursing Bank. Party Identification. Text (跟单信用证偿付行. 参与方标识. 文本)	跟单信用证偿付行(Documentary credit reimbursing bank)	3350	cndr
Documentary Credit. Additional Condition. Text(跟单信用证. 附加条款. 文本)	跟单信用证附加条件(Documentary credit additional conditions)	4260	cnr
Documentary Credit. Amount(跟单信用证. 金额)	跟单信用证金额(Documentary credit amount)	5450	cd
Documentary Credit. Charge Instruction. Text(跟单信用证. 费用说明. 文本)	跟单信用证费用(Documentary credit charges)	5460	cnr
Documentary Credit. Identifier(跟单信用证. 标识符)	跟单信用证号(Documentary credit number)	1172	cndr
Domain. Function. Code(定义域. 功能. 代码)	行业标识限定符(Sector/subject identification qualifier)	7293	cnd
Domain. Requirement Or Condition. Identifier(定义域. 要求或条件. 标识符)	需求或条件标识(Requirement/condition identification)	7295	cnd

字典条目名称	数据元名称	标记	变更指示符
Domain. Requirement Or Condition. Text(定义域. 要求或条件. 文本)		7294	add
Dosage. Administration Type. Code(剂量. 管理类型. 代码)		6085	add
Dosage. Identifier(剂量. 标识符)		6083	add
Dosage. Text(剂量. 文本)		6082	add
[E]			
Edit Field. Character Length. Quantity(编辑字段. 字符长度. 数量)		6178	add
Edit Mask. Format. Identifier(编辑掩码. 格式. 标识符)		9026	add
Edit Mask. Representation. Code(编辑掩码. 表示. 代码)		9031	add
Employment. Category. Code(职业. 分类. 代码)	职业类别,代码型(Employment category,coded)	9005	cnd
Employment. Category. Text(职业. 分类. 文本)	职业类别(Employment category)	9004	cnd
Employment. Detail Function. Code(职业. 详细职能. 代码)	职业限定符(Employment qualifier)	9003	cnd
Enclosed Document. Function Name. Text(随附单证. 功能名称. 文本)	随附单证(Document enclosed)	1346	cndr
Enclosed Document. Function. Code(随附单证. 功能. 代码)	随附单证,代码型(Document enclosed,coded)	1347	cndr
Engineering. Change. Identifier(工程. 变更. 标识符)	工程变更号(Engineering change number)	1376	cndr
Event. Category. Code(事件. 类别. 代码)		9637	add
Event. Category. Text(事件. 类别. 文本)		9636	add
Event. Code(事件. 代码)		9173	add
Event. Contact Name. Text(事件. 联系人姓名. 文本)		3064	add
Event. Contact Party Identification. Text(事件. 联系方标识. 文本)		3062	add
Event. Date Time(事件. 日期时间)		2193	add
Event. Effective End. Date Time(事件. 有效截止. 日期时间)	有效截止日期,代码型(Effective to date,coded)	2073	cndr
Event. Effective Start. Date Time(事件. 有效开始. 日期时间)	生效日期,代码型(Effective from date,coded)	2069	cndr
Event. Function. Code(事件. 功能. 代码)		9635	add
Event. Identifier(事件. 标识符)		1007	add

字典条目名称	数据元名称	标记	变更指示符
Event. Location. Identifier(事件. 地点. 标识符)		3525	add
Event. Location. Text(事件. 地点. 文本)		3524	add
Event. Notification. Date Time(事件. 通知. 日期时间)		2133	add
Event. Sequence. Identifier(事件. 顺序. 标识符)		1008	add
Event. Text(事件. 文本)		9172	add
Event. Time Reference. Code(事件. 时间参考. 代码)	付款时间参考,代码型(Payment time reference,coded)	2475	cnd
Event. Type. Code(事件. 类型. 代码)		9171	add
Event. Type. Text(事件. 类型. 文本)		9170	add
Excess Transport Movement. Reason. Code(追加运输. 原因. 代码)	额外运输原因,代码型(Excess transportation reason,coded)	8457	cnd
Excess Transport Movement. Responsible Party. Code(追加运输. 责任方. 代码)	额外运输责任,代码型(Excess transportation responsibility, coded)	8459	cnd
Excess Transport Movement. Service. Identifier(额外运输搬移服务. 标识符)		1041	add
Exit To Entry. Charge. Amount(出口到进口. 费用. 金额)		5506	add
Export Permit. Control Classification. Identifier(出口许可证. 管理分类. 标识符)		1095	add
Export Permit. Effective End Date Time. Text(出口许可证. 有效截止日期时间. 文本)	出口许可证有效截止日期(Export Licence expiry date)	2078	cnd
Export Permit. Effective End. Date Time(出口许可证. 有效截止. 日期时间)	出口许可证有效截止日期,代码型(Export Licence expiry date,coded)	2079	cndr
Export Permit. Effective Start Date Time. Text(出口许可证. 生效开始日期时间. 文本)	出口许可证生效日期(Export Licence commencement date)	2240	cnd
Export Permit. Effective Start. Date Time(出口许可证. 生效开始. 日期时间)	出口许可证生效日期,代码型(Export Licence commencement date,coded)	2241	cndr
Export Permit. Identifier(出口许可证. 标识符)	出口许可证号(Export Licence number)	1208	cndr
Export Permit. Validity Period. Text(出口许可证. 有效期限. 文本)	出口许可证有效期限(Export Licence validity period)	2308	cnd

字典条目名称	数据元名称	标记	变更指示符
Exportation Country. Name. Text(出口国.名称.文本)	托运国(地区)(Country whence consigned)	3220	cndr
Exporter. Party Identification. Text(出口方(商).参与方标识.文本)	出口方(商)(Exporter)	3030	cndr
Exporter. Party. Identifier(出口方(商).参与方.标识符)	出口方(商),代码型(Exporter,coded)	3031	cnd
[F]			
Facility. Type. Code(便利条件.类型.代码)		9039	add
Facility. Type. Text(设施.类型.文本)		9038	add
File. Compression Technique. Text(文件.压缩技术.文本)		9450	add
File. Format Name. Text(文件.格式名称.文本)		1516	add
File. Generation Command. Text(文件.生成命令.文本)		9448	add
File. Name. Text(文件.名称.文本)		1508	add
Financial Account. Holder Name. Text(账户.持有人姓名.文本)	账户名称(Account holder name)	3192	cnd
Financial Account. Holder. Identifier(账户.持有人姓名.标识符)	账号(Account holder number)	3194	cndr
Financial Institution. Branch Location. Text(金融机构.分支机构地点.文本)	分支机构地点(Institution branch place)	3436	cndr
Financial Institution. Branch. Identifier(金融机构.分支机构.标识符)	分支机构号(Institution branch number)	3434	cnd
Financial Institution. Identifier(金融机构.标识符)	机构名称标识(Institution name identification)	3433	cnd
Financial Institution. Name. Text(金融机构.名称.文本)	机构名称(Institution name)	3432	cnd
Financial Institution. Operation. Code(金融机构.操作.代码)	银行业务,代码型(Bank operation,coded)	4383	cnd
Financial Settlement. Party Identification. Text(财务结算.参与方标识.文本)	财务结算责任方(Party responsible for financial settlement)	3450	cndr
Financial Settlement. Party. Identifier(财务结算.参与方.标识符)	财务结算责任方,代码型(Party responsible for financial settlement,coded)	3451	cnd
Financial Transaction. Buyer Assigned. Identifier(金融交易.买方指定.标识符)	买方金融交易参考(Buyer's financial transaction reference)	1176	cndr
Financial Transaction. Type. Code(金融交易.类型.代码)	金融交易类型,代码型(Type of financial transaction,coded)	4487	cnd

字典条目名称	数据元名称	标记	变更指示符
First Related Location. Identifier(第一相关地点. 名称. 标识符)	第一相关地点/位置标识(Related place/location one identification)	3223	cndr
First Related Location. Name. Text(第一相关地点. 名称. 文本)	第一相关地点/位置(Related place/location one)	3222	cnd
Foot Note. Identifier(脚注. 标识符)		9432	add
Foot Note. Set. Identifier(脚注. 集合. 标识符)		9430	add
Formula Sequence. Function. Code(公式顺序. 功能. 代码)		9507	add
Formula Sequence. Name. Text(公式顺序. 名称. 文本)		9510	add
Formula Sequence. Operand. Code(公式顺序. 操作数. 代码)		9509	add
Formula. Complexity. Code(公式. 复杂性. 代码)		9505	add
Formula. Name. Text(公式. 名称. 文本)		9502	add
Formula. Type. Code(公式. 类型. 代码)		9501	add
Free Text. Code(自由格式. 代码)	自由文本,代码型(Free text,coded)	4441	cndr
Free Text. Format. Code(自由文本. 格式. 代码)		4447	add
Free Text. Function. Code(自由文本. 功能. 代码)	文本功能,代码型(Text function,coded)	4453	cnd
Free Text. Subject. Code(自由文本. 主题. 代码)	文本主题限定符(Text subject qualifier)	4451	cnd
Free Text. Text(自由格式. 文本)	自由文本(Free text)	4440	cndr
Freight Charge. Apportion Method. Code(运费. 分配方法. 代码)		5513	add
Freight Charge. Basis. Quantity(运费. 基准. 数量)	运费计费量(Freight quantity)	6256	cnd
Freight Charge. Basis. Text(运费. 基准. 文本)	运费费率基准(Freight rate basis)	6130	cnd
Freight Charge. Payable From Location. Identifier(运费. 计算起点. 标识符)	运费启算站,代码型(Freight from,coded)	3091	cndr
Freight Charge. Payable From Location. Text(运费. 计算起点. 文本)	运费启算站(Freight from)	3090	cndr
Freight Charge. Payable To Location. Identifier(运费. 计算终点. 标识符)	运费结算站,代码型(Freight to,coded)	3103	cndr
Freight Charge. Payable To Location. Text(运费. 计算终点. 文本)	运费结算站(Freight to)	3102	cndr

字典条目名称	数据元名称	标记	变更指示符
Freight Charge. Payment Method. Code(运费. 支付方式. 代码)	运费支付方式,代码型(ransport charges method of payment,coded)	4215	cnd
Freight Charge. Prepaid To Location. Text(运费. 预付地点. 文本)	运费和附加费预付至(Freight and charges prepaid to)	3032	cndr
Freight Charge. Prepayment Confirmation. Text(运费. 预付款确认. 文本)	运费预付确认(Freight prepayment confirmation)	4106	cn
Freight Charge. Quantity Unit Basis. Code(运费. 数量单位基准. 代码)	运费费率基准,代码型(Freight rate basis,coded)	6131	cnd
Freight Charge. Sequence. Identifier(运费. 顺序. 标识符)	运费项号(Freight item number)	1236	cndr
Freight Forwarder. Party Identification. Text(货运代理人. 参与方标识. 文本)	货运代理人(Freight forwarder)	3170	cn
Freight Forwarder. Party. Identifier(货运代理人. 参与方. 标识符)	货运代理人,代码型(Freight forwarder,coded)	3171	cnd
Freight Payer. Party Identification. Text(运费付款人. 参与方标识. 文本)	运费付款人(Freight payer)	3470	cndr
Freight Payer. Party. Identifier(运费付款人. 参与方. 标识符)	运费付款人,代码型(Freight payer,coded)	3471	cnd
Freight Rate. Combination Location. Identifier(运费率. 组合地点. 标识符)	费率结合点代码(Rate combination point code)	3369	cndr
Freight. Other Charge Payer. Identifier(运费. 其他费用付款人. 标识符)	费用付款人,代码型(Charges payer,coded)	3473	cnd
Freight. Other Charge Payer. Text(运费. 其他费用付款人. 文本)	费用付款人(Charges payer)	3472	cndr
Frequency. Code(频度. 代码)	频度,代码型(Frequency,coded)	2013	cnd
Frequency. Quantity(频率. 数量)	频度值(Frequency value)	6072	cnd
Frequency. Type. Code(频率. 类型. 代码)	频度限定符(Frequency qualifier)	6071	cnd
Frequent Traveller. Identifier(经常旅客. 标识符)		3459	add
[G]			
Gate. Identifier(通道. 标识符)		3463	add
Gender. Code(性别. 代码)		3499	add
Geographic Area. Identifier(地理区域. 标识符)	地理环境,代码型(Geographic environment,coded)	3279	cnd

字典条目名称	数据元名称	标记	变更指示符
Geographical Coordinate. Latitude. Measure(地理坐标. 纬度. 计量)		6000	add
Geographical Coordinate. Longitude. Measure(地理坐标. 经度. 计量)		6002	add
Goods Custodian. PartyIdentification. Text(货物监管方. 参与方标识. 文本)	货物保管员(Goods custodian)	3024	cnr
Goods Declaration Document. Acceptance Date Time. Text(货物申报单. 接受日期时间. 文本)	货物报关单接受日期(海关)(Goods declaration acceptance date(Customs))	2036	cnd
Goods Declaration Document. Acceptance. Date Time(货物报关单. 接受. 日期时间)	货物报关单接受日期(海关),代码型(Goods declaration acceptance date(Customs),coded)	2037	cndr
Goods Declaration Document. Customs. Identifier(货物申报单. 海关. 标识符)	货物报关单号(海关)(Goods declaration number(Customs))	1426	cndr
Goods Item. Containerized. Indicator(货物项. 集装箱化. 指示符)	集装箱运输指示符(Container transport indicator)	4140	cnr
Goods Item. Customs Required. Identifier(货物项. 海关要求. 标识符)	海关代码标识(Customs code identification)	7361	cnd
Goods Item. Customs Status. Code(货物项. 海关状态. 代码)		4095	add
Goods Item. Customs Tariff. Quantity(货物项. 海关税则. 数量)	附加量(Supplementary quantity)	6102	cnd
Goods Item. Description. Text(货物项. 描述. 文本)	货物描述(商品名称)(Description of goods)	7002	cndr
Goods Item. Examination Location. Identifier(货物项. 检查地点. 标识符)		3511	add
Goods Item. For Carriage Declared Value. Amount(货物项. 运输申明价值. 金额)	发运申报价格(Declared value for carriage)	5036	cnr
Goods Item. For Customs Declared Value. Amount(货物项. 海关申报价值. 金额)	海关价格(Customs value)	5032	cndr
Goods Item. For Government Transport Movement. Code(货物项. 政府管辖的运输动态. 代码)	运输动态,代码型(Transport movement,coded)	8323	cnd
Goods Item. For Statistics Declared Value. Amount(货物项. 统计申报价值. 金额)	统计价格(Statistical value)	5218	cnr
Goods Item. Gross Measurement Cube. Measure(货物项. 测量体积. 计量)	体积(Cube)	6322	cnd

字典条目名称	数据元名称	标记	变更指示符
Goods Item. Gross Weight. Measure(货物项. 毛重. 计量)	毛重(Gross weight)	6292	cnr
Goods Item. Haulage Arrangement. Code(货物项. 拖运安排. 代码)	搬运安排,代码型(Haulage arrangements,coded)	8341	cnd
Goods Item. Net Weight. Measure(货物. 项净重. 计量)		6016	add
Goods Item. Origin Country Subdivision. Identifier(货物项. 原产地国行政区划. 标识符)		3267	add
Goods Item. Package. Quantity(货物项. 包装. 数量)		7012	add
Goods Item. Sequence. Identifier(货物项. 顺序. 标识符)	货物分项号(Goods item number)	1496	cnd
Goods Item. Shipping Marks. Text(货物项. 运输标志. 文本)	运输标志(Shipping marks)	7102	cndr
Goods Item. Storage Location. Identifier(货物项. 储藏地点. 标识符)		3385	add
Goods Item. Storage Location. Text(货物项. 储藏地点. 文本)	货物位置(Location of goods)	3384	cndr
Goods Item. Transport Movement Type. Code(货物项. 运输交接方式. 代码)	动态类型,代码型(Movement type,coded)	8335	cnd
Goods Item. Transport Movement Type. Text(货物项. 运输交接方式. 文本)	动态类型(Movement type)	8334	cnd
Goods Item. Transshipment. Code(货物项. 中转. 代码)		4133	add
Goods Item. Type. Code(货物项. 类型. 代码)	商品/费率标识(Commodity/rate identification)	7357	cndr
Goods Receipt Document. Consignee Party Authentication. Text(货物收据. 收货方验证. 文本)	货物收据(Goods receipt)	4006	cn
Goods Releasing. Party Identification. Text(货物放行. 参与方标识. 文本)	货物出库管理员(Goods releaser)	3026	cnr
Goods Releasing. Party. Identifier(货物放行. 参与方. 标识符)	货物出库管理员,代码型(Goods releaser,coded)	3027	cnd
Government. Action. Code(官方. 措施. 代码)	政府行为,代码型(Government action,coded)	9417	cnd
Government. Agency. Code(官方. 机构. 代码)	政府机构,代码型(Government agency,coded)	9415	cnd
Government. Involvement. Code(官方. 牵涉. 代码)	政府参与,代码型(Government involvement,coded)	9411	cnd
Government. Procedure. Code(官方. 程序. 代码)	政府程序,代码型(Government procedure,coded)	9353	cnd

字典条目名称	数据元名称	标记	变更指示符
Group. Identifier(组.标识符)		9164	add
[H]			
Haulage. Sending Party Authentication. Text(拖运.发送方确认.文本)	发运人签证(Authentication by sender)	4136	cn
Hazard Code. Version. Identifier(危险品代码.版本.标识符)	危险品代码版本号(Hazard code version number)	8092	cnd
Hazardous Material. Category Name. Text(危险物质.分类名称.文本)		7418	add
Hazardous Material. Category. Code(危险物质.分类.代码)	危险物质分类代码,标识(Hazardous material class code,identification)	7419	cndr
Hazardous Material. Medical First Aid Guide. Identifier(危险物质.医疗急救指南.标识符)	MFAG(危险货物事故医疗急救指南)(MFAG)	8410	cnd
Height. Measure(高度.计量)	高度(Height dimension)	6008	cnd
Hierarchical Structure. Level. Identifier(层次结构.层.标识符)	层次标识号(Hierarchical ID number)	7164	cndr
Hierarchical Structure. Object Relationship. Code(层次结构.对象关系.代码)		7171	add
Hierarchical Structure. Object Type. Code(层次结构.对象类型.代码)		7173	add
Hierarchical Structure. Parent. Identifier(层次结构.上层.标识符)	层次上层标识(Hierarchical parent ID)	7166	cndr
House Waybill Document. Identifier(内部运单.标识符)		1039	add
Humidity. Percentage. Measure(湿度.百分比.计量)		6004	add
[I]			
Import Permit. Effective End Date Time. Text(进口许可证.有效截止日期时间.文本)	进口许可证有效截止日期(Import Licence expiry date)	2272	cnd
Import Permit. Effective End. Date Time(进口许可证.有效截止.日期时间)	进口许可证有效截止日期,代码型(Import Licence expiry date,coded)	2273	cndr
Import Permit. Effective Start Date Time. Text(进口许可证.生效开始日期时间.文本)	进口许可证生效日期(Import Licence commencement date)	2320	cnd
Import Permit. Effective Start. Date Time(进口许可证.生效开始.日期时间)	进口许可证生效日期,代码型(Import Licence commencement date,coded)	2321	cndr

字典条目名称	数据元名称	标记	变更指示符
Import Permit. Identifier(进口许可证.标识符)		1107	add
Import Permit. Issue Date Time. Text(进口许可证.签发日期时间.文本)	进口许可证签发日期(Import Licence date)	2292	cnd
Import Permit. Issue. Date Time(进口许可证.签发.日期时间)	进口许可证签发日期,代码型(Import Licence date,coded)	2293	cndr
Import Permit. Validity Period. Text(进口许可证.有效期限.文本)	进口许可证有效期限(Import Licence validity period)	2442	cnd
Importer. Party Identification. Text(进口方(商).参与方标识.文本)	进口商(方)(Importer)	3020	cnr
Importer. Party. Identifier(进口方(商).参与方.标识符)	进口商(方),代码型(Importer,coded)	3021	cnd
Index. Fifth Level. Identifier(索引.第五层.标识符)	第五层标识(Level five ID)	7444	cnd
Index. First Level. Identifier(索引.第一层.标识符)	第一层标识(Level one ID)	7436	cnd
Index. Fourth Level. Identifier(索引.第四层.标识符)	第四层标识(Level four ID)	7442	cnd
Index. Function. Code(索引.功能.代码)	指数限定符(Index qualifier)	5013	cnd
Index. Second Level. Identifier(索引.第二层.标识符)	第二层标识(Level two ID)	7438	cnd
Index. Sixth Level. Identifier(索引.第六层.标识符)	第六层标识(Level six ID)	7446	cnd
Index. Structure Type. Code(索引.结构类型.代码)	索引结构限定符(Indexing structure qualifier)	7429	cnd
Index. Third Level. Identifier(索引.第三级.标识符)	第三机标识(Level three ID)	7440	cnd
Index. Type. Code(索引.类型.代码)	指数类型,代码型(Index type,coded)	5027	cndr
Index. Value Representation. Code(指数.值表示.代码)	指数值表示,代码型(Index value representation,coded)	5039	cnd
Index. Value. Identifier(指数.值.标识符)	指数值(Index value)	5030	cndr
Information. Category. Code(信息.类别.代码)		4149	add
Information. Category. Text(信息.类别.文本)		4148	add
Information. Detail. Code(信息.细目.代码)		4151	add
Information. Detail. Text(信息.细目.文本)		4150	add
Information. Function. Code(信息.功能.代码)		4153	add
Information. Type. Code(信息.类型.代码)		4473	add
Information. Type. Text(信息.类型.文本)		4472	add

字典条目名称	数据元名称	标记	变更指示符
In-house. Identifier(内部. 标识符)		3465	add
Instruction Enacting. Party. Identifier(指令制定方. 参与方. 标识符)	指令制定方标识(Party enacting instruction identification)	3301	cndr
Instruction Receiving. Party. Identifier(指示接收方. 参与方. 标识符)	指示接收方标识(Recipient of the instruction identification)	3285	cndr
Instruction. Code(指示. 代码)	指示,代码型(Instruction,coded)	4401	cnd
Instruction. Text(指示. 文本)	指示(Instruction)	4400	cnd
Instruction. Type. Code(指示. 类型. 代码)	指示限定符(Instruction qualifier)	4403	cnd
Insurance Claims Adjuster. PartyIdentification. Text(保险索赔理赔人. 参与方标识. 文本)	保险索赔理赔人(Insurance claims adjuster)	3360	cndr
Insurance Coverage. Risk. Text(保险险种. 风险. 文本)	险种细目(Insurance coverage details)	4264	cndr
Insurance. Action. Indicator(保险. 行为. 指示符)	保险行为说明符(Insurance action specifier)	4210	cndr
Insurance. Condition. Text(保险. 条款. 文本)	保险条件(Insurance conditions)	4112	cnr
Insurance. Coverage Type. Code(保险. 险种类型. 代码)		4497	add
Insurance. Coverage. Code(保险. 险种. 代码)		4495	add
Insurance. Coverage. Text(保险. 险种. 文本)		4494	add
Insured. Party Identification. Text(被保险人. 参与方标识. 文本)	被保险人(Insured)	3136	cndr
Insurer At Destination Agent. Party Identification. Text(目的地保险代理. 参与方标识. 文本)	目的地保险代理(Insurer's Agent at destination)	3430	cndr
Insurer. Party Identification. Text(承保人. 参与方标识. 文本)	承保人(Insurer)	3070	cnr
Intra-company Payment. Indicator. Code(公司内部付款. 指示符. 代码)	公司内部付款,代码型(Intra-company payment,coded)	4463	cnd
Inventory. Balance Method. Code(库存. 结存方法. 代码)		4503	add
Inventory. Movement Direction. Code(库存. 移动流向. 代码)		4501	add
Inventory. Movement Reason. Code(库存. 移动原因. 代码)		4499	add
Inventory. Type. Code(库存. 类型. 代码)		7491	add
Invoice Document. Exemption. Amount(发票. 免税. 金额)	免征增值税金额(Amount exempt from value added tax)	5408	cndr
Invoice Document. Identifier(发票. 标识符)	发票号(Invoice number)	1334	cndr

字典条目名称	数据元名称	标记	变更指示符
Invoice Document. Issue Date Time. Text(发票. 签发日期时间. 文本)	发票日期(Invoice date)	2376	cnd
Invoice Document. Issue. Date Time(发票. 签发. 日期时间)	发票日期,代码型(Invoice date,coded)	2377	cndr
Invoice Document. Type. Code(发票单证. 类型. 代码)		1027	add
Invoice Issuer. Party Identification. Text(发票签发方. 参与方标识. 文本)	发票签发方(Invoice issuer)	3028	cnr
Invoice Issuer. Party. Identifier(发票签发方. 参与方. 标识符)	发票签发方,代码型(Invoice issuer,coded)	3029	cnd
Invoice. Additional Cost. Text(发票. 附加费用. 文本)	发票附加费说明(Invoice additional cost specification)	5164	cn
Invoice. Deduction. Amount(发票. 减免. 金额)	发票扣除额(Invoice deduction amount)	5180	cdr
Invoice. Deduction. Text(发票. 减免. 文本)	发票扣除说明(Invoice deduction specification)	5192	cnd
Invoice. Line Item. Amount(发票. 行项. 金额)	发票金额(Invoice amount)	5068	cndr
Invoicee. Party Identification. Text(发票. 受票方标识. 文本)	发票受票方(Invoicee)	3006	cnr
Invoicee. Party. Identifier(发票. 受票方. 标识符)	发票受票方,代码型(Invoicee,coded)	3007	cnd
Invoice. Surcharge. Amount(发票. 附加费. 金额)	发票附加金额(Invoice additional amount)	5140	cndr
Invoice. Total. Amount(发票. 总计. 金额)	物品项总额(Article items tota)	5214	cndr
[J]			
Job. Identifier(工作. 标识符)		1043	add
Journey. Duration. Measure(行程. 期间. 数量)		2162	add
Journey. Stop. Quantity(行程. 站. 数量)		8216	add
[K]			
Kanban Card. Identifier(Kanban 卡. 标识符)	Kanban 卡号(Kanban card number)	1420	cnd
[L]			
Language. Identifier(语言. 标识符)	语言,代码型(Language,coded)	3453	cnd
Language. Name. Text(语言. 名称. 文本)		3452	add
Language. Usage. Code(语言. 用法. 代码)		3455	add
Late Payment. Annual Interest Percentage. Numeric(延期付款. 年利百分数. 数字)	拖欠利息(Interest on arrears)	5028	cnr

字典条目名称	数据元名称	标记	变更指示符
Late Payment. Annual Interest Percentage Numeric. Code(延期付款. 年利百分数. 代码)	拖欠利息,代码型(Interest on arrears,coded)	5029	cndr
Legal Weight. Measure(法定重量. 计量)	法定重量(Legal weight)	6146	cn
Length. Measure(长度. 计量)	长度(Length dimension)	6168	cnd
Length. Type. Code(长度. 类型. 代码)		6113	add
Level. Sequence. Identifier(层级. 顺序. 标识符)		7168	add
Line Item. Availability. Code(行项. 可用性. 代码)	物品可用性,代码型(Article availability,coded)	7011	cnd
Line Item. Buyer Assigned Identifier. Identifier(行项. 买方指定标识符. 标识符)	买方的物品号(Buyer's article number)	7304	cnd
Line Item. Characteristic. Code(行项. 特征. 代码)	项目特征,代码型(Item characteristic,coded)	7081	cnd
Line Item. Charge. Amount(行项. 费用. 金额)	单项金额(Item amount)	5116	cnr
Line Item. Code(行项. 代码)	项目描述标识(Item description identification)	7009	cndr
Line Item. Gross Volume. Measure(行项. 总容积. 计量)		6316	add
Line Item. Gross Weight. Measure(行项. 毛重. 计量)		6018	add
Line Item. Identifier(行项. 标识符)	项号(Item number)	7140	cnd
Line Item. Identifier Type. Identifier(行项. 标识符类型. 标识符)	项号类型,代码型(Item number type,coded)	7143	cnd
Line Item. Net Weight. Measure(行项. 净重. 计量)		6020	add
Line Item. Price. Amount(行项. 单价. 金额)	价格(Price)	5118	cndr
Line Item. Seller Assigned. Identifier(行项. 卖方指定. 标识符)	卖方的物品号(Seller's article number)	7194	cnd
Line Item. Sequence. Identifier(行项. 顺序. 标识符)	分项号(Line item number)	1082	cndr
Line Item. Text(行项. 文本)	项目描述(Item description)	7008	cndr
Line Item. Unit Price. Amount(行项. 单价. 金额)	单价(Unit price)	5110	cndr
Loading List Document. Quantity(装货清单. 数量)	装货清单数(Number of loading lists)	1166	cndr
Loading. Authorisation. Identifier(装货. 授权. 标识符)	装货授权号(Loading authorization number)	4092	cndr
Location. Function. Code(地点. 功能. 代码)	地点/位置限定符(Place/location qualifier)	3227	cnd

字典条目名称	数据元名称	标记	变更指示符
Location. Identifier(地点. 标识符)	地点/位置标识(Place/location identification)	3225	cndr
Location. Name. Text(地点. 名称. 文本)	地点/位置(Place/location)	3224	cndr
[M]			
Maintenance Operation. Payer Type. Code(维护操作. 付款方类型. 代码)		3009	add
Maintenance Operation. Responsible Party Type. Code(维护操作. 责任方类型. 代码)		3167	add
Maintenance Operation. Type. Code(维护操作. 类型. 代码)		4513	add
Manifest Document. Identifier(载货清单(舱单). 标识符)		1037	add
Manufacturer. Party Identification. Text(制造方. 参与方标识. 文本)		3512	add
Manufacturer. Party. Identifier(制造方. 参与方. 标识符)		3513	add
Marital. Status. Code(婚姻. 状况. 代码)		3479	add
Marital. Status. Text(婚姻. 状况. 文本)		3478	add
Marking. Type. Code(标志. 类型. 代码)		7511	add
Measured Attribute. Type. Code(计量属性. 种类. 代码)	计量尺度,代码型(Measurement dimension,coded)	6313	cnd
Measurement. Function. Code(计量. 功能. 代码)	计量应用限定符(Measurement application qualifier)	6311	cnd
Measurement. Significance. Code(计量. 有效性. 代码)	计量有效位数,代码型(Measurement significance,coded)	6321	cnd
Measurement. Unit. Code(计量. 单位. 代码)	计量单位限定符(Measure unit qualifier)	6411	cndr
Measurement. Unit. Text(计量. 单位. 文本)		6410	add
Measurement. Value. Measure(计量. 值. 计量)	计量值(Measurement value)	6314	cnd
Membership. Category. Code(成员. 分类. 代码)	成员资格类别标识(Membership category identification)	7451	cnd
Membership. Category. Text(成员. 分类. 文本)	成员资格类别(Membership category)	7450	cnd
Membership. Identifier(成员. 标识符)		7091	add
Membership. Level Function. Code(成员. 等级功能. 代码)	成员资格等级限定符(Membership level qualifier)	7455	cnd
Membership. Level. Code(成员. 等级. 代码)	成员资格等级标识(Membership level identification)	7457	cnd

字典条目名称	数据元名称	标记	变更指示符
Membership. Level. Text(成员. 等级. 文本)	成员资格等级(Membership level)	7456	cnd
Membership. Status. Code(成员. 状态. 代码)	成员资格状况,代码型(Membership status,coded)	7453	cnd
Membership. Status. Text(成员. 状态. 文本)	成员资格状况(Membership status)	7452	cnd
Membership. Type. Code(成员. 类型. 代码)	成员资格限定符(Membership qualifier)	7449	cnd
Message Implementation. Identifier(报文实施. 标识符)		1523	add
Monetary Amount Adjustment. Function. Code(货币金额调整. 功能. 代码)	折让或费用限定符(Allowance or charge qualifier)	5463	cnd
Monetary Amount Adjustment. Identifier(货币金额调整. 标识符)	折让或费用号(Allowance or charge number)	1230	cnd
Monetary Amount Adjustment. Percentage. Numeric(货币金额. 调整百分数. 数字)	附加费/扣除额(Additional charges/deductions)	5044	cnd
Monetary Amount Adjustment. Type. Code(货币金额调整. 类型. 代码)	费用/折让描述,代码型(Charge/allowance description, coded)	5189	cnd
Monetary Amount. Amount(货币金额. 金额)	货币金额(Monetary amount)	5004	cnd
Monetary Amount. Brought Forward. Amount(货币金额. 上期结转. 金额)	上期结转金额(Amount brought forward)	5062	cnd
Monetary Amount. Function Detail. Code(货币金额. 功能细目. 代码)		5105	add
Monetary Amount. Function Detail. Text(货币金额. 功能细目. 文本)		5104	add
Monetary Amount. Function. Code(货币金额. 功能. 代码)	货币功能,代码型(Monetary function,coded)	5007	cnd
Monetary Amount. Function. Text(货币金额. 功能. 文本)		5006	add
Monetary Amount. Total Amount. Amount(货币金额. 总金额. 金额)		5160	add
Monetary Amount. Type. Code(货币金额. 类型. 代码)	货币金额类型限定符(Monetary amount type qualifier)	5025	cnd
[N]			
Name. Component Type. Code(名称. 成分类型. 代码)		3177	add
Name. Component Usage. Code(姓名. 成分用法. 代码)		3401	add
Name. Component. Text(姓名. 成分. 文本)		3398	add
Name. Original Alphabet. Code(姓名. 原字母. 代码)		3295	add

字典条目名称	数据元名称	标记	变更指示符
Name. Status. Code(姓名. 状态. 代码)		3397	add
Name. Type. Code(姓名. 类型. 代码)		3403	add
Nationality. Country Name. Text(国籍. 国家名称. 文本)		3292	add
Nationality. Country. Identifier(国籍. 国家. 标识符)		3293	add
Nationality. Type. Code(国籍. 类型. 代码)		3185	add
Net Net Weight. Measure(纯净重. 计量)	纯净重(Net net weight)	6048	cndr
Net Weight. Measure(净重. 计量)	净重(Net weight)	6160	cnd
Non-discrete Measurement. Code(非离散计量. 代码)	计量特征,代码型(Measurement attribute,coded)	6155	cndr
Non-discrete Measurement. Name. Text(非离散计量. 名称. 文本)		6154	add
Notify Party. Party Identification. Text(被通知方. 参与方标识. 文本)	被通知方(Notify party)	3180	cndr
Notify Party. Party. Identifier(被通知方. 参与方. 标识符)	被通知方,代码型(Notify party,coded)	3181	cnd
[O]			
Object. Identifier(对象. 标识符)	特征号(Identity number)	7402	cnd
Object. Identifier Type. Code(对象. 标识符类型. 代码)	特征号限定符(Identity number qualifier)	7405	cnd
Object. Requirement Designator. Code(对象. 指定要求. 代码)		7299	add
Object. State Type. Code(对象. 状态类型. 代码)		7001	add
Object. State. Code(对象. 状态. 代码)		7007	add
Object. State. Text(对象. 状态. 文本)		7006	add
Object. Topological Position. Code(对象. 拓扑位置. 代码)	表面/内层指示符,代码型(Surface/layer indicator,coded)	7383	cnd
Object. Type. Code(对象. 类型. 代码)		7495	add
Obligation. Guarantee. Code(义务. 担保. 代码)	担保细目,代码型(Security details,coded)	4377	cnd
Obligation. Guarantee. Text(义务. 担保. 文本)	担保细目(Security details)	4376	cn
Occupation. Code(职位. 代码)	职业,代码型(Occupation,coded)	9009	cnd
Occupation. Text(职位. 文本)	职业(Occupation)	9008	cnd
Occurrence. Maximum Value. Quantity(次数. 最大值. 数量)		6176	add

字典条目名称	数据元名称	标记	变更指示符
Option. Code(选项. 代码)		4009	add
Order Acknowledgement Document. Issue Date Time. Text(订单确认单证. 签发日期时间. 文本)	订单确认日期(Acknowledgement of Order date)	2040	cnd
Order Acknowledgement Document. Issue. Date Time(订单确认单证. 签发. 日期时间)	订单确认日期,代码型(Acknowledgement of Order date, coded)	2041	cndr
Order Acknowledgement Document. Identifier(订单确认单. 标识符)	订单确认号(Acknowledgement of Order number)	1018	cndr
Order Document. Buyer Assigned. Identifier(订单. 买方指定. 标识符)	订单号(Order number)	1022	cndr
Order Document. Issue Date Time. Text(订单. 签发日期时间. 文本)	订单日期(Order date)	2010	cnd
Order Document. Issue. Date Time(订单. 签发. 日期时间)	订单日期,代码型(Order date,coded)	2011	cndr
Order Document. Quantity(订单. 量)	订货量(Quantity ordered)	6024	cnd
Order. Amount(订单. 金额)	订单金额(Order amount)	5390	cr
Order. Undelivered Quantity. Quantity(订单. 未交付数量. 数量)	未交付的订货数量(Remaining ordered quantity)	5380	cnr
Organisation. Class. Code(组织机构. 类别. 代码)		3083	add
Organisation. Class. Text(组织机构. 类别. 文本)		3082	add
Organisation. Classification. Code(组织机构. 分类. 代码)		3079	add
[P]			
Package. Buyer Assigned. Identifier(包装. 买方指定. 标识符)	买方的包装标识号(Buyer's package identification number)	1438	cnd
Package. Gross Volume. Measure(包装. 总容量. 计量)		6028	add
Package. Gross Weight. Measure(包装. 毛重. 计量)		6022	add
Package. Length. Measure(包装. 长度. 计量)		6096	add
Package. Net Weight. Measure(包装. 净重. 计量)		6026	add
Package. Quantity(包装. 数量)	件数(Number of packages)	7224	cnd
Package. Sequence. Identifier(包装. 顺序. 标识符)	件号(Package number)	7070	cn
Package. Total Quantity. Text(包装. 总数. 文本)	总件数(文字型)(Total number of packages in words)	7368	cndr
Package. Type. Code(包装. 类型. 代码)	包装类型标识(Type of packages identification)	7065	cndr

字典条目名称	数据元名称	标记	变更指示符
Package. Type. Text(包装.类型.文本)	包装类型(Type of packages)	7064	cnd
Package. Width. Measure(包装.宽度.计量)		6098	add
Packaging. Danger Level. Code(包装.危险品包装等级.代码)	包装组,代码型(Packing group,coded)	8339	cnd
Packaging. Information. Code(包装信息.代码)	包装信息,代码型(Packaging related information,coded)	7233	cnd
Packaging. Level. Code(包装.等级.代码)	包装等级,代码型(Packaging level,coded)	7075	cnd
Packaging. Term. Code(包装.条款.代码)	包装条款和条件,代码型(Packaging terms and conditions, coded)	7073	cnd
Packing Instruction. Type. Code(包装说明.类型.代码)	包装说明,代码型(Packing instruction,coded)	8255	cnd
Packing List Document. Identifier(装箱单.标识符)	装箱单号(Packing List number)	1014	cndr
Packing List Document. Issue Date Time. Text(装箱单.签发日期时间.文本)	装箱单日期(Packing List date)	2458	cnd
Packing List Document. Issue. Date Time(装箱单.签发.日期时间)	装箱单日期,代码型(Packing List date,coded)	2459	cndr
Packing List Document. Item Sequence. Identifier(装箱单.项顺序.标识符)		1012	add
Partial Shipment. Identifier(部分装运.标识符)	部分托运编号(Part consignment number)	1310	cndr
Party. Function. Code(参与方.功能.代码)	参与方限定符(Party qualifier)	3035	cnd
Party. Identification. Text(参与方.标识.文本)	名称和地址行(Name and address line)	3124	cndr
Party. Identifier(参与方.标识符)	参与方标识(Party id identification)	3039	cndr
Party. Name Format. Code(参与方.名称格式.代码)	参与方名称格式,代码型(Party name format,coded)	3045	cnd
Party. Name. Text(参与方.名称.文本)	参与方名称(Party name)	3036	cnd
Party. Relationship. Indicator(参与方.关系.指示符)	参与方关系(Parties' relationship)	9144	cndr
Party. Tax. Identifier(参与方.税.标识符)	参与方税收标识号(Party tax identification number)	3446	cnd
Payee. Bank Identification. Text(受款人.银行标识.文本)	收款银行(Payee's bank)	3422	cndr
Payee. Bank. Identifier(受款人.银行.标识符)	收款银行,代码型(Payee's bank,coded)	3423	cnd
Payee. Party Identification. Text(收款方.参与方标识.文本)	收款方(Payee)	3370	cndr
Payee. Party. Identifier(收款方.参与方.标识符)	收款方,代码型(Payee,coded)	3371	cnd

字典条目名称	数据元名称	标记	变更指示符
Payer. Party Identification. Text(付款方. 参与方标识. 文本)	付款方(Payer)	3308	cndr
Payer. Party. Identifier(付款方. 参与方. 标识符)	付款方,代码型(Payer,coded)	3309	cnd
Payment Term. Code(付款条款. 代码)	付款条款标识(Terms of payment identification)	4277	cnd
Payment Term. Text(付款条款. 文本)	付款条款(Terms of payment)	4276	cnd
Payment Term. Type. Code(付款条款. 种类. 代码)	付款条款类型限定符(Payment terms type qualifier)	4279	cnd
Payment. Amount(付款. 金额)	付款金额(Payment amount)	5082	cr
Payment. Arrangement. Code(付款. 安排. 代码)	预付/到付指示符,代码型(Prepaid/collect indicator,coded)	4237	cnd
Payment. Arrangement. Text(付款. 安排. 文本)		4236	add
Payment. Availability Date Time(付款. 可用性日期时间. 日期时间)	付款日期,代码型(Payment date,coded)	2035	cndr
Payment. Availability Date Time. Text(付款. 可用性日期时间. 文本)	付款日期(Payment date)	2034	cnd
Payment. Cash On Delivery. Text(付款. 货到付款. 文本)	货到付款金额(文字型)(Cash-on-delivery amount, in words)	5016	cnd
Payment. Channel. Code(付款. 渠道. 代码)	支付渠道,代码型(Payment channel,coded)	4435	cnd
Payment. Condition. Code(付款. 条件. 代码)	支付条件,代码型(Payment conditions,coded)	4439	cnd
Payment. Condition. Text(付款. 条件. 文本)	支付条件(Payment conditions)	4438	cnd
Payment. Currency. Identifier(付款. 货币. 标识符)	付款货币,代码型(Payment currency,coded)	6181	cnd
Payment. Currency. Text(付款. 货币. 文本)	付款货币(Payment currency)	6180	cnd
Payment. Customs OfficeLocation. Identifier(付款. 海关办公地点. 标识符)		3011	add
Payment. Discount Percentage Numeric. Code(付款. 折扣百分数. 代码)	付款折扣,代码型(Payment discount,coded)	5057	cndr
Payment. Discount Percentage. Numeric(付款. 折扣百分数. 数字)	付款折扣(Payment discount)	5056	cnd
Payment. Discrepancy Reason. Code(付款. 误差原因. 代码)	支付不符原因,代码型(Reason for payment discrepancy, coded)	5325	cnr
Payment. Due Date Time. Text(付款. 到期日期. 文本)	付款到期日(Payment due date)	2480	cnd
Payment. Due. Date Time(付款. 到期. 日期时间)	付款到期日,代码型(Payment due date,coded)	2481	cndr

字典条目名称	数据元名称	标记	变更指示符
Payment. Guarantee Means. Code(付款. 担保方式. 代码)	支付担保,代码型(Payment guarantee,coded)	4431	cnd
Payment. Location. Identifier(付款. 地点. 标识符)	付款地点,代码型(Payment place,coded)	3109	cndr
Payment. Location. Text(付款. 地点. 文本)	付款地点(Payment place)	3108	cndr
Payment. Means. Code(付款. 方式. 代码)	付款方式,代码型(Payment means,coded)	4461	cnd
Payment. Means. Text(付款. 方式. 文本)	付款方式(Payment means)	4460	cn
Payment. Method. Code(付款. 方法. 代码)		4467	add
Payment. Purpose. Code(付款. 用途. 代码)		4469	add
Percentage. Basis. Code(百分比. 基准. 代码)	百分比基准,代码型(Percentage basis,coded)	5249	cnd
Percentage. Percentage. Numeric(百分比. 百分比. 数字)	百分比(Percentage)	5482	cndr
Percentage. Type. Code(百分比. 类型. 代码)	百分比限定符(Percentage qualifier)	5245	cnd
Period. Count. Quantity(期限. 计数. 数量)	期限数(Number of periods)	2152	cnd
Period. Detail. Code(期限. 细目. 代码)		2119	add
Period. Detail. Text(期限. 细目. 文本)		2118	add
Period. Function. Code(期限. 功能. 代码)		2023	add
Period. Type. Code(期限. 类型. 代码)	期限类型,代码型(Type of period,coded)	2151	cnd
Person. Birth Date Time. Text(个人. 出生日期时间. 文本)	出生日期(Date of birth)	2490	cnd
Person. Birth Location. Text(个人. 出生地. 文本)	出生地(Place of birth)	3486	cndr
Person. Birth. Date Time(个人. 出生. 日期时间)	出生日期,代码型(Date of birth,coded)	2491	cndr
Person. Characteristic Type. Code(个人. 特征类型. 代码)		3289	add
Person. Disembarkation Location. Text(个人. 登陆或着陆地点. 文本)	登陆或着陆地点(Place of disembarkation)	3490	cndr
Person. Document. Identifier(个人. 证件. 标识符)	个人身份证件(Personal identity document)	1194	cnd
Person. Embarkation Location. Text(个人. 出生地. 标识符)	搭乘地点(Place of embarkation)	3488	cndr
Person. Family Name. Text(个人. 姓. 文本)		3500	add
Person. Given Name. Text(个人. 名. 文本)		3460	add
Person. Inherited Characteristic. Code(个人. 继承人特征. 代码)		3311	add

字典条目名称	数据元名称	标记	变更指示符
Person. Inherited Characteristic. Text(个人. 继承人特征. 文本)		3310	add
Person. Job Title. Text(个人. 职位. 文本)	乘务人员职务(Rank or rating of crew member)	3480	cnd
Person. Name. Text(个人. 姓名. 文本)	人名(Name of person)	3404	cn
Person. Nationality. Identifier(个人. 国籍. 标识符)		3485	add
Person. Nationality. Text(个人. 国籍. 文本)	个人国籍(Nationality of person)	3484	cnd
Person. Religion Name. Text(个人. 宗教信仰. 文本)		3482	add
Person. Religion. Identifier(个人. 宗教信仰. 标识符)		3483	add
Person. Title. Text(个人. 职务. 文本)		3504	add
Policy. Limitation. Identifier(政策. 限制. 标识符)		9620	add
Postal Service. Delivery Point. Text(邮政. 投递地点. 文本)	街道名称和门牌号码/邮政信箱(Street and number/P. O. Box)	3042	cndr
Premium Calculation. Component Value Category. Text(保费计算. 成分值种类. 文本)		4522	add
Premium Calculation. Component. Identifier(保费计算. 成分. 标识符)		4521	add
Previous Customs Document. Identifier(先前海关单证. 标识符)		1091	add
Previous Customs Document. Issue. Date Time(先前的海关单证. 签发. 日期时间)		2047	add
Price. Basis. Quantity(单价. 基准. 数量)	决定价格数量(Price determining quantity)	5310	cnr
Price. Change Type. Code(价格. 变动类型. 代码)	价格变更指示符,代码型(Price change indicator,coded)	5377	cnd
Price. Congeries. Code(价格. 组成. 代码)	价格限定符(Price qualifier)	5125	cnd
Price. Currency. Identifier(价格. 货币. 标识符)		5077	add
Price. Multiplier Function. Code(价格. 乘数功能. 代码)	价格乘数限定符(Price multiplier qualifier)	5393	cnd
Price. Multiplier Rate. Numeric(价格. 乘数率. 数字)	价格乘数(Price multiplier)	5394	cndr
Price. Specification. Code(价格. 说明. 代码)	价格类型限定符(Price type qualifier)	5387	cnd
Price. Type. Code(价格. 种类. 代码)	价格类型,代码型(Price type,coded)	5375	cnd
Priority. Description. Code(优先级. 描述. 代码)		4037	add

字典条目名称	数据元名称	标记	变更指示符
Priority. Description. Text(优先级. 描述. 文本)		4036	add
Priority. Type. Code(优先级. 类型. 代码)		4035	add
Procedure. Modification. Code(程序. 修改. 代码)		9629	add
Process. Detail. Code(处理. 明细. 代码)		7191	add
Process. Detail. Text(处理. 明细. 文本)		7190	add
Process. Indicator. Code(处理. 指示符. 代码)	处理指示符,代码型(Processing indicator,coded)	7365	cnd
Process. Indicator. Text(处理. 指示符. 文本)		7364	add
Process. Information Function. Code(处理. 信息功能. 代码)		9649	add
Process. Stage. Code(处理. 阶段. 代码)		9421	add
Process. Stage. Identifier(处理. 阶段. 标识符)		6428	add
Process. Stage. Quantity(处理. 阶段. 数量)		6426	add
Process. Type. Code(处理. 类型. 代码)	处理类型标识(Process type identification)	7187	cnd
Process. Type. Text(处理. 类型. 文本)	处理类型(Process type)	7186	cnd
Product. Best Before Date Time. Text(产品. 最佳使用日期时间. 文本)	保鲜日期(Freshness guarantee date)	2496	cn
Product. Best Before. Date Time(产品. 最佳使用. 日期时间)	保鲜日期,代码(Freshness guarantee date,coded)	2497	cndr
Product. Characteristic. Identifier(产品. 特征. 标识符)		7139	add
Product. Delivered. Quantity(产品. 交付量. 数量)	交货量(Quantity delivered)	6270	cnd
Product. Detail Type. Code(产品. 明细类型. 代码)		7133	add
Product. Group Type. Code(产品. 组类型. 代码)	价格/运价表类型,代码型(Price/tariff type,coded)	5379	cnd
Product. Identifier(产品. 标识符)		7135	add
Product. Identifier Function. Code(产品. 标识符功能. 代码)	产品标识功能限定符(Product function qualifier)	4347	cnd
Product. Model. Identifier(产品. 型号. 标识符)	型号(Model number)	7242	cn
Product. Name. Text(产品. 名称. 文本)		7134	add
Product. Pricing Group Name. Text(产品. 定价分组名称. 文本)	定价分组(Pricing group)	5388	cnd
Product. Pricing Group. Code(产品. 定价分组. 代码)	定价分组,代码型(Pricing group,coded)	5389	cndr

字典条目名称	数据元名称	标记	变更指示符
Product. Production Batch. Identifier(产品. 生产批次. 标识符)	物品批号(Article batch number)	7338	cnd
Proforma Invoice Document. Identifier(形式发票单证. 标识符)	形式发票号(Proforma Invoice number)	1088	cndr
Proforma Invoice Document. Issue Date Time. Text(形式发票. 签发日期时间. 文本)	形式发票日期(Proforma Invoice date)	2404	cnd
Proforma Invoice Document. Issue. Date Time(形式发票. 签发. 日期时间)	形式发票日期,代码型(Proforma Invoice date,coded)	2405	cndr
Prompt Payment. Discount. Amount(立即付款. 折扣. 金额)	付款折扣金额(Payment discount amount)	5454	cnr
Proviso. Calculation. Code(限制性条款. 计算. 代码)		4075	add
Proviso. Calculation. Text(限制性条款. 计算. 文本)		4074	add
Proviso. Code(限制性条款. 代码)		4073	add
Proviso. Text(限制性条款. 文本)		4072	add
Proviso. Type. Code(限制性条款. 类型. 代码)		4101	add
Purchase. Condition. Text(采购. 条款. 文本)	购买条件(Conditions of purchase)	4372	cnr
[Q]			
Qualification. Application Area. Code(资格. 适用范围. 代码)		9035	add
Qualification. Class. Code(限定. 分类. 代码)	限制条件分类,代码型(Qualification classification,coded)	9007	cnd
Qualification. Class. Text(限定. 分类. 文本)	限制条件分类(Qualification classification)	9006	cnd
Qualification. Type. Code(资格. 类型. 代码)		9037	add
Quantity. Quantity(量. 数量)		6061	add
Quantity. Quantity. Text(量. 数量. 文本)	量(Quantity)	6060	cndr
Quantity. Type. Code(量. 类型. 代码)	量限定符(Quantity qualifier)	6063	cnd
Quantity. Variation. Quantity(量. 差异. 数量)	量差值(Quantity difference)	6064	cnd
Quarantine. Status. Code(检疫. 状态. 代码)	检疫状况,代码型(Quarantine status,coded)	4413	cnd
Quarantine. Status. Text(检疫. 状态. 文本)	检疫状况(Quarantine status)	4412	cn
Question. Code(问题. 代码)		4057	add

字典条目名称	数据元名称	标记	变更指示符
Question. Text(问题. 文本)		4056	add
Quotation Document. Effective End Date Time. Text(报价单. 有效截止日期时间. 文本)	发盘截止日期(Offer expiry date)	2408	cnd
Quotation Document. Effective End. Date Time(报价单. 有效截止. 日期时间)	发盘截止日期,代码型(Offer expiry date,coded)	2409	cndr
Quotation Document. Effective Start Date Time. Text(报价单. 生效开始日期时间. 文本)	发盘生效日期(Offer commencement date)	2206	cnd
Quotation Document. Effective Start. Date Time(报价单. 生效开始. 日期时间)	发盘生效日期,代码型(Offer commencement date,coded)	2207	cndr
Quotation Document. Identifier(报价单. 标识符)	发盘号(Offer number)	1332	cndr
Quotation Document. Issue Date Time. Text(报价单. 签发日期时间. 文本)	发盘日期(Offer date)	2158	cnd
Quotation Document. Issue. Date Time(报价单. 签发. 日期时间)	发盘日期,代码型(Offer date,coded)	2159	cndr
Quotation. Total Amount. Amount(报价. 总金额. 金额)	发盘总额(Offer amount)	5210	cndr
[R]			
Range. Maximum Value. Measure(范围. 最大值. 计量)	范围最大值(Range maximum)	6152	cnd
Range. Minimum Value. Measure(范围. 最小值. 计量)	范围最小值(Range minimum)	6162	cnd
Range. Type. Code(范围. 类型. 代码)	范围类型限定符(Range type qualifier)	6167	cnd
Rate. Type. Code(费率. 类型. 代码)	费率类型限定符(Rate type qualifier)	5419	cndr
Reference. Identifier(参考. 标识符)	参考号(Reference number)	1154	cndr
Reference. Type. Code(参考. 类型. 代码)	参考限定符(Reference qualifier)	1153	cnd
Rejection Report Document. Identifier(拒绝报告单. 标识符)	拒收报告号(Rejection report number)	1246	cndr
Rejection. Reason. Code(拒绝. 原因. 代码)	拒绝原因,代码型(Reason for rejection,coded)	4309	cndr
Rejection. Reason. Text(拒绝. 原因. 文本)	拒绝原因(Reason for rejection)	4308	cnd
Related Cause. Code(相关条款. 代码)		9625	add
Related Information. Text(相关信息. 文本)		4018	add

字典条目名称	数据元名称	标记	变更指示符
Relationship. Code(关系. 代码)	关系,代码型(Relationship,coded)	9143	cnd
Relationship. Text(关系. 文本)	关系(Relationship)	9142	cnd
Relationship. Type. Code(关系. 类型. 代码)	关系限定符(Relationship qualifier)	9141	cnd
Release. Identifier(发布. 标识符)		1059	add
Remuneration. Type. Code(薪酬. 类型. 代码)		5315	add
Remuneration. Type. Text(薪酬. 类型. 文本)		5314	add
Request. Originator Type. Code(请求. 发起方类型. 代码)		3457	add
Request. Override. Code(请求. 取代. 代码)		4097	add
Requested Information. Detail. Code(请求信息. 细目. 代码)		4511	add
Requested Information. Detail. Text(请求信息. 细目. 文本)		4510	add
Required Document. Function Name. Text(所需单证. 功能名称. 文本)	所需单证(Document required)	1160	cnd
Required Document. Function. Identifier(所需单证. 功能. 标识符)	所需单证,代码型(Document required,coded)	1161	cndr
Reservation. Identifier(预订. 标识符)		9040	add
Reservation. Type. Code(预订. 类型. 代码)		9043	add
Response. Description. Code(应答. 描述. 代码)		4345	add
Response. Description. Text(应答. 描述. 文本)		4344	add
Response. Type. Code(应答. 类型. 代码)	应答类型,代码型(Response type,coded)	4343	cnd
Response. Yes Or No. Indicator(应答. “是(Y)”或“否(N)”. 指示符)		9606	add
Responsible To Customs. Party Identification. Text(责任方. 参与方标识. 文本)	主要责任方(Principal responsible party)	3340	cndr
Responsible To Customs. Party. Identifier(责任方. 参与方. 标识符)	主要责任方,代码型(Principal responsible party,coded)	3341	cnd
Result. Normalcy. Code(结果. 正常. 代码)		6079	add
Result. Representation. Code(结果. 表示. 代码)		6077	add
Result. Type. Code(结果. 类型. 代码)		6087	add
Returnable Package. Freight Payment Responsibility. Code(可回收包装. 运费支付责任. 代码)	可回收包装运送付款责任,代码型(Returnable package freight payment responsibility,coded)	8395	cnd

字典条目名称	数据元名称	标记	变更指示符
Returnable Package. Load Content. Code(可回收包装. 内装货载. 代码)	可回收包装内装物,代码型(Returnable package load contents,coded)	8393	cnd
Revision. Identifier(修订. 标识符)		1061	add
Risk Object. Sub-type. Identifier(风险对象. 子类. 标识符)		7177	add
Risk Object. Sub-type. Text(风险对象. 子类. 文本)		7176	add
Risk Object. Type. Identifier(风险对象. 类型. 标识符)		7179	add
[S]			
Safety Section. Name. Text(安全节. 名称. 文本)		4044	add
Safety Section. Sequence. Identifier(安全节. 顺序. 标识符)		4046	add
Sales. Channel. Identifier(销售. 渠道. 标识符)		3496	add
Sales. Condition. Text(销售. 条款. 文本)	销售条件(Conditions of sale)	4490	cnr
Sample Process. Step. Code(样本处理. 步骤. 代码)	样品处理状况,代码型(Sample process status,coded)	4407	cnd
Sample. Direction. Code(取样. 方向. 代码)	取样方位,代码型(Sample direction,coded)	7047	cnd
Sample. Frequency. Quantity(取样. 频率. 数量)	抽样频度值(Sample frequency value)	6424	cnd
Sample. Location. Identifier(取样. 地点. 标识符)	取样位置,代码型(Sample location,coded)	3237	cndr
Sample. Location. Text(取样. 地点. 文本)	取样位置(Sample location)	3236	cndr
Sample. Selection Method. Code(取样. 选取方法. 代码)	取样方式,代码型(Sample selection method,coded)	7039	cnd
Sample. State. Code(样品. 状态. 代码)	样品描述,代码型(Sample description,coded)	7045	cnd
Seal. Condition. Code(封志. 条件. 代码)		4517	add
Seal. Sealing Party Type. Code(运输设备. 加封方类型. 代码)	铅封方,代码型(Sealing party,coded)	9303	cnd
Second Notify Party. Party Identification. Text(第二被通知方. 参与方标识. 文本)	第二被通知方(Second notify party)	3376	cndr
Second Notify Party. Party. Identifier(第二被通知方. 参与方. 标识符)	第二被通知方,代码型(Second notify party,coded)	3377	cnd
Second Related Location. Identifier(第二相关地点. 标识符)	第二相关地点/位置标识(Related place/location two identification)	3233	cndr
Second Related Location. Name. Text(第二相关地点. 名称. 文本)	第二相关地点/位置(Related place/location two)	3232	cndr

字典条目名称	数据元名称	标记	变更指示符
Segment. Tag. Identifier(数据段. 标记. 标识符)		9166	add
Seller Agent. Party Identification. Text(卖方代理. 参与方标识. 文本)	卖方代表(Seller's representative)	3254	cndr
Seller Agent. Party. Identifier(卖方代理. 参与方. 标识符)	卖方代表,代码型(Seller's representative,coded)	3255	cndr
Seller. Bank Account. Identifier(卖方银行. 账户. 标识符)	卖方银行账号(Seller's bank account number)	3492	cnd
Seller. Bank Identification. Text(卖方. 指定银行标识. 文本)	卖方银行(Seller's bank)	3012	cndr
Seller. Bank. Identifier(卖方. 指定银行. 标识符)	卖方银行,代码型(Seller's bank,coded)	3013	cnd
Seller. Contact Name. Text(卖方. 联系人姓名. 文本)	卖方部门或人员(Seller's department or employee)	3468	cnd
Seller. Party Identification. Text(卖方. 参与方标识. 文本)	卖方(Seller)	3346	cndr
Seller. Party. Identifier(卖方. 参与方. 标识符)	卖方,代码型(Seller,coded)	3347	cndr
Sequence Identifier. Source. Code(顺序标识符. 来源. 代码)	顺序号来源,代码型(Sequence number source,coded)	1159	cnd
Sequence. Position. Identifier(顺序. 位置. 标识符)	顺序号(Sequence number)	1050	cnd
Service. Basis. Code(服务. 基准. 代码)		9641	add
Service. Charge. Amount(服务. 费用. 金额)		5000	add
Service. Layer. Code(服务. 层. 代码)	服务层,代码型(Service layer,coded)	9419	cnd
Service. Requirement. Code(服务. 需求. 代码)	服务需求,代码型(Service requirement,coded)	7273	cnd
Service. Type. Code(服务. 类型. 代码)		5267	add
Set. Type. Code(集合. 类型. 代码)	集标识限定符(Set identification qualifier)	7297	cnd
Settlement. Means. Code(结算. 方式. 代码)	结算,代码型(Settlement,coded)	4471	cnd
Shipment. Authorisation. Identifier(装运. 授权. 标识符)	客户授权号(Customer authorization number)	7130	cnd
Shipment. Identifier(装运. 标识符)		1065	add
Shipment. Package Status Report Document. Text(装运. 包装状态报告. 文本)	包装批注(Packing remarks)	4084	cnr
Shipment. Transport Unit. Identifier(装运. 运输单元. 标识符)	运输组号(Transport group number)	7424	cn
Shipping Instruction Document. Identifier(装运指示单. 标识符)		1121	add
Shipping Instruction Document. Issue. Date Time(装运说明单证. 签发. 日期时间)		2185	add

字典条目名称	数据元名称	标记	变更指示符
Shipping Note Document. Identifier(装运通知单.标识符)		1123	add
Shipping Note Document. Issue. Date Time(装运通知单.签发.日期时间)		2187	add
Ships Stores. Item Name. Text(船用物品.项名.文本)	储存项(Stores item)	7054	cn
Ships Stores. Item. Quantity(船用物品.项.数量)	储存项目量(Quantity of stores item)	6264	cnd
Significant Digit. Quantity(有效位数.数量)		6432	add
Simple Data Element. Character Representation. Code(简单数据元.字符表示.代码)		9153	add
Simple Data Element. Maximum Character Length. Quantity(简单数据元.最大字符长度.数量)		6114	add
Simple Data Element. Minimum Character Length. Quantity(简单数据元.最小字符长度.数量)		6116	add
Simple Data Element. Tag. Identifier(简单数据元.标记.标识符)		9150	add
Size. Measure(尺寸.计量)	尺寸(Size)	6174	cnd
Size. Type. Code(尺寸.类型.代码)	尺寸限定符(Size qualifier)	6173	cnd
Special Conditions. Code(特别条件.代码)	特定条件,代码型(Special conditions,coded)	4183	cnd
Special Requirement. Description. Text(特别要求.描述.文本)		4184	add
Special Requirement. Type. Code(特别要求.类型.代码)		4187	add
Special Service. Code(特别服务.代码)	特别服务,代码型(Special services,coded)	7161	cnd
Special Service. Text(特别服务.文本)		7160	add
Split Consignment. CarrierAssigned. Identifier(分批托运.承运人指定.标识符)		1103	add
Split Consignment. Gross Measurement Cube. Measure(分装货物.测量体积.计量)	分批体积(Cube split)	6324	cnd
Split Goods Item. Gross Weight. Measure(分装货物项.毛重.计量)	分批重量(Weight split)	6296	cndr
Split Goods Item. Package. Quantity(货物项.包装.数量)	分装件数(Package split)	7226	cnd

字典条目名称	数据元名称	标记	变更指示符
Statistic. Type. Code(统计. 类型. 代码)	统计类型,代码型(Statistic type,coded)	6331	cnd
Statistical Concept. Identifier(统计概念. 标识符)		6434	add
Status Report Document. Identifier(状态报告单. 标识符)		1125	add
Status Report Document. Issue. Date Time(状态报告单. 签发. 日期时间)		2189	add
Status Request Document. Identifier(状态请求单. 标识符)		1127	add
Status. Category. Code(状态. 类别. 代码)	状态类型,代码型(Status type,coded)	9015	cnd
Status. Code(状态. 代码)	状态,代码型(Status,coded)	4405	cnd
Status. Reason. Code(状态. 原因. 代码)	状态原因,代码型(Status reason,coded)	9013	cnd
Status. Reason. Text(状态. 原因. 文本)	状态原因(Status reason)	9012	cndr
Status. Text(状态. 文本)		4404	add
Storage Temperature. Measure(储存温度. 计量)	储存温度(Storage temperature)	6240	cnd
Structure Component. Function. Code(结构组件. 功能. 代码)		7497	add
Structure Component. Identifier(结构. 组件. 标识符)		7512	add
Structure. Type. Code(结构. 类型. 代码)		7515	add
Sub Line Item. Level. Code(分行项. 等级. 代码)	分项指示符,代码型(Sub-line indicator,coded)	5495	cnd
Sub Line Item. Price Change Operation. Code(分行项. 价格变更操作. 代码)	分项价格变更,代码型(Sub-line price change,coded)	5213	cndr
Substance. Flashpoint. Measure(物质. 闪点. 计量)	装运闪点(Shipment flashpoint)	7106	cnd
Substitution. Condition. Code(替换. 条款. 代码)	产品/服务替换,代码型(Product/service substitution,coded)	4457	cnd
Supplementary Tariff. Code(附加运价. 代码)	增补费率/运价基准标识(Supplementary rate/tariff basis identification)	5275	cnd
Supporting Evidence. Type. Code(支持证据. 类型. 代码)		9643	add
[T]			
Tariff Issuer. Party. Identifier(费率表发布方. 参与方. 标识符)	费率表发布方,代码型(Tariff issuer,coded)	3363	cnd

字典条目名称	数据元名称	标记	变更指示符
Tariff. Class. Code(运价. 等级. 代码)	费率/运价等级标识(Rate/tariff class identification)	5243	cnd
Tariff. Class. Text(运价. 等级. 文本)	费率/运价等级(Rate/tariff class)	5242	cnd
Tax Or Fee. Account. Code(税费. 账户. 代码)	关税/税/费科目标识(Duty/tax/fee account identification)	5289	cnd
Tax Or Fee. Assessed. Amount(税费. 评估. 金额)		5504	add
Tax Or Fee. Assessment Basis. Amount(税费. 评估基准. 金额)	关税/税/费估价基准(Duty/tax/fee assessment basis)	5286	cndr
Tax Or Fee. Assessment Basis. Quantity(税费. 评估基准量. 数量)		6090	add
Tax Or Fee. Category. Code(税费. 类别. 代码)	关税/税/费类别,代码型(Duty/tax/fee category,coded)	5305	cnd
Tax Or Fee. Function. Code(税费. 功能. 代码)	关税/税/费功能限定符(Duty/tax/fee function qualifier)	5283	cnd
Tax or Fee. Rate Basis. Code(税费. 费率基准. 代码)	关税/税/费率基准标识(Duty/tax/fee rate basis identification)	5273	cnd
Tax Or Fee. Rate. Code(税费. 费率. 代码)	关税/税/费率标识(Duty/tax/fee rate identification)	5279	cnd
Tax Or Fee. Rate. Text(税费. 费率. 文本)	关税/税/费率(Duty/tax/fee rate)	5278	cndr
Tax Or Fee. Type. Code(税费. 类型. 代码)	关税/税/费类型 ,代码型(Duty/tax/fee type,coded)	5153	cnd
Tax Or Fee. Type. Text((税费. 类型. 文本)	关税/税/费类型(Duty/tax/fee type)	5152	cnd
Tax. Collect Amount. Amount(税. 收取金额. 金额)	应收税额(Tax,to collect)	5294	cnr
Tax. Deduction. Amount(税. 减除. 金额)		5074	add
Tax. Payment. Identifier(税. 付款. 标识符)	延期支付参考(Deferred payment reference)	1168	cndr
Tax. Prepaid. Amount(税. 预付. 金额)	预付税(Tax,prepaid)	5480	cnr
Tax. Regime Type. Code(税. 体制类型. 代码)	关税待遇类型,代码型(Type of duty regime,coded)	9213	cnd
Tax. Regime Type. Text(税. 体制类型. 文本)	关税待遇类型(Type of duty regime)	9212	cnd
Tax. Tax Point. Date Time(税. 计税. 日期时间)	计税日期,代码型(Tax point date,coded)	2221	cnr
Temperature. Measure(温度. 计量)	温度设定(Temperature setting)	6246	cndr
Temperature. Type. Code(温度. 类型. 代码)	温度限定符(Temperature qualifier)	6245	cnd
Terms. Time Reference. Code(条款. 时间参考. 代码)	时间关系,代码型(Time relation,coded)	2009	cnd
Test. Description. Text(测试. 描述. 文本)	测试描述(Test description)	4416	cnd

字典条目名称	数据元名称	标记	变更指示符
Test. Medium. Code(测试. 介质. 代码)	测试媒体,代码型(Test media,coded)	3077	cnd
Test. Method Administration. Code(测试. 方法管理. 代码)	测试执行路径,代码型(Test route of administering,coded)	4419	cnd
Test. Method Revision. Identifier(测试. 修改方法. 标识符)	测试修订号(Test revision number)	7188	cnd
Test. Method. Identifier(测试. 方法. 标识符)	测试方式标识(Test method identification)	4415	cnd
Test. Reason. Code(测试. 原因. 代码)	测试原因标识(Test reason identification)	4425	cnd
Test. Reason. Text(测试. 原因. 文本)	测试原因(Test reason)	4424	cnd
Third Notify Party. Party Identification. Text(第三被通知方. 参与方标识. 文本)		3378	add
Third Notify Party. Party. Identifier(第三被通知方. 参与方. 标识符)		3379	add
Time Zone. Difference. Numeric(时区. 时差. 数字)		2116	add
Time Zone. Identifier(时区. 标识符)		2029	add
Time. Date Time(时间. 日期时间)		2003	add
Time. Time. Text(时间. 时间. 文本)	时间	2002	U
Time. Variation. Numeric(时间. 变量. 数字)		2077	add
Trade Term. Conditions. Code(贸易条款. 条件. 代码)	交货条款,代码型(Terms of delivery,coded)	4053	cnd
Trade Term. Description. Text(贸易条款. 描述. 文本)	交货条款(Terms of delivery)	4052	cnd
Trade Term. Function. Code(贸易条款. 功能. 代码)	交付条款的功能,代码型(Terms of delivery function,coded)	4055	cnd
Trade Term. Location. Identifier(贸易术语. 地点. 标识符)	Incoterms 规定的地点,代码型(Incoterms place,coded)	3019	cndr
Trade Term. Location. Text(贸易术语. 地点. 文本)	Incoterms 规定的地点(Incoterms place)	3018	cndr
Trade. Class. Code(交易方. 类别. 代码)	贸易分类,代码型(Class of trade,coded)	4043	cnd
Traffic Restriction. Code(交通管制. 代码)		8015	add
Traffic Restriction. Function. Code(交通管制. 功能. 代码)		8035	add
Traffic Restriction. Application. Code(交通管制. 申请. 代码)		8017	add
Transit Guarantee. Customs Office Location. Identifier(过境担保. 海关地点. 标识符)	监管海关,代码型(Customs office of guarantee,coded)	3111	cndr

字典条目名称	数据元名称	标记	变更指示符
Transit Guarantee. Customs Office Location. Text(过境担保.海关地点.文本)	监管海关(Customs office of guarantee)	3110	cnr
Transit Regime. End Customs Office Location. Identifier(过境.离境地海关地点.标识符)	转关地海关,代码型(Customs office of destination (transit),coded)	3087	cndr
Transit Regime. End Customs Office Location. Text(过境.离境地海关地点.文本)	转关地海关(Customs office of destination(transit))	3086	cndr
Transit. Country. Identifier(中转.国家.标识符)		3263	add
Transit. Customs Office Location. Text(过境.海关地点.文本)	过境地海关(Customs office of transit)	3106	cndr
Transit. Customs Office Location. Identifier(过境.海关地点.标识符)	过境地海关,代码型(Customs office of transit,coded)	3107	cndr
Transport Contract Document. Clause. Code(运输合同.条款.代码)	运输单证信息,代码型(Transport document information, coded)	4181	cndr
Transport Contract Document. Clause. Text(运输合同.条款.文本)	运输单证信息(Transport document information)	4180	cndr
Transport Contract Document. Condition. Code(运输合同.条件.代码)	合同和运输条件,代码型(Contract and carriage condition, coded)	4065	cnd
Transport Contract Document. Condition. Text(运输合同.条款.文本)	承运条件(Conditions of carriage)	4002	cnr
Transport Contract Document. Goods Condition. Text(运输合同单证.货物状况.文本)	货物状况批注(Remarks on condition of goods)	4030	cnd
Transport Contract Document. Identifier(运输合同单证.标识符)	运输单证号(Transport document number)	1188	cndr
Transport Contract Document. Issue Date Time. Text(运输合同.签发日期时间.文本)	运输单证日期(Transport document date)	2416	cnd
Transport Contract Document. Remark. Text(运输合同.批注.文本)	托运人处理权(Shipper's disposition)	4244	cnd
Transport Contract Document. Issue. Date Time(运输合同.签发.日期时间)	运输单证日期,代码型(Transport document date,coded)	2417	cndr
Transport Equipment Load Authorization. Party Identification. Text(运输设备装载授权.参与方标识.文本)		3182	add
Transport Equipment Load Authorization. Party. Identifier(运输设备装载授权.参与方.标识符)		3183	add

字典条目名称	数据元名称	标记	变更指示符
Transport Equipment Loading. Party Identification. Text(运输设备装货. 参与方标识. 文本)	装货方指示符(Loader indicator)	3120	cndr
Transport Equipment Loading. Party. Identifier(运输设备装货. 参与方. 标识符)	装货方指示符,代码型(Loader indicator,coded)	3121	cndr
Transport Equipment Operator. Party Identification. Text(运输设备操作方. 参与方标识. 文本)	集装箱经营人(Container operator)	3174	cnd
Transport Equipment Operator. Party. Identifier(运输设备操作. 方参与方. 标识符)	集装箱经营人,代码型(Container operator,coded)	3175	cnd
Transport Equipment. Actual Pick-up. Date Time(运输设备. 实际提取. 日期时间)		2123	add
Transport Equipment. Availability Date Time. Text(运输设备. 可用日期时间. 文本)	运输装置安排日期(和时间)(Transport unit disposition date(and time))	2100	cnd
Transport Equipment. Availability. Date Time(运输设备. 可用. 日期时间)	运输装置安排日期(和时间),代码型(Transport unit disposition date(and time),coded)	2101	cndr
Transport Equipment. Category. Code(运输设备. 种类. 代码)	设备限定符(Equipment qualifier)	8053	cnd
Transport Equipment. Characteristic. Code(运输设备. 特征. 代码)	设备规格和类型标识(Equipment size and type identification)	8155	cndr
Transport Equipment. Characteristic. Text(运输设备. 特征. 文本)	设备规格和类型(Equipment size and type)	8154	cnd
Transport Equipment. Earliest Pick-up. Date Time(运输设备. 最早提取. 日期时间)		2125	add
Transport Equipment. Exclusive Use. Indicator(运输设备. 独占. 指示符)	整车/零担货载(Wagon/part load)	8112	cndr
Transport Equipment. Fullness. Code(运输设备. 满载程度. 代码)	满/空指示符,代码型(Full/empty indicator,coded)	8169	cnd
Transport Equipment. Fullness. Text(运输设备. 满载程度. 文本)		8168	add
Transport Equipment. Gross Weight. Measure(运输设备. 毛重. 计量)	集装箱毛重(Container gross weight)	6294	cndr
Transport Equipment. Identifier(运输设备. 标识符)	设备标识号(Equipment identification number)	8260	cndr
Transport Equipment. Information. Text(运输设备. 信息. 文本)	集装箱运输信息(Container transport information)	4014	cndr

字典条目名称	数据元名称	标记	变更指示符
Transport Equipment. Latest Pick-up. Date Time(运输设备.最后提取.日期时间)		2131	add
Transport Equipment. Legal Status. Code(运输设备.法定资格.代码)		8193	add
Transport Equipment. Loading Length. Measure(运输设备.装载长度.计量)		6046	add
Transport Equipment. Loading Location. Identifier(运输设备.装货地点.标识符)		3269	add
Transport Equipment. Loading Location. Text(运输设备.装货地点.文本)		3268	add
Transport Equipment. Loading. Date Time(运输设备.装载.日期时间)		2045	add
Transport Equipment. Maximum Load Weight. Measure(运输设备.最大载重.计量)	车载限额,吨(Vehicle load limit,t)	6080	cnd
Transport Equipment. Package. Quantity(运输设备.包装.量)	装箱件数(Number of packages stuffed)	7228	cnd
Transport Equipment. Rate Class. Code(运输设备.费率等级.代码)	ULD 费率等级类型(ULD rate class type)	5134	cnd
Transport Equipment. Returnability. Indicator(运输设备.可回收.指示符)	可回收设备指示符(Returnable equipment indicator)	8036	cndr
Transport Equipment. Seal. Identifier(运输设备.铅封.标识符)	铅封号(Seal number)	9308	cndr
Transport Equipment. Sealing Party Type. Text(运输设备.加封方类型.文本)	铅封方(Sealing party)	9302	cndr
Transport Equipment. Sequence. Identifier(运输设备.顺序.标识符)	集装箱项号(Container item number)	1492	cndr
Transport Equipment. Status. Code(运输设备.状态.代码)	设备状况,代码型(Equipment status,coded)	8249	cnd
Transport Equipment. Storage Location. Text(运输设备.存放地点.文本)		3092	add
Transport Equipment. Supplier Party Type. Code(运输设备.提供方.类型.代码)	设备提供方,代码型(Equipment supplier,coded)	8077	cnd
Transport Equipment. Tare Weight. Measure(运输设备.皮重.计量)	集装箱箱重(Container tare weight)	6156	cnd

字典条目名称	数据元名称	标记	变更指示符
Transport Equipment. Total For Customs Packing Cost. Amount(运输设备.报关包装费用总金额.金额)	包装费(海关)(Packing cost(Customs))	5448	cnr
Transport Means. Actual Arrival Date Time. Text(运输工具.实际抵达日期时间.文本)	到达日期(和时间)(Arrival date(and time))	2106	cnd
Transport Means. Actual Arrival. Date Time(运输工具.实际抵达.日期时间)	到达日期(和时间),代码型(Arrival date(and time),coded)	2107	cndr
Transport Means. Actual Departure Date Time. Text(运输工具.实际驶离日期时间.文本)	离港日期(和时间)(Departure date(and time))	2280	cnd
Transport Means. Actual Departure. Date Time(运输工具.实际驶离.日期时间)	离港日期(和时间),代码型(Departure date(and time),coded)	2281	cndr
Transport Means. Additional. Text(运输工具.附加信息.文本)	船舶一般声明批注(Remarks on ship's general declaration)	4032	cndr
Transport Means. At Border Crossing. Identifier(运输工具.跨境.标识符)	跨境运营的运输工具标识(Identification of active means of transport crossing the border)	8270	cnd
Transport Means. At Presentation. Identifier(运输工具.当前.标识符)	出发/到达的运输工具标识(Identification of means of transport at depar-ture/arrival)	8250	cnd
Transport Means. Axle. Quantity(运输工具.车轴.数量)	车轴数(Vehicle axles)	8040	cnd
Transport Means. Call Purpose. Code(运输工具.停靠目的.代码)		8025	add
Transport Means. Call Purpose. Text(运输工具.停靠目的.文本)		8024	add
Transport Means. Change. Indicator(运输工具.变更.指示符)		8214	add
Transport Means. Departure Location. Identifier(运输工具.驶离地点.标识符)	启运地,代码型(Place of departure,coded)	3215	cndr
Transport Means. Departure Location. Text(运输工具.驶离地点.文本)	启运地(Place of departure)	3214	cndr
Transport Means. Destination Location. Identifier(运输工具.目的地.标识符)	目的地,代码型(Place of destination,coded)	3259	cndr
Transport Means. Destination Location. Text(运输工具.目的地.文本)	目的地(Place of destination)	3258	cndr

字典条目名称	数据元名称	标记	变更指示符
Transport Means. Direction. Code(运输工具. 方向. 代码)	运送方向,代码型(Transit direction,coded)	8101	cnd
Transport Means. Estimated Arrival Date Time. Text(运输工具. 预计抵达日期时间. 文本)	预计到达目的地日期(和时间)(Estimated arrival date(and time)at destination)	2348	cnd
Transport Means. Estimated Arrival. Date Time(运输工具. 预计抵达. 日期时间)	预计到达目的地日期(和时间),代码型(Estimated arrival date(and time)at destination,coded)	2349	cndr
Transport Means. Estimated Departure. Date Time(运输工具. 预计驶离. 日期时间)		2195	add
Transport Means. First Arrival Location. Identifier(运输工具. 第一抵达地. 标识符)		3509	add
Transport Means. Gross Weight. Measure(运输工具. 毛重. 计量)	总登记吨(Gross tonnage)	6300	cndr
Transport Means. Identifier(运输工具. 标识符)	运输工具标识的标识(Id of means of transport identification)	8213	cnd
Transport Means. Identifier. Text(运输工具. 标识符. 文本)	运输工具标识(Id of the means of transport)	8212	cndr
Transport Means. Itinerary. Code(运输工具. 预定行程. 代码)	预定行程,代码型(Itinerary,coded)	3057	cndr
Transport Means. Itinerary. Text(运输工具. 预定行程. 文本)	预定行程(Itinerary)	3056	cndr
Transport Means. Journey. Identifier(运输工具. 班次. 标识符)	运输参考号(Conveyance reference number)	8028	cnd
Transport Means. Laden Weight. Measure(运输工具. 满载重量. 计量)	满载车辆重量(Vehicle laden weight)	6298	cndr
Transport Means. Master Birth. Date Time(运输工具. 主管人出生. 日期时间)		2051	add
Transport Means. Master Name. Text(运输工具. 主官姓名. 文本)	船长(Master)	3408	cndr
Transport Means. Net Weight. Measure(运输工具. 净重. 计量)	净登记吨(Net tonnage)	6302	cndr
Transport Means. Next Port of CallLocation. Identifier(运输工具. 下一个停靠地点. 标识符)		3095	add
Transport Means. Onboard Person. Quantity(运输工具. 乘载人数. 数量)		6104	add
Transport Means. Ownership. Code(运输工具. 所有权. 代码)	运输所有权,代码型(Transport ownership,coded)	8281	cndr

字典条目名称	数据元名称	标记	变更指示符
Transport Means. Passenger. Quantity(运输工具. 乘客. 数量)	旅客人数(Number of passengers)	7056	cn
Transport Means. Port Berth Location. Text(运输工具. 港口泊位地点. 文本)	船舶在港位置(Position of ship in port)	3416	cndr
Transport Means. Registration Location. Identifier(运输工具. 登记地点. 标识符)		3105	add
Transport Means. Registration Nationality. Identifier(运输工具. 登记国籍. 标识符)	运输工具的国(地区)籍,代码型(Nationality of means of transport,coded)	8453	cnd
Transport Means. Registration Nationality. Text(运输工具. 登记国籍. 文本)	运输工具的国(地区)籍(Nationality of means of transport)	8452	cn
Transport Means. Registration. Date Time(运输工具. 登记. 日期时间)		2063	add
Transport Means. Stay Date Time. Text(运输工具. 停留日期时间. 文本)	停留期(Period of stay)	2350	cnd
Transport Means. Stay. Date Time(运输工具. 停留. 日期时间)	停留期,代码型(Period of stay,coded)	2351	cndr
Transport Means. Stay. Identifier(运输工具. 停留. 标识符)		1099	add
Transport Means. Stores Stowage Location. Identifier(运输工具. 自用物品储备库位置. 标识符)		8045	add
Transport Means. Stores Stowage Location. Text(运输工具. 自用物品储备库位置. 文本)	储存位置(Store place)	8044	cndr
Transport Means. Stowage Location. Identifier(运输工具. 积载位置. 标识符)	积载位置,代码型(Stowage place onboard,coded)	8043	cndr
Transport Means. Stowage Location. Text(运输工具. 积载位置. 文本)	积载位置(Stowage place onboard)	8042	cndr
Transport Means. Tare Weight. Measure(运输工具. 皮重. 计量)	车皮重量(Vehicle tare)	6052	cndr
Transport Means. Type. Code(运输工具. 类型. 代码)	运输工具类型标识(Type of means of transport identification)	8179	cnd
Transport Means. Type. Text(运输工具. 类型. 文本)	运输工具类型(Type of means of transport)	8178	cnd
Transport Means. Utilisation Percentage. Numeric(运输工具. 利用率. 数字)	车辆使用装载量(Vehicle capacity used)	6306	cnd

字典条目名称	数据元名称	标记	变更指示符
Transport Movement. Mode. Code(运输动态. 方式. 代码)	运输方式,代码型(Mode of transport,coded)	8067	cnd
Transport Movement. Mode. Text(运输动态. 方式. 文本)	运输方式(Mode of transport)	8066	cnd
Transport Movement. On-carriage Means Type. Code(运输动态. 接续运输工具类型. 代码)	续运运输工具,代码型(On-carriage transport means, coded)	8083	cnd
Transport Movement. On-carriage Means Type. Text(运输动态. 接续运输工具类型. 文本)	续运运输工具(On-carriage transport means)	8082	cn
Transport Movement. On-carriage Mode. Code(运输动态. 接续运输方式. 代码)	续运运输方式,代码型(On-carriage transport mode, coded)	8443	cndr
Transport Movement. On-carriage Mode. Text(运输动态. 接续运输方式. 文本)	续运运输方式(On-carriage transport mode)	8442	cn
Transport Movement. On-carriage Receipt Location. Identifier(运输动态. 续运交货地点. 标识符)	续运承运人交货地,代码型(Place of delivery by on-carrier,coded)	3359	cndr
Transport Movement. On-carriage Receipt Location. Text(运输动态. 续运交货地点. 文本)	续运承运人交货地(Place of delivery by on-carrier)	3358	cndr
Transport Movement. Pre-carriage Means Type. Code(运输动态. 前程运输工具类型. 代码)	前程运输工具,代码型(Pre-carriage transport means, coded)	8429	cnd
Transport Movement. Pre-carriage Means Type. Text(运输动态. 前程运输工具类型. 文本)	前程运输工具(Pre-carriage transport means)	8428	cn
Transport Movement. Pre-carriage Mode. Code(运输动态. 前程运输方式. 代码)	前程运输方式,代码型(Pre-carriage transport mode, coded)	8171	cndr
Transport Movement. Pre-carriage Mode. Text(运输动态. 前程运输方式. 文本)	前程运输方式(Pre-carriage transport mode)	8170	cn
Transport Movement. Pre-carriage Receipt Location. Identifier(运输动态. 前程运输接收地点. 标识符)	前程承运人接货地点,代码型(Place of receipt by pre-carrier,coded)	3303	cndr
Transport Movement. Pre-carriage Receipt Location. Text(运输动态. 前程运输接收地点. 文本)	前程承运人接货地点(Place of receipt by pre-carrier)	3302	cndr
Transport Movement. Stage. Identifier(运输动态. 阶段. 标识符)	运输阶段限定符(Transport stage qualifier)	8051	cndr

字典条目名称	数据元名称	标记	变更指示符
Transport Service. Freight Rate Class. Code(运输服务. 费率等级. 代码)	费率等级代码(Rate class code)	5099	cnr
Transport Service. Priority. Code(运输服务. 优先级. 代码)	运输优先级,代码型(Transport priority,coded)	4219	cnd
Transport Service. Priority. Text(运输服务. 优先级. 文本)	运输优先级(Transport priority)	4218	cn
Transport Service. Tariff Class. Code(运输服务. 运价等级. 代码)	运价表等级说明符(Tariff class specifier)	5440	cnd
Transport Temperature. Measure(运输温度. 计量)	运输温度(Transport temperature)	6242	cnd
Traveller. Accompanied By Infant. Indicator(旅客. 陪伴婴儿. 指示符)		8218	add
Traveller. Check-in. Date Time(旅客. 登记. 日期时间)		2156	add
Traveller. Reference. Identifier(旅客. 参考. 标识符)		1145	add
[U]			
Unit Price. Basis. Quantity(单价. 基准. 数量)	单价基准(Unit price basis)	5284	cnd
Unit Price. Rate Basis. Numeric(单价. 费率基准. 数字)	单位费率(Rate per unit)	5420	cndr
Unit. Quantity(单位. 数量)	单位数(Number of units)	6350	cnd
Unit. Type. Code(单位. 类型. 代码)	单位数限定符(Number of units qualifier)	6353	cnd
United Nations Dangerous Goods. Identifier(联合国危险品. 标识符)	UNDG 号(UNDG number)	7124	cnd
[V]			
Validation. Criteria. Code(验证. 标准. 代码)		9285	add
Validation. Key. Identifier(验证. 密钥. 标识符)	验证密钥标识(Validation key identification)	9282	cnd
Validation. Result. Text(验证. 结果. 文本)	验证结果(Validation result)	9280	cnd
Valuation. Adjustment Percentage. Numeric(估价调整. 百分比. 数字)		5510	add
Valuation. Adjustment. Amount(估价. 调整. 金额)		5514	add
Valuation. Prepaid Charge. Amount(预付. 从价计费. 金额)	预付从价计费(Valuation charge,prepaid)	5452	cnr
Value Added Tax. Amount(增值税. 金额)	增值税额(Value-added tax amount)	5490	cnr
Value Added Tax. Rate. Numeric(增值税. 税率. 数字)	增值税率(Value-added tax rate)	5122	cn
Value Definition. Function. Code(数值定义. 功能. 代码)		9029	add

字典条目名称	数据元名称	标记	变更指示符
Value List. Identifier(值列表. 标识符)		1519	add
Value List. Name. Text(值表. 名称. 文本)		1514	add
Value List. Type. Code(值表. 类型. 代码)		1505	add
Value. Value. Text(数值. 值. 文本)		9422	add
Version. Identifier(版本. 标识符)		1057	add
[W]			
Warehouse Depositor. Party Identification. Text(仓储货主. 参与方标识. 文本)	仓库用户(Warehouse depositor)	3004	cnr
Warehouse Keeper. Party Identification. Text(仓储保管方. 参与方标识. 文本)	货物入库管理员(Warehouse keeper)	3022	cnr
Warehouse. Identification. Text(仓库. 标识. 文本)	仓库(Warehouse)	3156	cnd
Warehouse. Identifier(仓库. 标识符)	仓库,代码型(Warehouse,coded)	3157	cndr
Width. Measure(宽度. 计量)	宽度(Width dimension)	6140	cnd
Working Days. Quantity(工作天数. 数量)	工作天数(Number of working days)	6272	cn
World Trade Organisation Valuation Agreement. Addition. Code(世界贸易组织估价协议. 附加费. 代码)		5097	add

ICS 73.040
D 20

中华人民共和国国家标准

GB/T 15224.1—2010
代替 GB/T 15224.1—2004

煤炭质量分级 第1部分:灰分

Classification for quality of coal—Part 1:Ash

2010-09-26 发布 2011-02-01 实施

中华人民共和国国家质量监督检验检疫总局
中国国家标准化管理委员会 发布

前　言

GB/T 15224《煤炭质量分级》分为三个部分：

——第1部分：灰分；

——第2部分：硫分；

——第3部分：发热量。

本部分为GB/T 15224的第1部分。

本部分代替GB/T 15224.1—2004《煤炭质量分级　第1部分：灰分》。

本部分与GB/T 15224.1—2004相比主要差异如下：

——根据本部分的使用范围的不同，将煤炭灰分的分级分为煤炭资源评价和商品煤两大部分；

——灰分分级增加"中高灰煤"级；

——商品煤灰分分级区间进行了调整。

本部分由中国煤炭工业协会提出。

本部分由全国煤炭标准化技术委员会(SAC/TC 42)归口。

本部分起草单位：煤炭科学研究总院北京煤化工研究分院。

本部分主要起草人：刘淑云、涂华、张宇宏、吴宽鸿。

本部分所代替标准的历次版本发布情况为：

——GB/T 15224.1—1994；GB/T 15224.1—2004。

煤炭质量分级　第1部分:灰分

1　范围

GB/T 15224 的本部分规定了煤炭按干燥基灰分(A_d)范围分级、命名和煤炭灰分的检验。

本部分适用于煤炭资源勘查和煤炭生产、加工利用及销售。

2　规范性引用文件

下列文件中的条款通过 GB/T 15224 的本部分的引用而成为本部分的条款。凡是注日期的引用文件,其随后所有的修改单(不包括勘误的内容)或修订版均不适用于本部分,然而,鼓励根据本部分达成协议的各方研究是否可使用这些文件的最新版本。凡是不注日期的引用文件,其最新版本适用于本部分。

GB/T 212　煤的工业分析方法

GB 474　煤样的制备方法

GB 475　商品煤样人工采取方法

GB/T 19494.1　煤炭机械化采样　第1部分:采样方法

GB/T 19494.2　煤炭机械化采样　第2部分:煤样的制备

煤炭资源勘探煤样采取规程(原煤炭部1979年颁布)

3　煤炭资源评价灰分分级

煤炭资源评价灰分按表1分级。

表1　煤炭资源评价灰分分级

序号	级别名称	代号	灰分(A_d)范围/%
1	特低灰煤	SLA	≤10.00
2	低灰煤	LA	10.01～20.00
3	中灰煤	MA	20.01～30.00
4	中高灰煤	MHA	30.01～40.00
5	高灰煤	HA	40.01～50.00

4　商品煤灰分分级

4.1　动力煤灰分分级

动力煤灰分按表2分级。

表2　动力煤灰分分级

序号	级别名称	代号	灰分(A_d)范围/%
1	特低灰煤	SLA	≤10.00
2	低灰煤	LA	10.01～18.00
3	中灰煤	MA	18.01～25.00
4	中高灰煤	MHA	25.01～35.00
5	高灰煤	HA	>35.00

4.2 炼焦精煤灰分分级

炼焦精煤灰分按表3分级。

表3 炼焦精煤灰分分级

序号	级别名称	代号	灰分(A_d)范围/%
1	特低灰煤	SLA	≤6.00
2	低灰煤	LA	6.01～8.00
3	中灰煤	MA	8.01～10.00
4	中高灰煤	MHA	10.01～12.50
5	高灰煤	HA	>12.50

4.3 其他精煤和原料用煤灰分分级

其他精煤和原料用煤灰分分级可按照4.1进行分级。

4.4 高炉喷吹用煤灰分分级

高炉喷吹用煤的灰分分级可按照4.2进行分级。

5 煤炭灰分的检验

5.1 煤样的采取和制备

煤炭资源勘查煤样按《煤炭资源勘探煤样采取规程》的规定采取，商品煤样按GB 475或GB/T 19494.1的规定采取，煤样按GB 474或GB/T 19494.2的规定制备。

5.2 煤炭灰分的试验方法

煤炭灰分按GB/T 212进行测定。

ICS 73.040
D 20

中华人民共和国国家标准

GB/T 15224.2—2010
代替 GB/T 15224.2—2004

煤炭质量分级　第2部分:硫分

Classification for quality of coal—Part 2:Sulfur content

2010-09-26 发布　　2011-02-01 实施

中华人民共和国国家质量监督检验检疫总局
中国国家标准化管理委员会　发布

前 言

GB/T 15224《煤炭质量分级》分为三个部分：

——第1部分：灰分；

——第2部分：硫分；

——第3部分：发热量。

本部分为GB/T 15224的第2部分。

本部分代替GB/T 15224.2—2004《煤炭质量分级　第2部分：硫分》。

本部分与GB/T 15224.2—2004相比主要差异如下：

——根据本部分的使用范围的不同，将煤炭硫分的分级分为煤炭资源评价和商品煤两大部分；

——商品煤中动力煤硫分分级标准和基准发热量值均进行统一，不再分煤种分级；

——商品煤中冶炼用炼焦精煤硫分分级，删去"中低硫煤"级，分级区间进行了调整；

——删去原标准的附录A和附录B。

本部分由中国煤炭工业协会提出。

本部分由全国煤炭标准化技术委员会(SAC/TC 42)归口。

本部分起草单位：煤炭科学研究总院北京煤化工研究分院。

本部分主要起草人：涂华、罗陨飞、张宇宏、白向飞。

本部分所代替标准的历次版本发布情况为：

——GB/T 15224.2—1994；GB/T 15224.2—2004。

煤炭质量分级 第2部分:硫分

1 范围

GB/T 15224 的本部分规定了煤炭按干燥基全硫分($S_{t,d}$)范围分级、命名和煤炭硫分的检验。

本部分适用于煤炭资源勘查和煤炭生产、加工利用及销售。

2 规范性引用文件

下列文件中的条款通过 GB/T 15224 本部分的引用而成为本部分的条款。凡是注日期的引用文件,其随后所有的修改单(不包括勘误的内容)或修订版均不适用于本部分,然而,鼓励根据本部分达成协议的各方研究是否可使用这些文件的最新版本。凡是不注日期的引用文件,其最新版本适用于本部分。

GB/T 213 煤的发热量测定方法

GB/T 214 煤中全硫的测定方法

GB 474 煤样的制备方法

GB 475 商品煤样人工采取方法

GB/T 19494.1 煤炭机械化采样 第1部分:采样方法

GB/T 19494.2 煤炭机械化采样 第2部分:煤样的制备

煤炭资源勘探煤样采取规程(原煤炭部1979年颁布)

3 煤炭资源评价硫分分级

煤炭资源评价硫分按表1分级。

表1 煤炭资源评价硫分分级

序号	级别名称	代号	干燥基全硫分($S_{t,d}$)范围/%
1	特低硫煤	SLS	≤0.50
2	低硫煤	LS	0.51~1.00
3	中硫煤	MS	1.01~2.00
4	中高硫煤	MHS	2.01~3.00
5	高硫煤	HS	>3.00

4 商品煤硫分分级

4.1 动力煤硫分分级

4.1.1 动力煤硫分分级时,应按发热量进行折算,折算的基准发热量值规定为24.00 MJ/kg。

4.1.2 干燥基全硫按式(1)进行折算:

$$S_{t,d折算} = \frac{24.00}{Q_{gr,d实测}} \times S_{t,d实测} \quad \cdots\cdots(1)$$

式中:

$S_{t,d折算}$——折算后的干燥基全硫,%;

$Q_{gr,d实测}$——实测干燥基高位发热量,单位为兆焦每千克(MJ/kg);

$S_{t,d实测}$——实测的干燥基全硫,%。

4.1.3 动力煤硫分在基准发热量时按表2分级。

表2 动力煤硫分分级

序号	级别名称	代号	干燥基全硫分($S_{t,d折算}$)范围/%
1	特低硫煤	SLS	≤0.50
2	低硫煤	LS	0.51～0.90
3	中硫煤	MS	0.91～1.50
4	中高硫煤	MHS	1.51～3.00
5	高硫煤	HS	>3.00

4.2 炼焦精煤硫分分级

炼焦精煤硫分按表3进行分级。

表3 炼焦精煤硫分分级

序号	级别名称	代号	干燥基全硫分($S_{t,d}$)范围/%
1	特低硫煤	SLS	≤0.30
2	低硫煤	LS	0.31～0.75
3	中硫煤	MS	0.76～1.25
4	中高硫煤	MHS	1.26～1.75
5	高硫煤	HS	1.76～2.50

4.3 高炉喷吹用煤的硫分分级

高炉喷吹用煤的硫分分级可参照4.2进行分级。

4.4 其他精煤和原料用煤的硫分分级

其他精煤和原料用煤的硫分分级可参照4.2进行分级。

5 煤炭硫分的检验

5.1 煤样的采取和制备

煤炭资源勘查煤样按《煤炭资源勘探煤样采取规程》的规定采取，商品煤样按GB 475或GB/T 19494.1的规定采取，煤样按GB 474或GB/T 19494.2的规定制备。

5.2 煤炭的发热量和硫分的试验方法

煤的发热量按GB/T 213测定，煤中全硫按GB/T 214进行测定。

ICS 73.040
D 20

中华人民共和国国家标准

GB/T 15224.3—2010
代替 GB/T 15224.3—2004

煤炭质量分级 第3部分:发热量

Classification for quality of coal—Part 3:Calorific value

2010-09-26 发布 2011-02-01 实施

中华人民共和国国家质量监督检验检疫总局
中国国家标准化管理委员会 发布

前　言

GB/T 15224《煤炭质量分级》分为三个部分：

——第 1 部分：灰分；

——第 2 部分：硫分；

——第 3 部分：发热量。

本部分为 GB/T 15224 的第 3 部分。

本部分代替 GB/T 15224.3—2004《煤炭质量分级　第 3 部分：发热量》。

本部分与 GB/T 15224.3—2004 相比主要差异如下：

——无烟煤、烟煤、褐煤发热量分级进行合并，分级区间进行了调整。

本部分由中国煤炭工业协会提出。

本部分由全国煤炭标准化技术委员会(SAC/TC 42)归口。

本部分起草单位：煤炭科学研究总院北京煤化工研究分院。

本部分主要起草人：涂华、罗陨飞、刘淑云、吴宽鸿。

本部分所代替标准的历次版本发布情况为：

——GB/T 15224.3—1994；GB/T 15224.3—2004。

煤炭质量分级　第3部分:发热量

1　范围

GB/T 15224 的本部分规定了煤炭按干燥基高位发热量($Q_{gr,d}$)范围分级、命名和煤炭发热量的检验。

本部分适用于煤炭资源勘查和煤炭生产、加工利用及销售。

2　规范性引用文件

下列文件中的条款通过 GB/T 15224 本部分的引用而成为本部分的条款。凡是注日期的引用文件,其随后所有的修改单(不包括勘误的内容)或修订版均不适用于本部分,然而,鼓励根据本部分达成协议的各方研究是否可使用这些文件的最新版本。凡是不注日期的引用文件,其最新版本适用于本部分。

GB/T 213　煤的发热量测定方法

GB 474　煤样的制备方法

GB 475　商品煤样人工采取方法

GB/T 19494.1　煤炭机械化采样　第1部分:采样方法

GB/T 19494.2　煤炭机械化采样　第2部分:煤样的制备

煤炭资源勘探煤样采取规程(原煤炭部1979年颁布)

3　煤炭发热量分级

煤炭发热量按表1分级。

表1　煤炭发热量分级

序号	级别名称	代号	发热量($Q_{gr,d}$)范围/(MJ/kg)
1	特高发热量煤	SHQ	>30.90
2	高发热量煤	HQ	27.21～30.90
3	中高发热量煤	MHQ	24.31～27.20
4	中发热量煤	MQ	21.31～24.30
5	中低发热量煤	MLQ	16.71～21.30
6	低发热量煤	LQ	≤16.70

4　煤炭发热量的检验

4.1　煤样的采取和制备

煤炭资源勘查煤样按《煤炭资源勘探煤样采取规程》的规定采取,商品煤样按 GB 475 或 GB/T 19494.1 的规定采取,煤样按 GB 474 或 GB/T 19494.2 的规定制备。

4.2　煤炭发热量试验方法

煤炭发热量按 GB/T 213 进行测定。

ICS 65.160
X 87

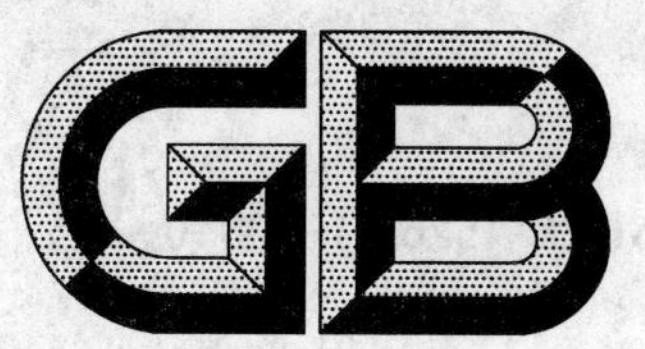

中华人民共和国国家标准

GB/T 15269.1—2010
部分代替 GB 15269—1994

雪茄烟
第1部分:产品分类和抽样技术要求

Cigars—
Part 1: Technical requirements for classification and sampling

2010-09-26 发布　　2011-03-01 实施

中华人民共和国国家质量监督检验检疫总局
中国国家标准化管理委员会　发布

前　言

GB/T 15269《雪茄烟》分为四个部分：

——第 1 部分：产品分类和抽样技术要求；

——第 2 部分：包装标识；

——第 3 部分：产品包装、卷制及贮运技术要求；

——第 4 部分：感官技术要求。

本部分为 GB/T 15269 的第 1 部分。

本部分部分代替 GB 15269—1994。

本部分与 GB 15269—1994 的相关部分相比主要变化如下：

——增加了雪茄烟产品分类和抽样技术要求的术语和定义；

——修改了雪茄烟的产品分类；

——增加了雪茄烟的抽样规则；

——修改了雪茄烟的抽样程序；

——修改了雪茄烟的试样制备。

本部分由国家烟草专卖局提出。

本部分由全国烟草标准化技术委员会(SAC/TC 144)归口。

本部分起草单位：中国烟草标准化研究中心、国家烟草专卖局经济运行司、湖北中烟工业有限责任公司、安徽中烟工业公司、山东中烟工业有限责任公司、国家烟草质量监督检验中心、川渝中烟工业公司。

本部分主要起草人：范黎、秦前浩、孙姝军、周斌、夏永峰、王以慧、李栋、周德成、曾代龙。

本部分所代替标准的历次版本发布情况为：

——GB 15269—1994。

雪茄烟
第1部分:产品分类和抽样技术要求

1 范围

GB/T 15269的本部分规定了雪茄烟的产品分类、抽样检验实验室样品的抽取方法和试样的制备方法。

本部分适用于雪茄烟。

2 术语和定义

下列术语和定义适用于GB/T 15269的本部分。

2.1

雪茄烟 cigar

用烟草做茄芯,烟草或含有烟草成分的材料做茄衣、茄套(如有)卷制而成,具有雪茄型烟草香味特征的烟草制品。

注1:加工方式包括手卷、机制、半机制等。

注2:用作茄衣、茄套(如有)的含有烟草成分的材料中自然烟草成分含量应在20%以上,烟支中晾晒烟应占烟支质量(不含烟嘴)的70%以上。

2.2

茄衣 wrapper

雪茄烟最外层的烟草或含有烟草成分的材料。

2.3

茄套 binder

雪茄烟中用于固定茄芯位置的烟草或含有烟草成分的材料。

2.4

茄芯 filler

雪茄烟中心填充的烟草,如整片烟叶、叶片或烟丝。

2.5

支包装 package of a single cigar

单支雪茄烟烟支的包装单位。

2.6

盒 packet

雪茄烟烟支(除支包装外)的基本包装单位。通常可装入2支~25支雪茄烟,分为软盒、硬盒及其他(如木盒)。

2.7

条 carton

雪茄烟单支包装或盒的最小包装单位。通常可装入2盒~10盒雪茄烟,硬包装称为条盒,软包装称为条包。

2.8

箱 case

雪茄烟条或盒的最小包装单位。其中可装入若干条、若干盒雪茄烟。

2.9

实验室样品　laboratory sample

为送往实验室供检验或试验而制备的样品。

2.10

试样　test sample

由实验室样品制得的样品，并从它取得试料。

2.11

试料　test portion

用以进行检验或观测所取的一定量的试样。

3　产品分类

雪茄烟按型号分类，分类方式见表1。

表1　雪茄烟型号

型　号	m(g/支)
大号	$m \geqslant 6.0$
中号	$3.0 \leqslant m < 6.0$
小号	$1.2 \leqslant m < 3.0$
微型	$m < 1.2$

4　抽样规则

4.1　以1支雪茄烟为样品单位，根据检验项目、检验方式、包装方式的不同分别确定抽样数量。

4.2　以在规定时间内生产的同一牌号、同一规格、同一包装、同一商品条码的雪茄烟为检查批。

4.3　由检验任务委托单位或指定的检验机构派遣持有抽样通知书的专业人员到指定的地点，在规定的时间内完成。

4.4　除非有其他规定，抽样人员在抽样点抽样时，应有该抽样点的代表陪同。

4.5　实验室样品只应从检查批中抽取。

4.6　封条应记载下列信息：

——抽样单位；

——抽样人；

——抽样时间。

4.7　实验室样品应严密包装，防止损坏，并以快捷的方式送至质量检验机构。

4.8　抽样人员应携带抽样记录表，该表一式三份。第一份作为抽样人员记录，第二份随样品包装，第三份交抽样点备案。

4.9　抽样记录表应记载下列信息：

——雪茄烟名称、烟支规格、包装形式、型号、商品条码和其他能区别不同批雪茄烟的特征；

——抽样基数、抽样数量及生产日期；

——抽样点；

——抽样日期；

——抽样目的；

——烟支长度(mm)、周长(mm)、质量(g/支)和雪茄烟感官质量(分)的设计值(出厂检验和型式检验时使用)；

——抽样人。

4.10　雪茄烟烟支规格以长度和圆周即“烟支长度 mm×周长 mm”表示。

5 抽样程序

5.1 在生产企业抽样时，抽样点应为成品库；在销售点抽样时，抽样点应选在销售点仓库。抽样前应先确定所抽的箱在烟垛上以及所抽条在烟箱中的位置。

5.2 进行型式检验、监督检验时，按4.1和5.1的要求随机抽取5箱，检验箱包装标识及箱装，然后从每箱中抽取不低于40个样品单位，如有条装则不得少于1条，如有盒装则不得少于1盒，如是支包装则应是40支。抽样总数量不应少于200支。应按4.8和4.9的要求填写抽样记录表，并粘贴封条。

进行出厂检验、单项或部分项目检验时，按4.1和5.1的要求随机抽取3箱，检验箱包装标识及箱装，按项目需要确定抽样数量。

5.3 若同一批雪茄烟要进行重复测试时，应抽取足够的样品单位。

6 试样制备

6.1 型式检验时，采取以下方法制备各项检验用试样。

6.1.1 实验室样品送达质量检验机构后，如有条包装，先进行条包装标识及条装检验。然后采用随机抽取的方法制备各项检验用试样。

6.1.2 从实验室样品中随机抽取不低于40支雪茄烟，组成雪茄烟感官检验试样。

6.1.3 雪茄烟盒(支)包装标识和盒(支)装及雪茄烟卷制检验试样如下制备。

6.1.3.1 如有盒包装，从实验室样品中随机抽取雪茄烟数量不低于20支、盒包装不低于5盒组成盒包装标识、盒装、烟支外观和空头检验试样；如是支包装，从实验室样品中随机抽取不低于20支组成支包装标识、烟支支装、外观和空头检验试样，烟支外观和空头检验试样同时亦为试料。

6.1.3.2 从实验室样品中随机抽取5支～10支雪茄烟组成含水率检验试样，试样同时亦为试料。

6.1.3.3 从实验室样品中随机抽取100支～110支雪茄烟，组成雪茄烟松紧度、长度、周长、质量、含末量、燃烧性检验试样。

6.1.4 剩余样品作为备份样品。

6.1.5 各检验项目试样数量见表2。

表2 各项目检验试样数量

<table>
<tr><th>检验项目</th><th>试样数量</th></tr>
<tr><td>感官检验</td><td>40支</td></tr>
<tr><td>盒(支)包装标识和盒(支)装及烟支外观和空头</td><td>有盒包装：不低于5盒，同时不低于20支；无盒包装，有支包装：不低于20支。</td></tr>
<tr><td>含水率</td><td>5支～10支</td></tr>
<tr><td>松紧度</td><td rowspan="6">100支～110支</td></tr>
<tr><td>长度</td></tr>
<tr><td>周长</td></tr>
<tr><td>质量</td></tr>
<tr><td>含末量</td></tr>
<tr><td>燃烧性</td></tr>
<tr><td>备份样品</td><td>20支～35支</td></tr>
<tr><td>合计</td><td>200支</td></tr>
</table>

6.2 监督检验、出厂检验、单项或部分项目检验时，参照6.1.1～6.1.3进行相关各项的试样制备。剩余样品作为备份样品。